動物用ワクチン

—その理論と実際—

動物用ワクチン・バイオ医薬品研究会 編

文永堂出版

初版の序

ワクチンとは，ジェンナーが牝牛（vacca）からの牛痘で人痘を予防したvaccaに由来する．この牛痘を用いた牛痘接種法（vaccination），ワクチネーションという言葉が広くワクチン接種に用いられるようになったのは，ジェンナーの功績をたたえパスツールが提唱したことによる．

わが国では動物における多くの急性感染症が，ワクチンや抗菌薬の開発により制圧されてきた．しかし難治性といわれる牛乳房炎や白血病ならびに慢性感染症などに対する有効なワクチン開発は遅れており，獣医，畜産分野にとって大きな課題である．また耐性菌の出現や残留医薬品の問題から，抗菌薬にかわるワクチン開発の必要性がより高まっている．今，新規ワクチンの開発を含め「動物用ワクチン」について，進展著しい免疫学の知見を盛り込んだ総括的なワクチンの書籍が熱望されている．

これまでわが国で出版された動物用ワクチンの書籍としては，添川正夫著の「動物用ワクチン」（文永堂，1979年発行）と山田進二著の「鶏のワクチン」（鶏の研究社，1985年発行）などがある．添川先生の書籍は，1979年代までに開発された不活化と弱毒生ワクチンを中心に総括的にまとめているが，ワクチン効果を知るうえで重要な免疫学の知見について当時では限界があった．添川先生の書籍以降，わが国では，動物用ワクチンを総括的にとらえた書籍は出版されていない．

そのような背景のもと，2010年4月に「動物用ワクチン - バイオ医薬品研究会」が発足し，研究会活動の1つとして「動物用ワクチン」に関する書籍出版が企画された．本書は，I. 総論，II. 各論，III. 将来展望の3章からなり，特に動物用ワクチンを総括的に紹介する視点から総論を充実させた．総論では，ワクチンの歴史，感染症に対する動物の生体防御，ワクチンの作用機序について難解な免疫学の進展を平易な解説につとめた．加えて各種動物でのワクチネーションプログラムやワクチンの品質管理，ワクチン許認可制度についても詳述している．II. の各論では，現在，繁用されている牛，馬，豚，鶏，魚，犬および猫の主要なワクチン86製剤について，その製造方法，攻撃試験ならびに臨床試験成績などについて製造所の担当者に記述してもらった．III. 将来展望では，これから益々増えるであろう組換えワクチンなどの新規ワクチン，新規アジュバントならびにそのデリバリーシステムについて記述している．

本書は，「動物用ワクチン」を現場で使用する動物病院，農業共済組合や家畜保健衛生所の獣医師にとって必携の書となることを確信している．またワクチン開発，販売に携わる製薬企業の担当者，研究所や大学の研究者にとっても必須の書となることを切望する．本書は臨床，ワクチン開発現場での使用のみならず，各種講習会や大学での講義にも役立てば望外の喜びである．

最後に，ご多用のなか本書出版のためにご尽力いただいた執筆者の皆様，さらには巻末の広告掲載により多大なご支援をいただいた各企業に厚く御礼を申し上げたい．

2011年10月

動物用ワクチン・バイオ医薬品研究会 書籍出版編集委員会
編集委員　小沼　操
平山紀夫
田村　豊
坂口正士
中村成幸

執筆者一覧（50 音順）

明石博臣	東京大学大学院農学生命科学研究科獣医学専攻獣医微生物学教室
網本勝彦	株式会社微生物化学研究所品質管理部
有吉理佳子	一般財団法人化学及血清療法研究所営業管理部
石黒信良	共立製薬株式会社　開発本部
伊藤　亮	（独）産業技術総合研究所生物プロセス研究部門植物分子工学研究グループ
伊藤寿浩	株式会社微生物化学研究所研究開発本部
今村　孝	一般財団法人化学及血清療法研究所第二研究部
岩本聖子	農林水産省動物医薬品検査所企画連絡室
扇谷年昭	株式会社微生物化学研究所品質管理部
大石英司	株式会社微生物化学研究所研究開発本部
大田博昭	株式会社シーエーエフラボラトリーズ
大日向　剛	ファイザー株式会社アニマルヘルス事業部門 CA ビジネス統括部
小沼　操	北海道大学名誉教授
小野恵利子	メリアル・ジャパン株式会社研究開発部ワクチン開発グループ
加納里佳	ベーリンガーインゲルハイムベトメディカジャパン株式会社テクニカルサービス部
河合　透	一般財団法人化学及血清療法研究所第二製造部
川上和夫	共立製薬株式会社　開発本部
川原史也	日生研株式会社
草薙公一	日生研株式会社
久保田修一	株式会社微生物化学研究所微生物病検査所
久保田　整	株式会社微生物化学研究所製剤第２部
玄間　剛	北里第一三共ワクチン株式会社開発研究部
小林貴彦	一般財団法人化学及血清療法研究所第二製造部
小松　功	共立製薬株式会社　開発本部
紺屋勝美	一般財団法人化学及血清療法研究所第二製造部
酒井英史	株式会社インターベット　（現：ワクチノーバ株式会社栃木ラボラトリ）
坂口正士	一般財団法人化学及血清療法研究所第二研究部
佐藤憲一	株式会社インターベット開発本部
澤田　章	北里第一三共ワクチン株式会社製造第二部
澤田拓士	株式会社微生物化学研究所研究開発本部
新地英俊	株式会社微生物化学研究所製剤第２部
高橋拓男	株式会社微生物化学研究所技術企画部
瀧川義康	北里第一三共ワクチン株式会社製造第二部
田中伸一	ファイザー株式会社アニマルヘルス事業部門 LS アニマル統括部
田中大観	一般財団法人化学及血清療法研究所第二製造部
谷中　匡	共立製薬株式会社　開発本部
田村　豊	酪農学園大学獣医学群獣医学類衛生・環境学分野食品衛生学ユニット
土屋耕太郎	日生研株式会社
出口和弘	一般財団法人化学及血清療法研究所第二製造部
徳山幸夫	株式会社インターベット開発本部

長井伸也　日生研株式会社
長尾和哉　一般財団法人化学及血清療法研究所第二製造部
中村遊香　共立製薬株式会社　CA 営業本部
中村成幸　農林水産省動物医薬品検査所検査第一部
西村昌晃　財団法人畜産生物科学安全研究所生物工学研究部
野中富士男　株式会社インターベット開発本部
函城悦司　株式会社微生物化学研究所技術企画部
長谷川　賢　共立製薬株式会社　開発本部
花谷有樹子　大阪府立大学大学院獣医学専攻高度医療学領域獣医内科学教室
林　志鋒　日生研株式会社
平山紀夫　麻布大学客員教授
福所秋雄　日本獣医生命科学大学獣医学部獣医保健看護学科獣医保健看護学基礎部門
福山新一　株式会社微生物化学研究所微生物病検査所
藤井　武　ファイザー株式会社アニマルヘルス事業部門製品開発統括部
堀川雅志　株式会社科学飼料研究所開発センター
本田　隆　一般財団法人化学及血清療法研究所第二製造部
増渕啓一　株式会社科学飼料研究所大田原工場
真鍋貞夫　一般財団法人阪大微生物病研究会研究開発本部
美馬一行　ワクチノーバ株式会社栃木ラボラトリ
宮原徳治　一般財団法人化学及血清療法研究所第二製造部
向井哲哉　株式会社科学飼料研究所大田原工場
宗像保久　日本全薬工業株式会社 開発部
宗田吉広　（独）農業・食品産業技術総合研究機構動物衛生研究所病態研究領域
矢口和彦　株式会社微生物化学研究所製剤第 1 部
山口　猛　ベーリンガーインゲルハイムベトメディカジャパン株式会社研究開発部営業部
山崎憲一　一般財団法人化学及血清療法研究所第二研究部
山﨑康人　共立製薬株式会社　開発本部
湯浅　襄　元 共立製薬株式会社
横山絵里子　一般財団法人化学及血清療法研究所第二製造部
和田善信　株式会社インターベット開発本部

（各所属は 2011 年 9 月 1 日現在）

目　次

豚用ワクチン

鶏用ワクチン

魚用ワクチン

犬用ワクチン

略　語

ADCC	antibody-dependent cell-mediated cytotoxicity	抗体依存性細胞性細胞傷害
APC	antigen presenting cell	抗原提示細胞
BALT	bronchus associated lymphoid tissue	気管関連リンパ組織
BUdR	bromodeoxyuridine	ブロモデオキシウリジン
BUN	blood urea nitrogen	血液尿素窒素
BVDV	bovine viral diarrhea virus	牛ウイルス性下痢ウイルス
CCU	color changing unit	カラーチェンジング単位
CD	cluster of differenciation	分化抗原（クラスター）
CD_{50}	50% ciliostatic dose	50%気管線毛運動停止量
CFU	colony forming unit	コロニー形成単位
CPE	cytopath(ogen)ic effect	細胞変性効果
CTL	cytotoxic T lymphocyte	細胞傷害性 T 細胞
DC	dendritic cell	樹状細胞
DNA	deoxyribonucleic acid	デオキシリボ核酸
ED_{50}	50% effective dose	50%効果量
EID_{50}	50% egg infective dose	50%鶏卵感染量
ELD_{50}	50% embryo lethal dose	50%胚致死量
ELISA	enzyme-linked immunosorbent assay	酵素免疫測定法
END	exaltation of Newcastle disease virus	ニューカッスル病ウイルスの CPE 増強される
FAO	Food Agriculture Organization of the United Nations	国連食糧農業機関
FDA	Food and Drug Administration	（アメリカ）食品医薬品局
FFU	focus forming unit	フォーカス形成単位
GALT	gut associated lymphoid tissue	消化管（腸管）関連リンパ組織
GCP	good clinical practice	臨床試験の実施基準
GLP	good laboratory practice	安全性に関する非臨床試験の実施基準
GM	geometric mean	幾何平均
GMP	good manufacturing practice	製造管理および品質管理基準
GPT	glutamic pyruvic transaminase	グルタミン酸ピルビン酸トランスアミナーゼ
GQP	good quality practice	品質管理基準
HA	hemagglutinine	赤血球凝集素
HI	hemagglutination inhibition	赤血球凝集抑制
IFN α, γ	interferon- α, γ	インターフェロン α, γ
IL	interleukin	インターロイキン
ISCOM	immune stimulating complex	免疫増強複合体
IU	international unit	国際単位
Kbp	kilobase pair	キロベースペア
LD_{50}	50% lethal dose	50%致死量
LPS	lipopolysaccharide	リポ多糖体
LT	heat-labile toxin	易熱性毒素
MAC	membrane attack complex	膜傷害複合体
MAF	macrophage activating factor	マクロファージ活性化因子
MCP-1	monocyte chemoattractant protein - 1	単球遊走（走化）因子
MHC	major histocompatibility complex	主要組織適合抗原複合体
M ϕ	macrophage	マクロファージ
ND	Newcastle disease	ニューキャッスル病
NK	natural killer	ナチュラル キラー
O/W	oil in water	水溶液に油滴が浮かんだ状態

OIE	Office International des Epizooties	国際獣疫事務局
ORF	open reading frame	読み取り枠
PAMPs	pathogen associated molecular patterns	病原体特異的な構成成分
PCR	polymerase chain reaction	ポリメラーゼ連鎖反応
PCVAD	porcine circovirus associated disease	豚サーコウイルス関連疾病
PDNS	porcine dermatitis and nephropathy syndrome	豚皮膚炎腎症候群
PFU	plaque forming unit	プラック形成単位
PMWS	postweaning multisystemic wasting syndrome	離乳後多臓器性発育不良症候群
PRRs	pattern-recognition receptors	パターン認識受容体
RNA	ribonucleic acid	リボ核酸
RT-PCR	reverse transcriptase-polymerase chain reaction	逆転写ポリメラーゼ連鎖反応
SPF	specific pathogen free	特定病原体未感染
Tc	cytotoxic T cell	キラーT細胞（細胞傷害性T細胞）
$TCID_{50}$	50% tissue culture infective dose	50%組織培養感染量
TCR	T cell receptor	T細胞受容体
Th1, Th2	helper T cell 1, helper T cell 2	ヘルパーT細胞1, ヘルパーT細胞2
TLR	Toll-like receptor	トール様受容体
TNF-α	tumor necrosis factor - α	腫瘍壊死因子α
W/O	water in oil	油の中に水滴が入り込んだ状態
W/O/W	water in oil in water	W/Oを再度水溶液中に分散させた状態
WHO	World Health Organization	世界保健機関

I　総　　論

1　ワクチンの歴史

感染症を防ぐにはワクチン接種による予防が最も有効な手段である．人類が最初に手にしたワクチンは，1798年Jennerの種痘であり，天然痘を地球上から根絶させた．1880年Pasteurは，初めて人為的に弱毒株を作出し，生ワクチン開発の基礎を築いた．不活化ワクチンは1886年アメリカで，トキソイドは1924年フランスで開発されたが，日本においても1910年代に優秀な牛疫ワクチンや狂犬病ワクチンが開発された．日本におけるワクチン開発は，主に国の機関で行われ，学会も大きく関与したが，近年では民間主導で混合ワクチン，油性アジュバントワクチン，輸入ワクチン等が増加している．これらのワクチンは，品質が高く良く効くことから狂犬病や豚コレラの撲滅に貢献したほか，多くの伝染性疾病の防遏に威力を発揮してきた．

1．最初のワクチン－ Jennerの種痘－

痘瘡（天然痘）は，古代から人類を脅かしてきたウイルス感染症であるが，1977年の患者を最後に地球上からなくなり，1980年WHOから根絶宣言が出された．この人類最初の快挙に大きな役割を果たしたのが天然痘ワクチンであり，その開発者であるJennerの業績（1798年）は計り知れないほど大きい．

イギリスのJennerは，牛痘に感染した乳搾り人が痘瘡に感染しないことを観察し，このことを証明すべく乳搾り女の腫れ物を8歳の少年の腕に接種した．7日目に腋窩の不快感，9日目に軽い悪寒・頭痛と食欲喪失を訴えたが，翌日には回復し，接種部位も化膿状態で進行したが，瘢痕と痂皮を残して回復した．そして，10ヵ月後痘瘡患者の膿胞材料を接種し，発病しないことを実証した[1]．Jennerが開発したこのワクチンは，同属異種ウイルスを用いた自然の弱毒生ワクチンであった．ちなみにvaccineは，ラテン語の雌牛vaccaに由来する．

2．Pasteurの偉業

Jennerの種痘より80年後，フランスのPasteurは，人為的に変異させた微生物を用いるワクチンを開発し，その後のワクチン開発手法の基礎を築いた．すなわち，以下に記述するようにPasteurの行った病原微生物の強毒株から弱毒株を作出するための長期間培養，高温培養，異なる宿主での継代は，その後多くの病原微生物で応用され，100年以上経った今日でも弱毒生ワクチン株を作出する方法として用いられている．

1）家禽コレラ生ワクチン

Pasteurは，家禽コレラの病原菌（*Pasteurella multocida*）をたまたま培養したまま長期間放置していて，その菌をヒヨコに接種したが発症しなかったので，これらのヒヨコに新鮮培養菌を再接種したところ，対照のヒヨコは全て発症したにもかかわらず，これらのヒヨコは発症しないことを観察し，ワクチンとして使用できることを偶然に発見した．

Pasteurは，このような毒力の変化をもたらすための最小の期間を調べるため，1日～2ヵ月間培養した菌をヒヨコに接種した．死亡率に変化はなかったが，培養が長くなるにつれて死亡までの期間が長くなる傾向が見られた．さらに3～8ヵ月間と長く培養したところ死亡率が低下し，中には軽い症状のみで全く死亡しない例も見られた．Pasteurは，これらの成績を「家禽コレラ病原体の弱毒化」と題して1880年に報告した[1]．

2）炭疽生ワクチン

家禽コレラ病原体の弱毒化に成功したPasteurは，当時フランスで大きな被害を出していた牛および羊の炭疽に研究を移した．鶏が炭疽菌に対して抵抗力が強いことに着目し，鶏の体温に近い42～43℃という高温で培養したところ，毒力が弱ってくることを発見した．10頭中10頭の羊を殺す菌が，高温で8日間培養すると4～5頭しか殺さなくなり，10～12日間培養するともはや1頭も死亡させることがなくなったのである．しかもこの弱毒株（Ⅱ苗）は，30～35℃で培養しても強毒株に復帰することなく，強毒株の攻撃に耐える免疫原性を保持していた．そこで，この成果を野外の農場で実証すべく1881年，60頭の羊を用いて公開試験を行った．先ず25頭により長く（24日間）高温で培養した菌（Ⅰ苗）を接種し，12日後Ⅱ苗を追加接種し，その2週後に強毒株で攻撃した．攻撃2日後，25頭の対照群のうち22頭は死亡，3頭も瀕死状態であったが，免疫した群の25頭と無投与無攻撃の10頭はいずれも異常が見られなかった[2]．この炭疽菌Ⅱ苗は，多くの国で生ワクチンとして使用され，日本でも1977年度まで市販されていた．

なお，Pasteurのこの発見から100年後の1983年にMikesellらにより110メガダルトンのプラスミドが高温培養により脱落し，弱毒化することが証明された[3]．

3）狂犬病減毒ワクチン

その後Pasteurは，豚丹毒菌をウサギで継代すると豚に対する病原性が低くなることを見出し，この手法を狂犬病に応用した．自然感染した犬の脊髄をウサギの脳硬膜に接種し，継代を繰り返したところ，平均14日間であったウサギでの潜伏期間（ウイルス接種から発症するまでの期間）が徐々に短縮し，継

図 1　ビンの中に吊るされている固定毒感染ウサギの脊髄
パリのパスツール研究所の博物館には当時の実験器具等が多数展示されている．

代 90 代で 7 日間に一定することを発見した[4]．不定であった潜伏期間が 7 日間に固定されたことから，固定毒（fixed virus）と呼び，野外で流行しているウイルスを街上毒（street virus）と呼ぶ．固定毒は，街上毒と比べると末梢からの感染性が低くなっているが，そのままワクチンとするのには危険であることから，Pasteur は，水酸化カリウムを入れたビンに固定毒感染ウサギの脊髄を吊し，乾燥させること（図 1）により減毒を図った．そして，1885 年この乾燥固定毒を狂犬病の犬に咬まれた少年に応用した．11 日間で 13 回（2 日目および 3 日目は朝夕の 2 回），最初は 15 日間乾燥したもの，その後順次乾燥日数を短くしたもの，最後は乾燥 1 日間のものを接種し，発病を防ぐことに成功した[4]．

通常，ワクチンは伝染病を予防するために当該病原体に感染する前に接種するが，狂犬病では潜伏期が長いため，人が狂犬病感染動物に咬まれた後にワクチンを接種し，発症を防ぐことが可能で，暴露後予防と呼ばれている．

3．不活化ワクチンとトキソイド

不活化ワクチンの最初の開発者は，1886 年アメリカの Salmon とされている[4]．豚コレラが拡大し，その被害に苦しんでいたアメリカでは，農務省の中に畜産局を創設し，精力的に研究を開始した．豚コレラの病原菌として分離した桿菌（今日でいう *Salmonella choleraesuis*）を加熱した死菌に免疫原性があることを見出した．豚コレラの病原体は豚コレラウイルスであり，当然この不活化ワクチンには効果がなかったが，多くの伝染病に応用できる手法を提供したことで，大きな業績と言える．

ジフテリアの抗毒素を作成していたパスツール研究所の Ramon は，1924 年ジフテリア毒素にホルマリンを作用させると，免疫原性を失うことなく毒性を除去できることを発見した．彼は，培養ろ液を抗原として馬を免疫していたが，抗原液の雑菌による腐敗を防ぐために微量のホルマリンを混ぜたことがこの発見の契機となった[4]．

既に Behring および北里により 1890 年，破傷風毒素で免疫したウサギの血清中に毒素を中和する抗毒素ができることが報告され，血清療法への道が開いていたが，Ramon が発見した毒素の無毒化によりトキソイドがワクチンとして使用できることとなった．

4．日本における動物用ワクチンの開発

最初のワクチンやワクチン開発手法の基礎は，欧米でなされたが，その後のワクチン開発では日本の研究者が大きな足跡を残している．

1）1945 年以前のワクチン

（1）牛疫不活化ワクチン

農商務省牛疫血清製造所（後に朝鮮総督府獣疫血清製造所）の蠣崎は，1917 年牛疫感染子牛の脾臓をグリセリンに長期間浸け，ウイルスを不活化し，朝鮮子牛を免疫することに成功した．その後，感染臓器をトルオール処理する不活化ワクチンを開発し，このワクチンは終戦まで朝鮮・満州国境の免疫ベルト地帯作成に威力を発揮した[5]．

（2）牛疫弱毒ウイルスの作出

1930 年代に固有宿主である牛以外の動物に連続継代することにより弱毒ウイルスが作出された．中村らは，1938 年朝鮮総督府獣疫血清製造所でウサギに 100 代継代した家兎化（L）ウイルスを作成した[6]．このウイルスは，Edwards が作成した山羊化ウイルスより弱毒化されていた．

なお，中村と宮本は，1953 年にさらに L ウイルスを発育鶏卵に連続継代して家兎化鶏胎化（LA）ウイルスを作出し，牛疫ウイルスに最も感受性が高い朝鮮牛や和牛に対する生ワクチンを誕生させた[7]．

（3）狂犬病減毒ワクチン

狂犬病ワクチンは，前述したように咬傷後の人の発症を防ぐために頻回注射する方法で使用されている．1915 年千葉医学専門学校の押田は，狂犬病発症犬に咬まれた犬，牛，馬および豚に固定毒感染ウサギ脳脊髄乳剤（0.5％石炭酸グリセリン液で 20 倍に希釈したもの）を 10 ～ 15 回皮下注射し，発症防止することを実証した．また，同じワクチンを健康な犬に 10 ～ 15 回皮下注射し，その後の攻撃に耐過することを示し，犬における感染前の予防法の先鞭を付けた[8]．

1918 年，北里研究所の梅野は，固定毒感染ウサギ脳乳剤（0.5％石炭酸・50％グリセリン液で 5 倍希釈したもの）の 3 ～ 6mL を犬に 1 回皮下注射することで免疫ができると発表し

た[9]．続いて1921年，獣疫調査所の近藤は，固定毒感染犬脳脊髄乳剤（0.5％石炭酸・50％グリセリン液で5倍希釈したもの）を加温（37度3日間）した犬用ワクチンを作製し，その5～10mLを1回皮下注射することで6～101日後の攻撃に耐過することを証明した[10]．梅野や近藤の開発した減毒ワクチンは日本で使用され，戦前の狂犬病防疫に貢献したばかりでなく，日本法（1回法）として世界的にも使用された．

なお，Pasteur以来のこれら減毒ワクチンは，減毒が十分でなくワクチン接種による発症等が問題視され，その後，不活化ワクチンへと変遷することとなる．

2）1945年以降のワクチン

（1）ワクチン開発における国の関与

明治以来，家畜伝染病の防疫は，国の責任として行われていたことから，家畜伝染病の予防・診断に用いられる生物学的製剤の開発・製造は，主に国の機関で行われた．特に，農林水産省の家畜衛生試験場（現在の独立行政法人農業・食品産業技術総合研究機構動物衛生研究所）では豚コレラ生ワクチンやアカバネ病ワクチン等の開発・製造が行われた．また，国等からの補助・委託を受けた社団法人動物用生物学的製剤協会（現在の社団法人日本動物用医薬品協会）では豚コレラ・豚丹毒混合生ワクチンや鳥インフルエンザワクチン等多くの製剤が開発された．

さらに，このようなワクチン開発，その支援以外にも国内産業の保護施策が行われた．すなわち動物用ワクチンを，外国為替法及び外国貿易法に基づく輸入割当制度の対象品目に指定し，海外からのワクチン輸入を規制した．しかし，この施策は，政府全体による規制緩和推進計画により見直され，1997年度から輸入割当品目の削減および割当量の拡大が実施され，現在は，口蹄疫ワクチンが残っているのみである．

一方，諸外国で流行しているが日本では発生がない伝染病のうち，一旦侵入した場合に大きな被害を与える伝染病については，事前にワクチンを備蓄するという対策が取られている．現在，国等が備蓄しているワクチンとしては，口蹄疫，牛疫，ウエストナイルウイルス感染症，豚コレラ，鳥インフルエンザおよび馬ウイルス性動脈炎ワクチンがある．2010年宮崎県で発生した口蹄疫では，初めて備蓄していた口蹄疫ワクチンが使用された．

（2）ワクチン開発における学会の貢献

ワクチン開発は，実用科学研究であり，通常その成果は学会で報告・討議されることから，学会が関与することは当然のことである．その中においても日本獣医学会は，以下の3種類のワクチンでその開発に大きく貢献した．

a. 豚コレラ生ワクチン

豚コレラは，1960年代に年間2万頭の発生があり，養豚産業に大きな被害をもたらしていた．当時，使用されていたワクチンは，感染豚の血液を材料としたクリスタルバイオレット不活化ワクチンであり，大量に製造することができず，免疫成立までに2～3週間かかるという欠点があった．このため大量製造に適し，高い効果が期待される生ワクチンが渇望された．そこで，1964年日本獣医学会の中に，豚コレラ生ワクチン研究協議会が組織され，生ワクチンの具備すべき条件が検討された．その結果，①接種豚に発熱等の臨床症状を起こさない，②白血球減少がないか，または極めて軽微であること，③血中にウイルスが出現しないか，もし認められても短期間，④ウイルス排泄がなく同居感染を起こさないこと，の4項目が決められた[11]．これらの条件に合致する製造用株が3機関で開発されたが，家畜衛生試験場で開発されたALD株由来のGPE^{-}株がマーカーもしっかりしていることから選定され，1969年度から生ワクチンが市販された．

b．ニューカッスル病生ワクチン

ニューカッスル病（ND）は，病原性・感染性の強い伝染病で，養鶏家が最も恐れている病気である．1965年に発生した致死性の高いNDは，全国に蔓延し，1967年には死亡淘汰羽数が194万羽にも上った．当時使用されていたワクチンは，発育鶏卵で増殖させたウイルスを不活化し，アルミニウムゲルアジュバントを添加したワクチンであった．養鶏家からは，外国で使用されている生ワクチンを要望する声が強まる中，1966年日本獣医学会に家禽ワクチン協議会が設置され，生ワクチンの是非が検討された．外国での使用実績，日本での試験結果等からB_1株が生ワクチンとして応用可能であると結論づけられ，1967年米国から生ワクチンを緊急輸入すると共に，国産の生ワクチンも市販された[12]．

なお，人におけるポリオ生ワクチンの使用に関して，科学者からのタイムリーな判断がなかったため，1961年当時の厚生大臣の決断でソ連から生ワクチンの導入に踏み切ったこと[13]と対比すると，獣医界の果たした役割は素晴らしいものといえる．

c．日本脳炎生ワクチン

妊娠豚に日本脳炎ウイルスが感染すると死流産を起こすことから，養豚家にとって被害の大きい伝染病である．豚の死流産予防に馬用の不活化ワクチンが使用されたが，効果が不十分であったため，1965年度からは抗原量を多くした高力価ワクチンが市販された．しかし，複数回の接種が必要なため，より省力的で有効なワクチンとして生ワクチンに期待が寄せられた．

当時，生ワクチンの研究は，組織培養の進展に伴い積極的に行われていた．豚は，日本脳炎ウイルスの増幅動物であることから，豚に使用する日本脳炎生ワクチンは，他のワクチンと異なり公衆衛生に配慮することが求められた．このため，1970年日本獣医学会の家畜家禽生ワクチン協議会において，「弱毒株を生ワクチンとして野外応用する場合の安全性基準」が検討された．その結果，① 10日齢以内の子豚に常用量の10倍量

表 1　1956 年度に使用されていたワクチン

動物種	ワクチン
牛	炭疽二苗（生），気腫疽，破傷風，牛流行性感冒
馬	せん疫，馬パラチフス
豚	豚丹毒（生），伝染性肺炎，日本脳炎，豚コレラ
鶏	鶏痘（生），ニューカッスル病，家禽ジフテリア
犬	ジステンパー（生），ジステンパー，狂犬病

（生）：生ワクチン，他は不活化ワクチン

表 2　ワクチン種類数の推移

年度 / 動物種	1956	1965	1975	1985	1995	2005	増加率[‡]
牛	4	6	10	12	20	24	6
馬	2	3	3	6	4	6	3
豚	4	4	6	9	28	51	13
鶏	3	3	15	19	27	57	19
犬	3	3	5	5	12	15	5
猫*		1	1	2	4	7	7
魚[†]					2	11	6
ミンク		2	1	1	0	0	
カナリア			1	1	0	0	
合　計	16	22	42	56	97	171	11

* 猫用ワクチンの最初は 1965 年度，
[†] 魚用ワクチンの最初は 1988 年度
[‡] 1956 年度（猫および魚は最初に使用された年度）と 2005 年度の比較

を皮下接種しても臨床症状を示さないこと，②妊娠 1 カ月前後の豚に常用量の 10 倍量を皮下接種しても母豚に異常を認めず，胎盤，胎児感染あるいは異常分娩が認められないこと，③ 1 カ月齢の豚に常用量を皮下接種してもウイルス血症が認められないこと，④コガタアカイエ蚊に対する感染性が減弱していること，⑤猿に対する病原性が減弱していること，⑥安定なマーカーがあることが決定された[14]．これらの基準に適合した 4 種類の弱毒株（m，S^-，at および ML-17）による生ワクチンが 1971 年度より順次市販されるようになった．

5．日本におけるワクチンの特徴

1）ワクチンの種類の推移

1956 年度に使用されたワクチンは，表 1 に示すように牛，馬，豚，鶏および犬用の 16 種類であった．炭疽および破傷風ワクチンは，牛以外の家畜にも使用されていたが，便宜上牛用ワクチン，日本脳炎ワクチンは馬および豚に使用されるが豚用ワクチンとして区分した．その後の推移を表 2 に示したが，

表 3　初めて使用された混合ワクチン

動物種	年度	ワクチン名
犬	1960	ジステンパー・犬伝染性肝炎混合生
ミンク	1962	ミンク腸炎，ボツリヌス混合不活化
鶏	1968	ニューカッスル病・鶏伝染性気管炎混合生
豚	1981	豚ヘモフィルス・豚パスツレラ感染症混合不活化
牛	1985	牛伝染性気管炎・牛ウイルス性下痢—粘膜病・牛パラインフルエンザ混合生
猫	1985	猫ウイルス性鼻気管炎・猫カリシウイルス感染症・猫汎白血球減少症混合
馬	2000	馬インフルエンザ・日本脳炎・破傷風混合不活化
魚	2000	ぶりビブリオ病・α溶血性レンサ球菌混合不活化

2005 年度には 171 種類で，その増加率は 11 倍である．特に豚および鶏での増加率が高い．ワクチンの種類の増加要因としては，新たな伝染病の出現，科学技術の進歩によるワクチン化の成功等の他，後述する混合ワクチン等の多様化が挙げられる．

2）混合ワクチン等の多様化

日本における最初の混合ワクチンとしてヨーロッパ製のジステンパー・犬伝染性肝炎混合ワクチンが 1960 年度に承認された．その後，家畜の飼養頭羽数の増大につれ，ワクチン接種の省力化が求められ，混合ワクチンが多用されるようになった．各動物において初めて使用された混合ワクチンを表 3 に示した．1960 年代にはミンクおよび鶏で，1980 年代には豚，牛および猫で，2000 年度には馬および魚で実用化された．

同一の伝染病で，複数の血清型がある場合，それらを混合したワクチンを多価ワクチンと呼ぶが，1981 年度には鶏伝染性

表 4　混合ワクチンの比率

年度 / 動物種	1975	1985	1990	1995	2000	2005
牛	0 (0)	1 (8)	2 (11)	6 (30)	8 (40)	12 (50)
馬	1 (33)	1 (17)	1 (17)	1 (25)	3 (60)	3 (50)
豚	0 (0)	1 (11)	5 (29)	8 (29)	17 (39)	24 (47)
鶏	6 (40)	6 (32)	7 (27)	12 (44)	21 (48)	28 (49)
犬	1 (20)	3 (60)	8 (80)	7 (58)	10 (83)	11 (73)
猫	0 (0)	1 (50)	2 (67)	3 (75)	5 (71)	6 (86)
魚	—	—	0 (0)	0 (0)	1 (25)	3 (27)

( )：%

コリーザA・C型が市販された．1972年度に市販された馬インフルエンザワクチンは，H3とH7を含み，1987年度に市販された豚インフルエンザワクチンは，H1とH3が含まれている．また，鶏のマレック病ワクチンでは，七面鳥ヘルペスウイルスとマレック病ウイルス1型または2型を混合したものや鶏伝染性気管炎ワクチンでは3種類の血清型を混合したもの等が市販されている．

混合ワクチン（多価ワクチンを含む）の比率を表4に示した．鶏では1975年度に既に40%を占めていた．犬および猫では1980年代からその比率が高い一方，牛，馬および豚では2000年代に入ってから約50%となった．

3）油性アジュバント製剤

ワクチン接種の省力化は，ワクチン種類が多くかつ何回も接種しなければならない養鶏家にとって切実な要望であった．コンバイン化以外の方法として実用化されたのが油性アジュバントワクチンで，免疫を長期間持続させるものである．

油性アジュバントワクチンのはしりは，1952年度に開発された落花生油を用いた馬パラチフス不活化ワクチンで，4年間使用された．その後1961年度にはゴマ油に変更した新ワクチンが開発され[15]1970年度まで市販されていた．

1971年度にフロインドの完全アジュバントを用いた豚用の日本脳炎不活化ワクチンが市販されたが，接種がしづらい等の理由から短命に終わった．

その後1990年度に市販されたニューカッスル病油性アジュバント不活化ワクチンが油性アジュバントワクチンのブームに火を付けた．このワクチンは，無水マンニトール・オレイン酸エステル化流動パラフィンを用いたもので，1年間以上の免疫持続を可能にした．現在では，鶏用の不活化ワクチンは油性アジュバント製剤が主流を占め，牛や豚用ワクチンにも応用されている．

油性アジュバントワクチンは，免疫持続に貢献し優れたワクチンではあるが，注射部位における油性アジュバントの残存や炎症反応により接種した家畜を食用に出荷できるまでの期間が長期間に及ぶというデメリットが生じた．この使用制限期間は，鶏用ワクチンでは16～60週間，豚用ワクチンでは3週間～6ヵ月間，牛用ワクチンでは4週間～180日間と製剤により異なるので出荷に当たっては注意しなければならない．

4）輸入ワクチンの増加

日本における最初の輸入ワクチンは，1953年に承認されたアメリカ製のジステンパー生ワクチンであった[15]．

日本におけるワクチンの最近の特徴として輸入ワクチンの増加が注目される．ワクチンの販売高で集計すると，1990年の輸入ワクチンの割合は13%であったものが2005年には39%と3倍に増加している．犬および猫用ワクチンは，以前から輸入ワクチンが多かったが，2005年豚用ワクチンではほぼ半分が輸入ワクチンとなった．なお，現在，馬および魚用ワクチンは国産のみが販売されている（備蓄用のウエストナイルウイルス感染症不活化ワクチンと魚用ワクチンとして最初に承認されたにじますビブリオ病不活化ワクチンはアメリカからの輸入）．

6．ワクチンの果たした役割

日本における伝染病の流行防止や撲滅に，ワクチンが大きな役割を演じたので，代表例として以下の3種類のワクチンを紹介する．

1）狂犬病不活化ワクチン

狂犬病は，1950年に900頭を超える発生があったが，同年犬の全頭にワクチン接種を義務づけた狂犬病予防法が施行され，わずか7年で発生がなくなった．その後，50年以上にわたって狂犬病フリーを維持している．

2）豚コレラ生ワクチン

豚コレラは，1960年代は年間2万頭の発生があったが，生ワクチンが使用された1969年からは激減し，1976年には発生がみられなくなった．2007年4月にはOIEの規約により豚コレラ清浄国と認定された．

3）ニューカッスル病生ワクチン

ニューカッスル病は，1967年には194万羽の発生があったが，生ワクチンの導入により1976年には1万羽台となり，近年では多くの場合ワクチン未接種鶏で散発的な発生が見られるのみである．

7．ワクチン事故

ワクチンは，伝染病の予防に多大な効果をあげるが，接種される動物の健康状態や体質，飼育環境，接種技術の巧拙等により必ずしも100%の個体で有効性が担保されるわけではない．一方，ワクチン自体に問題がある場合は有効性が発揮されなかったり，隠れた疾病を誘発したり，ワクチン株による発病や混入した微生物による発病等のワクチン事故が起きることがある．過去に起きたワクチン事故のうち影響の大きかった2つの事例を以下に紹介する．

1）豚コレラ不活化ワクチン事故

1953年愛知県下で豚コレラ不活化ワクチン（感染させた豚の血液をクリスタルバイオレットで不活化したワクチン）を接種した豚5,518頭中3,785頭が発病し，2,449頭が斃死するとい大事故が発生した．さらにその1ヵ月後，東京，青森，岩手および石川の4都県でワクチン接種した2,400頭中524頭が発病し，465頭が斃死する事故が続発し，畜産界に大きな衝撃を与えた．これらのワクチン事故は，いずれも不活化されていないウイルスが原因であることが判明したが，なぜ国家検定で見つからなかったのかが問われた．調査の結果，事故を起こしたロットは，3～4のサブロットからなっていたが，製造会社での自家検査が全てのサブロットで行われず，かつ最終段階で均質に混合されていなっかたために，不活化されていないウイルスが特定のバイアルに分注されてしまった．さらに国家検定に提出するためのバイアルの抜き取りが偏り，国家検定では異常が見つからず合格とされた[15]．

このワクチン事故は，1948年から開始され定着し始めた国家検定制度を揺るがす事件でもあった．その後，ロット構成の厳格化，自家試験の徹底，検定品抜き取りの改善等が図られた．

2）マレック病ワクチン事故

1974年春以降，全国各地において一部のマレック病生ワクチンを接種したひなに4週齢頃より脚麻痺，発育遅延，羽毛異常（羽の中抜け）を起こすものが多発した．鶏群によっては8週齢までに50％以上が淘汰され，全国での異常鶏は100万羽以上とも言われた．その原因究明のため日本獣医学会微生物分科会にマレック病ワクチン調査委員会が設置され，家畜衛生試験場，動物医薬品検査所等で精力的な試験が行われた．

その結果，原因については①野外の異常鶏の一部から細網内皮症ウイルス（Reticuloendotheliosis virus：REV）が分離されたこと，②異常鶏が多発した鶏群に接種されたマレック病生ワクチンの同一ロットからREVが分離されたこと，③野外鶏およびワクチンから分離したREVをひなに接種すると野外鶏で認められた症状と同一の症状が再現されたこと等からワクチン中に迷入していたREVによるものと判明した[16]．なお，REVがワクチン製造のどの過程でどのように迷入したかについては直接証明されなかったが，製造に用いた培養細胞（アヒル胎児培養細胞，鶏胎児培養細胞）に迷入していたものと推定された．これらの結果を受けて，中央薬事審議会で対策が検討され，マレック病生ワクチンの検定基準等が改正された．その主な点は，①安全試験において初生ひなに接種する量を10羽分から100羽分に増加し，観察期間を3週間から7週間に延長すること，②迷入ウイルス否定試験としてREVの否定試験を追加することであった[17]．

その後，わが国ではREVによるワクチン事故は発生していないが，オーストラリアでは1976年同様のREVによるマレック病生ワクチン事故が発生した[18]．

REVは，1958年に七面鳥から分離されたことが1964年に公表され，1966年にREVと名付けられていたが，野外鶏におけるREV感染症の報告はなく，ワクチン事故が起きるまで鶏に対して危険なウイルスとは認識されていなかった．このため，当時のマレック病生ワクチンを含め鶏用ワクチンの承認申請審査においてREVの迷入否定は要求されず，検定基準にも加えられていなかった．

3）ワクチン事故からの教訓

ワクチンの製造には生物由来の材料を使用するため，特にウイルス性の生ワクチンでは他のウイルス等が迷入する可能性が絶えず付きまとう．REVが迷入したマレック病ワクチン事故は，ワクチン製造とその品質検査に多大な教訓を与えた．この事故以来，製造に用いる動物のSPF化，対象とする迷入ウイルスの追加等が行われるとともに，新たに出現したウイルス等に素早く対応している．現在では迷入ウイルス否定試験として，各動物種の培養細胞や発育鶏卵を用いCPE，血球吸着，血球凝集等を起こすウイルス全般の否定および特定のウイルス否定（REV，鶏白血病，豚コレラ，豚サーコ，牛ウイルス性下痢-粘膜病，牛白血病，犬パルボ，猫汎白血球病減少症，ロタウイルス）が規定されている．

これまでの教訓を生かし，最近明らかとなった犬・猫用生ワクチンに含まれる猫内在性レトロウイルス（RD114）[19]に対して適切な対応が望まれる．

8．ワクチンの品質検査の変遷

ワクチンの開発にはその有効性と安全性を証明するための検査法の開発が必須であり，それらの検査法は，承認された後のロット毎の自家試験や国家検定にも採用される重要なものである．ワクチンの安全性を証明する試験の一つとして迷入ウイルス否定試験については前述したので，ここではワクチンの有効性を証明する力価試験の変遷について紹介する．

1）攻撃試験

ワクチンの有効性を証明する方法として最も正確な方法は，JennerやPasteurが行ったように免疫した個体に強毒株で攻撃し，防御するか否かをみる攻撃試験である．特に動物用ワクチンでは対象動物が使用できることから，強毒株攻撃により再現よく発症・死亡する場合には極めて簡単かつ優れた方法である．現在でもワクチン開発時には必ず試みる方法である．

一方，攻撃試験の短所として，強毒株を取り扱う危険性や抗体フリーで均質な対象動物が多数必要となることが挙げられる．現在においても比較的簡単に入手できる対象動物は鶏のみであり，豚用ワクチンの検査に用いる豚を生産し続けている埼玉県皆野町検定豚飼育組合に農林水産大臣の感謝状が贈られたほどである．

なお，牛および豚用の細菌性ワクチンや日本脳炎不活化ワクチンでは対象動物の代わりにマウスやモルモットを用いた攻撃試験が実施されている．

2）抗体測定試験

攻撃試験は，強毒株や人獣共通感染症の病原体を使用することから，その危険性を排除することが求められる．そこで感染防御と抗体レベルの相関性を調べ，感染防御に必要な抗体価を測定することで攻撃試験の代替とした．抗体測定試験は，牛および豚のウイルス性生ワクチンで採用された．初めは対象動物を使用したが，抗体フリーの動物の入手が困難なことや高価であること等からマウス，モルモット，ラット，ハムスター，ウサギ等の実験小動物へと変遷した．また，抗体測定法も凝集試験，赤血球凝集抑制試験，中和試験が主に行われていたが，近年ではELISA法が多用されている．

3）抗原定量試験

攻撃試験や抗体測定試験は，試験期間が4～7週間と長いこと，動物愛護の関連で動物が使用しにくくなったこと，生きた微生物の取り扱いが危険なこと等からワクチン中に含有する抗原量を直接測定する方法が検討された．この試験法の開発に成功した最初のものは，1996年の狂犬病組織培養不活化ワクチンである．狂犬病ウイルスの感染防御抗原であるG蛋白をサンドイッチ・エライザ法で測定するものであり，その詳細は他書[20]に譲るが，攻撃試験や抗体測定試験の短所を全てクリアーし，2日間という短期間で終了する極めて画期的な力価試験法である．本法の開発により，検査が簡便になっただけでなく，製造工程で頻繁に力価が測定でき，その結果を直ちに製造に反映させることができるようになった．

2000年代に入り抗原定量試験を採用するワクチンが承認されるようになり，今後増加するものと思われる．なお，抗原定量試験では参照ワクチンを事前に設定しておき，その抗原量とワクチン製造ごとのロットの抗原量を比較して判定するので，しっかりした参照ワクチンが必要となる．

一方，不活化ワクチンの抗原定量試験が力価試験の代わりになるのであれば，生ワクチン中に含有する細菌数やウイルス量を測定することで力価試験の代替になるとの考え方が生じた．このような考え方の基で2006年豚コレラ生ワクチンおよび豚丹毒生ワクチンの力価試験が削除されたが，動物用生物学的製剤基準の中にそれらの製造用原種ウイルスおよび原種菌の規格として力価試験が規定されているという特殊な事情がその背景にあった．

なお，人用の麻疹生ワクチンではウイルス含有量試験が力価試験と呼ばれている．今後，動物用ワクチンのシードロット化が定着すれば，生ワクチンの力価試験を実施する必要がなくなるものと思われる．

参考文献

1. 藤野恒三郎ら（1985）：微生物学の一里塚，163-168, 169-176, 近代出版.
2. 葛西勝弥（1935）：中央獣医学雑誌，48, 245-259.
3. Mikesell, P. et al.（1983）：*Infect Immun*, 39, 371-376.
4. 添川正夫（1979）：動物用ワクチン，38-50, 80-91, 105-114, 184-188, 文永堂.
5. 中村稕治（1973）：最新家畜伝染病，125-138, 南江堂.
6. 中村稕治ら（1938）：日獣会誌，17, 185-204.
7. Nakamura, J and Miyamoto, T（1953）：*Amer J Vet Res*, 14, 307-317.
8. 押田徳郎・陶山　矯（1915）：中央獣医会雑誌，28, 528-541, 642-657.
9. 梅野信吉・土居良照（1918）：細菌学雑誌，274, 510-516.
10. 近藤正一（1921）：獣疫調査所研究報告，4, 29-46.
11. 沢田　実（1979）：日獣会誌，32, 698-705.
12. 佐藤静夫（2003）：日本獣医史学雑誌，40, 1-30.
13. 奥野良臣（1987）：ワクチン学，1-16, 講談社.
14. 倉田一明（1980）：日獣会誌，33, 85-87.
15. 蒲池五四郎ら（1982）：家畜衛生史，775-784, 834-842 日本獣医師会.
16. 湯浅　讓（1980）：日獣会誌，33, 54-60.
17. 佐々木英治（1975）：日獣会誌，28, 561-566.
18. Jackson, C.A.W. et al.（1977）：*Aust Vet* J 53, 457-459.
19. Miyazawa, T. et al.（2010）：*J Virol* 84, 3690-3694.
20. 平山紀夫（1997）：微生物の世界，203-224, 養賢堂.

（平山紀夫）

2 感染症に対する生体防御とワクチン

多くの動物は，細菌やウイルスなどに感染しても病気にならないし，たとえ発病しても比較的短期間に治癒する場合が多い．これは生体が微生物を排除する免疫をもっているからである．免疫系は生体の正常な営みを守るために，生体内に侵入してきた微生物を自分とは異なる分子（非自己；not self）として認識して排除するシステムである．免疫には，自然免疫といって好中球やマクロファージなどの食細胞を主体とした病原体に対する初期の生体防御反応と，T，B細胞を主体とした感染後期のきわめて特異性の高い獲得免疫がある．動物は自然免疫と獲得免疫の組み合わせで体内に侵入する多くの病原微生物を排除している．獲得免疫では抗原特異的なリンパ球が体内で長期間維持され，ふたたび同じ病原体の侵入に際して直ちに強い免疫応答を起動する．この現象を免疫記憶と呼び，ワクチンは抗原を接種することで動物に人工的に免疫記憶を誘導し，病原体感染に対して素早く応答しようとするものである．

I．動物の免疫系

人々は，一度ある伝染病に罹って回復すると再び同じ伝染病にかからないこと，いわゆる“二度なし”現象を昔から経験的に知っていた．この“二度なし”現象を医療に用いたのがJennerとPasteurである．彼らによって始まった“ワクチンによる予防接種法”は，同時に我々の体に備わる病原体に対する免疫，学問としての免疫学を生み出した．動物は伝染病の原因である微生物を認識して排除し，再度の感染に対して特異的な備え，免疫を準備する．

ワクチンを考える上で動物がどのように感染症から身を守っているのかを知ることが重要である．免疫系は自然免疫と獲得免疫とに大別され，それらによる生体防御から述べる．

1．自然免疫と獲得免疫

病原微生物（細菌，ウイルス，原虫，真菌など）の侵入に対する防御機構としては，生まれながらに生体に備わっていて，感染後直ちに誘導されて数日間働く自然免疫（innate immunity）と，感染数日後から働く獲得免疫（acquired immunity）に分けられる．自然免疫は無脊椎動物にも広くみられるが，獲得免疫は脊椎動物になり確立された．自然免疫は，哺乳類でも，獲得免疫がまだ十分に成熟していない新生子での生体防御の中心となる．自然免疫ではパターン認識といわれる方法で，動物に存在しない病原体特有の分子構造を広く認識する．一方，獲得免疫の認識機構は，鍵と鍵穴に例えられるようにきわめて厳密で特異性が高い．

1）自然免疫

病原微生物の体内侵入を防ぐものとして皮膚や粘膜があり，体内に侵入した微生物に対しては正常細菌叢などがバリアーとして働く．自然免疫に関わる液性因子としては，リゾチーム，トランスフェリン，ラクトフェリンなどに加え，補体の活性化がたいへん重要である．補体は異物，とくに細菌との出会いによってはじめて活性化され機能を発揮する．感染初期のまだ抗体が産生されていない時期には，侵入してきた細菌表面のリポ多糖体（LPS）などにより刺激される補体第二経路や細菌表面に結合したマンノース結合レクチンなどが関与するレクチン経路によって補体が活性化される．活性化補体のC3bは，オプソニンとして菌体表面に付着して食細胞，特に好中球の貪食を助ける．一方，活性化補体のC3a，C5aは組織内の肥満細胞からヒスタミンを放出させて，血管の透過性を亢進させる．その結果，血管内の好中球や単球が血管外に遊出し，さらに走化因子であるC5aによって細菌感染局所に好中球が遊走してゆく．補体は次々に活性化されて最終的にC5b-9複合体（膜侵襲複合体：MAC）となり，菌体細胞壁に筒状の穴をあけて溶菌する．自然免疫に関わる細胞としては，食細胞の好中球，マクロファージ（Mφ）に加え抗原提示を行う樹状細胞（DC）がある．末梢血中での好中球の寿命は1日以内であり常に骨髄から供給され，一方，Mφの寿命は1日から数ヵ月と好中球に比べ長い．しかし，殺菌活性は，好中球の方がずっとすぐれている．MφやDCが異物を認識するのは，獲得免疫のT細胞，B細胞のように厳密なものではなく，パターン認識と呼ばれる方法による．MφやDCは，pattern-recognition receptors（PRRs）と呼ばれるレセプターを介して，宿主には存在しない病原体特有の分子構造や，種々の病原体に共通な構造（pathogen associated molecular patterns, PAMPs）を認識する[1]．PAMPsとしては，グラム陰性細菌のLPS，グラム陽性細菌のテイコ酸，マイコバクテリアのリポアラビノマンナン，あらゆる細菌に見い出されるペプチドグリカン，酵母のマンナンなどがあげられる．食細胞のPRRsとして，TLR（Toll-like receptor），RIG-like receptor，Nod-like receptorなどがある[2]．このうちTLRが最もよく解明されている．Toll遺伝子とは，元来，ショウジョウバエの発生過程で背腹軸の決定に関わる遺伝子として同定されたものである．この遺伝子の欠損したハエでは，個体発生に異常があるばかりでなく，真菌や細菌に易感染性を示したため[3]，

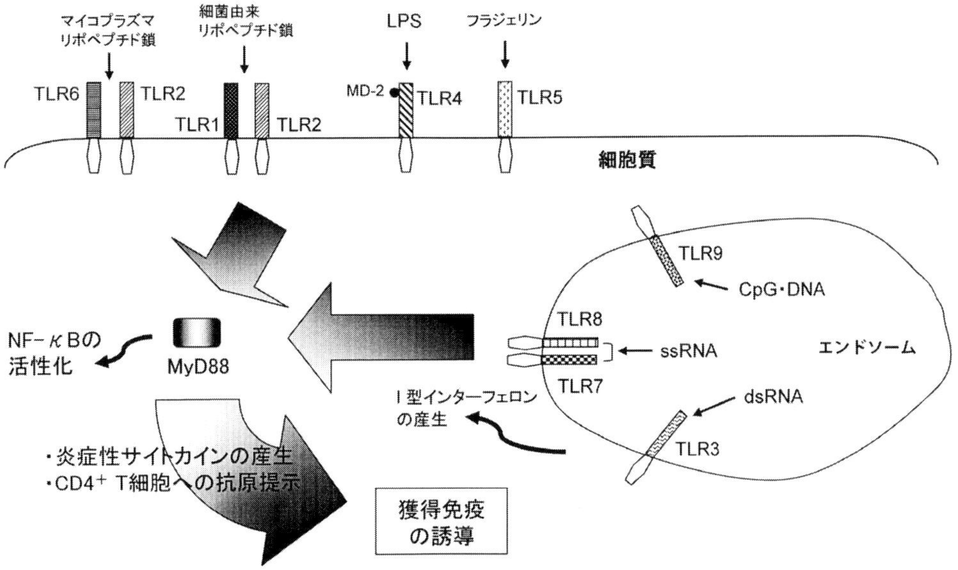

図 1　TLR 分子による病原体のもつ PAMPs の認識と獲得免疫の誘導

TLR1，TLR2，TLR4，TLR5 および TLR6 は，樹状細胞などの細胞膜に，TLR3，TLR7，TLR8 および TLR9 はエンドソームに発現している．TLR により病原体に共通な構造（PAMPs）を認識すると MyD88 などを介して炎症反応そして獲得免疫が誘導される．

コードする分子（Toll）についての研究が進められた．そして，マウスやヒトにも Toll と類似の分子が存在し，これが食細胞の細胞膜やエンドソームに発現しており（Toll-like receptor, TLR），自然免疫系の活性化を誘導することが明らかとなってきた（図 1）．TLR は複数知られており（TLR 1 ～ 12），異なる病原体が共通に有する表在分子パターン（PAMPs）を認識する．これをパターン認識といい，TLR は多様な病原体の侵入に対して第一線での防御に重要な役割を担っている．例えば，TLR4 はグラム陰性菌の細胞壁外膜を構成する糖脂質である LPS を認識する．TLR2 は TLR1 や TLR6 と共役してグラム陽性菌のペプチドグリカン，リポタイコ酸，ならびにマイコプラズマ，真菌，結核菌の認識に関わっている．一方，ウイルス感染に対しては，TLR3 が RNA ウイルスに関わる二本鎖 RNA を，TLR7 はウイルスの一本鎖 RNA を認識する．TLR9 は原核生物やウイルスが有する非メチル化 CpG-DNA を認識する．このように DC や M φが TLR などの PRRs を介して病原体を認識して活性化することが，T 細胞の活性化や獲得免疫の誘導，免疫記憶の維持に必須であることが明らかになってきた[4]．

食細胞や DC の他，自然免疫に関係するリンパ球として NK 細胞，γδT 細胞などがある．ウイルスや細菌感染により細胞表面の形質が変化すると，数分のうちに NK 細胞が出て感染した細胞を殺し排除する．表面に γδT 細胞受容体（TCR）を発現する γδT 細胞は，胸腺内分化する αβT 細胞と異なり，主に胸腺外で分化して，その多くは皮膚や腸管の粘膜壁に分布して，細菌由来のリン脂質を主要組織適合抗原（MHC）非拘束性に認識している．

2）獲得免疫

獲得免疫とよばれる T 細胞依存性の免疫応答は，抗原提示細胞（APC）による MHC 分子と抗原ペプチド結合体の T 細胞への提示により開始される．獲得免疫に関わる細胞群としては APC，T 細胞（αβT 細胞），B 細胞（B-2 細胞）がある．

APC には，B 細胞，M φ，DC が含まれるが，DC が最も重要である．獲得免疫は APC が抗原情報を CD4^{+}のヘルパー T（Th）細胞に提示することにより，スタートする．表皮や粘膜固有層に分布する DC のランゲルハンス細胞は未熟の時（未熟 DC），病原微生物を取り込み，消化分解を行うが抗原提示能，ならびに T 細胞活性化能は低い．一方，リンパ器官に存在する成熟 DC はほとんど食作用能をもたないが，強い T 細胞活性化能を持っている．未熟 DC の成熟には，細菌の LPS やウイルス由来の CpG モチーフ，二本鎖 RNA の刺激のみならず，炎症反応により組織細胞から産生される TNF α や IL-1 などのサイトカインも関与する．すなわち，未熟 DC は末梢非リンパ系器官で抗原を取り込み，消化して適当な大きさに処理する（これを processing と呼ぶ）．そして，リンパ組織 T 細胞領域へ移動する間に刺激を受けて成熟し，成熟 DC としてリンパ組織で T 細胞に抗原提示を行う．

成熟 B 細胞が抗体産生細胞となるには，一般に Th2 細胞の補助が必要である．B 細胞は表面に表出された B 細胞レセプター（表面免疫グロブリン）で抗原を捕捉して細胞内に取り込み，processingを行う．processingされたペプチドは，MHCクラスII分子と結合してB細胞表面に発現される．このMHCクラスII分子とペプチドの複合体が$CD4^+$のTh2細胞のTCRと結合することにより抗原提示がなされ，Th2細胞より各種サイトカインが放出される．その刺激を受けてB細胞が活性化され，抗体産生細胞へと分化してゆく．この間にIgMからIgG，IgA，IgEというように産生される抗体のクラスが転換する（これをクラススイッチとよぶ）．

T細胞はα鎖とβ鎖，あるいはγ鎖とδ鎖からなる2種類の抗原レセプター，TCRをもつ．胸腺内で分化するαβT細胞は，抗原特異性とMHC拘束性を持ち，獲得免疫の主役を荷う．T細胞は，病原微生物のペプチドそのものは認識できないが，自分のMHCの溝に載ったペプチドを認識し，免疫を誘導する．すなわちTCRは自己のMHCとペプチドの複合体を認識する．これをMHC拘束性と言う．このMHC拘束性のために，同じワクチンを接種しても，各個体がもつMHCが違うことで，ある個体ではよく効くワクチンが，他の個体ではほとんど効果がない，といったことが起こりえる．

αβT細胞は，CD4分子を表出したTh細胞とCD8分子を表出したキラーT（Tc）細胞に分けられる．Th細胞はさらに産生するサイトカインの種類の違いからTh1とTh2に分けられる．Th1細胞はIL-2やIFNγを産生し，主に細胞性免疫に働くのに対してTh2細胞はIL-4, 5, 6, 10などを産生し，B細胞が抗体産生細胞（形質細胞）になるのを補助する．最近，Th1, Th2に加えてIL-17を産生するTh17[5]や免疫抑制的に働く制御性T細胞（Treg）[6]も注目されている．Th17細胞は，細胞外細菌や真菌の排除に重要である一方，Th17細胞の行き過ぎた応答が自己免疫疾患であるリウマチやクローン病の病態に関与している．

（1）粘膜における免疫

気道や消化管の粘膜は多くの微生物の侵入門戸であり，腸管粘膜面では病原微生物の侵入に際し，非特異的防御がなされる．何らかの機序で病原微生物が腸管粘膜に付着したとき，腸内の正常細菌叢により病原微生物の爆発的な増殖は抑えられる．しかし，病原微生物がこれをのりこえ増殖しパイエル板のM細胞を介し粘膜固有層に侵入した場合には，分泌型IgAが産生され，これを排除する．

微生物の粘膜からの侵入に対する防御機構として，パイエル板など腸管にみられるリンパ装置を消化管関連リンパ組織（gut associated lymphoid tissue, GALT），扁桃など気道の粘膜下にみられるリンパ装置を気管関連リンパ組織（bronchus associated lymphoid tissue, BALT）がある．気管，消化管，泌尿生殖器系の粘膜面には，外来抗原に対し生体を防御するために分泌型IgAを主体とする強力な粘膜免疫機構が存在する．分泌型IgAは分泌物の付着した2量体で，血清中のIgAとは異なる構造をしており，唾液，鼻汁，涙，乳汁，気管支粘液，腸管粘液などの外分泌液中にもっとも多く含まれる．

2．新生子の感染症防御

1）母子免疫

新生子は無菌的状態の子宮から外界に出ることにより，多くの病原体に直面する．新生子は成獣と同様の免疫応答能を持つが，その能力は成獣に比べ比較にならないほど弱い．そこで生まれたばかりの新生子を感染症から守る機構に母子免疫がある．母子免疫とは母親の持つ免疫能をその子に授けることを言うが，多くは抗体移行を指す．

母親のもつ免疫抗体を子供に授ける様式には，人，猿，兎などのように胎子期に胎盤を介して移行させるもの，牛，羊，豚，馬などのように生後母乳を介して授けるもの，犬や猫のように胎子期に一部とさらに哺乳期に母乳を介して授けるものがある．

牛，豚，馬などの有蹄類では出生時には免疫抗体がない状態で生まれるが，生後すぐに初乳を飲むことにより母親からの移行抗体を得る．新生子では胃内の消化酵素の作用が弱いことと，初乳中のトリプシン阻害作用により，初乳中に含まれる移行抗体が分解されずに小腸に達する．そこで初乳中の抗体は極めて高い吸収効率で小腸粘膜上皮から分解されずに取り込まれ，血管へ移行して新生子の抗体となる．その結果，初乳を飲んだ新生子は，1日以内に母親と同等かそれ以上のレベルのIgG抗体を得る．表1に初乳中の免疫グロブリンの新生子牛血清中への移行を示す．この腸管からの抗体の吸収は出生後約36時間

表1　初乳中の免疫グロブリンの子牛血清への移行（Moller, 1978）

時期	IgG_1	IgG_2	IgM	IgA	総量
哺乳前	0.32	0	0.36	0.06	0.74
哺乳後					
6時間	0.32	0	0.36	0.06	0.74
10時間	12.00	0.77	2.25	2.80	17.82
14時間	16.50	1.02	3.26	6.34	27.12
1日	20.10	1.62	4.62	5.40	31.74
3日	18.92	1.31	3.47	1.89	25.59
7日	12.22	0.92	1.51	0.51	15.16
14日	15.24	0.99	1.37	0.38	17.98
21日	12.85	1.11	1.94	0.32	16.22

母牛の血清中の濃度はIgG_1(11.0), IgG_2(7.9), IgM(2.6), IgA(0.5)であり，IgG_1だけをみると新生子牛はほぼ10時間で母牛血清レベルに達しており，1日目には母牛の血清レベルの約2倍の抗体を得たことになる．（表中の数字は平均濃度（mg/mL）を示す．）

で停止し（これを “gut closure” と呼ぶ），それ以降の乳汁中の免疫グロブリンは腸管から吸収されず子牛の血中抗体とはならない．初乳 IgG の吸収は有蹄類の新生獣の感染防御にとって必須であり，例えば，新生子牛の場合，血中 IgG1 濃度が 7.5g / L 以上であると新生子牛の全身感染は防御される．しかし，初乳の吸収不十分などの理由でこの濃度が 5g / L に下降すると局所感染がおきやすくなり，0.8g / L 以下のレベルでは全身感染で死亡するといわれている．

初乳中に含まれる免疫グロブリンの大半（70 ～ 90％）は IgG である．初乳から常乳に移行するのにともない，含まれる免疫グロブリン比も変化する．人や霊長類では胎子期に母親と同レベルの IgG 抗体を得るため，初乳，常乳とも IgA が主体となり腸管での局所免疫に役立っている．有蹄類の初乳では，IgG が主体であるが，常乳への移行にともない，豚，馬では IgA が主体となる．一方，牛では初乳，常乳ともに IgG1 が主体である．犬，猫の初乳では IgG が主体であり，常乳になると IgA が主体となる．

これらの移行抗体の抗体価は時間とともに減少し当初のレベルの 1 ～ 3％にまで減少するのは，犬と猫で約 30 日，羊で 40 日，豚で 60 日，牛で 100 日であり，馬で最も長く 115 日目である．

2）新生子の免疫系の発達

初生時に免疫系が未熟な新生子は免疫系が成熟するまでの間，親からの母子免疫（移行抗体が主体）と移行抗体が切れる時期にワクチン接種して感染症を予防する．感染症予防のためにワクチン接種は重要であるが，移行抗体がワクチン効果を干渉する原因となることがあるため，ワクチンは適切な時期に接種されなければならない．以下に新生子の免疫機能の未熟さとその発達について述べる．

新生子は成獣に比べ免疫応答能が未熟である．それゆえ，出生直後の感染症の防御に移行抗体が重要となる．新生子の免疫応答能が成獣レベルに達するのは，牛でほぼ 6 ヵ月，犬で 3 週ぐらいと言われている．新生子の免疫応答能がどのように未熟なのか，比較的よく調べられている子牛を中心に述べ，犬，猫についてもふれる．

牛の末梢血単核球に占める各細胞の比率は年齢ならびに個体によって異なるが，成牛では単球がほぼ 8％，B 細胞が 20％，αβT 細胞のうち $CD4^+$ は 25 ～ 35％，$CD8^+$ は 15 ～ 25％，γδT 細胞は 15％，Null 細胞は 5 ～ 10％である．年齢による T 細胞の変化をみると，興味深いことに，出生直後の子牛では αβT 細胞が 24％に対して γδT 細胞は 39％と，γδT 細胞の比率が高い．5 ヵ月齢でやっと αβ T 細胞 が γδ T 細胞より多くなる．牛と同様に羊，豚，鶏でも，マウスや人に比べて新生子の γδ T 細胞の割合が極めて高い．γδ T 細胞は，主に無毛部の皮膚の表皮や粘膜ならびに消化管上皮内に分布しており，粘膜上で細菌等の微生物感染を排除しているのではないか，と考えられている．

反芻獣は自然状態下で，粘膜表面からの病原微生物の侵襲を，人に比べてより受けやすい．それにもかかわらず出生時には血中抗体を持たず，生後初乳を介して初めて抗体を受けとる．新生子の αβ T 細胞は機能的には未熟であり，αβ T 細胞の機能が十分発達するまでの間，γδ T 細胞による自然免疫が，幅広い病原微生物に対応し，重要な働きをする．

胸腺を経て末梢に出た αβ T 細胞は，初めは抗原暴露を受けていない未熟なナイーブ T 細胞（あるいはバージン T 細胞）である．ナイーブ T 細胞は微生物の侵入の際，それをとらえた APC から抗原情報を得ることにより，抗原特異的に増殖して記憶 T 細胞（あるいはメモリー T 細胞）となる．そして記憶 T 細胞の一部はそのままリンパ節にとどまり，一部は全身をめぐり，再度の病原体の侵入に対して速やかに反応し，排除する．新生子牛での免疫応答の弱さは，そのリンパ球の大部分がナイーブ T 細胞からなることによるもので，そのことがリンパ球の未熟性の免疫学的背景となっている．生後，ナイーブ T 細胞は多くの微生物感染に際し，対応抗原と反応して記憶 T 細胞へと分化，増殖し，日齢とともにリンパ球機能が成熟していく．

表 2　ナイーブ T 細胞とメモリー T 細胞の機能

	牛		人	
	ナイーブ	メモリー	ナイーブ	メモリー
マイトージェンの反応[1]	＋＋＋	＋＋＋	＋＋＋	＋＋
抗原特異増殖反応[1]	－	＋＋＋	－	＋＋＋
サプレッサー活性[2]	あり		＋＋＋	±
ヘルパー活性[3]	不明		－	＋＋＋
サイトカイン産生能[4]				
IL2	＋＋＋	＋＋＋	＋＋＋	＋＋
IL4	－	＋＋＋	－	＋＋＋
IL5	不明		－	＋＋＋
IFNr	－	＋＋＋	－	＋＋＋
GM-CSF	不明		－	＋＋＋

[1] T 細胞マイトージェンに対してはナイーブ T 細胞もメモリー T 細胞も同様に反応する．しかし，抗原特異的な反応をみると，ナイーブ T 細胞はほとんど反応しないが，メモリー T 細胞はよく反応する．すなわち抗原特異反応に差を認める．

[2] 子牛では生後 20 日齢までのリンパ球は成牛 B 細胞の抗体産生を強く抑制し，このサプレッサー活性は 40 日齢ぐらいまで続く．

[3] B 細胞を抗体産生細胞にまで導くヘルパー機能は，$CD4^+$T 細胞の作用であり，ナイーブ $CD4^+$T 細胞にはヘルパー活性はみられない．

[4] ナイーブ T 細胞では IL2 以外のサイトカイン産生は認められない．

GM-CSF：granulocyte monocyte - colony stimulating factor

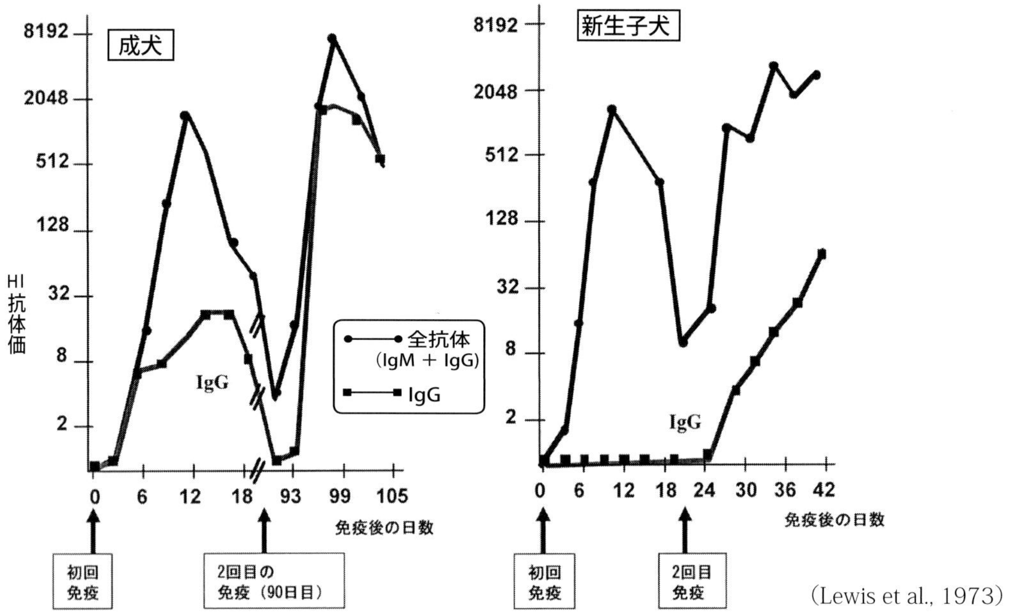

図 2　成犬と新生子犬での羊赤血球に対する抗体産生

生後 2 時間の新生子犬と成犬を羊赤血球で免疫した場合，ともに 3 日後に IgM 抗体が検出され，その抗体価は 9 日目にピークとなった．ピーク時の抗体価は新生子犬と成犬で差を認めなかった．一方，IgG 抗体については初回免疫ならびに 2 回免疫後において新生子犬で顕著な抑制が認められた．

ナイーブ細胞と記憶 T 細胞では，白血球共通抗原である CD45 のアイソフォーム（CD45RA，CD45RB，CD45RC，CD45RO などがある）の発現様式が異なる．2 ～ 5 週齢の子牛では CD4 か CD8 のいずれかが陽性の T 細胞の実に 85％もがナイーブ T 細胞である．記憶 T 細胞の割合は年齢が進むにつれて増加し，2 ～ 5 歳で $CD4^+$T 細胞では記憶 T 細胞が優位となる．ナイーブ T 細胞と記憶 T 細胞の機能の違いを表 2 に示す．この表から，牛と人の新生子では $CD4^+$か $CD8^+$の T 細胞の大部分を占めるナイーブ T 細胞が，特異抗原に対する反応性に乏しく，サイトカイン産生能も IL-2 以外は非常に低いことがわかる．また，B 細胞の抗体産生細胞への分化を補助する機能（ヘルパー活性）も示さない．加えてこのナイーブ T 細胞はサプレッサー活性が強く，これが新生子の免疫反応を抑制する[7]．

一方，新生子の B 細胞も，大部分が抗原に暴露されていないナイーブ B 細胞からなっており，IgM は産生するが IgG や IgA の産生能はきわめて悪い．しかし，新生子の B 細胞に IL-2，IL-4，IL-6 などを添加して培養すると，IgM に加えて IgG や IgA の産生がみられる．これは新生子のナイーブ T 細胞が，B 細胞のクラススイッチに重要なサイトカインである IL-4 や IL-6 を十分に産生できないことによる．

子犬（猫）でも他の哺乳動物と同様，新生子の免疫応答能は成犬（猫）に比べ劣る．抗体産生能についてみると子犬では IgM 産生は出生直後の子犬も成犬とさほど差をみとめないが，IgG 産生では明らかに成犬と比べ低下している（図 2）．子犬も子猫も IgM 産生は，生後かなり早期からみられるが，IgG や IgA 産生は成犬（猫）に比べ劣る．それは新生子犬（猫）では IgM から IgG や IgA へのクラススイッチに関わるヘルパー T 細胞の機能が成熟していないためではないかと考えられる．犬も猫も移行抗体として母親から得た抗体は徐々に消失し，かわって自分で抗体を産生しはじめることにより感染症から防御している．これにより生後 4 ～ 8 週から血中 IgG 濃度は上昇し始め，生後 16 週ほどで成犬（猫）とほぼ同レベルとなる．新生子の移行抗体が消失して感染への防御能が失われる時期は自分で抗体を産生し始める時期と重なっており，この時期にワクチンを接種して防御能を付与する必要がある．

Ⅱ. 感染症に対する生体防御

生体防御というと，主に獲得免疫を担う T 細胞，B 細胞によってなされていると考えがちである．しかし，T 細胞や B 細胞が集団として無限に近い病原体の抗原に対応できるという事実は，逆に，ある病原体に対して特異性をもつリンパ球はきわめて少ないことを意味する．体の中に存在する抗原特異的なリンパ球は，数 100 個か，数個しかないかもしれない．したがって，細菌やウイルスに感染した時，その病原体に特異的なリン

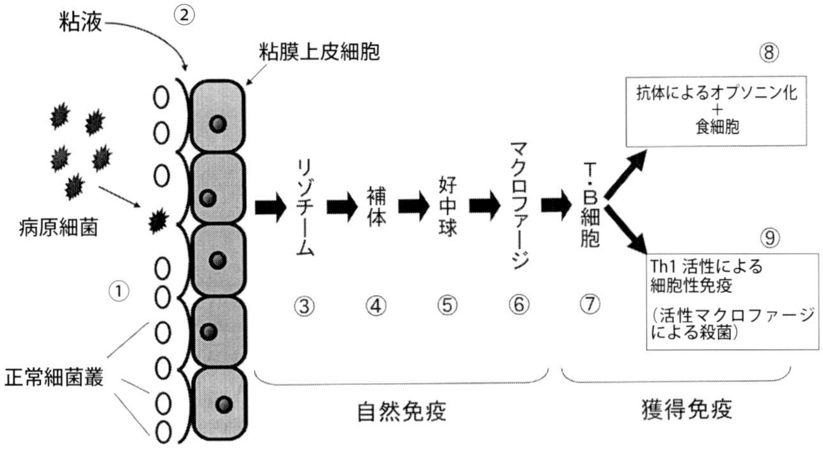

図３　粘膜から侵入した細菌に対する防御

パ球クローンの増殖を待って，初めて獲得免疫が働きを示す．しかしクローン増殖を待っていたのでは，宿主は病原体に勝てない．実際には細菌などの感染直後には食細胞，補体やケモカインといった自然免疫で多くが防御されている．また無脊椎動物における防御の主役は，哺乳動物の自然免疫にあたる食細胞と補体系である．自然免疫で対応できない病原体，例えば細胞内寄生性の病原体などに対しては獲得免疫の誘導を待って排除する．細菌やウイルスが粘膜から体内に侵入した時，生体側のどのようなバリアーで，どのように免疫系で排除するのか，まずII-1の項で全体像を述べる．次いでII- ２，II- ３の項で具体的に自然免疫，獲得免疫でどのように病原体を排除するかを説明する[8]．

1．微生物感染に対する生体側の自然免疫から獲得免疫に至る連続的なバリアー

微生物感染に対する生体防御には，体表での侵入阻止と，体内に侵入してからの組織内での処理がある．また，細菌，真菌，原虫のようにそれ自身で増殖できる微生物に対する生体防御と，ウイルスのように細胞に感染し，その細胞の代謝系を借りて増殖する場合とでは防御方法が大きく異なる．以下，細菌感染とウイルス感染に対する生体側のバリアーについて説明する．

１）粘膜からの細菌感染に対する連続的バリアー

病原微生物は様々な侵入門戸から動物体内に侵入するが，そのほとんどは呼吸器や消化器などの粘膜からである．図３に腸管粘膜から侵入した細菌に対する生体側の連続的なバリアーを示す．以下，図３の①～⑨について説明する．まず，腸管腔内に常在する非病原性の正常細菌叢 ① が，病原細菌の定着・増殖を阻害する．また，粘稠度の高いムチンで覆われた粘液層 ② が，病原細菌の侵入を阻害している．これを突破すると血清や体液中に存在するリゾチーム ③ が，グラム陽性菌の細胞壁を破壊することにより殺菌する．一方，リゾチームに抵抗性を示す細菌に対しては，補体 ④ が活性化されて食菌，殺菌，溶菌等の防御にあたる．活性化された補体成分の C5a は好中球走化性因子として働き，好中球 ⑤ が集合して殺菌が行われる．また，血管内皮細胞などから産生されるケモカインの刺激を受けて血中の単球が血管外へ移行，感染局所に浸潤し，M φ ⑥となって食菌と殺菌を行う．最後に食菌した M φ や DC が APC として $CD4^+$の Th 細胞に細菌の抗原情報を提示することにより獲得免疫 ⑦ が誘導され，抗体によるオプソニン化菌体の食細胞による貪食⑧，活性化マクロファージによる殺菌⑨などで細菌を排除する．

２）粘膜からのウイルス感染に対する連続的バリアー

一方，細胞内でその代謝系を借りて増殖するウイルスの場合には細菌感染とは異なり，自然免疫による防御には限界がある．以下，図４の①～⑥について説明する．粘膜上皮の機械的バリアー ① を通過したウイルスは感染局所で増殖する．ウイルス感染細胞から産生されたインターフェロン（IFN）α，β②は，ウイルス増殖を抑制する．さらに，IFN α，βの刺激をうけて活性化された NK 細胞はウイルス感染細胞を破壊するとともに IFN γを産生し，M φを活性化する ③．獲得免疫 ④ が成立すると，産生された抗体 ⑤ によりウイルスの標的細胞へ感染阻害が起こる．すなわち IgG は中和抗体としてウイルスの体内伝播を阻止し，分泌型 IgA は粘膜上皮からのウイルス侵入を阻止

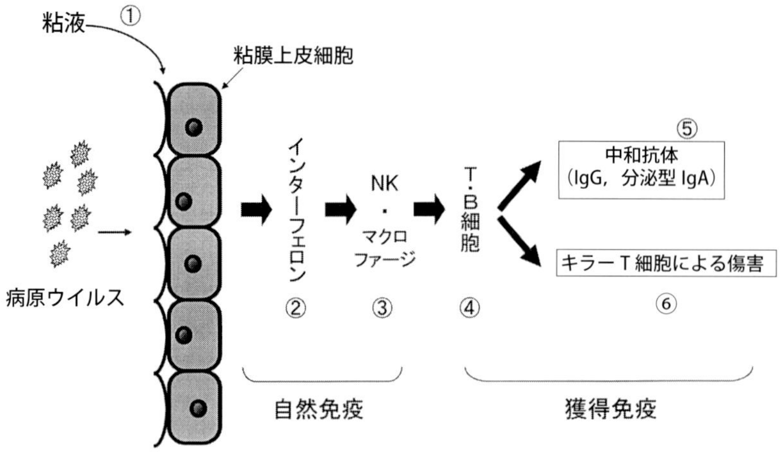

図4　粘膜から侵入したウイルスに対する防御

する．抗体以外のウイルス感染に対する強力な生体防御として，$CD8^+$のキラーT（Tc）細胞 ⑥ によるウイルス感染細胞の細胞傷害作用がある．

2．自然免疫による病原体の排除

細菌のようにそれ自身で増殖できる病原体に対する自然免疫は，補体などの液性因子との協力で食細胞が重要な働きをする．細菌が侵入すると，まず2時間ほどで好中球が浸潤する．M ϕの浸潤・食菌はそれより遅れ，6時間後ごろから検出され，ピークは約24時間後である．これに対して，ウイルス感染に対する自然免疫はIFN-α，-βとNK活性が重要である．

獲得免疫が誘導されるのは数日後のことであり，それまでの間，自然免疫で防御する．

1）細菌に対する感染初期の防御

粘膜上皮を突破して侵入した細菌に対して抗微生物作用を示す体液性防御因子として，リゾチームやトランスフェリンがある．リゾチームはグラム陽性菌の細胞壁ペプチドグリカンの成分であるN-アセチルグルコサミンとN-アセチルムラミン酸の間の結合を切り，殺菌あるいは溶菌する．リゾチームのみで殺菌される細菌はごく少数であるが，リゾチームは体液中で種々の因子と共同して殺菌や溶菌を行う．トランスフェリンは細菌の増殖に必要な遊離の鉄イオンを捕捉するため，通常，細菌は体液中では増殖できない．しかし，多くの病原細菌，特にブドウ球菌，肺炎球菌，大腸菌などの化膿菌は殺菌物質には抵抗性であるが，食細胞（特に好中球）の食作用と殺菌作用によって処理される．食細胞が病原微生物を認識するためには，前述したように補体の活性化が必要である．活性化された補体成分のC3bはオプソニンとして食細胞の排除を助け，C5aは走化因子として好中球などの感染局所への遊走を促進させる．

細菌のようにそれ自身で増殖できる病原体に対する自然免疫としては，補体などとの協力で食細胞が重要な働きをする．これに対して，獲得免疫が誘導されるのは数日後のことであり，細菌感染に対する初期の自然免疫がいかに重要であるか理解できよう（図5）．

2）ウイルスに対する感染初期の防御

ウイルス感染細胞の排除には獲得免疫である$CD8^+$のTc細胞がもっとも有効であるが，獲得免疫が誘導される前の段階（自然免疫）ではIFNとNK細胞が重要である．IFNの産生は，ウイルス感染サイクルの過程で作られる二本鎖RNAによって誘導される．ウイルス感染を受けた線維芽細胞や上皮細胞からはIFN βが，M ϕやリンパ球からはIFN αが産生され，ウイルスの複製を抑制する．IFNの作用を受けた細胞では蛋白合成開始の阻害，リポソームの崩壊が生じ，ウイルスの複製阻害がみられる．IFNは，感染細胞のみならず，未感染細胞でもウイルス感染が阻害される．IFNはこの他に，NK細胞を活性化させ，活性化したNK細胞はウイルス感染細胞を破壊する．

3）自然免疫から獲得免疫へ

(1) 感染局所にみられる初期の防御反応

病原微生物感染に際して感染局所で炎症反応が起こる．急性炎症の場では，まず好中球の浸潤がみられ，遅れてM ϕが検出される．これら食細胞の誘導はケモカインによってなされる．ケモカインは，食細胞とリンパ球の遊走と活性化に関わるサイトカインであり，IL-8や単球走化因子（MCP-1）がある．実験的にLPS刺激で誘発した炎症の例では，刺激後2時間で好中球浸潤がみられ，9時間でピークに達する．一方，M ϕは，4時間後から検出されはじめ，24時間でピークに達する．LPS

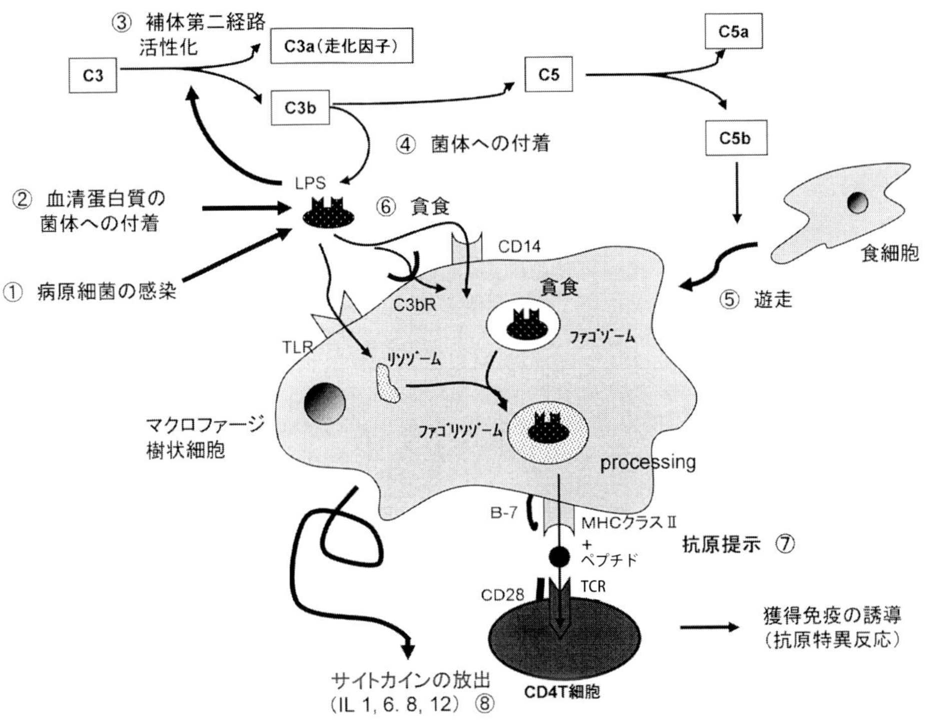

図 5 細菌感染における自然免疫から獲得免疫への橋渡し

病原細菌の感染①が起こると，まず血清蛋白質が菌体表面に付着し②補体第二経路を活性化すること③から始まる．活性化されたC3b が菌体に結合し④，同時につくられる C3a，C5b が食細胞の遊走を促す⑤．食細胞は C3b レセプター（C3bR）や CD14 を介して病原体を貪食する⑥と同時に TLR のモニターにより，病原体であれば CD4^{+}T 細胞に抗原提示⑦，ならびにサイトカイン放出⑧がなされ，自然免疫から獲得免疫への橋渡しがなされる．

刺激後，最も早期に産生されるサイトカインは，IL-8，腫瘍壊死因子（TNF- α）であり，1 時間後から認められ，2 時間でピークに達する．IL-1 産生は LPS 刺激後 2 時間ごろから始まり，6 時間でピークになる．このうち TNF- α は炎症に特に重要な役割を果たす．TNF- α が感染局所の細胞で産生されると，その作用により好中球の浸潤が起こり，浸潤した好中球によって産生された IL-1 β が炎症反応を増幅する．また，IL-8 と TNF- α は反応局所の血管に作用して血管の拡張と血管透過性を高め，炎症の症状（発赤，発熱，腫脹）の原因となる[9]．炎症の際，白血球が病原菌を貪食処理すると同時に発熱，発赤などがみられることから，炎症は病的ものと考えがちであるが，感染初期の生体防御反応に他ならない．

（2）自然免疫から獲得免疫への橋わたし

好中球は食作用のみで抗原提示能はないが，DC や M φ は APC として自然免疫から獲得免疫への橋渡しをする（図 5）．すなわち，DC は細菌などの病原体を貪食すると細胞内でペプチド断片にまで消化し，MHC クラス II 分子に結合して CD4^{+}T 細胞に抗原情報を提示する．その際，重要な分子として細胞表面の TLR がある．TLR は主に DC，単球，好中球などの食細胞で発現しているが一部，T 細胞，B 細胞でも発現している．DC や M φ の TLR は貪食の際，貪食したものが病原体か否か検閲し，病原体であればそれ以降の防御免疫が働くように CD4^{+}T 細胞に抗原提示をすると考えられている．すなわち，自己の死んだ細胞などを排除する際には防御免疫が作動しないように TLR がコントロールする．

3．獲得免疫による病原体の排除

獲得免疫の大きな特徴として，再び同じ病原体に感染した時には，最初に感染した時に比べて素早く，かつ強力な免疫応答が誘導されることがあげられる．この特異的な獲得免疫反応が“二度なし”現象の主体をなしている．自然免疫から獲得免疫（液性および細胞性免疫）への橋渡しがなされ，感染後期の 5 ～ 7 日以降になって獲得免疫が誘導される．獲得免疫の主体は抗体と細胞性免疫である．図 6 に微生物の感染に対する宿主の獲得免疫反応を示した．

1）抗体による感染後期の微生物の排除

図 6 の①～⑤はすべて抗体を主体とした免疫による防御であり，細菌とウイルス感染に分けてその排除機構を説明する．

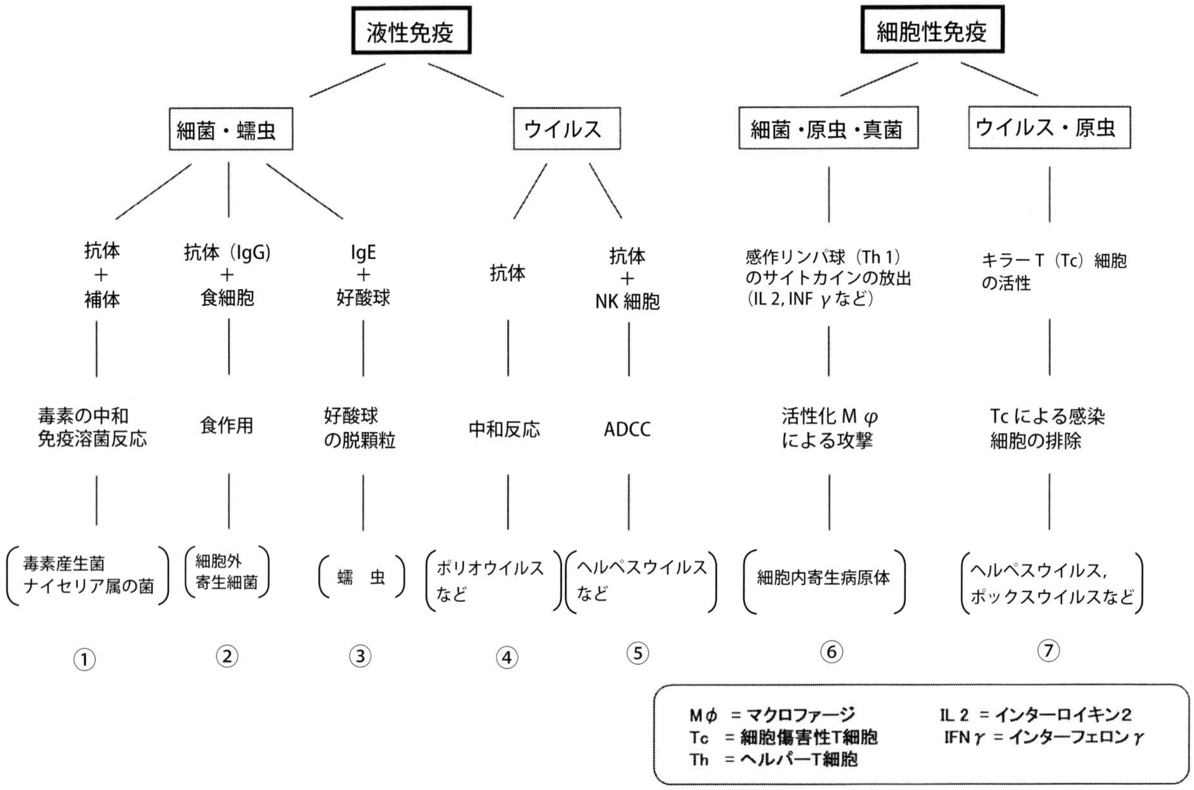

図 6　病原微生物の感染に対する宿主の免疫反応

1）細菌，蠕虫感染に対する抗体の作用

a）抗体のみあるいは抗体と補体で排除される系（図 6 の①）

破傷風菌やジフテリア菌のような菌体外毒素産生菌に対しては抗体が抗毒素として毒素を中和する．一方，特異抗体（特に IgM 抗体）が菌体表面に結合すると，補体の第 1 成分 C1q が IgM に結合し，補体古典経路が活性化される．そして最終的に C5b6-9 が結合して MAC が形成される．MAC は菌体表面に筒状の構造物をつくり，溶菌する．MAC による溶菌はナイセリア菌（淋菌に類似した髄膜炎菌）などのグラム陰性菌に対する防御として重要である．

b）抗体と食細胞により排除される系（図 6 の②）

細胞外寄生性のグラム陽性菌は最外層にグラム陰性菌よりはるかに厚いペプチドグリカン層を持つため，補体の MAC 形成による溶菌は起こりにくい．これらの菌に有効なのは特異抗体のオプソニン化による食菌である．肺炎球菌のように莢膜を持つ菌は，補体の活性化によって産生された C3b が菌体に付着するのを阻害する．このような菌に対しては特異抗体（特に IgG）が結合することによりオプソニン化し，その菌体を好中球などの食細胞が Fc レセプターを介して食菌し，これを排除する．

c）抗体（IgE）と好酸球により排除される系（図 6 の③）

蠕虫（吸虫，線虫など）のような多細胞の病原体に対しては IgE が蠕虫表面に付着し，これに Fc レセプターをもつ好酸球が結合して各種抗蠕虫物質を放出して排除する．

2）ウイルス感染に対する抗体の作用

a）中和抗体によりウイルスの体内伝播が阻害される系（図 6 の④）

ウイルス感染に対しては抗体，とくに血中 IgG が直接ウイルス粒子に結合し，不活化することにより体内伝播を防ぐ．また分泌型 IgA は，腸管や気道の粘膜表面でウイルスを不活化し，ウイルスの侵入を阻止する．これらの抗体は細胞から遊離したウイルスに対しては有効であるが，細胞内のウイルスに対しては無効である．

b）抗体依存性細胞傷害（ADCC）により排除される系（図 6 の⑤）

ウイルスが細胞内で増殖し細胞表面にウイルス抗原が発現していれば，抗ウイルス抗体が付着する．抗体の付着したウイルス感染細胞に対しては，Fc レセプターをもつ NK 細胞（K 細胞ともいう）が抗体のFc部を介して細胞に結合し破壊する，いわゆる抗体依存性細胞傷害（antibody-dependent cell mediated cytotoxicity, ADCC）がある．

2）細胞性免疫による感染後期の微生物の排除

体内に侵入した病原体は，細胞外にある場合は補体や抗体などの液性因子の作用を受けるが，これらをくぐりぬけ細胞内に侵入してしまった病原体に対しては抗体などの液性因子は無効である．このような細胞内寄生性の病原体に対しては細胞性免疫の誘導が必須である．

（1）活性化Ｍφによる細胞内寄生性細菌，真菌の排除（図6の⑥）

細胞内寄生性の細菌，真菌，原虫のあるものは食細胞であるＭφの中で殺菌作用に抵抗し，増殖することすらある．これらの病原体を殺菌するにはＭφの殺菌物質産生代謝系が活性化する必要がある．Ｍφの活性化にはＴ細胞の産生するリンホカインが重要な役割を果たす．そのようなリンホカインをＭφ活性化因子 macrophage activating factor（MAF）とよび，IFN-γはその代表的なものである．MAFにより活性化されたＭφは活性酸素，リゾチーム，塩基性蛋白，脂肪酸などの強力な殺菌物質により，強力な貪食殺菌作用を示す．

（2）Tcによるウイルス感染細胞の排除（図6の⑦）

一方,ウイルス感染細胞に対する最も有効な防御機構として，ウイルス感染細胞を特異的に攻撃する $CD8^+$T細胞，Tcによる細胞傷害作用がある．ウイルス感染細胞表面には本来の細胞膜抗原の他に，ウイルス由来の抗原がMHCクラスIとの複合体として表出されている．TcはTCRでこの複合体を認識するとパーフォリンやリンホトキシンを放出し，感染細胞を破壊してウイルス増殖を阻止する．

III. ワクチンの作用機序，接種時期とワクチン効果

1．各種ワクチンとアジュバント

前項の「感染症に対する生体防御」で述べた病原微生物に対する特異的な備え（免疫学的記憶）を人工的に賦与しようとするのがワクチンである．現在，市販されている動物用ワクチンのほとんどは，不活化ワクチンと弱毒生ワクチンである．不活化ワクチンとは，死滅させたウイルスや細菌，不活化した毒素を用いるもので，免疫を誘導できる免疫原性は保持している．不活化ワクチンは死んでいるので生体に接種しても安全であるが，液性免疫は誘導されるが細胞性免疫の誘導が悪く，多くの場合，アジュバントの添加を必要とする．一方，弱毒生ワクチンは継代などにより弱毒化したウイルスや細菌を用いたもので，生体内でウイルスや細菌が増殖して免疫を誘導するが病気を起こさない．弱毒生ワクチンは生きているため毒力が復帰する可能性があり，安全性に問題がある場合がある．しかし，弱毒生ワクチンは，実際の感染で誘導されるのとほぼ同様の自然免疫反応を誘導するためアジュバントの添加は必要ないし，B細胞，$CD4^+$T細胞の反応だけでなく $CD8^+$T細胞の反応もみられ液性免疫と同時に細胞性免疫が誘導されるためワクチン効果が大きい．

不活化ワクチンの1つとして，コンポーネントワクチンがある．このタイプのワクチンは，病原体を不活化した後，防御免疫効果の高い病原体由来の成分（感染防御抗原）だけを高度に精製したものである．例えば口蹄疫ウイルスのカプシド蛋白VP1は，感染防御抗原としてワクチンにも用いられている．しかし，このVP1蛋白の抗原決定領域には，ウイルス株間で多くのアミノ酸置換があり，多様な亜型を生み出している．これにより口蹄疫ウイルスは生体の免疫を回避し，感染を存続させている．口蹄疫ワクチンは流行ウイルスと型，亜型が一致しないとワクチン効果が低いという難しい問題を含んでいる．コンポーネントワクチンはDCなどの自然免疫レセプター(PRRs)を刺激するPAMPsが精製過程で失われていることが多く，効率よく免疫を誘導するにはアジュバントの添加が必要となる[10]．アジュバントとは，DCなどのPRRsによって認識される免疫賦活作用をもつ分子である[11]．TLRやTLRリガンドの発見によって，感染症のワクチン分野ではTLRリガンドがアジュバントとして注目されている．その例として，TLR4のアゴニストの monophosphoryl lipid A（MPL），TLR9のアゴニストのCpG－DNAなどの臨床応用が進んでいる．

この他，DNAワクチンや組み換えワクチンなどについては，301ページ「動物用ワクチンの将来展望」でふれる．

2．ワクチンの作用機序

弱毒生ワクチンは細胞性免疫が誘導されやすいが，なぜ不活化ワクチンではそうでないのだろうか？ワクチンが効果を発揮するか否かは，投与されたワクチンがどのようにしてT細胞に認識されるかにかかっている[12]．投与された生ワクチンと不活化ワクチンでは，以下に述べるように抗原提示の機構が異なっているため活性化するT細胞が異なることにより，その後の免疫応答が異なってくる．T細胞は，直接ワクチン抗原を認識できず，DC細胞内で分解されたペプチドがMHCに結合して提示された形で，はじめて抗原を認識する．APCはその細胞表面のMHC分子（クラスIとクラスII）に抗原ペプチド断片を載せT細胞に提示する（図7）．

1）　弱毒生ウイルスワクチン

弱毒生ウイルスは感染細胞内で増殖し，それによりできたウイルス抗原はプロテアソームで酵素分解を受ける（図7の左側）．分解されたウイルスペプチドが粗面小胞体に運ばれ，ここでMHCクラスI分子と結合して，細胞表面に発現される．このMHCクラスIとウイルスペプチドの複合体が $CD8^+$ のTc

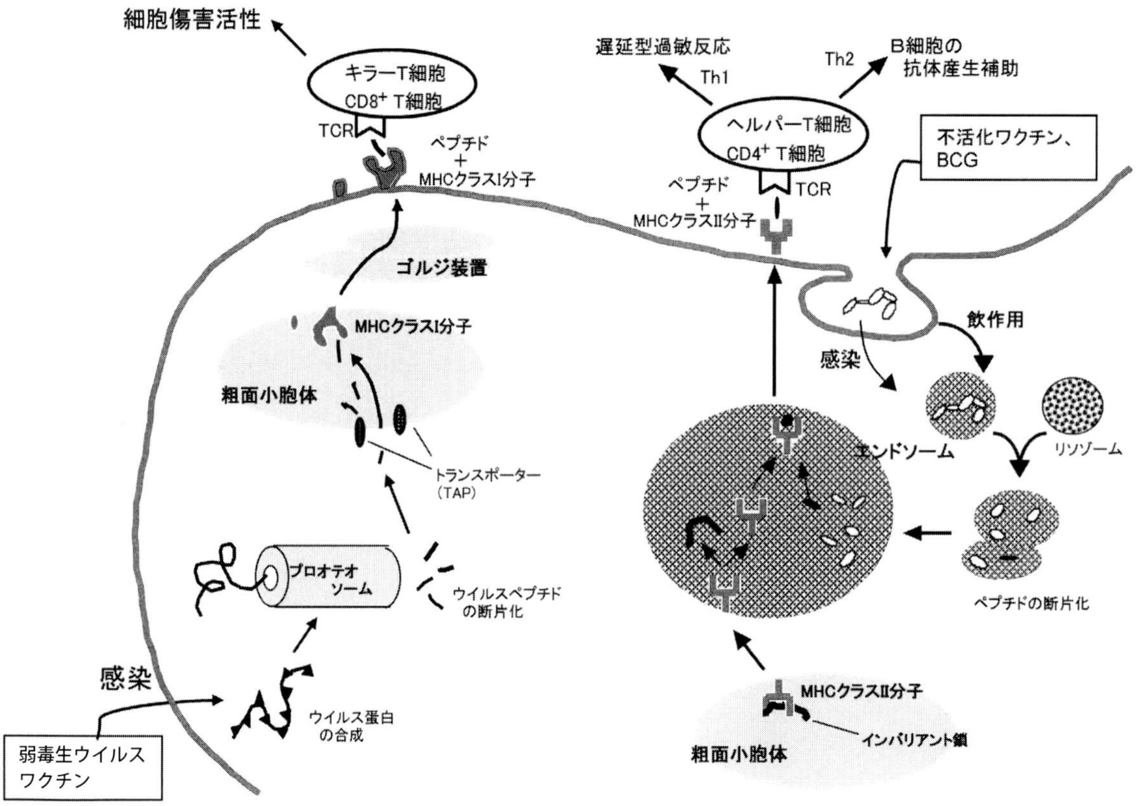

図7　弱毒生ワクチンと不活化ワクチンの細胞内処理と抗原提示

細胞に抗原提示され，細胞性免疫が誘導される．弱毒生ウイルスは感染増殖するので，実際の感染で誘導される免疫反応を誘導するためアジュバントの添加は必要ないし，Tc 細胞の活性化と同時に抗体も産生される非常に有効なワクチンである．

2）弱毒生菌ワクチン

結核菌やサルモネラ菌のようにＭ φやDC 内で増殖する生菌を接種した場合，例えば結核菌のBCG ワクチンを接種すると（図７の右側），BCG はＭ φやDC の細胞質小胞内で増殖し，菌体抗原は細胞質内小胞体で処理され，ペプチド分解を受ける．ペプチドは小胞内でMHC クラスⅡ分子と結合し細胞表面に提示される．この提示されたMHC クラスⅡ分子とペプチド複合体の抗原提示を受けるのは，不活化ワクチンの場合と異なりTh1 細胞である．Th1 細胞は抗原提示を受けると活性化し，IFN-γなどを放出してＭ φを活性化して遅延型過敏（Ⅳ型アレルギー）反応を引き起こし，結核菌等の排除を行う．

3）不活化ワクチン

不活化ワクチンには，病原体全粒子，病原体の感染防御抗原（コンポーネント），ならびにトキソイド（不活化外毒素）の３つに分けられる．不活化ワクチンを生体に接種すると図７の右側にみられるように飲作用でDC やＭ φに取り込まれた後，エンドソーム内で蛋白分解酵素の作用で10 数個のペプチドに断片化される．この断片化されたペプチドが粗面小胞体で形成されたMHC クラスⅡ分子の溝にはまり込み，細胞表面に輸送されて$CD4^+$の Th 細胞に抗原提示される（図７の右側）．この場合は抗原提示の相手はTh2 細胞でありTh2 細胞が産生する各種サイトカインによりＢ細胞が分裂・増殖して抗体産生が誘導される．不活化ワクチンは，病原体がすでに死んでおり宿主細胞には感染することがないため，$CD8^+$細胞の応答はほとんどの場合に起こらず，液性免疫が主体となった反応となる．

まるごとの病原体を用いた不活化ワクチンと比べ，防御抗原だけを用いたコンポーネントワクチンは，発熱や局所の腫脹などといった副作用が少ないという利点はあるが自然免疫活性化能を欠如している場合が多い．不活化ワクチンは多くの場合，感染防御抗原以外に自然免疫を活性化するためにアジュバントの添加を必要としている．

感染防御が液性免疫のみでなされる場合は，不活化ワクチンでもよいが，細胞内寄生病原体のように感染防御に細胞性免疫まで必要とされる場合には，弱毒生ワクチンが必要となる．

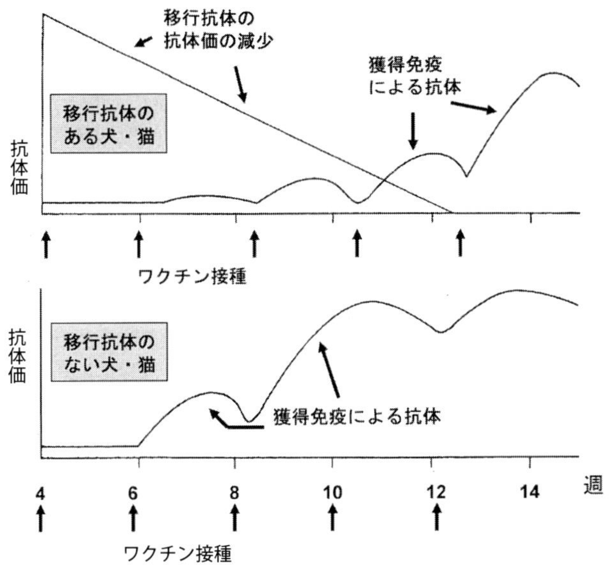

図８　移行抗体保有動物はワクチン接種による特異抗体産生が遅れる．（Greene CE, 1998）

移行抗体のある犬・猫（上段）と，ない犬・猫（下段）に２週間隔で移行抗体と同じ病原体の生ワクチンを接種してその抗体産生をみた．移行抗体のある犬・猫では移行抗体により抗体産生は阻害され自分で抗体を産生する獲得免疫は遅れる．

表３　子犬･子猫における移行抗体の半減期と防御可能な期間

ウイルス	半減期（日）	感染に対する防御可能な期間（週）
猫汎白血球減少ウイルス	9.5	8 ～ 14
猫白血病ウイルス	15.0	6 ～ 8
猫ウイルス性鼻気管炎ウイルス	18.5	6 ～ 8
猫カリシウイルス	15.0	10 ～ 14
猫コロナウイルス	7.0	4 ～ 6
犬ジステンパーウイルス	8.4	9 ～ 12
犬伝染性肝炎ウイルス（CAV-1）	8.4	9 ～ 12
犬パルボウイルス	9.7	10 ～ 14

（Greene, Infectious Diseases of the Dog and Cat, 1998, WB Saunders ）

移行抗体によって感染症を防御できる期間は通常，生ワクチンが無効となる期間とほぼ一致する．例えば犬パルボウイルスに対する移行抗体による防御能が低下する時期（10 ～ 14 週齢）以前の早期のワクチン接種は移行抗体により無効となることが多い．

3．ワクチンの接種時期

移行抗体が新生子の血清中に存在する状態で生ウイルスワクチン接種を行ってもワクチンウイルスは中和され，無効である．したがって，移行抗体を持つ動物に生ウイルスワクチンを接種する場合，抗体の消失までワクチン接種を待つ必要がある．

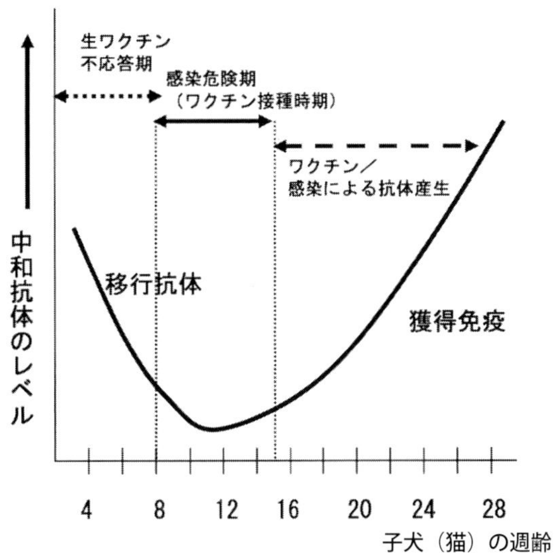

図９　移行抗体の消失とワクチン接種時期

以下，子犬，子猫を例にとり，移行抗体価とワクチン接種時期について述べる．図８は，ワクチン接種時に移行抗体がある動物（犬，猫）での抗体産生を示したものである．移行抗体のある動物では移行抗体と同じ病原体のワクチン接種による獲得免疫反応は遅れる．表３に示すように犬，猫のほとんどのウイルスでは移行抗体の半減期は 15 日以下で，８～ 12 週齢程度までしか感染に対する防御は持続しない．そこで移行抗体価の推移とワクチン接種時期を模式的に示したのが図９である．一般的に犬・猫では８週から 14 週齢あたりが移行抗体の切れる感染危険期であり，この時期（８週齢頃）にワクチン接種をする．ワクチンの対象となる感染症に対し抗体を持たない母親から生まれた子の場合，移行抗体を考慮する必要はないが，新生子における免疫能が問題となる．子犬（猫）は生後４～８週で IgG 抗体を産生できるようになるので６～８週頃に初回ワクチン接種を行うことが有効である．不活化ワクチンの場合，弱毒生ワクチンほどは移行抗体の干渉を受けないが，それでも高い特異抗体をもつ個体では不活化ワクチンでも抗体産生が抑制される場合がある．加えて，新生子は免疫応答（抗体産生）能が弱いので，不活化ワクチンの場合もあまり早期よりは，８週齢頃に第１回目のワクチンをするのがよい．

実際に臨床の場で移行抗体の有無ならびに抗体価を測定することは少ない．また母親の免疫状態も不明な場合が多い．そこで弱毒生ウイルスワクチンをする時は，まず８～９週頃初回接種を行う．この時点で移行抗体のレベルが高いとワクチンウイルスは中和されてしまい，効果がない（逆に言うとワクチンをしなくとも移行抗体で防御していることを意味している）．

このような場合を考慮して 12 ～ 14 週頃，2 回目のワクチン接種を行うと，ほとんどの場合確実な防御能を付与することができる．しかし動物の健康状態，ストレス等で２回の免疫によっても十分な防御能が誘導されないことも念頭におく必要がある．不活化ワクチンの場合は，あまり移行抗体に左右されないので，動物の健康状態が正常であれば 8 週齢の頃の 1 回でも効果的な防御免疫は付与される．通常，8 週齢と 12 週齢頃の 2 回のワクチン接種で十分な免疫が賦与される．経済動物の場合もワクチンをする幼獣の移行抗体の有無ならびにその抗体価を測定することはまずないであろう．そこで幼獣でのワクチン接種では，移行抗体の半減期を考慮する必要がある．前述したように，移行抗体の当初のレベルの 1 ～ 3 % まで減少するのは，犬で 30 日，豚で 60 日，牛で 100 日であり，生ウイルスワクチンはこれを考慮して接種する．

4．ワクチンの投与経路，効果の持続と動物によるワクチン効果の差異

現在市販されているワクチンの多くは注射によって投与され，IgG の産生を誘導する．IgG は血液や組織などで全身性の防御効果をもたらし，侵入した病原体による重篤な疾患を防ぐ．しかし，ほとんどの病原体は粘膜を介して侵入する．粘膜では感染によって，粘膜表面の感染防御に適した二量体の IgA が産生される．ワクチン注射で産生される IgG は呼吸器や生殖器の粘膜を通過できるが，病原体の感染経路となりやすい消化管粘膜を通過することができない．多くの感染症は粘膜へのワクチン投与によって最も効果的な予防することができる．そのような例として，粘膜上皮細胞に感染するロタウイルス，病原性大腸菌などがある．これらの疾病では経口投与の粘膜ワクチンによって防御可能である．

ワクチン接種動物では，ワクチンの種類や動物側の状態の違いにより異なるが，ワクチン接種後，2 ～ 4 週でほぼ免疫はピークに達する．この免疫反応（一次免疫反応）の持続は，弱毒生ワクチンに比べ一般に不活化ワクチンでは短い．しかし，生ワクチンでも不活化ワクチンでも一次免疫反応はやがて消失するためワクチンの再投与（ブースター）により免疫を維持する．同じワクチンでも，以下に示すように年齢や飼養状態などの違いで反応に差異が見られることがある．

a. 年　齢：

幼若動物（生後 2 ～ 3 カ月未満）の場合，免疫系が十分に発達していないため，成熟した動物に比べ免疫反応が弱く，ワクチンの反応と効果の持続が悪い．移行抗体を受けた幼若動物の場合，同一株の生ワクチンに対してはワクチン株が増殖できず，ワクチン効果が妨害されることがある．

b. 飼養状態：

栄養状態が悪い場合やストレスを受けている動物の場合もワクチンに対する免疫応答が弱く，免疫賦与が十分になされない．

c. 病原体に暴露された動物：

（1）免疫抑制を誘導する感染：猫パルボウイルス，犬ジステンパーウイルス，猫白血病ウイルス，鶏マレック病ウイルスなどはリンパ球に感染し，リンパ球の減少や免疫機能低下を引き起こす．鶏伝染性ファブリキウス嚢病ウイルスは B 細胞の分化に重要なファブリキウス嚢に感染して，抗体産生阻害などの免疫機能低下をもたらし，感染鶏は細菌やウイルスに易感染性となる．加えて，ニューカッスル病ワクチンなどを接種した場合のワクチン効果を阻害する．

（2）同一病原体による感染（ブースター効果）：過去にその病原体に感染し，回復していた場合，その病原体に対して免疫が成立しているので，ワクチン接種を受けるとブースター効果で初回ワクチン接種の動物に比べてより速く，より強い免疫が賦与される．

（3）免疫寛容による免疫不応答：特異な例として免疫寛容による免疫不応答がある．牛ウイルス性下痢粘膜病ウイルス（BVDV）感染の場合，容易に胎盤感染が成立し，生まれた子牛は BVDV に持続感染して免疫寛容となる．免疫寛容状態の子牛は，持続感染した BVDV を異物と認識せず抗体を産生しない．したがって，同じ血清型の BVDV ワクチン接種に全く反応しない（異なる血清型の BVDV ないしは他の抗原には正常に反応する）ばかりか，持続感染ウイルスを排泄し牛群内の汚染源となる．

5．好ましいワクチンとは

好ましいワクチンとは，ワクチンを投与することにより防御免疫が誘導され，野外株の感染に対して感染ないしは発病を阻止する，加えて副作用のないものをいう．理論的には，抗体で防御できる疾病に対するワクチンでは，感染防御抗原に B エピトープが含まれていること．細胞性免疫，すなわち CTL 誘導型のワクチンであれば，ワクチン抗原に Tc 細胞エピトープが含まれていることと同時に MHC クラス II ハプロタイプにワクチン抗原が組みこまれて抗原提示される必要がある．その上でこれらのワクチンを投与した際，APC を活性化して抗体産生や Tc 細胞の活性化を促すサイトカインが誘導されることが重要である．

弱毒生ワクチンにはこれらすべてが満たされているので液性免疫と細胞性免疫の両方が誘導される．しかし，不活化ワクチンの場合は異なる．有効な感染防御免疫の誘導には，自然免疫反応の起こることが必須である．不活化ワクチンの感染防御抗原には，B 細胞エピトープが含まれると同時に APC によって認識される分子（PAMPs）が含まれている必要がある（これにより自然免疫が誘導される）．コンポーネントワクチンでは，PAMPs が含まれていないことが多いのでアジュバントの添加

が必須である．

ワクチン接種後，早期（半日から数日）に認められる発赤，発熱，腫脹などの副反応の多くは自然免疫の反応によることが多い．これはワクチンに含まれる自然免疫受容体（PRRs）を活性化する成分が引き起こしている．自然免疫反応は獲得免疫反応の誘導にも大切であるので，ワクチン効果をそのまま保持してこのような副作用のみをすべて取り除くのは，現時点では非常に困難である．ワクチンの目的は感染防御に有効な獲得免疫を誘導することにあるので，アジュバントによって自然免疫を誘導する際にも不必要な副反応は抑え，かつ獲得免疫誘導に必要な部分は抑えないようにする必要がある．

参考文献

1. Akira, S.（2009）：*Proc Jpn Acad Ser B Phys Biol Sci,* 85, 143-156.
2. Ishii, K. J. et al.（2008）：*Cell Host Microbe.* 3, 352 -363.
3. Hoffmann, J. A.（2003）：*Nature,* 426, 33 -38.
4. Takeda, K. et al.（2003）：*Annu Rev Immunol.* 21,335-376.
5. Bettelli, E. et al.（2006）：*Nature,* 441, 235-238.
6. Sakaguchi, S. et al.（1995）：*J Immunol.* 155,1151-1164.
7. 小沼　操（1998）：動薬研究，57, 22 -33.
8. 小沼　操（2002）：*Small Animal Clinic,* 127, 4 -13.
9. 大河原 進，吉永 秀（1999）：*Molecular Medicine,* 36, 548 - 555.
10. Ishii, K. J. and Akira, S.（2007）：*J Clin Immunol.* 27, 363-371.
11. Reed, S. G. et al.（2009）：*Trends Immunol.* 30, 23-32.
12. 小沼　操（2004）：*Small Animal Clinic,* 137, 11-19.

（小沼　操）

3　ワクチンの種類とアジュバント

わが国で承認されている動物用ワクチンの検定基準から，動物用ワクチンの概要をまとめた．また，近年盛んに実用化されている新しいアジュバントや接種方法などにも触れ，国が主導しているシードロットワクチンも紹介した．

1）現行ワクチンの種類

わが国で承認されている動物用ワクチンは，動物用生物学的製剤検定基準名（2011年2月18日現在）でみると258品目あり，近年導入されたシードロット製剤の47品目を加えると合計305品目ある（表1）．動物種別に見ると牛用42品目，馬用11品目，豚用89品目，鶏用102品目，魚用14品目，犬用27品目，猫用14品目，ミンク用5品目と，カナリア用1品目であり，集約的な飼育が進んでいる鶏用と豚用で60%以上を占めている．多頭羽飼育では，呼吸器感染症を始め感染症対策が重要視されており，ワクチンの品目数からもうかがえる．病原体別に見れば，ウイルス製剤186品目，細菌製剤143品目，原虫製剤5品目であり，ウイルス製剤が多いことが分かる（混合製剤も1品目として算出）．これらの製剤から，現行の動物用ワクチンの概要について以下に述べる．

1．生ワクチンと不活化ワクチン

ワクチンは，主剤となる病原体に不活化処理を行うかどうかで，不活化ワクチンと生ワクチンに分類される．不活化ワクチンは，病原体全体または一部の成分，あるいは不活化された毒素（トキソイド）を主成分とするものである．一般的にはホルマリンによる不活化処理により，病原体は生体での増殖能を失い，毒素は活性を失うが，免疫原性を保持している．一方，不活化処理を行わずに製造するワクチンを生ワクチンといい，自然界に存在する弱毒の病原体か，人為的に弱毒した病原体を使用し，程度は低いものの生体での増殖能を保持している．不活化ワクチンと生ワクチンはさまざまな特徴を有しているが，決定的な違いは生体での増殖能の有無である（表2）．また，最近，生ワクチンと不活化ワクチンを混合したワクチン（生 - 不活化混合ワクチン）が承認されている．動物用生物学的製剤検定基準によれば305品目中，生ワクチンは96品目で，不活化ワクチンが197品目，生 - 不活化混合ワクチンが12品目承認されている（表1）．

1）生ワクチン

生ワクチンに使用される弱毒株は，従来，長期継代培養を続ける中で偶然に出現する病原性に関する遺伝子の変異株を選択する方法で作出されてきた．弱毒株の作出には，長期間を要するとともに，病原体の中には変異の誘導が困難なものも多いことが欠点として挙げられてきた．近年，これらの欠点を回避する新たなワクチンが実用化されている．

a．遺伝子欠損ワクチン

オーエスキー病ワクチンでは，病原性に関与するチミジンキナーゼ遺伝子を欠損させて弱毒化したワクチン株が実用化されている．さらに，野外株と区別するためにウイルスの糖たんぱく（gⅠ，gⅢあるいはgX）の遺伝子も欠損させている．この野外株との違いを識別する診断液も実用化されている「5. その他」を参照）．

b．ベクターワクチン

すでに弱毒株として確立された病原体をベクターとして，他

表1　わが国の動物用ワクチンの概要

種　類	牛	馬	豚	鶏	魚類	犬	猫	ミンク	カナリア	合　計（%）
生ワクチン	17	0	22	41	0	12	2	1	1	96(31.5)
不活化ワクチン	24	11	67	61	14	7	9	4	0	197(64.6)
生 - 不活化ワクチン	1	0	0	0	0	8	3	0	0	12(3.9)
合計（%）	42（13.8）	11（3.6）	89(29.2)	102(33.4)	14(4.6)	27(8.9)	14(4.6)	5(1.6)	1(0.3)	305(100)

動物用生物学的製剤基準（2011年2月18日現在）

表2　不活化ワクチンと生ワクチンの比較

項　目		不活化ワクチン	生ワクチン
特徴	体内増殖	ない	ある
	アジュバント	必要	不要
	投与量	多い	少ない
有効性	主に誘導される免疫	液性免疫	液性・細胞性免疫
	免疫の持続	短い	長い
	移行抗体の影響	小さい	大きい
安全性	病原性復帰	ない	可能性あり
	過敏症の発現	ある	ほとんどない
	迷入病原体	ない	可能性あり
経済性	開発コスト	低い	高い
	製造コスト	高い	低い

の病原体の感染防御抗原をコードする遺伝子を導入することにより作出したワクチンをベクターワクチンと呼ぶ．最近，わが国で弱毒マレック病ウイルスをベクターとしたニューカッスル病生ワクチンが実用化された．ベクターワクチンの開発には，法的な規制があるが，今後，現行生ワクチンの欠点を補う方法としてワクチン開発が促進するものと期待される．

2）不活化ワクチン

新たな感染症が発生した場合，弱毒株の作出には時間がかかるため，不活化ワクチンの開発が積極的に進められてきた．牛アカバネ病不活化ワクチンが正にこれに該当し，アカバネ病が猛威をふるっている最中に，国が主導して不活化ワクチン開発が進められ実用化された．しかし，表2に示すように不活化ワクチンでは細胞性免疫の誘導が不十分であり完全な免疫を賦与できないことから，後年，アカバネ病生ワクチンが開発され併用されている．従来の不活化ワクチンでは，有効成分の十分量を確保するため大規模の製造設備を必要とするとともに，病原体そのものを利用するため過敏症等の副作用の発現も問題視されていた．そこで病原体の有効成分そのものを利用する新たなワクチンが実用化された．また，不活化ワクチンの免疫原性を高めるために，新たなアジュバントの開発も盛んに行われている．

a．サブユニット（成分）ワクチン

感染防御に関与する有効成分を抽出し作成したワクチンをサブユニットワクチンと呼ぶ．サブユニットワクチンには，感染防御抗原を精製したものを有効成分とするものと，遺伝子組換え技術を用いて感染防御抗原を大腸菌等で発現したものを有効成分とするものがある．前者では，今は市販されていないがミンクの出血性肺炎を予防するミンク緑膿菌感染症不活化ワクチンが最初の動物用サブユニットワクチンである．緑膿菌の血清型共通感染防御抗原であるリポ多糖と複合体を作るたんぱく質であるOEP（Original Endotoxin Protein）とエラスターゼトキソイドとアルカリ性プロテアーゼトキソイドの混合ワクチンである．後者には，猫白血病ウイルスgp70抗原のエンベロープ糖タンパク質部分（p45）を大腸菌で発現させて精製した猫白血病不活化ワクチンがある．ロイコチトゾーン・カウレリー第２代シゾント由来R7抗原を大腸菌で発現させた抽出液を有効成分とする鶏ロイコチトゾーン病不活化ワクチンも，これに該当する．

b．アジュバント

不活化ワクチンの多くは強固な免疫を賦与するためにアジュバントが添加されている．アジュバントとして最も使用されるものがアルミニウムゲルアジュバントである．アルミニウムアジュバントには，水酸化およびリン酸化アルミニウムゲルアジュバントがある．最近，免疫の賦活化作用の強いオイルアジュバントが盛んに使用されている．従来は接種局所に長期間残留するため，近々に出荷しない若齢動物用ワクチンや母子免疫用ワクチンに限定して使用されてきた．しかし，最近では粘着度の低い水中油滴（oil-in-water）型のオイルアジュバントが使用されたり，新たなアジュバント基材を用いて安全性に配慮したワクチンが多数実用化されている（次項の「現行のアジュバント」を参照）．新たなオイルアジュバント基材の開発が，製造会社にとっても重要な研究課題になりつつある．また，非常にまれであるが，オーエスキー病生ワクチンでアジュバントが使用されている製剤がある．細胞性免疫とともに液性免疫の誘導を期待しての製剤設計であると思わ れる．

3）生―不活化混合ワクチン

従来，不活化ワクチンにはアジュバントとともに防腐剤を含有しており，生ワクチンに対する影響を考慮してそれぞれが別々に製剤化されていた．最近，省力化を目的に，凍結乾燥した生ワクチンを，不活化ワクチンで溶解して使用する生 - 不活化混合ワクチンが承認されている．現在，成分数の多い生 - 不活化混合ワクチンが多数承認されており，未だ生ワクチンがない感染症に対して，不活化ワクチンで代用している側面がある．犬用ワクチンが最も多く８品目あり，猫用ワクチンが３品目，牛用ワクチンが１品目である．

2．混合ワクチンと多価ワクチン

２種類またはそれ以上の種類のワクチンを混合したものを，混合ワクチン（combined vaccine）という．一度に複数のワクチン接種が行われるため，被接種動物の負担を軽減し，ワクチン接種率の向上をねらったものである．動物用ではワクチン接種の効率化や経費節減を目的に，混合ワクチンの実用化が競って行われるようになった．しかし，配合目的が不十分なものや，全く不必要なワクチン接種が行われること，さらには抗原間における干渉現象も完全に否定できないなどの欠点も知られている．

また，混合ワクチンと類似したワクチンとして多価ワクチン（polyvalent vaccine）がある．これは同一病原体でも2種類以上の抗原性が異なる株の有効成分を含むワクチンをいう．血清型が異なる株を混合する場合で，豚アクチノバシラス・プルロニューモニエ感染症不活化ワクチンや鶏伝染性コリーザ不活化ワクチンがこれに該当する．しかし，混合ワクチンと多価ワクチンは，しばしば混同して使用されることがあり，厳密な区分けがなされていない場合も認められる．一方，1種類の病原体の抗原物質を含んだワクチンを単価（単味）ワクチン（monovalent vaccine）という．

3．ワクチンの接種方法

従来，動物用ワクチンは注射剤が基本として実用化されてきた．しかし，動物の集約的な飼育が一般化するにつけ，効率的なワクチン接種法の実用化が盛んに行われてきた．この分野については，鶏用ワクチンで最も進んでおり，飲水投与，点眼投与，穿刺投与，噴霧投与型のワクチンが実用化されている．最近，発育鶏卵の胎児に免疫応答が発見されたことを契機に，鶏感染症に対する早期免疫を賦与することやワクチン接種の効率化を図るため，卵内接種型のワクチンが開発された．マレック病生ワクチン，鶏伝染性ファブリキウス嚢生ワクチン，鶏痘生ワクチンで実用化されている．卵内接種を行うためには，自動卵内接種器の開発も同時並行で行われたが，高価であり養鶏場レベルでのワクチン接種に利用するには低価格の製品の開発が急務である．

4．シードロット製剤

「シードロット製剤」とは，シードロット（単一培養で得られた特定のウイルス，細菌，細胞等の均一な浮遊液であって，その遺伝的性質が十分に安定した条件で保存されているもの）を用いて製造されるワクチンである．したがって，通常のワクチンで実施される国家検定の合理化が行われ，家畜伝染病予防法の法定伝染病等に使用される重要な製剤および再審査期間中の製剤以外は検定対象から除外された．さらに検定対象製剤として残った生ワクチンについてはウイルス含有量試験または生菌数試験，不活化ワクチンについては力価試験等限定した試験項目のみが国家検定として実施されている．現在，生ワクチン19品目，不活化ワクチン27品目，生 - 不活化混合ワクチンが1品目である．技術的に確立が容易な細菌を主成分とする単味ワクチンが多く，豚用と鶏用ワクチンが多い．国は，今後とも技術的に困難な場合以外は積極的にシードロット製剤の承認手続きを推進すると明言しており，さらに品目数が増えるものと思われる．

5．その他

ワクチンではないものの動物用生物学的製剤には，感染症の治療に用いられる血清類（10品目）と感染症の診断に用いられる診断液（79品目）がある．血清類には，従来からある病原体や産生する毒素に対する抗血清がある．新技術を応用したものとして，猫由来ウイルスの中和作用を有するマウスモノクローナル抗体の可変領域遺伝子と，猫免疫グロブリンの定常領域遺伝子を組み合わせたキメラ抗体遺伝子を発現するマウスミエローマ細胞を培養増殖させて得たキメラ抗体を混合した製剤と，効率的あるいは安定的に抗体を産生するために，牛ロタウイルスを産卵鶏に免疫し，その鶏卵を利用した卵黄抗体製剤が承認された．診断液には，従来の凝集反応，補体結合反応，蛍光抗体法，沈降反応，皮内反応などの抗原の他，最近の傾向として操作法が簡便であり，多検体を取り扱うことが容易であることから酵素抗体反応（ELISA）キットが多く実用化されている．また，豚オーエスキー病ELISAキットの中には，ワクチンと組み合わせて，ワクチンの欠損部位を抗原として感染抗体を特異的に測定するものが承認されており，診断液の一つの方向性を示している．

（田村　豊）

2）現行のアジュバント

アジュバントは，ワクチンの免疫原性を高めるために用いられる物質である．対象（動物種，ワクチン抗原など）に応じて種類や組成が選択される．

アジュバントの語源はラテン語のadjuvare（助ける，促進する）に由来し[1]，ワクチンの免疫効果を増強し，病原体に対する感染防御に有効な免疫反応を強める効果を有する物質のことを意味する．しかしながら，広義においては，ワクチンの免疫効果を持続させる効果や，抗原量を減らす（少ない抗原量で同等の効果を生む）効果，ワクチンの投与回数を減らす効果，ワクチンの安定性を増す効果，老齢あるいは幼弱な動物における弱い免疫応答を増強させる効果などもワクチンアジュバントの

表 3　国内の動物用ワクチンで用いられている主なアジュバント

アジュバント成分	鶏	豚	牛	馬	犬	猫	備　考
アルミニウムゲル[1)]	○	○	○	○			
流動パラフィン[2)]	○	○	○			○	
スクワラン		○		○			
トコフェロール	○	○					
カルボキシビニルポリマー		○				○	
エチレン - 無水マイレン酸コポリマー[3)]					○		
アクリル酸 - スチレンポリマー					○	○	2)，または 2）および 3）との併用
サポニン			○			○	1）との併用

備考に記載した以外にも上記アジュバント成分を併用するものがある．
海外では ISCOM（サポニンを構成成分とする）も使用されている．

効果に含まれる．

現在，アジュバントはコンポーネントワクチン，多くの不活化ワクチン，トキソイドおよび一部の生ワクチンに用いられている．

その作用機序に関しては不明な部分が多いが，およそ以下のように理解されている[2]：①抗原を注射局所に留め持続的に放出することで抗体産生を高める，②サイトカインやケモカインを誘導し，免疫担当細胞を接種部位へ呼び寄せ刺激する，③抗原提示細胞への取り込みを促進する．

高純度に精製されたコンポーネントワクチンは自然免疫（innate immunity）を刺激する分子を含まないため，メモリー細胞を効果的に誘導することができない．したがって，特に初回免疫においてはこれらを刺激するアジュバントの添加が重要となってくる[3]．

国内で承認されている動物用ワクチンのアジュバントを表 3 に示した．多くの製剤に用いられているのは，流動パラフィンに代表されるオイルアジュバントとアルミニウムゲルである．後者は，水酸化アルミニウムゲルとリン酸アルミニウムゲルに代表される．水酸化アルミニウムゲルの表面は陽性に，リン酸アルミニウムゲルは陰性に荷電しているため，それぞれ抗原の表面荷電との相性がある．

オイルアジュバントワクチンは，抗原を含む水溶液と油を乳化させたものであり，乳化させたものをエマルジョンと呼ぶ．エマルジョンの形態によって water in oil（W/O），oil in water（O/W）および water in oil in water（W/O/W）の 3 タイプに分けられる（図 1）．W/O では油の中に水滴が，O/W では水溶液中に油滴が浮かんだ状態となる．Freund のアジュバントは前者に該当する．W/O/W は，W/O を再度水溶液中に分散させたものである．

元々親和性の低い水と油の乳化状態を保つためには，それぞれの表面張力を低下させる必要があり，そのための乳化剤として脂肪酸エステルなどの界面活性剤が主として用いられている．

各エマルジョンの特性は，用いるオイル等の成分にも左右されるため一概には論じられないが，有効性では W/O，安全性では O/W が優れる傾向にあり，W/O/W はその中間に位置する[4]．いずれもアルミニウムゲルと比較して高い抗体応答を誘導するが，特に流動パラフィンの W/O エマルジョンを用いた場合，1 回の投与で 1 年以上にわたって防御レベルの抗体価を持続させることが可能である．このタイプのアジュバントは鶏製剤で多く用いられているが，接種反応も強い（製剤によっては 1 年近く注射局所に残留する）ため，他の動物ではあまり使用されない．特に愛玩動物や馬などにおいて安全性は重要な課題であることから，これらの動物では代謝性オイルであるスクワランを用いた O/W エマルジョンやアルミニウムゲルなどのアジュバントが主に用いられている．

W/O タイプは他のエマルジョンと比較して細胞性免疫を誘導し易いとされている．Th1 型のサブクラスである IgG_{2a} を惹起すること，CTL を効率良く誘導することなどがマウスで報告されている[5]．同様に，高分子ポリマー，サポニン，ISCOM 等は効果的に細胞性免疫を誘導するが，アルミニウムゲルは弱い[6]．

上述のように，オイルアジュバントは高い有効性を示す反面，接種反応も比較的強いものが多い．アジュバント成分が注射局所に長期間残留する畜産動物用製剤に関しては，出荷までの制限期間（使用制限期間）がそれぞれ定められている．このような残留性の問題を軽減すべく，スクワランやトコフェロールといった代謝性油を用いたオイルアジュバントや高分子ポリマーアジュバントが開発されている．

ワクチンに対する反応は，アジュバント，抗原，動物種など

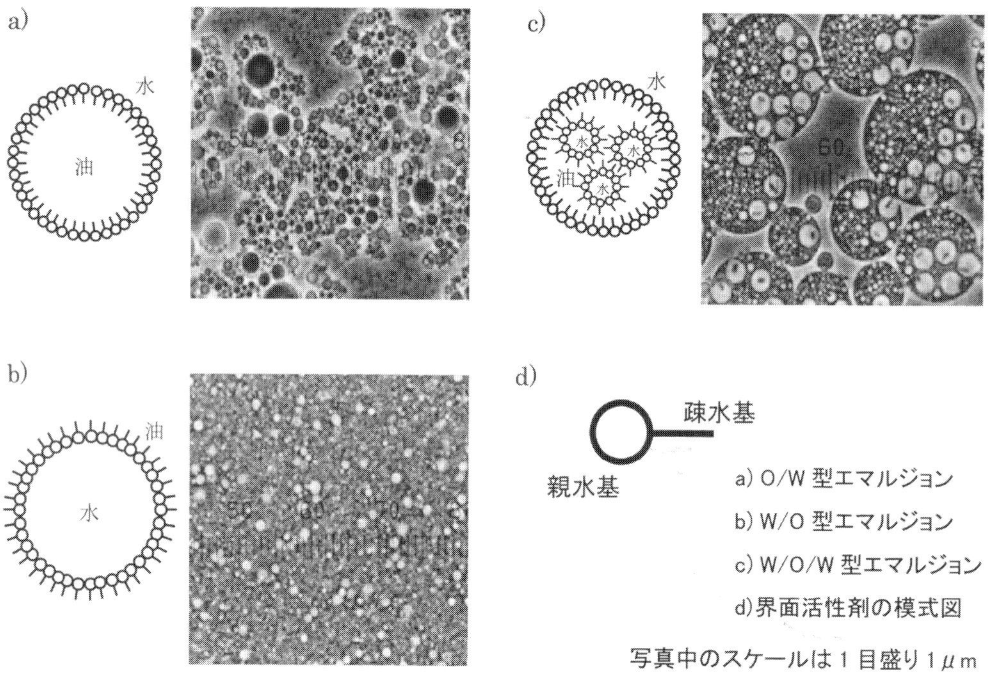

図 1　エマルジョンの光学顕微鏡写真と模式図

で異なり，許容される接種反応の程度も動物種によって異なる．これらの要因を勘案した上で最適なアジュバントが選択され，製剤化されている．

参考文献

1. Vogel, F.R., Hem, S.L. (2007)：*Vaccine,* 57-71.
2. Lambrecht, B.N. (2009)：*Current Opinion in Immunology,* 21, 21-29.
3. 小山正平，石井健 (2010)：医学のあゆみ，234, 217-221.
4. Spickler, A.R. et al. (2003)：*J Vet Intern Med,* 17, 273-281.
5. Aucoutrier, J. et al. (2001)：*Vaccine,* 19, 2666-2672.
6. Guy, B. (2007)：*Nature Reviews Microbiology,* 5, 505-517.

(坂口正士)

4　ワクチンの有効性と有用性の評価

ワクチンの目的および機能については「1 ワクチンの歴史」～「3 ワクチンの種類とアジュバント」に説明されているが，繰り返すと対象動物に抗原刺激を予め与えることにより免疫を賦与し，病原体の侵入に際し迅速な免疫応答を誘導することによって感染症の防除を図るのがワクチンの使命である．このため，有効なワクチンないし有用なワクチンは，効率よく感染防御または発症予防を示すものでなければならない．また，ワクチンがどのような含有物を含んでいようと，人工的に体内に注入するものであるところから，副反応を誘導する可能性を排除できない．したがって，ワクチンには有効性の他に安全性が要求される．

有効なワクチンが存在する場合，その接種は個体に対し感染防御または発症予防という利点を与えることになる．しかし，ワクチンには対価が必要であり，経済性をある程度無視できる対象動物，例えば愛玩動物では問題にならない場合も，経済動物においては費用対効果が大きな問題となる．愛玩動物などでは基本的に個体に対するワクチネーションであり，集団的接種による群の感染防御という考え方は薄い．経済動物である家畜の場合は，個体への感染防御または発症予防というより，群に対するそれが大きな問題となる．したがって，有効なワクチンを接種することが，有用であるかどうかは様々な因子を考慮に入れて判定しなければならない．

1．ワクチンの有効性

ワクチンは，要約でも述べたように感染防御または発症予防の効能がなければ有効とは判断されない．しかし，病原体の感染を完璧に防御することは非常に難しく，効能・効果は感染症の発症予防または発症の軽減となる場合が多い．これら効能・効果は厳密な科学的データに裏付けられている必要があり，接種群と非接種群の間で有意差を証明できた試験項目のみが対象製剤の効能・効果として認められる．言い換えれば，科学的に証明できた事項のみが対象製剤の効能・効果である．このために動物用医薬品等取締規則では，製造販売承認申請のために必要な資料を第 26 条に規定している．体外診断用医薬品を除く医薬品では以下の資料が必要とされる．

イ．起源または発見の経緯，外国での使用状況等に関する資料
ロ．物理的・化学的・生物学的性質，規格，試験方法等に関する資料
ハ．製造方法に関する資料
ニ．安定性に関する資料
ホ．毒性に関する資料
へ．薬理作用に関する資料
ト．吸収，分布，代謝および排泄に関する資料
チ．臨床試験の試験成績に関する資料
リ．残留性に関する資料

上記資料中，薬理試験と臨床試験が主に有効性に関する試験成績にあたる．このうちワクチンを含む生物学的製剤に必要な申請書類は，「薬事法関係事務の取扱いについて」（平成 12 年 3 月 31 日 12 畜 A 第 729 号畜産局長通知）の別紙 1「動物用医薬品等製造販売承認申請の添付資料等について」の別表第三で定められている．生物学的本質，組成が全く新しいもの（人用として承認されているが動物用としては新しいものを含む）および再審査期間中のものと同一性を有すると認められるもの，つまり新規製剤に必要な資料は以下の通りである．

1．起源または発見（開発）の経緯，外国での使用状況等に関する資料
2．生物学的性質およびその基礎実験資料，規格および検査方法設定資料ならびにそれらの実測値等に関する資料
3．製造方法に関する資料
4．経時的変化等製品の安定性に関する資料
5．対象動物について，通常投与量の最高量以上を投与し，または使用し安全性を確認した試験資料
6．効力を裏付ける試験資料
7．効能または効果を裏付ける臨床試験資料

項目 4 の安定性と項目 5 の安全性試験によって，製剤（ワクチン）の安全性を証明する．また，項目 6 の薬理試験と項目 7 の臨床試験の中で，ワクチン接種によって抗体が上昇し，病原体の攻撃に耐過するという事実を示すことによって，当該ワクチンが安全かつ有効であることを証明する．ワクチンの安全性については「7 ワクチンの副作用」などで触れられているので，有効性の判定について述べる．各項目における詳細な資料の内容例については，関口ら [1] の解説を参照されたい．

2．有効性の判定

ワクチンの有効性検証のための検査方法の変遷については，「1 ワクチンの歴史」に詳しく述べられている．ここでは有効性の判定に関する一般的な概念について述べる．

1）免疫賦与能

薬理試験のうち，ワクチンの効力を裏付けるために，まずワクチン接種動物における液性ないしは細胞性免疫の上昇を証明しなければならない．この成績は，項目２の基礎実験の成績とも関連し，また，承認が得られた場合の検定方法の設定とも関連する．一般的に，ワクチンは含んでいる抗原の免疫原性に依存しており，本来の宿主における免疫誘導能がなければならないことは当然であるが，もちろん抗原であるから実験動物等の異種宿主においても免疫誘導を示すのが普通である．このため，自然宿主における免疫を確認することとあわせて，ワクチンの免疫誘導能を見るため異種宿主における抗原性を確認することも多く，一般的に使用される実験動物としてマウス，モルモット，家兎などが挙げられる．自然宿主ないし実験動物における抗体の上昇は液性抗体の測定によってなされる場合が多い．しかし，感染防御ないし発症予防には細胞性免疫が重要であることが知られており，ワクチン効力の確認のため細胞性免疫の上昇を確認することには意味がある．しかし，細胞性免疫の測定法は煩雑であり，評価法が確立していなかった．近年，新しい手法の開発もあって，薬理試験において細胞性免疫を有効性の指標とする場合も見られるようになってきた．

2）疾病防御能

あるワクチンが自然宿主や実験動物に抗体を誘導したとしても，その抗体が微生物の感染を防御し，あるいは臨床的な変化を軽減しなければ意味がない．このため，予めワクチンを投与した動物に強毒株を接種し，感染防御や発症防止ないし軽減を示すかどうか，攻撃試験を行って評価する必要がある．この場合，牛や馬などの大動物を多数使って攻撃試験を行うことは不可能なため，必要最小限の頭数に限定される．同時に，大動物に限らずどの様な宿主であっても、液性または細胞性免疫の上昇と感染防御ないし発症予防能の相関を示すことができれば，臨床試験における効果判定を抗体価の測定で示すことも可能となる．

3）含有微生物量

同様に薬理試験では，最小有効抗原量の測定も行われる．疾病防御に必要な力価の抗体を賦与するために，どの程度の抗原量，生ワクチンではウイルスや細菌の力価が必要かを測定するものである．一般的に，抗原量が多ければ多いほど抗体価は上昇する．しかし，抗原量を上げたり，含有微生物力価を多くすることは，同時に夾雑物を増やすということにつながり，副作用の原因にもなる．また，いたずらに抗原量や微生物の力価を上げることは，ワクチンの単価を上昇させる原因ともなる．したがって，これらの点を考慮すれば，効果が期待できる量を上回る微生物量が含まれていることが，ワクチンとしての有効性を担保することになる．このため希釈試験を行い，最小有効量を決定する．

4）臨床試験

薬理試験で得られた成績が，常に野外においても得られるという保証はない．小規模の試験では試験担当者の行為そのものが注意深く行われるであろうし，動物の飼育も良好な環境で行われる．このため，ワクチンの有効性を実際に動物が飼育されている現場で検証することが必要となる．臨床試験では，行われる場所，使用される動物の頭数，試験方法などが成績に大きな影響を与える．したがって，製剤ごとにやり方が変わるとすれば，科学的妥当性をその都度検証せねばならない．これは製剤の開発にも大きな影響を与えるところから，そのやり方に一定の基準が設けられている．後述するように，国際的な動物用医薬品承認申請の統一化もあり，「動物用医薬品等の承認申請資料のためのガイドライン等」が定められ，ワクチンなどの動物用生物学的製剤申請に関するガイドラインもこの中に含まれる．

5）動物用医薬品の臨床評価に関する一般指針

試験の進め方として，動物用医薬品の実施の基準に関する省令（平成９年農林水産省令第75号．GCP：Good Clinical Practice 省令と言われる）を遵守することが求められる．臨床試験の対象となる医薬品は，あらかじめ薬理試験などの基礎的な試験を行い，有用性が期待できると判断されたもののみが対象となる．臨床試験の実施に当たって治験実施計画書を作成し，それに沿って行うことが定められている．また，統計学的手法を用いることにより試験の客観的評価を確保することが求められる．試験動物頭数や実施施設を含めた臨床試験の各項目に対する基準として，２ヵ所以上の施設で行い，有効性を評価する上で適切な統計処理が可能となる例数とすることとあり，原則として哺乳動物では60頭以上，家きんなどでは200羽以上という基準が示されている．また，複合的な要因のため特に多数の動物を使った評価が困難な疾病は（この場合は乳房炎），別途40頭，60分房以上の症例数が定められている．同様に，養殖水産動物では個体数での基準を示すことが困難なため，養殖経営体における最小単位（飼育面積10m^{2}程度の最も小さなサイズの養殖池いけす等で差し支えない）とされている．

3．判定基準の国際化

高病原性鳥インフルエンザ，口蹄疫，牛海綿状脳症などを見ても分かるとおり，疾病の流行には国境が存在しない．世界的な畜産物流通を考えると，正に世界は一つであり，家畜衛生についても世界的な規模で対処する必要性が求められている．家畜疾病防除のために，世界各国は有効かつ有用な動物用医薬品の開発を進めており，わが国でも海外で開発された動物用医薬品の承認が増加している．このグローバリゼーションの時代に，ある国の安全性や有効性の判定基準が，他国と大きく異なっていることは家畜衛生にとって大きな問題となる．このため，EU と米国は動物用医薬品の申請・承認に関して国際的な統一をはかるための基準を設けており，日本もこれに加わっている．このプログラムは VICH（International Cooperation on Harmonisation of Technical Requirements for Registration of Veterinary Medicinal Products）と呼ばれ，詳細は「10 諸外国の法規則とその調和」に述べられている．前記の指針も，この VICH ガイドラインが基となっている．

4．ワクチンの有用性

要約でも述べた通り，ワクチンの有効性と有用性は完全にオーバーラップする訳ではない．ワクチン接種によって得られる効果と，ワクチンを接種するために投下しなければならない費用の間には費用対効果に関する分岐点があり，個々のワクチンによって異なっている．また，この分岐点は農場の規模，環境，担当獣医師など，様々な要因の影響を受けると考えられる．したがって，直感的にワクチンを打つべきかを判断することができても，その判断に科学的な妥当性があるかどうかの判定は困難である．通常の畜産農家は，ある程度経験的にこの判断を下していると思われる．

近年，獣医経済疫学という研究分野が話題に上るようになってきた．獣医疫学については学問分野として良く知られるようになってきたが，獣医経済疫学について正確な知識を持つ獣医師は余り多くないであろう．しかし，農林省家畜衛生試験場（現，独立行政法人農業・食品産業技術総合研究機構動物衛生研究所）の畠山[2-4]は，既に 1990 年代に家畜の経済疫学について解説を行っている．その後，家畜疾病による経済的な損失見積もりやワクチン接種などを含めた疾病対策の費用対効果評価手法に関する研究が進展してきた[5]．しかし，この分野の専門家ではないので的を外れているかも知れないが，現在でもあらゆる状況をカバーできる評価法は開発されていないように思われる．それにもかかわらず，ワクチンの費用対効果についてこのような科学的分析法を導入することは，今後のわが国の畜産を考える上で大変重要なことである．

5．ワクチンの有用性についての実例

1）口蹄疫備蓄ワクチン

通常，ワクチンは感染防御または発症予防を効能・効果とし，事前に免疫を与えることによって感染症を防ぐために用いられることは先に述べた．つまり，ワクチン接種は自国で疾病の流行があることが前提となっている．しかし，一部の家畜伝染病や届出伝染病については，国内の発生がないにもかかわらずワクチンが承認され，用意されている．これは国家的な家畜防疫戦略の一環であり，現在，牛疫，豚コレラ，口蹄疫，ウエストナイルウイルス感染症（2009 年まで），鳥インフルエンザの家畜伝染病と，馬ウイルス性動脈炎不活化ワクチンが備蓄されている[1]．

2010 年，宮崎県において 2000 年以来，10 年ぶりに口蹄疫が発生した．わが国は発生時に口蹄疫清浄国であったため，当然ワクチン接種は行われていなかった．4 月 20 日の発生報告後，流行地域と殺処分を要する動物頭数の拡大のため，5 月 22 日より緊急のワクチン接種が開始され，26 日にはほぼ全ての動物に対してワクチン接種が完了した．ワクチン接種動物も殺処分の対象となり，計 76,756 頭が殺処分・埋却された．この場合のワクチン接種はあくまで病気の拡大を遅らすためのものであり，通常の使用目的とは大きく異なる．しかし，ワクチン接種後，10 日程度で発生は徐々に下火となり，6 月 19 日には新しい発生報告が途絶えた．その後，清浄性確認検査中に発見された 1 例の発生報告を最後に流行は終息した[6]．未だワクチン接種の科学的な評価はなされていないが，国の口蹄疫検証委員会は報告書の中で備蓄ワクチンの抗原性状が流行株に対して有効性の範囲内にあり，ワクチンが効果を発揮したとしている．しかし同時に，口蹄疫のウイルスには様々な型があり，さらに同じ型であっても流行株の抗原変異が進めばワクチン効果が期待できなくなることがあるため，有効なワクチンが常に調達できるとは限らないこと，また，現在のワクチンの限界，例えば，感染は完全には防ぐことができないことなどについても十分な周知を図るべきであると述べている[7]．

2）豚サーコウイルス 2 型感染症ワクチン

豚サーコウイルスは 1990 年代に分離されたウイルスである．当初は組織培養細胞中に見出されたが，離乳後多臓器性発育不良症候群（PMWS）発症豚からウイルスが分離され，組織培養中のウイルスと遺伝学的に離れているところから豚サーコウイルス 2 型と命名された[8]．分離の経緯より PMWS との関連が疑われていたが，その後，豚皮膚炎腎症症候群（PDNS）が報告され，同様に豚サーコウイルス 2 型が原因の一つとして挙げられた．現在でも，これらの病気が豚サーコウイルス 2 型単独で起こるとは考えられていないが，発病因子として重要な役割を持っていることは明らかとなっている．このため，豚サーコウイルス 2 型は豚の様々な疾病に関与し，豚サーコウイルス関連疾病（PCVAD：Porcine circovirus associated disease）の主因として位置づけられるべきだとされている．PCVAD は複合病と考えられるところからワクチン開発は難航したが，海外で開発されたワクチンが 2008 年に日本でも承認された．

現在，数社が不活化ワクチンの承認を受けているが，2 種類に大別される．子豚を対象としたアジュバント添加組換え型不活化ワクチンと，母豚を対象としたウイルス粒子不活化ワクチンである．組換え型ワクチンは，バキュロウイルス発現豚サーコウイルス 2 型カプシド蛋白を抗原としている．子豚を能動免疫することにより，産生ウイルス量を低下させ，病状の軽減を図ろうとするものである．これに対し，ウイルス粒子不活化

ワクチンは分娩予定豚を免疫することにより，移行抗体によって子豚の防御を行う．効能・効果は他のワクチンと少し異なり，豚サーコウイルス２型感染に起因する死亡率の改善（軽減）となっている．この理由は，PCVAD が PMWS，PDNS の他に死流産や豚呼吸器複合感染症も含めた複雑な病態を示すことと，いくつかの原因が関与する複合感染症であるため，いわゆる「病気の予防」のような明確な効能を示しづらいためである．

日本での承認申請に先立ち，数年前から海外での使用が始まっていた．Horlen ら[9]はワクチン（組換え型不活化ワクチン）接種群の子豚では，対象子豚に比べて顕著な致死率の改善と良好な増体率が認められたことを報告している．日本でも 2008 年３月に組換え型不活化ワクチンが市販され，当初は供給が追いつかなかったものの，その後，母豚用ワクチン，別会社による組換え型不活化ワクチンが販売されるようになり，供給量が安定した．

科学的に精密な調査報告はまだないものの，学会での報告を含めていくつかの事例報告がなされている．藤原[10]は南九州地区の生産者にアンケートを行い，事故率の推移とワクチン接種の満足度調査を行った．母豚 150 頭以下の小規模農家，500 頭以下の中規模農家，それ以上の大規模農家に分けた場合，ワクチン接種後の事故率低下は，特に大規模農家と小規模農家で顕著であったが，全体的にはワクチン接種により事故率の改善が認められたとしている．また，農家の満足度も大規模農家と小規模農家で高かった．呉[11]は２件の農家におけるワクチン接種の事例を報告し，1 例（SPF 母豚 1,900 頭の一貫生産農家）においてはワクチン接種の経済効果を試算している．その結果，豚繁殖・呼吸障害症候群ワクチンと豚サーコウイルス２型不活化ワクチンを子豚に接種した場合，子豚の事故率を計 4.4% 改善でき，死亡豚を 1 月あたり 158 頭減少させることができた．出荷時の売上高から死亡によるえさ代の減少と屠畜に関する費用を差し引いたワクチン接種による利益増は，出荷豚１頭あたり 932 円であった．かつ，出荷時の体重がワクチン接種前と比べ枝肉重量として 1.5kg 増加し，１頭あたり 696 円の増収となった．したがって，ワクチン接種により月間 560 万円の利益増となり，ワクチンのコストを考えた場合，その費用対効果は約 1：4 としている．

6．最後に

感染症，特にウイルス感染症の治療，予防は難しい．近年，人用の抗ウイルス薬が使用されているが，動物用については価格等の問題もあり，ほとんど使われていない．このため，動物のウイルス感染症についてはワクチンが唯一の対処法と言っても良く，愛玩動物，経済動物を問わず，様々なワクチンが開発されてきたし，また，開発途上にある．ワクチンは有効性と安全性の証明がなされて初めて承認されるものであるが，野外で大規模に使用された場合，予期せぬ有害事象の起こる可能性がある．このため，再審査期間が設けられ，製造所社は有害情報収集に努めることが義務づけられている．これら２重，３重の安全弁を経てワクチンは使われている．すなわち，科学的に安全性，有効性が認められたワクチンが実際に野外において有用性を認められてはじめて畜産農家に使われる訳である．

世界中で新たな製剤の開発競争が行われているが，今後も有効，有用な動物用ワクチンが日本で開発され，世界中の動物福祉のために貢献することを期待する．

参考文献

1. 関口秀人ら，(2010)：日獣会誌　63, 234 ～ 241.
2. 畠山英夫（1989）：臨床獣医 , 7, 58-65.
3. 畠山英夫（1997）：鶏病研究会報 , 31, 11-25.
4. 畠山英夫（2000）：畜産の研究 , 54, 1073-1077.
5. McLeod, A and Rushton, J.（2007）：*Rev Sci Tech*, 26, 313-326.
6. 明石博臣（2010）：ウイルス , 60, 249-256.
7. 口蹄疫対策検証委員会報告書（2010）：（URL:http://www.maff.go.jp/j/syouan/douei/katiku_yobo/k_fmd/kensyo.html）
8. Meehan, B.M. et al.（1998）：*J Gen Virol*, 79, 2171-2179.
9. Horlen, K.P. et al.（2008）：*J Am Vet Med Assoc*, 232, 906-912.
10. 藤原（2009）：日本養豚開業獣医師会報 , 10, 25-27.
11. 呉（2009）：日本養豚開業獣医師会報 , 10, 28-30.

（明石博臣）

5　ワクチネーションプログラム

ワクチネーションプログラムとは，ある特定の感染症に対してその被害を最小限にとどめるために種々の状況を考慮して，個体あるいは集団を対象にワクチン投与を定期的に実施するための計画的なワクチン日程表をいう．

1）牛のワクチネーションプログラム

現在わが国では，24 種の牛用ワクチンが市販されている．それらのワクチンは子牛から成牛まで全ての牛に使用できるものがほとんどだが，妊娠牛に使用できないもの，使用時期が限定されているもの，あるいはグラム陰性菌製剤のように副反応が出やすいものもあるので注意が必要である（表 1）．

1．牛のワクチネーションプログラム

牛の生育する過程において病気が発生しやすい時期があり，牛の呼吸器病や下痢症は，哺乳期から育成期に多発し，月齢を問わず導入直後の肺炎も多い．牛ウイルス性下痢（BVD）ウイルスによる持続感染牛の発生の予防には初妊牛に対する免疫が特に大切である．クロストリジウム感染症は幼若期から肥育期に広く発生し肥育後期の急死は経営的打撃が大きい．また，アカバネウイルスやアイノウイルスによる異常産は流行期が限定され，コロナウイルスによる成牛下痢にも季節性がみられるなど一定の発生傾向がある．飼育形態，飼育規模，病原体の浸潤状況の違いなどから農場共通のワクチネーションプログラムを設定することは難しいが，これら病気の発生傾向を基に牛の主要な病気を予防するための基本ワクチネーションプログラムを図 1 に示した．

ボツリヌス症，サルモネラ症，破傷風および炭疽などの散発的で特定地域で発生している疾病に対するワクチンは基本プログラムに含んでいない．発生状況に応じて追加設定されるべきワクチンに位置づけられる．

以下，本文に述べる牛用ワクチンの名称は表 1 の名称を用いて記述する．

2．牛疾病別ワクチネーションプログラム

1）呼吸器病予防プログラム

呼吸器病は，ウイルスや細菌など単独での発生が少なく，2 ～ 4 種類の病原体が相互に関与し，複合的に発生している場合が多いことから，ウイルス性のワクチンでは 5 種混合生，5 種混合不活化，6 種混合生 / 不活化などの混合ワクチンの使用が多い．RS ウイルスが主体となる事例が多い今日の呼吸器病の現状からは RS 生単味を適宜使用することは経済的である．細菌性のものでは，M. ヘモリティカ不活化，細菌 3 種混合不活化が使用されているが，ウイルスと細菌性ワクチンを組み合わせた使用は一層効果的である．

（1）子牛期の呼吸器病予防

呼吸器病はこの時期がもっとも発生頻度が高く対策上重要な時期だが，プログラムの設定が難しい時期でもある．上記のワクチンをどの時期にどの順序で用いるかの定説はない．ワクチンは移行抗体が消失する月齢を待って接種するのが経済的だが，同居群のなかには最初から抗体をもたないもの，消失寸前のものとさまざまの個体が存在し，全ての個体の抗体の低下を待つのは危険が大きい．生ワクチンも不活化ワクチンも移行抗体による効果の阻害は同じでどちらが有利と言うものではない．移行抗体の影響を最小限に抑えるため複数回の接種が有効である．1 回目の接種で効果を示さなかった個体も 2 回目の接種で効果が発揮される確率は高い．

子牛期の呼吸器病予防対策には，図 1 に示す母牛に対する呼吸器 5 種混合不活化や 6 種混合生 / 不活化ワクチンの接種が有力な方法である．分娩の約 1 ヵ月前に接種すると子牛は初乳を介して抗体を保有し，抗体の個体間ばらつきが緩和され，ワクチン接種が躊躇される 0 ヵ月齢時の感染防止に効果がある．加えて若齢期のプログラムが決めやすくなる利点があり，母牛の呼吸器病および BVD の予防にも有効である．

飼養規模が小さく，呼吸器病の発生が少ない農場ではより簡略化したプログラムで済ませ，市場等の移動時に追加接種する方法も考えられる．F1 ならびに乳用雄子牛を約 40 日齢前後で導入している農場では，導入後すぐに病気が発生するため感染に遅れないプログラムの設定が必要である．

（2）子牛期以外の呼吸器病の予防

市場出荷，放牧，群の組替え等，新しく集団飼育を開始する時期には呼吸器病の発生が多いことは周知の通りで，輸送や新しい環境での飼養は多くのストレスを伴い病気の誘引となる．ワクチンは移動の 2 ヵ月前から少なくとも 2 週間前までに完了することが望ましいが，できない場合は導入後できるだけ早期の接種が必要である．基本プログラムに優先して設定されるのが望ましい．

図 1 に示した肉用牛の 16 ヵ月齢時と繁殖用牛および乳用牛

表1　わが国で市販されているワクチン

区　分[1]		ワクチンの種類と略称	含有成分	備　考
呼吸器病予防		IBR生	牛伝染性鼻気管炎ウイルス（IBR）	
		RS生	牛RSウイルス（RS）	
		3種混合生	IBR 牛ウイルス性下痢ウイルス1型（BVD-1）パラインフルエンザウイルス3型（PI3）	妊娠牛接種不可
		4種混合生	IBR BVD-1 PI3 RS	妊娠牛接種不可
		5種混合生	IBR BVD-1 PI3 RS 牛アデノウイルス7型（AD7）	妊娠牛接種不可
		5種混合不活化	IBR BVD-1,2　PI3 RS	
		6種混合生／不活化	IBR BVD-1,2　PI3 RS AD7	
		M. ヘモリティカ不活化	M. ヘモリティカ（Mh）	
		細菌3種混合不活化	Mh P. ムルトシダ H. ソムニ	
下痢予防		コロナ不活化	牛コロナウイルス	9,10月接種多い
		大腸菌不活化	大腸菌	妊娠末期接種
		サルモネラ2価不活化	S. ティフィムリウム S. ダブリン	
		5種混合不活化	ロタ3価 コロナ 大腸菌	妊娠末期接種
急性死予防		クロスト3種混合トキソイド	C. ショウベイ，C. ノビイ，C. セプチカム	
		クロスト5種混合トキソイド	C. ショウベイ，C. ノビイ，C. セプチカム，C. パーフリンゲンス，C. ソルデリー	
		ボツリヌス症トキソイド	毒素C型D型	キメラ毒素対応
		破傷風トキソイド	破傷風毒素	
		炭疽生	炭疽菌	
		H. ソムニ（ヘモフィｒス）不活化	H. ソムニ	
季節性疾病予防	異常産	アカバネ生	アカバネウイルス（AK）	5～6月接種
		異常産3種混合不活化	AK アイノウイルス カスバウイルス	5～6月接種
	流行性感冒	イバラキ生	イバラキウイルス	5～6月接種
		流行熱不活化	牛流行熱ウイルス	5～6月接種
		流行熱・イバラキ混合不活化	牛流行熱・イバラキウイルス	5～6月接種

[1] 区分は厳密なものではない．2つの区分にまたがるものは比重の大きい区分に入れた．

の14ヵ月齢時における呼吸器病ワクチンの接種は子牛期のワクチンに対する補強が目的だが，後者は初妊牛のBVD予防も目的である．接種時期の数ヵ月のずれは問題にならない．

2）下痢予防プログラム

（1）新生子の下痢予防

新生子の下痢はロタウイルス，コロナウイルスおよび病原性大腸菌などにより生後3週齢以内の発生が多く脱水症状を起こし死亡率も高い．生後のワクチン接種では予防ができないことから妊娠末期の母牛に接種する母子免疫用ワクチンが使用され，大腸菌不活化とロタ3株を含む5種混合不活化ワクチンが市販されている．用法・用量にしたがい接種すれば母牛とほぼ同等の免疫が初乳を介して子牛に移行し，生後間もない子牛の下痢予防ができる．一般に腸管感染症の予防効果は他のワクチンに比べ実感されにくい場合もあるが，環境から常在病原体量を減らす対策とワクチンの継続使用が大切である．

（2）成牛の下痢予防

コロナウイルスによる成牛の下痢，ことに搾乳牛の下痢は深刻な乳量の減少を引き起こし，毎年繰り返し被害を受ける農場が多い．初秋から翌年の晩春までが主な流行期であることからコロナ不活化ワクチンを毎年9～10月に接種する．初年度は2回接種だが翌年度からは1回である．

3）クロストリジウム感染症予防プログラム

気腫疽，悪性水腫，壊死性腸炎を起こす致死率の高い疾病である．近年肥育後期の飼料給与の変更が原因と考えられるC. パーフリンゲンスによる壊死性腸炎が目立ち，出荷間際の急死は深刻である．気腫疽と悪性水腫を予防するクロスト3種混合トキソイドまたはとそれに壊死性腸炎を加えた5種混合トキソイドを子牛期と肥育開始期に使用するのが効果的だが汚染

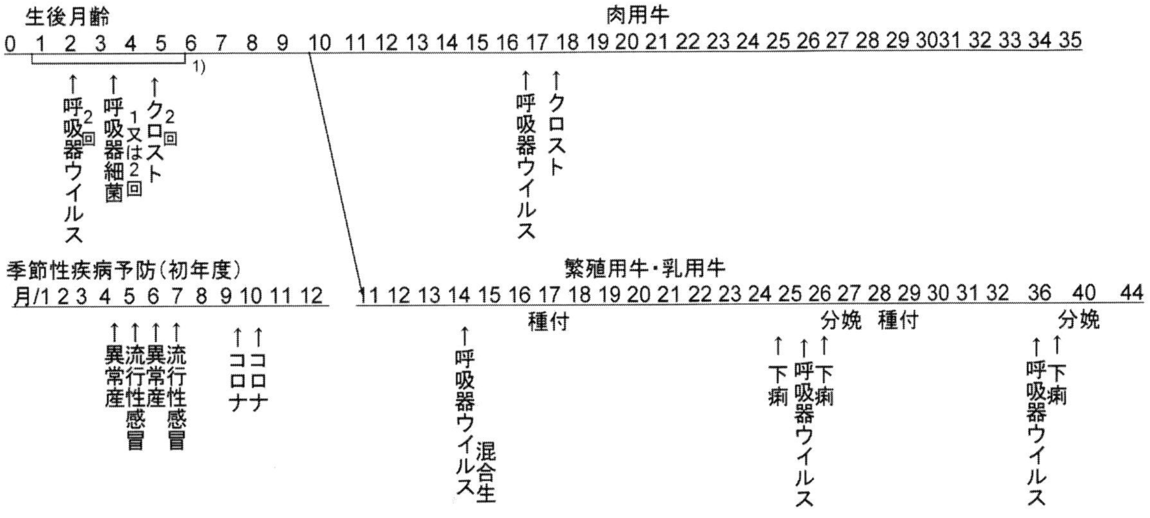

図の対象ワクチン
呼吸器ウイルス ：IBR生 RS生 3種混合生 4種混合生 5種混合種生 5種混合不活化 6種混合生/不活化
（妊娠後期の呼吸器ウイルスは3種混合生 4種混合生 5種混合生を除く）
呼吸器細菌 ： M.ヘモリティカ不活化 細菌3種混合不活化
下 痢 ：コロナ不活化 大腸菌不活化 5種混合不活化
クロスト ：クロスト3種混合トキソイド クロスト５種混合トキソイド
異 常 産：アカバネ生 異常産3種混合不活化
流行性感冒 ：イバラキ生 流行熱不活化 流行熱・イバラキ混合不活化
図に組み込まれないワクチン： サルモネラ2価不活化 炭疽生 破傷風トキソイド ボツリヌス症トキソイド

注）1）生後1～5ヵ月齢時のプログラムはワクチンの順序、時期等は病気の発生、飼養規模、導入等を考慮し適宜判断する。
2）初種付け前の呼吸器ウイルス混合生は3種混合生、4種混合生、5種混合生を想定したものである。

図１ 基本ワクチネーションプログラム

地では突発的な発生もありその対応にも使用される．３種混合トキソイドは１回，５種は２回接種を行うが追加接種は１回である．

４）季節性疾病予防プログラム

流行性異常産を起こすものと発熱，呼吸器症状および咽喉頭麻痺等を起こすものに分かれ，前者にはアカバネ生と異常産３種混合不活化，後者には流行熱不活化，イバラキ生および流行熱・イバラキ混合不活化の各ワクチンを使用する．流行性異常産には原因となるウイルスの流行に地域差があり東北地方ではアカバネ生の使用が多い．これらは共通して流行期が７月から11月に限定されるため５～６月に接種する．特に初年度はワクチン効果の持続期間（約７ヵ月）に対する注意が必要である．図１のプログラムには不活化ワクチンを記載したため２回接種としたが，生ワクチンの場合は１回である．不活化ワクチンも翌年度からは１回である．

５）基本プログラムから外れるワクチン

破傷風トキソイド，炭疽生，サルモネラ２価不活化およびボツリヌス症トキソイドの各ワクチンは月齢を問わず発生し，発生する時期も明確でないため図１に組み込まれないグループとして扱った．発生すると被害が大きいことから発生経験のある地域では周囲の状況を判断し基本ワクチネーションプログラムに適宜挿入される必要がある．ボツリヌス症トキソイドは最近市販が開始され発生地域での使用が始まった．

おわりに

牛の多頭飼育が進むなかでワクチンは畜産経営上欠かすことのできない資材の一つとなっており，治療に代わりその利用が年々進む分野と考えられる．ワクチンの効果を最大限に高めるためには，農場ごとの疾病の発生時期ならびに浸潤状況を把握した適期接種の励行と，飼養環境，飼料給与および衛生管理の改善，密飼防止など総合的に取り組むことが必要である．

牛白血病，乳房炎，ピロプラズマ，コクシジウム，クリプトスポロジウムなどのワクチン開発が今後の課題である．

（函城悦司，福山新一）

2）豚のワクチネーションプログラム

豚のワクチネーションプログラムの設定に当たっては，農場の経営形態，飼育管理システム，地域での病原体流行状況，季節，感染状況，抗体保有状況などの調査・検査結果に基づいて，ワクチンの種類，注射時期，注射回数を，管理獣医師と相談の上で，最大限の費用対効果が得られるよう設定することが望ましい．豚用ワクチンの選定に当たっては，類似した効能効果であっても，製造所により生・不活化，抗原の種類，アジュバントが様々なことがあり，ワクチン効果，移行抗体の影響，防御機構，液性免疫・細胞性免疫誘導能，免疫の持続や副反応が異なる場合があることに留意する．また，一部のアジュバント加ワクチンには注射局所反応が消失してからと畜場に出荷されるよう使用制限期間が設定されているので，ワクチネーションプログラムを組む際にこれを遵守しなくてはならない．

1．母豚の繁殖サイクルに合わせて注射するプログラム

1）母豚の分娩前に注射するプログラム

本プログラムでは，分娩時に母豚の抗体レベルがピークになるようにワクチンを注射する．母豚の抗体は胎盤を通過しないため，産子は母豚の初乳および常乳を摂取することによって液性免疫が移行され，一定期間病気から免れることができる．これを母子免疫（受動免疫）と呼ぶ．母子免疫では，母豚の分娩に合わせてワクチンをすることにより免疫を成立させ全身感染症に対しては移行抗体で，局所感染症に対しては乳汁免疫で産子を予防する．

(1) 移行抗体で予防するワクチンのプログラム

移行抗体による免疫は，初乳中の抗体レベルを十分高めて産子の血中に移行させて持続させる必要があるので，分娩日に合わせて母豚の抗体がピークになるようワクチネーションプログラムを組む．産子に移行抗体を賦与するためには，生後24～36時間以内に，可能な限り12時間以内に，十分量の初乳を摂取させることが極めて重要である．また，本プログラムは，子豚の移行抗体の消失時期を揃えて，子豚のワクチネーションプログラムを立てやすくする目的もあるため，後述する子豚に注射するプログラムを組み合わせて設定する．本プログラムには，萎縮性鼻炎（AR），豚丹毒，豚サーコウイルス関連疾病（PCVAD），オーエスキー病（AD，浸潤地域のみで限定使用）を対象とするワクチンが用いられる．豚丹毒，PCVAD，ADを対象とするワクチンについては，これら病原体から母豚自身を予防する目的も含まれる．

本プログラムのワクチンは，基礎免疫として2週～3ヵ月間隔で2回注射され，2回目が分娩前2～6週に注射される用法である．次産以降の追加免疫としては，分娩前2～6週に1回注射される．AD生ワクチンは，毎産分娩前3～6週に1回ずつ注射されることがある．

(2) 乳汁免疫で予防するワクチンのプログラム

乳汁免疫は，初乳および常乳を摂取した子豚の腸管表面に乳汁中の抗体が留まることによって，病原体の粘膜面への感染を阻止する．そのため，乳汁免疫法で予防する目的のワクチンは，主に幼若豚に下痢症などを引き起こす消化器感染症に用いられている．常乳中で最も量が多い免疫グロブリンIgAは，比較的長期間，腸管表面に留まるためIgGよりも防御効果が高い．特異的IgAを誘導して効果を高めるべく，注射経路や生ワクチンの場合には弱毒化の程度などが工夫されている．本プログラムには，豚伝染性胃腸炎（TGE），豚流行性下痢（PED），大腸菌病（新生期下痢），クロストリジウム病を対象とするワクチンが用いられる．

TGEワクチンには生と不活化があり，L-L(生-生)法やL-K(生-不活化）法で用いられる．L-L法はワクチンの用法に定められた注射間隔を厳守して，分娩前に2回注射される．また，以後も分娩ごとに2回ずつ注射されることが重要である．L-K法では種付後6週以内の母豚に生ワクチンが鼻腔内噴霧され，さらに分娩前2～3週に不活化が筋肉内注射される．PEDは生ワクチンのみが市販されており，TGEとの混合ワクチンがL-L法で用いられることが多い．大腸菌病やクロストリジウム病を対象とする不活化ワクチンは，分娩前に2～3週間隔で2回注射され，以後は分娩前に1回ずつ注射される．

2）母豚の交配前に注射するプログラム

本プログラムは，交配前に免疫を賦与して妊娠期間中を予防するため，季節に関係なく年間を通じて死流産の発生がみられる豚パルボウイルス病，豚繁殖・呼吸障害症候群（PRRS），レプトスピラ病が主な対象となる．

豚パルボウイルスによる死産を予防するために，遅くとも未経産豚の初回交配1～2週前までにワクチン注射を完了しておく．不活化ワクチンと生ワクチンがあるが，両ワクチンともに移行抗体の影響を受けるため，豚パルボウイルス，レプトスピラ病，豚丹毒混合不活化ワクチンは交配前に3週間隔で2回注射され，以降は交配前に1回ずつ注射される．

PRRSワクチンは母豚の交配3～4週前に1回注射される用法であるが，アメリカで普及した分娩後6日と交配後60日の2回注射するいわゆる「6-60」方式が行われることもある．

2．母豚に一斉注射するプログラム

1）季節的に一斉注射するプログラム

日本脳炎ウイルスやゲタウイルスは蚊によって媒介されるため，これらに起因する死流産の発生には季節性がある．そのため，ワクチンは流行が始まる時期（6～8月）の1ヵ月前までに最終注射が終わるように母豚に一斉注射を実施する．地域

の日本脳炎ウイルスの流行状況については，各県の衛生部に問い合わせるか，あるいは国立感染症研究所 感染症情報センターの「ブタの日本脳炎 HI 抗体保有状況調査速報」などが参考になる．

日本脳炎には生ワクチンと不活化ワクチンがあり，各地域の流行が始まる時期の３ヵ月前から４週間隔で２回注射される L-K 法や L-L 法で用いられることが多い．地域によっては流行が晩秋～冬まで続く場合や，ウインドウレス豚舎など豚舎構造によっては年間を通じて本病が発生する場合があり，さらに秋に１回追加注射，あるいは定期的に年３回注射されることもある．

２）定期的に一斉注射するプログラム

ワクチンの一斉注射は，繁殖サイクルに合わせて注射するプログラムに較べて，母豚への打ち損じが少なく，母豚群全体の免疫の均一化・高度化を図ることができる．また，ワクチンの使い残りが少なくなるため経済的メリットもある．そのため，AD，豚丹毒や PRRS を対象としたワクチンでは定期的に一斉注射されることがある．

AD 生ワクチンは，清浄化を目標とする場合に，母豚へ年３～４回の一斉注射が推奨されている．豚丹毒生ワクチンでは６ヵ月毎の一斉注射が推奨されている．PRRS 生ワクチンは本来母豚の交配３～４週前に１回注射される用法であるが，PRRS に対する母豚の免疫状態が不安定なため子豚で呼吸器病が多発している農場では，注射開始時に母豚へ４週間隔で２回一斉注射を実施した上で，年４回定期的に一斉注射されることがある．

３．子豚に注射するプログラム（表 2）

本プログラムは，対象子豚に直接注射し能動免疫を誘導することを目的とする．主にウイルス性感染症（PCVAD，PRRS，AD，豚インフルエンザなど）や細菌性感染症（マイコプラズマ肺炎，豚胸膜肺炎，豚丹毒，AR，連鎖球菌病，グレーサー病，増殖性腸炎など）のワクチンが市販されている．

子豚に注射するプログラムでは，移行抗体の影響と注射針によるウイルス伝播に注意が必要である．移行抗体の影響によりワクチン効果が抑制され十分な防御効果が得られないことがしばしば問題となる．そのためワクチンの注射時期は，ワクチン効果が抑制されず，かつ感染があった場合にも移行抗体によって子豚が防御される時期に設定することが望ましい．しかし，移行抗体価は個体によってばらつくことから，同時期に注射した場合でも個体によって免疫の誘導されないことがある．この

表 2　子豚のワクチネーションプログラム例

ワクチン[1]	分娩舎	離乳豚舎（子豚舎）	肥育豚舎
	21-28 日齢	70 日齢	120 日齢　180 日齢
PCV2	💉（ウイルス感染前）		
MH（1 回注射型）	💉		
（2 回注射型）	💉 💉		
App		💉	💉（好発時期の２～４週間前まで）
豚丹毒（生）		💉（移行抗体消失時期）	
豚丹毒（不活化）		💉	💉
AD（野外感染陰性豚群）			💉（移行抗体消失時期）
（野外感染陽性豚群）			💉（移行抗体消失時期）💉
連鎖球菌病	💉 💉		
PRRS	💉		
AR	💉	💉	
グレーサー病	💉	💉（好発時期の２週前まで）	
SIF		💉 💉	
PPE	▲（経口または飲水投与）		

[1] PCV2：豚サーコウイルス（２型）感染症，MH: マイコプラズマ・ハイオニューモニエ感染症，App：豚アクチノバシラス・プルロニューモニエ感染症，AD：オーエスキー病，PRRS：豚繁殖・呼吸障害症候群，AR：豚萎縮性鼻炎，SIF：豚インフルエンザ，PPE：豚増殖性腸炎

ため，事前に抗体検査を実施し，移行抗体価が高く個体差が大きいと予想されたときには，間隔をおいて２～３回注射するなどのプログラムや移行抗体の影響を比較的受けにくいアジュバントを用いたワクチンを使用することなども選択肢の一つである．子豚において PRRS ウイルスや PCV2 のウイルス血症は長期間に渡る．この時期にワクチン注射を実施すると，注射針を介してウイルスを伝播し，被害を拡大する恐れがあることもワクチネーションプログラムを組む上で十分に考慮しなくてはならない．

市販のワクチンで，野外で移行抗体の影響が問題になることが多いのは，豚丹毒（特に生ワクチン），マイコプラズマ肺炎，PCVAD，豚胸膜肺炎，AD を対象としたものである．豚丹毒生ワクチンでは，①定期モニタリング等で母豚の抗体価を測定して注射時期を設定する，②注射部位を観察し，善感反応（ワクチン注射局所の発疹）を調べ，本反応が認められなかった個体には３ヵ月齢で再注射を行う，③生ワクチン注射前後の抗体価の動きでワクチンによる免疫が成立したことを判断する，④移行抗体レベルを安定化させるために母豚に６ヵ月間隔で注射する，などの対策が取られている．AD 生ワクチンでは，野外感染豚群の子豚に２回注射（例えば移行抗体消失の 10 日前と１ヵ月後）や，移行抗体レベルを安定化させるために母豚注射と組み合わせることが有効である．豚胸膜肺炎を予防する豚アクチノバシラス・プルロニューモニエ感染症不活化ワクチンは，移行抗体の影響を受けやすく，またと畜場出荷前の抗生物質使用を制限している期間に発生が多いことから，発生時期の１ヵ月前に２回注射を完了させる．それでも被害が治まらない場合には，注射回数を３回に増やすことも有効である．

（河合　透）

3）鶏のワクチネーションプログラム

鶏のワクチネーションプログラムは，年代の経過とともに変化してきた．伝染性ファブリキウス嚢病（IBD）は 1990 年代に高度病原性株による流行が発生して以来，農場では必須のワクチンとなった．伝染性気管支炎（IB）ウイルスは変異株の出現に伴い次々と新しい血清型のワクチンが開発されている．不活化ワクチンでは，免疫持続性に優れ，複数の抗原を混合したオイルアジュバントワクチンが 1993 年に発売され，それまで使用されていたアルミアジュバントワクチンと置き換わり注射回数が減少した．また画期的な用法として孵卵中に接種する卵内用ワクチン（マレック病，鶏痘）が開発された．卵内用ワクチンは自動卵内接種機による大量接種が可能であり，ワクチン接種の労力が大きく減少した．

現在国内では 15 種類の病原体に対して，生および不活化の単味および混合ワクチン 134 品目が承認，販売されている（2011 年２月現在）．

これらの中から適切なワクチンを選択しプログラムを作成するためには，ワクチンの性状，用法・用量，農場の病原体の浸潤・汚染状況および地域での流行状況，衛生管理，農場の立地条件（鶏舎環境，気候等）等を考慮する必要がある．

図２～図４に採卵用鶏，種鶏および肉用鶏の標準的なワクチネーションプログラムを示した．ワクチネーションプログラム作成の際の参照とされたい．

以下に，鶏種別，製剤別のプログラム作成における留意点およびワクチン効果に影響を与える要因ついて述べる．

1．プログラム作成上の留意点

1）鶏種別

（1）採卵用鶏

採卵用鶏に対するプログラムの目的は，育成期間の疾病予防に加え，産卵開始前に十分な免疫を賦与させること，および産卵開始後はその免疫を長期間持続させることである．不活化ワクチンの追加投与によるブースター効果は基礎免疫のレベルに影響される．そのため幼～中雛期の生ワクチンによる基礎免疫を十分に効果的なレベルに誘導することが重要である．通常，法定伝染病であるニューカッスル病（ND）および届出伝染病である IB に関しては不活化ワクチン注射前に生ワクチンを複数回投与する．

（2）種　鶏

種鶏のプログラムでは，種鶏自身の疾病予防に加え，移行抗体により当該種鶏由来の幼雛を感染症から守る役割が求められる．そのため，採卵用鶏と比較してより多くのワクチンが投与される．なお，介卵感染を起こす生ワクチン（鶏脳脊髄炎，鶏貧血ウイルス感染症，トリレオウイルス感染症およびマイコプラズマ・ガリセプチカム / マイコプラズマ・シノビエ（MG/MS）感染症）は，ひなまたは孵化率に影響を及ぼさないよう産卵前に投与する．

（3）肉用鶏

肉用鶏に対するプログラムでは，出荷までの短期間に主要な感染症に対し，効果的に免疫を賦与することが重要となる．し

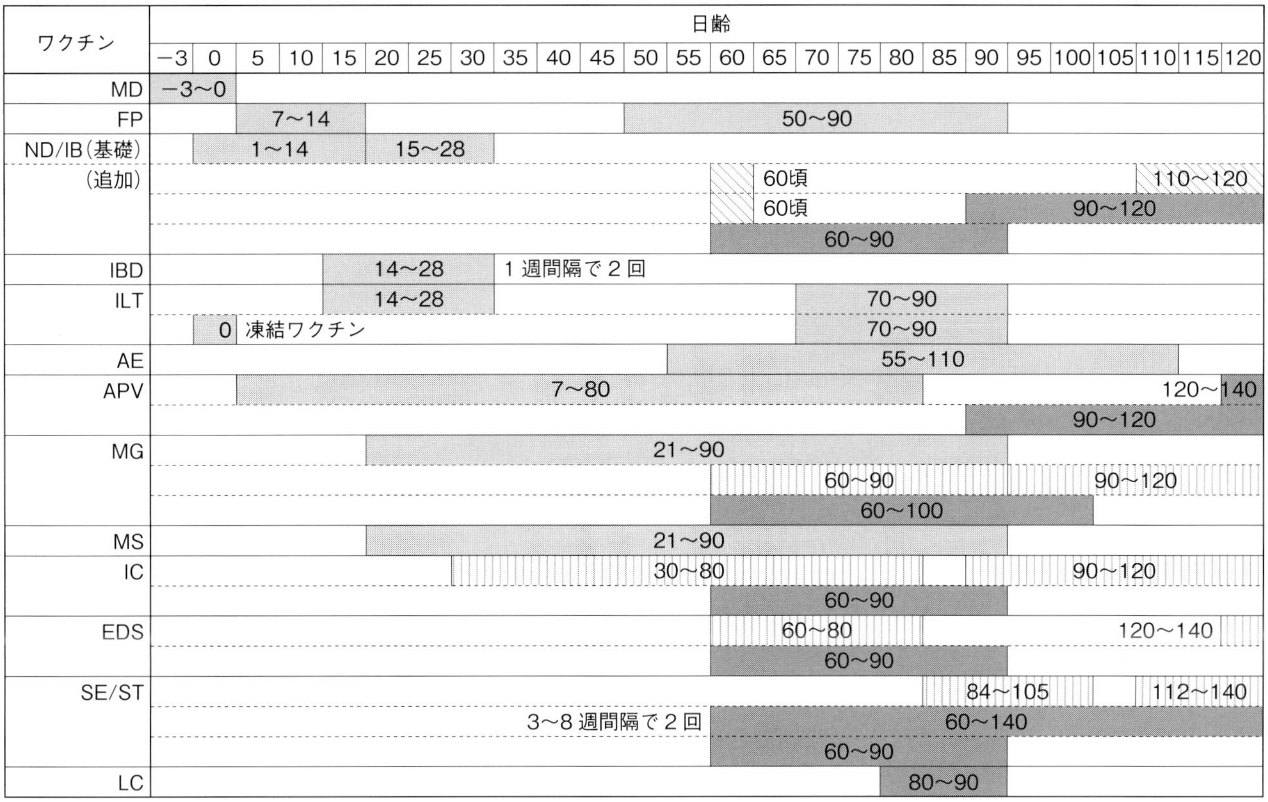

ワクチン
日齢
−3 0 5 10 15 20 25 30 35 40 45 50 55 60 65 70 75 80 85 90 95 100 105 110 115 120
MD
−3〜0
FP
7〜14
50〜90
ND/IB(基礎)
1〜14
15〜28
(追加)
60頃
110〜120
60頃
90〜120
60〜90
IBD
14〜28
1 週間隔で 2 回
ILT
14〜28
70〜90
0
凍結ワクチン
70〜90
AE
55〜110
APV
7〜80
120〜140
90〜120
MG
21〜90
60〜90
90〜120
60〜100
MS
21〜90
IC
30〜80
90〜120
60〜90
EDS
60〜80
120〜140
60〜90
SE/ST
84〜105
112〜140
3〜8 週間隔で 2 回
60〜140
60〜90
LC
80〜90

図 2　採卵用鶏のワクチネーションプログラム

：生ワクチン

：生ワクチンまたは不活化アルミアジュバントワクチン

：不活化オイルアジュバントワクチン

：不活化アルミアジュバントワクチン

＊　数字：日齢

ワクチン名　MD：マレック病，FP：鶏痘，ND：ニューカッスル病，IB：鶏伝染性気管支炎，IBD：鶏伝染性ファブリキウス病，ILT：鶏伝染性喉頭気管炎，AE：鶏脳脊髄炎，APV：トリニューモウイルス感染症，MG：マイコプラズマ・ガリセプチカム感染症，MS：マイコプラズマ・シノビエ感染症，E.coli：鶏大腸菌症，IC：鶏伝染性コリーザ，EDS：産卵低下症候群，SE：鶏サルモネラ症（サルモネラ・エンテリティディス），ST：鶏サルモネラ症（サルモネラ・ティフィムリウム），LC：鶏ロイコチトゾーン症，ARV：トリレオウイルス感染症，CAV：鶏貧血ウイルス感染症．コクシジウム（混合）：テネラ，アセルブリナ，マキシム / テネラ，アセルブリナ，マキシム，ミチス，コクシジウム（Neca）：ネカトリクス．

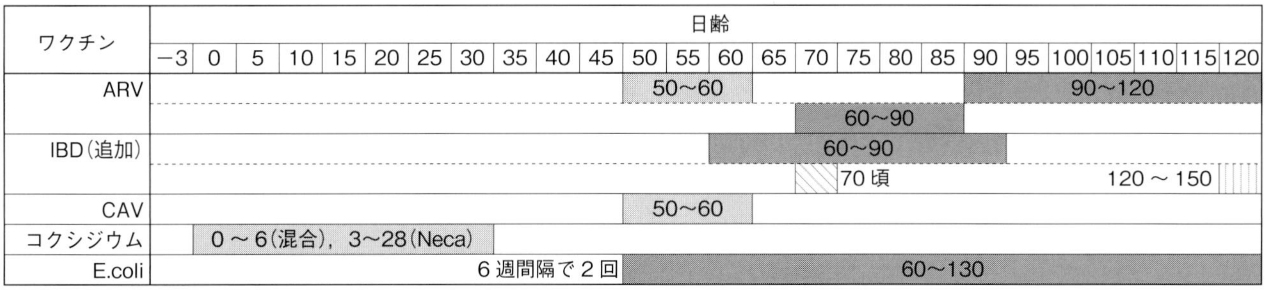

ワクチン
日齢
−3 0 5 10 15 20 25 30 35 40 45 50 55 60 65 70 75 80 85 90 95 100 105 110 115 120
ARV
50〜60
90〜120
60〜90
IBD(追加)
60〜90
70 頃
120 〜 150
CAV
50〜60
コクシジウム
0 〜 6(混合)，3〜28(Neca)
E.coli
6 週間隔で 2 回
60〜130

図 3　種鶏のワクチネーションプログラム（採卵用鶏以外のワクチンのみ）．（略語は図 2 の注を参照のこと）

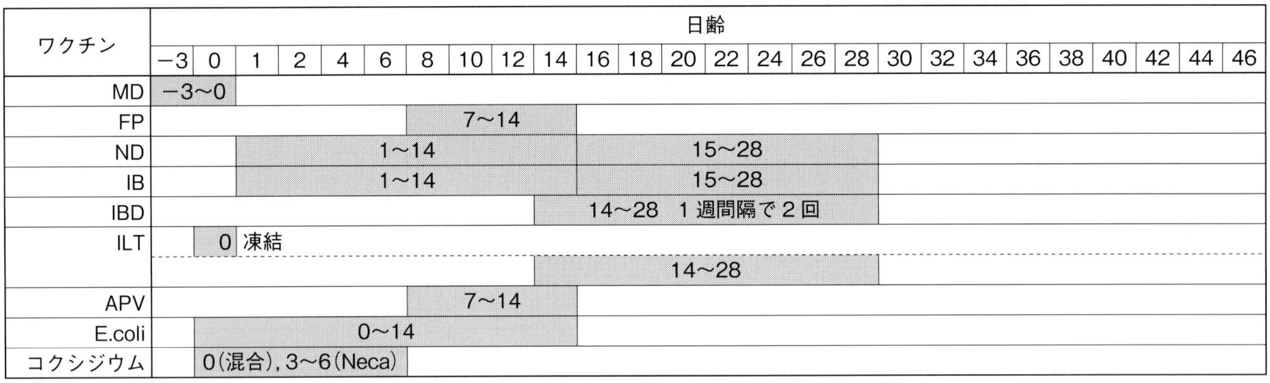

ワクチン
日齢
−3 0 1 2 4 6 8 10 12 14 16 18 20 22 24 26 28 30 32 34 36 38 40 42 44 46
MD
−3～0
FP
7～14
ND
1～14
15～28
IB
1～14
15～28
IBD
14～28　1週間隔で2回
ILT
0
凍結
14～28
APV
7～14
E.coli
0～14
コクシジウム
0(混合), 3～6(Neca)

図4　肉用鶏のワクチネーションプログラム.（略語は図2の注を参照のこと）

かし，後述するようにプログラム作成の際には移行抗体の影響も考慮せねばならないため，投与できるワクチンの種類および回数が限定される．すなわち，肉用鶏のワクチネーションプログラムでは最小限のワクチンで複数の病原体に対する防御を賦与せねればならないため，その設定は容易ではない．

2）製剤別

（1）ND 生ワクチン

ND 生ワクチンは，疾病発生のリスク，副反応発生のリスクなどの状況に応じて投与経路を選択する．疾病発生のリスクが高い場合には最も確実な点眼投与を，副反応発生のリスクを考慮する場合には飲水投与を選択する．また緊急時は噴霧投与を実施する．

（2）IB 生ワクチン

現在，国内では6種類の血清型に対する生ワクチンが販売されている．ワクチン株選択の基本は，農場での野外流行株の血清型に合致した株を選択することである．なお，多くの血清型に対し効果的に免疫を賦与したい場合は，異なる血清型株を組み合わせて複数回投与する．初回投与はマサチューセッツ型株を用いる方が広く抗体を賦与できる場合が多い．

（3）IBD 生ワクチン

高度病原性 IBD 発生時は，ひな用ワクチンを通常より早い日齢から投与を開始し，移行抗体のばらつきに応じ投与回数を増やすか，場合によっては中等毒ワクチンを選択する．なお，中等毒ワクチンを選択する場合，用法外の日齢で使用すると免疫抑制を起こすため，ワクチネーションプログラム作成の際にはそれぞれの製剤の添付文書で確認する．

（4）不活化アルミアジュバントワクチン

不活化オイルアジュバントワクチンと比較すると免疫の持続が短いため，定期的に抗体検査を実施し，適宜追加注射を行う．

（5）不活化オイルアジュバントワクチン

不活化オイルアジュバントワクチンは免疫誘導能および持続性に優れているが，注射によるストレスが産卵に影響を及ぼす場合があるため，産卵開始前に十分に期間をおいて実施する．

なお，不活化オイルアジュバントワクチンには抗原を2～8種類混合した製剤が多く販売されている．図2，図3ではそれぞれの抗原をワクチンとした場合のプログラムも含めて記載している．

また，それぞれの製剤に使用制限期間が設けられている．種鶏または採卵用鶏を食鳥処理場へ出荷する場合は，使用制限期間を考慮してプログラムを設定する．産卵前の注射期間および注射後の使用制限期間は製剤により異なるため，詳細はそれぞれの製剤の添付文書で確認する．

2．ワクチン効果に影響を与える要因

1）移行抗体

幼雛に生ワクチンを投与する場合には，当該病原体に対する移行抗体の影響を考慮する必要がある．生ワクチンは移行抗体より中和され易い．したがって移行抗体がテイク可能なレベルにまで低下した時点で投与を行う．移行抗体レベルが鶏群内でばらつく場合は，複数回投与することで確実に鶏群全体に免疫を賦与できる．同じ病原体に対する生ワクチンであってもテイク可能な抗体価が異なる場合があるため，鶏群の移行抗体のレベルや病原体の流行等の状況に応じてワクチン株を選択する．なお，マレック病生ワクチンの皮下および卵内接種，鶏伝染性気管支炎生ワクチンの散霧投与は移行抗体の影響を受けにくいため，より若齢で投与される．

2）生ワクチンウイルス間の干渉

ND，IB，鶏伝染性喉頭気管炎およびトリニューモウイルス感染症生ワクチンをそれぞれ近い日齢で投与する場合，鶏体内でワクチンウイルス同士の干渉を起こす可能性があるため，投

与間隔を一週間以上空ける．投与間隔および干渉を受けるワクチンウイルスは製剤により異なるため，詳細はそれぞれの製剤の添付文書で確認する．なお，ND・IB混合生ワクチンは，ウイルス間に干渉がないよう混合比を調整した製剤である．

3）投与経路

製剤によっては，複数の投与経路を有するものがある．投与経路によりテイク可能な抗体価のレベル，副反応または投与の際の作業量が異なる場合があるため，それぞれの農場に適した投与経路を選択することが重要である．生ワクチンの場合，一般的に点眼および点鼻投与は最も確実かつ副反応の少ない投与経路であるが作業量が多く，近年の大規模飼育農場には不向きである．散霧および飲水は一斉投与が可能で作業性には優れるが，全ての個体に確実にワクチンが行き渡るよう工夫が必要である．

参考文献

1. 鶏病研究会（2006）：鶏病研報，41, 1-15.
2. 山田進二（1992）：鶏のワクチン，3-29, 木香書房.
3. 社団法人動物用生物学的製剤協会（2003）：鶏用ワクチンと診断液のご案内 2003 年版.
4. 社団法人全国動物薬品機材協会（2011）：動薬手帳― 2011 年版―.

（有吉理佳子）

4）犬と猫のワクチネーションプログラム

1. 犬のワクチンプログラム

販売される子犬の若齢化，パピーパーティーなど社会化のための他の犬との交流機会が増えたことなどから，初回ワクチンの接種時期がより早期になってきている．移行抗体などの推移や，免疫応答の確認，安全性の確認などにより，初回接種は生後4週齢以降からとなっている（図5）．どの混合ワクチンを採用するかは，獣医師の裁量に委ねられているが，一般的には初回接種された混合ワクチンを追加接種する傾向にある．一般的なワクチン接種とは異なり，狂犬病の予防接種は狂犬病予防法によって「犬を取得した日（生後90日以内の犬を取得した場合にあっては，生後90日を経過した日）から30日以内に行うこと，以後は毎年1回追加接種すること」が義務とされている．また，日本国内では狂犬病ワクチンは不活化ワクチンであり，その他の混合ワクチンを同時に投与することは回避するように指示されている．狂犬病ワクチンを先に接種した場合，その他のワクチンは1週間以上間隔をあけて接種し，その他の生ワクチンを先に接種している場合は1ヵ月以上，不活化ワクチンを接種している場合は1週間以上の間隔をあけて狂犬病ワクチンを接種することとなっている．

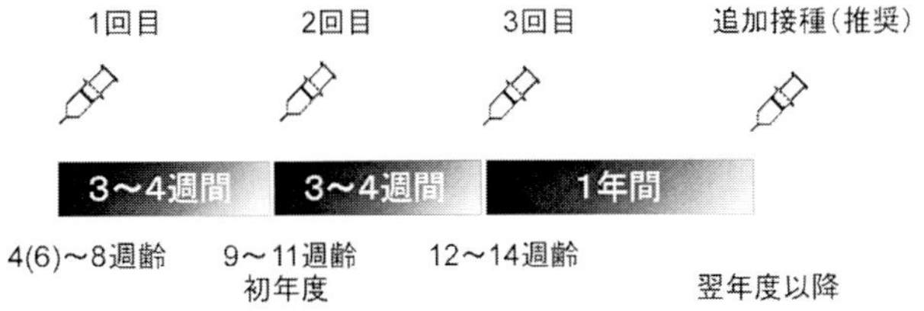

図5　一般的な犬のワクチン接種プログラム

参考：米国では米国動物病院協会（AAHA）が2003年および2006年にワクチン接種に関するガイドラインを発表しており，ジステンパー，パルボウイルス，アデノウイルスの3種をコアワクチンと考え，生後6週から14週までに3～4週間毎に3回（例：6週・10週・14週，または8週・12週・16週など），少なくとも14～16週には最終接種を行うことが記されている．これらコアワクチンは，3年毎の追加接種を推奨している．また，ノンコアワクチンと考えられているパラインフルエンザ（CPIV），コロナウイルス（CCV），レプトスピラについては，リスクが高い犬，あるいはリスクが高い地域で必要とされると考え，ブリーダーや頻繁にドッグショーに出品する犬，ペットホテルに預けることが多い犬などには，コアワクチンにCPIVを追加し，レプトスピラの常在地ではレプトスピラワクチンを追加することとなっている．

2. 猫のワクチネーションプログラム

猫のワクチンは，猫ウイルス性鼻気管炎（FVR），猫カリシウイルス感染症（FCV），および猫汎白血球減少症（FPLV）に対する3種混合不活化ワクチンと，これに猫白血病ウイルス感染症（FeLV），猫クラミジア感染症（FCP）を加えた5種混合

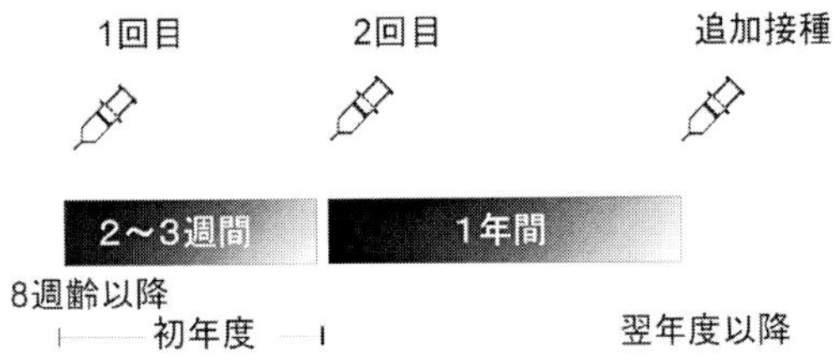

図6　一般的な猫の混合不活化ワクチン接種プログラム

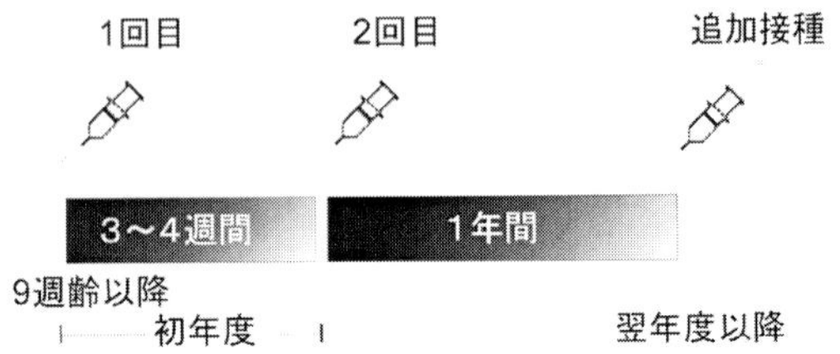

図7　一般的な猫の混合生ワクチン接種プログラム

不活化ワクチンが一般的である．最近では，FVR，FCV および FPLV の３種混合生ワクチンもあり，アジュバントを含有しないことで発熱や接種部位の肉腫などの副反応の低減が期待されている．この他に猫免疫不全ウイルス感染症に対する単味ワクチンがある．FIV は不活化ワクチンで，８週齢以上の猫に初年度は２～３週間隔で３回皮下注射し，免疫を持続させるためには，本ワクチンの最後の接種から１年以上の間隔を空けて１回追加接種することとなっている．その他の３種，あるいは５種混合不活化ワクチンは，８週齢以上の猫に初年度は２～３週間隔で２回，筋肉内または皮下に接種し，１年毎の追加接種が推奨されている（図６，図７）．FIV ワクチンは不活化ワクチンであり，その他の混合ワクチンを同時に投与することは回避するように指示されている．FIV ワクチンを先に接種した場合，その他のワクチンは３回目の接種後１週間以上間隔をあけて接種し，その他の生ワクチンを先に接種している場合は１ヵ月以上，不活化ワクチンを接種している場合は１週間以上の間隔をあけて FIV ワクチンを接種することとなっている．

（中村遊香）

5）馬のワクチネーションプログラム

現在わが国では，馬用ワクチンとして馬インフルエンザ，日本脳炎，破傷風，ゲタウイルス感染症，馬鼻肺炎，馬ロタウイルス感染症，炭疽および馬ウイルス性動脈炎を対象としたワクチンが市販されている．単味ワクチンと混合ワクチンがあるが，炭疽に対するワクチン以外はいずれも不活化ワクチンあるいはトキソイドである．そのため基礎免疫として２回接種したあと一定の間隔で単回の補強接種を行うのが基本である．

ワクチンを競走馬の育成段階から使うときの基本的なワクチンプログラムを図８に示した[1]．馬の生産地では，毎年春になると前年に生まれた１歳馬に「馬インフルエンザ不活化・日本脳炎不活化・破傷風トキソイド混合（アジュバント加）ワクチン（３種混合ワクチン）」を２回接種して基礎免疫を行う．馬インフルエンザに対しては基礎免疫を行った年の秋に単味馬インフルエンザワクチンの補強接種を行う．その後３種混合ワクチンあるいは単味ワクチンを利用してほぼ半年ごとに補強接種を行い，免疫を維持する．もし接種間隔が１年を超えた場合は基礎免疫からやり直す．最近、早い時期に高い免疫を賦与するために１月から２月にかけて初めての基礎免疫を行い，その３ヵ月後に最初の補強接種を行うプログラムが推奨されている（松村富夫氏（2011），私信）．この場合も以後は半年ごとに補強接種を行う．日本脳炎に対しては，毎年流行前の春（５月～６月）にワクチンを２回接種する．レース等で活躍し出す３歳の春には,「日本脳炎不活化ワクチン（JE ワクチン）」を「日本脳炎・ゲタウイルス感染症混合ワクチン（JEG 混合ワクチン）」に切り替えた２回接種が推奨される．これがゲタウイルス感染症に対する基礎免疫となる．その後は毎年春に JEG 混合ワクチンおよび単味 JE ワクチンをそれぞれ１回接種する．破傷風に対しては，３種混合ワクチンによる基礎免疫のあとは毎年１回の補強接種により免疫を維持する[1]．また，育成馬がトレーニングセンターに入厩して最初に迎える冬には馬ヘルペスウイルス１型（EHV-1）による呼吸器疾患の流行に巻き込まれやすい．流行の前に「馬鼻肺炎（アジュバント加）不活化ワクチン（ERP ワクチン）」を複数回接種しておくことが望ましい[2]．

生産地ではこれらのワクチンのほかに，EHV-1 による流産の予防に ERP ワクチンが使用される．EHV-1 による流産は，概ね胎齢９～11 ヵ月に発生するのでこの危険な時期に入る２週間前までには基礎免疫が完了するようにワクチンプログラムを組む．さらに危険期に入った後も最終免疫から１～２ヵ月後に補強接種を行うことが望ましい[2]．また, ロタウイルス（A 群, G3 タイプ）感染に起因する子馬の下痢症に対しては「馬ロタウイルス感染症（アジュバント加）不活化ワクチン」を母馬に接

感染症＼接種時期	（出生）	1才（春）	1才（秋）	2才（春）	2才（秋）	3才（春）	3才以降
馬インフルエンザ（INF）		（基礎免疫） INF↓ INF↓	（補強免疫） INF↓	（補強免疫） INF↓	（補強免疫） INF↓	（補強免疫） INF↓	半年ごとに1回接種
日本脳炎（JE）・ ゲタウイルス感染症（G）		JE↓ JE↓		JE↓ JE↓		（Gの基礎免疫） JEG↓ JEG↓	毎年春にJEGとJEを1回ずつ接種
破傷風（TTD）		（基礎免疫） TTD↓ TTD↓		（補強免疫） TTD↓		（補強免疫） TTD↓	1年ごとに1回接種

図 8　競走馬における育成段階からの基本的なワクチンプログラム

INF：馬インフルエンザ不活化ワクチン，JE：日本脳炎不活化ワクチン，JEG：日本脳炎・ゲタウイルス感染症混合不活化ワクチン，TTD：破傷風トキソイド．INF，JE および TTD を同時期に接種する時は，3 種混合ワクチンを用いる．

種し，初乳に分泌される抗体を介した母子免疫により子馬を防御することができる[3]．

参考文献

1. 鎌田正信（2006）：BTC ニュース , 63, 15-18.
2. 松村富夫，近藤高志（2007）：馬鼻肺炎，社団法人全国家畜畜産物衛生指導協会.
3. 今川　浩（2004）：BTC ニュース , 54, 2-5.

（土屋耕太郎）

6　ワクチンの使用上の注意

本項では，動物用ワクチンの添付文書に記載されている使用上の注意について説明する．これらは，ワクチンを安全かつ効果的に使用する上で重要である．

1　一般的注意

ワクチン使用における一般的注意事項は大まかに以下の２つに分類される．

1）獣医師の管理下での使用

動物用ワクチンの大部分のものは，要指示医薬品であることから，獣医師の処方せん・指示により使用しなければならず，要指示医薬品でないものであっても，獣医師の適切な指導の下で使用されなければならない．

2）用法・用量および適応症の遵守

効能・効果において定められた適応症の予防にのみ使用されなければならない．特に遺伝子組み換え生ワクチンの場合は，用法・用量を遵守し，「遺伝子組み換え生物等の使用等の規制による生物の多様性の確保に関する法律」に違反しないようにしなければならない．

2．使用者に対する注意[1,2]

ワクチン使用者に対する注意としては，注射投与する製剤における誤刺と，噴霧投与する製剤におけるエアロゾルによる曝露の２点が挙げられる．

動物用生ワクチンのなかには，主剤が人獣共通感染症の病原体である場合がある．生ワクチン株は弱毒化されていることから，人に対する病原性は低いと考えられるが，誤って注射をした場合は患部の消毒等を行い，必要があれば，医師の診察を受ける．また，不活化ワクチンの場合，病原体は不活化されているが，アジュバントを含むワクチンの場合は，アジュバントの成分によって注射局所に炎症を起こすことがあることから，誤って注射した内容を創外に排出する必要がある．腫脹や疼痛が認められる場合には，医師の診察を受ける．なお，その際には，アジュバントを含む動物用ワクチンを誤って注射した旨を医師に伝える必要がある．

噴霧投与するワクチンについては，防護メガネ，マスク，手袋等の防護具を着用して，病原体の体内摂取を可能な限り防止しなければならない．

3．対象動物に対する注意[1,2]

ワクチンをその対象動物に投与するにあたっての注意事項は以下の通りである．なお，製剤に特有の注意事項については，各論の項目を参照されたい．

1）投与対象の制限

ワクチンの投与にあたっては，動物の健康状態に注意し，著しい異常が認められる動物には投与をしない．また，発熱，下痢，重度の皮膚疾患といった臨床異常が認められる場合や，疾病の治療中あるいは治癒後間もない動物，交配後間もない動物，分娩前後の動物，明らかな栄養障害が認められる動物については，その個体の健康状態，体質等を考慮し，投与の適否の判断を慎重に行う．

2）投与後の注意

ワクチン投与後は，可能な限り安静に努め，激しい運動，移動等は避ける．

3）副反応に対する注意

副反応の詳細については総論「7 ワクチンの副作用」を参照されたい．特にワクチン投与後に起こるアレルギー反応やアナフィラキシーショックには十分注意しなければならない．

4）相互作用に関する注意

複数のワクチンを混合して投与した場合，特に，生ワクチンでは干渉現象のために，ワクチン効果が減弱されてしまうので，複数のワクチンを混合して投与することは避ける．複数のワクチンを効果的に使用する方法については，総論「5 ワクチネーションプログラム」を参照されたい．また，細菌生ワクチンでは，抗生物質の投与あるいは飲水中の塩素によりワクチン株が影響を受けてしまうので，投与前後の一定期間は，ワクチン株に影響を与える薬剤等の投与は避けなければならない．

4．取り扱い上の注意[1,2]

1）使用期限の確認

ワクチンの使用にあたっては，ワクチンの使用期限を確認し，使用期限が過ぎたものは使用してはならない．また，有効期間内であっても，外観や内容に異常が認められた場合は使用せず，添付文書に記載された問い合わせ先に連絡をする．

2）調製方法と投与に関する注意

ワクチン投与液の調製方法は投与方法により異なる．ここでは代表的な投与経路におけるワクチンの調製方法と投与に関する注意事項を述べる．個々の製剤に特徴的な投与の方法については，各論の各製剤の項目を参照されたい．

（1）注射投与

注射投与の場合，製剤を本来無菌的な部位に投与することになるので，ワクチンの溶解，投与にあたっては高圧蒸気滅菌，乾熱滅菌または煮沸消毒した器具を用いる．なお，可能な限りディスポーザブルの器材を使用することが望ましい．バイアルから内容を注射器で吸引採取する場合は，バイアルのゴム栓を消毒用アルコールで消毒する．静置すると沈殿を生じる製剤の場合は，投与前に容器を振とうして均一にしてから使用する．

（2）点眼・点鼻投与

眼粘膜，鼻粘膜といった外界に曝露された粘膜面への投与の場合でも，ワクチンの溶解は無菌的に行い，雑菌の混入を避ける．この投与方法が用いられるのは鶏用生ワクチンである．点眼・点鼻を行う場合は，1 滴が 1 羽分となるように溶解・希釈し，専用の器具を使用して投与する．点眼の場合は投与器具の眼瞼結膜への接触に注意して投与する．また，動物を保定する手指も消毒を行い，手指を介した結膜への感染を防ぐ．点鼻投与の場合は，鼻腔内にワクチンが吸入されたことを確認する．投与する鼻孔と反対側の鼻孔を指で押さえるとよい．

（3）飲水投与

飲水に添加して給与する製剤のほとんどは，凍結乾燥された生ワクチンである．飲水投与する製剤は，添付の溶解用液あるいは局方注射用水を用いて溶解し，これをさらに飲水中に添加する．飲水中に含まれる塩素の影響を避ける目的で，ワクチンの希釈に使用する飲水は，煮沸，汲み置き（一晩放置），チオ硫酸ナトリウム（ハイポ）の添加（0.01 ～ 0.02％），スキムミルクの添加（0.1 ～ 0.2％）により残留塩素を除去する．また，ワクチン投与前に一定時間断水し，ワクチンを含む飲水を短時間で飲み終えるように投与液量を調整する必要がある．

3）廃棄に関する注意

一度開封したワクチンは速やかに使用する．使い残しのワクチンは，雑菌の混入や効力の低下が起きる可能性があることから使用してはならない．

使い残しのワクチンは，地方公共団体条例に従って処分を行う．なお，生ワクチンであれば，消毒または滅菌を行った後に廃棄する．使用済みの注射針については，注射針回収用の専用容器に入れる．回収容器の廃棄は，産業廃棄物収集運搬業および産業廃棄物処分業の許可を有した業者に委託する．

5．保管上の注意 [1,2]

ワクチンは小児の手の届かないところに保管をする．保管温度は製剤ごとに定められた温度に従う．液体窒素を使用して保管する製剤の場合は，液体窒素の補充に留意すると同時に，液体窒素による凍傷や酸素欠乏，アンプルの破裂による負傷にも注意しなければならない．また，直射日光，不適切な加温，凍結はワクチンの品質に影響を与えるため避けなければならない．また，液状ワクチンや溶解用液については，凍結することにより容器を破損し，使用者がけがをする可能性があるため，これも避けなければならない．

参考文献

1. 動物用医薬品等製造販売指針 2010 年度版，農林水産省消費・安全局畜水産安全管理課監修，社団法人 日本動物用医薬品協会
2. 動物用医薬品等データベース，農林水産省動物医薬品検査所ホームページ（http://www.maff.go.jp/nval/）

（西村昌晃）

7　ワクチンの副作用

ワクチンは，感染症を激減させ，公衆衛生の向上および経済的家畜生産にもっとも寄与している医薬品である．一方，現在では，これまでにない莫大な数のワクチンが世界規模で開発され使用されてきているのと比例するように，ワクチンの副作用やワクチンが関係する有害事象に対する関心や懸念も増大し，ワクチンが貢献した公衆衛生学上の成功や家畜生産を脅かすような事態も発生している．本稿では，ワクチンを取りまく副作用の原因やその背景，実態について解説し，ワクチンによるメリットをより効果的に獲得し，デメリットを抑えるための基本的原則について考察する．

1　ワクチンにおける副作用の実態

動物用医薬品の製造販売業者は，承認を取得した医薬品の副作用が疑われる有害事象を知ったときには，農林水産大臣への報告が義務づけられている．一方，2003 年 7 月 30 日以降，獣医師等の医薬関係者も，動物に使用した医薬品（人用を含めたすべての医薬品）の重大な副作用を知った場合で保健衛生上の危害の発生または拡大を防止するため必要があると認めるときは，大臣に報告しなければならない．全ての副作用報告は，薬事法第 77 条の 4 の 4 に基づく報告として年度ごとに動物医薬品検査所が取りまとめている．

2009 年度の副作用報告総数は 205 件であった．そのうち獣医師からの報告が 26 件，製造販売業者からの報告が 179 件であった（なお獣医師の報告を受け製造販売業者が調査し報告したものは後者に含まれている）．

製剤区分ごとに副作用報告を分けると，生物学的製剤が 134 件で，全報告件数の 65％を占めており，このうち犬が 61 件（生物学的製剤に関する副作用報告の 46％）を占めた．続いて牛が 38 件（同 28％），猫 20 件（同 15％），豚 15 件（同 11％）であった．副作用報告の症状別の内訳では，重篤とされたものが 110 件で，生物学的製剤に関する副作用報告全体の 80％以上を占めた．このうち死亡例が 86 件となっている．産業動物では，動物用医薬品の投与後に畜主や獣医師が動物から離れたあとでの発見時死亡例が多く認められ，投与後の観察が不十分であったことによる死亡事例も存在すると考えられた．また，愛玩動物では，顔面腫脹，流涎等の軽症例が報告される一方，重篤症例の場合には，処置する間もない短時間のうちに死に至るものも報告された．

2．ワクチンにおける副作用および有害事象の要因

ワクチンを接種することにより，そのワクチン抗原に関連した病原体等への免疫が賦与されることが，ワクチン接種の目的である．ワクチンを接種すると，免疫学的反応，炎症反応，特異体質が起因する反応，その他様々な反応が，生体の既知あるいは未知の要因（年齢，性別，品種，遺伝的特徴，接種時の体調等の個体の特性を含む），ワクチンの主成分あるいは主成分外成分の質や量，接種されたワクチンの数，免疫経路などから生成される．そのため，ワクチンにおける副作用の原因も，これらの反応および因子から起こるものがほとんどである．

1）病原体の感染によるもの

生ワクチンには，その製剤の効能効果の対象となる病原体がワクチン株として含まれている．これらのワクチン株は病原性が減弱され，継代数を重ねてもその病原性が復帰しないことが確認されたものであるが，生ワクチンは接種によりそのワクチン株が生体に感染することで免疫が賦与されるものであるため，ときに感染に伴う症状が出ることがあり，これらの症状が副作用として報告される場合がある．具体的には，接種後の元気消失，食欲低下，発熱，接種部位の腫脹などが副作用として動物医薬品検査所に報告されている．そのほか，例えば使用上の注意に「投与後に一過性の呼吸器症状および結膜の充血が認められることがある．」（鶏のいくつかの急性呼吸器疾患に対する生ワクチン），「接種後 2 ～ 3 日目頃から接種局所にワクチン株の増殖による発赤，丘疹（善感反応）が発現するが，この反応は 1 週間前後で消失する．」（豚丹毒生ワクチン）などとあらかじめ記載されているものもある．

2）免疫学的機序によるもの

ワクチンに含まれるウイルス抗原，エンドトキシン，アジュバント成分やワクチン製造の過程で含まれる不純物が副作用の原因となる場合がある．動物用医薬品の副作用として重要視されているのがアナフィラキシーショックおよびエンドトキシンショックである．カナダでは BVD，PI3，RS ウイルスおよびヘモフィルス・ソムナス混合不活化ワクチンを，7 日齢から 30 日齢のシンメンタール牛に接種したところ，1 頭が接種後 8 時間から 10 時間以内に肺水腫により死亡しているのが発見され，20 頭が元気消失，食欲不振，接種部位の腫脹・発熱等の症状を示し，エンドトキシンまたは細菌構成物質がアジュバントによる炎症反応の増強と相乗して副作用の原因となったこ

とを示唆する報告がある[1]．アジュバントを含む不活化ワクチンでは，免疫獲得を高めるためのアジュバント成分により接種部位の腫脹・発熱・硬結等が起こることがある．

また，アメリカ獣医師会（AVMA）は，ワクチン関連性猫肉腫タスクフォースの報告として，狂犬病および猫白血病ワクチンを接種された猫に 1/10,000 〜 10/10,000 の確率で接種部位での肉腫が発生しているとしている．このワクチン関連肉腫の正確な発生機序は不明だが，これらの腫瘍細胞への高度に免疫原性があるアジュバントもしくはその他のワクチン成分による継続的な刺激が関与していると推察されている．これらの成分が，単独であるいは未知の腫瘍発生因子や腫瘍発生遺伝子と関連して炎症を起こし，更に腫瘍化，腫瘍の進行へとつながると考えられる．炎症性肉芽種から肉腫への移行部位が確認されており，猫ではワクチンに対する炎症反応が肉腫進行に先立っていることが強く示唆されている[2]．

なお，これらの報告と同様の症例は国内でも報告されており，動物医薬品検査所の副作用情報データベースに登録されている．わが国で報告されているすべての症例は，動物医薬品検査所のホームページ（http://www.maff.go.jp/nval/）からリンクされている副作用情報データベースで閲覧可能であるのでご参照いただきたい．

3）副作用の転帰を左右するものと副作用低減のための基本的原則

接種時の体調，年齢，体重，品種，ワクチンの接種回数，個体の特性，特異体質等が，副作用のリスクに影響する．Moore らによる米国の 1,226,159 頭の犬を対象とした後向きコホート研究によると，副作用のリスクは犬の体重と反比例し，体重 10kg から 45kg の犬での副作用発生頻度は，体重 10kg 以下の犬の副作用発生頻度のおよそ半分であること，年齢では 2 歳の犬で副作用発生頻度が最高（1 万頭あたり 53.8）となり，その後漸減することなどが示されている[3]．後者では，3 度目もしくは 4 度目のワクチン接種によるブースター効果に伴いアレルギー反応のリスクが高まることが考察されており，またその後の副作用発生数の漸減には抗原に対する脱感作，他のワクチンプログラムへの変更，飼い主によるワクチンの再接種の拒否が関与しているとされている．ワクチン接種に先立ち，個体の健康状態，体質等の確認等，製剤に添付されている使用上の注意に記載されている事項をよく確認し，投与の適否の判断を慎重に行う必要がある．また，投与後の観察の継続，安静の指導が重要である．

参考文献

1. Ellis, J. A. and Yong, C.（1997）：*Can Vet J*, 38, 45-47.
2. Morrison, W. B. et al.（2001）：*J Am Vet Med Assoc*, 218, 697-702.
3. Moore, G.E. et al.（2005）：*J Am Vet Med Assoc*，227, 1102-1108.

（岩本聖子）

8　ワクチンの品質管理

動物用のワクチンは，薬事法に基づき品質，有効性および安全性等が審査され，製造販売が承認されたもののみが，市販・流通している．

動物用ワクチンは，生ワクチン，不活化ワクチン，トキソイド，単味ワクチン，多価クチン，混合ワクチンと多くの種類のワクチンが承認されている．対象動物は，家畜，家きん，伴侶動物，淡水魚類，海水魚類等多岐にわたる．また，平成 22 年８月には，わが国で初めて遺伝子組換え生ワクチンが承認された．このように多彩な動物用ワクチンの品質管理がどのように行われているのか概要を紹介する．

まず，第１に承認申請から市販後までの段階で実施されている動物用ワクチンの品質管理の流れ，第２に製造段階におけるワクチンの品質管理，第３に平成 20 年度から始まったシードロットシステムについて紹介する．

1．承認申請から市販後までの各段階におけるワクチンの品質管理の概略

動物用ワクチンを製造販売するためには，農林水産大臣の承認が必要であり，承認内容に基づきワクチンを製造し，自家試験を行う．自家試験に適合し，更に国家検定に合格しなければワクチンを流通させることはできない．製造販売承認等許認可については，「9 ワクチンの許認可制度」を参照されたい．

1）製造販売承認

動物用ワクチンの製造販売をしようとする者は，品目毎にその製造販売について農林水産大臣の承認を受けなければならない．ワクチンの名称，成分・分量，用法・用量，製造方法，規格および検査法，使用上の注意等を記載した動物用医薬品製造販売承認申請書とともに臨床試験等の試験成績を添付して農林水産大臣に提出する．申請書の記載内容および添付された資料は，ウイルス学，細菌学，免疫学等の専門家で構成される薬事・食品衛生審議会において，ワクチンとしての有効性，安全性および有用性等について審査される．

2）製　造

製造販売が承認されるとその申請書に記載された方法によりワクチンを製造し，規格に適合することを確認するために自家試験を実施し，適合したもののみが国家検定を申請できる．

3）国家検定

動物用ワクチンは，動物医薬品検査所で実施する国家検定に合格しなければ流通および販売はできない．平成 21 年７月までは，全ての動物用ワクチンは，国家検定の対象であった．

しかし，シードロットシステム（後述）の導入により，シードロット化ワクチンとして承認されたものは，原則，検定対象外になった．

2．製造段階におけるワクチンの品質管理

1）ソフトおよびハードの基準

（1）動物用医薬品の製造管理および品質管理に関する省令（GMP）

動物用ワクチンの製造業者は，農林水産大臣が定める構造設備基準に適合する必要がある．また，製造ロット毎に GMP（Good Manufacturing Practice：製造管理および品質管理基準）省令に基づく製造管理および品質管理を実施しなければ出荷することができない．さらに，製造販売業者は，自らが販売する最終製品について GQP（Good Quality Practice：品質管理基準）省令に基づく品質管理を行わなければならない．

（2）動物用生物学的製剤の取扱いに関する省令

省令は製造業者の遵守事項を規定している．ワクチンへの微生物の迷入否定の確認，製造用株の継代および継代中に生じた変化等の記録と保存，作業室の消毒，ワクチンの容器の要件等について規定している．

（3）動物用生物学的製剤基準（動生剤基準）

薬事法第 42 条第１項の規定に基づき，定められた基準である．この基準は，製法，性状，品質，貯法等に関する基準を定めたものである．ワクチンの各条では，製造用株，工程毎の製法および検査法，共通事項として生ワクチン製造用材料の規格，無菌試験法，迷入ウイルス否定試験法等が定められている．詳細は後述する．

（4）動物用生物由来原料基準（原料基準）

薬事法第 42 条第１項の規定に基づき，定められた基準である．生物に由来する原料または材料を使用して製造されるワクチン等について，その生物に由来する原料または材料の製法，品質等に関し，必要な基準を定めたものである．牛海綿状脳症（BSE）の発生により定められた基準である．内容は，「動物由来原料基準」と「反すう動物由来原料基準」からなる．動物由来原料基準では，病原微生物に汚染された動物由来原料の使用禁止，動物由来原料の原産国等の由来の明確化，製造用細胞株のウイルス迷入否定，記録類の保存等が定められている．反すう動物由来原料基準は，BSE の高発生国を原産国とする反すう

動物に由来するもの等，ワクチンの製造に用いてはならない反すう動物に由来する原料または材料について規定している．

2）承認申請書

製造販売業者は，承認申請書に基づき製造し，各工程毎に検査を行い，自家試験に適合したワクチンを国家検定申請する．自家試験の製造工程毎の主な試験項目を図 1 に示した．

3）動生剤基準

動生剤基準は，保健衛生上特別な注意を要する医薬品について，その製法，性状，品質，貯法等に関し，必要な基準を設けることができるという薬事法第 42 条に基づき定められた基準である．動物用ワクチンは，承認され再審査が終了後に動生剤基準に収載される．

また，薬事法第 56 条では，基準が定められた医薬品であって，その基準に適合しないものの販売，製造等を禁止している．この規定に違反した者は，薬事法上の罰則を受けることになる．ワクチンの製造に重要な基準である．

動生剤基準は，通則，血清類の部，ワクチン（シードロット製剤を除く）の部，ワクチン（シードロット製剤）の部，診断液の部，一般試験法，試薬・試液等および規格から構成されている．

ワクチンの部の各条には，各ワクチンについて，定義，製法，試験法，貯法および有効期間，添付文書等記載事項等その他が記載されている．

（1）製造用株

動生剤基準の製法中に製造用株の項があり，そこで製造用株の継代および保存が規定されている．原株および原種ウイルスについて，継代に用いる細胞，継代数，保存方法が記載されている．

（2）生ワクチンの製造用材料

生ワクチンの製造用材料に使用する発育鶏卵，培養細胞および牛血清の規格が定められている．

鶏，うずらおよびあひるの発育卵およびそれらの胚由来初代細胞等は，動生剤基準で定める規格に適合した SPF 群由来でなければならない（表 1）．一方，豚および牛由来の腎または精巣細胞は，7 日間以上健康管理した異常を認めない動物から採取した病変のない臓器から作製したものでなければならない．牛血清は，迷入ウイルス否定試験に適合したものでなければならない．

（3）迷入ウイルス否定試験法

①迷入ウイルス否定試験の実施段階

製造に用いる材料により迷入ウイルス否定試験の実施内容が異なる．製造用材料別による試験の概略を表 2 に示した．

【培養時】

1 回に処理した製造用培養細胞または発育鶏卵にワクチンウイルスを接種せず，異常の有無を観察するとともに，HAD（赤血球吸着試験）や HA（赤血球凝集試験）等を実施する．

初代細胞では，細胞の動物種に対する迷入ウイルス否定試験が実施される．詳細は後述する．

【原　液】

初代細胞では，細胞の由来動物種およびワクチンの接種対象動物種に対する迷入ウイルス否定試験を実施する．

株化細胞の場合は，事前に株化細胞の迷入ウイルス否定試験を実施済みのため，ワクチンの接種対象動物種に対する迷入ウイルス否定試験を実施する．

【小分製品】

小分製品では，接種対象動物種に対する迷入ウイルス否定試

製造の段階	規格または実施する試験	実施の根拠
原材料	製造用株　細胞，牛血清（生ワクチン製造用材料の規格）	承認，動生剤基準 原料基準
↓		
培　養	培養細胞の試験（培養観察，赤血球吸着試験）	承認，動生剤基準
↓		
原　液	無菌試験，マーカー試験，ウイルス含有量試験，迷入ウイルス否定試験	承認，動生剤基準
↓		
最終バルク		承認，動生剤基準
↓		
小分製品	特性試験，含湿度試験，無菌試験，マイコプラズマ否定試験，ウイルス含有量試験迷入ウイルス否定試験，安全試験，力価試験	承認，動生剤基準

図 1　代表的な生ウイルスワクチンの検査とその実施段階

表1　生ワクチン製造用材料の規格

製造用材料	規　格
発育鶏卵（鶏，うずら，あひる）	SPF 群由来
鶏胚由来初代細胞（鶏胚，腎，肝）	SPF 群由来
鶏由来初代細胞（腎）	SPF 群由来
うずら胚由来初代細胞（うずら胚）	SPF 群由来
あひる胚由来初代細胞（あひる胚）	SPF 群由来
あひる由来初代細胞（腎）	SPF 群由来
豚由来初代細胞（腎，精巣） 牛由来初代細胞（腎，精巣）	採材前7日間以上健康管理を行い，発熱その他の異常を認めない動物から摘出し，病変のない臓器から作製したものでなければならない．
牛血清	健康な牛または牛胎子の新鮮血液 無菌試験，マイコ否定試験適合 迷入ウイルス否定試験適合
牛血清（牛用生ワクチン製造用）	牛白血病ウイルス否定試験適合

験を実施する．

②動物種毎の迷入ウイルス否定試験法

鶏，豚，牛，犬，猫，その他動物種に対する迷入ウイルス否定試験法を表3に示した．

【試　料】

基本的には，検体または検体（生ウイルスを含む場合）を免疫血清で完全に中和したものを試料とする．試料1接種中には，1頭（羽）分のウイルスが含まれるように調整する．

【培養細胞接種試験】

試料を細胞に接種後5～7日間培養後細胞を継代し，5～7日間 CPE の有無を観察する．最終日にモルモット，がちょう，7日齢以内の鶏の赤血球等を重層し，赤血球の吸着の有無を観察する．

本試験は当該培養細胞で増殖し得る不特定多数のウイルスの迷入を否定するものである．

【個別ウイルス否定試験】

特に重要なウイルスについては個別の否定試験法が設定されている．表3に示すように鶏では鶏白血病ウイルス，豚では豚コレラウイルス，牛では牛ウイルス性下痢・粘膜病（BVD）ウイルス，犬パルボウイルス等が設定されている．豚コレラウイルスを例にとれば，以下の方法で迷入否定試験を行う．

①蛍光抗体法：試料を豚腎培養細胞へ接種後5日目の培養上清を採取し，その 1mL を $3cm^2$ 以上のカバーグラスに培養した豚腎培養細胞に接種し，37℃で 24 ～ 48 時間培養後，抗豚コレラウイルス血清による蛍光抗体法を行い，特異抗原を認めないときこの試験に適合とする．

② END 法および干渉法：試料を豚腎培養細胞へ接種後5日目の培養上清を採取し，その 0.1mL ずつをそれぞれ 20 本（穴）以上の小試験管等に分注し，細胞増殖用培養液に浮遊した豚精巣初代細胞を 0.5mL ずつ加える．37℃で 4 日間静置培養後，培養細胞を2群に分け，END 法および WEE（西部馬脳脊髄炎）ウイルスによる干渉法を行い，豚コレラウイルスを認めないときこの試験に適合とする．

動物種共通の試験法として，ロタウイルス否定試験および乳のみマウス脳内接種試験（狂犬病ウイルスまたは日本脳炎ウイルス否定試験）が設定されている．

動物接種試験には，上述の乳のみマウス脳内接種試験と牛または羊接種試験がある．後者は，試料を牛または羊に接種後2ヵ月目および3ヵ月目に採血し，抗体の有無により牛白血病ウイルスの迷入を検出する方法である．

4）国家検定

動物用医薬品は，厳格な品質管理が必要とされ，特にワクチンは，その製造に微生物が使用されることから品質が不安定で

表2　製造用材料別による迷入ウイルス否定試験の概略

製造の段階	初代細胞	株化細胞	発育鶏卵
培　養	培養観察（CPE） 赤血球吸着試験 封入体染色 迷入ウイルス否定 （細胞の動物種）	培養観察（CPE） 赤血球吸着試験	鶏胚観察 赤血球凝集試験
原　液	迷入ウイルス否定 （細胞と対象の動物種）	迷入ウイルス否定 （対象の動物種）	
小分製品	迷入ウイルス否定 （対象の動物種）	迷入ウイルス否定 （対象の動物種）	迷入ウイルス否定 （対象の動物種）

表3　迷入ウイルス否定試験法

対象動物	試　験
鶏	発育鶏卵鶏卵接種試験
	尿膜腔内接種試験（鶏胚観察 HA）
	漿尿膜上接種試験
	鶏由来細胞接種試験
	鶏腎培養細胞接種試験（細胞観察 HAD）
	鶏胚培養細胞接種試験（細胞観察 HAD）
	COFAL（鶏白血病ウイルス否定）試験
	細網内皮症ウイルス否定試験
豚	豚由来細胞接種試験
	豚腎培養細胞接種試験（細胞観察 HAD）
	豚コレラウイルス否定試験
	豚サーコウイルス否定試験
	豚精巣培養細胞接種試験（細胞観察 HAD）
牛	牛由来細胞接種試験
	牛腎培養細胞接種試験（細胞観察 HAD）
	牛精巣培養細胞接種試験（BVD ウイルス否定）
犬	犬由来細胞接種試験
	犬腎培養細胞接種試験（細胞観察 HAD）
猫	猫由来細胞接種試験
	猫腎培養細胞接種試験（細胞観察）
	犬パルボウイルス否定試験
	猫汎白血球減少症ウイルス否定試験
その他	その他動物由来細胞接種試験
	モルモット腎培養細胞接種試験（細胞観察 HAD）
	MA104 細胞接種試験（ロタウイルス否定試験）
動物接種試験	牛または羊接種試験（牛白血病ウイルス否定試験）
	乳のみマウス脳内接種試験

あり，また，ウイルス・細菌・原虫などに起因する人獣共通感染症や動物の伝染病の防疫のために用いられることから，品質に問題があった場合，保健衛生上または国家防疫上重大な支障を来すおそれがある．そのため，ワクチンについては，製造業者の自家試験に加えて農林水産大臣が指定する者の検定を行うこととされており（薬事法第 43 条），その機関として動物医薬品検査所が指定されている．

検定は，製剤ごとに定められた検定基準（農林水産省告示）に従って実施され，合否が判定される．また，検定に合格したものでなければ，販売し，授与し，または販売若しくは授与の目的で貯蔵し，若しくは陳列してはならないこととされている．国家検定の仕組みを図２に示した．

検定で不合格となったワクチンは廃棄等の措置が取られる．

3．出荷および市販後

国家検定に合格または自家試験に適合したワクチンは出荷され，市販流通する．

1）製造販売後安全管理

製造販売業者が実施すべき基準として GVP（Good Vigilance Practice: 製造販売後安全管理の基準）省令が定められている．市販後の適正使用情報の収集，検討および安全性確保措置の実施等に係る市販後安全対策についての基準である．

2）再審査と再評価

新医薬品として承認されたワクチンは，承認後に使用成績等の調査を行い，原則６年後に安全性と有効性を再度確認している．これが再審査である．

再評価は，既に承認を受け市販されている動物用医薬品について，現在の獣医学・薬学等の学問水準で見直し，その有効性，安全性等を定期的に再検討するものである．

4．シードロットシステムについて

1）シードロットシステム導入の経緯

平成８年（1996 年）から欧州，米国および日本で動物用医薬品の承認申請資料の調和に関する国際協力（VICH；International Cooperation on Harmonisation of Technical Requirements for Registration of Veterinary Medicinal Products）が行われており，色々なテーマについてハーモナイズが行われその結果がガイドラインとして公表されてきた．欧米では，ワクチンの製造および品質管理がシードロットシステムにより実施されているが，日本でシードロットとして動生剤基準に収載されたワクチンは，豚コレラ生ワクチン，豚丹毒生ワクチンおよび狂犬病組織培養不活化ワクチンの３製剤のみであった．

また，VICH の１つのテーマとして，迷入ウイルス否定試験のハーモナイゼーションが検討されてきたが，日本と欧米間のワクチンの品質管理制度に大きな違いがあることが判明した．

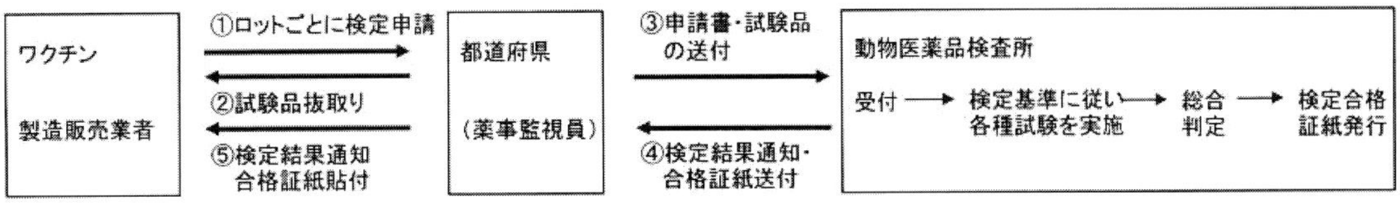

図２　国家検定の仕組み．

主に製造工程の下流段階（小分製品）で品質検査を実施している日本に対し，欧米は主に製造工程の上流段階（材料，シード）で品質検査を実施している．

一方，わが国の動物用ワクチンのGMP制度が定着したことおよびそれに伴う国家検定の合理化も相まってシードロットシステムが導入された．

2）シードロットシステム

シードロットシステムは，GMP体制下で，より効率的，効果的にワクチンの品質の安定性および均一性を確保するための製造および品質管理制度であり，従来の最終小分製品（下流段階）や中間工程の検査に加え，製造用ウイルス株，細菌株および細胞株などのシード（上流段階）について，その特異性や病原性復帰等に関する規格を定め，製造工程における継代数の制限や検査，記録等を行うものである．

3）シードロットシステムの導入による改正等

①動物用生物学的製剤の改正

シードロットシステムの導入のため，動生剤基準が平成20年3月21日付けで改正された．シードロットシステム導入前と導入後の記載内容の主な変更点は以下の通りである．

- 名称に「(シード)」を追加した．
- マスターシードウイルスについて，作製方法，保存方法および小分製品までの最高継代数とともにその試験について規定した．
- ワーキングシードウイルスについて，増殖，継代方法および保存方法とともにその試験について規定した．
- プロダクションシードウイルスについて，増殖および保存方法とともにその試験を規定した．
- セルシードについて，作製方法，保存方法および小分製品までの最高継代数とともにその試験について規定した．
- マスターシードウイルスの試験に外来性ウイルス否定試験等ウイルス否定試験を追加した．このウイルス否定試験は，マスターシードウイルスを樹立するまでに使用した細胞の動物種，製造用細胞の動物種，ワクチンの接種対象動物種を対象とする．
- 原液および小分製品で規定されてきた迷入ウイルス否定試験は，シードで外来性ウイルス否定試験を行うため，削除された．
- 対象動物を用いた免疫原性試験，安全性試験，病原性復帰試験が追加され，その試験材料，試験方法および判定が定められた．
- 規格にシードロットの規格，SPF動物規格を追加

　新たに追加したシードロットの規格は，継代数の範囲，作製方法，保存法，由来ならびに規格および検査法が規定された．

　また，改正前のSPF動物の規格は，鶏，ウズラおよびアヒルのみであったが，新たに牛，山羊，羊，馬，豚，犬，猫，兎，マウス，ラット，ハムスター，モルモットのSPF規格が設定された．

- 通則に「シードロット」の定義等を追加した．

② シードロットシステム導入による効果

【国家検定】

i）再審査中のワクチン

従来通り検定を実施する．

ii）再審査が終了した家畜伝染病予防法の法定伝染病に対するワクチンおよび狂犬病予防法に基づいて使用されるワクチン

シードロット化ワクチンとして承認されたワクチンは，国家検定が合理化される．ワクチンの検定項目は，生ワクチンでは含有量試験，不活化ワクチンでは力価試験のみに合理化される．

iii）i）および ii）以外のワクチン

検定対象から除外される．

なお，国家検定の対象から除外されたワクチンは，今後，収去検査（市場に流通している製剤をサンプリングし，動物医薬品検査所において実施する品質検査）およびGMP適合性調査により品質確保が図られる．

【検定合格証紙の貼付】

上述 iii）のワクチンは，国家検定の対象から除外されるため，検定合格証紙は貼付されない．

【表　示】

シードロット化ワクチンは，一般的名称の最後に「(シード)」と表示される他，成分・分量欄の微生物株名の後に同様の表示がされるため，非シードロット化ワクチンと区別が可能である．

おわりに

国の動物用ワクチンの品質管理への関与は，シードロットシステムの導入により大きく変わった．国家検定は，非シードロット化ワクチンの検定は継続するが，シードロット化ワクチンは，今までの事前検査（国家検定）から市販後検査（収去検査）へその関与が変わることになる．

また，ワクチンの品質検査その他各種試験の精度を高水準に保つための指標となる標準品の確保および配布業務の重要性が増すものと思われる．

本文で紹介した動物用生物学的製剤基準等は，農林水産省動物医薬品検査所ホームページ：http://www.maff.go.jp/nval/ から閲覧できるので，活用されたい．

（中村成幸）

9　ワクチンの許認可制度

動物用の医薬品は，一般薬（解熱剤，ビタミン剤，ホルモン剤等），抗生物質および生物学的製剤（ワクチン，血清類，診断液）に大きく分けられる．ワクチンは，薬事法上動物用医薬品の生物学的製剤として扱われる．わが国で流通している動物用ワクチンの使用者の多くは，そのワクチンがどのような規制に従い開発，承認，製造，流通，販売されているのか，詳しく知る者は多くないと思われる．そこで，動物用ワクチンに係る許認可制度についてその概要を紹介する．

1．動物用医薬品に関する薬事行政の組織

人用と動物用の医薬品は，薬事法により規制されている．農林水産省は，動物用医薬品を所管している．一方，人用医薬品は，厚生労働省が所管している．

（1）動物用医薬品の主務部署は，農林水産省消費・安全局畜水産安全管理課である．動物用医薬品に関する規制（許可，監視，指導等）を担当している．

（2）動物用医薬品の審査，承認，国家検定，検査，信頼性基準適合性調査，実地調査等は，農林水産省動物医薬品検査所が担当している．

その他，動物用医薬品に関係する部署を表1に示した．

2．薬事法による諸規制

薬事法（昭和35年法律第145号）および関係法規により動物用医薬品が規制されている．薬事法の目的は，医薬品，医薬部外品，化粧品および医療機器について開発から製造（輸入），販売，小売りおよび使用に至るまでの各段階おける規制により，その品質，有効性および安全性の確保を図ることである．動物用医薬品の開発から市販後の評価に至るまでの薬事法に基づく諸規制の概要を図1に示したので順次説明を加える．

表1　動物用医薬品関係部署

農林水産省 消費・安全局畜水産安全管理課	動物用医薬品に関する規制（許可，監視，指導等）．食品安全委員会との事務，水産用医薬品の審査等
農林水産省 動物医薬品検査所	動物用医薬品の審査，承認，国家検定，検査，信頼性基準適合性調査，実地調査等
農林水産省 消費・安全局動物衛生課	家畜伝染病に関する規制
厚生労働省 医薬食品局審査管理課	動物用を含む日本薬局方に関する事務
厚生労働省 医薬食品局食品安全部 基準審査課及び監視安全課	食品中の農薬，動物用医薬品等の残留規制に関する事務
内閣府食品安全委員会	食品健康影響評価（食品のリスク評価）
薬事・食品衛生審議会	薬事に関する重要事項の調査審議（新動物用医薬品の承認，医薬品の再審査・再評価）

1）薬事法上の動物用医薬品

薬事法では，動物用医薬品は，専ら動物への使用を目的とする医薬品と定義されている．薬事法において専ら動物のために使用することが目的とされる医薬品に関しては，「厚生労働大臣」を「農林水産大臣」に，「厚生労働省令」を「農林水産省令」に，「人」を「動物」に，「医療上」を「獣医療上」に，「人体」を「動物の身体」に読み替える（薬事法第83条）．

2）ワクチンの承認制度

（1）ワクチンの製造販売承認

ワクチンを製造販売しようとする者は，製造販売業の許可および品目ごとの製造販売承認を得なければならない．農林水産大臣は，動物用医薬品の製造販売の許可および承認を与える（同第12条および第14条）．

①承認手続き

ワクチンの製造販売の承認は，申請者から提出された資料をもとに，農林水産省が品目ごとに名称，成分・分量，製造方法，用法・用量，効能・効果，副作用等を審査して行う．審査は，動物医薬品検査所が実施している．ただし，水産用ワクチンは，畜水産安全管理水産安全室と共同で実施している．承認は，そのワクチンの品質，有効性および安全性の保証である．

農林水産大臣は，許可を受けた製造所または認定を受けた外国製造所で製造されることを前提に製造販売承認を与える．

既に承認された動物用医薬品とは異なる新規動物用医薬品の審査は，先ず，申請品目の種類に応じて薬事・食品衛生審議会薬事分科会の各調査会で審議される（図2）．

ワクチンは，水産用ワクチンは水産用医薬品調査会において，その他の家畜用等のワクチンは動物用生物学的製剤調査会において品質，有効性および安全性に関して審議される．調査会の審議が終了すると，更に動物用医薬品等部会において審議される．必要に応じ更に薬事分科会において審議が行われる．

薬事・食品衛生審議会の審議とは別に，食用動物に使用するワクチンについては，内閣府食品安全委員会において食品に含まれる可能性のある危害要因が人の健康に与える影響について

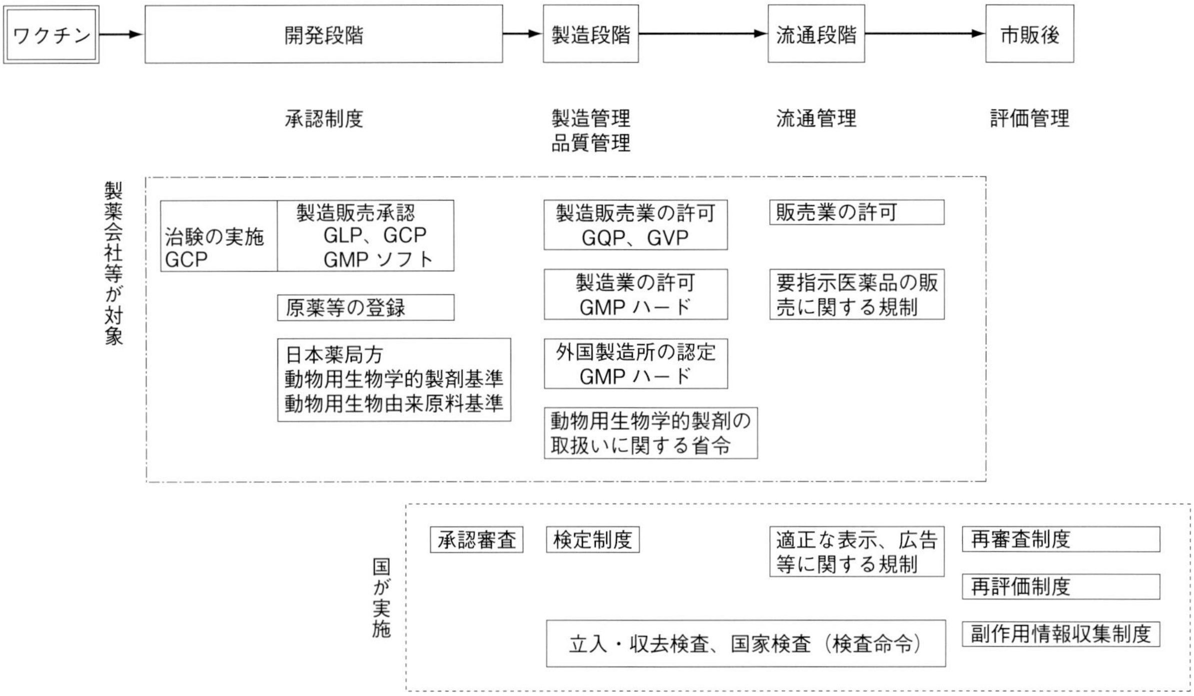

図 1　動物用ワクチンの開発から市販後に係る薬事法の諸制度

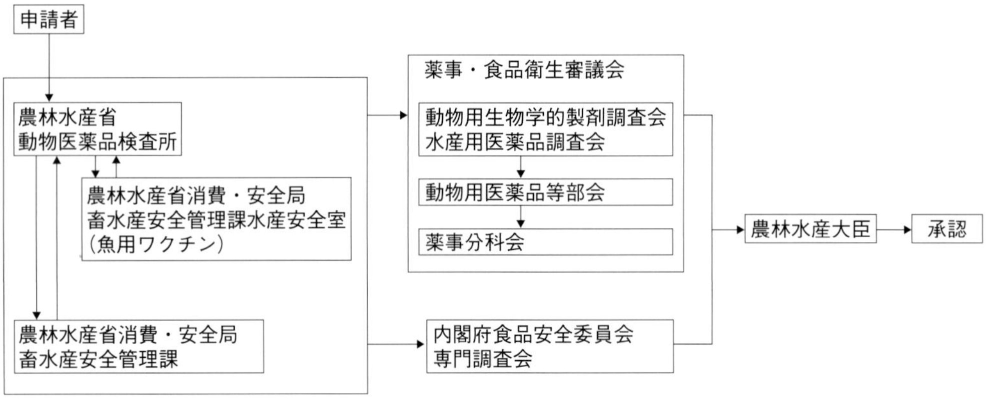

図 2　承認審査の流れ

評価される（食品健康影響評価）.

これらの審査および評価の結果，承認して差し支えないとの結論が出た場合には，承認される.

②承認申請に必要な資料および基準

ワクチンの審査は，申請者の提出する資料に基づいて行われるが，必要とされる資料は，有効成分が新規のものであるか，または既承認医薬品と同一であるか等によって異なっている．ワクチンの申請時に提出すべき資料を表 2 に示す.

このような資料を作成する目的で実施される試験の実施方法に関しては，各種のガイドラインが制定されている.

また，対象動物の安全性に関する資料は Good Laboratory Practice (GLP) 省令(平成 9 年(1997 年)農林水産省令第 74 号) に，臨床試験資料は Good Clinical Practice (GCP) 省令（平成 9 年（1997 年）農林水産省令第 75 号）に適合しなければならない．動物医薬品検査所の職員は，審査の一環として実験施設および治験機関の実地調査を行っている.

更に，承認を受けようとするワクチンの製造所における製造管理および品質管理の方法が，Good Manufacturing Practice

表2 動物用医薬品（ワクチン）の承認申請時の添付資料

資料区分	資料の内容例
起源または発見（開発）の経緯	・起源または発見（開発）の経緯 ・対象疾病の日本における疫学 ・製造用株の人に対する安全性 ・国内外の類似製剤との比較表 ・セールスポイント，有用性
物理的・化学的試験に関する資料	・製造用株の由来作出方法 ・製造用株の生物学的性状（病原性，抗原性，血清型，遺伝子型等） ・排泄の有無，同居感染性 ・干渉の有無 ・培養条件の検討（細胞，培地） ・不活化方法の検討 ・規格及び検査法設定根拠資料 ・試作品３ロットの自家試験成績
製造方法に関する資料	・製造方法のフロー ・製造工程中に実施する試験
安定性に関する試験	・継時的変化 ・溶解後の継時的変化
安全性に関する試験	・対象動物への高用量投与成績 ・接種経路別の安全性 ・日齢，品種等の違いによる安全性 ・アジュバントの消長
薬理試験	・最小有効抗原量 ・最小有効抗体価 ・接種回数，接種間隔，接種経路 ・移行抗体の影響 ・感染（発症）防御試験 ・防御メカニズムの解析 ・免疫持続
臨床試験	・安全性（副作用，陽性対照との比較） ・有効性（流行地での発症防御，抗体応答，移行抗体の影響等）

(GMP）ソフトの基準（平成６年（1994年）農林水産省令第18号）に適合しなければならない．これらの基準への適合性は農林水産省職員により審査され，承認申請と同時に提出される適合性調査の申請に基づき書面または実地の調査により確認される．また，GMPソフトの適合性確認は，５年ごとに更新される．

（２）原薬登録簿

原薬等を製造する者（外国で製造する者を含む．）は，その原薬等の名称，成分，製法，性状，品質，貯法，その他省令（平成16年（2004年）農林水産省令第107号）で定める事項について，原薬等登録原簿への登録申請をすることができる（同第14条の11）．農林水産大臣は，申請資料を審査し，原薬等登録原簿に登録した時は，登録番号，登録年月日，原薬等登録業者の氏名または名称，住所および当該品目の名称を公示する．

登録された原薬等を成分とする医薬品は，承認申請資料の一部を省略することができる．

従前の薬事法では製品を製造することに対する承認であったため原薬の承認があったが，現行の薬事法は製品を流通させることに対する承認となったため，市場に流通しない原薬は製造販売承認の対象外となった．

ワクチンでは，シードロット製剤のシードのうち，動物用原薬等登録簿への登録を受けることができるものは，ワーキングシードまたはプロダクションシードである．

３）ワクチンの製造管理・品質管理

（１）製造販売業許可

①許可手続き

医薬品の製造等（他に委託して製造する場合を含み，他から委託を受けて製造する場合を含まない）をし，または輸入した医薬品（原薬たる医薬品を除く）を販売または授与するためには，動物用医薬品製造販売業の許可を得なければならない．

製造販売業の許可は，申請者から提出された資料をもとに審査され，農林水産大臣が表３のように医薬品の種類ごとに与える．この許可は，５年ごとに更新される．

②許可の基準

製造販売業者の許可を得るためには，動物用医薬品の品質管理基準（Good Quality Practice（GQP)．平成17年（2005年）農林水産省令第19号）および製造販売後安全管理基準（Good Vigilance Practice（GVP)．平成17年（2005年）農林水産省令第20号）に適合しなければならない．

（２）製造業の許可

①医薬品製造業

医薬品製造業の許可を受けたものでなければ，業として医薬品の製造をしてはならない．農林水産大臣は，農林水産省令で定める区分に従い，製造所ごとに許可を与える（同第13条)．

②製造業の許可の区分および基準

業として医薬品を製造する者は，製造業許可を得なければならない．許可は，医薬品の製造，品質管理または貯蔵する施設の質を保証するものである．

製造業の許可は，製造する医薬品の種類および製造工程の内容に応じて表４のとおり農林水産大臣が与える．

各製造所は，製造業の許可を得るために動物用医薬品製造所の構造設備に関する基準（GMPハード．平成17年（2005年）農林水産省令第35号）に適合しなければならない．この許可

表３ 製造販売業の許可の種類

医薬品の種類	許可の種類
要指示医薬品（第49条第１項に既定する医薬品）	第一種製造販売業
要指示医薬品以外	第二種製造販売業

表４　製造業の許可の区分

区　分	製造する医薬品及び製造工程の内容
1	次の製剤の製造工程の全部／一部 a. 生物学的製剤（体外診断用医薬品を除く） b. 検定対象医薬品（a 及び区分３以外） c. 遺伝子組換え技術応用医薬品（区分３以外）等
2	無菌医薬品（区分１および３以外）の製造工程の全部／一部（区分５以外）
3	体外診断用医薬品の製造工程の全部／一部(区分５以外)
4	区分１～３以外の製造工程の全部／一部（区分５以外）
5	包装・表示・保管のみを行うもの（区分１以外）

は，5年ごとに更新される．国または都道府県の薬事監視員は，許可更新前に製造所を実地調査することになっている．

（３）外国製造業者の認定

外国において日本に輸出する動物用医薬品を製造しようとする者（外国製造業者）は，農林水産大臣の認定を受けることができる．農林水産大臣は，医薬品製造業の許可の区分と同様の区分に従い，製造所ごとに認定を与える（同第 13 条の 3，同第 14 条の 11）．

各製造所は，外国製造業者の認定を得るために GMP ハードに適合しなければならない．この認定は，５年ごとに更新される．

（４）国家検定等

国家検定，立入検査，国家検査等により適正な医薬品等の供給を担保する（同第 43 条，第 69 条，第 71 条等）．

①生物学的製剤の国家検定

農林水産大臣の指定する医薬品は，国家検定を受けなければならない．高度の製造技術および試験法を必要とする生物学的製剤（ワクチン，血清および感染症の診断薬）が検定対象に指定されている．農林水産大臣は，農林水産省令（平成 16 年（2004 年）第 107 号）において動物医薬品検査所を検定実施機関として指定している．検定は，販売前に各製造ロット／バッチごとに検定基準（平成 14 年（2002 年）農林水産省告示第 1568 号）の規定に従って実施される．検定で不合格と判定された医薬品は，薬事監視員立ち会いの下で廃棄される．

ただし，ワクチンのうちシードロット製剤として承認されたもので，家畜伝染病予防法の法定伝染病に係るワクチンおよび狂犬病予防法に係るワクチンは検定項目の簡素化が図られ，それら以外のワクチンは国家検定の対象から除外されている．

②検査命令検査

新規に製造販売承認された血液型判定抗体は 30 ロットまたは２年間の製品について農林水産大臣の命令により動物医薬品検査所における検査を受けなければならない．検査により不合格と判定された医薬品は，廃棄される．

③収去検査

製造および販売段階における不良医薬品を排除し，品質を確保するために動物医薬品検査所は，薬事監視員が製造所および販売所から収去した医薬品の品質検査を実施している．検査で品質不良と判定された医薬品は，回収・廃棄される．

４）ワクチンの流通管理

（１）医薬品販売業の許可

薬局および医薬品販売業を営もうとする者は，その店舗所在地の都道府県知事の許可を受けなければならない（同第４条，第 24 条）．

何人も薬局開設の許可または動物用医薬品販売業の許可がなければ，動物用医薬品を販売してはならない．この許可は，６年ごとに更新される．

動物用ワクチンは，動物用医薬品販売業者により扱われる．

（２）販売，製造等の禁止

不良医薬品，不正表示医薬品，未承認医薬品，未検定医薬品の流通および誇大広告を禁止する．（同第 55 条，第 56 条，第 66 条）

（３）動物用医薬品の適正使用

①要指示医薬品の販売

薬局の開設者または医薬品の販売業者は，獣医師から処方せんの交付または指示を受けた者以外の者に対して，農林水産大臣の指定する医薬品を販売し，または授与してはならない（同第 49 条）．

農林水産大臣は，使用者に特別の配慮および注意が必要とされる医薬品について，その販売時に獣医師の指示または処方せんを必要とするもの（要指示医薬品）として指定している．牛，馬，羊，山羊，豚，犬，猫および鶏に使用される抗生物質製剤，ホルモン剤，ワクチン等が該当する．したがって，牛，馬，羊，山羊，豚，犬，猫および鶏用のワクチンは要指示医薬品であるが，鶏痘生ワクチンのみが要指示医薬品に指定されていない．ミンクやカナリア用のワクチンも要指示医薬品に該当しない．

②未承認医薬品の使用禁止

未承認医薬品を食用動物に使用してはならない（同第 83 条の 3）．

何人も，承認医薬品以外の医薬品を食用動物に使用してはならない．ただし，試験研究の目的で使用する場合，その他の農林水産省令（平成 15 年（2003 年）農林水産省令第 70 号）で定める場合は，この限りでない．

③動物用医薬品の使用規制

農林水産大臣は，食用動物に使用する医薬品の使用の制限を規定することができる（同第 83 条の 4，第 83 条の 5）．

農林水産大臣は，抗菌性物質製剤等を食用動物（肉用または乳用動物，家禽，魚類，ミツバチ）に投与する際における公衆衛生上の安全性を確保するために動物用医薬品の使用の基準（昭和 55 年（1980 年）農林水産省令第 42 号）を定めている．この基準は，その医薬品を使用することができる対象動物，用法および用量，対象動物に対する使用禁止期間を規定している．

ワクチンで使用規制の対象となっているものはない．

しかし，不活化ワクチンの多くは，アジュバントが含まれており，注射部位にアジュバントが残留する．アジュバントが消えるまでと畜場や食鳥処理場へ出荷しない期間を出荷制限期間（使用制限期間）として，使用上の注意に記載してあるので，遵守しなければならない．

5）ワクチンの評価管理

（1）新医薬品の再審査

新医薬品（生物学的本質，組成が全く新しいものおよび再審査期間中のものと同一性を有すると認められるもの）の製造販売業者は，その承認から 6 年後に再審査を受けなければならない（同第 14 条の 4）．

新規医薬品の製造販売承認時に提出される資料は管理された試験状況下や限られた使用例数によるものである．そのため，通常承認後 6 年間に製造販売業者により実施された新医薬品の野外における調査結果に基づいて，新医薬品の有効性および安全性を見直す再審査制度が制定されている．

農林水産省は，新医薬品の製造販売業者が作成した医薬品の使用成績，副作用発生状況に加え，外国における同種医薬品の状況，副作用等の文献検索に関する資料に基づいて再審査を実施している．

再審査のための申請資料は，製造販売後の調査および試験実施基準（Good Post-marketing Study Practice（GPSP）．平成 17 年（2005 年）農林水産省令第 33 号）に従って収集し，作成されたものでなければならない．動物医薬品検査所の職員は，その資料の GPSP 適合性について調査している．

（2）医薬品の再評価

既承認医薬品で，農林水産大臣の指定するものは再評価を受けなければならない（同第 14 条の 6）．

最近の獣医学，薬学の科学水準から考えて医薬品の品質，有効性および安全性が疑われる場合，その医薬品は農林水産大臣の指示により再評価を受けなければならない．再評価に関する資料も GPSP に従って収集し，作成されたものでなければならない．動物医薬品検査所は，動物用医薬品の有効性および安全性に関する科学文献情報を収集，整理している．その結果は，薬事・食品衛生審議会において再評価対象成分を選定するための審議に使用されている．

3．薬事法以外の規制

（1）家畜伝染病予防法（昭和26 年（1951 年）法律第166 号

農林水産大臣の指定する動物用生物学的製剤は，都道府県知事の許可を受けなければ使用してはならない（第 50 条）．

農林水産大臣の指定する動物用生物学的製剤は，未承認の動物用生物学的製剤と牛疫予防液，豚コレラ予防液，高病原性鳥インフルエンザ予防液，ツベルクリン，マレインおよびヨーニンである．

したがって，家畜用のワクチンの治験（承認申請書に添付する臨床試験の試験成績の収集を目的とした試験）を実施するためには，薬事法の治験届とは別に家伝法第 50 条に基づく当該治験実施地の都道府県知事の許可が必要である．

（2）獣医師法（昭和 24 年（1949 年）法律第 186 号）

獣医師は，自ら診察しないで劇毒薬，生物学的製剤，要指示医薬品および使用規制医薬品の投与または処方をしてはならない（第 18 条）．

動物用ワクチンは，劇薬，生物学的製剤および要指示医薬品に該当するため，獣医師は自ら診察しないで動物用ワクチンを投与したり，指示書を発行してはならない．

（3）「感染症の予防および感染症の患者に対する医療に関する法律」（感染症法）（平成 10 年（1998 年）法律第 114 号）

感染症法は，生物テロの未然防止の必要性，感染症をめぐる環境の変化，結核対策の見直しの必要性を背景に見直しが行われた．見直しの内容は，病原体の管理体制の確立，最新の医学的知見に基づく感染症の分類の見直しおよび結核予防法を廃止し，感染症法に統合することである．ヒトへの病原性等により病原体は，一種病原体等から四種病原体等に分類され，これらを特定病原体等と称し，その管理が厳格化された．

一種病原体には，エボラウイルスやラッサウイルス等が分類され，原則所持が禁止された．二種病原体等には，炭疽菌や SARS コロナウイルスが分類され，所持等には厚生労働大臣の許可が必要となった．三種病原体等には，狂犬病ウイルスやヘンドラウイルスが分類され，所持等には届出が必要になった．四種病原体等には，鳥インフルエンザウイルスや日本脳炎ウイルスが分類され，基準の遵守が定められた．ただし，動物用ワクチンのワクチン製造用株（炭疽菌 34F2 株，狂犬病ウイルス RC・HL 株，日本脳炎ウイルス at 株等）は，規制から除外された．ハードとして施設の基準が，ソフトとして保管，使用，滅菌，運搬等の技術的な基準が定められたほか，安全キャビネットや HEPA フィルターの規格も定められた．

動物用ワクチンの開発や品質管理に特定病原体等を用いる場合には，感染症法に適合した管理等を行う必要がある．

（4）「遺伝子組換え生物等の使用等の規制による生物の多様性の確保に関する法律（カルタヘナ法）」（平成 15 年（2003 年）

表5　カルタヘナ法に基づく第一種使用規程が承認された遺伝子組換え生ワクチン[1]一覧（平成21年6月9日現在）

ベクター名	名称および承認取得者	接種対象動物	承認日
カナリア痘ウイルス	猫白血病ウイルス由来防御抗原蛋白発現遺伝子導入カナリア痘ウイルス ALVAC（vCP97株）（FeLV-env,gag,pol,Canarypox virus）【メリアル・ジャパン株式会社】	猫	2008年1月18日
マレック病ウイルス	ニューカッスル病ウイルス由来F蛋白遺伝子導入マレック病ウイルス1型 207株（NDV-F, Herpesviridae Alphaherpesvirinae Mardivirus Gallid herpesvirus 2（Marek's disease virus serotype 1））（セルミューンN）【（財）化学及血清療法研究所】	鶏	2009年6月9日

（出典；農林水産省ホームページ）

[1] 遺伝子組換え生ワクチンとは，農林水産大臣がその生産又は流通を所管する遺伝子組換え生物等のうち，微生物（菌界に属する生物（きのこ類を除く），原生生物界に属する生物，原核生物界に属する生物，ウイルスおよびウイロイドをいう）またはこれらの微生物を成分としたものであって，動物の感染症を予防する目的で動物体内に接種される動物用医薬品をいう．

法律第97号）

カルタヘナ法の目的は，国際的に協力して生物の多様性の確保を図るために遺伝子組換え生物等の使用等を規制し，カルタヘナ議定書の的確かつ円滑な実施の確保を図ることである．

遺伝子組換え生物の使用は，カルタヘナ法では，「第一種使用等」（環境中への拡散を防止しないで行う使用）と，「第2種使用等」（実験室内での研究等の環境中への拡散を防止する意図をもって行う使用）の2つに分け，その使用を規制している．第一種使用等をするには，遺伝子組換え生物の種類ごとに第一種使用規程（使用内容等）を定め，生物多様性影響評価書を添付して担当省庁に申請し，承認を受けなければならない．主なチェックポイントは，組み込んだ遺伝子が目的通りに働いているか，有害物質が産生されていないか等である．第二種使用等をするには，執るべき拡散防止措置が省令で定められている場合は当該措置を，省令で定められていない場合は担当省庁に申請し確認を受けた措置を，それぞれ執らなければならない．

DNAワクチン（抗原を発現する遺伝子を組み込んだ細菌由来のプラスミドDNA）の国内におけるカルタヘナ法上の取り扱いは以下のとおりとなっている．

DNAワクチンの製造過程で，組換えプラスミドを移入させた生物を培養することは，カルタヘナ法第2条第6項に規定する「第二種使用等」に当たり，規制の対象となる．

しかし，DNAワクチンの保管，運搬，動物への接種等については，カルタヘナ法の規制の対象とならない．これは，DNAワクチンが細菌由来のプラスミドDNAであり，細胞，細胞群，ウイルスまたはウイロイドのいずれにも該当しないため，カルタヘナ法に規定する「生物」に当たらないためである．

カルタヘナ法の他に，食品としての安全性の確保を担う食品衛生法および食品安全基本法がある．遺伝子組換えワクチンの第一種使用等をするためには，それぞれの目的に沿って，上記の法律に基づく科学的な評価を行い，その結果安全であることが確認される必要がある．

カルタヘナ法に基づき，生物多様性影響が生ずるおそれがないものとして環境大臣および農林水産大臣が第一種使用規程を承認した遺伝子組換え生ワクチンは表5のとおりである．

2011年4月1日現在で薬事法に基づく製造販売承認を得ているのは，ニューカッスル病ウイルスのF蛋白遺伝子を導入したマレック病ウイルスのみである．

なお，農林水産省におけるカルタヘナ法関連は，消費・安全局農産安全管理課組換え体企画班・組換え体管理指導班が所管している．

おわりに

ワクチンに関連する薬事法を中心とした多くの規制について，製薬会社などの動物用医薬品製造販売業者，動物用医薬品販売業者，使用者である獣医師が遵守すべき規制の概要を紹介した．

動物用医薬品の関係法令等は，農林水産省動物医薬品検査所のホームページ：http://www.maff.go.jp/nval/ から閲覧できるので，活用されたい．

（中村成幸）

10 諸外国の法規制とその調和

動物用ワクチンは，強制力を持つ法および規則で規制されているが，その詳細や試験法のガイドラインは規制当局の通知で示されている．アメリカでは動物用ワクチンを対象にした法の下，日本でいう動物用生物学的製剤基準を含めた規則で規制され，覚書や通知で補足されている．EU では日本の薬事法に相当する指令・規則の下，通知やガイドラインが出されている．動物用ワクチンの製造販売承認を得るためには，そのワクチンの有効性，安全性および品質が優れていることを証明しなければならないが，それらの試験法ガイドラインは国により異なっている．そこで，これらを調和するために日米欧の三極間で協議がなされ（VICH），40 以上のガイドラインが作成されている．

1．ワクチンに関する法規制

日本における動物用ワクチンは，薬事法，薬事法施行令，動物用医薬品等取締規則，その他の省令により規制され，それらの細部については局長通知等で解説されている．諸外国の法規制も基本的には同一と思われるが，動物用ワクチンの開発・製造が盛んに行われているアメリカおよび EU の法規制について解説する．日本，アメリカおよび EU における動物用ワクチンの主な規制について表 1 に示す．

2．アメリカの法規制

1）法律と規制当局

アメリカの医薬品は，「食品・医薬品・化粧品法」で規制され，保健福祉省の食品医薬品局（Food and Drug Administration：FDA）が担当している．FDA は，人用のワクチンを含む全ての医薬品と動物用のワクチンを除く医薬品を取扱い，動物用医薬品センター（Center for Veterinary Medicine）が動物用医薬品の担当部署である．

一方，動物用ワクチンは，「ウイルス・血清・毒素法」で規制され，農務省の動植物衛生検査局（Animal and Plant Health Inspection Service：APHIS）の獣医部局（Veterinary Service）の動物用生物製剤センター（Center for Veterinary Biologics）が担当している．

ウイルス・血清・毒素法は，安全で有効な動物用のワクチンおよび他の生物学的製剤の供給を確保するために 1913 年に制定された．条文は 9 条と少なく，価値がなく有害な製品の製造販売の禁止，輸入検査に基づく輸入拒否と廃棄，農務長官による製造販売等に関する規則の制定，許可書の発行・停止・取消，特殊事情による特別許可，罰則等基本的なことのみが規定されている．

なお，アメリカの制定法は，U.S.Code として 50 のタイトル別にとりまとめられ[1]，食品と医薬品についてはタイトル 21 にあり，その 5 章がウイルス・血清・毒素法，9 章が食品・医薬品・化粧品法である．

2）規　則

動物用ワクチンの詳細な規定は，連邦規則（Code of Federal Regulations：CFR）にまとめられている．CFR は 50 のタイトルから成り，動物および動物製品についてはタイトル 9 に記載されていることから 9 CFR と略称されている．9 CFR の中でワクチン等（ウイルス，血清，毒素および類似製品）については，パート 101 ～ 118 に詳述されている[2]．

この 9 CFR に書ききれない細部や追加事項については獣医部局覚書（Veterinary Services Memorandum）および動物用

表 1　日米欧の動物用ワクチン規制の比較

項　目	日　本	アメリカ	EU
法律	薬事法	ウイルス・血清・毒素法	指令 2001/82/EC
	動物用医薬品等取締規則等	連邦規則タイトル 9（9CFR)	規則（EC)NO.726/2004
通知	局長通知等	獣医部局覚書、通知等	通知等
規制当局	農林水産省消費・安全局、	農務省動植物衛生検査局	欧州委員会保健・消費者保護総局、欧州医
	動物医薬品検査所	動物用生物製剤センター	薬品庁
基準	動物用生物学的製剤基準	9CFR(標準的要件)	欧州薬局方
国による出荷前検査	国家検定（一部の製剤を除く）	書類検査（一部のロットは検定)	特定の製剤は検定、他は書類検査

生物製剤センター通知（Center for Veterinary Biologic Public Notices）として公表されている．覚書には，認可申請手続きに関する解説，発育鶏卵等の製造用材料の要件等の他，有効性や野外安全性等の各種試験法のガイドラインも含まれている．通知としては，認可製剤のリスト，検査に用いる参照品や微生物の配布案内等がある．これらは，日本での局長，薬事室長あるいは動物医薬品検査所長通知に相当し，法的強制力はないが，準拠すべきものである．

以下に，動物用ワクチンの規制に関する主な項目について日本と比較しながら解説する．

3）製造に必要な認可

動物用ワクチンを製造するためには，米国動物用生物学的製剤認可（製品認可 Product License）および米国動物用生物学的製剤事業所認可（事業所認可 Establishment License）が必要で，いずれも動植物衛生検査局長が発行する．製品認可は，日本の薬事法第 14 条の承認に相当し，事業所認可は，第 13 条の製造業の許可に相当する．日本における承認・許可の発行権者は農林水産大臣であることから，アメリカにおける発行権者が付属機関の長である点に差違を感じる．

一方，日本にはない制度として，特定の州に限定して使用できる条件付き製品認可がある．これはその州での緊急事態や特殊状況に対応するもので，認可の期間も限定される．

また，特定の農場から分離した微生物で作成し，その農場でのみ使用できる自家ワクチン（不活化に限る）という制度もある．

なお，動物用ワクチンを輸入販売するには，米国動物用生物学的製剤流通・販売用許可（Permit for Distribution and Sale）を動植物衛生検査局長より得なければならない．この場合，輸出国の製造所の査察や国内製品認可と同様の書類審査が行われる．

4）製品認可申請添付資料

製品認可申請には以下の資料を添付しなければならない．

① 製造方法，検査法等を記載した製造概要
② 純度，安全性，効力，有効性を示した試験報告書
③ 製造に使用する施設の特定
④ 製品に添付するラベル

規則上は上記 4 種類であるが，より詳細な内容や追加資料が獣医部局覚書[3]に記載されている．例えば，①マスターシードや細胞に関する報告，②新規の生ワクチンや遺伝子組換え製剤については安全性・同定の補足データ，③宿主動物に対する免疫原性，有効性，安全性，ウイルス排泄，免疫学的干渉等のデータ，④力価試験法，⑤野外における安全性試験データ，⑥安定性試験データ等であり，これらは，日本における添付資料と基本的に同じである．

製品認可を取得するためには臨床試験に使用するワクチンを製造しなければならないが，そのためには事前に実験用生物学的製剤製造許可を得る必要がある．

なお，アメリカにおける臨床試験は，安全性のみを確認するもので，有効性および安全性を確認する日本の臨床試験とは大きく異なる．また，試験用ワクチンは 2 ロット以上を用い，3 ヵ所の異なる地域で実施すること等[4]も日本と異なっている．

5）いわゆる製剤基準

9 CFR のパート 113 標準的要件は，日本の動物用生物学的製剤基準に相当するもので，①無菌試験，迷入ウイルス否定試験等の一般試験法，②マスターシードや細胞に関する基準，③個別製剤について製造方法，試験法とその判定基準等が規定されている．個別製剤としては，豚丹毒ワクチン等の細菌性生ワクチンが 7 種類，破傷風トキソイド等の細菌性不活化ワクチンが 23 種類，ニューカッスル病ワクチン等のウイルス性生ワクチンが 32 種類，狂犬病ワクチン等のウイルス性不活化ワクチンが 16 種類の計 78 種類のワクチンが掲載されている．なお，これら 78 種類のワクチンは，全て単味ワクチンで混合ワクチンの記載はなく，混合ワクチンが掲載されている日本の動物用生物学的製剤基準と異なる．

6）製品の出荷

動物用ワクチンを出荷するためには，APHIS の検査・試験に合格しなければならないことから，日本での国家検定に相当するが，その内容はかなり異なる．

APHIS は，ロット毎に提出された自社試験成績書を基に主に書類検査を実施し，サンプルを用いた実際の試験は全てのロットではなく一定の割合でしか実施しない．しかし，APHIS の試験で不合格となった場合，試験実施の頻度が高くなるペナルティが課せられる．検査・試験の判定は，製造概要および標準的要件に規定されている試験に適合しているか否かで行われる．

7）信頼性保証

日本では製造所の要件として GMP（Good Manufacturing Practice）が求められ省令で細かく規定されているが，アメリカの動物用ワクチンについては 9 CFR で施設や機器の要件等を規定しているのみで，GMP という用語はない．また，承認申請に添付する試験データの信頼性を担保する GLP（Good Laboratory Practic）および GCP（Good Clinical Practice）という用語も 9 CFR にはない．

しかし，APHIS の査察官が事業所に立ち入り，ワクチンの製造，検査，流通，ワクチンの調査・試験に関連して使用する動物，施設，設備及びその手順の適切性を査察することがパート 115 等で規定されている．したがって，GMP，GLP および GCP としての個別規定はないが，9 CFR に基づいて実質的に実施しているとのスタンスと思われる．

なお，後述する日米欧のガイドラインの調和（VICH）で

GCPガイドラインおよびGLPに基づく対象動物の安全性試験ガイドラインが調印されたことから，獣医部局覚書として通知されている．

8）認可申請およびその審査

日本と異なり，認可申請資料は一括して提出するのではなく，準備できたものから提出し，段階的に審査が行われる[5]．審査は，動物用生物製剤センターの担当官によってなされ，日本のように薬事・食品衛生審議会に諮問される方式と大きく異なる．

3．EUの法規制

1）EUの法体系

欧州連合（European Union：EU）は，1993年11月のマーストリヒト条約（欧州連合条約）に基づき発足した国の連合体で，現在27ヵ国が加盟している．EUの法体系としては第1次法である基本諸条約があり，これは国で言えば憲法に相当するものである．第1次法に定める目的・目標を実現したり，第1次法を補完するために制定するのが第2次法であり，規則（Regulation），指令（Directive）および決定（Decision）がある．規則は，各加盟国の法令を統一するために制定され，加盟国内で直接適用される．一方，指令は，各加盟国に指令の趣旨を考慮し，所定の期間内に国内法を整備させるためのものである．国内法の置き換えには加盟国に裁量権があるため，各国の法令が同一になることはない．なお，2009年12月に発効したリスボン条約によりEC（European Communities）が廃止されEUに一本化されたが，ECが制定した法令はそのまま効力を持っている．

2）法律と規制当局

EUにおける動物用ワクチンを含む動物用医薬品の規制は，指令2001/82/EC[6]および規則（EC）No.726/2004[7]に基づいて行われており，これらは日本の薬事法に相当する．法律を補完・解説するものとして通知やガイドラインが出されている．規制当局は，ブリュッセルにある欧州委員会（European Commission：EC）の保健・消費者保護総局の動物用医薬品部門およびロンドンにある欧州医薬品庁（European Medicines Agency：EMA）である．

動物用ワクチンを製造販売するためには販売承認（Marketing Authorization）および製造承認（Manufacturing Authorization）が必要である点は日米と同じである．

なお，重大な伝染病が流行した場合，加盟各国はECに使用の詳細な条件を通知した上で未承認のワクチンを一時的に使用することができる．

3）販売承認申請資料

販売承認申請に添付する資料の詳細は，申請者への通知[8]に記載されている．添付資料としては以下の4種類である．

① 申請資料概要
② 物理化学，生物学的および微生物学的試験資料
③ 安全性試験資料
④ 前臨床および臨床試験資料

これら添付資料の内容は，日本のものとほぼ同じであるが，①には製品特性概要（Summary of Product Characteristics：SPC）とエキスパートレポートが含まれており，SPCは承認後公表される．エキスパートレポートは，品質，安全性，有効性の試験資料についてそれぞれの分野の専門家が分析・考察したもので，日本にはない資料である．

臨床試験の実施には当該国での許可が必要である点は，基本的には日米と同様である．

4）欧州薬局方

日本の動物用生物学的製剤基準に相当するものは，欧州薬局方（European Pharmacopoeia）でモノグラフとして詳細に記載されている．日本の基準と同様に①無菌試験，異常毒性試験等の一般的試験法，②マスターシードや細胞に関する基準，③有効性・安全性の評価に関する一般的基準，④個別製剤について製造方法，試験法とその判定基準等が規定されている．個別製剤としては，炭疽ワクチン等の細菌性生ワクチンが2種類，サケ科魚類のビブリオ病ワクチン等の細菌性不活化ワクチンが25種類，オーエスキー病ワクチン等のウイルス性生ワクチンが26種類，口蹄疫ワクチン等のウイルス性不活化ワクチンが21種類の計74種類のワクチンが掲載されている．これら個別製剤は，アメリカの9CFRと同様に全て単味ワクチンである．

5）製品の出荷

動物用ワクチンを市販するためには，ロット毎の自家試験成績の書類審査（Official Batch Protocol Review：OBPR）または国家検定（Official Control Authority Batch Release：OCABR）を受ける必要がある[9]．動物用ワクチンの大部分がOBPR方式で，各国の規制当局が販売承認取得者から提出された自家試験成績が承認された方法で実施されているかを検証するものである．一方，OCABRの対象ワクチンとしては，オーエスキー病ワクチンや狂犬病ワクチン等15種類のみが指定されている．検査機関は各国の検査所（Official Medicines Control Laboratory）で，自家試験成績書と共に提出されたサンプルを用いて検査を実施する．検査は，力価試験やウイルス含有量試験等特定の2～5種類と少ない．いずれの方式でも当該国で合格すれば合格証が発行され，全加盟国での市販が可能となる．

6）信頼性保証

日本と同様，製造所の要件としてGMPが求められ，指令として発出されている．また，安全性試験等に適用されるGLPは指令で，臨床試験に適用されるGCPは指令の付属書およびVICHのGCPガイドラインで規定されている．

7）EUにおける承認審査方式

EUでは以下の4種類の承認審査方式があるが[10]，いずれの

方式でも承認申請資料を一括して提出し審査を受ける点は，日本と同様である．

（1）中央審査方式（Centralised Procedure）

EUの全加盟国を対象とする承認で，承認申請はEMAに提出し，EMAに属する動物用医薬品委員会（Committee for Veterinary Medicinal Products）で科学的審査が行われ，ECが承認を与えるものである．組換えDNA技術等を用いたバイテク製品やEUの防疫対策に使用される免疫学的製剤等は，必ず中央審査方式で審査されるが，その他の製品は申請者の選択にまかされる．

（2）国別審査方式（National Procedure）

当該国のみの承認で，各国が独自に審査承認を行うものである．英国を例に取れば，規制当局は，環境・食料・農村省の動物用医薬品局で，国内法としては動物用医薬品規則2009SI2297[11]が適用される．販売承認および製造承認申請は，大臣宛に行い，承認は大臣から与えられる．

（3）相互承認方式（Mutual Recognition Procedure）

ある加盟国の国別審査方式で承認された製品を他の加盟国でも承認してもらう際の審査方式である．

（4）非中央審査方式（Decentralised Procedure）

EUで未承認の製品を複数のEU加盟国で承認を得る場合の審査方式である．

4．VICHにおけるガイドラインの調和

1）VICHの設立とその目的

VICHは，正式名称であるInternational Cooperation on Harmonisation of Technical Requirements for Registration of Veterinary Medicinal Products（動物用医薬品の承認審査資料の調和に関する国際協力）を略称したもので，1996年4月に設立された[12]．なお，人体用医薬品ではICH（International Conference on Harmonisation of Technical Requirements for Registration of Pharmaceuticals for Human Use）が既に1991年に設立されていたので，動物薬を意味するVを付けたものである．

動物用医薬品の承認は，国ごとに行われており，当然その規制も国により異なっている．このため同じ製品を複数の国で販売しようとすると，それぞれの国の基準に合うように試験をやり直さなければならない．VICHは，このような時間，コスト，労力等の無駄をなくし，より良い動物用医薬品を迅速に臨床現場に届けることを目指して，各種試験法等のガイドラインを統一することを目的としている．

なお，作成されたガイドラインは，原則として新規に開発する動物用医薬品に適用される．

2）構成メンバー

VICHのメンバーは，動物用医薬品の開発・製造・販売を盛んに行っている日米欧の三極であるが，動物用医薬品の規制当局と製薬企業団体がメンバーを構成している点が特徴である．VICHの事務局は，ブリュッセルにある世界動物薬企業連盟（International Federation of Animal Health）が務めホームページ（http://www.vichsec.org/）の管理も行っている．

3）運営委員会

運営委員会（Steering Committee：SC）は，VICH全体の運営を行う機関で，作業手順の決定，検討する優先項目の決定，作業部会の設置，ガイドラインの承認等を行う．SCの構成メンバーを表2に示した．正規メンバー以外に準メンバーとしてOIE，オブザーバーとしてオーストラリア・ニュージランドおよびカナダが参加するが，議決権を持つのは正規メンバーのみである．設立当時はOIEが議長を務めていたが，会議の開催地を三極で持ち回るようになり，開催地の規制当局が務めるようになった．SCは，6～9ヵ月毎に開催されている．

4）作業部会

検討するトピック毎に専門家からなる作業部会（Expert Working Group：EWG）が設立される．VICHの正規メンバーとオブザーバーが各1名の専門家を指名でき，各専門家は1名のアドバイザーを同伴することができる．SCが承認すれば他の適切な専門家を加えることもできる．EWGでは，トピックリーダーが座長役を務めるが，EWGに複数のトピックがある場合は別途座長を決める．また，後述するステップ5では規

表2　VICHのメンバー

区　分	国	機　関
正規メンバー	日本	農林水産省 日本動物用医薬品協会
	アメリカ	米国保健福祉省食品医薬品局，米国農務省動物用医薬品センター，米国動物薬事協会
	EU	欧州委員会，欧州医薬品庁 世界動物薬企業連盟－ヨーロッパ
準メンバー		国際獣疫事務局
オブザーバー	オーストラリア/ニュージーランド	オーストラリア農林水産省殺虫剤・動物用医薬品局/ニュージーランド農林省食品安全局 オーストラリア動物薬協会/ニュージーランド農薬・動物薬協会
	カナダ	カナダ保健省動物用医薬品局/カナダ農務省食料検査局動物用生物学的製剤部 カナダ動物薬事協会
事務局		世界動物薬企業連盟

制当局の専門家がトピックリーダーとなる．EWG は，専門の立場からガイドライン案を検討・作成するが，実際の会合以外に電子メールでの検討も行われている．

5）ガイドライン作成手順

VICH でのガイドライン作成手順は以下のとおりである．なお，各ステップでの決定・承認は全会一致が基本である．

ステップ 1：SC において検討項目の決定，EWG の設置
ステップ 2：EWG におけるガイドライン案の作成
ステップ 3：SC においてガイドライン案の承認
ステップ 4：ガイドライン案を公表し関係機関で協議（意見聴取期間は通常 6 ヵ月間）
ステップ 5：協議において意見があった場合，EWG で検討し，改正ガイドライン案を作成
ステップ 6：EWG から改正ガイドライン案を SC に提出
ステップ 7：SC において最終ガイドライン案を承認し，規制当局に施行期限を付けて送付
ステップ 8：当該国での施行を SC に報告
ステップ 9：ガイドラインの見直し

6）2010 年末までの活動とその成果

最初に設立された EWG は，品質，安全性，環境毒性，GCP および駆虫剤の 5 つであった．その後，生物学的製剤検査法，医薬品監視，薬剤耐性，対象動物安全性，代謝・残留動態 EWG が順次設立された．これらの EWG が作成した 41 種類のガイドラインが各国で施行されている．ワクチンに関するガイドラインは少ないが，以下に各 EWG の主な活動を紹介する．

（1）品質 EWG

本 EWG では安定性試験，分析法バリデーションおよび不純物規格の 3 トピックに分かれて検討され，12 種類のガイドラインを作成した．このうち 3 種類のガイドラインはステップ 9 で改正され施行された．品質関係のガイドラインは，動物用医薬品と人体用医薬品で本質的に差がないことから，既に ICH で作成されていたガイドラインを参照して作成された．なお，本 EWG の座長は，日本政府の専門家が務め，現在も作成したガイドラインの見直しや新規のガイドラインの作成を行っている．

（2）安全性 EWG

本 EWG では試験の一般的アプローチ，繁殖毒性，遺伝毒性，反復投与毒性，癌原性の 5 トピックに分かれて検討され，8 種類のガイドラインを作成した．このうち試験の一般的アプローチおよび癌原性試験のガイドラインはステップ 9 で改正され施行された．本 EWG での検討に当たっては，毒性試験を何のために行うかの考え方が日本と欧米で異なり，頭の切り替が必要であった．すなわち，欧米では毒性試験は，食用動物に使用する医薬品の人に対する安全性を担保するため（1 日摂取許容量や最大残留基準値を決めるため）に実施しており，したがって犬猫等の伴侶動物に使用する医薬品では毒性試験を実施していない．日本では当該物質の性状の一部として毒性を明らかにするために，犬猫を含め全ての動物に使用する医薬品に毒性試験データを求めている．なお，本 EWG の座長は，アメリカの FDA の専門家が務め，11 回の会合で全任務を終了した．その後，24 時間以内の毒性を評価する急性参照用量試験法を検討するために EWG の再立ち上げがなされ，活動中である．

（3）環境毒性 EWG

本 EWG は，環境の保護に力を注ぐ EU の要望で設立された．動物に使用した医薬品は，糞尿を介して土や水に放出され環境生物に影響を及ぼす可能性があることから，環境への影響評価を実施した上で承認すべきであるとの主張であった．アメリカの業界団体の専門家がトピックリーダーを務めた EWG 会合は 9 回開催された．この間，ぶり等の養殖が盛んな日本でその現場視察も行い 2 種類のガイドラインを作成し，解散した．本ガイドラインは，既に欧米では施行されているが，日本では薬事法に環境毒性・影響評価を要求する根拠条文がないことからペンディングとなっている．

（4）臨床試験実施基準 EWG

本 EWG は，臨床試験データの信頼性を保証する基準である GCP に関するガイドラインを作成するもので，FDA の専門家がトピックリーダーを務めた．三極ともに類似の GCP を持っていたため比較的順調に進行し，3 回の会合で作業を終了し，解散した．作成されたガイドラインの内容は，既に日本にあった GCP 省令およびそれに関する局長通知とほぼ同じであることから，特にガイドラインとして施行されなかった．

（5）駆虫剤 EWG

駆虫剤の有効性評価のガイドラインを作成する EWG で，ベルギーのゲント大学教授が座長を務めた．本 EWG は，5 回の会合で一般ガイドラインと 8 種類の動物種別ガイドラインを作成して解散した．本 EWG で問題となったのは，試験に使用する動物数であった．用量決定試験等の 1 群の頭数は，日本では 4 頭程度を用いるのが普通であるが，欧米ではもっと多く使用するとのことであった．最終的には統計学の専門家のアドバイスで 6 頭以上となった．また，臨床試験の頭数については日本での要件が 2 ヵ所以上の施設で 60 頭以上であるのに対して，欧米では 1 ヵ所当たり 100 ～ 200 頭が普通とのことであり，1 農場当たりの飼養規模の違いは埋めることができなかった．このため，臨床試験の頭数はガイドラインに記載しないことで妥協し合った．

（6）生物学的製剤検査法 EWG

本 EWG は，ワクチン等の生物学的製剤の検査法に関するガイドラインを作成するもので，ホルマリン・含湿度検査法，マイコプラズマ検査法および迷入因子否定試験法の 3 トピックからなる．ホルマリンおよび含湿度試験法の 2 種類のガイドラ

インは，各専門家が属する機関での共同試験を実施することで検証され，その成果は専門雑誌にも投稿された[13]．他のトピックは検討中である．なお，本EWGの座長は，日本政府の専門家が務めている．

（7）医薬品監視EWG

本EWGは，承認後市販された医薬品の副作用等を収集整理・評価する仕組み作りをするもので，構成・報告体制・用語および情報交換のための電子標準の2トピックからなる．FDAの専門家が座長を務め，まだ検討中でありガイドラインは作成されていない．人体用医薬品ではICHで合意されたシステムが既に出来上がり稼働しているが，費用が高額になるという欠点があるとのことで，動物用医薬品での運用が懸念されている．

（8）薬剤耐性EWG

本EWGは，食用動物で使用される抗菌剤により出現する薬剤耐性菌問題に危機感を持ち設立された．オランダの規定当局の専門家が座長を務め，承認に必要な試験法等を検討した．本EWGは，4回の会合で1種類のガイドラインを作成し解散した．

なお，当初は慎重使用のガイドラインも作成する計画であったが，VICHの活動としてふさわしくないとの判断で中止された．

（9）対象動物安全性EWG

本EWGは，対象動物を用いる安全性試験のガイドラインを作成するもので，一般薬および生物学的製剤の2トピックからなり，座長は日本の製薬団体の専門家が務めた．本EWGでも1群に使用する動物数が問題となった．日本のガイドラインでは哺乳動物で3頭以上と規定されているが，欧米ではもっと多いことから，最終的には8頭以上で合意された．EWG会合は9回開催され，3種類のガイドラインを作成して解散した．

（10）代謝・残留動態EWG

本EWGは，食用動物に使用される動物用医薬品についてその体内動態・代謝・残留に関する試験法を検討するために設立された．ドイツの規制当局の専門家が座長を務め，5つのトピックでガイドライン案を作成中である．

（11）公開会議

VICHの活動内容や成果を普及宣伝し情報を公開するために三極持ち回りで公開会議が以下のように開催された．

①第1回　1999年11月　ブリュッセル

②第2回　2002年10月　東京

③第3回　2005年5月　ワシントン

④第4回　2010年6月　パリ

VICHの概要を紹介したが，動物医薬品検査所年報の34号以降毎号に詳細な記録が記載されているので参照されたい．

参考文献

1. U.S.Code，http://www.gpoaccess.gov/uscode/
2. 9CFR，http://ecfr.gpoaccess.gov/cgi/t/text/text-idx?c=ecfr&sid=71d0689f5b0b77f6d77dfa0c3fcb6bd8&tpl=/ecfrbrowse/Title09/9cfr101_main_02.tpl
3. 認可を裏付ける資料提出のための基本的要件ならびにガイドライン，http://www.aphis.usda.gov/animal_health/vet_biologics/publications/memo_800_50.pdf
4. 野外安全性試験，http://www.aphis.usda.gov/animal_health/vet_biologics/publications/memo_800_204.pdf
5. 藤井　武（2010）：国際情報，26（3），1-6.
6. Directive 2001/82/EC，http://ec.europa.eu/health/files/eudralex/vol-5/dir_2001_82_cons2009/dir_2001_82_cons2009_en.pdf
7. Regulation（EC）No.726/2004，http://ec.europa.eu/health/files/eudralex/vol-1/reg_2004_726_cons/reg_2004_726_cons_en.pdf
8. 申請者への通知，http://ec.europa.eu/health/files/eudralex/vol-6/b/vol6b_04_2004_final_en.pdf
9. OCABR/OBPR，http://www.edqm.eu/en/Veterinary Biologicals-OCABROBPR-634.html
10. 乗松真里（2010）：国際情報，26（2），4-19.
11. 動物用医薬品規則2009SI2297，　http://www.legislation.gov.uk/uksi/2009/2297/pdfs/uksi_20092297_en.pdf
12. 動物医薬品検査所年報（1997）：34, 112-119.
13. Ross, P.F. et al.（2002）：*Biologicals,* 30, 37-41.

（平山紀夫）

Ⅱ　各　　論

動物用ワクチン

牛用ワクチン / 馬用ワクチン / 豚用ワクチン / 鶏用ワクチン
魚用ワクチン / 犬用ワクチン / 猫用ワクチン

1　牛疫生ワクチン

1．疾病の概要

牛疫は牛疫ウイルス（Rinderpest virus）に起因する偶蹄類の伝染性の強い急性熱性疾病である．牛疫ウイルスはモノネガウイルス目（Order *Monomegavirales*），パラミクソウイルス科（Family *Paramyxoviridae*），パラミクソウイルス亜科（Subfamily *Paramixovirinae*），モルビリウイルス属（Genus *Morbillivirus*）に分類される－鎖の１本鎖ＲＮＡウイルスである．宿主は偶蹄類（牛，水牛，緬羊，山羊，豚，シカ，イノシシ等）で，牛や水牛が感染すると急性経過をとり死亡する．潜伏期の後，高熱（40℃以上）が続き，眼瞼腫脹，結膜の充血，流涙，鼻汁（水様，膿様），泡沫性唾液，口腔粘膜の充血，水疱，偽膜・び爛形成等が観察される．便秘のあとに粘液や血液を含む下痢を示し，脱水症状を示して起立不能になる．

感染経路は発病牛の排泄物の飛沫等の吸入や接触である．自然感染に対して感受性が高いのは牛，水牛であるが，黒毛和牛や韓牛は最も感受性が高い．

日本では明治以降，朝鮮半島や中国からウイルスの侵入による流行を繰り返していたが，1913年の香川県における発生以降，発生はない．伝播力ならびに致死性の高い疾病であるため，本病が侵入すると経済的被害が甚大となる．FAOやOIEの牛疫撲滅キャンペーンの成果により，2000年のパキスタン（家畜）および2001年のケニヤ（野生のアフリカ野牛）での発生報告以来，世界的に牛疫の発生報告はない．2011年（平成23年）５月にOIEおよびFAOにより国際的な牛疫撲滅宣言が出された．

2．ワクチンの歴史

ワクチンが開発される前には，免疫血清を投与する免疫血清療法や免疫血清と感染牛血液の共同注射法が外国で応用されていた．牛疫の最初のワクチンは，1920年代に蠣崎によって開発されたトルオール（トルエン）不活化ワクチンである．生ワクチンはエドワーズが山羊継代の弱毒ウイルスの作出に成功したことに始まるが，1930年代になって中村らは家兎継代による弱毒化を試み，100継代で牛における病原性が弱まっている傾向を認め，さらに300継代まで進め，生ワクチンとして実用可能な弱毒株（L株）を作出した[1]．しかし，感受性の高い和牛や韓牛に対しては病原性が強く，免疫血清との共同注射が必要であった[2]．日本では，このＬ株をさらに発育鶏卵の静脈注射により数百代継代することにより，和牛や韓牛にも病原性を示さない弱毒株（LA株）の作出に成功した[3,4]．当該LA株を発育鶏卵で増殖させたワクチンが製造されていたが，現在はLA株を培養細胞（Vero細胞）で増殖させたワクチンが製造されている[5]．実用化されてはいないが，次世代ワクチンとして，山内らによってワクシニアウイルスを用いた牛疫組換え生ワクチンが開発されている[6]．

3．製造用株

現在，日本で牛疫生ワクチンの製造販売承認を取得しているのは，独立行政法人農業・食品産業技術総合研究機構動物衛生研究所（動衛研）と財団法人日本生物科学研究所（日生研）である．製造用株はどちらも家兎化鶏胎化弱毒牛疫ウイルス（LA株）である．動衛研の製造用株名はLA赤穂株で，日生研はLA株である．当該製造用株（LA株）の弱毒化の手法は前項に示したとおりで，下記にその性状を示す．①牛の皮下に接種したとき，軽い発熱を示すが，他の異常は示さない．②11～12日齢発育鶏卵に静脈注射すると増殖し，脾臓の腫脹を認める．③牛腎初代培養細胞，鶏胚初代培養細胞ならびにVero細胞で増殖し，特有のCPEを示す．

4．製造方法

現在の動物用生物学的製剤基準では，製造に発育鶏卵または培養細胞（Vero細胞）のどちらを用いても良いが，実際に製造している動衛研では，Vero細胞を用いてワクチンの製造を行っている．Vero細胞で牛疫ウイルスLA赤穂株を増殖させ，ウイルス原液製造用の種ウイルスを調整する．これを用い，ワクチン原液を製造し，希釈液でウイルス量を調整し，さらに安定剤等を加え，最終バルクを調整する．小分け容器に分注し，凍結乾燥し，窒素ガス充填を行い，密栓する．原液，小分け製品等の検定を行う．安全性を確認するために，黒毛和牛２頭を用いて，安全試験を実施している．

5．効力を裏付ける試験成績

現行の牛疫生ワクチン（Vero細胞で増殖のLA赤穂株）の１ドース当たりのウイルス価は10^3TCID$_{50}$である．ワクチン１ドースを接種した場合，ワクチン接種21日後には，中和抗体価が10倍以上となる．また，ワクチン接種後３～４日で強毒ウイルスの攻撃に耐過する成績が得られている[7)]．この初期の防御効果は不活化ワクチンでは認められず，液性免疫によるものではなく，強毒ウイルスに対するウイルス干渉によるものではないかと考えられているが，解明されていない．

6．臨床試験成績

家兎化弱毒ウイルス（L株）では，和牛および韓牛に対し病原性（約2割の接種牛が死亡）を示すが，家兎化鶏胎化弱毒ウイルス（LA株）では，一過性の軽度の発熱ならびに軽度の食欲不振が認められるのみで数日で回復する．実験室レベルでの安全性ならびに有効性の確認試験は実施されたが，当該ワクチンは生ワクチンであり，また日本は牛疫清浄国であるので，開発当時，大規模な野外試験は実施されていない．

7．使用方法

牛疫生ワクチンは，家畜伝染病予防法第50条の規定に基づく農林水産大臣が指定する動物用生物学的製剤であるので，その使用に関しては都道府県知事の許可が必要である．それ故，獣医師個人の判断では当該ワクチンは使用できない．牛疫生ワクチンは牛疫の国内侵入・蔓延時の緊急防疫用に国の要請に基づき，動衛研が2年ごとに製造し，約10万頭分が備蓄されている．

1）用法・用量

乾燥ワクチンに添付の溶解溶液を加えて溶解し，1mLを皮下接種する．

2）効果・効能

牛疫の予防．

3）使用上の注意

本剤接種後，一過性の軽度の発熱・食欲不振がみられる場合がある．

8．貯法・有効期間

遮光して10℃以下に保存する．有効期間は2年間．

参考文献

1. 中村檸治ら（1938）：日本獣学会誌，17, 185-204.
2. 中村檸治ら（1943）：日獣学誌，5, 455-477.
3. Nakamura, J. et al.（1953）：*Am J Vet Res* 14, 307-317.
4. 古谷　武ら（1957）：家畜衛生試験場研究報告，32, 117. -135.
5. 園田暁郎ら（1970）：日獣学誌，32,（学会号）13-14.
6. Ohishi, K. et al.（2000）：*J Gen Virol* 81, 1439-1446.
7. 福所金松ら（1958）：日獣学誌，20, 288.

（福所秋雄）

2 アカバネ病ワクチン

1．疾病の概要

アカバネ病は，アカバネウイルス（*Bunyaviridae, Orthobunyavirus*）によって起こる流早死産や体形異常牛の出産などを主徴とする牛のウイルス感染症である．アカバネウイルスの分離が 1959 年であるのに対し，アカバネ病が報告されたのは 1974 年である．したがって，この間 orphan virus として病気との関連が知られていなかった．ウイルス（JaGAr-39 株）は，Oya らにより日本脳炎サーベイランスの一環として群馬県の赤羽村（現，館林市）において蚊（*Aedes vexans* と *Culex tritaeniorhynchus*）から分離された[1]．一方，1972 年秋に西日本で妊娠牛における流産が多発し，その後，早死産および体形異常や水頭症を示す子牛の出産が 1973 年春まで認められた．胎子は感染時の胎齢によって，内水頭症，関節弯曲症，多発性筋炎を示し，関節弯曲症－内水頭症症候群（Arthrogryposis-hydranencephaly syndrome）と呼ばれた．同様の流行は 1973 〜 1974 年，1974 〜 1975 年にも見られ，最終的に発生が秋田県にまで及んだ．原因について様々な説が唱えられたが，流行が西日本から北上していること，季節性の発生であることから節足動物による媒介が疑われ，初乳未摂取血清を用いたアルボウイルスの抗体調査が行われた．この結果，アカバネウイルスの感染が疑われた．さらに，1974 年岡山県のおとり牛胎子からアカバネウイルス（OBE-1 株）が分離された[2]．農林省家畜衛生試験場（現，独立行政法人農業・食品産業技術総合研究機構動物衛生研究所）における実験感染の結果，疾病の再現に成功し，本病はアカバネ病と名付けられた[3]．過去に採取された血清を用いた抗体調査によって，本病が 10 年程度の周期をもって流行を繰り返していたと考えられた．また，当初蚊から分離されたにもかかわらず，おそらく主要な媒介昆虫は蚊ではなく，牛ヌカカ（*Culicoides oxystoma*）を主としたヌカカであることが明らかとなった[4]．

2．ワクチンの歴史

家畜衛生試験場の黒木，稲葉，大森らによって，ウイルス学的な研究と同時にワクチン開発も平行して行われた．まず，ホルマリン不活化，リン酸アルミニウムゲルアジュバント加ワクチンが開発され，1978 年にワクチン製造所社が製造販売承認を得た．しかし，他の不活化ワクチンと同様，有効な免疫賦与のために初回については 2 回接種が必要であった[5]．このため，不活化ワクチンに続いて生ワクチン開発も行われ，後述するように低温継代弱毒株を生ワクチン原株とし，1981 年に製造販売承認されている．現在，アカバネ病単味生ワクチンの他，アカバネ病を含む予防液としてアカバネ病・チュウザン病・アイノウイルス感染症混合（アジュバント加）不活化ワクチンが 1996 年に承認され，市販されている．

3．製造用株

製造用株としては，不活化ワクチンではハムスター肺由来の HmLu-1 細胞または適当と認められた培養細胞で増殖させた OBE-1 株またはこれと同等と認められた株を用いることとされている．

生ワクチン製造用株としては TS-C2 株またはこれと同等と認められた株と規定されている．TS-C2 株は HmLu-1 細胞で OBE-1 株を 30℃，20 代継代して得た低温順化株を 3 回プラック・クローニングし，作出された．Kurogi らの報告によれば，TS-C2 株は中型の均一なプラックを示し，40℃で培養した場合，30℃の力価より 1,000 分の 1 程度力価が減少する．また，乳のみマウスの脳内接種では親株である OBE-1 株と同様 100% の致死性を示すが，皮下接種では OBE-1 株が 100% の死亡率を示すのに対し，TS-C2 株は脳で増殖せず致死性を示さない．同様に，8 週齢マウスの脳内接種では OBE-1 株が 100% の死亡率を示すのに対し，TS-C2 株接種マウスは全て耐過する[6]．

4．製造方法

製造用株として承認された原株から 3 代以内の継代で原種ウイルスを製造する．この原種ウイルスから 2 代以内にワクチン原液を製造しなければならない．現行のワクチンは HmLu-1 細胞に原種ウイルスを接種し，30℃で回転培養を行い，細胞変性効果が明瞭となった時点で回収する．遠心後，細胞成分を除きウイルス浮遊液とする．不活化ワクチンでは 0.1% となるようにホルマリンを加え，不活化ウイルス液を作製し，次いでリン酸三ナトリウムと塩化アルミニウムを加え，リン酸アルミニウムゲルアジュバント加不活化ワクチンとする．

生ワクチンでは遠心後のウイルス浮遊液に安定剤を加え凍結乾燥する．

5．効力を裏付ける試験成績

1）生ワクチン原株

HmLu-1 細胞を用い，OBE-1 株を 30℃の低温培養で 10，20，26，36，50 代継代した．36 代以上継代を行うと抗体産

表 1　生ワクチン接種妊娠牛の感染防御能

	妊娠牛番号	臨床所見		ウイルス血症	胎　子*		母牛の中和抗体	
		発熱	白血球減少		ウイルス回収	臍帯血中和抗体	攻撃時	胎子摘出時
ワクチン接種群	655	−	−	−	−	＜ 1	4	32
	660	−	−	−	−	＜ 1	4	32
対照群	657	−	＋（1 日間）	＋（2 日間）	−皮下出血	2	＜ 1	16
	661	−	＋（1 日間）	＋（3 日間）	−皮下出血	1	＜ 1	32

＊ 胎子は攻撃後 28 日で摘出した

表 2　生ワクチン接種牛の抗体応答

試験群	中和抗体陽性数／接種頭数（%）			
	接種前	1 ヵ月後	4 ヵ月後	6 ヵ月後
ワクチン接種群	0/1,083（0）	829/1,083（79.3）	180/217（82.9）	305/715（42.7）
対照群	0/958（0）	12/958（12.5）	1/312（0.3）	1/807（0.1）

生能が低下するため，20 代継代ウイルスからプラック・クローニングをへて得られたクローンのうち，40℃での増殖性が悪い TS-C2 株が得られた．この株は，マウスにおける末梢から中枢への感染性が，親株である OBE-1 株に比べ低下していた．また，子牛や妊娠牛では静脈内，皮下接種とも臨床症状はもちろん，白血球減少症やウイルス血症が認められないにもかかわらず，抗体の応答が認められた．

2）試作生ワクチンのウイルス含有量と免疫原性

試作生ワクチンは，子牛，モルモット，ラット，ハムスター，マウスに免疫を誘導し，子牛の皮下接種とマウスの脳内接種で ED_{50} が高かった．ウイルス含有量の試験では，$10^{5.5}TCID_{50}$ 以上のウイルス量で有効な免疫が賦与された．

3）子牛および妊娠牛を用いた感染防御試験

$10^{5.5}TCID_{50}$ のウイルスを含んだ試作ワクチンを子牛に注射し，4 週後に強毒株を接種したところ，対照群では白血球減少症とウイルス血症が認められたが，ワクチン接種群ではチャレンジ時に抗体を保有しており，白血球減少症とウイルス血症は共に認められなかった．同様に妊娠牛でも，対照群は白血球減少症とウイルス血症を示し，胎子の臍帯血清で低値であるが抗体が検出された．これに対しワクチン接種群は白血球減少症とウイルス血症を示さず，胎子の臍帯血清抗体価は＜ 1 であった（表 1）．

6．臨床試験成績

$10^{5.2}$ ～ $10^{6.2}TCID_{50}$ のウイルスを含む試作ワクチン 6 ロットを用いて，全国 19 道県の妊娠牛および泌乳牛 1,572 頭にワクチン接種を行った．このうち 16 県下の妊娠牛 1,083 頭に対する試験では，1 ヵ月後の抗体陽転率が 66.8% ～ 91.8%，平均 79.3% であった．ワクチン接種妊娠牛ではアカバネ病を疑う流早死産や異常子牛の分娩は全く見られず，泌乳量にも影響を及ぼさなかった．一部のワクチン接種牛における抗体の持続を見た試験では，4 ヵ月後に 82.9%，6 ヵ月後に 42.7% であった（表 2）．また，試験中一部の地域でアカバネ病の流行があり，ワクチン非接種対照群で 33 頭中 11 頭に異常産が認められたのに対し，ワクチン接種群では 30 頭中 1 頭に流産が認められたのみであった．

アカバネ病生ワクチンとイバラキ病および牛流行熱生ワクチンの同時接種を行った結果では，アカバネ病とイバラキ病ないし牛流行熱の 2 種同時接種，アカバネ病，イバラキ病，牛流行熱の 3 種同時接種でアカバネ病ないし牛流行熱に対する抗体応答の低下が認められた[7]．

7．使用方法

1）用法・用量

生ワクチンは，牛 1 頭あたり 1mL を皮下注射する．不活化ワクチンは3mLを筋肉内に4週間隔で2回注射を行う．

2）効能・効果

生ワクチン：アカバネウイルスによる異常産の予防．

不活化ワクチン：アカバネ病の予防．

3）使用上の注意

ウイルスの流行期は夏から秋であるので，流行期以前に抗体が上昇するよう接種する．次年度以降は，生および不活化ワクチンとも流行期の前に1回追加接種を行う．生ワクチンでは，イバラキ病生ワクチンおよび流行熱生ワクチンと同時に投与するとウイルス間の干渉作用により効果が抑制される場合があるため，これらの生ワクチンを接種する場合は2週間以上の間隔を開ける必要がある．

生ワクチンでも同様であるが，特に不活化ワクチンで過敏な体質の牛ではアナフィラキシー症状による異常や，妊娠牛で流産等を示す場合があるので注意が必要である．

8．貯法・有効期間

遮光して，2～5℃に保存する．有効期間は製品により異なり1年または2年間．

参考文献

1. Oya, A. et al.（1961）：*Jap J Med Sci Biol*, 14, 101-108.
2. Kurogi, H. et al.（1976）：*Arch Virol*, 51, 67-74.
3. Kurogi, H. et al.（1977）：*Infect Immun*, 17, 338-343.
4. Kurogi, H. et al.（1987）：*Vet Microbiol*, 15, 243-248.
5. Kurogi, H. et al.（1978）：*Natl Inst Anim Health Quart*, 18, 97-108.
6. Kurogi, H. et al.（1979）：*Natl Inst Anim Health Quart*, 19, 12-22.
7. 黒木　洋ら（1980）：牛の異常産ワクチン開発に関する研究．農林水産技術会議研究成果集.

（明石博臣）

3　アカバネ病・チュウザン病・アイノウイルス感染症混合（アジュバント加）不活化ワクチン

1．疾病の概要

1）アカバネ病

69 ページ参照.

2）チュウザン病

チュウザン病は，*Reoviridae*，*Orbivirus*，Palyam 血清群に属するカスバウイルスの感染により起こる．チュウザン病は1985 年にはじめて報告され，その原因ウイルスは分離地の地名をとってチュウザンウイルスと名づけられた．その後，1956 年にインドで分離されたカスバウイルスと中和試験で交差反応を示すことが報告されている[1]．本書では，動物用生物学的製剤基準のワクチンの部における記載に従い，以降カスバウイルスと記載する．

ウイルスが妊娠牛に感染することにより，虚弱，自力哺乳不能および起立不能などの運動障害，間欠的なてんかん様発作，後弓反張等の神経症状を呈する異常子牛の出産を起こす．アカバネ病やアイノウイルス感染症と異なり，関節彎曲等の体型異常は認められない．流産，早産，死産は少ない．ウイルスは吸血昆虫により媒介されるため，ウイルスの流行は，初夏から秋にかけて起こる．異常子牛の出産等は秋から翌年の春にかけて認められる．

3）アイノウイルス感染症

アイノウイルス感染症は，*Bunyaviridae*，*Orthobunyavirus*，Simbu 血清群に属するアイノウイルスの感染により起こる．本ウイルスはアカバネウイルスに近縁なウイルスであるが，血清学的な交差性は示さない．本ウイルスが妊娠牛に感染し，ウイルスが胎子に移行することで，流産，早産，死産や先天異常子牛の出産を起こす．症状はアカバネ病に類似している．小脳形成不全を高率に引き起こすことが特徴である．

2．ワクチンの歴史

1985 年 11 月頃から 1986 年 4 月にかけて南九州地方において，主として黒毛和種に正常な分娩経過で生まれた子牛に，虚弱，視力障害（弱視，盲目），起立不能，哺乳不能などの症状を呈する牛の異常産が多発した．剖検では，水無脳症と小脳形成不全を認めた．九州 4 県で 2,000 頭を超える発生を認め，子牛生産に大きな経済損失をもたらした．このため，1987 年から 2 年間，農林水産省の補助で牛の異常産予防ワクチン緊急開発対策事業が動物用生物学的製剤協会に委託された．農林水産省家畜衛生試験場で分離されたカスバウイルス K-47 株を用いて，チュウザン病不活化ワクチンの開発がなされ[2]，1990 年に家畜衛生試験場の他，民間 7 社で製造が承認された．

1989 年以降には，アイノウイルスが関与したと考えられる牛の異常産の症例が報告され[3]，ワクチンの開発が開始された．ワクチン開発にあたっては，ワクチン注射の省力化と防疫の徹底化の一助とする目的でアカバネウイルス，カスバウイルスにアイノウイルスを加えた 3 種混合不活化ワクチンとして開発が進められ，1996 年に本ワクチンが承認された．

3．製造用株

1）アカバネウイルス

1974 年，岡山県下に配置されたおとり妊娠牛の胎子より乳のみマウスを用いて分離されたアカバネウイルス OBE-1 株を親株とし，HmLu-1 細胞を用いて，30℃で 20 代継代されている．3 回のクローニング処理を行った後，HmLu-1 細胞で 2 代継代したものが製造用株である．

製造用株を生後 2 日以内の乳のみマウスの脳内に接種するとマウスは 2 ～ 3 日以内に死亡する．また感染マウス脳のショ糖アセトン抽出抗原は Clarke and Casals の変法によって，ガチョウ，アヒルおよびハトの赤血球を凝集する．製造用株は HmLu-1 細胞のほか，牛腎初代培養細胞，豚腎初代培養細胞，ESK 細胞および Vero 細胞などで CPE を伴って増殖する．

2）カスバウイルス

1985 年，三浦らにより農林水産省家畜衛生試験場九州支場内のおとり牛の血球から分離されたカスバウイルス K-47 株を HmLu-1 細胞で 3 代，BHK-21（c-13）細胞で 15 代継代したものが製造用株である．

製造用株を牛の静脈内に接種すると白血球減少症を認めるが，発熱などの臨床症状は認められない．また，子牛の脳内に接種すると発熱，食欲不振，白血球減少，次いで神経症状を示す．製造用株は，BHK-21（c-13）細胞，HmLu-1 細胞および Vero-T 細胞で CPE を伴って増殖する．

3）アイノウイルス

昭和 39 年，長崎県愛野町でコガタアカイエカから分離し，乳のみマウス脳で 13 代継代したアイノウイルス JaNAr28 株を BHK-21（c-13）細胞で 3 代継代したものが製造用株である．

製造用株を牛の静脈内に接種するとウイルス血症を認めるが，発熱などの臨床症状は認められない．製造用株は BHK-21

(c-13) 細胞，HmLu-1 細胞および Vero 細胞で CPE を伴って増殖する．

4．製造方法

アカバネウイルスおよびアイノウイルスの培養には HmLu-1 細胞を用いる．カスバウイルスの培養には BHK-21（c-13）細胞を用いる．ウイルスの増殖極期に回収した培養液のろ液または遠心上清にホルマリンを添加してウイルスを不活化し，リン酸三ナトリウム溶液および塩化アルミニウム溶液の添加により，リン酸アルミニウムゲルを形成させたものを原液とする．各種ウイルス原液を等量混合した最終バルクを分注し，小分製品とする．

5．効力を裏付ける試験成績

1）ワクチン注射牛における免疫応答

体重 100 ～ 200kg の子牛および胎齢 63 ～ 128 日齢の妊娠牛にワクチン 3mL を 4 週間間隔で 2 回筋肉内に注射し，アカバネウイルス，カスバウイルスおよびアイノウイルスに対する中和抗体価を測定した．

(1) アカバネウイルス

子牛では，第 1 回注射後 1 ～ 2 週目から中和抗体が産生され，第 2 回注射後 1 週目には中和抗体の 2 次応答が認められた．妊娠牛でも第 1 回注射での中和抗体価の上昇および第 2 回注射による 2 次応答を認めた．第 2 回注射後 4 週目の中和抗体価の幾何平均値は子牛で 26.9 倍，妊娠牛で 21.1 倍であった．

(2) カスバウイルス

子牛では，第 1 回注射後 2 週目より中和抗体価の上昇を認め，第 1 回注射後 4 週目における中和抗体価の幾何平均値は 19.0 倍であった．第 2 回注射後には中和抗体価はさらに上昇し，第 2 回注射後 4 週目における中和抗体価の幾何平均値は 215.3 倍に達した．妊娠牛においても，第 1 回注射後 4 週目，第 2 回注射後 4 週目における中和抗体価の幾何平均値はそれぞれ 7.0 倍，97.0 倍であった．

(3) アイノウイルス

子牛では，第 1 回注射後 3 ～ 4 週目より中和抗体の産生が認められた．第 2 回注射後 1 週目より 2 次応答による中和抗体の上昇が認められ，第 2 回注射後 4 週目の中和抗体価の幾何平均値は 16.0 倍に達した．また，妊娠牛では第 1 回注射後 4 週目の時点で約半数の個体でアイノウイルスに対する中和抗体価が検出され，第 2 回注射後 4 週目での中和抗体価の幾何平均値は 9.2 倍であった．

2）ワクチン注射牛における免疫持続

ワクチン注射による免疫の持続に関する成績を図 1 に示す．100 ～ 200kg の子牛 2 頭にワクチン 3mL を 4 週間間隔で 2 回筋肉内に注射し，6 ヵ月間各ウイルスに対する中和抗体価を測定した．

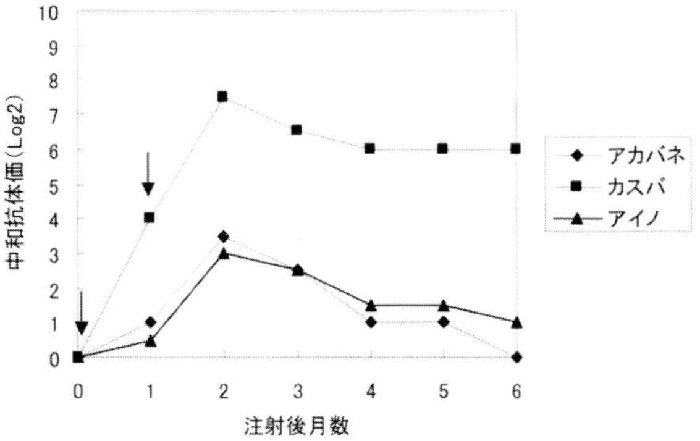

図 1　混合ワクチン注射後の中和抗体価の持続
牛（n = 2）に 4 週間隔で 2 回ワクチン注射し（ワクチン注射時期を矢印にて示す），経時的にアカバネウイルス，カスバウイルス，アイノウイルスに対する中和抗体価の幾何平均値を示した．

アカバネウイルスに対する中和抗体価は第 1 回注射後 2 ヵ月目（第 2 回注射後 1 ヵ月目）に最高値となった．その後は徐々に中和抗体価が低下し，第 1 回注射後 6 ヵ月の時点で試験牛 2 頭ともに中和抗体価が 2 倍未満となった．カスバウイルスに対する中和抗体価も第 1 回注射後 2 ヵ月目（第 2 回注射後 1 ヵ月目）に最高値となり，その後は若干の低下を認めるものの，第 1 回注射後 6 ヵ月の時点でも高い水準を維持していた．アイノウイルスに対する中和抗体価の推移はアカバネウイルスに対する中和抗体価と同様の推移を示した．第 1 回注射後 6 ヵ月には試験牛 2 頭のうち 1 頭が中和抗体価 2 倍未満となった．

なお，第 1 回注射後 13 ヵ月目にワクチンを注射したところ，その 1 週間後には中和抗体価の幾何平均値はアカバネウイルスでは 32 倍，カスバウイルスでは 362 倍，アイノウイルスでは 23 倍に達しており，早期に高水準の中和抗体が誘導された．このことより，ワクチン注射後中和抗体価が 2 倍未満となった場合においてもワクチンによる基礎免疫の成立により，ウイルス感染に対する速やかな免疫応答が期待できるものと推察された．また，このことは初年度に約 4 週間隔で 2 回のワクチン注射を行うことにより，次年度以降は 1 回のワクチン注射により各ウイルスに対する予防効果が期待し得る免疫を誘導できることを示唆している．

6．臨床試験成績

臨床試験には，試験牛として妊娠牛を含むホルスタイン種 160 頭および黒毛和種 154 頭を用いた．試験牛をホルスタイン種ではワクチン注射群 120 頭，非注射対照群 40 頭，黒毛和

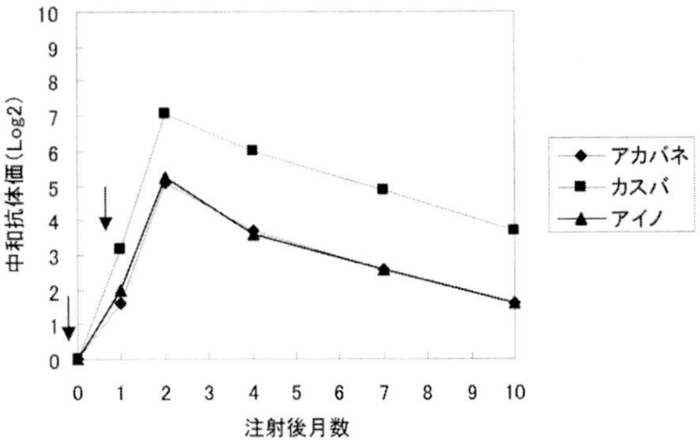

図2　臨床試験成績．ワクチン注射後の中和抗体価幾何平均値の推移

臨床試験におけるワクチン注射後の各ウイルスに対する中和抗体価幾何平均値の推移を示す．矢印はワクチン注射を示す．なお，中和抗体価幾何平均値は，注射前抗体陰性牛のみを対象として算出している．

種ではワクチン注射群 122 頭，非注射対照群 32 頭の 2 群に分け，ワクチン注射群には，用法・用量に従いワクチン 3mL を 4 週間間隔で 2 回筋肉内に注射した．

1）有効性

各回注射時および第 2 回注射後 1，3，6 および 9 ヵ月後における各ウイルスに対する中和抗体価を測定した．

各ウイルスに対する中和抗体価の推移を図 2 に示す．注射前抗体陰性牛は第 1 回注射後 1 ヵ月目で平均中和抗体価がアカバネウイルス 3 倍，カスバウイルス 9 倍，アイノウイルス 4 倍となり，第 2 回注射後 1 ヵ月目にはアカバネウイルス 34 倍，カスバウイルス 131 倍，アイノウイルス 38 倍と最高値に達した．第 2 回注射後 9 ヵ月目においても平均中和抗体価はアカバネウイルス 3 倍，カスバウイルス 13 倍，アイノウイルス 3 倍とほぼ感染を予防できると考えられる抗体価を維持しており，野外でのウイルス流行期間をとおしてウイルス感染を予防し得ると考えられ，本ワクチンの有効性が確認された．

また，ワクチン注射牛では良好な抗体応答が確認され，注射前抗体陰性牛におけるワクチン 2 回注射後の抗体陽転率（中和抗体価 2 倍以上になったもの）は，アカバネウイルス 96.7％，カスバウイルス 100％，アイノウイルス 97.5％と，いずれのウイルスに対しても 95％以上が陽転していた．注射前抗体陽性牛での抗体応答率（注射後に抗体価が 4 倍以上上昇したもの）はアカバネウイルス 58.1％，カスバウイルス 88.2％，アイノウイルス 72.5％であった．

2）安全性

第 1 回注射時 242 頭および第 2 回注射時 235 頭の試験牛はいずれも，各回注射後約 2 週間の一般状態（元気，食欲の異常など）および注射局所の観察において異常を認めず，ワクチンの安全性が確認された．また，妊娠牛 75 頭の分娩調査成績においても，ワクチン注射牛はすべて正常産であり，ワクチンの妊娠牛に対する安全性も確認された．

7．使用方法

1）用法・用量

牛 1 頭当たり 3mL ずつ 4 週間間隔で 2 回，牛の筋肉内に注射する．

2）効能・効果

牛のアカバネ病，牛のチュウザン病およびアイノウイルスによる牛の異常産の予防

3）使用上の注意

過敏な体質の牛では，投与後短時間で，アナフィラキシー症状（食欲不振，発熱，起立不能，歩様蹌踉，心悸亢進，腫張（顔面・陰部・全身），下痢，元気消失，発汗，皮膚の知覚障害，流涙等）を呈することがあるので，投与後は注意深く観察すること．妊娠牛では，流産，早産，死産等を発現することがあるので投与後は注意深く観察すること．

4）ワクチネーションプログラム

通常，初年度 2 回のワクチン注射により基礎免疫を成立させ，次年度以降は 1 回のワクチン注射を行う．アカバネウイルス，カスバウイルス，アイノウイルスはいずれも吸血昆虫により媒介される．吸血昆虫が活動を開始する以前にワクチンを投与し，免疫を賦与することが重要である．

8．貯法・有効期間

2 ～ 10℃で保存する．有効期間は製品により異なり，2 年または 2 年 3 ヵ月間．

参考文献

1. Jusa, E.R. et al.（1994）：*Aust Vet J*, 71, 57.
2. Goto, Y. et al.（1988）：*Jpn J Vet Sci*, 50, 673-678.
3. 北野良夫ら（1993）：日獣会誌，46, 469-471.

（小林貴彦）

4　牛伝染性鼻気管炎・牛ウイルス性下痢－粘膜病・牛パラインフルエンザ・牛 RS ウイルス感染症・牛アデノウイルス感染症混合生ワクチン

1．疾病の概要

1）牛伝染性鼻気管炎（IBR）

牛ヘルペスウイルス 1 型（*Herpesviridae, Alphaherpesvirinae, Varicellovirus*）が主に経気道感染により鼻漏，肺炎，結膜炎，流産，髄膜脳炎，下痢，膿疱性陰門膣炎などさまざまな症状を示すが，鼻汁の排泄を伴う呼吸器病がもっとも多い．次いで結膜炎，流産まれに膿疱性陰門膣炎がある．ウイルスは二本鎖 DNA の制限酵素切断パターンによりサブタイプ 1，2a，2b に分けられるが血清学的に違いはなく，病変との関係も必ずしも明確でない．ウイルスは世界各国に分布し，日本では 1970 年に輸入牛により持ち込まれ，全国に広がった．感染牛は三叉神経節などに終生ウイルスを保有し，免疫力の低下とともに排泄する．

2）牛ウイルス性下痢－粘膜病（BVD-MD［BVD］）

牛ウイルス性下痢ウイルス（*Flaviviridae, Pestivirus*）が経気道または経口感染により二峰性の発熱，鼻漏，下痢，削痩，異常産（流産，不妊，盲目，虚弱等），粘膜病などさまざまな症状を示す．一般的にはウイルス血症と高熱を伴った全身感染症が本病の特徴だが，妊娠牛に感染した場合の異常産や持続感染（Persistent Infection［PI］）牛の分娩[1]がもう一つの特徴であり，PI 牛の粘膜病[2]への進行や発育不良，生産性の阻害など[3]を起こすとともに新たな感染源として重要である．

ウイルスは RNA 遺伝子タイプにより 1 型および 2 型に分けられ，さらに CPE を起すものと起さないものに分けられる．1 型と 2 型の間，また同じ 1 型のなかにも抗原的な多様性が存在するが血清学的にはすべての株が交差性を示す[4]．ウイルスは世界および日本各地に広く分布し，日本における流行株は多くが 1 型で 2 型の流行は少ない．

3）牛のパラインフルエンザ（PI3）

牛のパラインフルエンザウイルス（*Paramyxoviridae, Paramyxovirinae, Respirovirus*）3 型が経気道感染により鼻漏，咳，肺炎など呼吸器病を起こす．牛 RS ウイルスやマンヘミア・ヘモリチカなどの細菌との混合感染で発症することも多い．赤血球凝集素およびノイラミニダーゼを持ち，人のパラインフルエンザウイルス 3 型とは HA および中和で交差性を示す．世界および日本各地に広く分布する．

4）牛 RS ウイルス感染症（RS）

牛 RS ウイルス（*Paramyxoviridae, Pneumovirinae, Pneumovirus*）が経気道感染により発熱，鼻漏，咳，呼吸促迫，肺気腫，泡沫性流涎，皮下気腫，肺炎などを起こす．呼吸器病を起こす病原体のなかでも起病性，発生頻度から日本においてもっとも注意を要する疾病である．ウイルスは G 蛋白の遺伝子タイプで 6 型に分類[5]されているが日本では 2 型と 3 型が多い．両型間に明らかな抗原性の違いはなく現存するワクチンが有効である．人 RS ウイルスとも抗原的に交差する．ウイルスは世界に広く分布するが，日本へは 1968 年の輸入牛から急速に広がり日本各地に定着した．病気の発生はいずれの季節でもみられるが 10 月から翌年の 5 月に多い傾向を示す．

5）牛アデノウイルス 7 型感染症（AD7）

牛アデノウイルス（*Adenoviridae, Atadenovirus*）7 型が経気道または経口感染により発熱，下痢，鼻漏を起こす．下痢では時に致死的である．子牛では細菌との混合感染で肺炎や発育遅延がみられる．牛アデノウイルスは 11 の血清型に分かれているが，病原性の低いものから強いものまでさまざまで，なかでも 7 型はもっとも病原性が強いと言われ，ワクチン株に用いられている．ウイルスは世界および日本各地に広く分布する．

2．ワクチンの歴史

IBR 生ワクチン[6]は 1972 年，BVD 生ワクチン[7]は 1974 年，PI3 生ワクチンは 1980 年，RS 生ワクチン[8]は 1988 年，AD7 生ワクチンは 1989 年にそれぞれ単味ワクチンとして承認され製造が開始された．PI3 は経鼻噴霧用ワクチンとして牛では日本で初めて承認されたものである．

混合ワクチンは各単味ワクチンの開発進行に合わせ順次開発された．IBR・BVD・PI3 3 種混合生ワクチンが 1985 年，3 種混合生ワクチンに RS を加えた 4 種混合生ワクチンと AD7 を加えた 5 種混合生ワクチンが 1993 年，3 種混合生ワクチンに AD7 を加えたもう一つの 4 種混合生ワクチンが 1996 年に承認され製造が開始された．

IBR，BVD，PI3，AD7 の各ワクチン株は農林水産省家畜衛生試験場（現独立行政法人農業・食品産業技術総合研究機構動物衛生研究所）で開発されたもので，本著に引用した成績の多くは当時のものである．それらの基礎研究をもとに国内の製造所社が参加し 3 種混合生ワクチンにいたるまで官民共同で製剤化が進められたが，RS が民間で初めてワクチン化に成功して以降，各種の混合生ワクチンの開発は民間主導で進められている．

3．製造用株

1）IBR ウイルス

1970 年，稲葉らによって野外発症牛の鼻腔スワブから分離された№ 758 株を親株とし，豚精巣培養細胞を用いて 30℃で 43 代継代した弱毒№ 758-43 株[6]である．妊娠牛に接種しても流産等の異常産を起こさない．親株に比べ，30℃の豚精巣培養細胞における増殖性が 100 倍以上優れ，ウサギに対する抗体産生能は低い．特定遺伝子の欠損マーカーも示唆されている[9]．筋肉内に接種したウイルスは血液，鼻腔内で増殖しないが経鼻接種したウイルスは鼻腔内で増殖し，鼻腔スワブで牛継代ができる．筋肉内または経鼻接種で免疫された牛は強毒株の経鼻攻撃に対しウイルスの増殖を阻止することはできない．経鼻接種は髄膜脳炎を起こす危険性も示唆されている[10]．

2）BVD ウイルス

1957 年，大森らによって外見上健康な牛胎子から分離されたウイルス№ 12 株を親株とし，豚精巣培養細胞を用いて 34℃で 43 代継代した弱毒№ 12-43 株[7]である．CPE を示さない 1 型の株で，1TCID$_{50}$ の接種で牛に抗体を産生する．豚精巣培養細胞の 34℃における増殖性は親株に比べ 100 倍以上高い．牛は臨床的な異常を示さず同居感染も認められないが親株と同程度の抗体を産生する．血液を牛で継代すると 3 代まで連続して抗体を産生し，ウィレミーを認める．

3）PI3 ウイルス

1963 年，稲葉らによって野外発症牛の鼻腔スワブから分離された BN$_1$-1 株を親株とし，鶏胚培養細胞を用いて 30℃で 16 代継代した弱毒 BN-CE 株[11]である．3 日齢以内の乳のみマウスの脳内接種で病原性を示さず，鶏胚培養細胞の 30℃における増殖は親株より 100 倍以上高い．56℃の熱抵抗性は親株に比べ，失活する速度が速い．牛に鼻腔内接種するとウイルスの増殖を認めるが，2 代目以降鼻腔スワブからウイルスは検出されない．モルモットは感受性をもち，1 回の経鼻接種で抗体を産生する．

4）RS ウイルス

1977 年，呼吸器症状を示した鼻汁スワブから分離された牛 RS-52 株を親株とし，ハムスター肺由来 HAL 株化培養細胞を用いて 34℃で 5 代，30℃で 10 代継代した弱毒 rs-52 株[8]である．HAL 細胞の 30℃における増殖性は親株より 100 倍以上高く，マウスにおける抗体産生能は親株より低い．ウイルスを鼻腔内，気管内および筋肉内に接種し，鼻腔スワブと血液を別の牛の気管内，静脈内に接種する方法で継代すると 3 代目で感染性が消失する．筋肉内接種牛は鼻腔スワブへの排泄はなく，同居感染を認めない．

5）AD7

1965 年，稲葉らによって野外発症牛の血液から分離された袋井株を親株とし，牛腎培養細胞を用いて 30℃で 10 代，通産 351 日間継代し，その後牛精巣培養細胞で 14 代，さらに山羊精巣培養細胞で 5 代継代した弱毒 TS-GT 株[11]である．山羊精巣培養細胞の 30℃における増殖性は親株より 100 倍以上高い．皮下および筋肉内に接種した牛の血液，鼻腔スワブ，糞便からウイルスは検出されず牛で継代できない．

4．製造方法

製造用株は承認された原株から 5 代以内のものが使用され，IBR は初代豚精巣培養細胞を用いて 30℃で 7 ～ 10 日間培養したもの，BVD は初代豚精巣培養細胞を用いて 34℃で 3 ～ 6 日間培養したもの，PI3 は初代鶏胚培養細胞を用いて 30℃で 7 ～ 10 日間培養したもの，RS は HAL 培養細胞を用いて 30℃で 12 ～ 14 日間培養したもの，および AD7 は山羊精巣培養細胞を用いて 30℃で 14 ～ 21 日間培養したものをそれぞれ遠心処理し，上清をワクチン原液とする．それぞれの原液を混合し乳糖 10W/V%，ポリビニルピロリドン 0.3W/V%，サッカロース 5 W/V%，ペプトン 2 W/V%を含む安定剤を等量加えて最終バルクとする．これをバイアルに小分け後真空凍結乾燥し密栓したものが乾燥製剤である．

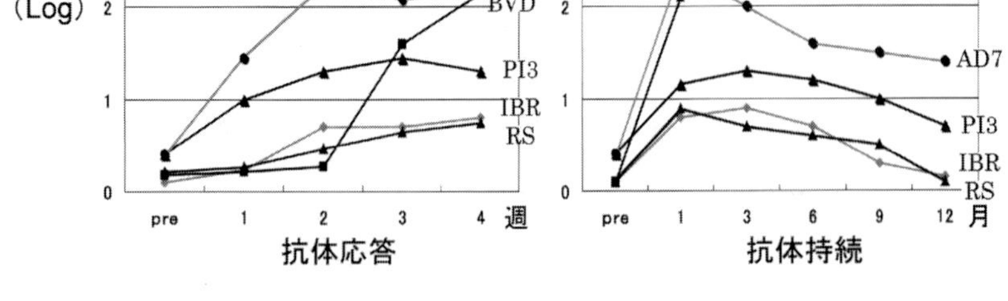

図 1　抗体産生の時期と継続
2 ～ 3 カ月齢の子牛にワクチンを 1 ドース（2mL）筋肉内に接種し，IBR，BVD，RS は中和抗体値，PI3，AD7 は HI 抗体価で示した．

表1　ワクチン接種牛に対する強毒株攻撃試験

ワクチン	攻撃時ワクチン抗体価	強毒株の攻撃[1]		
		攻撃量レート	臨床症状・他	攻撃後の抗体価[2]
IBR	1～16	$10^{7.5}$TCID$_{50}$ 経鼻	症状示さず，鼻腔内ウイルス増殖	測定せず
BVD	2～256	No.12株，$10^{5.0}$TCID$_{50}$，静脈，皮下，筋肉	症状示さず ウィレミー認めず	1024
PI3	5～40	$10^{7.5}$TCID$_{50}$ 経鼻	症状示さず	40～320
RS	2～64	$10^{7.0}$TCID$_{50}$ 経鼻・気管	症状示さず	128～256
AD7	10～640	$10^{6.0}$TCID$_{50}$，皮下	症状示さず	160～1280

1) ワクチン接種の3週～6週後
2) 攻撃3週後

5．効力を裏付ける試験成績（図1，表1）

1）IBR

ワクチンを筋肉内に接種すると約2週間で中和抗体が産生され，1ヵ月前後をピークに平均7倍の抗体を産生し，約1年間持続する．ワクチン接種の6週後に1～16倍の抗体価を持つ個体に強毒ウイルスの$10^{7.5}$TCID$_{50}$で経鼻攻撃すると，対照牛では発熱，鼻漏，咳，流涙などの呼吸器症状を示すが，ワクチン接種牛は臨床症状を示さず発症を抑制する．しかし，鼻腔粘膜上皮細胞ではワクチン接種，非接種にかかわらず攻撃ウイルスの感染が認められ，対照牛では接種後1～10日まで多いもので10^{7}TCID$_{50}$のウイルスが増殖するが，ワクチン接種牛では2～5または2～7日まで多いもので10^{5}TCID$_{50}$前後のウイルスの増殖を認め，ワクチン接種牛のウイルス増殖量と期間は短い．

2）BVD

ワクチンを筋肉内に接種すると約2～3週間で中和抗体が産生され，約3ヵ月前後をピークに平均1024倍の抗体を産生し，1年後においても低下は少なく長期間持続する．抗体を持たない牛ではワクチン（≧10^{3}TCID$_{50}$/ドース）接種後ほぼすべての個体が抗体を産生し，16倍以下の移行抗体保有牛に対しては50%以上の個体で抗体上昇を認める（図2）．ワクチン接種の4週後2～256倍の抗体価を持つ個体に強毒ウイルスNo.12株の$10^{5.0}$TCID$_{50}$で静脈内，皮下あるいは筋肉内攻撃すると，対照牛では2峰性の発熱，ロイコペニー，ウィレミーが観察されるが，ワクチン接種牛は臨床症状を示さず，ウィレミーを認めない．

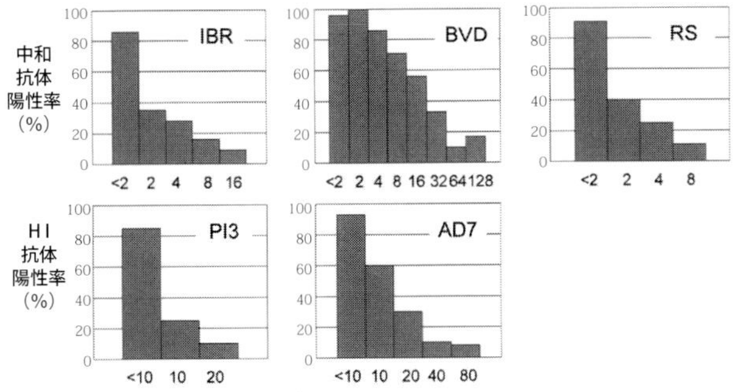

図2　ワクチンの抗体産生に及ぼす移行抗体の影響

3）PI3

ワクチンを筋肉内に接種すると早いもので1週後からHI抗体が産生され，約3週前後をピークに平均28倍の抗体を産生し，約1年間持続する．ワクチン接種の4週後に5～40倍の抗体価を持つ個体に強毒ウイルスの$10^{7.5}$TCID$_{50}$で鼻腔内および筋肉内に攻撃すると，対照牛では発熱，咳，鼻漏などの症状を示し，肺炎病巣を認めたが，ワクチン接種牛は臨床症状を示さず，鼻腔スワブからウイルスは回収されない．

4）RS

ワクチンを筋肉内に接種すると2～3週後から中和抗体が産生され，約4週をピークに平均5倍の抗体を産生し，約1年間持続する．ワクチン接種の5週後に2～64倍の抗体価を持つ個体に強毒ウイルスの$10^{7.0}$TCID$_{50}$で鼻腔内および気管内に攻撃すると，対照牛では発熱，鼻漏，ロイコペニーなどの症状を示し，鼻腔スワブからウイルスが回収されるが，ワクチン接種牛は臨床症状を示さず，鼻腔スワブからウイルスは回収されない．

5）AD7

ワクチンを筋肉内に接種すると早いもので約1週後からHI抗体が産生され，2～3週をピークに平均170倍の抗体を産生し，1年以上持続する．ワクチン接種の3週後に10～320倍の抗体価を持つ個体に強毒ウイルス$10^{6.0}$TCID$_{50}$で皮下攻撃

表 2　野外応用成績

区　分	ウイルス	抗体陰性牛の有効率 1)（%）	抗体陽性牛の有効率（%）	合計有効率（%）
試験群	IBR	38/45 2)（89）	5/14 3)（35）	43/59（73）
	BVD	35/36（94）	14/23（57）	49/59（83）
	PI3	34/39（87）	4/20（20）	38/59（64）
	RS	41/44（93）	3/15（20）	44/59（75）
	AD7	38/38（100）	10/21（48）	48/59（81）
対照群	IBR	0/14（0）	0/4（0）	0/18（0）
	BVD	1/13 4)	0/5（0）	1/18（6）
	PI3	0/11（0）	0/7（0）	0/18（0）
	RS	0/13（0）	2/5 4)（40）	2/18（11）
	AD7	0/13（0）	0/5（0）	0/18（0）

1) IBR，BVD，RS は中和抗体価≧ 2 倍，PI3 は HI 抗体価≧ 5，AD7 は HI 抗体価≧ 10 を抗体陽性とし有効とした．
2) 抗体陽性頭数 / 抗体陰性数
3) 抗体保有牛のワクチン応答頭数 / 試験数
4) 自然感染頭数 / 試験数

すると，対照牛では発熱，ロイコペニーなどを認め血液，鼻腔スワブからウイルスも回収されるが，ワクチン接種牛は臨床症状を示さず，血液，鼻腔スワブ，糞便などからウイルスは回収されない．

6．臨床試験成績

6 ～ 11 ヵ月齢の牛 77 頭を用い，うちワクチン接種群 59 頭，対照群 18 頭に分け，接種群は用法・用量に従い 2mL を臀部筋肉内に 1 回接種した．

1）有効性

試験地において対象疾病の流行がみられなかったことからワクチン接種後 1 ヵ月後の抗体応答をもとに有効性を評価した．試験開始時に抗体を持たないものでは IBR，BVD，RS は中和抗体価≧ 2 倍，PI3 は HI 抗体価≧ 5 倍，AD7 は HI 抗体価≧ 10 倍を有効とし，ワクチン接種時抗体を持つものは試験開始時の抗体価に比べ 4 倍以上上昇した場合を有効と判定した．試験前に認められた抗体の多くは移行抗体と考えられた．

その結果，対照牛における 5 種のウイルスの感染は BVD で 1/18（6%），RS で 2/18（11%）に認められたが，明確な流行はみられず，感染牛も臨床的異常は示さなかった．ワクチン接種後の有効性を試験前に抗体を持たなかったものと持っていたものの合計で集計した結果，IBR 43/59（73%），BVD 49/59（83%），PI3 38/59（64%），RS 44/59（75），AD7 48/59（81%）であった．これらの成績はそれぞれの各単味ワクチン，3 種混合生ワクチン，4 種混合生ワクチンにおいてもほぼ同様で，試験開始時の抗体陰性牛では有効率が高く，抗体保有牛では多くが 50％以下であった．なかでも PI3 4/20（20％），RS 3/15（20％）と低く，IBR も 5/14（35％）で影響を受けやすい傾向を示したが，BVD は抗体保有牛に対してもっとも効果が高く 14/23（57%），次いで AD7 が 10/21（48%）で移行抗体に抵抗性を示した（表 2）．

2）安全性

ワクチン接種後 2 週間対照牛とともに副反応の有無を比較観察したが臨床的異常を示す個体はみられなかった．また，その後の観察においてもワクチン接種群の発育は対照群と同等に経過した．

7．使用方法

1）用法・用量

乾燥ワクチンに添付の溶解用液を加えて溶解し，その 2mL を牛の筋肉内に注射する．

2）効能・効果

牛伝染性鼻気管炎，牛ウイルス性下痢 - 粘膜病，牛パラインフルエンザ，牛 RS ウイルス感染症および牛アデノウイルス（7 型）感染症の予防．

3）使用上の注意

「本剤は妊娠牛，交配後間がないもの又は 3 週間以内に種付けを予定している牛には投与しないこと．」との制限事項が他のワクチンと共通の一般事項に加え特別に設定されている．これは横田ら[12]により BVD 生ワクチンの胎子感染が証明され胎子への何らかの影響が懸念されたことから，国の再評価調査会を経て設定されたもので，誤って使用すると PI 牛分娩などの危険性が指摘されている．搾乳牛および繁殖牛に対しては種付けの 22 日以前の接種が原則である．

妊娠牛に対する注意を守れば月齢，年齢，品種に関係なく使用できるが，発熱等臨床的異常を示すもの，あるいは治療中のものの接種の回避，接種後の安静の確保などは他のワクチンと同じである．ワクチン接種後 2 日以内および 1 週間前後にまれに元気・食欲の減退，発熱などの症状を示す場合があるが数日で回復する．発熱など臨床的異常を示すものへの接種は副反応を誘発しやすい傾向がある．

4）ワクチネーションプログラム

プログラムはこれまでにもいくつか提案されてきたが[14,15]，疾病の発生時期，発生誘引，複合感染症[13]の増加あるいは本ワクチンの性状から考えられるプログラムを以下の 3 つに分け整理した．

1 つは感染機会が多く発病と死亡が集中する生後 6 ヵ月齢以下の子牛におけるプログラムで，この時期のワクチン接種は移行抗体保有個体が多くワクチン効果が阻害される確率が高いのが特徴である（図 2）．ワクチン接種においては，農場の抗体保有状況を知り20～25日が抗体の半減期であることを参考に接種時期や回数を決定する．

2つは移動や集団飼養直後に発病する事例が多い導入，放牧，群の再編などに先立って行われるプログラムで，肥育素牛の市場前に行われるワクチネーションはこの典型である．呼吸器病が多い春季や秋季，あるいは発病月齢を目標とした事前接種も行われる．

3つはBVDのPI牛分娩予防を目的としたプログラムで，初妊牛の種付け前の接種が安全でもっとも効果が高い．本ワクチンのすぐれた抗体産生能と持続[7,16]は1型だけでなく2型に対しても交差免疫による予防効果が期待できる[17]．

8．貯法・有効期間

遮光して2～5℃に保管する．有効期間は2年3ヵ月．

参考文献

1. McClurkin, A.W. et al.（1984）：*Can J Comp Med,* 48, 156-161.
2. Nakajima, N. et al.（1993）：*J Vet Med Sci,* 55, 67-72.
3. 小佐々隆志ら（2004）：日獣会誌，57, 511-514.
4. Nagai, M. et al.（2001）：*Arch Virol,* 146, 685-696.
5. Yaegashi, G. et al.（2005）：*J Vet Med Sci,* 67, 145-150.
6. 稲葉右二ら（1975）：日獣会誌，28, 410-414.
7. 稲葉右二ら（1975）：日獣会誌，28, 307-310.
8. Kubota, M. et al.（1990）：*Jpn J Vet Sci,* 52, 695-703.
9. Kamiyoshi, T.（2008）：*Vaccine,* 26, 477-485.
10. Horiuchi, M.（1995）：*J Vet Med Sci,* 57, 577-580.
11. 稲葉右二ら（1976）：農林水産技術会議事務局，研究成果 87, 38-46.
12. 横田修ら（1990）：日獣会誌，43,239-243.
13. Babiuk, L.A.（1984）：Applied Virology Academic Press, 431-443.
14. 福山新一（2008）：日本家畜臨床感染症研究会誌 ,3,79-84.
15. 小原順子（2009）：子牛の科学，171-175，チクサン出版社.
16. 加藤肇ら（2010）：日獣会誌 , 63, 33-37.
17. Simazaki, T. et al.（2005）：*J Vet Med Sci,* 65, 263-266.

（福山新一）

5　牛伝染性鼻気管炎・牛ウイルス性下痢―粘膜病2価・牛パラインフルエンザ・牛RSウイルス感染症混合（アジュバント加）不活化ワクチン

1．疾病の概要

75ページ参照

2．ワクチンの歴史

本ワクチンは，1998年に米国およびカナダで販売を開始し，日本においては2001年に製造承認を得た製品である．当時，米国の呼吸器疾病を対象とするワクチンは，主に牛ウイルス性下痢 - 粘膜病（BVD-MD（BVD）1型の不活化ワクチン，これに牛伝染性鼻気管炎（IBR）とパラインフルエンザ（PI3）を加えた3種不活化ワクチン，更に牛RS感染症（RS）ウイルスとBVD2型を加えた4種，5種不活化ワクチンが開発されていた．

一方，日本では対照的にIBR単味生ワクチンを皮切りに3種（IBR，BVD，PI3），4種（3種＋RS），5種（4種＋牛アデノウイルス感染症（AD7））混合生ワクチンと順次生ワクチンが開発されてきており，不活化ワクチンではIBRの単味ワクチンが承認を得ていただけであった．したがって，呼吸器疾病を対象とする多価（4種，5価）混合不活化ワクチンの承認は本製剤が初めてである．

3．製造用株

1）IBRウイルス

本株は，カリフォルニア大学のD. G. マッカッチャーが所持していたウイルスが元株となっている．1975年にフォートダッジアニマルヘルス（FDAH：現ファイザー社）は，このウイルスを牛胎児腎由来細胞（BEK）を用いて8代継代した株を入手し，製造用のマッカチャー株とした．本株は牛に接種すると発熱鼻汁漏出を伴って鼻気管炎を発病する．

2）BVDウイルス

（1）シンガー株（1型）

本株は，メリーランドのSinger農場の野外発症例から米国獣疫センターが分離したウイルスが元株となっている．1979年FDAHは牛鼻甲介培養細胞を用いてプラッククローニングされた株を入手し，MDBK細胞を用いて更に5代継代し，製造用のシンガー株とした．本株は牛に接種すると発熱，発咳および鼻汁漏出などの呼吸器症状，軟便および下痢などの消化器症状，さらには白血球減少症を誘発し発病する．

（2）5912株（2型）

本株は，1994年にFDAHが米国獣疫センターから分与を受けたウイルスを元株としている，プラッククローニングを含む6代継代した株を製造用の5912株とした．牛に接種すると，発熱，発咳および鼻汁漏出などの呼吸器症状，軟便および下痢などの消化器症状，白血球減少症等を引き起こす．

3）PI3ウイルス

1975年FDAHは，R.C.Reisingerによって分離された株を元に6代継代した株をオハイオ農業試験センターを経由し，Eli Lilly社によって生体通過2代を含む33代継代した株の譲渡を受け，製造用のライシンガーSF-4株とした．牛に接種すると，発熱，鼻汁漏出等を伴って牛のパラインフルエンザを発症する．

4）RSウイルス

米国内で急性の呼吸器症状を呈した肉用子牛の鼻汁より分離された375株を元株としている．FDAHではMDBK細胞に順化継代してその増殖性を高めた株を製造用のダイヤモンド株とした．本ウイルスを牛に接種しても呼吸器障害および発熱などの病原性は示さない．

4．製造方法

製造用株は原株から5代以内のものを使用する．いずれの製造用株もMDBK細胞を用いて培養し，ウイルス増殖極期のウイルス液を回収する．これらのウイルス液に不活化剤のバイナルエチレンイミン（BEI）を適宜加えて不活化し，それぞれのワクチン原液とする．各ワクチン原液を混合し，アジュバントとして水酸化アルミニウム等を加えたものを最終バルクとし，小分け分注して密栓したものが液状不活化ワクチン（製品）となる．

5．効力を裏付ける試験成績（表1）

1）IBR

抗体陰性牛にワクチンを2回接種した後，強毒株を用いて攻撃試験を実施した結果，非接種対照牛群では，発熱，水溶性鼻汁，膿性鼻汁，咳，流涙などの呼吸器症状を示した．一方，ワクチン接種牛群では症状を示さず，または一過性の発熱や軽度の水溶性鼻汁を認める程度で充分に発症防御あるいは発症軽減することができる．本ワクチンを3～5週間隔で2回接種した場合の抗体価は8～2,048倍となり，多くの場合，有効抗体価（16倍）を1年間は維持可能であり，有効抗体価より低下した場合にあっても既往性抗体応答が働くものと推察している．移行抗体が16倍以下の場合は有効であり，256倍以上ではワクチンは効果を示さない.

2）BVD 1型

抗体陰性牛にワクチンを2回接種した後，強毒株を用いて攻撃試験を実施した結果，非接種対照牛群では，下痢と一過性の発熱を示すと共に鼻汁よりウイルス排泄することが確認された．一方，ワクチン接種牛群では症状を示さず，または一過性の発熱や軽度の水溶性鼻汁を認める程度で充分に発症防御あるいは発症軽減することができる．本ワクチンは3～5週間隔で2回接種した場合の抗体価は64～4,096倍となり，有効抗体価（16倍）を1年間は維持できる．移行抗体価16倍以上ではワクチン効果に影響を与える可能性が高い.

3）BVD 2型

抗体陰性牛にワクチンを2回接種した後，強毒株を用いて攻撃試験を実施した結果，非接種対照牛群では，元気・食欲の減退および廃絶，発咳，白血球減少を示し死亡した．一方，ワクチン接種牛群では何ら症状を示さず発症を防御できる．本ワクチンは3～5週間隔で接種した場合2回接種後の抗体価は16～2,048倍となり，多くの場合，有効抗体価（16倍）を1年間は維持可能であり，有効抗体価より低下した場合にあっても既往性抗体応答が働くものと推察している．移行抗体価16倍以上ではワクチン効果に影響を与える可能性が高い.

4）PI3

抗体陰性牛にワクチンを2回接種した後，強毒株を用いて攻撃試験を実施した結果，非接種対照牛群では，明らかな臨床症状は示さなかった．鼻汁からの攻撃ウイルス回収試験では，15日間継続した．ワクチン接種牛群も同様に臨床症状を認めなかったが，攻撃ウイルス回収期間では，6日間であり非接種対照牛群より短期であった．本ワクチンは3～5週間隔で2回接種した場合の抗体価は16～256倍となり，多くの場合，有効抗体価（16倍）を1年間は維持可能であり，有効抗体価より低下した場合にあっても既往性抗体応答が働くものと推察している．移行抗体価16倍以上ではワクチン効果に影響を与える可能性が高い.

5）RS

抗体陰性牛にワクチンを2回接種した後，強毒株を用いて攻撃試験を実施した結果，ワクチン接種牛群と非接種対照牛群との間に臨床症状および鼻汁からの攻撃ウイルスの回収に差は認められないが，肺の病変ではワクチン接種牛群の病変は非接種対照牛群より軽度であった．本ワクチンは3～5週間隔で2回接種した場合の抗体価は4～32倍となり，有効抗体価(4倍)を少なくとも7ヵ月間は維持可能であり，有効抗体価より低下した場合であっても既往性抗体応答が働くものと推察している．1年後の追加接種時には明瞭な二次免疫応答が確認できる．移行抗体価では8～64倍の間でワクチン効果に影響を与える可能性が高い.

6．臨床試験成績

本剤接種牛群として成牛（妊娠牛を含む）40頭，育成牛（1～2.5ヵ月齢）40頭，対照群として妊娠牛20頭および育成牛40頭の合計140頭を用い，用法・用量に従い成牛20頭と育成牛40頭には2 mLを筋肉内に2回接種した．他の成牛20頭には2 mLを筋肉内に1回接種した.

1）有効性

2回接種群を有効性評価の対象とした．抗体価が初回接種時より4倍以上の場合を有効，2倍を判定不能，2倍未満を無効とした.

移行抗体保有育成牛では，移行抗体の半減期を参照にして推定した抗体価を基準として比較した．その結果，本剤を接種した牛においてIBR，PI3，BVD 1型，BVD 2型およびRSに対する顕著な抗体価上昇が確認され，充分な有効性が明らかとなった（表2).

2）安全性

本剤を妊娠牛および育成牛の計60頭に2回接種し安全性を検討した．その結果，妊娠牛2回接種群の1例に接種部位に極軽度の腫脹が1日のみ認められた以外は，臨床症状および繁殖状況に何ら異常は観察されなかった.

表1 各ワクチン接種牛に対する攻撃試験成績

抗　原	攻撃時の抗体価 *	攻撃試験	
		攻撃量 ** （$TCID_{50}$）	臨床症状等
IBR	16～32	$10^{7.5}$	症状なし / 一過性発熱・水溶性鼻汁
BVD1 型	32～256	$10^{7.6}$	症状なし / 一過性発熱・鼻汁
BVD2 型	64	$10^{6.0}$	症状なし
PI3	32～64	$10^{8.1}$	ウイルス回収期間の短縮
RS	4	$10^{5.3}$	肺病変の軽度化

* 中和抗体価，** 鼻腔内に噴霧した.

表 2 有効性試験成績

群分け	IBR	BVD1 型	BVD2 型	PI3	RS
成牛 1 回接種	65*	90	80	65	70
成牛 2 回接種	85	85	100	75	95
育成牛	80	75	90	55	95

* 有効率（%）

7．使用方法

1）用法・用量

2 mL を 3 ～ 5 週間隔で 2 回，筋肉内に接種する．追加免疫用として使用する場合には，半年～ 1 年毎に 2 mL を筋肉内に接種する．

2）効能・効果

牛伝染性鼻気管炎，牛ウイルス性下痢 - 粘膜病，牛のパラインフルエンザおよび牛 RS ウイルス感染病の予防．

3）使用上の注意

出荷制限はなく，妊娠牛での安全性も確認されている．副反応として，まれに，接種部位の腫脹が 1 ～数日間認められることがある．

4）ワクチネーションプログラム

次のワクチネーションプログラムを一般的な方法として推奨しているが，接種を避ける期間として，種付け後間がないもの，分娩間際から分娩直後までを設けている．

（1）子牛・育成牛では，移行抗体価の高い個体ではワクチン効果が抑制されることがあるので幼弱な牛への接種は移行抗体が消失する時期を考慮すること．

（2）成牛では，秋に一斉接種か，または，分娩 4 週間前までに追加接種する．

（3）放牧する場合には，入牧 3 ～ 5 週間前に追加接種する．

8．貯法・有効期間

2 ～ 10℃で保存する．有効期間は 2 年 3 ヵ月間．

（山﨑康人，石黒信良）

6　牛流行熱・イバラキ病混合（アジュバント加）不活化ワクチン

1．疾病の概要

1）牛流行熱

牛流行熱は *Rhabdoviridae*，*Ephemerovirus* に属する牛流行熱ウイルス（bovine ephemeral fever virus）の感染に起因する急性熱性伝染病で，突然の高熱，呼吸促迫，四肢の関節痛を主徴とする．発症率は数％～ 20％程度で，感染後 3 ～ 8 日の潜伏期を経て突然 41 ～ 42℃の発熱を起こすが，死亡率は 1％以下と低い．ウイルスの感染は蚊やヌカカなどの吸血昆虫によって媒介されるため，夏の終わり頃から晩秋（主に 8 月～ 11 月）にかけて沖縄・九州地方を中心に発生が見られる[1]．本ウイルスは，日本を含むアジア地域だけでなく中近東，アフリカ諸国の熱帯，亜熱帯に広く分布していることが知られており[2]，日本国内では 1950 年代より断続的な流行が報告されている[3]．1990 年以降は本疾病の流行は見られなかったが，2001 年に再び沖縄を中心に 1,400 頭規模での流行が報告されており[4]，近年でも断続的な流行が繰り返されていると考えられる．なお，牛流行熱ウイルスは単一血清型と考えられている[5]．

2）イバラキ病

イバラキ病は *Reoviridae*，*Orbivirus* の流行性出血熱ウイルス（epizootic hemorrhagic disease virus）群に属するイバラキウイルス（Ibaraki virus）の感染に起因する伝染病である．軽度の発熱とともに，食欲不振，流涙，結膜充血・浮腫，泡沫性流涎，鼻腔・口腔粘膜の充血・鬱血・潰瘍，蹄冠部の腫脹・潰瘍，跛行等がみられる．その後，発症牛の約 5％に食道麻痺・咽喉頭麻痺・舌麻痺による嚥下障害が発生する[1]．イバラキ病は牛流行熱ウイルスと同じ感染形態をとる．1959 年の初報告以来，断続的な流行が見られていたが，1997 年に 10 年ぶりに西日本を中心にイバラキ病が発生した際には，従来の症状に加え，母牛が無症候であるにも関わらず死流産を呈する症例が相次いだ[6]．その後の調査で死流産の原因となったウイルスは従来の咽喉頭麻痺を起こす流行性出血熱ウイルス血清 2 型[7]とは異なる，流行性出血熱ウイルス血清 7 型に属するイバラキウイルスとして区分された[8]．血清 2 型のウイルスと血清 7 型のウイルスの間で血清学的には交差性を有するものの，血清 7 型ウイルスの性状については不明な点が多い．

2．ワクチンの歴史

牛流行熱に対する不活化ワクチンは 1972 年[9]，生ワクチンは 1974 年[10]に開発され，L-K または K-K 方式によるワクチン注射プログラムが実用化された．イバラキ病に対する生ワクチンが 1962 年[11]に開発され実用化された．

これらの疾病はともに流行時期および流行地域が極めて類似し，同時期に注射されることが多いことから，民間 3 社の共同開発により牛流行熱とイバラキ病の混合不活化ワクチンが開発され，1996 年に承認・実用化されている．

3．製造用株

1）牛流行熱ウイルス

1966 年，稲葉らにより野外の発病牛から乳のみハムスターを用いて分離された牛流行熱ウイルス山口株をハムスター肺由来の HmLu-1 細胞で 15 代継代した牛流行熱ウイルス YHL 株である．牛の皮下に注射しても病原性を示さない．

2）イバラキウイルス

野外の流行例から分離された強毒ウイルス茨城株を鶏胚培養細胞で 61 代継代順化された弱毒イバラキウイルス No.2 株を原株とし，農林水産省動物医薬品検査所から配付されたものである．イバラキウイルス No.2 株は流行性出血熱ウイルスの血清 2 型に属する．牛の皮下に注射したとき軽い発熱のほかには異常を認めない．

4．製造方法

製造用株は承認された原株から 5 代以内のものが使用されている．牛流行熱ウイルス，イバラキウイルスともに HmLu-1 細胞を用いて培養した後，遠心上清をホルマリンで不活化する．それぞれの不活化ウイルスを混合し，リン酸アルミニウムゲルを適量加えたものを最終バルクとする．これをバイアルに小分けし，密栓したものを小分製品とする．

5．効力を裏付ける試験成績

1）牛流行熱

ワクチン 2mL を 4 週間間隔で 2 回筋肉内に注射すると約 1 ～ 2 週間後から 4 倍～ 16 倍程度の中和抗体が産生され，半年間以上持続する．牛流行熱に対して中和抗体陰性の牛に牛流行熱ウイルスの強毒株を静脈内投与すると，発熱およびロイコペニー，ウィレミーが観察されるが，ワクチン 2 回注射を行った牛では臨床症状を示さず，ウィレミーを認めない．

2）イバラキ病

ワクチン 2mL を 4 週間間隔で 2 回筋肉内に注射すると約 1 ～ 2 週間後から 8 倍～ 32 倍程度の中和抗体が産生され，1 年間持続する．イバラキウイルスに対して中和抗体陰性の牛にイバラキウイルス No.2 株を静脈内投与すると，ロイコペニー，ウィレミーが観察されるが，ワクチン２回注射を行った牛では臨床症状を示さず，ウィレミーを認めない．

6．臨床試験成績

7 カ月齢以上のホルスタインおよび黒毛和種牛 290 頭について，本ワクチン注射群 225 頭，対照群 65 頭に分け，用法・用量に従い，本ワクチン 2mL を筋肉内に 4 週間隔で 2 回注射した．

1）有効性

試験地において対象疾病の流行がみられなかったことからワクチン注射後 1 カ月後の抗体応答をもとに有効性を評価した．試験開始時に抗体を持たないものでは中和抗体価 2 倍以上を有効とし，ワクチン注射時抗体を持つものは試験開始時の抗体価に比べ 4 倍以上上昇した場合を有効と判定した．

その結果，ワクチン注射時に抗体陰性であった牛では，品種に関わらず牛流行熱およびイバラキウイルスともに 2 回注射後 1 カ月目にはすべてのワクチン注射牛で抗体陽性となり，これらの牛における 2 回注射後 6 カ月の時点においてもワクチン抗体の保持が確認された．ワクチン初回注射時に抗体を保有していた牛では，抗体有意上昇率は牛流行熱では 56%，イバラキウイルスでは 67% であったが，平均中和抗体価においては牛流行熱，イバラキウイルスともにワクチン注射時抗体陰性牛に比べ高い値を示した．

2）安全性

各回ワクチン注射後 2 週間，副反応の有無を観察したが，臨床的異常を示す個体は認められなかった．

7．使用方法

1）用法・用量

牛 1 頭当たり 2 mL ずつ 4 週間間隔で 2 回筋肉内に注射する．

2）効能・効果

牛流行熱およびイバラキ病の予防．

3）使用上の注意

本剤は妊娠牛・非妊娠牛問わず使用できるが，ウイルス性不活化ワクチン使用時の一般的事項として，使用時には対象牛の健康状態および体質等を考慮し，注射適否の判断を慎重に行う．また，過敏な体質の牛では，注射後短時間で，食欲不振，発熱およびアレルギー反応等を呈する場合もあるので，注射後は注意深く観察を行う．本剤注射後，少なくとも 2 日間は安静につとめ，移動や激しい運動は避ける．

4）ワクチネーションプログラム

本ワクチンの対象疾病は蚊やヌカカなどの吸血昆虫によって媒介されるため，吸血昆虫の発生が予想される時期の約 1 カ月前にワクチン注射を終了させる．なお，吸血昆虫の発生時期は気候や地域によって異なるので適時判断を行う．前年度に本剤の注射を受けた牛には，吸血昆虫の発生が予想される時期の 1 カ月以上前に 1 回注射を行う．

8．貯法・有効期間

遮光して 2 〜 10℃にて保存する．有効期間は 2 年間．

参考文献

1. 日本大学獣医伝染病学研究室：獣医伝染病診断マニュアル．
2. St. George, T.D. et al.（1998）：*Trop Anim Health Prod*, 20, 194-202.
3. Shirakawa, H. et al.（1994）：*Aust Vet J*, 71, 50-52.
4. Statistics on Animal Hygiene Japan, 2002.
5. Walker, P.J. et al.（2005）：*Curr Top Microbiol Immunol*, 292, 57-80.
6. 家畜衛生週報（1998）：2490 号．
7. Campbell. et al.（1986）*Aust Vet J*, 63, 233.
8. 山川睦（2010）：臨床獣医，5, 12-17.
9. Inaba, Y. et al.（1973）：*Arch Gesamte Virusforsch*, 42, 42-53.
10. Inaba, Y. et al.（1974）：*Arch Gesamte Virusforsch*, 44, 121-132.
11. 動生協会会報（1998）：31-2, 34.

（伊藤寿浩）

7　牛大腸菌性下痢症（K99保有全菌体・FY保有全菌体・31A保有全菌体・O78全菌体）（アジュバント加）不活化ワクチン

1．疾病の概要

子牛の疾病の中で，下痢の発生率は高く，下痢による死亡，発育遅延や飼料効率低下による経済的損失は大きい．下痢症の原因のうち，毒素原性大腸菌（ETEC，enterotoxigenic *Escherichia coli*）の関与する割合が高い[1]．

ETECによる下痢発症機序としては，付着因子を保有し，下痢毒素を産生する大腸菌が子牛の腸管内に入ると，付着因子によって腸管壁に付着増殖し，その際分泌される下痢毒素による腸管上皮での電解質分泌異常により下痢発症にいたる[2]．刺激臭のある黄白色粘稠便または水様便がみられ，元気消失し，時には脱水による死亡の経過をたどる．

子牛の大腸菌症には下痢症の他，敗血症を主徴とする場合もある．本症の経過は急性で致死的であり，死亡前に下痢を呈する症例もあるが必発ではない．

下痢症と敗血症のそれぞれの症例から分離される大腸菌のO抗原は異なること，また，敗血症の原因となる大腸菌は下痢症の原因となるそれに比べて侵襲性が強いことが知られている[3]．

2．ワクチンの歴史

1979年にフランス国立農業研究所（INRA）のコントレプア博士らは，下痢子牛から線毛抗原K99の他に，新たにFY，31Aを保有する大腸菌を見出し，この3因子を含有する不活化大腸菌ワクチンが子牛下痢症および敗血症の予防に有効であることを実証し[2,4,5,6,7]，特許を取得した．

1981年にフランス，ローヌ・メリュー社IFFA研究所は特許を実用化して牛用大腸菌ワクチンを開発し，フランスで承認を取得した．1990年に日本でも輸入承認を取得し，販売が開始された．

2009年からは，原液の製造およびそれに関わる試験をフランス・メリアル社で行い，それ以降の最終バルクから小分製品までの製造およびそれに関わる試験を日本国内で実施している．

3．製造用株

(1) IFFA 77 040 15192（O101：K99^{+}，ST^{+}）
(2) IFFA 77 040 15193（O9：K99^{+}，ST^{+}）
(3) IFFA 81 040 15375（O117：FY^{+}）
(4) IFFA 81 040 15374（O8：FY^{+}，31A^{+}）
(5) IFFA 80 040 15371（O15：31A^{+}）
(6) IFFA 75 040 15030（O78）

これらのうち，付着因子K99を保有するIFFA 77 040 15192とIFFA 77 040 15193はデンマーク国立血清研究所から分与された．その他の付着因子FY，31Aを保有する菌株はINRAより分与された．IFFA 75 040 15030は英国Central Veterinary Laboratoryより分与された．

その他，形態，培養特性および生化学的特性としては，大腸菌の一般性状を有する．

4．製造方法

6株の菌株をそれぞれ製造用培地で培養した後，ホルマリンで不活化し，ワクチン中の最終濃度として各菌株が3×10^9個/mLとなるように調製混合したものを原液とする．原液に水酸化アルミニウムを最終濃度0.7mg/mL，サポニンを最終濃度0.3mg/mLとなるように加えて，最終バルクとする．これを小分けし，密栓したものが製品である．

5．効力を裏付ける試験成績

1）K99^{+}ST^{+}大腸菌，FY^{+}大腸菌および31A^{+}大腸菌の混合攻撃によるワクチンの子牛下痢症防御効果の評価

母牛非注射の対照群子牛（3頭）では攻撃の数時間後から重篤な下痢が発症し，3頭ともが瀕死状態となり殺処分した．

これに対し，ワクチンの1ドースを注射した母牛の初乳を給与した子牛（2頭）では強毒株の実験感染による下痢症の発症はなく，また，ワクチンの1/5ドース注射した母牛の初乳を給与した子牛（3頭）には一過性の軟便がみられたのみで，両群の供試牛ともに感染防御が成立することが確認された．

2）ワクチン接種後の血清中および初乳中の抗体価の評価

ワクチン1ドース注射群，1/5ドース注射群において，母牛血清，初乳中のK99，FYおよび31A抗体価が上昇し，また初乳を給与された子牛血清中においても，ほぼ同レベルのK99，FY，31Aの抗体価が認められた．

上記1)，2）のことから，本ワクチンを妊娠母牛に注射することによって，付着因子K99，FYおよび31Aに対する抗体が産生され，初乳を介しての移行抗体が子牛の下痢症の予防に効果があることが確認された．

表 1　野外応用試験（有効性）の概要

試験地	試験区分	供試出生子牛頭数	子牛の下痢（糞便状態）[1]				毒素原性大腸菌の分離頭数
			−	＋	＋＋	＋＋＋	
栃木県	1 回注射群	55	52	3	0	0	0
（ホルスタイン）	2 回注射群	50	49	1	0	0	0
	非注射対照群	34	25	2	4	3	3[2]
山形県	1 回注射群	20	20	0	0	0	0
（和種）	2 回注射群	15	15	0	0	0	0
	非注射対照群	10	7	1	1	1	1[2]

[1] 糞便状態：−（正常便），＋（軟便），＋＋（泥状便），＋＋＋（水様便あるいは粘稠便）．[2] $K99^{+}ST^{+}$ 大腸菌が分離された．

表 2　野外応用試験における血清及び初乳中の平均抗体価（Log2）

試験地	試験区分	注射前母牛血清 K99，FY，31A	分娩直後母牛血清 K99，FY，31A	初　乳 K99，FY，31A	子牛血清 K99，FY，31A
栃木県	1 回注射群	＜ 2，＜ 2，＜ 2	5.2，7.1，8.7	6.6，7.8，9.8	5.8，7.4，9.1
（ホルスタイン）	2 回注射群	＜ 2，＜ 2，＜ 2	7.0，8.4，10.2	8.1，10.3，10.9	7.2，8.8，10.3
	非接種対照群	＜ 2，＜ 2，＜ 2	＜ 2，＜ 2，＜ 2	＜ 2，＜ 2，＜ 2	＜ 2，＜ 2，＜ 2
山形県	1 回注射群	＜ 2，＜ 2，＜ 2	5.6，6.7，8.7	6.8，7.9，10.1	6.5，7.1，9.3
（和種）	2 回注射群	＜ 2，＜ 2，＜ 2	7.4，8.5，10.1	8.9，10.0，11.1	7.8，9.1，10.4
	非接種対照群	＜ 2，＜ 2，＜ 2	＜ 2，＜ 2，＜ 2	＜ 2，＜ 2，＜ 2	＜ 2，＜ 2，＜ 2

表 3　フランスにおける 35 農場での野外応用試験成績

試験区	子牛頭数	下痢発症子牛頭数	
		0 ～ 7 日齢	8 日齢以上
ワクチン注射群	1,315	17（1.3％）	107（8.1％）
非注射対照群	294	80（27.2％）	34（11.6％）

［P. Desmettre et al.：第 12 回世界牛病学会（1982）］

6．臨床試験成績

栃木県下でホルスタイン種の妊娠牛 149 頭および山形県下で和種の妊娠牛 45 頭を用い，用法・用量に従った 1 回注射群，2 回注射群，および非注射対照群の 3 群に分けて，妊娠牛とその出生子牛について野外応用試験を実施した．

1）有効性

子牛の下痢症の予防に関しては，非注射群で 27％の子牛に下痢が発症したのに対し，ワクチン 1 回注射群で 4%，ワクチン 2 回注射群では 1.5％であった．また，ETEC についても非注射群の 4 頭から検出されたのに対し，注射群からは検出されなかった（表 1）．

また，母牛血清，初乳および子牛血清中の抗体価を測定したところ，1 回注射群，2 回注射群において，母牛血清，初乳中の K99，FY および 31A 抗体価が上昇し，また初乳を給与された子牛血清中においても，ほぼ同じレベルの K99，FY，31A の抗体価が認められた（表 2）．

以上のことから本ワクチンの有効性が確認された．

なお，フランスでの野外応用試験（表 3）においても，同様に有効性と安全性が確認されている．

2）安全性

ワクチン注射した和種の数頭に一過性の局所硬結，一過性の食欲減退がみられた以外には，いずれの農場においても，異常は認められなかった．また，分娩および出生子牛の異常も認められなかった．泌乳量についても，ワクチン注射1週間前からワクチン注射後10日間観察した結果ほとんど影響は認められなかった．

これらのことから，本ワクチンの安全性が確認された．

7．使用方法

1）用法・用量

牛に分娩予定日の1ヵ月前に1回，または分娩予定日の2ヵ月前および1ヵ月前の2回，それぞれ本製剤5mL（1ドース）を皮下注射する．ただし，次年度からは，分娩予定日の1ヵ月前に1回，本製剤5mL（1ドース）を皮下注射する．

2）効能・効果

K99，FYおよび31A保有毒素原性大腸菌による子牛下痢症の予防．

3）使用上の注意

本剤は，妊娠牛に注射し，子牛が免疫母牛の初乳を飲むことで予防効果が発揮される．免疫母牛が十分量の初乳を分泌しているかどうか，また初乳を飲んでいない子牛がいないかどうか確認すること．本剤の最大の効果を得るためには，生後2時間以内に子牛の体重の4%，24時間までに合計10%に達するように初乳を与えること．母牛が十分に初乳を出さない場合は，本剤を注射した他の牛の初乳で代替することが可能である．

8．貯法・有効期間

2～10℃の暗所に保存する．有効期間は2年間．

参考文献

1. 中根淑夫（1986）：臨床獣医，第4巻．34-43.
2. Desmettre, P.（1983）：*Journees de Buiatric,* 6-7/10/83.
3. Gouet, P. et al.（1979）：*Brevet d' invention,* No.79 24665.
4. Contrepois, M. et al.（1982）：XIIth World Congress on Diseases of Cattle．332-338.
5. Milward, F.（1985）：Le 13 Fevier.
6. Contrepois, M.G. and Girardeau, J.P.（1985）：*Infect Immun,* 50:947-949.
7. Contrepois, M. et al.（1986）：*Vet Microbiol,* 12, 109-118.

（堀川雅志）

8　牛ロタウイルス感染症3価・牛コロナウイルス感染症・牛大腸菌性下痢症（K99精製線毛抗原）混合（アジュバント加）不活化ワクチン

1．疾病の概要

牛の下痢症の原因としては，ウイルス，細菌および原虫等による感染性のもの，食餌性，神経性などの要因により起こる非感染性のものがある．国内における哺乳期子牛の下痢の原因として，高頻度に検出されるのは，牛コロナウイルス，牛ロタウイルス，大腸菌の3種類で，これらは複合して感染し，病状を重篤化させる．

1）牛ロタウイルス病

ロタウイルスは *Reoviridae, Rotavirus* に属し，抗原性の違いにより，A～Gの7群に大別される．最も検出頻度の高いA群ロタウイルスには，少なくとも15種類のVP7（G）血清型と23種類のVP4（P）遺伝子型が存在し[1]，牛から分離されたウイルスには，G血清型が1，6，7，8および10型の5種類，P遺伝子型として［1］，［5］，［11］および［17］の4種類が知られている．

牛ロタウイルスは，全ての年齢の牛に感染し，若齢牛ほど発病率が高く症状も重篤となる．特に生後数日から1週齢前後に発症する例が多く，下痢と脱水が主症状であり，それに伴い元気消失や食欲減退を示し，重症例では死に至ることもある．糞便中では室温で数ヵ月感染性が保持され，糞便を介して経口感染により伝播する．

2）牛コロナウイルス病

コロナウイルスは *Coronaviridae, Coronavirus* 2群に属し，血清型は単一である．

年齢に関わらず感染，発病し[2,3]，新生子牛では軽い発熱と白血球減少を伴って激しい下痢を起こし，発育不良や死亡する場合もある．成牛でも水溶性あるいは血液の混じった下痢を示し，特に乳牛が感染すると乳量の低下をもたらし，経済的な損失を被る．時に発咳，鼻汁漏出などの呼吸器症状を併発する．ウイルスは，経口・経鼻感染により伝播し，腸管と上部気道に親和性を有する．

3）牛大腸菌下痢症

85ページ参照

2．ワクチンの歴史

牛コロナウイルス病に対しては，1998年より，主に乳牛における乳量低下の予防を目的として，牛コロナウイルス感染症（油性アジュバント加）不活化ワクチンが市販されている．大腸菌症に対しては，2種類の外国製ワクチンが承認されており，いずれも全菌体を用いた単味の不活化ワクチンである．K99線毛抗原を用いたワクチンの有効性は1970年代には既に報告されており[4]，製造コストが高いため実現していなかったが，大腸菌の大量培養技術および線毛の精製技術が確立されたことにより，本ワクチンにおいて使用することが可能となった．国内において，牛ロタウイルス病に対するワクチンは，その抗原性状の多様性などから実用化されていなかった．

新生子牛に直接ワクチンを注射し，これらの疾病を予防することは，発病時期を考慮するとほぼ不可能であり，さらに多価ワクチンでは子牛への負担が大きいと考えられたが，母牛にワクチンを注射し，初乳を介して子牛を免疫する方法をとることにより，有効性および安全性の高いワクチンとなった．本ワクチンは2001年に承認された．

3．製造用株

1）牛ロタウイルス

1987年～1995年の8年間に11道府県で分離された牛ロタウイルスは，5種類の型に分類され（表1），それらの抗原性状などから（表2），以下の3株を製造用株として選択した．

（1）Gunma 8701株

1987年，群馬県下の育成牧場で哺育されていた子牛の下痢

表1　国内で分離された牛ロタウイルスの血清・遺伝子型分布

分　離	各型の分離ウイルス例数					
道府県	G6P［1］	G6P［11］	G6P［5］	G10P［5］	G10P［11］	合計
北海道	1	0	0	0	0	1
新潟県	0	1	0	0	0	1
群馬県	6	1	1	3	0	11
千葉県	0	1	9	0	12	22
三重県	1	2	11	0	2	16
京都府	1	2	2	0	11	16
大阪府	6	0	0	0	0	6
兵庫県	0	0	10	8	12	30
島根県	2	5	1	0	3	11
徳島県	0	4	4	1	4	13
高知県	0	0	12	0	0	12
合計	17	16	50	12	44	139

1987年～1995年

表 2　製造用株間の抗原性状の関連性（交差中和試験成績）

ウイルス株名	免疫血清				
	G6P[1]	G6P[11]	G6P[5]	G10P[5]	G10P[11]
	Gunma 8701 株	HN-4 株	Hyogo 9301 株	Gunma 8707 株	Shimane 9501 株
Gunma 8701 株	20,480	＜ 10	640	＜ 10	＜ 10
HN-4 株	1,280	20,480	2,560	＜ 10	10,240
Hyogo 9301 株	640	＜ 10	10,240	320	＜ 10
Gunma 8707 株	＜ 10	＜ 10	20,480	20,480	40,960
Shimane 9501 株	＜ 10	5,120	＜ 10	640	20,480

便からアカゲザル胎子腎由来株化（MA-104）細胞を用いて分離され，型特異的プライマーを使用した PCR 法により G6P［1］型と同定された F291 株を MA-104 細胞で継代，クローニングし，得られた株である．

MA-104 細胞に接種すると CPE を伴って増殖し，その培養液はモルモット赤血球を凝集する．新生子牛に経口投与すると一過性の下痢を起こし，G6P6［1］，G6P7［5］および G6P8［11］型に対する中和抗体の産生を認める．

（2）Hyogo 9301 株

1983 年，兵庫県下の育成牧場で哺育されていた子牛の下痢便から MA-104 細胞を用いて分離され，型特異的プライマーを使用した PCR 法により G6P［5］型と同定された F96 株を，MA-104 細胞で継代，クローニングし，得られた株である．

MA-104 細胞に接種すると CPE を伴って増殖し，その培養液はモルモット赤血球を凝集しない．新生子牛に経口投与すると一過性の下痢を起こし，G6P6［1］，G6P7［5］，G6P8［11］および G10P［5］型に対する中和抗体の産生を認める．

（3）Shimane 9501 株

1995 年，島根県下の育成牧場で哺育されていた子牛の下痢便から MA-104 細胞を用いて分離され，型特異的プライマーを使用した PCR 法により G10P［11］型と同定された F14 株を，MA-104 細胞で継代，クローニングし，得られた株である．MA-104 細胞に接種すると CPE を伴って増殖し，その培養液はモルモット赤血球を凝集する．新生子牛に経口投与すると一過性の下痢を起こし，G10P8［11］，G6P8［11］および G10P［5］型に対する中和抗体の産生を認める．

2）牛コロナウイルス

1977 年，滋賀県下の育成牧場で哺育されていた子牛の下痢便から牛腎培養（BK）細胞の盲継代 4 代により分離した No.66 株を，同細胞で継代，クローニングを行った後，牛胎子腎由来株化（BEK-1）細胞で 6 代，ハムスター肺由来株化（HAL）細胞で 3 代継代した No.66/H 株である．

BK 細胞，HAL 細胞，ヒト直腸ガン由来株化（HRT-18）細胞および BEK-1 細胞で合胞体形成を特徴とする CPE を伴って増殖し，ラット，マウス，ハムスターおよびニワトリ赤血球を凝集する．生後 3 日以内の乳のみマウスの脳内に接種すると神経症状を呈し，死亡する．牛の鼻腔内および経口に投与すると中和抗体および赤血球凝集抑制抗体の産生を認める．

3）大腸菌

1981 年，大阪府下で散発的に発生した下痢症により死亡した 3 日齢の哺乳牛小腸内容物から分離され，血清型 O-101，K99 と同定された T-2 株である．

液性ミンカイソビタル X 培地に 0.1w/w%のイーストイクストラクトを加えた変法液性ミンカイソビタル X 培地に接種し，37℃で 20 時間振盪培養するとき，生菌数 3×10^{8} 個 /mL 以上に増殖する．本菌を SCD 液状培地に接種し，37℃で 18 時間振盪，さらに 18 時間静置培養するとき，耐熱性エンテロトキシンを産生する．

4．製造方法

1）牛ロタウイルス原液

牛ロタウイルス各株を MA-104 細胞を用いて，37℃で 3 ～ 7 日間培養した後，その遠心上清にホルマリンを加え，37℃で 7 日間感作してウイルスを不活化したものを原液とする．

2）牛コロナウイルス原液

牛コロナウイルスを HAL 細胞を用いて，37℃で 3 ～ 4 日間培養した後，感染細胞の可溶化抽出物を部分精製したスパイク蛋白抗原にホルマリンを加え，4℃で 7 日間感作して不活化したものを原液とする．

3）大腸菌（K99 線毛）原液

培養した大腸菌液を濃縮，加熱処理し，抽出した線毛を精製後，ホルマリンを加え，4℃で 7 日間感作して不活化したものを原液とする．

4）小分製品

各原液を等量混合した後，リン酸アルミニウムゲルと混合したものをガラスバイアルに分注，密栓したものが小分製品である．牛 1 頭分当たり，牛ロタウイルス各株を不活化前ウイルス価で $10^{8.0}TCID_{50}$/mL 以上，牛コロナウイルス感染細胞可溶化抗原を赤血球凝集価で 6,000 倍以上，大腸菌 K99 線毛を精製線毛抗原蛋白量で 0.1mg 以上含有する．

5．効力を裏付ける試験成績

1）ワクチン注射牛の産子に対する攻撃試験

分娩予定 1.5 ヵ月前の妊娠牛の筋肉内に 1 ヵ月間隔で 1mL

表3　ワクチン注射妊娠牛の血清中抗体価及び初乳中抗体価

抗　原	区　分	血清中抗体価[1]（初回注射後経過週）									初乳中抗体価
		注射時	1週	2週	3週	4週	5週	6週	7週	8週	
牛ロタウイルス Gunma8701株	免疫母牛	＜10	＜10	20	40	40	160	320	160	160	320
	免疫母牛	＜10	10	20	80	40	80	160	160	80	320
	対照母牛	＜10	＜10	＜10	＜10	＜10	＜10	＜10	＜10	＜10	10
牛ロタウイルス Hyogo9301株	免疫母牛	＜10	＜10	10	20	20	80	80	80	160	160
	免疫母牛	＜10	＜10	20	40	80	320	160	160	160	640
	対照母牛	＜10	＜10	＜10	＜10	＜10	＜10	＜10	＜10	＜10	＜10
牛ロタウイルス Shimane9501株	免疫母牛	＜10	＜10	20	20	40	160	80	160	160	320
	免疫母牛	＜10	＜10	10	40	40	80	160	160	160	320
	対照母牛	＜10	＜10	＜10	＜10	＜10	＜10	＜10	＜10	＜10	10
牛コロナウイルス No.66/H株	免疫母牛	＜10	＜10	20	40	40	320	320	160	160	640
	免疫母牛	＜10	＜10	10	20	40	160	160	320	160	320
	対照母牛	＜10	＜10	＜10	＜10	＜10	＜10	＜10	＜10	＜10	10
大腸菌 T-2株	免疫母牛	＜100	100	200	200	200	800	800	400	800	3,200
	免疫母牛	＜100	＜100	100	200	200	400	1,600	800	800	3,200
	対照母牛	＜100	＜100	＜100	＜100	＜100	＜100	＜100	＜100	＜100	100

[1] 牛ロタウイルス：中和抗体価，牛コロナウイルス：赤血球凝集抑制抗体価，大腸菌：ELISA抗体価

ずつ2回注射すると，2回目注射の2週後（分娩前後）には，牛ロタウイルス各株に対する血清中の中和抗体価は80～320倍，牛コロナウイルスに対する赤血球凝集抑制抗体価は160～320倍，大腸菌に対するELISA抗体価は800～1,600倍を示し，初乳中の抗体価も同等以上となった（表3）．産子に初乳を給与した後，生後1日目に大腸菌T-2株培養液を，生後3日目に牛ロタウイルス3株の混合液を，さらに生後10日目に牛コロナウイルス感染牛の下痢便乳剤を，それぞれ経口投与して攻撃した．

その結果，ワクチン未注射の対照母牛の産子では，観察期間中ほぼ毎日，元気・食欲消失，下痢および軟便が認められ，攻撃した病原体が長期間分離された．一方，ワクチンを注射した母牛の産子では，臨床症状は認められず，下痢および軟便の頻度は低く，病原体の分離される期間も短かった（図1）．

2）抗体の持続および再注射に関する試験

3カ月齢の子牛2頭にワクチンを1カ月間隔で2回注射し，血清中の抗体価の推移を調べた．また，初回注射の12カ月後に再注射し，その4週後まで抗体価を測定した．

その結果，いずれの病原体に対する抗体価も，経過とともに低下し，12カ月後に1回再注射することにより，第2回注射後と同程度まで抗体価の上昇することが確認された（図2）．

6．臨床試験成績

兵庫県，高知県および千葉県の農場において，黒毛和種45頭，ホルスタイン種72頭の総数117頭の妊娠牛を用いて臨床試験を実施した．48頭を非注射対照牛とし，69頭の妊娠牛に分娩予定の約1.5カ月前に第1回目を，1カ月の間隔を置いて第2回目をそれぞれ1mLずつ臀部筋肉内に注射した．

1）有効性

分娩後，新生子牛に初乳を与え，糞便の状態を生後28日目まで観察し，対照群とワクチン注射群について比較した．

その結果，いずれの試験地でもワクチン注射群の子牛の延べ下痢発現率は，対照群と比較して低い値を示した．3カ所の試験地を合計すると，対照群の子牛が14.9%であったのに対し，ワクチン注射群の子牛は6.6%と下痢の発現率が約半減する成績が得られた．さらに，異常便排泄延べ日数が5日以上に及ぶ明確な発病を呈した子牛の頭数を比較すると，対照群では18/51頭の35%が該当したのに対して，ワクチン注射群では12/72頭の17%であった．特に10日以上の重症例は，ワクチン注射群では1頭も観察されず，臨床試験における本ワクチンの有効性が確認された．

2）安全性

母牛については，一般臨床症状および分娩に異常は認められ

出生後の経過日数 0			1	2	3	4	5	6	7	8	9	10	11	12	13	14	15	16	17	18	19	20	21	22	23	24
出生	↓↓ 初乳給与		↑ 大腸菌攻撃		↑ ロタウイルス攻撃							↑ コロナウイルス攻撃														
免疫母牛の産子	臨床症状 1)		－	－	－	－	－	－	－	－	－	－	－	－	－	－	－	－	－	－	－	－	－	－	－	－
	糞便性状 2)		○	◎	●	○	○	◎	○	○	◎	○	○	○	◎	○	○	○	○	○	○	○	○	○	○	○
	病原分離 3)	G	・	・	・	＋	－	＋	－	－	－	－	－	－	－	－	－	－	－	・	・	・	・	・	・	・
		H	・	・	・	－	＋	－	＋	－	－	－	－	－	－	－	－	－	－	・	・	・	・	・	・	・
		S	・	・	・	＋	＋	－	－	－	－	－	－	－	－	－	－	－	－	・	・	・	・	・	・	・
		C	・	・	・	・	・	・	・	・	・	・	－	＋	－	－	－	－	－	－	－	－	－	－	－	－
		K	・	－	－	＋	＋	－	－	－	－	－	－	－	－	－	－	・	・	・	・	・	・	・	・	・
免疫母牛の産子	臨床症状		－	－	－	－	－	－	－	－	－	－	－	－	－	－	－	－	－	－	－	－	－	－	－	－
	糞便性状		○	○	○	○	◎	○	●	○	○	○	○	○	○	○	○	○	◎	○	○	○	○	○	○	○
	病原分離	G	・	・	・	－	＋	＋	－	－	－	－	－	－	－	－	－	－	－	・	・	・	・	・	・	・
		H	・	・	・	－	＋	－	－	－	－	－	－	－	－	－	－	－	－	・	・	・	・	・	・	・
		S	・	・	・	＋	＋	－	－	－	－	－	－	－	－	－	－	－	－	・	・	・	・	・	・	・
		C	・	・	・	・	・	・	・	・	・	・	－	－	－	－	－	－	－	－	－	－	－	－	－	－
		K	・	－	＋	－	＋	－	－	－	－	－	－	－	－	－	－	・	・	・	・	・	・	・	・	・
対照母牛の産子	臨床症状		－	＋	＋	＋	＋	＋	＋	＋	＋	＋	＋	＋	＋	＋	＋	＋	＋	＋	＋	＋	＋	＋	＋	＋
	糞便性状		○	◎	●	●	●	●	●	◎	●	●	●	●	●	●	●	◎	●	●	◎	●	●	◎	●	◎
	病原分離	G	・	・	・	＋	＋	＋	＋	＋	＋	－	－	－	－	－	－	－	－	・	・	・	・	・	・	・
		H	・	・	・	＋	＋	＋	＋	＋	＋	－	－	－	－	－	－	－	－	・	・	・	・	・	・	・
		S	・	・	・	＋	＋	＋	＋	＋	－	－	＋	－	－	－	－	－	＋	・	・	・	・	・	・	・
		C	・	・	・	・	・	・	・	・	・	・	－	＋	＋	＋	＋	＋	＋	＋	＋	＋	＋	－	＋	＋
		K	・	＋	＋	＋	＋	＋	＋	＋	－	＋	＋	＋	＋	＋	＋	・	・	・	・	・	・	・	・	・

図1　免疫母牛および対照母牛の産子に対する攻撃試験

1) 臨床症状（元気・食欲消失）．－：正常，＋：症状を示したもの．

2) 糞便性状．○：正常便，◎：軟便，●：下痢便．

3) 病原分離．G：牛ロタウイルス Gunma8701 株，H：牛ロタウイルス Hyogo 9301 株，S：牛ロタウイルス Shimane 9501 株，C：牛コロナウイルス，K：大腸菌（K99），・：実施せず，－：陰性，＋：陽性

ず，注射部位における腫脹および硬結等の接種反応も認められなかった．新生子牛については，下痢以外の一般臨床症状に異常は認められず，本ワクチンの安全性が確認された．

7．使用方法

1）用法・用量

妊娠牛の筋肉内に 1mL ずつ 1 ヵ月間隔で 2 回注射する．第 1 回は分娩予定日前約 1.5 ヵ月に，第 2 回は分娩予定日前約 0.5 ヵ月に注射を行う．ただし，前年に本剤の注射を受けた牛は分娩予定日前約 0.5 ヵ月に 1 回注射を行う．

2）効能・効果

乳汁免疫による産子の牛ロタウイルス病，牛コロナウイルス病および牛の大腸菌症の予防．

3）使用上の注意

他のワクチンと共通の一般事項に加え，以下の項目が設定されている．

・と畜場出荷前 6 ヵ月間は使用しないこと．

・過敏な体質の牛では，注射後短時間で，顔面の浮腫，流涎等を発現する場合もあるので，注射後は注意深く観察すること．

・投与部位に軽度から中等度の腫脹が 1 週間位認められる場合がある．

・分娩後確実に初乳を飲ませること．1 日に必要な量を与えること．

8．貯法・有効期間

遮光して 2 ～ 10℃に保存する．有効期間は 2 年間．

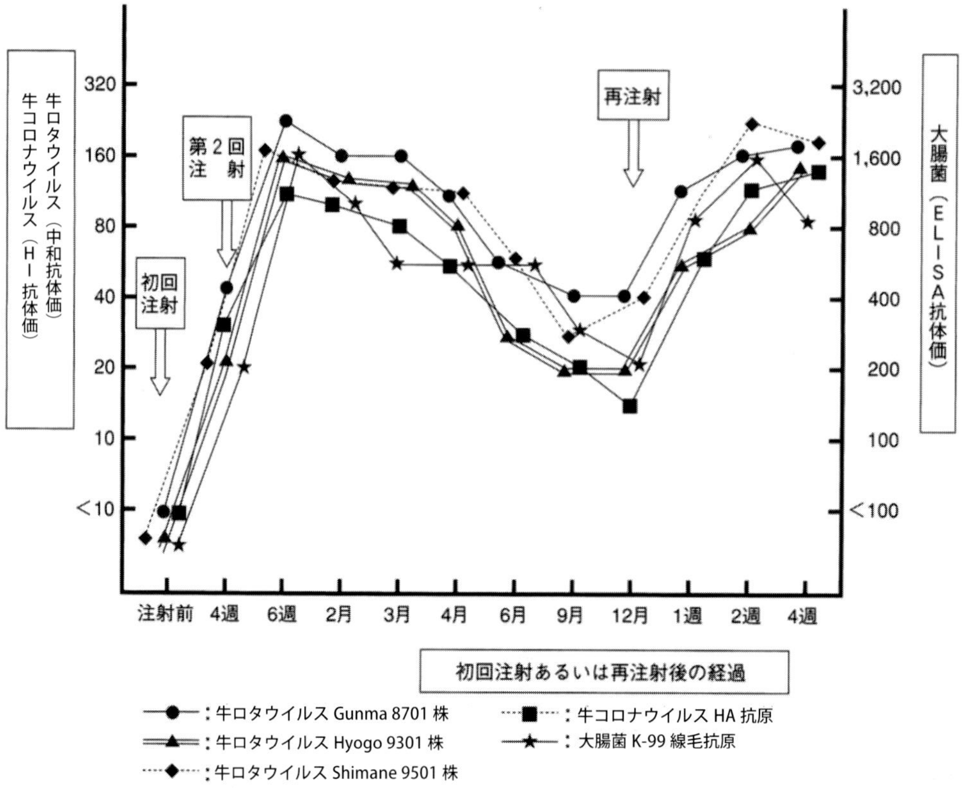

図 2　ワクチン注射後の抗体の持続性と再注射後の抗体価上昇

参考文献

1. Fauquet, C. M. et al.（2005）：Virus Taxonomy Eighth Report of the International Committee on Taxonomy of viruses. 484-493.
2. Takahashi, E. et al.（1980）：*Vet Micro,* 5 151-154.
3. Tsunemitsu, H. et al.（1991）：*J Vet Med Sci,* 53, 433-437.
4. Acres, S. D. et al.（1979）：*Infct Immun,* 25, 121-126.

（新地英俊）

9 炭疽生ワクチン

1．病気の概要

炭疽は，炭疽菌（*Bacillus anthracis*）によって起こる細菌感染症で，家畜の重要な疾病であり，家畜伝染病予防法で家畜伝染病に指定されている．わが国でも古くから発生が知られており，昭和初期には牛，馬を中心に年間数百頭の発生が記録されている．しかし，飼養形態の変化や衛生管理レベルの向上により現在ではその発生は極めて少ない．最近では 1991 年，2000 年に各 1 県での発生が報告されたのみである．

牛，馬，めん羊，山羊などの草食獣が本菌に対して感受性が高く，豚や犬，人は比較的抵抗性が強いものの，人獣共通伝染病として公衆衛生上も極めて重要な疾病である．感染症の予防および感染症の患者に対する医療に関する法律（感染症法）において，四類感染症に指定されている．

炭疽菌は典型的な土壌菌であり，芽胞を形成すると栄養素がない状態でも長期間生存することが可能である．家畜では経口感染および創傷からの経皮感染であり，高感受性動物では急性敗血症を呈し，急死する．潜伏期間は 1 ～ 5 日間であり，体温の上昇，眼結膜の充血，呼吸・脈拍の増数，チアノーゼ，呼吸困難，尿毒症による腎障害を呈して死亡する．比較的抵抗性の強い動物では，慢性的な経過をとることが多い．

2．ワクチンの歴史

炭疽の予防には Pasteur が 1881 年に開発した炭疽菌 II 苗ワクチンが長く使用され，本病の防疫に寄与してきた．これは強毒炭疽菌をある条件下で培養すると芽胞形成が抑制され，発育形の菌が弱毒化されることを応用したものである．しかし，このワクチンは野外株と識別するためのマーカーがなく，接種された動物での毒力（安全性）が不安定であるなどの問題があった．Sterne は強毒炭疽菌から莢膜形成能を欠き免疫原性を持つ弱毒株を発見した[1]．その標準菌株である $34F_2$ 株で作られたワクチンが世界各国で種々の家畜で応用されるようになり，WHO でも動物用炭疽生菌ワクチンとして用いるように勧告している[2]．この株を用いたワクチンは毒力が安定しており，無莢膜というマーカーを持ち，強毒株との識別が可能である．わが国でも $34F_2$ 株を用いたワクチンが 1970 年代以降応用されている．

3．製造用株

無莢膜弱毒炭疽菌 $34F_2$ 株を用いる．

4．製造方法

種菌を液体培地に接種して培養した後，適量の生理食塩液に浮遊させ，培地に接種し，培養する．80％以上の菌が芽胞を形成していることを確かめ，希釈用液に浮遊させ，培養菌液とする．培養菌液を 65℃で 60 分間加熱し，増殖型の菌を殺して芽胞液とする．芽胞液を希釈用液で希釈し，1.0mL 中の芽胞数が 1×10^7 ～ 5×10^7 個となるように濃度調整して原液とする．原液を混合して，最終バルクとする．最終バルクをガラスバイアルに 10mL ずつ充填し，密栓して紙箱に包装する．

5．効力を裏付ける試験成績

1970 年代に開発されたワクチンであることから，現在に比べ製造販売承認申請に必要な資料が質的，量的にも少なく，効力を裏付ける成績が十分ではない．$34F_2$ 株を除く炭疽菌は日本ではバイオセーフティレベル 3（BSL3）の病原体として扱われ，また研究施設での使用，保管状況が厳重に監視されている．そのような事情もあり，対象動物（牛，馬）を用いた効力試験（強毒株による攻撃試験）を実施することは困難である．

そこで，動物用生物学的製剤基準に規定された本ワクチンの安全試験，力価試験の成績を紹介することとする[3]（表 1）．

3 ロットの試作ワクチン（芽胞数 4.4×10^6 ～ 9.6×10^6/0.2 m L）をそれぞれ体重約 400g のモルモット 10 匹ずつに皮下接種し，安全性を観察した．そして，3 週後に免疫群と対照群をそれぞれ攻撃して免疫原性を検討した．その結果，ワクチン接種群のモルモットでは，接種局所に著明な浮腫を生じた．しかし，元気，食欲等には異常は認められず，接種 10 日目に至ると，次第に痂皮を形成して治癒した．攻撃試験は，17JB 株（$10^{7.0}$/mL）を 1.0 mL 皮下接種した．その結果，ワクチン接種群では 3 ロットとも 10 匹すべてが耐過生存し，対照群では 2 ～ 4 日目にすべて炭疽死した．

6．臨床試験成績

1）有効性

本ワクチンの臨床試験は 1970 ～ 1973 年に全国 6 都道県において牛，馬を用いて実施されたが，有効性の確認は全く行わ

表 1　試作ワクチンのモルモットでの安全試験，力価試験

ロット No	接種量 1)	接種反応 2)	攻撃試験 3)		耐過率（%）
4	9.6 × 10^6	◎◎◎◎◎	○○○○○	10/10 4)	100
		◎◎◎◎◎	○○○○○		
5	6.6 × 10^6	◎◎◎◎◎	○○○○○	10/10	100
		◎◎◎◎◎	○○○○○		
6	4.4 × 10^6	◎◎◎◎◎	○○○○○	10/10	100
		◎◎◎◎◎	○○○○○		
対照	−	−	●●●●●	0/5	0

1）芽胞数、0.2mL/ 頭，皮下接種．2）○：無反応，◎：浮腫，●：死亡．3）炭疽菌 17JB 株，$10^{7.0}$/mL 皮下接種．4）生存数 / 供試数．

れていない．そのうちの H 県では，当時炭疽汚染地域として知られた地域で実施している．いずれの地域においても試作ワクチンを接種した牛および馬で炭疽の発生は認められなかった．

2）安全性

本ワクチンの接種により接種局所の腫脹や一過性の発熱の他は，元気，食欲に異常は認められなかった．接種局所の腫脹は軽度であり，すべてが接種翌日をピークに急速に消退し，1 週間後には大豆大までに縮小した．40℃以上の発熱を示したものが，H 県の二ヵ所の試験でそれぞれ 6.3％および 8.2％に認められたが，いずれも 24 時間以内に平熱に復した．

7. 使用方法

1）用法・用量

牛または馬の頸側または背側の皮下に 0.2mL を注射する，

2）効能・効果

牛または馬の炭疽の予防．

3）使用上の注意

ときに発熱，投与部位の腫脹を起こすことがあるが，発熱は 24 時間前後で平熱にもどり，腫脹は 1 週間前後で消失する．投与局所が著しく腫れ，または高熱を発した場合は直ちに治療すること．

参考：初回ペニシリン 600 万単位を投与し，改善効果のみられない場合は 2 回目以降 300 万単位を投与する（炭疽菌は多くの薬剤に対して感受性を示す）．

4）ワクチネーションプログラム

少なくとも 1 年に 1 回，本病発生地域では 6 ヵ月ごとの追加注射が望ましい．

8. 貯法・有効期間

遮光して 2 ～ 5℃に保存する．有効期間は 2 年．

参考文献

1. Sterne, M.（1937）：*J Vet Sci Anim Indust,* 8, 271-349.
2. Requirement for Anthrax Spore Vaccine（Live for Veterinary Use）（1967）：WHO Techinical Series, No.13, 31-40.
3. 小堀徳広ら（1981）：獣畜新報，723, 583-586.

（本田　隆）

10　牛クロストリジウム感染症5種混合（アジュバント加）トキソイド

1．疾病の概要

1）気腫疽

気腫疽は，*Clostridium chauvoei* によって引き起こされる急性の感染症で，壊死性の筋肉炎と毒血症が認められ，発症した場合の死亡率は高い[1]．*C. chauvoei* は土壌菌であるため，創傷感染または飼料とともに経口感染し，健康な牛の消化管内にも認めることがある[1]．発症後の病態の進行は早く，多くは臨床症状を確認することなく急死する[1]．死亡した牛の天然孔から出血を認めることがあり，病変部の筋肉は血液を含み暗赤色を呈する[1]．

2）悪性水腫

悪性水腫は，クロストリジウム属の菌による急性の創傷感染症であり，感染部位で増殖した菌が産生する毒素によって牛は発症し，多くは菌血症と毒血症によって死亡する[1]．感染部位の筋肉は毒素によって浮腫を認めるが，その程度は感染する菌種によって異なり，混合感染となる場合も少なくない[2]．悪性水腫の原因菌として *C. septicum*，*C. novyi*，*C. sordellii* および *C. perfringens* A型菌が知られており，これらは土壌菌であるとともに牛の消化管内に認めることもある[1]．特に *C. perfringens* A型菌は腸内菌叢として牛の腸管内に常在している．発症牛は，元気消失，感染部位の腫脹等の臨床症状を示した後，多くは2日以内に死亡する．病変部は，ゼラチン様から強い水腫を示すものまで様々である[1]．細菌検査には，病巣部が最も適しており，肝臓および脾臓からも菌は分離される．

3）壊死性腸炎

壊死性腸炎は，小腸内で *C. perfringens* が異常増殖し，この時産生された毒素によって腸炎を起こし，これが体内に吸収された場合，毒血症となって突然死を起こす感染症である[1]．*C. perfringens* は産生する毒素によってA～Eの5つの毒素型に分けられるが，わが国で問題となっている毒素型はA型およびC型である．C型菌の場合，その発生は10日齢位までに限られる[1]．それに対し，A型菌による壊死性腸炎は全ての月齢で認められ[1]，特に出荷間近の肥育牛，搾乳牛に多いため，発生時の経済的損失が大きくなる傾向がある．これは，A型菌が牛の腸内菌叢であり，この時期の高蛋白飼料の過給により，菌が小腸内で異常増殖するためである．また，その他の誘因として，気候変動によるストレス，コクシジウムの感染等があげられている[3]．発症牛は，元気消失，タール状の下痢等を呈する[1]．A型菌の主要毒素はα毒素と呼ばれ，これは溶血性を有するため血色素尿も認められる[1]．死亡牛の剖検所見では，小腸粘膜に強い充出血を認める[1,3]．

2．ワクチンの歴史

牛のクロストリジウム感染症ワクチンとして，わが国では，気腫疽の予防を目的とした気しゅそ予防液が初めに開発された．これは，*C. chauvoei* の菌液にホルマリンを加えて菌を不活化したもので，成牛に10mL，幼牛に5mL，緬羊および山羊に3～4mLを皮下注射するワクチンであった．1986年になると *C. chauvoei*，*C. septicum* および *C. novyi* のホルマリン不活化菌液にリン酸アルミニウムゲルアジュバントを加えた牛クロストリジウム感染症3種混合（アジュバント加）不活化ワクチンが承認された．これら3菌種は，ワクチン成分から不活化菌を除いても効果において有効であることが確認されたため，これを基に牛クロストリジウム感染症3種混合（アジュバント加）トキソイドが1991年に承認された．牛クロストリジウム感染症3種混合（アジュバント加）不活化ワクチンは，10mLを筋肉内に注射するワクチンであったが，牛クロストリジウム感染症3種混合（アジュバント加）トキソイドは濃縮トキソイドを原液としたため，注射量を2mLに減少させることに成功し，これはワクチン注射作業の効率化と牛の注射時のストレス軽減につながった．2002年には3種混合トキソイドに *C. perfringens* A型菌トキソイドおよび *C. sordellii* トキソイドを追加した牛クロストリジウム感染症5種混合（アジュバント加）トキソイドが承認され，気腫疽，悪性水腫だけでなく壊死性腸炎にも対応した．なお，気しゅそ予防液および牛クロストリジウム感染症3種混合（アジュバント加）不活化ワクチンは，現在市販されていない．

3．製造用株

1）*C. chauvoei*

わが国の気腫疽ワクチンの製造用株として，気しゅそ予防液から3種混合トキソイドまでは，沖縄株が使用されてきた．しかし，*C. chauvoei* の感染防御にはその鞭毛が重要であることが明らかとなっていたため[4]，5種混合トキソイドの製造用株である沖縄F株は，その沖縄株から鞭毛産生量を指標にクローニングして作出した．

2）*C. septicum*

C. septicum の主要毒素はα毒素と呼ばれ，これを無毒化したαトキソイドがワクチンの有効成分である．製造用株である

No.44T株は，国立予防衛生研究所（現 国立感染症研究所）から分与を受けたNo.44株から，α毒素の産生量を指標にクローニングして作出した．

3）*C. novyi*

*C. novyi*はA～Dの毒素型に分けられ，悪性水腫の原因となる毒素型は，A型およびB型である．このA型およびB型菌の主要毒素はα毒素であり，このα毒素の産生量は，A型菌よりもB型菌が多いため[5]，製造用株にはB型菌のCN1025T株を使用している．この製造用株は，東　量三博士から分与を受けたCN1025株から，α毒素の産生量を指標にクローニングして作出した．

4）*C. perfringens*　A型菌

C. perfringens　A型菌の主要毒素はα毒素であり，これを無毒化したαトキソイドがワクチンの有効成分である．製造用株であるPB6KT株は，国立予防衛生研究所から分与を受けたPB6K株から，α毒素の産生量を指標にクローニングして作出した．

5）*C. sordellii*

*C. sordellii*の毒素は，lethal toxin（LT）およびhemorrhagic toxin（HT）が知られており，毒素型にはLTおよびHT産生株，LTのみを産生する株，および毒素非産生株の3型が存在する．LTおよびHTは，いずれも強い致死性を有する毒素であるため，ワクチンには両トキソイドが必要であると考えられている[6]．製造用株である3703T株は，LTおよびHT産生性が高い3703株からLTおよびHTの産生量を指標にクローニングして作出した．

4．製造方法

菌の培養は，製造用液体培地に各製造用株を接種し，37℃で培養液中の各有効成分量が最も高くなるまで実施する．培養終了後，各培養菌液にホルマリンを規定量加えて，菌と毒素の不活化を行う．次いで，これらの不活化菌液を遠心し，その上清を濃縮したものが原液となる．小分製品は各原液を混合し，これにリン酸緩衝食塩液を加え，次いでりん酸三ナトリウム・12水液および塩化アルミニウム（Ⅲ）六水和物液を加えて混合し，バイアルに分注したものである．

5．効力を裏付ける試験成績

1）有効抗体価の試験

ワクチン注射した牛の有効抗体価を調べる目的で，試作ワクチン2mLを1カ月間隔で2回注射した後，一旦上昇した抗体価が十分に低下したことを確認し，表1に示す方法で攻撃したところワクチン注射した牛は全て攻撃に対して生残した（表2）．また，この時の牛の抗体価から，*C. chauvoei* 2倍，*C. septicum* 2倍，*C. novyi* 2倍，*C. perfringens* A型100倍，*C. sordellii* LT，HTともに2倍あれば有効であったことから，これらの値を最小有効抗体価に設定した．

表1　牛の攻撃方法

菌　種	材　料	経　路
C. chauvoei	芽胞	筋肉内
C. septicum	芽胞	筋肉内
C. novyi	芽胞	筋肉内
C. perfringens A型	毒素	静脈内
C. sordellii	芽胞	筋肉内

表2　攻撃試験成績

攻撃菌種	攻撃前抗体価		転　帰
C. chauvoei	試験群	2	生残
	対照群	＜2	2日後死亡
C. septicum	試験群	2	生残
	対照群	＜2	2日後起立不能、殺処分
C. novyi	試験群	2	生残
	対照群	＜2	3日後死亡
C. perfringens A型	試験群	100	生残
	対照群	＜100	2日後死亡
C. sordellii	試験群	2	生残
	対照群	＜2	翌日死亡

2）抗体応答と抗体の持続

3カ月齢の牛2頭に試作ワクチンを用法・用量に従って1カ月間隔で2回注射し，さらに第2回注射後6カ月目後に第3回目の注射を行った．第1回注射時から第3回注射後1カ月後まで1カ月間隔で採血し，それぞれの感染防御抗原に対する抗体価を測定した．その結果，抗体の出現は*C. chauvoei*のみ第1回注射後に確認できたが，その他の抗原では1回注射では抗体応答を認めず，第2回注射後に抗体陽性となった．各抗原に対する抗体価の平均値は，第2回ワクチン注射から6カ月後においても図1～図3のとおり認められた．また，第3回注射後の抗体応答は，第2回目注射による抗体応答よりも全ての抗原に対して良好であった．

6．臨床試験成績

臨床試験は，3～4カ月齢のホルスタイン雄および交雑種を対象に2農場で実施した．試験頭数は，試験群72頭，対照群32頭の合計104頭として，試験群には試作ワクチンを1カ月間隔で2回注射し，対照群には牛クロストリジウム感染症3

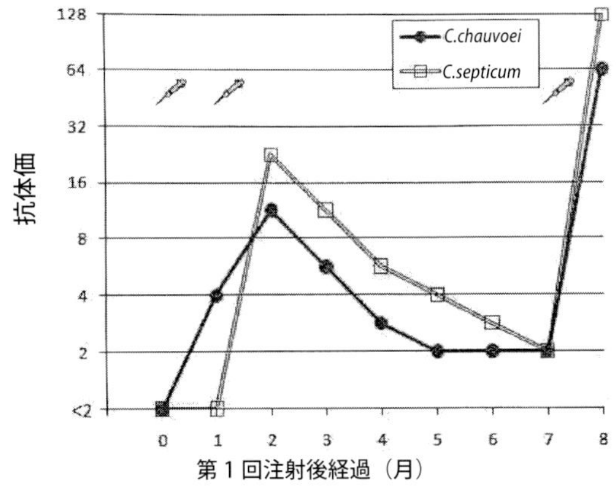

図 1　*C. chauvoei* および *C. septicums* 抗体価の推移

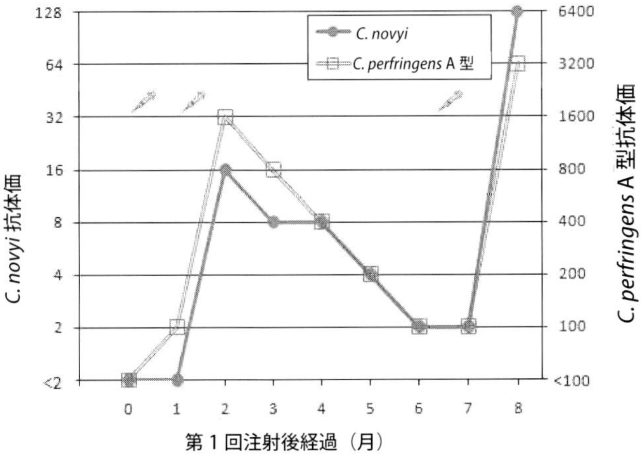

図 2　*C. novyi* および *C. perfringens* A 型抗体価の推移

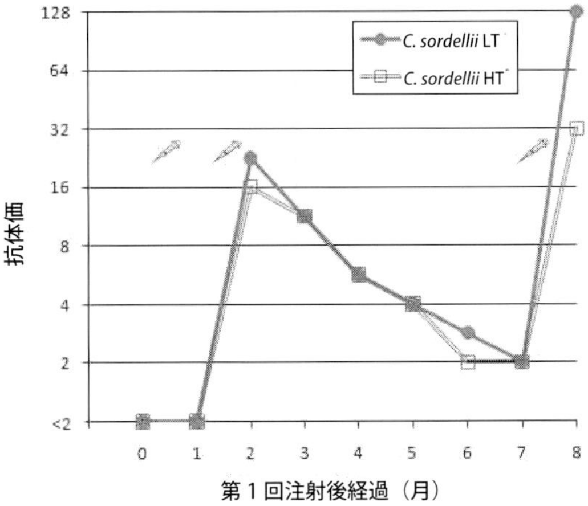

図 3　*C. sordellii* LT および *C. sordellii* HT 抗体価の推移

表 3　平均抗体価

測定項目	試験群		対照群	
	第 1 回注射前	第 2 回注射後	第 1 回注射前	第 2 回注射後
C. chauvoei	＜ 2	11	＜ 2	15
C. septicum	2	15	＜ 2	8
C. novyi	＜ 2	13	＜ 2	14
C. perfringens A 型	141	646	111	＜ 100
C. sordellii LT	＜ 2	13	＜ 2	＜ 2
C. sordellii HT	＜ 2	11	＜ 2	＜ 2

種混合トキソイドを同様に注射した．抗体価は，試験群 39 頭，対照群 20 頭について，ワクチン第 1 回注射前および第 2 回注射後 1 ヵ月目に測定した．

1）有効性

試験群のワクチン第 2 回注射後 1 ヵ月目の抗体価（平均値）は，いずれも最小有効抗体価を上回る値を示した（表 3）．なお，*C. chuvoei*，*C. septicum* および *C. novyi* の抗体価は，牛クロストリジウム感染症 3 種混合トキソイドを注射した対照群と同程度であった．また，*C. perfringens* A 型は多くの牛がワクチン注射前に抗体陽性であったが，試験開始時の月齢および対照群の第 2 回注射後 1 ヵ月目の抗体価が＜ 100 に低下していたことから，この注射前の抗体は移行抗体と考えられた．なお，試験期間中には気腫疽，悪性水腫および壊死性腸炎が疑われる死亡，タール状の下痢等を示す牛は認められなかった．

2）安全性

ワクチン注射した後，下痢等の臨床異常を示す牛を僅かに認めたが，これらの発生率とその程度は対照群の牛と差がなく，ワクチン注射に起因しない症状と考えられた．注射部位の腫脹も対照群の牛と同程度の軽度のものであった．

7．使用方法

1）用法・用量

3 ヵ月齢以上の牛の臀部筋肉内に 1 回 2mL を 1 ヵ月間隔で 2 回注射し，その後 6 ヵ月間隔で注射する．第 2 回目の注射は，第 1 回目の注射とは異なる部位に行う．

2）効能・効果

気腫疽，悪性水腫およびクロストリジウム・パーフリンゲンス A 型菌による壊死性腸炎の予防

3）使用上の注意

このワクチンは，と畜場出荷 4 ヵ月前には使用できない．

注射後，一過性の発熱，元気消失，食欲不振を認めることがあるが，通常 4 日以内に回復する．注射後，注射部位に一過

性の腫脹，硬結を認めることがある．

8．貯法・有効期間

2～10℃に保存する．有効期間は1年6ヵ月間．

参考文献

1. Blood, D.C. and Radostits, O.M.（1989）：Veterinary Medicine, 7th ed., 677-702. Bailliere Tindall.
2. 田村豊（1988）：獣畜新報，805, 31-35.
3. 武居和樹（1988）：獣畜新報，805, 10-14.
4. Tamura, Y. and Tanaka, S.（1984）：*Infect Immun*, 43, 1779-1783.
5. 赤真清人，大谷昌（1967）：臨床検査のための嫌気性細菌学，142-149.
6. Amimoto, K. et al.（2001）：*J Vet Med Sci*, 63. 879-883.

（網本勝彦）

備蓄用の口蹄疫不活化ワクチン

2010年4月20日に確認された宮崎県における口蹄疫の発生は，292件211,608頭に及ぶというわが国の畜産にとって未曾有の大事件となった．患畜等の殺処分と埋却が追いつかず，まん延の拡大を防ぐ追加処置として5月22日より備蓄していた口蹄疫不活化ワクチンが124,000頭の牛および豚に使用された．本ワクチンの使用が発生の拡大に効果を発揮した否かは科学的に証明されなかったが，結果としてワクチン使用後の殺処分待機疑似患畜数は減少し，7月4日の発生を最後に終息した．なお，ワクチン接種動物は，6月5～30日の間に全て殺処分・埋却された．今回使用された口蹄疫不活化ワクチンは，薬事法で承認されたものではなく，国が備蓄していたもので，家畜伝染病予防法第31条の規定に基づき使用されたものである．

口蹄疫不活化ワクチンの国家備蓄は1975年から開始され，毎年3タイプのワクチンを各10万頭分海外から購入し，動物検疫所神戸支所で保管している．1975年はフランスからO1，A5およびAsia1タイプを，1976年はイギリスからA22，C1およびAsia1タイプを購入した．購入するワクチンタイプは，海外特にアジアでの発生タイプとそれらの抗原性等を検討し決定されている．1985年からはO1タイプが毎年備蓄されており，今回の発生に役立った．1997年台湾で口蹄疫（O1とAsia1）が発生し，日本への侵入が危惧されたことから，1997年度分の通常予算でO1とAsia1の2価ワクチンを30万ドーズ購入し，追加措置として同2価ワクチンを80万ドーズとO1単味ワクチンを102万ドーズ購入した．また，わが国で92年ぶりに口蹄疫（O1タイプ）が発生した2002年には通常予算でO1タイプを30万ドーズ，追加措置として同ワクチンを350万ドーズ購入した．なお，ヨーロッパでは小分けされたワクチンでなく，バルク（濃縮不活化抗原）の状態でワクチンを保管する制度（ワクチンバンク）が取られるようになり，わが国も2002年からは通常の小分けワクチンを日本で備蓄するほか，ワクチンバンクにおいても備蓄している．

いずれにしても備蓄用口蹄疫不活化ワクチンは，35年間使用されることがなく，有効期限が切れてから1年後に破棄されていたが，今回初めて日の目を見，その使命を果たしたことになる．

購入ワクチンの品質を確認するため，主に動物医薬品検査所の職員が製造メーカーに出張し，自家試験に立ち会うとともに，購入後，動物医薬品検査所において特定の検査を実施している．日本は口蹄疫フリーであることから，力価試験（ワクチンを接種した牛に生きた口蹄疫ウイルスで攻撃し，発症を防御するか否かをみる試験）は，実施不可能であるため，立ち会いでは特に重要な試験である．筆者も1989年フランスのローヌメリュー社で試験に立ち会い，ワクチン未接種の対照牛の発症状況を観察したが，口蹄疫ウイルスが自分の体のどこかに付着・残存していないか心配したものである．

（平山紀夫）

11 牛クロストリジウム・ボツリヌス（C・D型）感染症（アジュバント加）トキソイド

1．疾病の概要

牛ボツリヌス症は，神経毒であるボツリヌスC型 およびD型毒素が原因で起こる呼吸困難，起立不能等を主徴とする病気で，発症した場合の死亡率は高い．C型牛ボツリヌス症の臨床症状は，流涎（図1），呼吸困難による腹式呼吸が特徴的で，D型牛ボツリヌス症の場合は後駆麻痺による起立不能（図2）が特徴的である．ボツリヌス毒素は神経筋接合部に作用する神経毒であるので，剖検所見では病変は認められない．病気の発生は，飼料中で*Clostridium botulinum* C型 またはD型菌が増殖し，産生された毒素が飼料とともに牛の体内に侵入して発症する場合，および餌とともに体内に侵入したこれらの菌が消化管内で増殖し，毒素を産生して発症する場合があると考えられている．ボツリヌス菌が経口感染した場合は，糞便とともに排泄されて汚染拡大の原因となる．わが国での本症の発生は，1994年に北海道で確認されたC型牛ボツリヌス症が最初で[1]，その後の発生数は少なかったが，2005年以降になって各地で発生が確認されている[2]．2005年以降に発生が確認されている牛ボツリヌス症はD型毒素によるものであるが，これはD型毒素の一部がC型毒素に置き換わった，いわゆるD/Cキメラ型の毒素が原因であることが知られている[2]．最近の症例では，サイレージ等の飼料で菌が増殖した場合[3-5]のほかに，カラスの糞便からボツリヌス菌が検出されている例も認められ，これも感染源の一因として考えられている[6]．

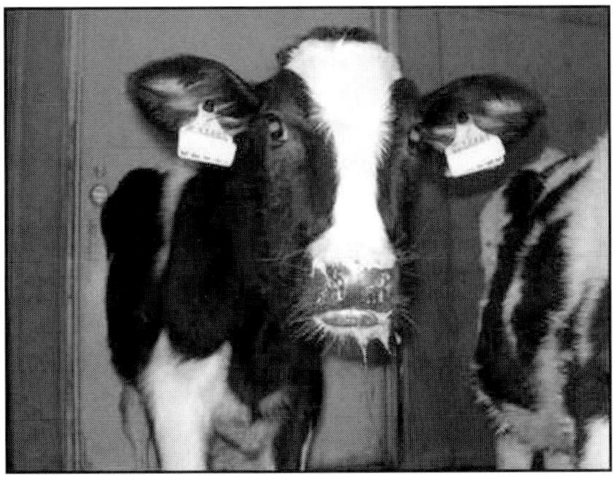

図1 C型ボツリヌス毒素による流涎

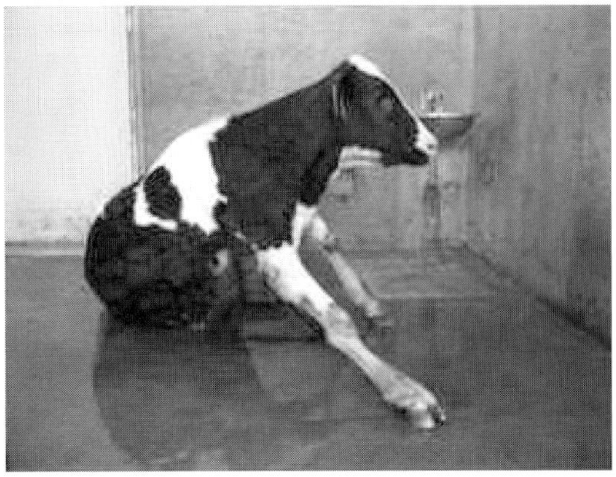

図2 D型ボツリヌス毒素による後駆麻痺

2．ワクチンの歴史

海外では，南アフリカ，オーストラリア等でC・D型混合トキソイドが販売されている．わが国では，2005年以降に各地で牛ボツリヌス症およびそれが疑われる症例が確認されたことを受けてワクチン開発が企画され，本トキソイドが2010年から製造販売されている．

3．製造用株

1）*C. botulinum* C型菌

製造用株は，1975年に北海道でミンクボツリヌス症の原因と思われる飼料から分離されたCB-19株を起源とする．CB-19株は定型的C型毒素を産生する菌株であり，製造用株であるBC01株は，このCB-19株から毒素産生性を指標にクローニングして作出された．

2）*C. botulinum* D型菌

製造用株は，定型的D型毒素を産生する1873株を起源とする．製造用株であるBD02株は，この1873株から毒素産生性を指標にクローニングして作出された．

4．製造方法

各製造用株を製造用液体培地に接種し，37℃で培養する．培養終了後，各培養菌液にホルマリンを加えて菌と毒素の不活化を行う．次いで，不活化された菌液を遠心し，その上清を濃縮したものが原液となる．小分製品は，C型およびD型の各原液と水酸化アルミニウムゲルアジュバントを混合し，これに生理食塩液を加えてバイアルに分注したものである．

5．効力を裏付ける試験成績

試作ワクチンの抗体応答を調べる目的で，4～6ヵ月齢の牛に4週間隔で2回，筋肉内に注射したところ，第2回注射後1週目には各毒素に対する中和抗体が確認された．中和抗体は，2倍階段希釈した血清と0.5mLあたりマウスに対して$10LD_{50}$の毒素を等量混合して感作した後，これをマウスに0.5mL注射し，マウスの生死から値を算出している．

開発時の試験において，有効抗原量と有効抗体価を調べる目的で，さまざまな抗原量の試作ワクチンを牛に注射し，抗体価の測定と攻撃試験を実施した．攻撃は，各毒素の静脈内注射で実施した．その結果，各毒素に対する中和抗体価が2倍以上の牛は全て攻撃に対して無症状で耐過したため，これを有効抗体価に設定した．また，この時の牛1頭に注射した最小抗原量が，毒素のトキソイド化前マウス致死活性で，C型毒素が2.5×10^4 LD_{50}，D型毒素が1.0×10^6 LD_{50}であったため，これらを最小抗原量とした．

抗体の持続を確認する目的で，試作ワクチンを4週間隔で2回注射した牛2頭を第2回ワクチン注射後28週目まで飼育し，抗体価を経時的に測定した．その結果，毒素中和抗体は，第2回ワクチン注射後1週目に確認され，20週目まで低下傾向を示したが，その後の変化は少なく，28週目においても有効抗体を保持していた（図3）．したがって，このワクチンは，第2回注射から少なくとも28週間は有効性が持続すると考えられる．

6．臨床試験成績

臨床試験は2地区の7農場においてホルスタインおよびF1を用い，試験群595頭，無接種対照群120頭で実施した．試験群は，用法・用量に従って試作ワクチン1mLを4週間隔で2回注射した．

1）有効性

試験群68頭，対照群33頭について，ワクチン第1回注射前および第2回注射後4週目に抗体検査を実施した．その結果，ワクチン注射前の牛および対照群の牛は全て毒素中和抗体価が2倍未満であった．一方，試験群の牛は，C型毒素に対して96％，D型毒素に対して93％が毒素中和抗体価2倍以上を示した．

2）安全性

第1回および第2回ワクチン注射後14日間一般臨床症状を観察したが，ワクチン注射に起因すると思われる異常は認められなかった．また，注射部位に腫脹または硬結を第1回注射で約8％，第2回注射で約10％の牛に認められたが，その程度はいずれも軽度であり，注射後4日目には全て確認されなくなった．

7．使用方法

1）用法・用量

2ヵ月齢以上の牛の筋肉内に1mLを4週間隔で2回注射する．

2）効能・効果

牛のボツリヌス症の予防

3）使用上の注意

ワクチンは，妊娠牛に対する安全性を確認していないため，妊娠牛に使用することはできない．また，と畜場出荷前20週間は使用できない．

8．貯法・有効期間

2～10℃にて保存する．有効期間は2年間

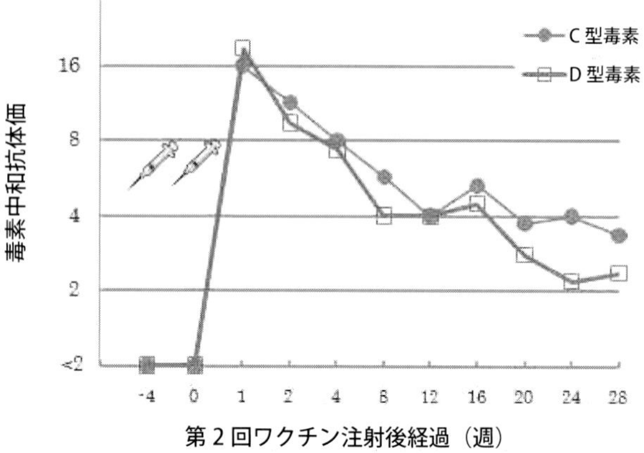

図3 牛ボツリヌスワクチンを注射した牛の免疫出現時期と免疫持続

参考文献

1. 三上祐二ら（1994）：第42回北海道家畜保健衛生業績発表会 発表収録.
2. Nakamura, K. et al.（2010）：*Vet Microbiol*, 140, 147-154.
3. 山里比呂志ら（2007）：日獣会誌，60, 667-676.
4. 白井彰人ら（2008）：日獣会誌，61, 393-396.
5. 門脇文生ら（2010）：日本家畜臨床感染症研究会誌，5, 103-107.
6. 澤田勝志ら（2009）：中四国病性鑑定協議会 抄録.

（網本勝彦）

12 牛サルモネラ症（サルモネラ・ダブリン・サルモネラ・ティフィムリウム）（アジュバント加）不活化ワクチン

1．疾病の概要

サルモネラ症は子牛に多発し，乳用子牛の集団育成農場などでは下痢や敗血症による死亡，発育障害や損耗で大きな障害を受けてきた．また，近年では，搾乳牛における *Salmonella* Typhimurium（ST）感染症の発生が増加し，下痢，敗血症による死亡，流産，乳量減少および抗菌剤投与に伴う生乳の出荷停止などにより酪農産業に大きな被害を与えている[2,3]．また，牛でサルモネラ症を引き起こすサルモネラの一部は，人の食中毒を起こすものもあるので公衆衛生上からも重要視されなければならない[2]．

わが国では，牛から種々の血清型のサルモネラが分離されているが，分離されるサルモネラの血清型の大部分はSTであり，次いで *S.* Dublin（SD）である[4]．

本病の予防および治療には，消毒を含む飼養環境の整備，生菌剤の投与，発病時の抗菌剤の投与などが用いられてきた[1,4]．しかし，本病では感染牛が不顕性感染の経過を取ることが多く，健康保菌牛が気候変化，分娩等のストレス等により発病する場合があり，これらの牛が発病予備軍として存在しているものと考えられる[2]．

2．ワクチンの歴史

米国では1982年以降SDおよびST不活化菌体を含む2価ワクチンが販売され効果を上げている．わが国では，1999年以降米国のワクチンが輸入販売されている．

3．製造用株

米国でサルモネラ感染牛から分離されたSD-17636株およびST-81株を用いる．SD-17636株ならびにST-81株は，サルモネラ固有の生物学的性状を示し，SD-17636株は抗O9群血清によって，またST-81株は抗O4群血清によって特異的に凝集される．SD-17636株またはST-81株を子牛に経口投与すると，下痢，発熱，元気消失または菌血症等の臨床症状を呈し，接種菌数によっては死に至る．

4．製造方法

製造用株を液状培地で培養し，ホルマリンで不活化する．リン酸緩衝食塩液で不活化菌液の菌濃度を調整後，アジュバントとして水酸化アルミニウムゲルを加え，これに保存剤を加えたものを原液とする．原液をプラスチック容器に分注し，封栓する．

5．効力を裏付ける試験成績

1）SD-17636株の最小有効量

ワクチン中に含まれる不活化菌数の異なる試作ワクチンを調整し，子牛に2週間間隔で2回注射し，1週後にSD強毒株で筋肉内攻撃した．3×10^9 個／頭で免疫された牛は，75% 防御できた．3×10^6 個／頭以下の菌量で免疫された牛の感染防御率は0% であった．

以上の成績から本ワクチン中の不活化菌は 3×10^9 個／頭以上を要することが判明したため，ワクチンは 5×10^9 個／頭以上の菌数を含むように調整されている．

2）ST-81株の最小有効量

ワクチン中に含まれる不活化菌数の異なる試作ワクチンを調整し，子牛に2週間間隔で2回注射し，2週後にST強毒株で筋肉内攻撃した．1.5×10^9 個以上の不活化菌を含むワクチンを免疫された牛では，サルモネラによる死亡や発病牛は認められず，サルモネラ菌を排菌している牛も認められなかった．1.5×10^8 個／頭を免疫された牛では，死亡牛は認められなかったが，50% の牛が臨床症状を呈するか，または排菌が確認された．一方，1.5×10^7 個／頭を免疫された牛では13% の牛が死亡し，死亡牛を含む88% の牛が感染を防御できなかった．

以上の成績から本ワクチン中のST-81株不活化菌は 1.5×10^9 個／頭以上を要することが判明したため，ワクチンは 2×10^9 個／頭以上の菌数を含むように調整されている．

6．臨床試験成績

乳用雄子牛肥育施設（試験実施前，SD感染症が発生）において臨床試験を実施した．生後4週目および7週目に2mLずつ本ワクチンの皮下注射を行い，第2回注射後3ヵ月までの間臨床観察を行い，本ワクチンの有効性および安全性を試験した．

1）有効性

対照群では約12週齢で2頭がサルモネラ症を発症して死亡し，死亡牛からはSDが分離されたが，注射群では発病または死亡する牛は観察されなかった．対照群のELISA抗体価が，15週齢で上昇していることから本試験群でSDの感染があったことが推定された（表1）．

表1　臨床試験のまとめ

群	供試頭数	サルモネラによる発病（死亡）頭数	ELISA 抗体陽性率%（抗体陽性頭数／供試頭数）			
			4週齢	7週齢	10週齢	15週齢
注射	40	0	0（0/40）	8（3/40）	38（15/40）	82（32/40）
対照	30	2	0（0/30）	0(0/30)	0（0/30）	44（12/27）

以上の成績より本ワクチンによりSDの感染による発病ならびに死亡が予防されていることが確認された．

2）安全性

試験期間中本ワクチンの注射に起因すると考えられる異常は観察されず，本ワクチンの安全性は確認された．

7．使用方法

1）用法・用量

1回2mLずつを2～3週間隔で2回牛の皮下に注射する．

以後，約1年ごとに2mLを1回皮下に追加注射する．

2）効能・効果

サルモネラ・ティフィムリウムおよびサルモネラ・ダブリンによる牛サルモネラ症の発症予防．

3）使用上の注意

本剤はと畜場出荷前4ヵ月間は注射しない．

本剤の注射後，一過性の体温上昇，ならびに注射部位に腫脹・硬結等が認められる場合がある．本反応は，特に治療することなく，最長でも注射後6週間以内に消失する．

サルモネラ汚染農場で本剤を注射した場合，一部の牛で一過性の発熱または食欲不振，泌乳期の一部の牛では泌乳量の低下をきたすことがある．本反応は1週間前後で消失する．

過敏な体質のものでは，アナフィラキシー様反応やエンドトキシンショックが起こることがある．これらの反応は，本剤注射後30分位までに発現する場合が多く見られる．

交配後間もない牛および分娩間際の牛に本剤を注射すると，流産または早産をきたす場合がある．

4）ワクチネーションプログラム

以下の4つのプログラムを推奨している．

（1）基本プログラムとして全ての日齢の牛に対してサルモネラ症の好発時季や好発日齢の約1ヵ月前に第2回注射が終了するよう約3週間間隔で2回ワクチンを注射する．次年度以降は，サルモネラ症の好発時季や好発日齢の約1ヵ月前に追加注射をする．

（2）幼牛（3ヵ月齢以内の牛）には移行抗体が高い場合と移行抗体が低いまたは不明な場合に分けてワクチンを注射する．移行抗体が高い幼牛は，4～5週齢の牛に3週間隔で2回注射を行う．移行抗体が低いまたは不明な幼牛は，1週齢の牛に3週間隔で2回注射を行う．どちらの場合も，第2回注射後3～4週目に抗体検査を行い，抗体が低い場合には，第3回目の追加注射を早める必要がある．

（3）移行抗体を利用するために妊娠牛へ注射する場合である．初めて使用する場合は，分娩1ヵ月前に第2回注射が終了するように約3週間間隔で2回ワクチンを注射する．次回分娩時は，分娩1ヵ月前に追加注射を実施する．

（4）サルモネラ汚染農場でワクチンを使用する場合である．これらの農場では，ワクチンを全頭に注射することが望ましい．第1回目注射後に抗体価が高く上昇し，抗体価が高いものに第2回目注射を実施するとブースター効果が見られない場合がある．これを避けるため第2回注射は，第1回注射後約6週目に実施する．

8．貯法・有効期間

遮光して2～10℃で保存する．有効期間は2年間．

参考文献

1. 菊池　実（2000）：臨床獣医，18,46-49.
2. 久米勝巳（2000）：臨床獣医，18,50-58.
3. 佐藤静夫（2000）：臨床獣医，18,18-23.
4. 中岡祐司（2000）：臨床獣医，18,36-45.

（瀧川義康）

13　マンヘミア・ヘモリチカ（1型）感染症不活化ワクチン（油性アジュバント加溶解用液）

1．疾病の概要

Mannheimia heamolytica（以下 Mh）は 1999 年 Angen らにより *Pasteurella haemolytica* の A および T の 2 生物型群のうち A 群が独立改名された[1]．

牛の肺病変あるいは呼吸器から分離された Mh の血清型に関する調査では，日本[8]および米国[3,10]において 1 型が最も高い頻度で分離されている．また 1 型は最も病原性が強く，牛の急性線維素性肺炎を引き起こす[9]．この疾病は，臨床的にはマンヘミア性肺炎あるいは輸送熱（shipping fever）として知られており，呼吸困難，鼻汁漏出，飼料摂取量の低下，発熱および頻脈などの臨床症状を伴い，増体抑制およびへい死を引き起こし，牛産業界において経済的損失をもたらす[4]．Mh1 型は牛の鼻咽腔内の常在菌であるが，牛がストレス状態におかれると，急激に増殖し肺にまで達し，肺の中でさらに増殖しロイコトキシンを産生する．ロイコトキシンは肺胞マクロファージおよび多形核好中球を死滅させ，特徴的な線維素性化膿性硬化および局所壊死病変を形成し，マンヘミア性肺炎となる[2,5,6,7]．

2．ワクチンの歴史

米国ファイザー社は，ロイコトキソイドおよび莢膜抗原を主剤とするバクテリン製剤を開発し，1992 年，パスツレラ・ヘモリチカ・バクテリントキソイド製剤として米国農務省の承認を得，同年販売が開始された．日本においては，動物用生物学的製剤協会の海外開発ワクチン等実用化促進事業において 2001 年度の対象製剤に選ばれ，同年，日本での開発に着手し，2004 年に承認を得ている．

なお，日本ではヒストフィルス・ソムニ感染症・パスツレラ・ムルトシダ感染症・マンヘミア・ヘモリチカ感染症混合不活化ワクチンが 2007 年に承認されている．

3．製造用株

本ワクチン製造用株である Mh は，オクラホマ州立大学にて分離され，1987 年，ウィスコンシン大学マディソン校病理学教室の Martha Gentry 博士から本株の分与を受けた後，NL1009 と命名された．

本菌株をブレイン - ハートインフュージョン培地に接種し，培養した後，凍結乾燥した．この原株を 3 代継代した後，1988 年に凍結乾燥し，これを製造用株とした．本原株は 1989 年に米国農務省植物検疫局より製造用原株として承認を受けている．

4．製造方法

製造用株を寒天培地で培養し，発育したコロニーを液体培地で継代して増殖し，ホルマリンを加えて不活化後，遠心した上清を原液とする．リン酸緩衝食塩液でロイコトキソイドおよび莢膜抗原の濃度調整を行い，小分容器に分注後，凍結乾燥してワクチンとする．

5．効力を裏付ける試験成績

1）製造用株の免疫原性

345RU（RU; 相対抗原単位）の莢膜抗原と 200RU のロイコトキソイドを含有する試験用ワクチンを子牛の皮下あるいは筋肉内に投与し，2 週後に Mh1 型強毒株 1×10^9CFU/ 頭を気管内に接種した．攻撃の 5 ～ 7 日後に安楽死させ，剖検により肺病変を調査し，また，ワクチン投与前，攻撃前および剖検前に採血して，血清中の全菌体凝集抗体価，莢膜抗原抗体価およびロイコトキシン中和抗体価を測定した．なお，対照群（プラセボ）として、無菌培養液にアジュバントを添加した製剤（ワクチンから抗原のみを除いた製剤）を筋肉内に投与した．

その結果，ワクチン投与群は，筋肉内投与あるいは皮下投与とも，Mh1 型強毒株の攻撃に対して，対照群と比較して肺病変は有意に低く，ワクチン投与後の抗体応答も，有意に上昇していた．したがって，製造用株を用いた本ワクチンは Mh1 型菌感染による肺炎を十分防御できる免疫原性を有していることが確認された．

2）ウイルス性ワクチンとの干渉作用

子牛に本ワクチンおよび牛の呼吸器病ワクチンである牛 RS ウイルス感染症・牛ウイルス性下痢 - 粘膜病混合生ワクチンを同時投与し，干渉作用の有無を検討した．

ワクチン投与後，一般臨床所見を観察し，投与後から経時的に抗体価を測定した．その結果，両ワクチンの間には体液性免疫に関する干渉はみられず，有害な臨床作用も生じなかった．

6．臨床試験成績

国内 2 農場（A および B 農場）において，1 ～ 10 ヵ月齢の牛，98 頭（試験群 69 頭，対照群 29 頭）を供試して，臨床試験を実施した．試験には被験薬として本ワクチンを，陰性対照薬として注射用生理食塩液を供試した．各農場とも本ワクチン投与および生理食塩液投与の２群とし，用法・用量に従い，本ワクチンおよび生理食塩液を各々１回頚部皮下に投与した．なお，観察期間は投与後56日間とし，臨床症状，投与局所反応，体温，体重，呼吸器病発生率，へい死率，呼吸器病要因および血清中Mh抗体価（全菌体凝集抗体価，莢膜抗原ELISA抗体価およびロイコトキシン中和抗体価）について調査した．

1）有効性

試験期間中，A農場では，試験群の35頭中２頭に，また，B農場では試験群の34頭中２頭および対照群の14頭中１頭に呼吸器症状（鼻汁排泄，発咳，呼吸促迫のいずれかの症状）が観察されたが，それらの牛の鼻腔スワブからMhが分離されなかったことから，両農場共にMhによる呼吸器病の流行は無かったものと判断し，有効性は抗体応答で評価した．

本ワクチンおよび注射用生理食塩液を投与する前では，A，B農場ともに，試験群の全菌体凝集抗体価，莢膜抗原に対するELISA抗体価およびロイコトキシン中和抗体価は対照群と有意差がなかったが，投与後ではA，B農場ともに，試験群のいずれの抗体価も有意に上昇した．また，投与後の各時点で，試験群のいずれの抗体価も対照群に比較して有意に高かった．

以上の結果より，本ワクチンは野外条件下においてもMhに対して免疫原性を有しており，Mhによる呼吸器病（肺炎）の予防に有効であると判断された．

2）安全性

本ワクチン投与により，一部の牛で体温が一過性に上昇するが，その程度は軽く，一般臨床症状の異常を惹起しないと考えられた．また，投与局所の反応として，腫脹および硬結が散発するが，それらは短期間で消失した．

以上の結果より，本ワクチンを野外で使用しても，その安全性に問題はないと判断された．

7．使用方法

1）用法・用量

乾燥ワクチンに添付の溶解用液を加えて溶解し，１ヵ月齢以上の健康な牛の頚部皮下に１回2mL注射する．

2）効能・効果

牛のマンヘミア（パスツレラ）・ヘモリチカ１型菌による肺炎の予防．

3）使用上の注意

本ワクチンは、アジュバント消長試験の結果，出荷制限があり，注射後４週間以内は，と畜場に出荷できない．また，副反応として，本ワクチン投与後，一過性の元気消失，体温上昇，注射部位の腫脹および硬結が認められることがある．

4）ワクチネーションプログラム

本ワクチンはMhの感染を予防するのではなく，肺炎を予防することを目的としている．したがって，Mh汚染農場において，移動や気温変動などのストレス感作による 肺炎発生時期を予想し，本ワクチンを事前に投与することが最も効果的である．

8．貯法・有効期間

２～５℃の冷暗所に保存する．有効期間は２年間．

参考文献

1. Angen, O. et al.（1999）：*Int J Syst Bacteriol,* 49, 67-86.
2. Frank, G.H. et al.（2002）：*Am J Vet Res,* 63, 251-256.
3. Frank, G.H. et al.（1978）：*J Clin Microbiol,* 7, 142-145.
4. Martin, S. et al.（1982）：*Can J Vet Res,* 62, 178-182.
5. McLean, G.S. et al.（1990）：*Anim Sci Res Rep,* 135-140.
6. Mosier, D.A. et al.（1998）：*Can J Vet Res,* 62, 178-182.
7. Srinand, S. et al.（1996）：*Vet Microbiol,*　49, 181-195.
8. 高梁　潔（1992）：臨床獣医，10, 17-24.
9. Thompson, R.J.（1981）：*Vet Med,* 4, 79-86.
10. Wesseman, G.E. et al.（1968）：*Can J Comp Med,* 32, 498-504.

（田中伸一）

14　ヒストフィルス・ソムニ（ヘモフィルス・ソムナス）感染症・パスツレラ・ムルトシダ感染症・マンヘミア・ヘモリチカ感染症混合（アジュバント加）不活化ワクチン

1．疾病の概要

1）ヒストフィルス・ソムニ感染症

ヒストフィルス・ソムニ感染症は，2003年に新たにHistophilus属として分類された*Histophilus somni*[1]（旧名*Haemophilus somnus*）によって引き起こされる．本感染症は世界各地で認められ，血栓栓塞性髄膜脳脊髄炎，関節炎，心筋炎や生殖器疾患などの牛の主要な細菌性疾患として認識されている．国内では，1978年に島根県で血栓栓塞性髄膜脳脊髄炎が発生し，その後，全国で発生が認められるようになった．本症は，輸送ストレスなどが誘引となり発症する致死性の敗血症性疾患であることが知られている．さらに，近年では子牛の肺炎に強く関与していることが明らかになってきており，病巣からパスツレラ，マイコプラズマ，ウイルスなどと共に本菌が分離[2]され，肺炎の重要な起因菌と考えられている．

2）パスツレラ・ムルトシダ感染症

パスツレラ・ムルトシダ感染症は，*Pasteurella multocida*（主に莢膜型A型[3]，菌体型3型[4]）によって引き起こされる肺炎を中心とした呼吸器疾患である．これは環境要因の変化などストレスおよびマイコプラズマ，ウイルスなどとの混合感染などにより発生すると考えられている．症状は無症状で経過することが多いが，発症した場合は，発熱，流涙，鼻汁漏出，発咳，食欲減退，元気消失，呼吸促拍などの臨床症状が認められる．本症は月齢に関係なく発生するが，特に若齢牛で多く，*H. somni*感染症や*Mannheimia haemolytica*感染症などとともに牛呼吸器病症候群（Bovine Respiratory Disease Complex, BRDC）に大きく関与している．

3）マンヘミア・ヘモリチカ感染症

103ページ参照．

2．ワクチンの歴史

*H. somni*感染症に対するワクチンとして，1989年に*H.somni*不活化全菌体を抗原に用いたワクチンが承認され，血栓栓塞性髄膜脳脊髄炎の予防に現在でも使用されている．

近年，BRDCによる子牛の損耗が問題となり，ワクチンの開発が望まれていた．本症候群の発生機序も解明され，*H. somni*, *P. multocida*および*M. haemolytica*が主要な原因菌であることが明らかになった．これら3種類の菌からなる混合ワクチンの開発を企図し，2007年に承認され，使用されるようになった．

3．製造用株

1）*H. somni*

M-1 Br株を用いる．M-1 Br株は1979年に三重県で発生した牛の血栓栓塞性髄膜脳脊髄炎より分離した株を馬血清加ブレイン・ハートインフュージョン培地で5代継代した後，鶏肉ブイヨン培地でさらに1代継代したものである．

2）*P. multocida*

BP165/B株を用いる[5]．1993年岡山県で呼吸器症状を呈した牛の肺炎病巣より農林水産省家畜衛生試験場（現：独立行政法人 農業・食品産業技術総合研究機構 動物衛生研究所）において分離された株の分与を受けた後，パスツレラ・ムルトシダ製造用液体培地で5代継代したものである．本菌は牛の肺炎から最も分離率が高いA3型に属する．

3）*M. haemolytica*

HL2/B株を用いる．1994年に牛の肺炎病巣より兵庫県洲本家畜保健衛生所で分離された株の分与を受けた後，マンヘミア・ヘモリチカ増殖用液体培地で5代継代したものである．本菌は，国内で分離例が最も多い血清型1型[6]に属する．

4．製造方法

製造用株は承認された原株から5代以内のものが使用されている．製造用株を製造用培地で培養した後，ホルマリンで不活化する．不活化終了後，*H. somni*および*P. multocida*については，連続遠心機を用いて不活化全菌体を回収し，リン酸緩衝食塩液で濃度調整したものを原液とする．*M. haemolytica*については，連続遠心を用いて培養上清を回収した後，濃縮したものを原液とする．それぞれの原液を混合し，リン酸緩衝食塩液で濃度調整したものに，リン酸アルミニウムゲルを適量加えたものを最終バルクとする．これをバイアルに小分け，密栓したものを小分製品とする．

5．効力を裏付ける試験成績

1）*H. somni*

（1）有効抗体価

ワクチン免疫牛にNT2301株（標準株）を気管内に接種した結果，ELISA抗体価200倍以上で臨床症状および肺における病変形成の抑制に効果が認められた．本結果から，最小有効抗体価をELISA抗体価200倍に設定した．

（2）有効抗原量

血栓栓塞性髄膜脳脊髄炎の予防に必要な抗原量で，ELISA 抗体価 200 倍が得られるヒストフィルス・ソムニ液状不活化ワクチンと同じ抗原量（不活化前生菌数 5.0×10^9 CFU/ 頭）を最小有効抗原量に設定した．

（3）感染防御試験

ワクチン 2 回目注射 4 週後に NT2301 株を気管内に接種した．対照群では，40℃以上の発熱，重度の呼吸器症状，食欲低下および元気消失が認められ，肺に病変が認められた．一方，ワクチン注射群では，軽度の呼吸器症状および軽度の肺病変が認められた個体もあるが，多くは症状を認めなかった．本結果から，ワクチン注射により，肺炎に対する予防効果が得られることが確認された．

（4）免疫持続

ワクチンを筋肉内に 4 週間隔 2 回注射した場合，抗体価は 2 回目注射後 2 ～ 4 週目にピークに達する．その後，約 6 カ月間，有効抗体価である抗体価 200 倍以上を維持する．

2）*P. multocida*

（1）有効抗体価

ワクチン免疫牛に BP165/B 株（製造用株）を気管内に接種した結果，ELISA 抗体価 100 倍以上で臨床症状および肺病変を認めなかった．本結果から，最小有効抗体価を ELISA 抗体価 100 倍に設定した．

（2）有効抗原量

原液を各濃度に調整したワクチンを作製し，牛を用いて感染防御試験を行った．その結果，不活化前生菌数 1.0×10^{10}CFU/ 頭以上に調整したもので防御効果が認められ，最小有効抗原量を 1.0×10^{10}CFU/ 頭とした．

（3）感染防御試験

ワクチン 2 回目注射後 4 週目に BP165/B 株を気管内に接種した．対照群では，40℃以上の発熱，重度の呼吸器症状，食欲低下および元気消失が認められ，肺に病変が認められた．ワクチン注射群では，臨床症状および肺病変は認められなかった．本結果から，ワクチン注射により，肺炎に対する予防効果が確認された．

（4）免疫持続

ワクチンを筋肉内に 4 週間隔 2 回注射した場合，抗体価は 2 回目注射後 2 ～ 4 週目にピークに達し，その後，約 6 カ月間，有効抗体価である ELISA 抗体価 100 倍以上を維持する．

3）*M. haemolytica*

（1）有効抗体価

ワクチン免疫牛に I-29 株（野外株）を気管内に接種した結果，ELISA 抗体価 200 倍以上で臨床症状および肺病変を認なかった．本結果から，最小有効抗体価を ELISA 抗体価 200 倍に設定した．

（2）有効抗原量

原液を各濃度に調整したワクチンを作製し，牛を用いて感染防御試験を行った．その結果，1 ドーズ当たり ELISA 抗原価 800 倍以上のワクチン原液を 0.2mL 含むもので防御効果が認められ，最小有効抗原量に設定した．

（3）感染防御試験

ワクチン 2 回目注射後 4 週目に I-29 株を気管内に接種した．対照群では，40℃以上の発熱，重度の呼吸器症状，食欲低下および元気消失が認められ，肺に病変が認められた．ワクチン注射群では，臨床症状および肺病変は認められなかった．本結果から，ワクチン注射により，肺炎に対する予防効果が確認された．

（4）免疫持続

ワクチンを筋肉内に 4 週間隔 2 回注射した場合，抗体価は 2 回目注射後 2 ～ 4 週目にピークに達し，その後，約 6 カ月間，有効抗体価である抗体価 200 倍以上を維持する．

6．臨床試験成績

3 ～ 11 カ月齢の牛 94 頭を用い，本ワクチン注射群 67 頭，対照薬（ヒストフィルス・ソムニ液状不活化全菌体ワクチン）注射群 27 頭に分け，用法・用量に従い 2mL を臀部筋肉内に

表 1　野外試験の有効性評価

区　分	細菌名	抗体陰性牛の有効率（%）	抗体陽性牛の有効率（%）	合計有効率（%）
試験群	*H. somni*	6/6（100）	35/35（100）	41/41（100）
	P. multocida	41/41（100）	0/0（0）	41/41（100）
	M. haemolytica	41/41（100）	0/0（0）	41/41（100）
対照薬注射群	*H. somni*	4/4（100）	18/18（100）	22/22（100）
	P. multocida	0/22（0）	0/0（0）	0/22（0）
	M. haemolytica	0/22（0）	0/0（0）	0/22（0）

表 2　対照薬注射群との接種反応比較

区　分	注射直後の元気消失（%）		注射部位の腫脹・硬結（%）	
	1 回目注射時	2 回目注射時	1 回目注射時	2 回目注射時
試験群	3/67（4）	7/67（10）	2/67（3）	8/67（12）
対照薬注射群	0/27（0）	4/27（15）	1/27（4）	3/27（11）

4 週間隔で 2 回注射した．有効性評価に用いる抗体価の測定は，試験群 41 頭，対照薬注射群 22 頭から採血を行い，検査材料とした．

1）有効性

臨床症状による差が認められなかったため，抗体応答をもとに有効性を評価した．試験開始時に有効抗体価未満（ELISA 抗体価：*H. somni* ＜200, *P. multocida* ＜100 および *M. haemolytica* ＜ 200）の場合，ワクチン 2 回目接種後 1 カ月目の抗体価が有効抗体価以上を示したものを有効とした．試験開始時に有効抗体価以上の抗体価を持つものは，2 回目注射後 1 カ月目の抗体価が同等以上の場合，有効とした．

試験の結果，*H. somni* に対する抗体価は，対照薬注射群と同等の成績であった．*P. multocida* および *M. haemolytica* に対する抗体応答は，抗体陰性牛で 100%（41 頭）の陽転が認められた（表 1）．

2）安全性

試験群のワクチン接種後の臨床症状および注射部位の腫脹・硬結は，対照薬注射群と同等の結果が得られた（表 2）．試験実施期間全体の観察においても，両群でワクチン接種が起因と考えられる臨床症状を示す個体は認められなかった．観察結果から，本ワクチンは，既承認製剤のヒストフィルス・ソムニ液状不活化全菌体ワクチンと同等の安全性が確認された．

7. 使用方法

1）用法・用量

牛の筋肉内に 1 回 2mL を 1 カ月間隔で 2 回注射する．

2）効能・効果

ヒストフィルス・ソムニ感染症，パスツレラ・ムルトシダの感染による肺炎およびマンヘミア・ヘモリチカの感染による肺炎の予防．

3）使用上の注意

(1) グラム陰性菌を成分としている本ワクチンは，エンドトキシンを含有しているため，特に以下の内容の注意を喚起している．

生後 2 カ月齢以下の牛および過敏な体質の牛では，まれに注射後短時間で，起立困難，流涎，呼吸困難等のアナフィラキシー様症状を示すことがあるので，注射後は注意深く観察し，重篤な副反応が認められた場合は，速やかに適切な処置を行うこと．

(2) 妊娠牛には注射しないこと．

(3) 注射後 4 カ月以内は，注射部位筋肉内に反応が残ることがあるため，と畜場出荷前 4 カ月間は使用しないこと．

8. 貯法・有効期間

遮光して 2 ～ 10℃で保存する．有効期間は 2 年間．

参考文献

1. Angen, Ø. et al.（2003）：*Int J Syst Evol Microbiol*, 53, 1449-1456.
2. 中家一郎ら（1998）：日獣会誌，51, 136-140.
3. Frank, G.H.（1989）：Pasteurella and Pasteurellosis, 197-222，Academic Press.
4. Purdy, C.W. et al.（1997）：*Curr Microbiol*, 34, 244-249.
5. Ishiguro, K. et al.（2005）：*J Vet Med Sci*, 67, 817-819.
6. 富永潔ら（1992）：日獣会誌，45, 79 ～ 83.

（久保田　整）

1　日本脳炎・ゲタウイルス感染症混合不活化ワクチン

1．疾病の概要

1）日本脳炎

110 ページ参照.

2）ゲタウイルス感染症

ゲタウイルス感染症は日本脳炎と同じように蚊やダニといった吸血昆虫に媒介されることによって感染が広がるウイルス性疾病である．病気の原因となるゲタウイルスは *Togaviridae*, *Alphavirus* に分類される．本疾病の流行は媒体となる吸血昆虫の活動期と一致し，夏から秋にかけて起こる．主要な臨床症状としては頚部，肩部および臀部にかけての発疹，四肢下脚部の浮腫などが認められ，38.5 ～ 40℃前後の発熱を伴う場合が多い．実験感染馬では発熱時に食欲不振，水様性鼻汁の漏出が認められるが自然感染馬では症状は軽度であり予後は良好である．ゲタウイルスは日本以外にもシベリア，東南アジア，オーストラリアまで広く分布している．主に馬と豚でその病原性が確認されており，豚においては生後直死の子豚や流産胎子からウイルスが分離されている．

2．ワクチンの歴史

日本脳炎不活化ワクチンは 1948 年から馬に応用されていた．その後，動物用ワクチンは中山薬検株を用いて，発育鶏卵，マウス脳および培養細胞による培養へと改良が加えられてきた．本混合ワクチンに用いられている日本脳炎ワクチン株は抗原域の広さから人体用ワクチン株として応用されていた北京 1 株を培養細胞に順化したものであり，本株による日本脳炎不活化ワクチンは 1989 年に実用化されている [1,3].

馬のゲタウイルス感染症不活化ワクチンは，1981 年から馬に応用されてきた．1978 年にゲタウイルスに起因する疾病が発生し，急遽ワクチン開発の必要性が生じた [1,3]．感染馬から培養細胞に分離したウイルスを用い，培養細胞で増殖させ不活化したワクチンであり 1981 年に承認を受け，現在に至っている [2].

日本脳炎およびゲタウイルス感染症は夏から秋にかけて吸血昆虫によって媒介される季節要因がある．したがって，両ワクチンの接種時期が同時期であることからワクチンの混合化が検討され，1997 年に日本脳炎・ゲタウイルス感染症不活化ワクチンが承認された．本ワクチンが実用化されたことによりワクチン接種の煩雑さが回避され省力化が図られた.

3．製造用株

1）日本脳炎ウイルス

北京 1 株（1949 年北京にて人脳より分離し，羊胎児腎およびマウス脳で継代した）をマウス脳および豚腎由来株化細胞（MPK- Ⅲ aC1）で継代したのち，鶏胎児線維芽細胞を用いてプラッククローニングを行い，さらに MPK- Ⅲ aC1 細胞で継代して BM Ⅲ株を作出した．本株はマウスの脳内接種で病原性が認められる．抗原性は JaGAr01 株に属し，中山薬検株より中山予研株に親和性が強い [3].

2）ゲタウイルス

1978 年に発症馬より分離し，サル腎由来株化細胞で継代して MI-110 株を作出した [2]．馬の皮下および鼻腔内に接種すると発熱，発疹および浮腫が認められる.

4．製造方法

日本脳炎ウイルスは MPK- Ⅲ aC1 細胞を用いて 37℃で 3 ～ 5 日間培養したものを遠心処理し，その上清をウイルス浮遊液とする．それにホルマリン液を添加し，不活化したものを日本脳炎原液とする．ゲタウイルスは馬由来株化細胞（EFD-C1）を用いて 37℃，2 ～ 3 日間培養し，その上清を濃縮・精製したものを濃縮浮遊液とする．これにホルマリンを添加し，不活化したものをゲタウイルス原液とする．両原液を混合した最終バルクをバイアルに分注し，小分け製品とする.

5．効力を裏付ける試験成績

ワクチンを 1 ヵ月間隔で 2 回筋肉内注射した時，日本脳炎ウイルスに対する抗体陰性馬の平均抗体価（HI）は第 2 回注射時で 223.5 倍，第 2 回注射後 2 週で 457.1 倍であった．これらは単味ワクチンの成績と同様であり，HI 抗体価で 10 倍以上を示したことからその有効性が確認された.

同様にゲタウイルスに対する抗体陰性馬の平均中和抗体価は第 2 回注射時で 1.5 倍，第 2 回注射後 2 週で 3.6 倍であった．これらも単味ワクチンの成績と同様であり中和抗体価で 1 倍以上を示したことから有効性が確認された.

6．臨床試験成績

2 歳馬 123 頭を用いて，試作ワクチンを 3 mL ずつ 1 ヵ月間隔で 2 回，馬の頚側部筋肉内に注射した．判定基準につい

表1　ワクチン接種による野外馬での抗体応答のまとめ

ウイルス	項　目	抗体応答		
		第１回注射時	第２回注射時	第２回注射後２週
日本脳炎ウイルス	平均 HI 抗体価	11.7	223.9	564.6
	抗体応答率	・	83.6%（97/116）	92.2%（107/116）
ゲタウイルス	平均中和抗体価	＜1	1.5	3.6
	抗体応答率	・	69.8%（81/116）	94.0%（109/116）

て，安全性では各回注射後 10 日間，臨床観察により副反応発現の有無を観察し，有効性では血清中の抗体価（日本脳炎ウイルスでは HI 抗体価，ゲタウイルスでは中和抗体価）を測定した．日本脳炎ウイルスに関しては前抗体陰性の場合は注射後抗体価が 10 倍以上になったものを有効とし，前抗体陽性の場合は注射後抗体価が同等もしくは上昇したものを有効とした．ゲタウイルスに関しては前抗体陰性の場合は注射後抗体価が 1 倍以上になったものを有効とし，前抗体陽性の場合は注射後抗体価が同等もしくは上昇したものを有効とした．試験成績から安全性については全例で各注射後の注射局所反応，元気・食欲等の臨床症状に異常は認められなかった．有効性については日本脳炎ウイルスでは抗体応答率で 92.2%，HI 抗体価（GM）で 564.6 倍と高い値は示し，ゲタウイルスにおいても抗体応答率で 94.0%，抗体価（GM）で 3.6 倍となり，有効性が示された（表 1）．

7．使用方法

1）用法・用量

初回免疫には 3 mL ずつを 1 ヵ月間隔で 2 回，補強免疫には 3 mL を 1 年 1 回馬の頚部筋肉内に注射する．

2）効能・効果

馬の日本脳炎およびゲタウイルス感染症の予防．

3）使用上の注意

日本脳炎ウイルスおよびゲタウイルスによる感染期前に免疫を賦与しておくことが重要である．本病の原因となるウイルスを媒介する吸血昆虫の活動期前である 4 月～ 6 月にかけてワクチンを注射する．

8．貯蔵・有効期間

遮光して 2 ～ 5℃に保存する．有効期間は 2 年 3 ヵ月間．

参考文献

1. 今川　浩（2006）：馬の科学，43, 32-38.
2. 動生協会々報（1998）：31-2, 53.
3. 委託獣医師講習会テキスト（平成 7 年度）　社団法人北海道家畜畜産物衛生指導協会.

（草薙公一）

2　馬インフルエンザ不活化・日本脳炎不活化・破傷風トキソイド混合（アジュバント加）不活化ワクチン

1．疾病の概要

1）馬インフルエンザ

馬インフルエンザは，馬インフルエンザウイルス（*Orthomyxoviridae Influenzavirus* A）の感染によって起こる極めて伝染性の強い急性の呼吸器感染症で，届出伝染病に指定されている．飛沫感染により容易に感染が成立するため，馬では最も恐れられている疾病の一つである．馬インフルエンザウイルスは，赤血球凝集素（HA）とノイラミニダーゼ（NA）の抗原性の違いにより馬1型（H7N7）と馬2型（H3N8）の2つの亜型に分類されている．近年，世界各地で流行がみられているのは全て馬2型ウイルスによるものであり，年々変異していることが知られている[1]．

わが国においては，1971～1972年にかけて全国的な流行がみられた．当時，わが国の馬は全く抗体を保有していなかったため，伝播速度は速く罹患率は88％に達し，全国で7,000頭近い馬が発病した．その後，不活化ワクチンが開発され，ワクチンによる防疫対策が功を奏し35年間にわたり発生を防いでいた．2007～2008年に再び流行がみられたが[2]，ほとんどの馬は定期的にワクチンが注射されていたため，流行は限定的であった．

2）日本脳炎

日本脳炎は，日本脳炎ウイルス（*Flaviviridae Flavivirus*）の感染により起こる人獣共通感染症で，流行性脳炎として法定伝染病に指定されている．日本国内では6月から9月にかけて流行地域が北上し，北海道まで達することがある．ウイルスの増幅動物は豚で，吸血した蚊の唾液腺で増殖し，最終宿主である馬および人に伝播される．馬では，1947～1948年に大規模な流行がみられたが，1963年以降急激に減少している．1983年から1985年にかけて合計9頭，2003年に1頭発生した事例を除き，1978年以降発生報告はない．

3）破傷風

破傷風は，破傷風菌（*Clostridium tetani*）が外傷から感染し，産生される神経毒によって全身の筋肉の強直，痙攣を起こす急性感染症であり，人獣共通感染症であるとともに家畜では届出伝染病に指定されている．破傷風菌は，自然界に広く分布し，特に土壌中に常在している．馬では，毎年数頭の発生報告があるが，そのほとんどはワクチン未接種の農耕馬である．

2．ワクチンの歴史

1）馬インフルエンザ

わが国では，1971～1972年の全国的な流行を受け1972年に馬インフルエンザ不活化ワクチンが実用化された．このワクチンには馬1型インフルエンザウイルスとしてA/equine/Prague/56株（H7N7），馬2型インフルエンザウイルスとしてA/equine/Miami/1/63株（H3N8）およびA/equine/Tokyo/2/71株（H3N8）が用いられた（初代ワクチン）．その後，海外で流行している馬インフルエンザウイルス

表1　馬インフルエンザ不活化ワクチン株の変遷

歴　代	実用化年	馬1型株（H7N7）	馬2型株（H3N8）	
			アメリカ型	ヨーロッパ型
初　代	1972	A/equine/Prague/56	A/equine/Miami/1/63 A/equine/Tokyo/2/71	
2	1985	A/equine/Newmarket/1/77	A/equine/Tokyo/2/71 A/equine/Kentucky/1/81	
3	1996	A/equine/Newmarket/1/77	A/equine/Kentucky/1/81 A/equine/La Plata/93	
4	2003	A/equine/Newmarket/1/77	A/equine/La Plata/93	A/equine/Avesta/93
5	2009	な　し	A/equine/La Plata/93 A/equine/Ibaraki/1/07	A/equine/Avesta/93

の抗原変異に伴い1985年には2代目，1996年には3代目，2003年には4代目のワクチンとなり，2009年には5代目となるA/equine/Ibaraki/1/07（H3N8），A/equine/La Plata/93（H3N8）およびA/equine/Avesta/93（H3N8）の3株を含むワクチンが製造承認され使用されている（表1）.

2）日本脳炎

日本脳炎不活化ワクチンは，1947～1948年の流行時で分離された日本脳炎ウイルスを出発材料として開発された．初代ワクチンは，日本脳炎ウイルス中山株薬検系を用いて発育鶏卵またはマウス脳で増殖させたウイルスを原材料として製造された．その後，精製方法などの改良が重ねられ精製度の高い不活化ワクチンとなったが，現在では中山株薬検系よりも抗原域が広く人体用の日本脳炎ワクチン製造用株としても使用されている北京株または北京株に由来するＢＭⅢ株を培養細胞で増殖したウイルスを原材料とするワクチンに改良されている.

3）破傷風

破傷風トキソイドは1931年にRamonによって創製された．日本における破傷風トキソイドの開発には，旧陸軍軍医学校で行われていたワクチンおよび抗毒素の製造が大きく貢献している．破傷風抗毒素製造のために馬の免疫が開始され，同時に免疫用の破傷風トキソイドが大量に製造された．戦後，1951年に破傷風予防液の製造承認を受けて製造が開始され，1970年には製造方法をアルミウムゲルを添加する沈降トキソイド法に変更した経緯がある.

4）馬インフルエンザ・日本脳炎・破傷風混合（アジュバント加）不活化ワクチン

馬インフルエンザ，日本脳炎および破傷風の3疾病は幼駒から老馬に至るまで生涯において感染の危険性がある疾病であり，一般的な衛生対策に加えて検疫およびワクチン注射を主体とする防疫対策が重要である．当初，競走馬は春の一斉検査に際して日本脳炎ワクチンおよび破傷風トキソイドがそれぞれ注射されていた．馬インフルエンザについては，いわゆる冬型感染症対策として晩夏から初秋にかけてワクチン注射が行われてきたが，海外における本症の流行状況から通年性感染症として対応する必要性が生じ，春にもワクチンを追加注射することになった．そのため，他の2種に加えて春の同時期に合計3種類のワクチンを注射することになったが，ワクチン注射は馬にとってかなりの負担であり，特に1歳馬では調教を十分に受けていないため注射が困難な場合も多い．そこで，3回の注射を1回で済ますことにより馬に対するストレスの軽減と獣医師の作業改善を目的とし，これら3種類の抗原を混合したワクチンが2000年より実用化されている．なお，3種混合ワクチンについても，単味ワクチンと同様に馬インフルエンザウイルスの抗原変異にともない製造用株を変更し，現在3代目のワクチンとして，A/equine/Ibaraki/1/07，A/equine/La Plata/93およびA/equine/Avesta/93の3株の馬インフルエンザ抗原を含む3種混合ワクチンが2009年より使用されている.

3．製造用株

1）馬インフルエンザウイルス

（1）A/equine/Ibaraki/1/07株（H3N8）

2007年に茨城県の罹患馬から分離されたウイルス株を発育鶏卵で8代継代した株である.

（2）A/equine/La Plata/93株（H3N8）

1993年にアルゼンチンの罹患馬から分離されたウイルス株を輸入し，発育鶏卵で7代継代した株である.

（3）A/equine/Avesta/93株（H3N8）

A/equine/Avesta/93株は，1993年にスウェーデンの罹患馬から分離されたウイルスを輸入し，発育鶏卵で継代7代目のウイルスを製造用株とした.

（4）動物用生物学的製剤基準において定める株

将来，流行株に変異がみられ，農林水産省が管轄する動物用インフルエンザワクチン製造用株選定委員会においてワクチン製造用株の変更が必要だと判断された場合，動物用生物学的製剤基準に新たな製造用株が定められ，直ちに製造できるシステムが構築されている．なお，ワクチンに含まれる抗原量は3株合計で400 CCA価*以上とする.

* CCA（Chicken red blood Cell Agglutination）価とは，インフルエンザウイルスの赤血球凝集能を利用してウイルスの量を定量した際の単位である.赤血球凝集反応を試験管内で行うと，凝集した赤血球の沈降速度が凝集しないものより速い．一定時間後に一定の高さで赤血球濃度を吸光度計で測定することにより，赤血球の凝集の程度，すなわちウイルス量に応じて生じる濃淡の差を利用してウイルス量を測定した際の単位である.

（5）各製造用株の性状

馬インフルエンザの製造用株は，いずれも発育鶏卵中で増殖し，尿膜腔液中のウイルス力価は発育鶏卵接種法で1mL中$10^{7.0}$ EID_{50}以上である.

2）日本脳炎ウイルス

国立予防衛生研究所（現国立感染症研究所）から分与を受けた日本脳炎ウイルス北京株をVero細胞で2代継代した株またはBM Ⅲ株をMPK細胞で13代継代した株である．北京株またはBM Ⅲ株は,マウスの脳内に注射するとマウスを死亡させ，また豚腎初代細胞で増殖し，ガチョウ，鶏初生ひなおよびハトの赤血球を凝集させる.

3）破傷風菌

国立予防衛生研究所（現国立感染症研究所）から分与を受けた破傷風菌Harvard A-47株を製造用株とした．Harvard A-47株は,破傷風菌に一致する形態学的および生物学的性状を有し，培養ろ液をマウスまたはモルモットの皮下に注射するとき，特異な破傷風症状を呈して死亡する．

4．製造方法

各馬インフルエンザ製造用株の種ウイルスをそれぞれ別個に発育鶏卵の尿膜腔内に注射し，32 ～ 36℃で 2 ～ 3 日間培養した後，感染尿膜腔液を採取し，遠心処理により粗大夾雑物を除去したウイルス浮遊液を精製濃縮する．精製濃縮された各ウイルス浮遊液にホルマリンを 0.1 vol%以下の割合に加えて不活化し，保存剤としてチメロサール等を加え調整したものをそれぞれの株の馬インフルエンザウイルス原液とする．

日本脳炎ウイルス北京株または BM Ⅲ株をそれぞれ Vero 細胞または MPK 細胞で培養し，培養液のろ液または遠心上清を必要により限外ろ過膜等により処理し，ホルマリンおよび安定剤を規定の割合に加えて不活化したものを日本脳炎ウイルス原液とする．

Harvard A-47 株を P Ⅱ変法培地で培養し，培養菌液をろ過等により除菌した上清液を破傷風毒素液とする．破傷風毒素液から硫安塩析およびイオン交換クロマトグラフィー等の方法で防御抗原である破傷風毒素を精製し，ホルマリンによる無毒化（0.4 ～ 0.6 vol%，33 ～ 37℃）およびその除去，必要により安定剤添加を行う．更に保存剤としてチメロサールを規定量加え，アジュバントを添加するとともに 3 株の馬インフルエンザウイルス原液，日本脳炎ウイルス原液を混合し，3 種混合ワクチンとする．

5．効力を裏付ける試験成績

3 種混合ワクチンは，構成するそれぞれの単味ワクチンとの同等性を基本に開発されており，その効力は動物用生物学的製剤基準に規定された安全試験，力価試験等のワクチンの規格試験と臨床試験によって確認されている．また，現在日本ではいずれもバイオセーフティレベル 2 または 3（BSL3）の病原体として扱われており研究施設での使用，保管状況が厳重に監視されていることもあり，対象動物である馬を用いた効力試験（強毒株による攻撃試験）を実施することは困難な状況である．そこで，本項では動物用生物学的製剤基準に規定された本ワクチンの力価試験の成績を紹介する．

1）馬インフルエンザ

3 種混合ワクチンをリン酸緩衝食塩液で 10 倍に希釈した注射材料 0.5 mL を 4 週齢のマウス 20 匹の腹腔内に注射した後，4 群に分け，14 日後に得られた血清を各群ごとにプールして赤血球凝集抑制反応を行った．判定基準は，「赤血球凝集の抑制された最高希釈倍数を赤血球凝集抑制抗体価として，4 群中，2 群以上の赤血球凝集抑制抗体価は 8 倍以上でなければならない」と規定されているが，馬インフルエンザの 3 種類の抗原に対していずれも 256 倍以上と基準を大きく上回った（表 2）．

表 2　馬インフルエンザ力価試験成績

群	HI 抗体価（倍）		
	Ibaraki	La Plata	Avesta
1	256	256	256
2	512	256	256
3	256	256	256
4	256	256	256

2）日本脳炎

3 種混合ワクチンをリン酸緩衝食塩液で 10 倍に希釈した注射材料 0.1 mL を試験第 1 日目および第 4 日目に，2 ～ 3 週齢のマウス 30 匹の腹腔内に注射した（試験群）．試験第 8 日目に，試験群およびワクチン未接種のマウス（対照群）それぞれ 30 匹に日本脳炎ウイルス中山株薬検系由来の攻撃ウイルス 0.2 mL ずつを腹腔内に注射した．また，攻撃ウイルス量の測定のため，ワクチン未接種の同日齢のマウス 30 匹を 10 匹ずつ 3 群に分け，各群に攻撃ウイルスを 10 倍，100 倍および 1,000 倍に希釈したもの 0.2 mL ずつを腹腔内に注射した．攻撃後 14 日間観察し，脳炎症状を示して死亡した動物および生き残っても脳炎症状を示している動物を死亡したものとみなして，各群の死亡率および攻撃ウイルスの LD_{50} を算出した．判定基準は，「試験群の耐過率は 40%以上でなければならない．なお，攻撃ウイルスを注射した対照群の死亡率は 90%以上，また，攻撃ウイルスのウイルス量は，0.2 mL 中 10^3 LD_{50} 以下でなければならない」，と規定されているが，試験群の耐過率は 83.3%，対照群の死亡率は 100%，攻撃ウイルスのウイルス量は，0.2 mL 中 $10^{1.2}$ LD_{50} 以下であった（表 3）．

3）破傷風

3 種混合ワクチン（試験品）および標準沈降破傷風トキソイド（標準品）をそれぞれ生理食塩液で 40，100，250 および 630 倍に階段希釈した．試験品および標準品の各希釈液を，1 群 10 匹以上の 5 週齢のマウスに，1 匹当たり 0.5 mL を外股部皮下に注射した．4 ～ 6 週後に，0.2 w/v%ゼラチン加 1/60 mol/L リン酸緩衝食塩液で適当量に希釈した破傷風試験毒素を，それぞれ約 100 LD_{50}/0.5 mL ずつ外股部皮下に注射して 7 日間観察した．なお，攻撃に用いた毒素の LD_{50} 値は 1 群 3 匹以上のマウスの 3 群以上を用いて測定するとき，50 ～ 200 でなければならない．判定基準は，「試験の成績を統計学的に処理して比較するとき，試験品の力価は，40 国際単位以上でなければならない」，と規定されているが，試験品の力価は 288.83 国際単位であった．

表3　日本脳炎力価試験成績

群	耐過数／総数	耐過率＊（%）
試験群	25/30	83.3
対照群	0/30	0

＊攻撃ウイルス量は $10^{1.2}LD_{50}/0.2$ mL

6．臨床試験成績

臨床試験をA～Cの3施設，軽種馬92頭（5～19歳，試験群71頭，対照群21頭）を用いて実施した．試験群には3種混合ワクチン（初代ワクチン）1mLを4週間隔で2回筋肉内に注射し，対照群には単味ワクチンである馬インフルエンザウイルスワクチン1mLを筋肉内，日本脳炎ワクチン1mLを皮下，破傷風トキソイド3mLを皮下に，それぞれ4週間隔で2回，同時異部に注射し，有効性および安全性を検討した．

1）有効性

注射前，初回注射後1，2および4ヵ月目の馬インフルエンザウイルス3株に対するHI抗体価，日本脳炎ウイルス北京株に対するHIおよび中和抗体価，ならびに破傷風毒素に対する受身凝集抗体価を測定し，tあるいはWilcoxon検定を用いて解析した．ほとんどの供試馬は，本試験前に実施されていたワクチンプログラムにより，ワクチン注射前から発症防御レベル（馬インフルエンザ：HI抗体価32～64倍[3]，日本脳炎：中和およびHI抗体価10倍[4]，破傷風：受身毒素凝集抗体価0.01IU/mL[5]以上）の血中抗体価を既に獲得していた．しかし，ワクチン注射によって，抗体価はいずれの群においても上昇あるいは同等の値で推移した．また，試験群と対照群における抗体応答は，それぞれ概ね同等であった．

2）安全性

対照群において2回目注射の翌日に，10頭中3頭に最大径10cmの一過性の腫脹が認められた．一方，試験群ではいずれの施設においても，3種混合ワクチン注射に起因する発熱，局所反応および一般状態などの異常は認められなかった．

7．使用方法

1）用法・用量

ワクチンの1mLずつを約4週間隔で2回，馬の筋肉内に注射する．

2）効能・効果

馬インフルエンザ，日本脳炎および破傷風の予防．

3）使用上の注意

本ワクチンの注射前には健康状態について検査し，重篤な疾病にかかっていることが明らかな馬，以前に本ワクチンまたは他のワクチン注射によりアナフィラキシー等の異常な副反応を呈したことがある馬，妊娠8ヵ月以上の馬には注射しないこと．ただし，緊急予防の必要がある時はこの限りではない．本ワクチンの注射後，激しい運動は避けるように指導するとともに，少なくとも2日間は安静に努め，移動等は避けるように指導すること．また，本ワクチン注射後，まれに一過性の局所の発赤，腫脹，硬結，全身反応として発熱，元気消失，食欲不振，下痢等を認めることがあるが，通常2～3日中には消失する．

4）ワクチネーションプログラム（軽種馬用）

2009年までは1歳馬におけるこれら3種混合ワクチンの基礎免疫を5～6月に実施していたが，2010年1月より基礎免疫を1～3月に実施し，補強免疫をその3ヵ月後の5～6月に，さらに馬インフルエンザワクチンの補強免疫をその半年後の10～12月に実施することが推奨されている．2歳以上の馬については，5～8月に3種混合ワクチンを1回，その4週後に日本脳炎ワクチンの補強免疫を実施し，さらに馬インフルエンザワクチンの補強免疫を半年後の10～12月に実施することが推奨される．

8．貯法・有効期間

遮光して2～10℃に保存する．有効期間は製品により異なり，2～3年間．

参考文献

1. Webster, R.G. et al.（1992）：*Microbiol Rev,* 56:152-179.
2. Yamanaka, T. et al.（2008）：*J Vet Med Sci,* 70：623-625.
3. 今川　浩（1994）：馬インフルエンザ，1-16, 軽種馬防疫協議会.
4. 熊埜御堂毅ら（1998）：馬の日本脳炎，17-19, 社団法人全国家畜畜産物衛生指導協会.
5. 佐藤博子，高橋元秀（1994）：ワクチンハンドブック，81-90, 丸善.

（山崎憲一）

3 馬鼻肺炎（アジュバント加）不活化ワクチン

1．疾病の概要[1]

馬鼻肺炎は *Herpesviridae*, *Alphaherpesvirinae*, *Varicellovirus* に属する２つの非常に近縁なウイルスである馬ヘルペスウイルス１型（EHV-1）または４型（EHV-4）の感染によって起こる伝播力の強い馬の伝染病の総称である．本病は，家畜伝染病予防法では届出伝染病に指定されている．伝播は，ウイルスを含む鼻汁飛沫，ウイルスに汚染した人の手指・衣類や馬具あるいは流産胎子や羊水を介して起こり，鼻腔から感染して上部気道で増殖する．一次症状として発熱を伴う呼吸器症状を示すが，その程度は年齢や免疫状態等による個体差が認められ，不顕性感染も多い．EHV-1 は，馬の呼吸器粘膜からさらに体内に侵入して増殖し，妊娠馬の流産や新生子馬の死亡，あるいは神経疾患（脊髄脳症）を引き起こす．EHV-4 は，主として生産牧場や育成牧場の若齢馬の呼吸器疾患の原因となり，流産の原因になることはまれである．

わが国では，トレーニングセンター（トレセン）で冬季に発熱を伴う呼吸器疾病が流行しやすいが，この流行の一因として EHV-1 が関与していることが明らかにされている．トレセンに入厩して初めて冬を経験する若い馬が流行に巻き込まれる．トレセンで前年の流行シーズンに感染を受けた馬にウイルスが潜伏感染しており，これが再活性化して排出され，初めて冬を迎える若い馬での流行が起こると考えられている．

子馬の生産地では，前駆症状がないまま妊娠後期（胎齢９～11 ヵ月）に突然 EHV-1 感染による流産が発生し，その損害は大きい. EHV-1による流産が発生すると牧場内で続発しやすく，発生後の消毒を徹底する等の対策が必要である．この流産の続発には，牧場内の育成馬での EHV-1 の流行も関与していると考えられており，対策を立てる上で重要である．なお，流産は繁殖雌馬のその後の受胎率には影響しないと考えられている．

本邦では EHV-1 感染により神経疾患を示す例は少ないが欧米では多数報告されており，神経病原性が強いとされるウイルス株の存在も報告されている．

2．ワクチンの歴史

1966 年 11 月から翌年春にかけて輸入妊娠馬の流産が原発となり，これを導入した北海道日高地方の牧場で流産の集団発生が起こった．この流行から馬腎臓初代細胞を用いて HH 1 株が分離された．このウイルス株は，日本国内で従来から分離されている H45 株（1957 年分離）を代表とするいわゆる日本型馬鼻肺炎ウイルス（EHV-4）と抗原性状が異なる EHV-1 であることが明らかにされた．流産に対して米国の生ワクチンの安全性と有効性を検討したが，国内産馬に対する安全性が危惧された．そこで，上記の HH 1 株から不活化ワクチン製造用原株 HH-1 BKS 株が作出された．これを CKTC6-1 細胞浮遊培養で大量に培養する方法を確立し，1979 年にワクチンの製造が承認された．

その後もより有効なワクチンが求められ，1986 年から６年間にわたり，日本中央競馬会の助成のもとでワクチンの改良研究が進められた．この研究成果として，ウイルスを馬胎子皮膚由来株化 EFD-C_1 細胞で培養することにより抗原力価を高めた現在の第２世代ワクチンが開発され，1992 年にその製造が承認された．ワクチン製造用細胞株の選択に当たっては，このワクチンの使用頻度は高いが馬は異種タンパク質に対して反応しやすいことを考慮し，馬由来細胞とした[2]．さらに，本ワクチンの呼吸器疾病を予防する効果が臨床試験で確認され，1997 年にワクチンの効能・効果として追加された．

現在，第３世代のワクチンとして細胞性免疫の誘導を期待できる高度弱毒生ワクチンの製品化が進められている．

3．製造用株

製造には馬鼻肺炎ウイルス HH-1 BKS 株またはこれと同等と認められた株を用いる．HH-1 BKS 株は，HH 1 株を牛腎臓初代細胞および牛腎臓由来株化 CKTC6-1 細胞を通過させて作出されたウイルス株である．この株は，馬に接種すると軽度に発熱させるが，呼吸器症状は引き起こさず，牛腎細胞，馬腎細胞および豚腎細胞で CPE を伴って増殖し，馬の赤血球を凝集させる[3]．

4．製造方法[3]

HH-1 BKS 株を EFD-C_1 細胞に接種して培養し，ウイルスの増殖極期に培養液を採取する．これを遠心して限外ろ過により濃縮し，ホルマリンを加えてウイルスを不活化する．アルミニウムゲルアジュバントを加え，小分けしてワクチンとする．

5．効果を裏付ける試験成績

流産防止試験として妊娠馬８頭をワクチン注射群４頭と非注射対照群４頭に分け，ワクチン群には胎齢６～７ヵ月時から概ね1ヵ月間隔で試作ワクチンを3回注射した．両群の妊娠馬に対し，胎子感染が成立しやすい胎齢300～313日の時点で野外株の鼻腔内接種で攻撃を行った[4]．ワクチン群では攻撃時の中和抗体価が16～128倍であるのに対し，対照群では2～4倍と低かった．攻撃後，両群の妊娠馬の鼻腔およびリンパ球から一定期間ウイルスが分離された．しかし，ワクチン群では攻撃による著しい抗体価の上昇は認められなかったのに対し，対照群では攻撃2～4週には明らかな抗体価の上昇が認められた．ワクチン群では1頭が死産，1頭が流産したが，胎子・産子の病原病理学的検索からEHV-1感染は否定された．一方，対照群では2頭が流産し，1頭はEHV-1感染が否定されたが，もう1頭は胎子の各臓器からEHV-1が分離され，ウイルスの胎子感染による流産であると確認された．これらの成績から，ワクチン群ではリンパ球から多少ウイルスが分離されるものの，攻撃後の抗体価の推移から類推できるように，妊娠馬体内でのウイルスの増殖が抑制されることで胎子へのウイルス感染が抑えられると考えられた[2]．

6．臨床試験成績

試作ワクチンを馬に頻回注射した場合の安全性と抗体応答について野外応用試験を実施した．その結果，試作ワクチンを馬に頻回あるいは大量に注射しても全身および局所の注射反応はなく，馬に対する安全性が極めて高いことが確認された．また，注射時の中和抗体価が低い馬では，2回注射による抗体応答は明らかだが長期間持続せず，逆に抗体価の高い馬では2～3回の注射で抗体価が長期間維持される傾向が認められた[2]．

本ワクチンの呼吸器疾病の予防効果に関して2ヵ所（MおよびR）で臨床試験を実施した．それぞれの試験場所で10～11月に入厩してきた馬のうちMの87頭およびRの94頭に市販ワクチンを1ヵ月間隔で2回注射したところ，観察期間中一般臨床症状および注射局所の異常は認められず，安全性が確認された．有効性は，ワクチン注射群の中和抗体応答率と馬鼻肺炎発症率の抑制効果を指標として試験した．第1回注射後1ヵ月のMおよびRでの抗体応答率はそれぞれで57.1％および56.7％，第2回注射後3～4週では63.5％および73.1％であった．この応答率は妊娠馬での成績と同程度であった．なお，平均抗体価は，MおよびRで第1回注射時3.8および2.9，第1回注射後1ヵ月で13.1および9.8，第2回注射後3～4週で18.7および14.9と推移した．また，試験期間中に発熱または呼吸器症状を示した馬からペア血清を採取し，CF抗体価が4倍以上上昇したものを馬鼻肺炎発症個体として発症率を調べた．ワクチン非注射対照群のMおよびRでの発症率は，2.9％および2.6％であったのに対しワクチン注射群では0％および1.1％であり，本ワクチンの馬鼻肺炎の呼吸器疾病を予防する効果が認められた．

7．使用方法

1）用法・用量

1頭分5mLを4～8週間隔で2回，3歳以上の馬の筋肉内に注射する．妊娠馬では妊娠6～7ヵ月齢で第1回目を注射する．

2）効能・効果

馬鼻肺炎ウイルスによる馬の流産ならびに呼吸器病の予防．

3）使用上の注意

流産は概ね胎齢9～11ヵ月に発生するので，この時期までに免疫を賦与するために妊娠馬では胎齢6～7ヵ月で第1回目を注射する．この時期はウイルスの流行が始まる前と予想される．野外応用試験の成績等からワクチン歴のないまたは抗体価の低い馬では1ヵ月後に2回目注射，さらに2～3ヵ月後に3回目の注射を行うと効果的と考えられる[2]．一方，抗体価の高い馬では初回注射は同様だが，2回目注射を2ヵ月後に行い，分娩時期の遅い妊娠馬ではさらに3回目の注射を行うと効果的と考えられる[2]．

初めてトレーニングセンターに入厩する育成馬は，冬のEHV-1による呼吸器疾病の流行前にワクチンを複数回注射しておくことが望ましい[1]．

8．貯法・有効期間

遮光して2～5℃で保存する．有効期間は1年6ヵ月間．

参考文献

1. 松村富夫，近藤高志（2007）：馬鼻肺炎，社団法人全国家畜畜産物衛生指導協会．
2. 鮫島都郷ら（1993）：馬鼻肺炎ウイルスによる流産防圧に関する調査・研究概録（社団法人日本軽種馬協会編），56-63, 114-119, 128-132.
3. 農林水産省 動物用生物学的製剤基準，馬鼻肺炎（アジュバント加）不活化ワクチン．
4. 鎌田正信ら（1993）：馬鼻肺炎ウイルスによる流産防圧に関する調査・研究概録（社団法人日本軽種馬協会編），119-128.

（土屋耕太郎）

4　馬ウイルス性動脈炎不活化ワクチン（アジュバント加溶解用液）

1．疾病の概要[1,2]

馬ウイルス性動脈炎は *Arteriviridae*，*Arterivirus* に属する馬動脈炎ウイルスによる馬属の伝染病であり，世界中に存在するが日本にはなく，いわゆる海外伝染病である．家畜伝染病予防法では届出伝染病に指定されている．病名は発症馬の病理組織学的所見に由来する．ウイルスの血清型は単一であるが，自然界には病原性の異なる株が存在する．発症馬の鼻汁や外見上健康なキャリア種雄馬の精液に排出されるウイルスにより本病が伝播する．常在地では不顕性感染が多い．発症した場合，発熱，元気消失，食欲不振，四肢ならびに種雄馬での陰嚢および包皮の浮腫，結膜炎，全身性の発疹および妊娠馬での流産など，多様な臨床症状が見られる．流産は 50％以上の妊娠馬に及ぶこともあり，経済的損失が大きい．

2．ワクチンの歴史

本病の日本への万一の侵入に備えて標題のワクチンが開発され，1990 年に承認された．米国では 1984 年から弱毒 Bucyrus 株による生ワクチンが使用されていたが，この株は日本の馬に対して安全面で問題があった．そこで，備蓄用不活化ワクチンとして保存性を向上させ，力価を最大限に引き出すために凍結乾燥品とし，溶解用液にアジュバントを加えた．現在，米国とカナダでは弱毒生ワクチンが，欧州諸国では不活化ワクチンが認可されている．

3．製造用株

B-EFD 株またはこれと同等と認められた株を用いる．B-EFD 株の親株は，1953 年に米国で発生した本病の流産胎子から分離された Bucyrus 株である．馬の皮膚培養細胞で 19 代継代したウイルスが原株である．

4．製造方法

B-EFD 株を馬皮膚由来継代細胞で増殖させて濃縮し，ホルマリンで不活化する．これに安定剤を加え，凍結乾燥したのち窒素ガスを充填し密封する．

5．効果を裏付ける試験成績[3]

ワクチン注射群の攻撃までの期間を調整して異なったレベルの中和抗体を有する馬を用意し，馬継代 Bucyrus 株で鼻腔内噴霧接種により攻撃した．非免疫群は発熱，浮腫や眼結膜の充血等の全身性急性症状を示し，白血球減少やウイルス血症を呈するのに対し，中和抗体価 10 ～ 20 倍の馬 4 頭ではウイルス血症および臨床症状を認めたが非免疫群と比べはるかに軽度であった．抗体価 40 倍では 5 頭中 2 頭で発症が阻止され，80 倍以上になると 8 頭全てが発症しなかった．攻撃時の 50％発症防御中和抗体価は 43 倍と算出された．なお，攻撃時中和抗体価 640 倍の 2 頭の妊娠馬は正常に分娩した．

6．臨床試験成績

本病は日本に存在しなかったことから，臨床試験は実施されていない．しかし，20 頭の馬を用いた実験室内での安全性に関する試験では 1 ～ 5 用量注射群で臨床症状および局所反応に異常は認められず，安全性が確認された．

7．使用方法

1）用法・用量

乾燥ワクチンに添付の溶解用液を加えて溶解し，その 1 mL ずつを約 4 週間隔で 2 回，馬の頚部筋肉内に注射する．補強免疫が必要な場合は，1 mL ずつを 1 回，下記の要領で頚部筋肉内に注射する．①初回補強免疫：基礎免疫後約 3 ヵ月．②再補強免疫：初回補強免疫後約 6 ヵ月，以後約 12 ヵ月ごと．

なお，本ワクチンは一般には使用されていないが，万一の発生に備えて日本中央競馬会馬事部で備蓄されている．

2）効能・効果

馬のウイルス性動脈炎の予防．

8．貯法・有効期間

遮光して 2 ～ 5 ℃で保存する．有効期間は 4 年間．

参考文献

1. 近藤高志（2009）：馬ウイルス性動脈炎，社団法人全国家畜畜産物衛生指導協会．
2. Fukunaga, Y. et al.（1994）：*J Equine Sci*, 5, 45-48.
3. Fukunaga, Y. et al.（1990）：*J Vet Med* B, 37, 135-141.

（土屋耕太郎）

5　ウエストナイルウイルス感染症（油性アジュバント加）不活化ワクチン

1．疾病の概要

ウエストナイルウイルス（WNV）は1937年にウガンダのウエストナイル州において初めて分離されたウイルスで，*Flaviridae*，*Flavirius* に属する．1999年初めに米国ニューヨーク州で発生した本ウイルスの感染症によりその脅威が再認識された．当初の感染では57名の感染と7名の死亡が確認されたが，その後感染者は2003年初めの段階で4000人を超え死者も200人を超えた．2000年度には東部の州でのみ感染が認められたが，翌年には米国のほぼ半分にまで拡大し，2年後には米国内ほぼ全域で感染が確認されている．

2005年9月にはわが国においても人の初感染例が報告された．感染の伝搬は蚊による媒介で，人のみならず，鳥，馬にも感染し，米国の馬産業界においても脅威となっている．米国以外のオーストラリアにおいても米国から移送した馬が検疫中に発症した報告があるが，現時点で日本においては馬での発生例はない．

2．ワクチンの歴史

フォートダッジアニマルヘルス（FDAH）社はこの感染症に初期より注目し，米国農務省との共同で，馬に使用するワクチンの開発に着手した．米国の動物用生物学的製剤承認申請においては，ワクチンの効果試験として攻撃試験による防御能を証明する必要があるが，馬においては実験感染によって臨床症状を伴う感染を再現させることが困難であった．そのため，血清を用いたプラーク形成阻止法による中和抗体の産生を指標として有効性を評価し，2001年に暫定承認を取得し，緊急性の高いワクチンとして販売が開始された．

その後，ワクチン接種した馬に対する攻撃試験によりウイルス血症を防御できること，また接種後1年間免疫原性が持続することが証明され，2003年に米国農務省により正式承認された．日本ではFDAH社製の同ワクチンが，2006年に承認されている．

3．製造用株

本製剤に使用しているWNV VM-2株は北米で分離された馬由来の株である．米国National Veterinary Service Laboratory（NVSL）でVero細胞により2代継代された後，FDAH社に分与され，さらにVero細胞にて4代継代後，2001年，米国農務省に原株として登録された．

VM-2株は，WNVに対する鳥の特異抗血清を用いた蛍光抗体法により特異蛍光を認める．

4．製造方法

種ウイルスをVero細胞に接種し，36 ± 2℃で培養した後，ホルマリンで不活化する．

5．効力を裏付ける試験成績

1）製造用株の免疫原性

馬に試験ワクチン（不活化前ウイルス量として $5 \times 10^7 TCID_{50}$/dose）を筋肉内に3週間間隔で2回注射し，2回目注射24日後に強毒WNVの皮下接種により攻撃を行った．攻撃21日後に安楽死させ，脊髄液，脊随，脳を採取し病理学的検査およびウイルス分離に供した．その結果，対照群では10頭中9頭（90%）がウイルス血症を示したのに対し，ワクチン投与群では20頭中8頭（40%）に一過性のウイルス血症がみられたのみであった．対照群1頭に脳白質部において点状出血がみられ，脳の硬膜下出血がみられた．この馬の脳からはWNVが分離されたが，他の脊髄液，脊髄からは分離されなかった．その他の攻撃した馬からはWNVは分離されず，この結果から，本試験ワクチンは強毒WNVの攻撃に対して馬のウイルス血症を顕著に抑制することが確認された．

2）最小有効抗原量

54頭の馬を用い，3段階の不活化前ウイルス量（1×10^7，5×10^7，1×10^8 $TCID_{50}$/dose）を設け，3週間隔で2回，筋肉内投与し，プラーク減少法による血清中和抗体測定により，最小免疫抗原量を検討した．その結果，2回目ワクチン投与14日後の血清抗体価は投与前の抗体価と比較し，いずれの抗原量においても顕著に高かったことから，不活化前ウイルス量 $1 \times 10^7 TCID_{50}$/doseが最小有効抗原量であると示唆された．

3）免疫持続

5×10^7 $TCID_{50}$/doseを3週間隔で2回，筋肉内投与し，初回注射後0日および2回目の注射後14日目，2ヵ月後，8ヵ月後，11ヵ月後，12ヵ月後に血清を採取し，プラーク減少法による中和抗体価を測定した．その結果，ワクチン投与群19頭中17頭（89.5％）が抗体陽性（5倍以上）を示し，その平均は13倍であった（表1）．一方，対照群は全てが陰性（< 5倍）であり試験期間中に感染がなかったことが証明された（表1）．

表 1　ウエストナイルウイルスに対するプラーク減少法による中和抗体価（幾何平均）

群	1 回目ワクチン投与時	2 回目ワクチン接種 14 日後	2 回目ワクチン接種後		
			8 ヵ月	11 ヵ月	12 ヵ月
ワクチン	＜ 10	≧ 97	26	13	13
対　照	＜ 10	＜ 10	＜ 5	＜ 5	＜ 5

表 2　血清中ウエストナイルウイルス（WNV）抗体価および抗体応答

実施施設	群	供試頭数	血清中 WNV 中和抗体価（幾何平均値）			抗体応答陽性率 1)
			1 回目投与時	2 回目投与時	2 回目投与 4 週後	
A	ワクチン	30 2)	＜ 5	23*	756*	29/29（100%）*
	対　照	5	＜ 5	＜ 5	＜ 5	0/5（0%）
B	ワクチン	30 2)	＜ 5	35*	836*	28/29（97%）*
	対　照	5	＜ 5	＜ 5	＜ 5	0/5（0%）
合　計	ワクチン	60	＜ 5	29*	795*	57/58（98%）*
	対　照	10	＜ 5	＜ 5	＜ 5	0/10（0%）

* 対照群との間に有意差あり（$p < 0.01$）.

1) 2 回目投与 4 週後の抗体価が 1 回目投与時より 4 倍以上上昇した時，抗体応答陽性と判定した．1 回目投与時の抗体価が＜ 5 倍の場合は，2.5 倍とみなした.

2) 脱落のため（1 頭他所へ移動），2 回目投与 4 週後は 29 頭.

さらに，ワクチンの 2 回目注射後 12 ヵ月目に試験群および対照群の馬に対して，強毒 WNV の皮下接種により攻撃を行った．攻撃後の観察では，対照群 11 頭中 9 頭（81.8%）においてウイルス血症を示したのに対し，ワクチン投与群では 19 頭中 1 頭（5.3%）に一過性のウイルス血症がみられたのみであった.

以上の結果より，本ワクチンによる免疫が 12 ヵ月間持続することが示唆された.

6．臨床試験

国内 2 ヵ所の施設において，70 頭（ワクチン投与群 60 頭，対照群 10 頭）の馬を供試して，臨床試験を実施した．被験ワクチンは，1 mL/ 頭の用量で，3 週間隔（実施施設 A）あるいは 6 週間隔（実施施設 B）で 2 回頚部筋肉内に投与した．実施施設 A および B ともに，WNV 感染症の流行がなかったため，抗体応答により有効性を判定した．その結果，両施設ともに，ワクチン投与群の 2 回目投与 4 週後の抗体応答陽性率および抗体価は対照群と比較して有意に高かった（表 2）.

安全性評価では，60 頭中 1 頭（1.7 %）で 1 回目投与 3 日後に一過性の発熱（39.0℃）が，60 頭中 2 頭で 1 回目投与後に，一過性の軽度な注射部位腫脹がそれぞれみられ，注射部位の腫脹は 2 回目投与後にはみられず，その発生率は 1.7 %（延べ 120 頭中 2 頭）であった.

以上の成績から，被験ワクチンは馬の WNV 感染症に対し，有効かつ安全であると判定された.

7．使用方法

1）用法・用量

基礎免疫には，ワクチン 1mL を 3 ～ 6 週間間隔で 2 回筋肉内に注射する．その後，1 年毎に追加免疫として 1mL を筋肉内注射する.

2）効能・効果

馬におけるウエストナイルウイルスによるウイルス血症の予防.

8．貯法・有効期間

2 ～ 10℃にて保存する．有効期間は 24 ヵ月間.

（藤井　武）

1　豚コレラ生ワクチン

1．疾病の概要

豚コレラ（Classical Swine Fever）は豚コレラウイルス（CSFV）の感染に起因する急性熱性ウイルス病である．CSFV はフラビウイルス科（Family *Flaviviridae*）ペスチウイルス属（Genus *Pestivirus*）に分類される＋鎖の 1 本鎖 RNA ウイルスである．CSFV は，一般的に CPE を示さず，END 現象（Exaltation of Newcastle Disease Virus）を示すウイルス（END$^+$ウイルス）や END 現象を示さないウイルス（END$^-$ウイルス）の存在が知られており，また，例外的に，不完全干渉ウイルス粒子の関与や END$^-$ウイルスによる特定の細胞に CPE を示すウイルスの存在も知られている．

血清型は単一型であるが，中和抗体の反応性によってウイルス株間に若干の差異が認められる．同じペスチウイルス属に分類される牛ウイルス性下痢ウイルス（BVDV）および緬羊のボーダー病ウイルス（BDV）と血清学的に部分交差する．

CSFV の病原性は多様に富み，野外には，急性症状を示す強毒ウイルスから慢性症状を示す病原性の若干弱いウイルスの存在が知られている．病型は①急性型，②慢性型～不顕性型，③遅発型，に大別される．

CSFV の自然宿主は豚とイノシシである．宿主間でペスチウイルスの相互感染がみられ，同じペスチウイルス属のウイルスである BVDV および BDV は豚に感染することが明らかになっている．

感染経路は，主として経口および経鼻感染である．ウイルスの体外排泄は，唾液，涙，尿，糞便を介して起こる．ウイルスの伝播は感染豚との接触感染や感染豚の移動，人や器具，車両等の汚染によっても起こる．効果的な消毒が必要である．残飯の給餌や人工授精も感染を広げる重要な要因である．

病原性の弱いウイルスが妊娠初期の母豚に感染した場合，胎子感染が起こり，免疫寛容の子豚が出生し，CSFV 持続感染豚となる場合がある．これらの豚は野外では発見され難く，感染源として問題となる．

2．ワクチンの歴史

豚コレラの起源（初発生報告）は，古くは米国で 1800 年代前半であり，日本では 1887 年末の北海道における発生報告が最初と考えられている．その後，養豚業の振興に伴い，流行が頻繁に起こるようになり，大きな経済的損失をもたらした．当初，海外では共同注射法（少量の強毒ウイルス感染豚血液と高度免疫血清を同時接種）が野外で応用された．わが国では，高度免疫血清の野外使用に続き，大正から昭和にかけて不活化ワクチンの開発が試みられ，石炭酸グリセリン不活化ワクチン，ホルマリン不活化ワクチン等が開発され野外に応用された．第 2 次世界大戦後，連合国軍総司令部（GHQ）の要請により，クリスタルバイオレット不活化ワクチンの製造法が導入された．当該不活化ワクチンは，豚コレラウイルスの強毒株である ALD 株感染豚の感染極期の脱繊維素血液にクリスタルバイオレット加グリセリン溶液を 25％加え，37.5℃ 20 日間加温し，不活化したワクチンである．しかしながら，当該ワクチンは有効性，製造方法，使用方法等に問題があり，より安全性，有効性の高い生ワクチンの開発が必須であった．

生ワクチンの開発は，第 2 次世界大戦後，Koprowski が家兎馴化弱毒株を作出したのが最初である．それを用いてレダリー社が家兎化生ワクチン（ROVAC）を製造した．その後，台湾でさらに弱毒化された LPC 株が作出され，日本では，米国の統治下にあった沖縄で一時的に使用された経緯がある．その他，Chinese（C）株等，種々の家兎化ウイルスが作出された．日本では，農林省家畜衛生試験場で，家兎化ならびに山羊化ワクチン等の開発も試みられたが，実用化には至らなかった．多くの家兎化生ワクチンは，感染極期のウサギの脾臓乳剤の上清を生ワクチンとしたものである．これらのワクチンも，有効性，安全性ならびに製造方法に問題があり，組織培養技術の進展により，培養細胞を用いた生ワクチン開発の方向に進んだ．

日本における組織培養生ワクチンの開発は，農林省家畜衛生試験場（家衛試），農林省動物医薬品検査所（動薬検），財団法人日本生物科学研究所（日生研）でそれぞれ開発が試みられ，豚コレラ生ワクチン製造用株として，それぞれ GPE$^-$株（モルモット腎初代培養細胞馴化弱毒株）[1]，LOM 株（豚腎株化細胞馴化弱毒株），NIBS 株（牛腎培養細胞馴化弱毒株）が作出された．これら 3 種の生ワクチン製造用候補株の選定に関し，当時の豚コレラ生ワクチン研究協議会で種々の検討がなされ，最終的に日本における豚コレラ生ワクチン製造用株として，家衛試が開発した GPE$^-$株が用いられることとなった[2,3]．動薬検で開発された LOM 株は，現在も韓国の豚コレラ生ワクチン製造用株として用いられている．日本で承認されている豚コレラ生ワクチンは，CSFV GPE$^-$株を製造用株とする「GP ワクチン」であり，1911 年以来，自衛防疫事業（国の補助事業）に基づき社団法人家畜畜産物衛生指導協会（各都道府県）が設置され，ワクチン接種率80％以上をめざし積極的なワクチン接種が行われ，豚コレラ防疫に画期的な成果を挙げた．その後，ワクチン接種の省力化を目的に豚コレラ・豚丹毒混合生ワクチンが承認・実用化されたが，日本は2007年に，1996年から開始された豚コレラ撲滅事業により清浄化を達成し，ワクチンを用いない防疫方針に変更されため，2007年以降，豚コレラ生ワクチンならびに豚コレラ・豚丹毒混合生ワクチンの使用は禁止された．

3．製造用株

現在，日本で製造販売承認されている豚コレラ生ワクチンの製造用株はCSFV GPE⁻株である．当該製造用株は，1950年頃米国から輸入されたCSFV ALD株（当時，米国で不活化ワクチンの製造用株として使用）を豚精巣培養細胞で142回，牛の精巣培養細胞で36回，最終的にモルモット初代腎培養細胞（GPK細胞）で40回継代し，GPK細胞に馴化させ作出された弱毒株である．従来，CSFVは非細胞病原性でEND現象を示すことが一般的であり，親株の強毒ALD株もEND現象を示すウイルスであったが，継代の過程でEND現象を示さないウイルスが優勢になり，最終的にEND現象を示さないウイルス（END⁻ウイルス）をクローニングすることにより，安全かつ有効な製造用株として作出された．当該製造用株は下記の性状を有する．①END現象を示さない（ENDマーカー）．②モルモット腎初代培養細胞における30℃での増殖が40℃での増殖を上回り，一定以上のウイルス力価が得られる（TマーカーおよびGマーカー）．③同居感染が認められない．④発熱は認められず，白血球の減少も認められない．⑤ワクチン接種後3日から4日で防御が発現する．⑥中和抗体はワクチン接種後10～14日以降に検出される．

4．製造方法

豚コレラ生ワクチンは日本で最初にシードロットシステムによる製造管理がなされたワクチンであり，1911年に製造承認された．当初，当該シードロットシステムでは，原種ウイルスの製造ならびに管理は家衛試で行われ，豚コレラ生ワクチンの製造所社は，製造ロット毎に原種ウイルスを家衛試から購入し，原種ウイウイルスから製造用種ウイルスを製造し，ワクチン製造を行うこととなっていた．1990年から原種ウイルスの製造ならびに管理は社団法人動物用生物学的製剤協会（現社団法人日本動物用医薬品協会）に移行し，その後製造所社に移管された．最終製品までの原種ウイルスからの継代数は5代以内となっている[4]．

製造用培養細胞はモルモット腎初代培養細胞で，原種ウイルスから製造用種ウイルスを調整し，種ウイルスからワクチン原液を製造する．ワクチン原液に希釈液を加え，ウイルス量を調整し，さらに安定剤等を加え，最終バルクとする．最終バルクを小分け容器に分注し，凍結乾燥し，小分け製品とする．豚コレラ生ワクチンは1ロット当たりの製造量が大量であるために他のワクチンとは異なり，凍結乾燥毎のサブロットの概念が導入された．サブロットは同一ワクチン原液（1ロット）に由来しなければならない．

現在，日本におけるワクチン製造は豚コレラ生ワクチンも含め新たに規定したシードロットシステム（マスターシードウイルス，ワーキングシードウイルス，プロダクションシードウイルス）による製法に移行している．新しいシードロットシステム導入により，製造過程，最終製品の試験項目の整理がなされている．

5．効力を裏付ける試験成績

防御効果はワクチン接種後3～4日で認められるが，中和抗体は10～14日以降に検出される．野外におけるワクチン接種豚群の中和抗体価は，64～128倍をピークに正規分布の形をとる．最小有効量は，ワクチンの1ドーズ（10^3TCID_{50}）である．免疫は1ドーズ（10^3TCID_{50}），1回接種で少なくとも2年以上持続する．

子豚の移行抗体による豚コレラの防御には，中和抗体価が16倍以上必要であり，8倍以下では防御しない．

一方，ワクチン接種による抗体の上昇は，大まかに示すと移行抗体価が32倍以下で100％，64～512倍で50％，1024倍以上で0％である（表1，表2）．これらのことに基づき，現在のワクチネーションプログラムが作成されている．ワクチンの接種時期を生後30～40日に設定した場合，その時期の子豚の血中の中和抗体価は，ワクチン接種前の防御を考慮した場合，16～32倍が望ましい．このワクチン接種プログラムにより，80％以上の豚に能動的な免疫を付与することが可能である．当該生ワクチンは，安全性は勿論のこと，①即効性：防御効果は接種後3～4日で認められる．②野外ウイルスと識別可能：マーカーを保有．③伝播性がない：ウイルスを体外排泄しない．等の理由により，緊急接種用のワクチンとしても優れている．

6．臨床試験成績

豚コレラ生ワクチン（家衛試：GPワクチン）が開発された1965～1968年にかけて，33都道府県における大規模な野外試験（妊娠豚も含めた30万頭以上）が実施された[5,6]．同時期に国内で開発されたLOM株（動薬検）ならびにNIBS株（日生研）を製造用株とする生ワクチンも同時に評価された結果，下記の理由でGPワクチンが日本の豚コレラ生ワクチンとして最も適していると判断された．①モルモット腎初代培養細胞を

表1　ワクチン接種後の抗体反応

豚番号	中和抗体価（ワクチン接種後週数）							
	0*	1	2	3	4	6	8	10
1	64	32	16	32	16	8	4	4
2	64	32	16	8	8	4	4	4
3	64	32	32	16	8	16	16	64
4	32	16	8	8	8	16	64	128
5	16	16	8	8	8	16	128	512
6	16	32	8	16	16	16	16	64
7	8	4	2	4	64	64	64	512
8	8	4	8	8	8	64	128	1,024
9	4	2	8	64	64	256	256	256
10	2	2	2	8	64	256	1,024	1,024

*30-40 day old（移行抗体価）

表2　強毒株攻撃後の防御反応

豚番号	血液中の中和抗体価		反応	
	ワクチン接種時	攻撃時 *	発熱 **	防御
1	64	4	10	死
2	64	4	12	死
3	64	64	4	生存
4	32	128	2	生存
5	16	512	1	生存
6	16	64	1	生存
7	8	512	0	生存
8	8	1,024	0	生存
9	4	256	0	生存
10	2	1,024	0	生存

* ワクチン接種後10週後に強毒ウイルスの経鼻攻撃
**40℃以上を示した日数

用いる．②安全性が最も高い．③製造用株が野外株と識別可能なマーカーを有する．④安全・安定性を保障するシードロットシステムが導入されている．

7．使用方法

日本は1996年から開始された豚コレラ撲滅政策により，2007年以降，OIEが認定した豚コレラ清浄国となっている．豚コレラの防疫は家畜伝染病予防法第3条第2項に基づく「豚コレラに関する特定家畜伝染病防疫指針」より，防疫対応がなされている．現在，豚コレラ生ワクチンは家畜伝染病予防法第50条（家畜伝染病予防法施行規則第57条第2項）の規定により都道府県知事の許可を受けなければ使用を禁じており，薬事法ならびに獣医師法の規定をクリアしても，家畜伝染病予防法でその使用が規制されており，たとえ獣医師の指示があっても豚コレラワクチンを使用することはできない．現在，獣医師個人の判断では当該ワクチンを接種することはできないので注意を要する．

豚コレラ生ワクチンは，豚コレラの国内侵入・蔓延時の緊急防疫用に国が「豚コレラに関する特定家畜伝染病防疫指針」に基づき約100万ドーズを備蓄している．

1）用法・用量

乾燥小分製品に添付の溶解溶液を加えて溶解し，その1mLを豚の皮下または筋肉内に注射する．

2）効能・効果

豚コレラの予防．

3）使用上の注意

ワクチン接種に際しては，添付の「使用上の注意」を熟読すること．なお，当該生ワクチンの特に注意すべき事項は下記のとおりである．

（1）本剤は定められた用法・用量を厳守すること．
（2）本剤の注射前には対象豚の健康状態について検査し，重大な異常（重篤な疾病）を認めた場合は接種しないこと．ただし，緊急予防の必要性があるときはこの限りではない．その場合，接種適否の判断は慎重に行い，対応すること．
（3）本剤には他の薬剤（ワクチン）を加えて使用しないこと．
（4）移行抗体価の高い個体では，ワクチン効果が抑制されることがあるので，幼若な豚への接種は移行抗体が消失する時期を考慮すること．

4）ワクチネーションプログラム

移行抗体の保有状況等を鑑み，下記のスケジュールでワクチン接種を行う．

肥育豚：生後30日から40日に1回接種
繁殖候補豚：生後30日から40日に第1回接種
　　第1回接種の6ヵ月後に第2回接種
　　第2回接種の1年後に第3回接種

8．貯法・有効期間

遮光して10℃以下に保存する．有効期間は製品によって異なり1年から2年間．

参考文献

1. Shimizu, Y. et al.（1970）：*Am J Vet Res*, 31, 1787-1794.
2. 添川正夫（1979）：動物用ワクチン，102-123, 文永堂.
3. 古内　進（2010）：豚コレラ防疫史，88-122, 全国衛指協・畜技協.
4. 農林水産省動物用生物学的製剤基準，豚コレラ生ワクチン.
5. Sasahara, J. et al.（1969）：*Nat Inst Anim Hlth Quart*, 9, 3-91.
6. 笹原次郎（1970）：家畜衛生試験場研究報告 61, 88-106.

（福所秋雄）

2 豚伝染性胃腸炎生ワクチン(母豚用)

1. 疾病の概要

豚伝染性胃腸炎（TGE）は，嘔吐および水様性下痢を主徴とする伝染性胃腸炎ウイルス（*Coronaviridae*, *Coronavirus* 1群）による急性感染症である．わが国では，1956年に初めて発生し，その後全国的に蔓延している．豚の品種，性別，年齢を問わず経口・経鼻感染し，若齢哺乳豚ではほとんどが死亡する．生残子豚は小腸絨毛が著しく侵され発育が停滞する．また，加齢とともに死亡率は低くなるが，感染した豚のほぼ全てが発病し発育停滞するだけでなく，農場内の汚染源にもなる．

本病が発見された当初は年間数万頭が死亡するというものであった．現在は衛生管理レベルの向上，ワクチンの普及により，この20年間のTGE発生は低く抑えられている．しかしながら，現在でも散発例がみられ（図1），またウイルス常在農場の存在が指摘されていることから，依然として予断を許さない状況である．

2. ワクチンの歴史

TGEに対するワクチン効果は，と畜場出荷まで下痢の発症を防御できることが理想的であるが，TGEによって生じる経済的損失の主要部分は哺乳期の下痢および死亡であることから，哺乳期間中の発症を予防することによって充分な経済効果が得られる．そこで哺乳期間中の下痢症の予防方法としては母豚へワクチンを接種し，その乳汁によって哺乳豚の下痢症を抑制する用法となる．消化器感染症を受動免疫で防御するには，特異抗体を間断なく哺乳豚の消化管に供給することが効果的である．すなわち，乳汁免疫が重要となる．

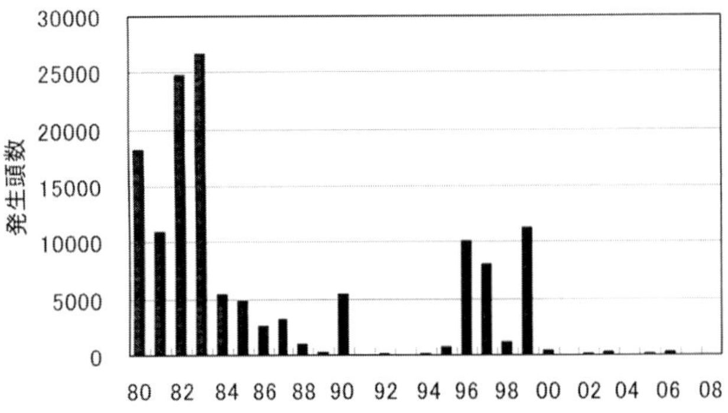

図1 1980年以降のTGE発生頭数（家畜衛生週報より）

日本におけるTGEワクチンの歴史は，乳汁免疫を基盤とした母豚用生ワクチンが1972年に初めて実用化され，その後生ワクチンで基礎免疫を行い不活化ワクチンで追加免疫を実施するもの，さらにはTGEと同様な症状を引き起こす豚流行性下痢（PED）との混合生ワクチンが開発され，本病の防疫に成果を上げている．なお，発生時の緊急対策用として子豚用の経口投与型生ワクチンも開発されたが，現在，市販はされていない．

以下，母豚用生ワクチンについてワクチン株の性状，製造方法，安全性および有効性について述べる．

3. 製造用株

母豚用の生ワクチン株である浮羽株は，1960年に野外から分離した強毒株を豚腎（SK）細胞でプラッククローニング後，さらにSK細胞で22代継代した弱毒株である．豚の皮下に接種しても，病原性および同居感染性はない．豚腎初代もしくは継代細胞または豚精巣初代細胞に接種するとCPEを伴い増殖する[1]．

4. 製造方法

豚腎初代細胞に種ウイルスを接種し，35℃で2～3日間培養する．ウイルスの増殖極期に培養細胞ごとに採取した培養液のろ液または遠心上清を原液とする．原液に安定剤を加えガラスバイアルに充填し，凍結乾燥後減圧下で封じ，乾燥ワクチンとする．

5. 効力を裏付ける試験成績

1）分娩時の母豚中和抗体価と哺乳豚の防御

妊娠母豚に浮羽株を用いた生ワクチンを1回，もしくは2回接種し，その哺乳豚（生後5日以内）を強毒TGEウイルス（$10^{4.0}$TCID$_{50}$/頭）で経口攻撃したところ，分娩時に少なくとも128倍以上の中和抗体価（血中抗体価）を保有すれば，その哺乳豚は発症防御されることが確認された（表1）．

2）免疫母豚の常乳中のTGEに対する中和抗体価

妊娠母豚の分娩予定35日前と14日前に浮羽株を用いた生ワクチンを接種し，分娩後，経時的に乳汁中の中和抗体価を測定した．その結果，少なくとも分娩15日後まで，乳汁中に中和抗体が持続することが確認された（図2）．

表1　母豚の TGE ウイルスに対する中和抗体価と哺乳豚の防御率

母豚中和抗体価	供試子豚数	発症死亡頭数	耐過頭数	防御率（%）
32	18	8	10	56
64	39	15	24	62
128	29	2	27	90
256	46	0	46	100
512	42	0	42	100
1024	11	0	11	100

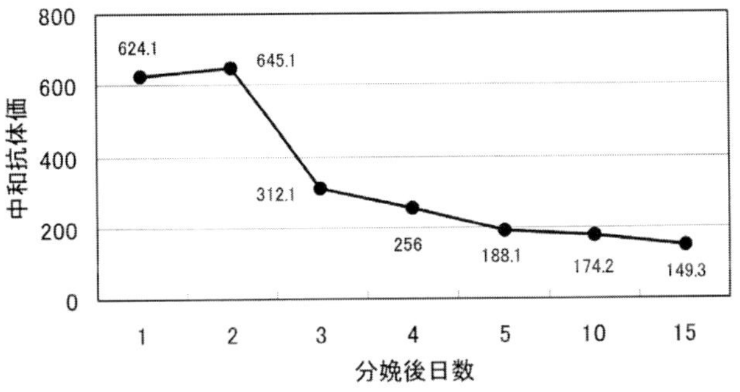

図2　ワクチン接種母豚の乳汁中の中和抗体価

表2　I県における野外試験成績

	哺乳開始頭数	TGE 感染による死亡子豚数	死亡率（%）
試験群	2,486	16	1
対照群	334	334	100

調査期間：1973 年 12 月 16 日～ 1974 年 4 月 30 日

表3　N県T地区における野外試験成績

	哺乳開始頭数	TGE 感染による死亡子豚数	死亡率（%）
試験群	1,558	28	2
対照群	750	690	92

調査期間：1974 年 5 月 9 日～ 6 月 16 日

表4　N県K地区における野外試験成績

	哺乳開始頭数	TGE 感染による死亡子豚数	死亡率（%）
試験群	423	0	0
対照群	320	260	81

調査期間：1974 年 1 月 8 日～ 8 月 30 日

6．臨床試験成績

1）有効性

TGE が続発していた 1970 年代に実施された発生農場における野外試験では，哺乳豚死亡率の劇的な改善が認められた．非接種対照群由来哺乳豚の死亡率が 81 ～ 100% であったのに対し，ワクチン接種群由来哺乳豚の死亡率は僅か 2% 以下であった（表 2，表 3，表 4）．

2）安全性

ワクチンを接種した母豚に異常反応は認められず，その初生豚も良好に発育した．

7．使用方法

1）用法・用量

乾燥ワクチンに添付の溶解用液を加えて溶解し，その 2mL を妊娠豚の皮下に約 3 週間間隔で 2 回接種する．第 2 回目の接種は，分娩予定日の約 2 週間前とする．

2）効能・効果

乳汁免疫による子豚の豚伝染性胃腸炎の予防．

3）使用上の注意

本剤は，妊娠豚に投与し，子豚が免疫母豚の乳汁を常に飲むことによって予防効果が発揮される．免疫母豚が十分量の乳汁を分泌しているかどうか，また乳汁を飲んでいない子豚がいないかどうか確認すること．

8．貯法・有効期間

遮光して，2 ～ 5℃に保存する．有効期間は 2 年間．

参考文献

1. 種子野啓ら（1971）：日獣学誌，33, 9-10.

（長尾和哉）

3　豚伝染性胃腸炎・豚流行性下痢混合生ワクチン

1．疾病の概要

1）豚伝染性胃腸炎

122 ページ参照．

2）豚流行性下痢（PED）

本症は豚伝染性胃腸炎（TGE）ウイルスと同じコロナウイルス科（*Coronaviridae*）に分類される PED ウイルスによって起こる急性の下痢である．その症状は豚伝染性胃腸炎に酷似しており，全ての日齢の豚で食欲不振，嘔吐および水様性下痢を呈する．特に哺乳豚では重篤であり，下痢による脱水症状の進行により衰弱し，死に至る．ウイルスが感染豚の糞便中に多量に排出されることからこれが主な感染源となり感染豚および汚染された物品等の移動により感染が拡大する．1976 年ベルギーおよびイギリスの養豚場で日齢に関係なく急性の集団下痢が多発し，1977 年同様の下痢症状の検体よりウイルスが確認された．その後の研究により本ウイルスは既知の豚伝染性胃腸炎ウイルスおよび血球凝集性脳脊髄炎ウイルスとは異なる新しい豚のコロナウイルスであることが明らかとなった．日本においては 1982 年から 1983 年にかけて各地で PED の流行が確認された[3]．更に 1994 年から南九州を中心に PED による大規模な集団下痢が発生して哺乳豚を中心に多大な損害を与えた．

2．ワクチンの歴史

TGE は 1946 年に米国の Doyle らによってウイルス性の疾病であることが確認され，その後各国で発生が報告された．日本においては 1956 年に流行があり，その材料から TGE ウイルスが検出され，届出伝染病に指定された．TGE に対するワクチンは乳汁免疫[4]を目的として開発が進められた．これは妊娠豚を免疫することで乳汁中に抗体を分泌させ，その抗体を哺乳させることで哺乳豚を感染から防御するものである．単味ワクチンは生ワクチンを 2 回皮下に接種する方法と生ワクチンを鼻腔内に噴霧後，濃縮不活化ワクチンを筋肉内に注射する方法で 1972 年（前者）と 1978 年（後者）[1,4]に承認された．

PED は 1994 年から南九州を中心に大規模な集団発生がみられ，緊急的なワクチン開発の要望が高まった．PED ウイルスは発症豚の腸管材料より培養細胞で分離されており[2]，それを用いて 1991 年までにワクチン株が作出されていた．単味ワクチンは生ワクチンを 2 回筋肉内接種する方法で 1996 年に承認され[4]，現在に至っている．

TGE および PED はともに野外においては哺乳豚に多大な損害を与える．両疾病に対する単味ワクチンはともに乳汁免疫を付与することを目的とし，かつ妊娠豚に分娩前 2 回接種するため注射時期が同じであることから両ワクチンの混合化が検討された．1978 年に承認された鼻腔内噴霧用の TGE ワクチン株が筋肉内注射でも有効であることを確認した後，PED ワクチン株との混合化が進められ，1999 年に豚伝染性胃腸炎・豚流行性下痢混合生ワクチンが承認された．

3．製造用株

1）TGE ウイルス

1971 年東京都下の農場において TGE 発症豚より分離したウイルスを用い，豚腎初代培養細胞で継代することにより弱毒化し，h-5 株を作出した[1,4]．本株は初生豚および妊娠豚に病原性を示さず，30℃または 37℃の培養での増殖性は親株より高く，トリプシンに対する感受性を有する．

2）PED ウイルス

1983 年に野外の下痢症状発症豚より Vero 細胞で分離したウイルスを用い，Vero 細胞で継代することにより弱毒化し，P-5V 株を作出した．本株を 7 日齢の哺乳豚に 10^8TCID$_{50}$ 以上経口投与しても病原性を示さない．親株と異なり，トリプシン無添加でも CPE を示し，かつトリプシンに対する感受性を有する．

4．製造方法

TGE ウイルスは MPK- Ⅲ a 細胞を用いて 37℃で 2 日間培養し，その上清をウイルス浮遊液とする．PED ウイルスは Vero 細胞を用いて 37℃，2 日間培養し，その上清をウイルス浮遊液とする．TGE ウイルス浮遊液と PED ウイルス浮遊液を混合したものを原液とし，これに安定剤を添加したものを最終バルクとする．これをバイアルに分注後，真空凍結乾燥し密栓したものを小分製品とする．

5．効力を裏付ける試験成績

1）TGE

混合生ワクチンを 4 ～ 8 週間隔で 2 回筋肉内注射し，乳汁免疫による哺乳豚への防御効果を確認した．ワクチン免疫母豚から生まれた哺乳豚を分娩後 1 日目または 2 日目に強毒 TGE ウイルスで経口攻撃した．母豚の分娩時血中中和抗体価は 128

表１　免疫母豚のTGEウイルスに対する抗体応答と哺乳豚の感染防御

ワクチン	母豚の中和抗体価		哺乳豚の感染防御効果		
	血清（分娩時）	初乳	群（頭数）	死亡率（%）	臨床症状
混合生ワクチン	128～512	320～2560	免疫群（50）	16	17
			対照群（12）	100	36

供試母豚数：6頭
臨床症状：哺乳豚ごとに毎日の臨床症状を正常から死亡までスコア化し，その合計の平均値を群のスコア（正常を0，最高重篤値を40）とした．

倍～512倍，初乳中中和抗体価は320倍～2560倍の範囲であった．攻撃後の症状を，母乳摂取哺乳豚の乳汁免疫群（免疫群）と人工乳摂取の攻撃対照群（対照群）とで比較したところ対照群は全頭死亡したが免疫群では臨床症状は軽減され，死亡率低下が認められた．ワクチン免疫母豚の乳汁中には哺乳豚の臨床症状軽減に係わる抗体が賦与されることが示された（表１）．

２）PED

単味ワクチンについては，２～８週間隔で２回筋肉内注射し，乳汁免疫による哺乳豚への防御効果は確認されている．ワクチン免疫母豚から生まれた哺乳豚を分娩後１日目または２日目に強毒PEDウイルスで経口攻撃した．母豚の分娩時血中中和抗体価は16倍～1024倍，初乳中中和抗体価は80倍～2560倍の範囲であった．攻撃後の症状を，母乳摂取哺乳豚の乳汁免疫群（免疫群）と人工乳摂取の攻撃対照群（対照群）とで比較したところ対照群では重篤な臨床症状を示したが免疫群では臨床症状は軽減され，死亡例は認められなかった．混合生ワクチンについても７週間隔で２回筋肉内注射し，同様の試験を行った．母豚の分娩時血中中和抗体価は64倍および128倍，初乳中中和抗体価は256倍および1024倍であった．攻撃後，対照群では全頭死亡したが，免疫群では臨床症状は軽減され，死亡例は認められなかった．ワクチン免疫母豚の乳汁中には哺乳豚の臨床症状軽減に係わる抗体が賦与されることが示された（表２）．

最小有効量はTGEウイルスで$10^{5.5}$TCID$_{50}$/dose以上，PEDウイルスで$10^{4.5}$TCID$_{50}$/dose以上である．両疾病による損害の大きい哺乳期前期では，その時期の乳汁免疫効果を高めるため，用法に従ってワクチン注射を行い，抗体価をより高く保つことが必要である．

６．臨床試験成績

野外飼育の妊娠豚146頭に用法・用量に従ってワクチンを注射し，有効性と安全性を確認した．

１）有効性

TGEウイルスに対して，分娩後血中中和抗体価，初乳中中和抗体価および分娩後常乳中中和抗体価は既承認単味ワクチン接種の陽性対照群と同等以上の成績であり，免疫母豚の分娩後血中中和抗体価は全頭で128倍以上であり有効性が示された．PEDウイルスについても分娩後血中中和抗体価，初乳中中和抗体価および分娩後常乳中中和抗体価は既承認単味ワクチン接種の陽性対照群と同等以上の成績であり，免疫母豚の分娩後血

表２　免疫母豚のPEDウイルスに対する抗体応答と哺乳豚の感染防御

ワクチン	母豚の中和抗体価		哺乳豚の感染防御効果		
	血清（分娩時	初乳	群（頭数）	死亡率（%）	臨床症状
単味生ワクチン	16～1024	80～2560	免疫群（54）	0	3
			対照群（19）	32	18
混合生ワクチン	64～128	256～1024	免疫群（17）	0	2
			対照群（4）	100	37

供試母豚数：単味生ワクチンでは７頭、混合生ワクチンでは２頭．
臨床症状：個体ごとに毎日の臨床症状を正常から死亡までスコア化し，その合計の平均値を群のスコア（正常を0，最高重篤値を40）とした．

中中和抗体価は全頭で 16 倍以上であり有効性が示された．

2）安全性

臨床症状は第 1 回注射後，一過性の発熱が 1 頭に，食欲不振が 2 頭に認められたがその他の異常は認められず，第 2 回注射後では全頭に異常は認められなかった．また異常産子出現率は対照群と同等の成績であり差は認められなかった．

以上の成績より本ワクチンの有効性と安全性が認められた．

7．使用方法

1）用法・用量

乾燥ワクチンに添付の溶解用液を加えて溶解し，その 2 mL ずつを 4 ～ 8 週間の間隔で妊娠豚の筋肉内に 2 回注射する．第 2 回目の注射は，分娩予定日の約 2 週間前とする．

2）効能・効果

乳汁免疫による子豚の豚伝染性胃腸炎の軽減および豚流行性下痢の発症の阻止もしくは軽減．

3）使用上の注意

本ワクチンの注射時には，生後 7 日齢未満の幼若豚は，注射対象豚から隔離する．TGE を目的として使用する場合には，4 週間隔より短い間隔で第 2 回目の注射を行うと，効果が認められないので注意する．妊娠豚に注射し，子豚が免疫母豚の初乳および常乳を飲むことで予防効果が発揮されるが，免疫母豚が十分量の乳を分泌しているかどうか，乳を飲んでいない子豚がいないかどうかを確認する．

4）ワクチネーションプログラム

推奨される用法としては種付け 3 ～ 4 週間後に再発情の無いことを確認した後第 1 回目の注射を，分娩予定日の約 2 週間前に第 2 回目注射を行う．

8．貯蔵および有効期間

遮光して 2 ～ 5℃に保存する．有効期間は 1 年 9 ヵ月間．

参考文献

1. 動生協会々報（1998）：31-2, 59.
2. Kusanagi, K. et al.（1992）：*J Vet Med Sci*, 52, 313-318.
3. Kuwahara, H. et al.（1988）：*J Jap Vet Med Assoc*, 41, 169-173.
4. 鮫島都郷（1980）：獣医界 118, 42-51.

（草薙公一）

4 日本脳炎・豚パルボウイルス感染症・ゲタウイルス感染症混合生ワクチン

1．疾病の概要

1）日本脳炎

豚の日本脳炎は，*Togaviridae* の *Flavivirus* に属する日本脳炎ウイルス（JEV）の感染で起こり，雄豚には精巣炎および精液性状異常を，妊娠豚には白子，黒子または神経症状を示す新生子豚の娩出といった異常産を起こす[1]．なかでも異常産は，免疫のない初産豚に起こることが多い．JEV を媒介するのは主としてコガタアカイエカで，ウイルスが感染した有毒蚊が豚を吸血することにより豚への感染が成立する．本ウイルスは豚と蚊の間で交互に感染を繰り返し，精液を介した伝播を除き一般には豚から豚への伝播は起こらないとされている[2]．また，肥育豚が感染した場合は，不顕性感染で終わることが多い．本ウイルスは，人にも感染し，脳炎を起こすことがあるため，公衆衛生上も重要視されている．

JEV による異常産は，発症時期が有毒蚊の発生時期と密接に関係するが，死亡した胎子は死後すぐに娩出されないため JEV の流行後しばらくしてから確認される．全国的にみた異常産の発生率は，9月と10月が最も高く，次いで8月と11月である[3]．

2）豚パルボウイルス感染症

本病は，*Parvoviridae* の *Parvovirus* に属する豚パルボウイルス（PPV）の感染で起こる豚の死流産である．また，豚以外の動物には感染しない[4]．

PPV の野外豚での感染率は非常に高く，抗体陰性の妊娠豚が感染すると異常産を起こすが，妊娠豚以外では全て不顕性感染となる．異常子の内訳はミイラ化胎子，黒子，白子および異常初生子など多種多様である．生残した子豚が神経症状を示すことはない．妊娠豚の初感染では分娩子豚の約10％に異常子が発生する．また，感染時の妊娠日齢（胎齢）によって異常子発生率が異なり，妊娠中期が最も高く，続いて初期，後期の順で発生率は下がる[4]．

3）ゲタウイルス感染症

本病は，ゲタウイルス（GETV）の感染で起こり，豚での主な症状は異常産である．GETV は *Togaviridae* の *Alphavirus* に属し，蚊が媒介する．繁殖豚では，妊娠早期の感染で胎子への経胎盤感染が成立し，ウイルスが胎子の全身の臓器や組織で増殖することにより胎子死をもたらす（図1）．死亡した胎子は，母豚の胎盤に吸収されるか，早期流産となるため，野外においては不妊，不受胎または産子数の減少としてみられることが多い[5]．新生子豚への感染では元気消失，神経症状および下痢が報告されている[6]．馬でも感染が認められ，発熱，発疹および四肢の浮腫が認められる．また，GETV は宿主域が広く，豚および馬以外にも人，家兎，山羊，犬，カンガルーおよび鶏などにも感染することが知られている[7]．

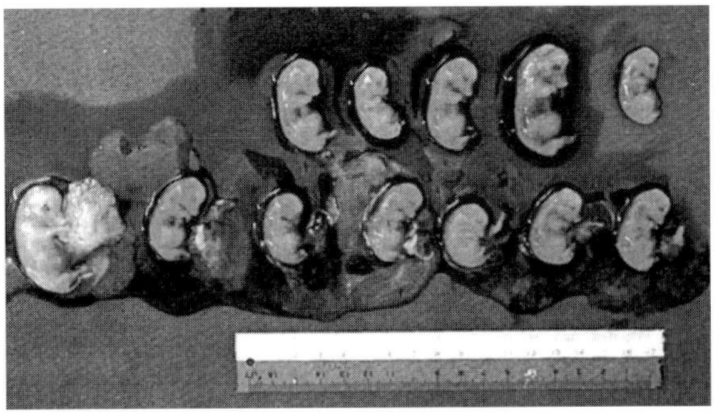

図1 ゲタウイルス実験感染豚の死亡胎子
妊娠13日目の抗体陰性母豚の皮下にゲタウイルス2078株を皮下接種し，その後12日目に開腹して得た胎子（右11頭が既に死亡）．

2．ワクチンの歴史

豚に対する日本脳炎の生ワクチンは開発された複数の弱毒株の人および豚に対する病原性が確認されたのち，順次それらを用いた生ワクチンとして1972年以降に製造および販売が開始された．また，豚パルボウイルス感染症生ワクチンは1987年に弱毒株を用いた単味ワクチンとして承認され製造が開始された．その後，2つのワクチンが同時期に使用されることが多いことから，2製剤の混合化に向けた開発が行われ，1990年には日本脳炎・豚パルボウイルス感染症混合生ワクチンが承認された．

1985年以降，日本国内の豚より GETV が分離され[8]，異常産の原因ウイルスであることが明らかにされたのち，弱毒ウイルスの作製と日本脳炎・豚パルボウイルス感染症・豚ゲタウイルス感染症混合生ワクチンの開発が行われ，1993年に承認された．

なお，豚に対する日本脳炎の不活化ワクチンは1971年に，豚パルボウイルス感染症の不活化ワクチンは1975年に開発されており，3種混合の本生ワクチンと各不活化ワクチンを組み合わせることにより，L・K 方式によるワクチネーションも可能となっている．

3．製造用株

1）JEV

1961 年に人の感染脳から分離された向井株を，ハムスター腎およびマウス線維芽細胞で継代して 1964 年に弱毒である m 株が作出された[9]．この株を限界希釈法でクローニングし，製造用株とした．1 ヵ月齢の豚に注射してもウイルス血症は出現しない．妊娠 1 ヵ月前後の豚に注射しても胎子には感染しないが，注射豚には抗体が産生される．豚腎もしくは豚精巣初代細胞，およびハムスター腎初代または肺由来継代細胞で CPE を伴い増殖する．マウスに対する病原性は親株に比べて著しく低下している．また，コガタアカイエカに対する感染率は著しく低下しており，サルに対する病原性も低下している．

2）PPV

藤崎らが 1970 年，広島県下の豚死産胎子から分離した 90HS 株を，豚胎子腎由来株化（ESK）細胞を用いて 32℃で 54 代連続継代して作出した低温順化株[10]を，さらに豚腎初代培養細胞，ESK 細胞および豚腎培養細胞を用いて 32℃または 30℃で 41 代継代したウイルスを製造用株（HT$^-$/SK 株）とした．本株は子豚に注射しても臨床上異常を認めず，ウイルス血症およびウイルス排泄を認めないが，抗体を産生する．また，妊娠豚に注射しても胎子・胎盤感染および死亡を認めない．豚腎由来細胞に接種したとき，32℃での増殖は 37℃での増殖を上回る．

3）GETV

1971 年京都市において，野外で採取されたコガタアカイエカから分離されたゲタウイルス 2078 株をアフリカミドリザル腎由来株化細胞（Vero 細胞）を用いて 30℃で 70 代継代したウイルスを，更にハムスター肺由来株化細胞（HAL 細胞）でプラッククローニングと継代を行い作出した弱毒株 KB/VT 株である[11,12]．本株は，1 ヵ月齢の豚に注射してもウイルス血症が認められず，妊娠豚に注射しても胎子に感染しない．また，乳のみマウスに脳内接種しても病原性を示さず，培養細胞では小型のプラックを形成する．

4．製造方法

製造用株は承認された原株から 5 代以内のものを使用する．JEV はハムスター肺由来継代細胞（HmLu-1）を用いて 37℃にて 1 ～ 2 日間，PPV は豚腎初代細胞を用いて 32℃にて 7 ～ 10 日間，GETV は HAL 細胞を用いて 30℃で 1 ～ 2 日間培養し，各々その培養液を採取・遠心して上清を混合したものをワクチン原液とする．それぞれの原液を混合したものに安定剤を加え最終バルクとする．これをバイアルに小分け後真空凍結乾燥し，密栓したものが乾燥製剤である．

5．効力を裏付ける試験成績

1）抗体応答

JEV，PPV および GETV に対する抗体陰性の 1 ～ 2 ヵ月齢豚 8 頭にワクチンの規定量を皮下注射し，3 週後に各ウイルスの抗体価を測定した．また，非注射対照群として 2 頭を用いた．ワクチンを注射された豚は，注射 3 週後に JEV に対しては 20 ～ 160 倍，PPV に対しては 20 ～ 160 倍，GETV に対しては 40 ～ 320 倍の抗体価を示した．

2）免疫持続

抗体陰性の 1 ～ 2 ヵ月齢の豚 8 頭を用い，6 頭にはワクチン規定量を皮下に注射し，残りの 2 頭は非注射対照とした．注射後 1 ヵ月ごとに 10 ヵ月後まで採血し，JEV，PPV および GETV に対する HI 抗体価を測定した．結果，図 2 に示すように，JEV に対しては 3 ～ 4 ヵ月後，PPV に対しては 9 ヵ月後，GETV に対しては 3 ～ 4 ヵ月後でも抗体の持続が認められた．

3）感染防御試験

5 ヵ月齢豚 12 頭を用いて感染防御試験を行った．9 頭はワクチンを皮下接種し，残りの 3 頭は攻撃対照とした．接種後 4 週目に接種豚 3 頭ずつ 3 群に分け，対照豚として 1 頭を加えたのち，各ウイルスの強毒株を皮下に攻撃した．攻撃後，各群の試験豚を 7 日間毎日採血し，ウイルス血症の検出を行った．また，攻撃 2 週後に採血を行い，HI 抗体価の測定を行った．その結果，ワクチン接種豚には一般臨床症状の変動は全く見られず，ウイルス血症も陰性であった．また，抗体価は JEV，PPV および GETV とも攻撃時に低い抗体価の場合は若干の抗体上昇が見られたが，抗体価 80 倍以上のものはほとんど抗体価の変動は見られなかった．一方，対照豚では攻撃後 JEV は 1 ～ 2 日目，PPV は 4 ～ 5 日目，GETV は 1 ～ 3 日目にそれぞれウイルス血症が検出され，さらに抗体価は攻撃後，著しく上昇した（表 1）．

6．臨床試験成績

A および B の 2 農場において JEV および GETV の抗体陰性の繁殖用雌豚に，ワクチン 1 用量皮下に注射し，7 日間の臨床観察と，注射時，注射 1 ヵ月後および分娩後血清による HI 抗体価の推移，さらに分娩成績を観察してワクチンの有効性と安全性を評価した．なお，PPV に関しては，抗体陰性豚の他に一部陽性豚も使用した．

異常子が確認された場合，各臓器乳剤を乳のみマウスに脳内接種し，JEV および GETV の検出を試み，PPV の検出は臓器乳剤を ESK 細胞に接種して行った．異常子の体液についても，アセトンまたはカオリン処理し，JEV，PPV および GETV に対する抗体価を測定した．

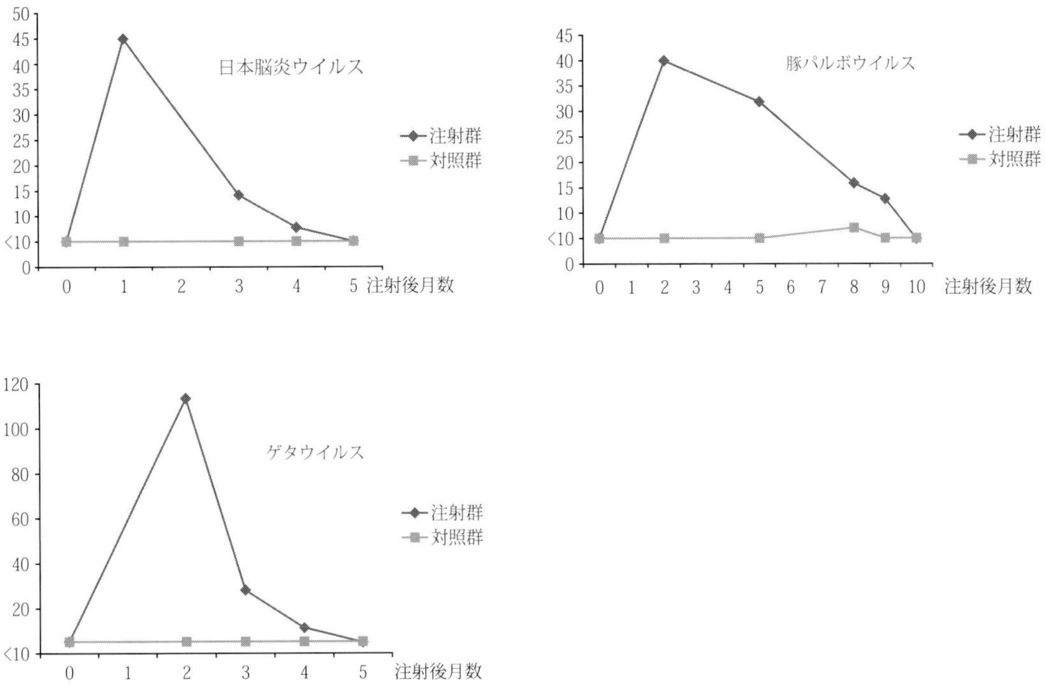

図 2　ワクチン接種豚の免疫持続試験
各ウイルスに対する HI 抗体価の幾何平均値を示した.

表 1　ワクチン接種豚の感染防御試験

攻撃ウイルス	豚番号	区　分	臨床所見 [1]	ウイルス血症 [2]	HI 抗体価	
					接種時	攻撃 2 週後
JEV	11	接種豚	—	—	20	320
	12		—	—	80	80
	13		—	—	40	160
	14	対照豚	—	＋	＜ 10	≧ 2,560
PPV	15	接種豚	—	—	40	80
	16		—	—	20	320
	17		—	—	20	640
	18	対照豚	—	＋	＜ 10	≧ 2,560
GETV	19	接種豚	—	—	80	80
	20		—	—	320	640
	21		—	—	20	160
	22	対照豚	—	＋	＜ 10	≧ 2,560

[1] 攻撃後の臨床所見．2 週間の観察期間中，異常が確認されなかった場合「—」とした．
[2] 攻撃後 7 日間の観察期間中，1 日以上ウイルス血症が確認された場合を「＋」とし，それ以外を「—」とした．

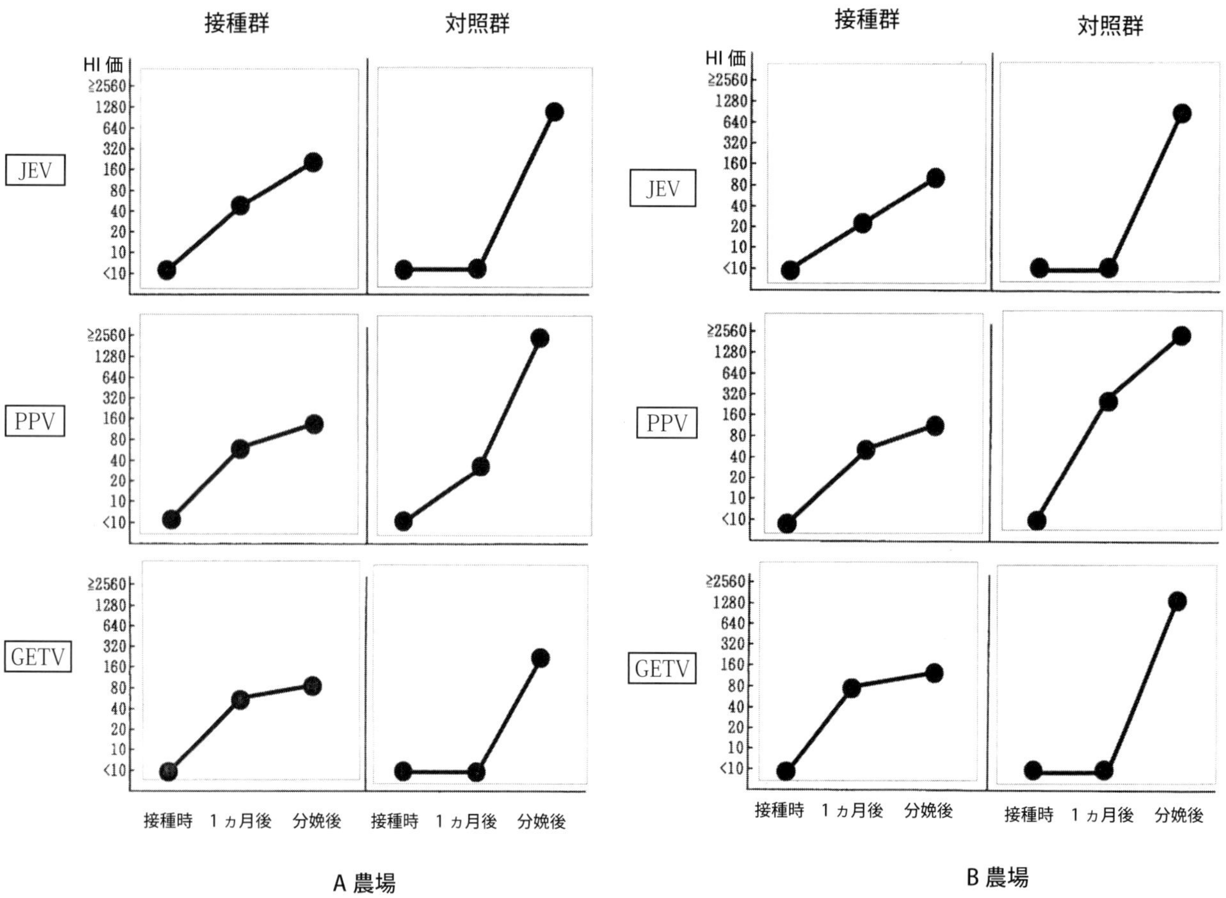

図 3　ワクチン接種群および対照群の HI 抗体価（幾何平均値）の推移
対照群の抗体価の上昇は野外株の感染による．

1）有効性

A および B の各農場について，ワクチン接種群各 30 頭および非接種の対照群各 10 頭を用いて，抗体応答および分娩成績で有効性を評価した．

JEV に対する抗体応答について，接種 1 ヵ月後では 2 農場とも対照群に抗体陽性豚は見られなかったが，ワクチン接種豚の抗体陽性率は 90 ～ 93％で平均 HI 抗体価（GM）は約 40 倍を示した．分娩後では対照豚は野外感染により著しい抗体上昇を認め，ワクチン接種豚の GM は 100 倍以上を示したが，対照豚に比べ抗体価の変動は穏やかであった．

PPV に対する抗体応答については，ワクチン接種時の抗体陰性豚（31 頭）について，抗体価の推移を調べた．ワクチン接種豚の接種 1 ヵ月後の抗体陽性率は 93％～ 100％，かつ GM は約 80 倍を示し，分娩後の抗体陽性率は 100％，かつ GM は 100 倍以上を示した．一方，対照豚では分娩後に全頭が高い抗体価（GM は 1,280 倍以上）を示した．

GETV に対する抗体応答については，ワクチン接種後の抗体陽性率は 100％を示し，GM は約 80 倍を示した．分娩後の対照豚は野外感染により著しい抗体上昇（1,280 倍以上）を認めたが，ワクチン接種豚の GM は 160 倍以下で対照群に比べ抗体価の変動は少なかった（図 3）．

分娩成績では，異常産発生率において 2 農場ともワクチン接種群は対照群と比較して低率であった（表 2）．異常子の体液を用いたウイルス検索と各ウイルスに対する抗体検査では対照群の異常子から PPV が分離され，一部の異常子の体液から JEV および PPV に対する抗体が検出された．

以上の成績から本ワクチンの有効性が確認された．

2）安全性

ワクチンの安全性を確認するため，ワクチン接種豚の全頭について接種後 7 日間臨床観察を行った結果，全く異常は認められなかったことによりワクチンの安全性が確認された．

表2　ワクチン接種豚の分娩成績

農　場	試験群	分娩母豚数			産子数		正常子数		異常子数		異常産発生率（%）	
		総数	正常	異常	総数	1頭平均	総数	1頭平均	総数	1頭平均	母豚	産子
A	接種群	26	20	6	269	10.3	262	10.1	7	0.3	23.1	2.6
	対照群	9	4	5	89	9.9	77	8.6	12	1.3	55.6	13.5
B	接種群	27	22	5	276	10.2	271	10	5	0.2	18.5	1.8
	対照群	9	4	5	87	9.7	76	8.4	11	1.2	55.6	12.6

7．使用方法

1）用法・用量

乾燥ワクチンに添付の溶解用液を加えて溶解し，その1mLを種付け前の繁殖用雌豚の皮下に注射する．

2）効能・効果

豚の日本脳炎，豚パルボおよび豚のゲタウイルス感染症の予防．特に繁殖用母豚の日本脳炎ウイルス，豚パルボウイルスおよびゲタウイルス感染による異常産予防．

3）使用上の注意

本剤は弱毒ウイルスを用いた生ワクチンで，アジュバント等の免疫賦活剤は含まず，使用制限期間の設定はない．しかし，ストレスの多い繁殖豚への使用となるため，使用上の注意として，「豚が次のいずれかに該当すると認められる場合は，健康状態および体質等を考慮し，注射の適否の判断を慎重に行うこと．発熱，下痢，重度の皮膚疾患など臨床異常が認められるもの．疾病の治療を継続中のものまたは治癒後間がないもの．交配後間がないもの，分娩間際のものまたは分娩直後のもの．明らかな栄養障害があるもの．」との記載がなされている．また，加えて，「本剤の注射後，激しい運動は避けること．本剤の注射後，少なくとも2日間は安静に努め，移動等は避けること．」としている．

4）ワクチネーションプロブラム

JEV，PPVおよびGETVのなかで，JEVとGETVは蚊が媒介することから，蚊の発生時期にあわせた対策が必要である．なかでも，北海道を除く国内全域においてJEVの感染が認められることから，一般的に日本脳炎を中心としたワクチネーションプログラムを組むことが多い．各地区の日本脳炎流行開始日の1ヵ月前までに接種されることが望ましい．一般的に西日本では4月～5月，東日本では5月～6月が接種適期である．

JEVは母豚のウイルス血症を経て胎子に感染する．当然，飼養環境により暴露されるウイルス量は大きく異なり流行地区ではより強固な免疫の獲得が要求される．より確実に免疫を与える方法として，生ワクチンの2回接種法（L・L方式），日本脳炎不活化ワクチンの併用によるL・K方式での接種方法がある．2回接種法の場合にも，その県の流行開始推定日の1ヵ月前に2回目の接種を終えるようにする．日本脳炎流行地区においてはL・LまたはL・K方式による年2回の一斉接種，または接種時期（月）を固定せずに，繁殖グループごとにワクチン接種が行われる場合もある．特に，その年に初めて出産する初産または2産目の繁殖豚には十分な免疫が必要である．また，繁殖候補豚群の，抗体保有状況にばらつきがある場合はL・L方式が有効である．

いずれの場合においても，農場内の種豚は，産歴ごとに，各ウイルスに対する抗体検査を行い，抗体保有状況を把握した上で農場に適したワクチネーションプログラムを決定することが望ましい．

8．貯法・有効期間

2～10℃で保存する，有効期間は2年3ヵ月間．

参考文献

1. 藤崎雄次郎（1971）：家畜衛生試験場研究報告，62, 16-24.
2. 羽生　章ら（1977）：ウイルス，27, 21-26.
3. 菅原茂美ら（1973）：日獣会誌，26,431-435.
4. 村上洋介（1999）：豚病学 第4版，226-231　近代出版.
5. Izumida, A.et al.（1988）：*Jpn J Vet Sci*, 50,679-684.
6. Kawamura, H.et al.（1987）：*Jpn J Vet Sci*, 49,1003-1007.
7. Doherty, R.L.et al.（1966）：*Aust J Exp Biol Med Sci*, 44, 365- 378.
8. Yago, K. et al.（1987）：*Jpn J Vet Sci*, 49,989-994.
9. Inoue, Y.K.（1964）：*Bull Wld Hlth Org*, 30,181-185.
10. Fujisaki, Y.et al.（1982）：*Nat Inst Anim Health Quart*, 22, 1-7.
11. 出水田昭弘ら（1991）：日獣会誌，44,197-201.
12. 出水田昭弘ら（1991）：日獣会誌，44,313-318.

（久保田修一）

5 豚繁殖・呼吸障害症候群生ワクチン

1．疾病の概要

豚繁殖・呼吸障害症候群（PRRS）は，母豚の繁殖障害と離乳子豚の呼吸器障害を主徴とし，養豚において甚大な経済的被害を引き起こす重要疾病のひとつである．

本疾病は1987年に米国で最初に報告された．当時は病原体が不明で，耳翼のチアノーゼが特徴的であったことから「ミステリー病」あるいは「ブルーイヤー病」と呼ばれていた[1]．その後1991年に，PRRSウイルス（*Arteriviridae*，*Arterivirus*）が病原体として特定された[2,3,4]．現在に至るまで，PRRSは一部地域を除いて世界中でその蔓延が報告されている．

わが国では，1994年に初めて「ヘコヘコ病」として発生が報告された[5]．しかし，PRRSウイルスに対する抗体陽性豚は1986年に国内に既に存在していたことが，その後確認されている．現在PRRSは全国で発生が認められ，日本国内の年間被害総額は283億円に達するとも試算されている[6]．

PRRSウイルスに初感染した豚は感染後数ヵ月あるいはそれ以上の期間にわたり，間欠的にウイルスを排出し感染源となる．排出が認められなくなった後もウイルスはリンパ組織内で長期間持続感染し，感染250日後のリンパ組織からウイルスが検出されたという報告もある[7]．PRRSウイルスは主に鼻汁，糞便，精液，流産胎子と共に体外に排出され，接触，飛沫，あるいは交配によって感染する．人の衣服や靴，注射針，ネズミや昆虫等も媒介物となる危険性がある．また最近の研究では，PRRSウイルスが風によって約9km先の地点まで運ばれることも報告されており，風による伝播の危険性も指摘されている[8]．

PRRSウイルス感染による繁殖障害では妊娠後期の死流産の発生のほか，虚弱豚の娩出，早産や妊娠期間の延長等も認められる．病原性の高い株に感染した場合や初感染の妊娠豚の場合，妊娠初期にも繁殖障害が認められることがある．一方，育成から肥育期の豚ではウイルス性の間質性肺炎を引き起こし，腹式呼吸や元気消失，発育不良などが認められる．さらにPRRSウイルスは肺胞マクロファージに感染して死滅させるため，肺の局所免疫が抑制され二次感染が起こりやすくなる．混合感染により病態は悪化し，死亡率も高くなることから，PRRSウイルスは豚呼吸器複合病（PRDC）の要因のひとつとして重要視されている[9]．

PRRSウイルスはRNAウイルスであるため変異しやすく，しばしば病原性の非常に高い変異株が出現する．最近では2007年にアメリカで出現が報告されている．また，2006年に中国で報告された高病原性の変異株は2008年以降に近隣アジア諸国へも感染が拡大し，2009年には中国国内で再発生したとも報告され，甚大な被害を引き起こした．PRRSウイルスは遺伝子学的に北米型とヨーロッパ型に分類されるが，現在確認されている高病原性の変異株は全て北米型である．しかし，PRRSウイルスが高病原性を獲得するメカニズムはまだ特定されていない．

さらに，PRRSウイルスの病原因子やそれに対する防御免疫については解明されていない点が多い．例えば異なる株間ではある程度の交差免疫が成立するものの，交差免疫の程度とウイルス遺伝子の相同性には関連性はなく，現時点で交差免疫の程度を予測する指標は存在しない[10,11,12]．このように，未解明な点が多いこともPRRSのコントロールを困難にしている理由のひとつである．

2．ワクチンの歴史

PRRS弱毒生ワクチンは，1994年に米国で子豚用の動物用医薬品として認可された．このワクチン株は北米型のPRRSウイルスを，培養細胞を用いた継代により弱毒化したものであり，様々な野外株に対して広い交差免疫を示す[10,11,12,13,14]．その後，離乳前の早期感染を防ぐためには繁殖豚群に対して本ワクチンを接種し，免疫を安定化させる必要があることが確認された経緯から，1996年に米国で繁殖用雌豚接種の追加承認を受けた．一方，同ワクチンは日本国内で1997年に子豚用として承認を受けた後，2005年に適用を拡大し繁殖用雌豚接種の追加承認を受けた．本ワクチンは現在国内で販売されている唯一のPRRSワクチンである．

海外ではPRRSの不活化ワクチンも市販されているが，生ワクチンの効果を上回る不活化ワクチンは開発されていない．また，DNAワクチンのように新しい技術を応用したワクチンの研究も行われているが，実用化には至っていない．

PRRSはコントロールが非常に難しい疾病であるため，ワクチン接種を行ったうえでピッグフローや豚舎の洗浄・消毒，オールイン／オールアウトといった飼養管理やバイオセキュリティの徹底など，総合的な取り組みを行うことが重要である．

3．製造用株

PRRS野外発症豚より分離した北米型PRRSウイルス株

（VR-2332）を，アカゲザルの腎臓由来の株化細胞であるMA-104 細胞を用いて継代培養し弱毒化したものを製造用株（JJ1882）とした．本株の豚に対する病原性は認められず，豚以外の動物には感染しない．また本株をMA-104 細胞に接種すると，細胞変性効果を伴って良好に増殖する．

4．製造方法

製造用株をMA-104 細胞で増殖させ，そのウイルス液に安定剤を加え，凍結乾燥したのち減圧化で封じたものを製品とする．

5．効力を裏付ける試験成績

1）最小有効量

異なるウイルス価のJJ1882 株を含むワクチン液をPRRS 抗体陰性の3 ～ 5 週齢の子豚に対して接種し，接種後28 日目にPRRS ウイルス強毒株VR-2332 で攻撃した．攻撃後に臨床症状，体重，体温，白血球数，血中ウイルス量および抗体価（免疫ペルオキシダーゼ試験および中和試験）の評価を行い，最小有効量を求め，この値にさらに安定性等の結果から本製品に含まれる抗原量は1 ドース当たり $10^{4.9}$ ～ $10^{6.7}TCID_{50}$ とした．

2）免疫発現時期

PRRS 抗体陰性の4 ～ 5 週齢の豚に本ワクチンを接種し，その後異なる時期に強毒株で攻撃を行ったところ，接種7 日目に免疫成立が示された．

3）免疫持続

（1）子豚

PRRS 抗体陰性の4 ～ 5 週齢の豚に本ワクチンを接種し，110 日目に強毒株で攻撃したところ防御したことから子豚における免疫持続期間は少なくとも110 日間であると考えられた．

（2）繁殖用雌豚

PRRS 抗体陰性の13 ～ 14 ヵ月齢の繁殖用雌豚に対し，種付け4 週間前に本ワクチンを接種した．ワクチン接種後118 日目に強毒株で攻撃したところ防御したことから，繁殖用雌豚に対する本ワクチンの免疫持続期間は少なくとも118 日間であると考えられた．

4）免疫交差性

（1）子豚

5 週齢のSPF 豚に本ワクチンを接種し，その6 週後にヨーロッパ型のプロトタイプであるLelystad 株で攻撃してワクチン効果を調べた．その結果，対照群と比較してワクチン群では臨床症状およびウイルス血症において有意な軽減効果がみられた．

（2）繁殖用雌豚

交配前に本ワクチンを接種した繁殖用雌豚に対し，妊娠後期にLelystad 株で攻撃した．その結果，ワクチン群では対照群と比較して正常産子数の増加といった繁殖成績の改善および胎盤感染率の減少がみられた．

以上より，子豚，繁殖用雌豚いずれにおいてもヨーロッパ型PRRS ウイルスに対する本ワクチンの効果が認められた．

5）移行抗体による影響

本ワクチンで免疫した母豚由来の子豚を2 群に分け，4 ～ 5 週齢で本ワクチンを接種した群をワクチン群，何も接種しなかった群を未接種対照群とした．ワクチン接種後27 日目に両群に対し強毒株で攻撃を行い，ワクチン効果に及ぼす移行抗体の影響を調べた．攻撃後，未接種対照群では増体重の減少，ウイルス血症および白血球減少といった症状が認められたのに対し，ワクチン群ではこれらの症状が改善されていたことから，本ワクチンの効果に及ぼす移行抗体の影響は少ないと考えられた．

6．臨床試験成績

1）子豚

3 ～ 6 週齢の豚100 頭を平均体重が同等になるように，ワクチン群，未接種対照群の2 群に分け，ワクチン群には本ワクチンを接種した．接種後42 日間，安全性および有効性に関する観察を行った．

（1）有効性

ワクチン群と対照群の増体成績と臨床成績，死亡率からワクチンの効果を評価した（表1）．臨床成績はPRRS ウイルスの感染によると考えられる二次感染症の治療回数により評価した．ワクチン群の試験終了時までの平均増体重は対照群に比べ1.5kg 重く，一日平均増体量は35.4g 改善された．治療を実施した豚の割合は，対照群では94.1% であったのに対しワクチン群では75.0%と低く，平均治療日数も対照群は7.8 日であったがワクチン群では4.8 日であった．また試験期間中の死亡率についても，対照群の21.6%に対しワクチン群では13.5%と改善がみられた．なお，抗体検査より供試豚群は試験期間中，PRRS ウイルスの野外株に曝露されたことが確認されている．これらの結果から，本ワクチンの有効性が示された．

（2）安全性

試験期間中，ワクチン群の一般状態および臨床症状にワクチ

表1　子豚を用いた42 日間の臨床試験結果

	ワクチン群	対照群	差
平均増体重（kg）	10.8	9.3	＋ 1.5
1 日平均増体量（g）	257.1	221.7	＋ 35.4
治療豚の割合（%）	75.0	94.1	－ 19.1
1 頭当たり治療日数	4.8	7.8	－ 3.0
死亡率（%）	13.5	21.6	－ 8.1

表 2　繁殖用雌豚を用いた臨床試験結果

	ワクチン群	対照群
生存産子率（%）[a]	92.5*	83.10
平均生存産子数[b]	10.31	9.49

[a] 生存産子数（正常産子数数＋虚弱産子数）/ 総産子数
[b] 供試母豚 1 頭あたり
* カイ二乗検定で対照群と比較して有意差あり（$p < 0.01$）

ンに起因すると思われる異常は認められず，注射部位にも異常はみられなかったことより，本製剤の安全性が確認された．

2）繁殖用雌豚

120 頭の繁殖用雌豚をワクチン群と未接種対照群の 2 群に分け，ワクチン群には種付け 3 ～ 4 週前に本ワクチンを接種した．母豚の観察はワクチン接種日から分娩後の離乳日まで行い，子豚の観察は分娩から離乳日までとした．

（1）有効性

分娩時の生存産子率，および供試母豚 1 頭当たりの平均生存産子数はワクチン群が対照群を上回っており，特に生存産子率では有意差が認められたことから，本ワクチンの PRRS に関連する繁殖成績改善効果が示された（表 2）．

（2）安全性

ワクチン接種後 14 日間の臨床観察，接種部位の局所反応の観察および繁殖成績の観察により異常は認められなかったことから，本ワクチンの安全性が示された．

7．使用方法

1）用法・用量

乾燥ワクチンに添付の溶解用液を加えて溶解し，その 2mL を 3 ～ 18 週齢の豚の筋肉内に接種する．繁殖用雌豚に対しては同じく 2mL を交配 3 ～ 4 週前に筋肉内に接種する．

2）効能・効果

豚繁殖・呼吸障害症候群ウイルス感染による子豚の生産阻害の軽減および繁殖用雌豚の繁殖成績の改善．

3）使用上の注意

PRRS 陰性農場では使用しないこと．

8．貯法・有効期間

遮光して 2 ～ 5℃で保存する．有効期間は 27 ヵ月間．

参考文献

1. Keffaber, I. X.（1989）：*Am Assoc Swine Pract Newsl,* 1, 1-9.
2. Pol, J. M. A. et al.（1991）：*Vet Q,* 13, 137-143.
3. Wensvoort, G. et al.（1991）：*Vet Q,* 13, 121-130.
4. Collins, J. E. et al.（1992）：*J Vet Diagn Invest,* 4, 139-143.
5. Shimizu, M. et al.（1994）：*J Vet Med Sci,* 56, 389-391.
6. 山根逸郎（2009）：PRRS コントロール技術集，89-99.
7. Wills, R.W. et al.（2003）：*J Clin Microbiol,* 41, 58-62.
8. Otake, S. et al.（2010）：*Vet Microbiol,* 145, 198-208.
9. Harms, P. A. et al.（2002）：*J Swine Health Prod,* 10, 27-30.
10. Roof, M. B. et al.（2004）：Proceedings of the 35th Annual Meeting American Association of Swine Practitioners, 225-228.
11. Oppriessnig, T. et al.（2005）：*J Swine Health Prod,* 13, 246-253.
12. Okuda, Y. et al.（2008）：*J Vet Med Sci,* 70, 1017-1025.
13. Roof, M. B. et al.（2000）：Proceedings of the 16th International Pig Veterinary Society Congress, 641.
14. Liu, S. et al.（2010）：Proceedings of the 21st International Pig Veterinary Society Congress, 154.

（加納里佳）

6　豚オーエスキー病（g Ⅰ－，TK ＋）生ワクチン（アジュバント加溶解液）

1．疾病の概要

オーエスキー病（AD）は，豚ヘルペスウイルス 1（*Herpesviridae*，*Alphaherpesvirinae*，*Varicellovirus*）に分類されるオーエスキー病ウイルス（ADV）により起こる急性伝染病である．ADV の本来の宿主は豚であるが，馬および霊長類（人を含む）を除くほとんどの哺乳類への感染が認められている．その伝搬は感染豚との接触による経口および経鼻感染が主である．また，農場間では感染豚の移動・導入が大きな伝搬要因となっている．ADV に感染した豚の臨床症状は発育段階により異なり，哺乳豚では全身性の神経症状が認められ，起立困難に陥り高率に死亡する．育成・肥育豚では，一過性の発熱および呼吸器症状を示すが，その症状は他の病原体との混合感染によって，より重篤なものとなる．繁殖豚では多くは不顕性に推移するが，妊娠中に初感染した母豚のおよそ半数で死流産が発現する．

2．ワクチンの歴史

AD の発生は 1970 年代より世界的規模で拡大し，日本国内においても 1981 年の初発以来，各地方に浸潤し，常在化するに至った．1991 年これまでの摘発淘汰を中心とした AD 対策に対し，ワクチン使用を可とする AD 防疫対策要領が定められ遺伝子欠損マーカー〔g I，g Ⅲ，g X〕を有した 4 種類の弱毒生ワクチンが実用化された．合わせてワクチンごとの抗体識別キットが整備された．以後，野外株感染豚とワクチン接種豚との識別が可能となり，摘発・淘汰と組み合わせ AD 撲滅が推進されてきた．2005 年には使用ワクチンの遺伝子欠損マーカーが g I に統一され，本病の防疫対策が一層強化された．

3．製造用株

1961 年ハンガリーの Bartha は，神経症状を呈した 8 ヵ月齢の豚の脳より ADV を分離して初代豚腎（SK）培養細胞で連続継代するとともにクローニングして弱毒 ADV バーサ株を確立した[1]．1988 年，オランダデュファー社（現ファイザー社）より，この弱毒 ADV 株を導入するとともに初代鶏胚（CEF）培養細胞で継代し，製造用原株バーサ・K S 株を確立した．マーカーを含む自然欠損株であるワクチン株の性状を表 1 に示した．

表 1　ワクチン株の性状

株　名	遺伝子欠損部位	マーカー	安全性	病原性[1]	
バーサ・KS 株	g I（gE）*	g I（gE）欠損	ウイルス血症発現なし	豚：－	猫：－
	gp63**	小プラックサイズ（Vero 細胞）	同居感染性否定	牛：－	マウス：＋
	カプシッド **	巨細胞非形成（CRFK 細胞）	病原性復帰否定	羊：－	ウサギ：　＋＋
			潜伏感染否定	犬：－	

*：完全欠損，**：部分欠損，[1] －：病原性なし，＋～＋＋：病原性あり

表 2　野外強毒株（NIA_3 株）に対する効力

群	接種後週数	発熱日数	臨床症状 *	攻撃時の中和抗体	体重 **	死亡頭数 / 供試頭数
ワクチン投与	1 週	0.50	0.25	109	＋ 2.50	0/4
ワクチン投与	2 週	0.75	0.75	386	＋ 3.25	0/4
ワクチン投与	3 週	0.50	0.75	1,387	＋ 2.75	0/4
ワクチン投与	4 週	0.25	0.10	1,589	＋ 3.00	0/10
対　照	無接種	＞ 5.25	＞ 7.08	＜ 10	－ 1.19	4/12

*：元気・食欲消失等の臨床症状が認められた日数．**：攻撃後 7 日の増体重（kg）

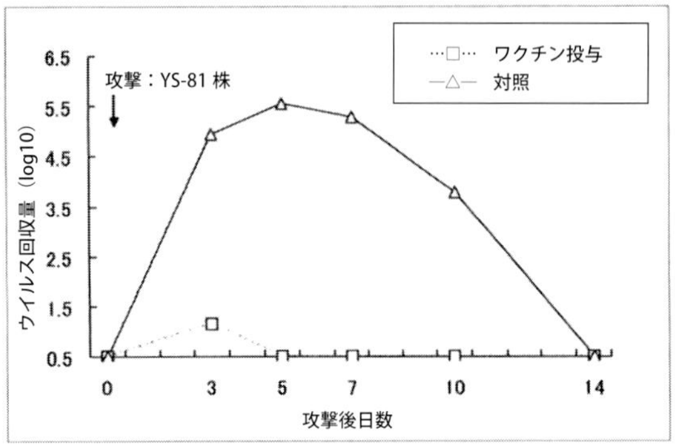

図1　攻撃後のウイルス排泄量の推移

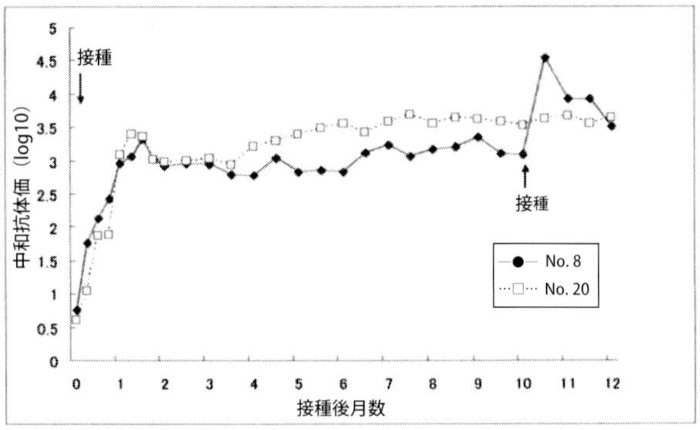

図2　ワクチン接種後の中和抗体価の推移

ADV の病原性に関わる病原性因子は，五つのウイルス関連タンパク（g I，g Ⅲ，gp 63, カプシッド，TK）からなると考えられており，本株はこれら五つの病原性因子中三つに欠損が認められる．このことが神経病原性を示さず，潜伏感染しない主たる理由と考えられる[2,3]．

4．製造方法

CEF 培養細胞に製造用ウイルスを接種し，37℃で 2 ～ 3 日間培養する．培養液を採取し，その遠心上清に安定剤を加え，凍結乾燥し乾燥ワクチンとする．

ワクチン溶解用液は，流動パラフィンに乳化剤を加え適性条件下で撹拌し，ナノレベルで均一な粒子を有した O/W エマルジョンを作製後，小分け分注する．なお，本ワクチンは，生ワクチンに油性アジュバントを加えた最初のワクチンである．

5．効力を裏付ける試験成績

1）製造用株の有効抗体価

バーサ・KS 株接種豚に強毒 ADV NIA_3 株 $10^{5.0}TCID_{50}$ で経鼻攻撃し検討した結果，中和抗体価（50％プラック減少法）17 倍以上を有する個体は全例発症防御効果が認められたことより，中和抗体価 17 倍を最小有効抗体価と設定した．

2）最小有効量

バーサ・KS 株を各濃度に調製し，豚に接種して検討した結果，明らかな発症防御を誘導する最小有効量は $10^{4.0}TCID_{50}$ 以上と考えられた．

3）免疫成立時期（表 2）

ワクチン接種後 1 ～ 4 週に野外強毒株（NIA_3 株）で経鼻攻撃を行った．無接種対照群では 12 頭中 4 頭が死亡し，生残した豚においても重篤な臨床症状（神経症状・食欲廃絶等）が認められた．一方，本ワクチン接種群では，十分な発症防御効果が認められた．その効果は接種後 1 週から認められたが，液性免疫を伴う強い免疫成立は接種後 3 週と考えられた．

4）国内分離株（YS-81 株）に対する効力

本ワクチン接種豚では，国内分離株 YS-81 株に対しても NIA_3 株と同様に良好な発症防御効果が認められた．ワクチン接種豚における攻撃後のウイルス排泄（図 1）は，攻撃後 3 日に僅かな排泄を認めたのみであった．

5）免疫持続

中和抗体（図 2）は本ワクチン接種後 5 ～ 6 週でプラトーに達し，1 年間高い中和抗体価を維持した．追加接種した個体では強い 2 次免疫応答が認められた．

また，本ワクチンを妊娠豚に接種することにより，高い移行抗体を子豚に賦与でき，少なくとも生後 8 ～ 12 週まで有効な移行抗体の持続を確認した（図 3）．しかし，高い移行抗体によりワクチン効果が抑制されることがあるので，特に陽性農場における子豚へのワクチン接種は移行抗体消失時期を考慮し，

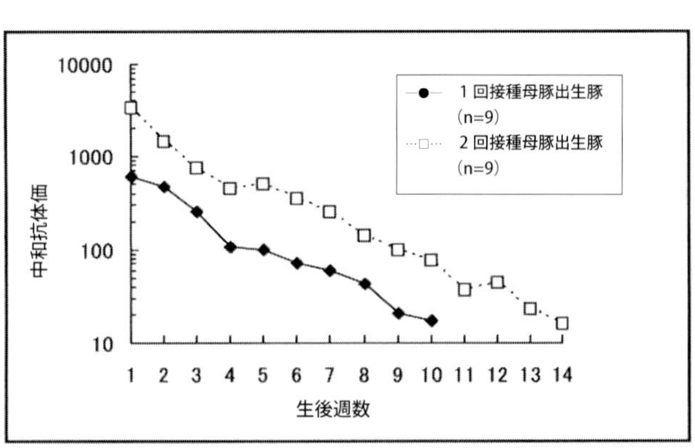

図3　ワクチン 1 回および 2 回接種母豚出生豚の移行抗体

表3 gI 抗体および中和抗体測定成績（まとめ）

		試験群		対照群	
		開始時	接種後8週	開始時	接種後8週
gI 抗体	陽性率	68%	50%	70%	55%
	疑陽性率	5%	7%	5%	15%
	陰性率	27%	43%	25%	30%
中和抗体	平均値（n = 40）	348	1,674	498	92
	抗体応答陽性率	—	100%	—	0%

追加接種の必要性を検討すべきと考える.

6．臨床試験成績

1）評価方法

有効性評価基準：対象疾病の流行が認められた場合，臨床症状発現率は対照群と比較して同等以下．試験群は最小有効抗体価以上．被験薬接種時に中和抗体が認められた場合，試験群における接種後の中和抗体価は被験薬接種時と比較して同等以上とした．

安全性評価基準：非臨床試験の1用量接種で認められた程度と同等以下または対照群と比較し同等以下とした．

2）評価結果（表3）

有効性：中和抗体価，gI 抗体および臨床観察結果より，試験期間中に新たな AD 野外ウイルスの感染はなかったものと考えられた．したがって，試験群の抗体応答陽性率 100%に対し，対照群は 0%であり，試験群の抗体応答は本ワクチン接種による抗体応答と判断した．また，試験開始時の中和抗体は移行抗体と推定した．

安全性：2農場の供試豚（8～10週齢，各60頭）は，本ワクチン接種または ADV 野外感染に起因する臨床症状の異常は認めず，両群とも順調に発育した．

以上より，本ワクチンの安全性および有効性が確認された．

7．使用方法

1）用法・用量

乾燥ワクチンを添付の溶解用液で溶解し，その 1mL を次により豚の耳根部または臀部筋肉内に接種する．

①生後8～10週に1回，更に必要がある場合は，3週以上の間隔をおいて1回追加接種する．

②繁殖豚については，年2回以上接種する．

【陽性農場の一般的なワクチネーションプログラム】

肉豚：生後 60～90 日齢および 90～120 日齢に 3～4 週間隔で2回接種

母豚：年2回以上の一斉接種または分娩6～3週前接種

2）効能・効果

豚オーエスキー病の発症予防

3）使用上の注意

本剤は，と畜場出荷前 35 日間は使用しない．

本剤の接種後，一過性の軽度の発熱が認められる場合があるが，症状は接種後 48 時間以内に消失する．

8．貯法・有効期間

2～5℃にて保存する．有効期間は2年間．

参考文献

1. Bartha, A.（1961）：*Magy Allatorv Lapja,* 16, 42-45.
2. Lomniczi, B. et al.（1987）：*J Virol,* 61, 796-801.
3. Petrovskis, E.A. et al.（1986）：*J Virol,* 60, 1166-1169.

（谷中　匡）

7 豚オーエスキー病（gI-，tk-）生ワクチン（酢酸トコフェロールアジュバント加溶解用液）

1．疾病の概要

135 ページ参照.

2．ワクチンの歴史

135 ページ参照.

3．製造用株

オランダ農務省中央獣医学研究所において，北アイルランドで分離された強毒オーエスキー病ウイルス NIA-3 株より *Bam*HI-7 フラグメントの部分削除を行い，糖タンパク質 gI 遺伝子欠損ウイルス 2.4-N3A 株を作出した[1]．その後，2.4-N3A 株をチミジンキナーゼ（以下，tk）欠損 L 細胞の BUdR 存在下で継代することにより，tk 欠損変異株を作出した．さらに豚腎および Vero 細胞で継代してベゴニア株を確立した．

4．製造方法

動物由来成分を含まない培地を用いて培養した Vero 細胞に製造用株を接種し，ウイルスの増殖極期に採取した培養液に動物由来成分を含まない安定剤を加え，凍結乾燥して乾燥ワクチンとする．また，トコフェロール酢酸エステルをアジュバントとしたものを溶解用液とする．

5．効力を裏付ける試験成績

1）最小有効ウイルス量

ベゴニア株の $10^{4.0}$，$10^{5.0}$ および $10^{6.0}TCID_{50}$ を 4 週齢の抗体陰性の子豚に注射し，注射後 3 ヵ月目に経鼻接種による攻撃を行ったところ，$10^{5.0}$ 注射群では対照群より発熱の程度および持続期間が軽減され，体重の回復も早かったことから，より十分な免疫を付与させるために最小有効ウイルス量は $10^{5.5}TCID_{50}$ と考えられた．

2）攻撃試験

14 週齢時の豚に 1 頭分の 2mL を筋肉内または 1 頭分の 0.2mL を皮内に接種し，接種後 4 週目に強毒株による攻撃を行ったところ，両接種方法ともに攻撃対照群と比較して，ウイルス排泄期間のみならずウイルス排泄量も減少した．また，発熱の程度およびその期間，体重の減少の程度において攻撃対照群より軽度であり，筋肉内および皮内注射の有効性が確認された（図 -1）．

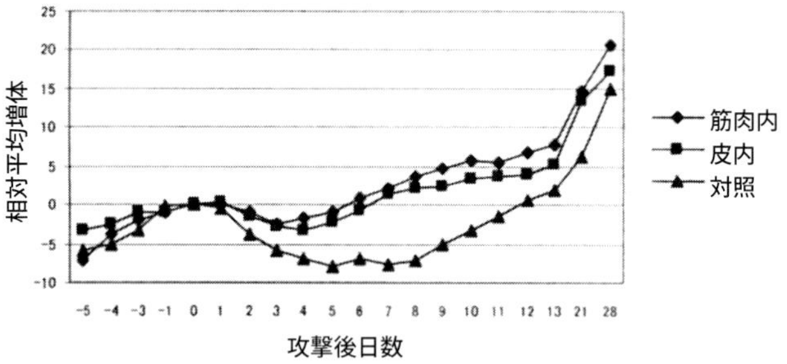

図 1　攻撃時の体重に対する平均増体（kg）の推移

3）免疫持続

8 ～ 10 週齢豚に本剤の 1 ドースを筋肉また皮内に注射し，さらに 1 ヵ月後に 2 回目の注射を行ったところ，本剤注射群では 2 回目注射 3 ヵ月目でも高い抗体価で推移し，3 ヵ月間以上有効抗体は持続した．

6．臨床試験成績

1）評価方法

有効性評価基準：試験期間中に gI 特異抗体の陽転は認められなかったことから，試験農場において野外ウイルスの感染はなかったものと考えられた．このことから，臨床観察，分娩成績および増体重による有効性の判定はできず，以下の抗体応答による判定を行った．

注射時に抗体を保有していない試験群におけるワクチン注射後の中和抗体価が 2 倍以上を示す場合，注射時に抗体を保有していたワクチン注射群におけるワクチン注射後の中和抗体価がワクチン注射時以上の中和抗体価を示す場合，有効とした．

安全性評価基準：本剤注射に起因する臨床上の異常，注射局所の反応および増体に異常を認めない場合，安全とした．

2）評価結果

有効性：注射時に抗体を保有していない豚にワクチンを注射した場合，全て 2 倍以上の抗体価を示していること，抗体を保有しているワクチン注射豚においても注射後抗体価の上昇が認められていることから，有効性が確認された（表 1，表 2）．

安全性：2 養豚場の繁殖豚および肥育豚において，ワクチン注射に起因する臨床上の異常，注射局所の反応および増体重の

表1 肥育豚における筋肉内注射後の中和抗体価の推移

農 場	1回目注射後月数			
	0	1 (0)[2)]	2 (1)	4 (3)
S	8.0[1)] (4 ～ 16)	34.3 (16 ～ 128)	256 (128 ～ 1024)	137.2 (64 ～ 512)
N	1.5 (< 2 ～ 8)	52 (16 ～ 256)	362 (256 ～ 512)	168.9 (128 ～ 256)

1) 幾何平均値, ( ) 内は抗体価の範囲
2) ( ) 内は2回目注射後月数

表2 肥育豚における皮内注射後の中和抗体価の推移

農 場	1回目注射後月数			
	0	1 (0)[2)]	2 (1)	4 (3)
S	2.8[1)] (< 2 ～ 8)	12.1 (4 ～ 64)	52 (16 ～ 128)	32 (8 ～ 64)
N	1.2 (< 2 ～ 2)	22.6 (8 ～ 32)	111.4 (64 ～ 256)	52 (32 ～ 128)

1) 幾何平均値, ( ) 内は抗体価の範囲
2) ( ) 内は2回目注射後月数

異常は認められず安全性が確認された.

7. 使用方法

筋肉内注射用のワクチンと皮内注射用ワクチンがある.

1) 用法・用量

筋肉内注射用のワクチンは, 乾燥ワクチンを添付の溶解用液で溶解し, その2 mLを①および②の要領で, また, 皮内注射用のワクチンも添付の溶解用液で溶解し, その0.2mLを①の要領で豚の皮内に接種する.

①8～10週齢に1回, さらに必要がある場合には3週間以上の間隔をおいて1回追加接種する.

②妊娠豚においては, 分娩前3～6週に1回, その後の追加免疫は各分娩前3～6週または年2回接種する.

2) 効能・効果

豚のオーエスキー病の発症予防

3) 使用上の注意

筋肉内注射用のワクチンの場合は, と畜場出荷前28日は使用しない.

本剤の接種後, SPF豚 (SPFプライマリー豚等) では, 一過性の軽度な発熱が認められることがある. また, 皮内へ投与した場合, 皮内に小さな丘疹として認められ, これは約48時間以内に消失する.

4) ワクチネーションプログラム

撲滅ワクチネーションプログラムは以下のとおりである.

・繁殖候補豚 (未経産豚, 種雄豚) では, 10週齢および14週齢時に2回接種し, その後追加免疫を年に1回行う.
・母豚および種雄豚では, 追加免疫を4ヵ月ごと年3回行う.
・肥育豚では, 10週齢および14週齢時に2回接種を行う.

8. 貯法・有効期間

遮光して2～5℃に保存する. 有効期間は3年間.

参考文献

1. Wim, Quint. et al. (1987) : *J Gen Virol*, 68, 523-534.

(野中富士男)

8　豚インフルエンザ（アジュバント加）不活化ワクチン

1．疾病の概要

豚インフルエンザ（SI）は *Orthomyxoviridae*，*Influenzavirus* A に属する豚インフルエンザウイルス（SIV）の感染によって引き起こされる豚の急性呼吸器病である．わが国における SIV は 1968 年に大阪府で H3N2 亜型（香港型）が，1977 年に新潟県で H1N1 亜型（豚型）が分離され，以後，同ウイルスの存在が国内各地で確認された[1]．H3N2 亜型ウイルスは，人由来のウイルスが豚に侵入し，豚の間で定着したものと考えられている．また，1978 年以降，豚型と香港型の遺伝子再集合体である H1N2 亜型ウイルスが多数分離報告され[2]，現在ではわが国の豚インフルエンザウイルスの主流をなしている[3,4]．

本病の臨床症状については三つの亜型のいずれもが，元気消失，食欲不振，発熱などの一般症状と鼻汁，咳，呼吸促迫などの呼吸器症状を示し[5,6,7]，他の病原体との混合感染が起きた場合，その症状は重篤なものとなる[8,9]．単独感染による病理所見としては呼吸器粘膜上皮のカタル性肺炎，咽頭粘膜の充血，気管支や気管内の粘液貯留，無気肺，間質性肺炎，肺気腫などが認められる．一般に予後は良好で死亡率は 1%以下であるが，細菌との混合感染または肺炎に進行することにより，幼弱豚では死に至ることが多い．妊娠豚では，感染により流産を起こす場合がある．ウイルス感染歴がある豚は不顕性に経過し，発症することは少ない．本病の主な発病期は初秋から翌年の春までで急激な気候の変化が誘発要因と考えられている．わが国では肥育豚の抗体陽性率は 20 ～ 30%と推測されている．

2．ワクチンの歴史

SI の日本国内での発生は 1970 年代後半より始まりその被害は全国に広がった．国内で確認された三つの亜型全てに対して交差免疫を得るため，H1N1 亜型および H3N2 亜型から各 1 株のウイルスを選択し，ワクチン開発が行われた[1]．その結果，2 株混合の不活化ワクチンが 1987 年に承認され，翌年に国内初の豚インフルエンザワクチンとして上市され使用されるようになった．その後，SI を含む混合ワクチンとして，2007 年に豚パスツレラ症とマイコプラズマ・ハイオニューモニエ感染症の混合ワクチンが，2010 年に豚丹毒の混合ワクチンが承認されている．

3．製造用株

1）豚型ウイルス

1979 年に大阪府下の肥育豚の鼻腔ぬぐい液より，発育鶏卵を用いて分離した豚型インフルエンザウイルスを発育鶏卵で 15 代継代したウイルス株を豚型インフルエンザ A 型 A/swine/ 京都 /3/79（H1N1）株（以下，京都株）とし，製造用株とした．

2）香港型ウイルス

1969 年に杉村らによって大阪市内の呼吸器症状を示した病豚の鼻腔ぬぐい液から発育鶏卵で分離された香港型インフルエンザウイルスを，発育鶏卵で 15 代継代したウイルス株を豚インフルエンザ A 型　A/swine/ 和田山 /5/69（H3N2）株（以下，和田山株）とし，製造用株とした．

4．製造方法

製造用株は承認された原株から 5 代以内のものが使用される．製造用株を，10 ～ 12 日齢の発育鶏卵の尿膜腔内に接種後，36℃の恒温室で培養し，感染尿膜腔液を採取する．採取されたウイルス液にホルマリンを添加して不活化し，各株の原液とした．各株の原液を混合し，これにリン酸アルミニウムゲルを加えて最終バルクとしたのち，バイアルに小分けし小分製品とする．

5．効力を裏付ける試験成績

インフルエンザウイルスを，豚に人工感染させた場合，臨床症状を示さない場合が多い．よって，ワクチン効果を評価する場合，免疫豚に攻撃したウイルスの，鼻腔または肺からのウイルス回収を行い，ワクチン注射による免疫効果を調べた．約 2 ヵ月齢の豚（LW・D）にワクチンを 3 週間隔で 2 回，2 mL ずつを頚部皮下に注射し，2 回注射後 2 週目に京都株および和田山株の各ウイルスをそれぞれ 5 頭の豚の鼻腔内に接種した．各ウイルスの攻撃群には 2 頭の抗体陰性豚を置き，これを攻撃対照とした．攻撃ウイルス接種後，鼻腔ぬぐい液を採取し，発育鶏卵でウイルス量を測定した．攻撃時の HI 抗体価および攻撃 10 日間のウイルス回収成績を表 1 に示した．HI 抗体価は，京都株で 80 ～ 320 倍を，和田山株では 40 倍から 160 倍を示した．京都株の攻撃群では対照豚で 6 日または 9 日間ウイルスが回収され，最大で $10^{3.5}$ EID_{50}/0.2 mL であっ

表 1 ワクチン注射豚の感染防御試験成績

攻撃株 [1]	試験群	個体 No.	攻撃時 HI 抗体価		攻撃後の経過日数およびウイルス回収量（log EID_{50}/0.2 mL）									
			京都株	和田山株	1	2	3	4	5	6	7	8	9	10
京都株（H1N1 亜型）	免疫群	5	320	80	− [3]	−	−	−	−	−	−	−	−	−
		7	160	160	−	−	−	−	−	0.5	−	−	−	−
		11	160	160	−	−	−	−	−	−	−	−	−	−
		21	80	80	−	−	0.5	0.8	−	−	0.3	−	−	−
		23	80	40	−	−	0.8	1.5	−	−	−	−	−	−
	攻撃対照群	24	< 20	< 20	−	−	1.8	2.2	1.5	2.5	2	0.5	−	−
		25	< 20	< 20	0.3	1.5	2.5	3.5	2.5	1.5	2.5	0.5	0.5	−
和田山株（H3N2 亜型）	免疫群	3	80	160	−	1	−	−	−	0.5	−	−	−	−
		2	80	160	−	−	−	−	−	−	−	−	−	−
		9	160	80	−	1	−	−	−	−	−	−	−	−
		10	80	80	1	0.5	−	−	−	−	−	−	−	−
		6	80	40	−	−	1	−	−	−	−	−	−	−
	攻撃対照群	1	< 20	< 20	−	0.5	1	2	1.5	3	1.5	2	0.5	0.5
		4	< 20	< 20	0.8	1.2	2.5	1.5	2	2.5	1.2	0.5	−	−
千葉株 [2]（H1N2 亜型）	免疫群	59	40	40	−	−	−	−	−	−	−	−	−	−
		57	160	160	1.8	−	−	2.5	2.3	1.8	−	−	−	−
		58	160	320	−	−	−	−	−	−	−	−	−	−
		59	80	160	−	−	−	−	−	−	−	−	−	−
		60	160	320	−	−	−	−	−	−	−	−	−	−
	攻撃対照群	52	< 20	< 20	−	1.2	2	1	1.8	1	2	0.5	−	−
		53	< 20	< 20	1.8	1.8	1	1	1.8	0.8	2	1	−	−

[1] 各株の 3 × $10^{4.0}EID_{50}$ を鼻腔内に攻撃した.

[2] 野外株（ヘマグルチニンのアミノ酸配列の相同性は、ワクチン株である京都株と 92%）

[3]「−」はウイルス回収陰性

表 2　ワクチン注射豚肺からのウイルス回収成績

攻撃株 [1]	試験群	個体 No.	攻撃時 HI 抗体価		ウイルス回収量（log EID_{50}/0.2 g）
			京都株	和田山株	
京都株	免疫群	33	160	80	• [2]
		41	160	160	•
		43	160	80	1.8
		35	80	160	•
		38	80	320	•
		39	40	80	2
		31	20	80	1
	攻撃対照群	45	< 20	< 20	3.5
		46	< 20	< 20	2.8
和田山株	免疫群	32	40	320	•
		37	160	320	0.8
		36	80	160	1.2
		40	80	160	•
		42	160	80	•
		44	80	80	0.5
		34	40	40	1
	攻撃対照群	47	< 20	< 20	2.5
		48	< 20	< 20	3.2

[1] 各株の 3 × $10^{4.0}EID_{50}$ を鼻腔内に攻撃した.

[2]「•」は < 0.5

たのに対し，免疫群でのウイルス回収は最も多い個体でも 3 日であった．同様に和田山株の攻撃群においても，対照豚で 8 日または 9 日間ウイルスが回収され，最大で $10^{3.0}$ EID_{50}/0.2 mL であったのに対し，免疫群では最も多い個体でも 2 日のみであった．また，回収されたウイルス量も各株 $10^{1.5}$ EID_{50}/0.2 mL および $10^{1.0}$ EID_{50}/0.2 mL で対照豚と比べて明らかに低い値であった．豚インフルエンザの発生地区より 2008 年に分離したウイルス A/swine/ 千葉 /S1/2008（H1N2）（千葉株）の攻撃においても 5 頭中 4 頭でウイルス排泄を抑制した．続いて，表 2 に示したとおり，ワクチンを 2 回接種した約 50 日齢の豚の鼻腔内に，京都株または和田山株を攻撃した後，5 日後の肺後葉中間部から回収されたウイルス量をワクチン未接種の対照豚と比較した．京都株の攻撃対照豚からは $10^{3.5}$ または $10^{2.8}$ EID_{50}/0.2 g のウイルスが分離されたが，免疫群では $10^{2.0}$ EID_{50}/0.2 g 以下であった．和田山株の攻撃対照豚からは $10^{2.5}$ または $10^{3.2}$ EID_{50}/0.2 g のウイルスが分離されたが，免疫群では $10^{1.2}$ EID_{50}/0.2 g 以下であった．

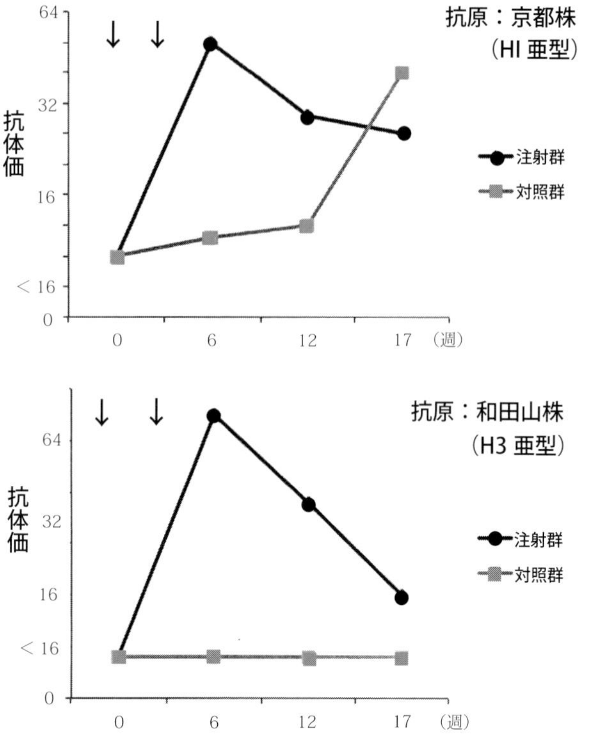

図 2　インフルエンザウイルス HI 抗体価（幾何平均値）の推移．（B 農場）．矢印はワクチン接種日を示す．

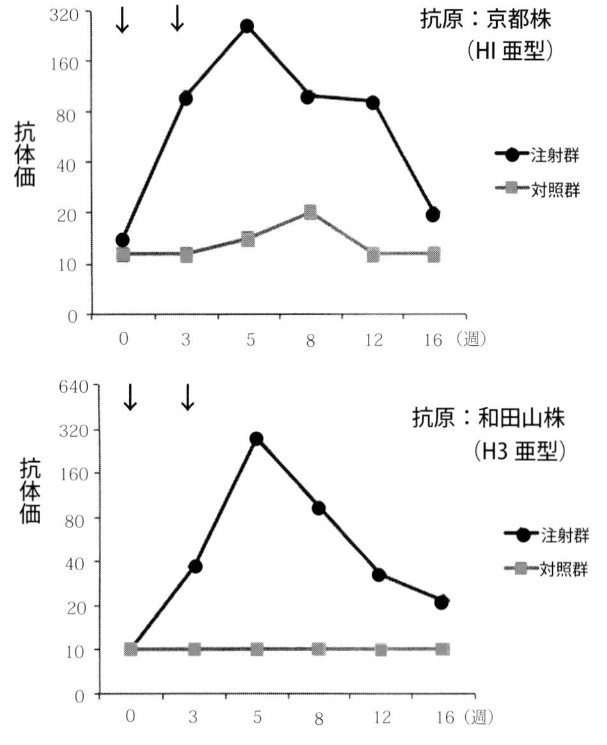

図 1　インフルエンザウイルス HI 抗体価（幾何平均）の推移（A 農場）．矢印はワクチン接種日を示す．

6．臨床試験成績

50 ～ 60 日齢の豚を用いて A および B の 2 農場で臨床試験を行った．評価は，ワクチン注射後の呼吸器症状の発現状況，育成率と増体量および HI 抗体価につき出荷時までの調査で行った．ワクチンは 3 週間隔で 2 回，適用量を頚部皮下に注射した．

1）有効性

A 農場ではワクチンの注射群および非注射対照群の各 15 頭ずつ，B 農場では注射群 36 頭と非注射群の 40 頭で農場ごとに評価した．

A 農場では試験期間中に豚インフルエンザの流行は認められなかったため，抗体価のみの評価を行った．京都株（H1 亜型）に対する幾何平均抗体価は初回注射後 5 週（第 2 回注射後 2 週）で 289 倍（最高値）を示した後，11 週間かけて徐々に低下し，初回注射から 16 週（第 2 回注射後からは 13 週後）で 16 倍にまで低下した．さらにワクチン接種群における抗体陽性率は，12 週まで 100% を維持した．非注射対照群では，試験開始後，一時的に 20 倍程度の HI 抗体価を示す個体も見られたが全体的に陰性のレベルで推移した．和田山株（H3 亜型）に対する幾何平均抗体価も，初回注射後 5 週で 300 倍（最高値）を示し，その後同様に低下した．陽性率は 12 週まで 100% を維持した．非注射対照群は期間中全て陰性であった（図 1）．

発咳や鼻汁流出などの呼吸器症状を認めた豚の出現率に，注

表 3　試験豚の肥育成績（B 農場）

区分	試験頭数	平均体重（kg）			平均増体重[1]（kg）	平均肥育日数[2]	1 日当り増体量[3]の平均値（g）
		開始時	5 週後	出荷時			
注射群	35	14.6	38.6	104.5	89.9	135.2	670.9
対照群	38	15.1	39.2	103.7	88.6	141.1	637

1) 試験開始から出荷までの増加体重（kg）
2) 試験開始から出荷までの日数（日）
3) 増体重 / 肥育日数

射群と非注射群で有意差は見られず，体重 104 ～ 106kg 到達までの所要肥育日数にも両群で差は認めなかった．

B 農場では試験期間中に豚インフルエンザの流行が認められた．

注射群および非注射群の中から各 15 頭について HI 抗体価を測定した．京都株（H1 亜型）に対する抗体は注射群で 6 週目（第 2 回注射後 3 週目）に全頭で陽転し 56 倍（最高値）を示した．非注射対照群では，試験開始後 6 週間は 90％が陰性で経過したが，12 週目には 40％が陽転し 17 週目には陽性率が 78％，抗体価は 43 倍に達した．また，和田山株（H3 亜型）に対する抗体も，注射群は 6 週で 100％陽転し，抗体価は 98 倍（最高値）を示した．非注射対照群は，試験期間中全頭陰性で推移した（図 2）．

臨床観察では，呼吸器症状が注射群で 10 頭（鼻汁流出 4 頭および発咳 6 頭）に認められたのに対し，非注射対照群では 19 頭（鼻汁流出 10 頭および発咳 9 頭）であった．

生産性に関する比較を行った．ワクチン注射開始時から出荷（体重 100 ～ 105kg）までの平均肥育日数は，注射群の 135.2 日に対して，非注射対照群は 141.1 日と 5.9 日遅れた．1 日当り増体量では注射群 670.9 グラムに対して非注射対照群は 637.0g を示した（表 3）．

2）安全性

第 2 回ワクチン接種後 14 日間，注射群の全頭につき副反応の有無を観察したが，臨床的異常を示す個体はみられなかった．

7. 使用方法

1）用法・用量

本製品は，豚の頚部皮下または筋肉内に 2 mL ずつを 3 週間隔で 2 回注射する．

2）効能・効果

豚インフルエンザの予防．

3）使用上の注意

対象動物に対する制限事項として，「(1) 妊娠末期のものまたは分娩後間がないものには注射しないこと．(2) 対象豚が，次のいずれかに該当すると認められた場合には，健康状態および体質等を考慮し，注射の適否の判断を慎重に行うこと．・発熱または下痢などの臨床上異常が認められるもの．・疾病の治療を継続中または治癒後間がないもの．」が設定されている．使用制限期間の設定はない．

4）ワクチネーションプログラム

ウイルスが常在化し，呼吸器病が発病している農場では，発病時期までに 2 回の注射を完了する．本製品は，2 回目注射後 1 週間で抗体価は 80 ～ 320 倍に達し，その後 40 倍以上の値が持続するのは 2.5 ヵ月あまりである．また，本ウイルスの感染時期は農場の飼育形態により大きく異なる．よって，ワクチンプログラムは，農場ごとにウイルス感染および呼吸器病発症時期を特定し，個々に決定する必要がある．

8. 貯法・有効期間

2 ～ 10℃に保存する．有効期限は 2 年間．

参考文献

1. 安原寿雄（1993）：豚のワクチン，162-176, 木香書房.
2. Sugimura, T. et al.（1980）：*Arch.Virol*, 66, 271-274.
3. Saito, T. et al.（2008）：*J Vet Med Sci*, 70, 423-427.
4. Yoneyama, S. et al.（2010）：*J Vet Med Sci*, 72, 481-488.
5. 杉村崇明ら（1975）：ウイルス，25, 19-24.
6. Yasuhara, H. et al.（1983）：*Microbiol Immunol*, 27, 43-50.
7. 安原敏治ら（1979）：畜産の研究，33, 541-543.
8. 平原正ら（1985）：日獣会誌，38, 367-372.
9. 平原正ら（1986）：日獣会誌，39, 582-588.

（久保田修一）

9 豚サーコウイルス（2型・組換え型）感染症（カルボキシビニルポリマーアジュバント加）不活化ワクチン

1．疾病の概要

豚サーコウイルス2型（PCV2，*Circoviridae*，*Circovirus*）は，離乳後の豚の発育不良や削痩などを主徴とする離乳後多臓器発育不良症候群または離乳後多臓器性消耗症候群（PMWS）として広く知られる豚サーコウイルス関連疾病（PCVD）の原因因子である．PCV2は直径17nmの球状の小型ウイルスでエンベロープをもたず，クロロホルムや熱，pH3.0に抵抗性である．核酸は1.76kbの環状一本鎖DNAである[1]．1991年，カナダにおいて子豚の下痢，削痩，皮膚の蒼白などを主徴とした原因不明の疾病が流行し，多くの経済的な被害が起こった．その数年後，この疾病の原因がPCV2であることが分かった[2]．PCV2はPMWSだけでなく，豚皮膚炎腎症症候群（PDNS），肉芽腫性腸炎，黄疸など多くの病型を起こすことが明らかになっている[3]．PCV2のORF2遺伝子はヌクレオカプシドをコードし，この蛋白が免疫に重要とされている[4]．

わが国においては1989年にすでにPCV2が侵入しており，1999年には検査した農場の96.6%に浸潤していることが報告された[5]．しかしながら，PCV2によるPCVDの経済的な被害が急激に増加したのは2006年から2008年にかけてで，この間，離乳後の死亡率が50%を超す農場も見られた．これは主にヨーロッパ型のPCV2によるものであり，すでに日本で優勢と見られていたアメリカ型とは異なるPCV2の侵入によることが分かった．PCV2の感染は，経口や経鼻によるとされ，宿主動物への感染後，体内の免疫担当細胞で増殖し，免疫細胞を破壊することにより感染豚は免疫不全の状態に陥るものと考えられている[6]．ただしPMWSの発症にはPCV2だけでなく，他の病原体との混合感染や免疫刺激などが重要であることが分かっている[7,8]．

2．ワクチンの歴史

PCV2による世界的な経済的被害が明白になり，PCV2が分離されたのを機に1社で母豚用ワクチン，3社で子豚用ワクチンの研究開発が開始された．母豚用ワクチンは全ウイルス粒子を用いた不活化ワクチンであり，子豚用ワクチンは遺伝子工学技術を用いた不活化ワクチンである．子豚用ワクチンの本剤を含め他1社によるものがバキュロウイルスによる組換え技術を，残る1社は豚サーコウイルス1型にPCV2のORF2を挿入したキメラ技術を応用している．日本では本剤が2008年に承認され，現在，これら4種のワクチンが承認されている．これらは不活化ワクチンのため免疫増強剤として用いられているアジュバントは，本剤ではカルボキシビニルポリマーを使用しているが，他3社はオイルアジュバントまたはデキストリン誘導体アジュバントである．

3．製造用株

PMWS罹患豚から分離したPCV2株のORF2遺伝子をバキュロウイルスに挿入した組換えバキュロウイルス，N120-058Wを製造用株とした．製造用株をバキュロウイルス感受性細胞に接種すると，細胞変性効果を伴って増殖し，PCV2のORF2蛋白抗原を発現する[9]．

4．製造方法

製造用株を昆虫由来培養細胞に接種し，25～29℃で最大8日間培養し回収した培養液を不活化し，不活化剤を中和したものを原液とする．原液にアジュバントとしてカルボキシビニルポリマーを加え，分注したものを小分け製品とする．

5．効力を裏付ける試験成績

1）最小有効量

異なるORF2抗原を含む3種のワクチンを試作し，帝王切開・初乳未摂取（CDCD）子豚での攻撃試験により最小有効量を決定した．評価指標はリンパ組織におけるリンパ球の減少，炎症，肺の炎症，攻撃ウイルスの排泄およびリンパ組織や肺の免疫組織化学検査とし，最小有効量の1.0相対力価を決定した．

2）移行抗体による影響

ドイツでの臨床試験において，高い移行抗体を有する子豚と低い抗体価を有する子豚でのワクチン効果に有意な差がないことが報告されており，移行抗体による影響は少ないと考えられる[9]．

6．臨床試験成績

国内2ヵ所の農場で臨床試験を行った．それぞれ約3週齢の子豚630頭を用い，雌雄および平均体重が同等になるように2群に均等に分けた．ワクチン群にはワクチン1mLを投与し，対照群には滅菌生理食塩液の1mLを投与した．

1）有効性

ワクチン群と対照群のウイルス血症陽性率は，試験6週以

表1 死亡および発育不良豚の発生率

	ワクチン群（%）	対照群（%）
発育不良豚	1.7*	6.2
死亡および発育不良豚	7.6*	14.2

* 対照群と有意差あり（$p < 0.01$）

表2 臨床試験における平均体重の推移

	ワクチン群	対照群
ワクチン投与時	6.8 ± 1.3*	6.7 ± 1.3
投与後18週	96.9 ± 11.0**	92.9 ± 13.0

* 平均体重±標準偏差（kg）．** 対照群と有意差あり（$p < 0.01$）．

降に有意な差が見られ，ワクチン群のほうが対照群に比べて低い陽性率であった．死亡率に関しては，とくに試験6～12週の間に有意な差が見られ，ワクチン群の死亡率が低かった．臨床症状に関しては試験6週以降，対照群において異常な臨床症状を発現する供試豚の率がワクチン群と比較して有意に高かった．試験終了時の体重が平均体重の75%以下の豚を発育不良豚と定義し，各群の発育不良豚の発生率を統計的に解析したところ，対照群に比べてワクチン群の発生率が有意に低かった（表1）．また全ての供試豚の体重をワクチン投与後18週まで定期的に測定した．その結果，試験終了時のワクチン群の平均体重は対照群に比べて4.0kg重く，有意な差が認められた（表2）．一日平均増体重の有意な差はワクチン投与後4～18週に見られた．

2）安全性

ワクチン接種後18週までの試験期間中，ワクチン群の一般状態および臨床症状にワクチンに起因すると思われる異常は認められず，注射部位にも異常は見られなかった．

以上のことから，本ワクチンの野外における安全性と有効性が確認された．

7．使用方法

1）用法・用量

3～5週齢の子豚に1頭当たり1mLを1回頚部筋肉内に注射する．

2）効能・効果

豚サーコウイルス2型感染に起因する死亡率の改善，発育不良豚の発生率の低減，増体量の低下の改善，臨床症状の改善およびウイルス血症発生率の低減．

8. 貯法・有効期間

2～8℃で保存する．有効期間は18ヵ月間．

参考文献

1. Meehan, B.M. et al.（1998）：*J Gen Virol*, 78, 2171-2179.
2. Harding, J.C. and Clark, E.G.（1997）：*Swine Health and Production*, 5, 201-203.
3. Chae, C.（2005）*Vet J*, 169, 326-336.
4. Blanchard, P. et al.（2003）：*Vaccine*, 21, 4565-4575.
5. Kawashima, K, et al.（2003）：Proceeding in 1st APVS, September, 45-53.
6. Darwich, L. et al.（2004）：*Arch Virol*, 49,857-874.
7. Allan, G.M.（2000）：*Arch Virol*, 145, 2421-2429.
8. Krakowka, S. et al.（2001）：*Vet Pathol*, 38, 31-42.
9. Fachinger, V. et al.（2008）：*Vaccine*, 26, 1488-1499.

（山口　猛）

10 豚サーコウイルス（2型）感染症不活化ワクチン（油性アジュバント加懸濁用液）

1．疾病の概要

144ページ参照.

2．ワクチンの歴史

本ワクチンは豚サーコウイルス2型（PCV2）ワクチンとしては世界で最初に市販された母豚用ワクチンである．2004年以降ヨーロッパ各国で仮承認を取得し，大規模な臨床試験を実施した後，欧州薬品審査庁（European Medicines Agency; EMA）により2008年に正式に認可された．日本においても2008年に承認された．

3．製造用株

製造用株はPCV2 1010 - 25株[1]である．本ワクチンはPCV2感染症不活化ワクチンの中で唯一PCV2そのものを抗原とするワクチンである．

4．製造方法

抗原はPK15細胞にPCV2 1010-25株を接種して培養後のウイルス浮遊液に不活化剤を加えて不活化し，濃縮してリン酸緩衝食塩液で濃度調整した後，チメロサールを加える．アジュバントは，各成分を加えて混合して最終バルクとし，チメロサールを加える．

5．効力を裏付ける試験成績

本ワクチンは，母豚におけるPCV2感染が子豚への感染源となること，また，PCV2感染が子豚出生後数週間の能動免疫獲得前に起きている可能性が高いことを踏まえ，母豚候補豚および妊娠豚に接種し，移行抗体によって子豚に免疫を賦与するワクチンである．ワクチン接種母豚の初乳中のPCV2陽性率はワクチン非接種母豚よりも低く，検出されるウイルス量も有意に低くなっていることが確認されている（表1）[2]．母豚接種により中和抗体価の上昇および攻撃後のPCV2検出率の低減も報告されている（表2）[3]．本試験では母豚とともに子豚にも1/4量の接種を行った群を設けており，いずれも母豚接種と同様の中和抗体価および攻撃後のPCV2検出率の低減が認められている．

6．臨床試験成績

海外においては2004年からドイツおよびフランスにおいて仮承認下で大規模な臨床試験が行われた．フランスにおける試験では母豚当たり年間89ユーロの経済効果が認められると試算された．

母豚用PCV2ワクチンが初めて承認されて以降，子豚用PCV2ワクチンも含めて報告された論文全般107報をまとめて一日増体重についてとりまとめたKristensen et al.,[4]の報告によると，ほ乳期から出荷までワクチン接種による一日増体重の増加が認められ，特に豚繁殖・呼吸障害症候群（PRRS）感染がない場合には，その差が顕著であることが明らかとなっている．Pejsakら[5]はPMWS発生以前および発生中の生産性を示す成績（出荷時体重，一日増体重，飼料要求率，斃死率）を母豚用ワクチン接種後の成績と比較したところ，飼料要求率および斃死率が離乳後多臓器性発育不良症候群（PMWS）発生以前の成績に戻り，出荷時体重および一日増体重は増加したことを報告している（表3）．臨床試験においては，生産性の向上がワクチン接種後1回目の繁殖サイクルよりも2回目の方がより明らかとなる傾向がある．

表1　ウイルス分離によるPCV2陽性検体数および検出された平均ウイルス量

	供試頭数	初乳中のPCV2陽性数（陽性率）	平均ウイルス量（log10 $TCID_{50}$）
ワクチン接種	20	7（35％）*	0.50 ± 0.81*
ワクチン非接種	21	15（71.40％）	1.63 ± 1.20

＊有意差あり（$p < 0.05$）

表2　ワクチン接種後の攻撃試験における中和抗体価およびPCV2検出検査成績

群	供試頭数	攻　撃	攻撃時中和抗体価	攻撃後21日PCV2検出率
陰性対照	10	−	2.2 ± 0.2	0/10
陽性対照	10	＋	2.2 ± 0.1	10/10
子豚のみ免疫	10	＋	2.8 ± 0.2	2/10
母豚および子豚免疫	7	＋	3.1 ± 0.1	4/7
母豚のみ免疫	9	＋	3.1 ± 0.1	4/9

表3 出荷体重，一日増体重，飼料要求率および総斃死率

	供試頭数		観察項目			
	母豚	子豚	平均一日増体重	飼料要求率 (kg/kg)	総斃死率 (%)	出荷時体重
PMWS 発生以前	651	6894	611.2 ± 9.09[a]	3.1 ± 0.08[a]	17.29 ± 1.48[a]	94.8 ± 1.56[a]
PMWS 発生時	628	6169	568.5 ± 7.18[b]	3.3 ± 0.06[b]	28.76 ± 4.89[b]	92.5 ± 1.16[a]
母豚のみ免疫	636	6838	635.2 ± 6.24[c]	3.0 ± 0.10[a]	16.93 ± 0.63[a]	100.9 ± 1.35[b]
子豚のみ免疫	653	7187	640.3 ± 3.50[c]	3.0 ± 0.05[a]	16.12 ± 0.90[a]	98.1 ± 0.54[c]
母豚および子豚免疫	608	6058	656.0 ± 12.22[d]	3.0 ± 0.13[a]	15.35 ± 1.35[a]	98.6 ± 2.32[c]

a，b，c，d：それぞれ異なる記号を付した数値に対して有意差あり（$p < 0.05$）

7．使用方法

1）用法・用量

抗原液およびアジュバントの各バイアルをそれぞれよく振盪した後，抗原液全量をアジュバントバイアルに注入し，泡立てない程度にゆっくり10回程度転倒混和し，下記の量を豚の耳根部後方の頚部筋肉内に注射する．

（1）初回免疫

1.1 母豚候補豚（初産の母豚）

1回2 mLを交配前3～4週間隔で2回，さらに分娩前に1回の計3回注射する．ただし，2回目の注射は交配予定日の3～4週間前，3回目の注射は分娩予定日の2～4週間前に行う．

1.2 産歴のあり妊娠豚（2度目以降の母豚）

1回2 mLを3～4週間隔で2回注射する．ただし，2回目の注射は分娩予定日の2～4週間前に行う．

（2）次回以降の免疫（初回免疫豚の次回妊娠時以降の免疫：ブースター）

1回2 mLを分娩予定日の2～4週間前に1回注射する．

2）効能・効果

母豚への投与後，子豚における受動免疫による豚サーコウイルス2型感染に伴うリンパ組織における病変の軽減ならびに豚サーコウイルス2型に起因する斃死率および臨床症状（斃死，発育不良およびリンパ節の腫脹）の軽減．

3）使用上の注意

と畜場出荷前25週間の豚には使用しないこと．

8．貯法・有効期限

遮光して2～5℃以下で保存する．有効期間は2年間．

参考文献

1. Ellis, S. et al.（1998）：*Can Vet J*, 39, 44-51.
2. Gerber, P. F. et al.（2011）：*Vet J*, 188, 240-242.
3. Opriessnig, T. et al.（2010）：*Vet Microbiol*, 142, 177-183.
4. Kristensen, C. S. et al.（2011）：*Preventive Vet Med*, 98, 250-258.
5. Pejsak, Z. et al.（2009）：*Comparative Immunol Microbiol. Infect Dis*, 33, e1-e5.

（小野恵利子）

11 豚パルボウイルス感染症・豚丹毒・豚レプトスピラ病（イクテロヘモラジー・カニコーラ・グリッポチフォーサ・ハージョ・ブラティスラーバ・ポモナ）混合（アジュバント・油性アジュバント加）不活化ワクチン

1．疾病の概要

1）豚パルボウイルス感染症

127 ページ参照.

2）豚丹毒

150 ページ参照.

3）豚レプトスピラ病

病原性レプトスピラは 38 血清群，65 血清型に分類されており，レプトスピラが豚に感染した場合，急性症では黄疸や肝障害を伴う敗血症が起きることが知られているが，野外おいてはまれで，養豚業者に経済的損失をもたらすのは，妊娠豚に感染した時起こる母豚の異常産である.

2．ワクチンの歴史

本ワクチンの開発の歴史は古く，1950 年代に豚丹毒の単味ワクチンを開発したことから始まる．1960 年代から 70 年代にかけてレプトスピラの単味あるいは混合ワクチンが開発され，1980 年代に入り，豚パルボウイルス（PPV），豚丹毒菌および *Leptospira interrogans* の 5 種血清型のカニコーラ（LC），グリッポチフォーサ（LG），ハージョ（LH），イクテロヘモラジー（LI）およびポモナ（LP）を含有する混合ワクチンが開発され，1986 年に米国で登録された.

その後，これにブラティスラーバ（LB）分画を加えた製剤が 1989 年に登録された．さらにその後，豚丹毒に新しい原株を採用し，新規アジュバント（レシチン加軽質流動パラフィン）を加えた製剤が 2001 年に登録された．日本では，同剤が 2007 年に承認されており，豚レプトスピラ病のワクチンとしては唯一のワクチンである.

3．製造用株

1）PPV

NADL-7 株は，米国の感染胎子から分離され，豚精巣株化細胞 NLST-1 で 2 代継代したもの原株とし 1980 年，米国農務省に承認登録された．本株は，豚精巣株化細胞に接種すると CPE を示して増殖し，モルモット，鶏，人（O 型）およびラットの赤血球を凝集する.

2）豚丹毒菌

CN 3342 株は，1953 年に米国農務省から入手し，1 代継代したものを原株として 1998 年，米国農務省に承認登録された．本株は，豚丹毒菌の細菌学的・生化学的性状に一致し，寒天ゲル内沈降反応により血清型 2 型に型別される．感受性豚に接種すると豚丹毒を惹起する.

3）レプトスピラ

LC C-51 株，LG MAL 1540 株および LP T262 株は 1974 年，LH WHO 株は 1975 年，LI NADL11403 株は 1975 年，および LB JEZ 株は 1976 年，それぞれ原株として確立し，米国農務省に承認登録された.

4．製造方法

PPV の種ウイルスは豚精巣株化細胞株 NLST-1 細胞を用いて 36 ± 2℃で培養する．バイナリーエチレンイミンで不活化した後，過剰のバイナリーエチレンイミンをチオ硫酸ナトリウムで完全に中和する．豚丹毒の種菌は元培養培地に接種し，37 ± 2℃で攪拌培養して一次培養菌液とし，二次培養・本培養を経た後，ホルマリンで不活化する．レプトスピラの種菌は EMJH 培地に接種し，30 ± 2℃で培養して一次培養菌液とし，二次～本培養を経た後，チメロサールで不活化する.

5．効力を裏付ける試験成績

1）PPV NADL-7 株の免疫原性

未経産母豚に PPV 不活化ワクチンを交配前に注射し，妊娠約 40 日目に強毒株の強制経口投与により攻撃を行った．妊娠約 80 日目に注射群の母豚 11 頭を安楽死させ，胎子観察および肺組織からのウイルス分離を行った．注射群の残りの母豚 10 頭および対照群 11 頭は通常分娩させた．その結果，対照群では母豚 11 頭の総胎子数 110 頭のうち 46.4%（51 頭）が異常胎子であったのに対し，注射群では母豚 21 頭の総胎子数 188 頭のうち異常胎子数は 4.3%（8 頭）であった.

2）豚丹毒 CN3342 株の免疫原性

約 5 ヵ月齢の豚に，豚丹毒ワクチン 3 週間隔で 2 回筋肉内注射し，2 回目注射 20 週後に，豚丹毒菌強毒株を筋肉内接種した．その結果，対照群 10 頭中 8 頭（80%）が豚丹毒発症と判定され，ワクチン投与群では 20 頭中 18 頭（90%）で発症が防御された．豚丹毒菌に対する ELISA 抗体価は，ワクチン 2 回目注射 2 週後に最高値を示し，その後，低下する傾向がみられたが，ワクチン 1 回目注射 160 日後まで対照群より有意に高い値を維持した．

3）LB JEZ 株の免疫原性

約 16 週齢の豚に LB ワクチンを 2 週間隔で 2 回筋肉注射し，2 回目注射 6 週後に LB 強毒株を深部筋肉内に接種し，攻撃 21 ～ 24 日後に安楽死させた．その結果，攻撃 3 日後，対照群の 5 頭中全頭にレプトスピラ血症が認められ，最も長い例では 4 日間持続したが，ワクチン投与群では攻撃 3 日後に 10 頭中 2 頭のみの血液からレプトスピラが分離され，翌日にはその 2 頭も陰転した．対照群全頭の腎と 1 頭の卵管からレプトスピラが分離された．一方，ワクチン投与群の腎または生殖器からレプトスピラは分離されなかった．

4）LC C-51 株の免疫原性

子豚に LC・LG・LH・LI・LP 5 種混合ワクチンを 2 週間隔で 2 回筋肉注射し，2 回目注射 2 週後に LC 強毒株を皮下接種し，攻撃 8 日後に安楽死させた．その結果，対照群では 5 頭中全頭の血液から攻撃 2 ～ 4 日間にわたってレプトスピラが分離され，ワクチン投与群では 10 頭中 3 頭の血液から攻撃 1 日後あるいは 2 日後にレプトスピラが分離された．腎からは両群ともにレプトスピラは分離されなかった．

5）LG MAL1540 株の免疫原性

子豚に LG・LH・LP 3 種混合ワクチンを単回筋肉注射し，注射 4 週後に LG 強毒株を皮下接種し，攻撃 14 日後に安楽死させた．その結果，対照群では 5 頭中 4 頭の血液からレプトスピラが分離されたが，ワクチン投与群 10 頭ではいずれの供試豚からも分離されなかった．腎からは両群ともに分離されなかった

6）LI NADL11403 株の免疫原性

子豚に LC・LG・LH・LI・LP 5 種混合ワクチンを 2 週間隔で 2 回筋肉注射し，2 回目注射 2 週後に LI 強毒株を皮下接種し，攻撃 8 日後に安楽死させた．その結果，対照群では 5 頭中全頭の血液からレプトスピラが分離されたが，ワクチン投与群 10 頭ではいずれの供試豚からも分離されなかった．腎からは両群ともに分離されなかった．

7）LP T262 株の免疫原性

子豚に LG・LH・LP 3 種混合ワクチンを 3 週間隔で 2 回筋肉注射し，2 回目注射 45 日後に LP 強毒株を皮下接種し，攻撃 14 日後に安楽死させた．その結果，対照群では 5 頭中 4 頭で攻撃後にレプトスピラが 2 日間または 3 日間にわたって分離され，ワクチン投与群は 11 頭中 2 頭から攻撃 1 日後にのみ分離された．腎からは両群ともに分離されなかった．

6．臨床試験

国内 3 農場において，6 ヵ月齢以上の未経産豚 128 頭（試験群 95 頭，対照群 33 頭）を供試して，臨床試験を実施した．対照薬には市販用 PPV 不活化ワクチンおよび豚丹毒不活化ワクチンを供試した．被験ワクチンの対象疾病の流行が認められなかったため，抗体応答により有効性を判定した．抗体応答は，ワクチン投与時に抗体を保有していなかった母豚と，ワクチン投与時に抗体を保有していた母豚とに分けて集計した．抗体測定には，PPV に対する赤血球凝集反応抑制試験，豚丹毒の p65 抗原に対するモノクロナール抗体を用いた ELISA 法，ならびに各レプトスピラ分画に対する顕微鏡学的凝集試験を用いた．

1）ワクチン投与時に抗体を保有していなかった母豚

該当する母豚がいなかった豚丹毒および LB を除き，被験ワクチン群における PPV，LC，LG，LH，LI および LP の第 2 回投与 2 週後の抗体価は対照群に比べていずれも有意に上昇した．また，試験群の抗体応答陽性率は各抗原分画ともいずれも 100% で，対照群に比べて有意に高かった．

2）ワクチン投与時に抗体を保有していた母豚

被験ワクチン群において，第 2 回投与 2 週後の抗体価は第 1 回投与前に比べ各抗原分画ともいずれも上昇し，PPV および豚丹毒菌は両群間に有意差が認められた．また，レプトスピラ分画については LB，LG および LH で有意差が認められ，他のレプトスピラ分画は例数が少なく解析不可であった．試験群の抗体応答陽性率は PPV が 97.2%，その他の抗原分画はいずれも 100% と，高い抗体応答陽性率を示した．

3）安全性評価

1 回目投与時には局所反応は観察されなかったが，2 回目投与後に被験ワクチン投与群の 2 頭に一過性の腫脹が観察され，一頭は，投与 2 日後に，もう一頭は投与 9 日後にそれぞれ消失した．被験ワクチン投与群の 1 頭に流産がみられたが，被験薬の対象感染症に起因するものではなかった．正常分娩した 71 頭の妊娠期間は平均 114.4 日（112 ～ 118 日）でいずれも正常であった．

7．使用方法

1）用法・用量

健康な繁殖雌豚に 1 回 5 mL ずつを 3 週間の間隔で 2 回，筋肉内に注射する．2 回目の注射は種付け 3 週前に行う．次回以降の繁殖時に行う補強注射は 5 mL を種付け 3 週前までに 1 回，筋肉内に注射する．

2）効能・効果

豚パルボウイルス感染症および豚丹毒の予防並びにレプトスピラ病（ブラティスラーバ，カニコーラ，グリッポチフォーサ，ハージョ，イクテロヘモラジー，ポモナ）による異常産の予防．

8．貯法・有効期間

2 ～ 7℃にて保存する．有効期間は 1 年 6 ヵ月間．

（藤井　武）

12 豚丹毒生ワクチン

1．疾病の概要

豚丹毒は，豚丹毒菌（*Erysipelothrix* 属菌）の感染によって起こる豚の伝染病で，急性敗血症，亜急性蕁麻疹，慢性関節炎・リンパ節炎・心内膜炎の病型がみられる．本属菌には *Erysipelothrix rhusiopathiae*，*E. tonsillarum*，*E. inopinata* および未命名の２菌種が含まれるが，本病の主たる原因は *E. rhusipathiae* である．本属菌は菌体細胞壁の耐熱性抗原の特異性により 26 種の血清型とその抗原を欠く N 型に分けられる．これらの血清型菌の多くは *E. rhusiopathiae* に属し，敗血症は主として 1a 型菌，蕁麻疹は 2 型菌，慢性症例は 2，1a および 1b 型菌の感染による．本病は世界中の養豚地帯で発生している．わが国でも発生は全国的で，多頭飼育が定着し始めた 1965 年頃には農場での発生は年間１～２万頭に達した．その後ワクチンの普及により激減したが，85 年以降は再び増加し，90 年代からは年間 2,000 頭前後で推移している．と畜検査における摘発頭数も同様の傾向にある．豚の品種，系統，性に関係なく発生し，概して３～６ヵ月齢の肥育豚は感受性が高い．発生は通常散発的である．高温・多湿，輸送などは発病誘因となる．経口感染が主で，創傷感染も起こる．本菌は病豚の他，外見上健康な豚の扁桃，豚舎内の敷料や糞便，畜舎周囲の土壌や汚水にも存在する．敗血症例では大量の菌が尿や糞便を介して排出され，濃厚汚染の原因となる．

2．ワクチンの歴史

豚丹毒生ワクチンの開発は 19 世紀の後半に始まった．Pasteur and Thuillier[14] は強毒株をウサギで継代して得た弱毒株を豚に接種し，その 12 日後にハトで継代した強毒株で攻撃したところ，5～10％の豚が発症した．1930 年代になって，わが国の近藤ら[8]，近藤と杉村[9] は強毒株をアクリジン色素含有培地で増殖させて継代することにより，豚に全く無害なまでに弱毒化することに世界で初めて成功した．スウェーデンでも 1944 年に近藤らの方法を応用して生ワクチン株が作出された[15]．その他の弱毒化法としては強毒株を空気中で乾燥させる方法[28]，発育鶏卵で強毒株を継代する方法[30] などが試みられた．さらに，自然に弱毒菌の中に適当なワクチン株が存在することも米国[3] やカナダ[10] で報告され，アクリフラビン耐性弱毒株とともに生ワクチンとして実用化された．

わが国では 1949 年にアクリフラビン耐性弱毒株を用いた生菌液状ワクチンが開発され 1960 年には凍結乾燥ワクチンが承認された．1974 年には製造用株を弱毒小金井 65-0.15 株[24] に統一された．1983 年にはワクチンの品質確保の徹底を図るために製造用種菌の一元管理システム（seed lot system）が導入された．1992 年には豚コレラ生ワクチンとの混合生ワクチンが承認され，豚丹毒ワクチン接種率の向上に貢献した．このワクチンは 豚コレラの撲滅達成を機に 2000 年に使用中止となった．現在，わが国では生ワクチンは単味のみが製造・市販されている．

3．製造用株

現行の製造用株は急性敗血症例由来強毒株をアクリフラビン加寒天培地で 65 代継代培養し，この色素に耐性（0.15% で発育）となるとともに，病原性が低下した弱毒変異菌である小金井 65-0.15 株（血清型 1a）である．本株は，アクリフラビンを 0.02% 含む寒天平板上で発育し，集落を形成する．本株を 4 週齢のマウスの内股部皮下に接種した場合，全てのマウスは生存し，かつ，80％以上のマウスに関節炎の発生（図 1）が認められる．本株を感受性豚の皮下に接種すると，2～3 日後から接種部位に限局した淡紅色の丘疹が認められる（図 2）．こ

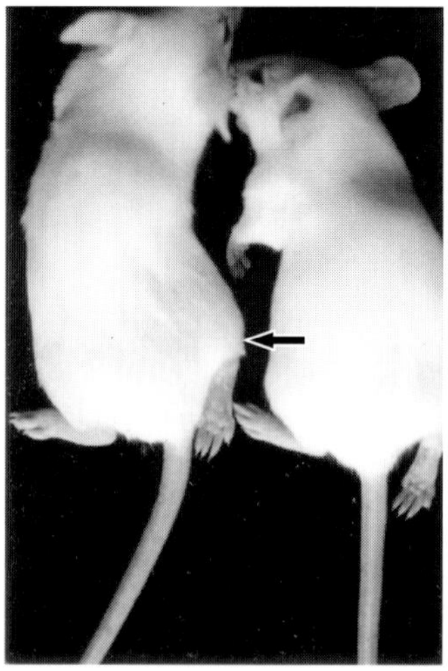

図１　生ワクチン注射による関節炎
右内股部皮下に注射されたマウスの右後肢の腫脹（矢印）が著しい．右は非注射対照マウス．

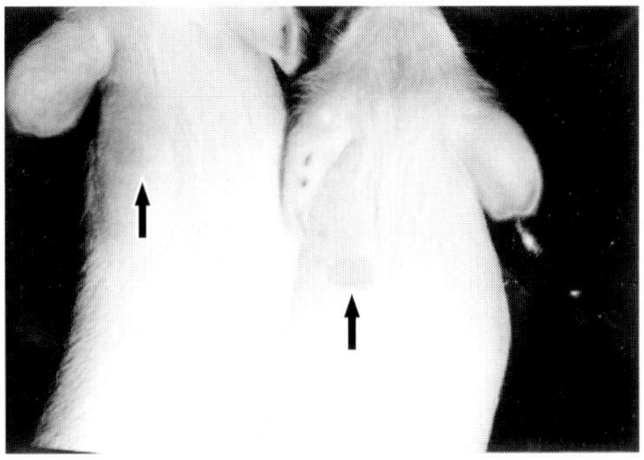

図２ 生ワクチン注射局所の丘疹（矢印）（善感反応）
生ワクチン中の弱毒菌が皮膚で増殖するために起こり，豚が免疫を獲得する確かな証拠となる．約１週間で消退する．

の丘疹は本株が豚の皮膚内で増殖する[26]ために起こるもので，約１週間で消退する．このような豚では，血清中に抗体が産生され，十分な免疫が獲得される[17,24,25]．この反応は人におけるBCGあるいは種痘での"善感"に匹敵するものであり，豚に対するワクチン効果を判定する上で良い指標となり，善感反応と呼ばれている．

４．製造方法

製造用株をポリソルベート80を加えた肉水を主体とする液体培地で培養した菌液，あるいはこれを遠心沈殿して集めた菌体に，脱脂乳と酵母エキスを安定剤として加え，20 mLあるいは50 mLずつ小分け分注し，凍結乾燥して真空下で封栓されたものである．これを溶解するために，リン酸緩衝食塩液20 mLあるいは50 mLが添附されている．小分け製品を溶解した時，1 mL中に含まれる生菌数は1×10^8個以上でなければならない．

５．効力を裏付ける試験成績

マウスに本ワクチン0.1 mLを皮下に注射（免疫）後10日目に強毒菌の100MLD（生菌数で約500個）を皮下に接種して攻撃した場合，免疫マウスは90％以上が耐過生存する（実際には常に100％の耐過率が得られている）．一方，対照の非免疫マウスは，すべて死亡しなければならない．これは，力価試験の基準であるが，本試験はその必要性がないことから現在は実施されていない．本ワクチン1 mL（1 dose）を皮下に注射後に，善感反応が出現した豚では，5日目に血清中に抗体が産生され，その量（生菌凝集価）は約2週間で最高値に達した後，次第に低下し，約1ヵ月後からは一定の値で推移する．この凝集価と強毒株による攻撃に対する免疫豚の感染防御能とは相関する．すなわち，攻撃時の凝集価が8倍以下の免疫豚は攻撃に対して何らかの臨床症状を示し，16倍の豚は無症状か何らかの臨床症状を示す．32倍以上の豚は無症状で耐過する．免疫豚はワクチン注射後4ヵ月目の強毒菌の皮内接種による攻撃に対して十分耐過する．感染防御の成立はワクチン接種豚でおよそ7日後，　マウスで2～3日後である．種々の菌数の弱毒株を豚の皮下に接種して感染防御試験を行ったところ，10^6個以上が最小有効菌数と考えられた[25]．

本生ワクチンで免疫を獲得したマウスや豚は急性，亜急性および慢性症例由来株を含む種々の血清型の菌株による攻撃に対して耐過・生存する[20,29]．この感染防御は弱毒株および本菌の培養上清中に存在する血清型間に共通の感染防御抗原に対して産生されたIgG抗体によってもたらされる[18,19,21]．すなわち，この抗体でオプソニン化された感染菌が主として多形核白血球（好中球）により排除される[22]．

感染防御抗原の主体は64～66 kDaの蛋白[2,4,5,7,11,16,27]で，菌体表層に存在するが，菌が分裂・増殖する過程で自己融解により菌体外にも放出される[18,31]．

本生ワクチンは抗体陰性の感受性豚に対しては非常に有効であるが，移行抗体保有豚には無効である．

６．臨床試験成績

1981年3月に報告されたシード・ロットシステム導入のために8所社による臨床試験に関する資料のまとめ[1]を記す．

1）同一シードを用いて8ヵ所の担当機関において試作された豚丹毒生ワクチンを延べ2,304頭の子豚に注射したが，臨床的異常所見が認められたものは1頭もなく，参照ワクチン同様極めて安全なものであることが確認された．

2）注射局所における小丘疹発現を善感の指標とした場合，各試作ワクチンと参照ワクチンの善感の差は全く認められず，かつ試作ワクチンによる累積善感率は，生菌凝集価（抗体価）≦4で感受性と考えられるものに対しては，82％に達しており，極めて有効であることが示された．第1回注射時の移行抗体価が8倍以上の子豚では，善感時期の遅延が明らかであったが，累積善感率は50％以上に達した．

3）ワクチン中の生菌数は1×10^8個/mLで十分な免疫力を示すことが明らかにされた．

4）子豚の抗体価が陰性値であっても，母豚の抗体価が高い場合には，善感率は低値を示した．

以上の結果から，シード・ロットシステム化により品質の均一な豚丹毒生ワクチンが生産されたことが確認された．また，子豚に対する本生ワクチンの注射は，離乳後の約30～50日齢時の1回注射で善感しないものがかなり多く不十分であることから，少なくとも非善感豚には第1回注射後1～2ヵ月後に再注射が必要であると考えられた．さらに，ワクチン中の含有生菌数は必ずしも3×10^8個/mLである必要はなく，1

×10⁸個/mLで十分であることが明らかになった．

7．使用方法

1）用法・用量

1 mLを皮下に注射する．

2）効能・効果

豚丹毒の予防．

3）使用上の注意

注射前に必ず臨床観察を行い，異常が認められたものには注射しない．また，交配後間がないもの，分娩間際のもの，分娩直後のものなどには注射しない．注射後，少なくとも2日間は安静に努め，移動や激しい運動は避けるように指導する．

ワクチン注射後，2～3日目頃に注射局所に弱毒株の増殖による発赤，丘疹（善感反応）が発現しない例が離乳前後から2ヵ月齢の子豚でみられる場合は，移行抗体により弱毒株に抵抗性を示したと理解される．このような子豚には移行抗体がおおむね消失すると思われる約3ヵ月齢時に再注射する．これによって，例え善感反応が発現しなくても，若干の抗体産生が期待できる．抗体価の高い母豚の初乳を摂取した子豚であれば，初めから注射時期を3ヵ月齢とするのが良い．そのためには母豚の抗体保有状況を定期的に調べる必要がある．

本生ワクチンによる豚での免疫持続期間は1回の注射で約6ヵ月であるので，母豚には6ヵ月間隔で注射する必要がある．また，生ワクチンゆえ，注射前3日間，注射後7日間は豚丹毒菌の発育を抑制する抗生物質などの薬剤の投与または飼料への添加は避けなければならない．さらに，SPF豚等，特に豚丹毒菌に感受性が高い豚では，善感反応が観察される時に，注射局所以外の体表に発赤や丘疹が発現する場合がある．これらが重度で，元気・食欲の不振，発熱がみられた場合はペニシリン系薬剤を投与するなどの適切な処置をとる．

なお，最近，本生ワクチン製造用株と類似の性状を示す豚丹毒菌が関節炎罹患豚から分離されるとの報告がなされているが[6,12,23]，これらの分離株でアクリフラビン感受性，マウスと豚に対する病原性，薬剤感受性，酵素活性およびPFGEパターンが製造用株と同一性状を示すものは極めて低率であることから[13,23]，生ワクチンの接種と慢性関節炎の発生との因果関係は薄いものと評価される[13]．しかしながら，自然界には生ワクチン製造用株と類似するアクリフラビン耐性で弱毒の豚丹毒菌が存在し，それらは遺伝学的に多様性のあることが示されたことから，ワクチン製造用株には野外株と識別ができる新たなマーカーが必要と思われる．

8．貯法・有効期間

遮光して2～5℃に保存する．有効期間は1年6ヵ月．

参考文献

1. 動生協会（1981）：豚丹毒生ワクチンの野外応用試験成績報告書．
2. Galan, J. E. and Timoney J. F.（1990）：*Infect Immun*, 58, 3116-3121.
3. Gray, C. W. and Norden C. J.（1955）：*J Am Vet Med Assoc*, 125, 506-510.
4. Groshup, M. H. et al.（1991）：*Epidemiol Infect*, 107, 637-649.
5. Imada, Y. et al.（1999）：*Infect Immun*, 67, 4376-4382.
6. Imada, Y. et al.（2004）：*J Clin Microbiol*, 42, 2121-2126.
7. Kobayashi, S. et al.（1992）：*Vet Microbiol*, 30, 73-85.
8. Kondo, S. et al.（1932）：*J Jpn Soc Vet Sci*, 14, 131-151.
9. Kondo, S. and Sugimura, K.（1935）：*J Jpn Soc Vet Sci*, 14, 322-339.
10. Lawson, K. F. et al.（1958）：*Can J Comp Med Vet Sci*, 22, 164-174.
11. Makino, S. et al.（1998）：*Microbiol Pathog*, 25, 101-109.
12. Makino, S. et al.（1998）：*J Vet Med Sci*, 60, 1017-1019.
13. Nitta, H. et al.（2007）：獣畜新報，60, 831-837.
14. Pasteur, L. and Thuillier, M. L.（1883）：*Comp Rend Acad Sci*, 97, 1163-1171.
15. Sandstedt, H. and Lehnert, E.（1944）：*Scand Vet Tidskr*, 34, 129.
16. Sato, H. et al.（1995）：*Vet Microbiol*, 43, 173-182.
17. Sawada, T. et al.（1979）：*Jpn J Vet Sci*, 41, 593-600.
18. Sawada, T. et al.（1987）：*Jpn J Vet Sci*, 49, 37-42.
19. Sawada, T. et al.（1987）：*Vet Microbiol*, 14, 87-93.
20. Sawada, T. and Takahashi T.（1987）：*Am J Vet Res*, 48, 81-84.
21. Sawada, T. and Takahashi, T.（1987）：*Am J Vet Res*, 48, 239-242.
22. Sawada, T. et al.（1988）：*Vet Microbiol*, 17, 65-74.
23. Sawada, T. et al.（2006）：*J Vet Epidemiol*, 10, 21-28.
24. 瀬戸健次ら（1971）：日獣学誌，33, 161-171.
25. 瀬戸健次ら（1971）：動物医薬品検査所年報，8, 35-41.
26. 瀬戸健次ら（1974）：動物医薬品検査所年報，11, 23-29.
27. Shimoji, Y. et al.（1999）：*Infect Immun*, 67, 1646-1651.
28. Staub, A.（1939）：*Comp Rend Acad Sci*, 208, 775-776.
29. Takahashi, T. et al.（1984）：*Am J Vet Res*, 45, 2115-2118.
30. Train, G.（1958-1959）：*Wiss Z Humboldt-Univ, Berlin*, 8, 239-267.
31. Watarai, M. et al.（1993）：*J Vet Med Sci*, 55, 595-600.

（澤田拓士）

13 豚丹毒（アジュバント加）不活化ワクチン

1．疾病の概要

150 ページ参照.

2．ワクチンの歴史

豚丹毒の予防対策には，わが国では古くから生ワクチンが利用されていた[1]．しかし，豚丹毒生ワクチンには，1）SPF 豚に対して時に強い接種反応を惹起する，2）ワクチン投与前後には抗生剤の入った混合飼料を利用できない，および 3）移行抗体保有豚において接種適期を設定するのが困難である等，利用上の問題点があった[2,3]．これらの問題を解決するため，わが国で初めて豚丹毒（アジュバント加）不活化ワクチンが開発され，1997 年に承認され，現在も広く利用されている．なお，豚丹毒不活化ワクチンとの混合ワクチンとして，豚ボルデテラ感染症不活化・パスツレラ・ムルトシダトキソイド・豚丹毒不活化混合ワクチン等が市販されている．

3．製造用株

製造用株である多摩 96 株は，1985 年に豚丹毒罹患豚の心内膜炎病巣から分離した株で，血清型は 2 である．本株の生菌を豚に接種すると典型的な豚丹毒を発症する．本株の培養菌を不活化して 2 回豚に免疫すると，豚丹毒菌強毒株による攻撃から防御する免疫応答を惹起する．

4．製造方法

製造用株の培養菌液を不活化し，アルミニウムゲルアジュバントを添加したワクチンである．

5．効力を裏付ける試験成績（表 1）

約 2.5 ヵ月のミニチュア豚 7 頭を用い，4 頭を注射群，3 頭を非注射対照群に分けた．注射群には，本ワクチンを用法・用量に従い 3 週間隔で 2 回注射した．第 2 回注射後約 4 ヵ月に，注射群を対照群とともに豚丹毒菌の強毒株である藤沢株の生菌を腹側部皮下に接種して攻撃した．攻撃後 1 週間観察し，死亡豚についてはその都度，生残豚は 1 週後に剖検した．

攻撃後，対照群は 3 頭中 3 頭が臨床症状を示して死亡したのに対し，注射群は臨床症状を示さず，4 頭全頭が生残した．対照群では，死亡した全頭から攻撃菌が分離されたのに対し，注射群ではいずれも菌分離陰性であった．

本成績より，本ワクチン注射後，少なくとも 4 ヵ月間は豚丹毒菌強毒株の攻撃に対する防御効果が持続することが判明した．

6．臨床試験成績

敗血症型豚丹毒が発生した場合，母豚および子豚群共に抗体レベルが全体的に高度で，生ワクチンはテイクしにくいという問題があった．そこで，敗血症型豚丹毒が発生した農場におい

表 1　豚丹毒不活化ワクチンを注射した豚における生菌攻撃に対する防御効果

群	豚番号	臨床症状				死亡数 / 供試数	菌分離		
		発熱	元気消失	跛行	横臥		臓器 1)	心血	リンパ節 2)
注射	1	−	−	−	−	0/4	−	−	−
	2	−	−	−	−		−	−	−
	3	−	−	−	−		−	−	−
	4	−	−	−	−		−	−	−
対照	5	−	−	−	＋	3/3	＋	＋	＋
	6	−	＋	＋	＋		＋	−	＋
	7	＋	＋	−	＋		＋	＋	＋

攻撃：豚丹毒菌藤沢株 1×10^6 CFU/ 頭を皮下接種.

1) 肺，肝臓，腎臓，脾臓の複数あるいはいずれかから分離.

2) 気管分岐部，腸管膜，そ頸部リンパ節の複数あるいはいずれかから分離.

表 2　野外で発生した敗血症型豚丹毒に対する不活化ワクチンの使用効果

農場	発生時期	母豚数	死亡頭数（発生期間）	ワクチン使用後の状況	
				生	不活化
A	1995 年 1 月	740	約 2,000（13 カ月間）	効果なし	終息（約 6 週後）
B	1998 年 6 月	120	約 290（3 カ月間）	使用せず	終息（約 6 週後）
C	1998 年 9 月	120	約 80（2 カ月間）	病勢低下	終息（約 5 週後）

表 3　敗血症型豚丹毒発生農場における不活化ワクチン注射にて疾病終息後の事故率および抗体価の推移

調査年度	凝集抗体価（幾何平均）[1]		肥育豚事故率（%）	備　考
	母豚	候補豚		
1995	3692	724	11.9	敗血症型豚丹毒発生，不活化ワクチン注射にて沈静化（臨床試験）
1996	523	79	5.5	
1997	56	41	3.9	生ワクチンを使用
1998	54	29	2.8	市販不活化ワクチンを使用

[1] ラテックス凝集反応による

て不活化ワクチンを応用した野外事例を表 2 に示した．

1995 年から 1998 年にかけて，母豚数が 120 頭～ 740 頭の 3 農場で敗血症型豚丹毒の発生が見られた．A および C 農場において生ワクチンを応用したところ，本症による死亡事故の抑制について A 農場では効果はみられず，C 農場では効果は部分的であった．そこで，各農場に不活化ワクチンを応用したところ，いずれの農場においても，ワクチン注射後 5 ～ 6 週後に死亡事故は終息した．さらに A 農場において不活化ワクチンの試験使用により疾病終息後，市販品が入手可能になるまでの期間は生ワクチンで対応し，市販不活化ワクチンの使用に至るまでの期間の事故率および母豚および候補豚の抗体価について調査した（表 3）．その結果，敗血症型豚丹毒が発生していた 1995 年度には肥育豚の死亡事故率が 11.9 % であったのに対し，不活化ワクチンを試験適用後，1996 年度は 5.5%，1997 年度は 3.9% まで低下し，市販不活化ワクチンの使用を始めた 1998 年度は 2.8 %にまで低減した．一方，母豚の平均抗体価は，1995 年度には 3,692 倍であったものが，経年的に低減し，1998 年度には 54 倍となった．候補豚の平均抗体価も同様に，1995 年度は 724 倍であったものが，1998 年度には 29 倍と低下した．

以上のことより，豚丹毒不活化ワクチンを注射することによって，敗血症型豚丹毒の発症農場において死亡事故を低減できることが明らかになった．さらにその農場において不活化ワクチンを継続使用することにより，豚群内での豚丹毒菌強毒株による汚染度を低下させ，その結果として母豚群の抗体レベルを正常範囲に保てることが判明した．

7．使用方法

1）用法および用量

5 週齢以上の豚に 1 mL ずつ 3 ～ 5 週間隔で 2 回，筋肉内に注射する．

2）効能・効果

豚丹毒の予防．

8．貯法・有効期間

遮光して，2 ～ 5 ℃に保存する．有効期間は 3 年間．

参考文献

1. 高橋敏雄ら（2007）：動物医薬品検査所年報，43, 1-7.
2. 澤田拓士（1996）：臨床獣医，14, 24-30.
3. Nagai, S. et al.（2008）：*J Vet Diagn Invest,* 20, 336-342.

（長井伸也）

14　豚ボルデテラ感染症（アジュバント加）不活化ワクチン

1．疾病の概要

豚ボルデテラ感染症は *Bordetella bronchiseptica* の豚への感染により，鼻甲介の萎縮（鼻曲がり，狆面）を主徴とする豚の伝染性慢性呼吸器病で，萎縮性鼻炎（Atrophic Rhinitis，AR）と呼ばれている[1]．本病は鼻炎にとどまらず，成長の遅延，飼料効率の低下，*Pasteurella multocida* の重複感染により病気の重篤化をきたし，経済的被害が極めて大きい．

2．ワクチンの歴史

豚ボルデテラ感染症（アジュバント加）不活化ワクチンは子豚用として 1972 年に承認され，さらに母子免疫用として母豚への注射が追加承認された．その後，ボルデテラ生ワクチン，ボルデテラ・パスツレラ混合不活化ワクチン，パスツレラ・ボルデテラ混合トキソイドが開発され AR の予防に用いられてきた．

3．製造用株

B. bronchiseptica Ⅰ相菌 L_3-72 株またはこれと同等と認められた株を用いる．

製造用株の性状としては，ボルデー・ジャング培地上に隆起した小円形の集落を形成し，β溶血性を示すこと，K 抗原を保持し，既知のボルデテラ・ブロンキセプチカⅠ相菌の免疫血清によって特異的に凝集されること，生後 7 日齢以内の豚に点鼻接種すると鼻甲介萎縮を起こし，生菌または超音波処理菌液をモルモットの皮内に注射すると強い出血および壊死を認めることである．

4．製造方法

ボルデー・ジャング培地に製造用株Ⅰ相菌を接種し，培養したものを液状培地に接種し通気撹拌培養する．培養菌液を集菌し，ホルマリンで不活化後濃度を調整したものに，アジュバントとして水酸化アルミニウムゲルを保存剤としてチメロサールを加え，小分け分注する．

表 1　移行抗体を持つ子豚における抗体産生

0 週（移行抗体）	3 週後	5 週後	8 週後	12 週後
80	320-640	160-320	160-320	40-80
160	160-320	320-640	160-320	80-160
320	160-320	320	160-320	80-160
640	160-320	160	40-80	20-80

5．効力を裏付ける試験成績

1）免疫応答

（1）移行抗体を持たない幼若豚における抗体の推移

1 週齢および 2 週齢時に注射するとき，血中抗体は初回注射後 2 ～ 3 週で出現し，6 ～ 8 週後にピーク（80 ～ 320 倍）に達し，以後徐々に低下する（24 週後 10 ～ 40 倍）．

（2）移行抗体を持たない子豚における抗体の推移

4 週齢および 5 週齢時に注射するとき，血中抗体は初回注射後 1 ～ 2 週で出現し，4 ～ 6 週後にピーク（80 ～ 1,280 倍）に達し，以後徐々に低下する．

（3）移行抗体を持つ子豚における抗体産生（移行抗体の影響）

初回注射時（3 週齢）の移行抗体価で，80 倍，160 倍，320 倍および 640 倍の 4 群に分け，3 週齢および 4 週齢時に注射するとき，移行抗体価が 320 倍以下であれば抗体産生に著しい影響はない（表 1）．

2）攻撃試験

（1）免疫子豚における有効性

約 1 ヵ月齢の子豚にワクチン 2 回注射後 2 週目に約 10^3 個のⅠ相菌を鼻腔内攻撃する．攻撃後 17 週目に殺処分し，鼻甲介萎縮病変を肉眼的観察で判定するとき，注射群は明らかな鼻

表 2　免疫子豚に対する攻撃試験

豚		攻撃時	感染後の週数と菌回収豚数				鼻甲介萎縮病変		
群	頭数	抗体価	4 週	8 週	13 週	17 週	−	＋	＋＋
注　射	10	40-320	10	9	1	2	10	0	0
対　照	10	<10	10	10	10	10	0	7	3

表 3　免疫子豚における凝集抗体価と防御

攻撃時の抗体価	頭 数	鼻甲介萎縮病変		
		−	+	≧++
≧ 320 倍	9	9	0	0
160 倍	9	9	0	0
80 倍	6	6	0	0
40 倍	3	2	1	0
20 倍	5	0	1	4

表 4　子豚免疫における臨床試験

群（豚）		週齢	頭数	殺処分時（6 〜 7 ヵ月齢）			
				菌陽性	鼻甲介萎縮病変		
					−	+	≧ ++
1	注射	1	14	4	13	0	1
	対照		15	13	5	1	9
2	注射	2	12	3	10	2	0
	対照		12	7	4	1	7
3	注射	3	25	6	23	2	0
	対照		22	21	9	6	7
4	注射	4	17	9	17	0	0
	対照		15	10	9	5	1
計	注射	1-4	68	22	63	4	1
	対照		64	51	27	13	24

甲介病変が観察されない．攻撃菌が注射群からも回収されたことから，本ワクチンは発症を防ぐことはできるが感染を防ぐことはできなかった（表 2）．

（2）免疫子豚における凝集抗体価と防御との関係

約 1 ヵ月齢の子豚にワクチン 2 回注射後 1 〜 4 週目に 10^4 から 10^6 個の I 相菌を鼻腔内攻撃する．攻撃後 50 〜 150 日目に殺処分し，鼻甲介病変を肉眼的観察で判定[2]するとき，攻撃時に 40 倍以上の抗体価を有する豚では 1 頭を除き鼻甲介萎縮病変が認められないが，20 倍ではすべての豚で鼻甲介萎縮病変が認められた（表 3）．

（3）免疫母豚に対する同居感染試験

4 週間隔で 2 回注射後 3 週目に保菌豚（2 頭）と同居したとき，2,560 倍以上の抗体を保有する母豚では同居による感染を防御できた．なお，より低い抗体価（160 倍）で感染を防ぐとの報告がある[3]．

3）産子における移行抗体の推移

分娩時抗体価 640 倍から 10,240 倍を持つ母豚各 2 頭の産子各 2 頭計 20 頭について移行抗体の推移を調べたところ，1 週齢で 640 〜 10,240 倍，4 週齢で 160 〜 640 倍，8 週齢で 20 〜 160 倍であった．

6．臨床試験成績

子豚免疫

1 〜 4 週齢の豚 132 頭を用い，うちワクチン注射群 68 頭，対照群 64 頭に分け，注射群は用法・用量に従い，筋肉内に 2 回注射した．殺処分時，菌分離は注射群 68 頭中 22 頭で，対照群 64 頭中 51 頭で認められた．鼻甲介病変は注射群 68 頭中 5 頭で認められ，うち＋＋以上の病変を認めたのは 1 頭であった．対照群 64 頭中 37 頭で認められ，うち＋＋以上の病変を認めたのは 24 頭であった（表 4）．

7．使用方法

1）用法・用量

（1）成豚に用いる場合

1 回 5mL ずつを 1 〜 2 ヵ月の間隔で 2 回筋肉内に注射する．ただし，2 回目は分娩予定日の約 1 ヵ月前に注射する．次回以降の繁殖期に行う補強注射は，5mL をその分娩予定日の約 1 ヵ月前に 1 回筋肉内注射する．

（2）子豚に用いる場合

a. 非免疫母豚の産子：生後 4 週齢までに 1mL，さらに 1 〜 2 週間後 1mL を筋肉内に注射する．

b. 免疫母豚の産子： 生後 5 週齢までに 1mL，さらに 1 〜 2 週間後 1mL を筋肉内に注射する．

2）効能・効果

豚のボルデテラ・ブロンキセプチカの感染および発病予防．

8．貯法・有効期間

遮光して 2 〜 10℃で保存する．有効期間は製品により異なり，2 年間または 2 年 3 ヵ月間．

参考文献

1. 中瀬 安清（1978）：動物のワクチン，111-123，養賢堂．
2. Maeda, M. et al.（1969）：*Nat Inst Anim Hlth Quart*, 9, 193-202.
3. Kawai, T. et al.（1991）：*J Vet Med Sci*, 53, 507-509.

（澤田　章）

15 ボルデテラ・ブロンキセプチカ・パスツレラ・ムルトシダ混合（アジュバント加）トキソイド

1．疾病の概要

155 ページ参照.

2．ワクチンの歴史

わが国で *Pasteurella multocida*（Pm）の産生する毒素を無毒化したパスツレラ・ムルトシダ（アジュバント加）トキソイド（PMT トキソイド）が承認されたのは 1995 年で，萎縮性鼻炎（AR）ワクチンにトキソイドが応用された最初の製剤であった．そして，1998 年にこれに *Bordetella bronchiseptica*（Bb）の産生する皮膚壊死トキソイド（DNT トキソイド）を混合した本製剤が承認された．本製剤は母子免疫あるいは子豚能動免疫によって DNT および PMT に対する中和抗体を子豚に賦与し，これら毒素の鼻甲介萎縮作用，鼻粘膜障害作用および発育遅延作用等を中和することにより AR を予防する発症防御型ワクチンである．

3．製造用株

DNT トキソイドの製造用株には，1988 年に青森県下で分離された Bb S611 株を用いる．PMT トキソイドの製造用株には，1983 年に長崎県中央家畜保健衛生所によって分離された Pm S70 株を用いる．これら製造用株は承認された原株から 3 代以内，種菌では 2 代以内のものが使用される．

4．製造方法

各製造用株をそれぞれの製造用液体培地で培養し，培養菌液を濃縮後，菌体破砕抽出および部分精製して得られた毒素液にホルマリンを加えて無毒化し，アルミニウムゲルアジュバントを加えたものが原液である．両原液を混合し pH 調整を行い，濃度調整して最終バルクとし，小分容器に分注したものが小分製品である．

5．効力を裏付ける試験成績

1）DNT トキソイド

妊娠中，DNT トキソイドにより免疫された母豚由来の産子を Bb で鼻内攻撃し，さらに子豚の一部を DNT で筋肉内攻撃した．その結果，移行抗体により DNT 中和抗体を獲得した産子は，鼻粘膜上皮の変性，鼻甲介萎縮および DNT 攻撃による致死から防御された．

豚を高度免疫することにより作製した抗 DNT 血清の腹腔内注射によって受身免疫した子豚を，1 日後に Bb 強毒株で鼻内攻撃，さらに 3 日後に DNT で筋肉内攻撃した．試験開始後 115 日目に剖検し，鼻甲介萎縮の程度を観察した．その結果，DNT 中和抗体価 1 倍以上の子豚は，Bb および DNT 攻撃に対し鼻甲介萎縮の防御を示した（表 1）．

表 1 DNT 抗血清により受身免疫された子豚の攻撃試験

豚 No.	抗血清 [a] 注射量 (mL)	DNT 中和抗体価 Bb 攻撃時	DNT 攻撃時	剖検時	鼻甲介 [b] 萎縮スコア
1	0	＜1	＜1	＜1	＋
2	0	＜1	＜1	＜1	＋＋
3	0.2	2	1	＜1	−
4	0.2	2	1	＜1	−
5	0.2	2	2	＜1	−
6	0.5	4	4	4	−
7	0.5	4	4	＜1	−
8	0.5	8	8	1	−

a) 1 または 2 日齢で注射．b) Maeda et al., の方法を使った [1].
−：正常，＋：軽度，＋＋：中等度

以上より，Bb による AR 症状は DNT 中和抗体価 1 倍以上で防御できるものと考えられた．

2）PMT トキソイド

PMT トキソイドを妊娠豚の筋肉内に注射し，初乳を介して移行抗体が付与された子豚を PMT で筋肉内攻撃した．

その結果，攻撃時の PMT 中和抗体価 2 倍以上の豚はいずれも生存耐過し，鼻甲介萎縮も認められなかった（表 2）．一方，PMT 中和抗体が上昇しなかった豚および対照豚はいずれも重篤な鼻甲介萎縮を呈した．

以上より，毒素原性 Pm による AR 症状は PMT 中和抗体価 2 倍以上で防御できるものと考えられた．

3）免疫出現時期，免疫持続

本混合トキソイドの 1 回注射では十分な抗体応答がみられなかったが，DNT および PMT 中和抗体のいずれも 2 回目注射 1 週後に検出され，1 ～ 2 週後にピークを示し，6 ヵ月間以上持続した．この時点で，追加免疫すると高いブースター効果が得られた．豚抗血清の受身免疫により作出した DNT および PMT 中和抗体価 128 倍および 64 倍の子豚を本混合トキソイドで 2 回注射したところ，受身抗体による若干の影響を受けつつも良好な抗体応答がみられ，防御レベルを上回る中和抗体が 6 ヵ月間以上持続した．

表 2　PMT トキソイドの母子免疫の有効性

母豚免疫	攻撃時[1]抗体価	攻撃[2]毒素量	死亡[3]	鼻甲介骨[4]萎縮の程度
有	128	160, 80	0/3	−，−，−
	32	160, 80	0/2	−，−
	16, 4	80	0/2	−，−
	2	160, 80	0/3	−，−，−
	2	40, 20	0/4	−，−，−，−
	＜2	160, 80	0/3	+++, +++, +++
無	＜2	160	3/3	＋（4），＋（4），＋（5）
	＜2	80	0/3	+++，+++，+++
	＜2	40, 20	0/4	+++，+++，+++，+++

1) 2 日齢時．2) モルモット単位／頭、記載のいずれかの毒素量で攻撃．3) 死亡数／供試数．4) 萎縮の程度，−：正常、＋：軽度、++：中度，+++：重度，++++：極度，括弧内は攻撃から死亡までの日数．

6．臨床試験成績

野外応用試験は 2 ヵ所で実施し，本混合トキソイドを後述の用法・用量どおりに合計で母豚 75 頭，子豚 82 頭に注射したが，ワクチンによる異常は何ら認められなかった．

本混合トキソイド注射豚全頭に，DNT・PMT 両毒素に対する中和抗体の上昇が認められた．子豚における移行抗体の血中半減期は DNT および PMT 中和抗体でいずれも 10 日前後で，1.5 〜 2 ヵ月齢時まで持続した．また，能動免疫した場合，両中和抗体はともに出荷時まで持続することが確認された．農場 A では，次産前に 1 回の追加免疫を行うことにより高いブースター効果が得られることを確認することができた．第 1 産の基礎免疫後に比べ追加免疫後は，GM 値で PMT 中和抗体価 28 倍が 1024 倍に，DNT 中和抗体価 18 倍が 223 倍に上昇した．

本混合トキソイドの有効性は，鼻甲介萎縮の改善が農場 A，B で，出荷日齢の短縮は農場 B で認められた（表 3）．

以上の成績から，野外応用試験において本混合トキソイドの安全性および有効性が確認された．

7．使用方法

1）用法・用量

妊娠豚に対し 2 mL を分娩前 5 〜 6 週および 2 週前後の 2 回筋肉内に注射する．次回の分娩からは 2 mL を分娩前 2 週前後の 1 回筋肉内に注射する．子豚（1 ヵ月齢以上）には 1 mL を 2 回，3 〜 4 週間隔で筋肉内に注射する．

2）効能・効果

豚の萎縮性鼻炎の予防．

3）推奨ワクチネーションプログラム

母豚へのワクチネーションは中和抗体応答に個体差が認められることがあるため，初産豚からできるだけ高い移行抗体を産子に賦与することが望ましい．そのために，繁殖候補豚には子豚期に 2 回注射の基礎免疫を済ませておき，初産の分娩前 2 週間前後に追加免疫を 1 回行うことにより，高いブースター効果を誘導することが効果的である．子豚へのワクチネーションは Bb および毒素原性 Pm の汚染状況やブースターによる移行抗体の長期持続を勘案して選択する．

8．貯法・有効期間

遮光して 2 〜 5℃で保存する．有効期間は 3 年間．

参考文献

1. Maeda, M. et al.（1969）：*Nat Inst Anim Health Quart,* 9, 193-202.
2. Collins, M.T. et al.,（1980）：*Am J Vet Des.* 50, 421-424.

（河合　透）

表 3　野外応用試験における出荷豚の成績

農場	群分け	供試ワクチン		頭数	出荷日齢	増体重[a]（g/ 日）	鼻甲介萎縮	
		母豚	子豚				TPR 値[b]	スコア[c]
A	試験群 A	混合トキソイド	混合トキソイド	23	214	348	1.31 *	1.7
	試験群 B	混合トキソイド	PMT トキソイド	23	209	355	1.31 *	2.0 *
	対照群 A	Bb 精製不活化ﾜｸﾁﾝ	Bb 死菌ワクチン	25	208	333	1.09	2.5
B	試験群 C	−	混合トキソイド	19	188 *	369	1.31	1.5
	対照群 B	−	PMT トキソイド	18	188	389	1.28 *	1.8
	対照群 C	Bb 精製不活化ﾜｸﾁﾝ	−	14	209 *	337 *	1.10	2.5

a) 枝肉重量を出荷日齢で割った値．b) Collins et al., の方法を使った[2]．c) Maeda et al., の方法を使った[1]．
0：正常，1：軽度，2：中等度，3：重度，4：極度．＊統計分析は試験群，対照群間で行い，検定手法は Turkey-Kramer の多重比較法を危険率 5％以下で実施した．ただし，萎縮スコアのみは Steel-Dwass 法を用いた．

16 豚ボルデテラ感染症・豚パスツレラ症（粗精製トキソイド）・マイコプラズマ・ハイオニューモニエ感染症混合（アジュバント加）不活化ワクチン

1．疾病の概要

1）萎縮性鼻炎

155ページ参照.

2）マイコプラズマ性肺炎

178ページ参照.

2．ワクチンの歴史

従来，萎縮性鼻炎（AR）の発病は *Bordetella bronchiseptica*（Bb）が原因菌と考えられ，わが国では予防のためにBb不活化ワクチンが1970年代半ばから使用され，母豚にBb不活化ワクチンを接種し，初乳中の移行抗体を介して子豚に免疫賦与する方法が行われてきた[1,2]．また，強毒株をニトログアニジンと紫外線照射によって弱毒化したBb弱毒生菌ワクチンが開発されBb菌に対する対策が取られてきた．

その後の疫学調査においてAR発症農場の豚からBbと *Pasteurella multocida*（Pm）が高率に分離され，これらの混合感染が広がっていることが認められたことにより，BbPm混合不活化ワクチンによる両菌に対する対策が取られた[3,4]．また，ARによる鼻甲介萎縮はBbと混合感染したPmが産生する皮膚壊死毒素（DNT）の作用で骨芽細胞が変性・壊死し，生体由来の破骨細胞が活性化して骨融解をもたらすことにより，強い症状を呈することが明らかとなり，その毒素に対するワクチンとしてBbPmトキソイドワクチンが開発された[5,6,7]．

マイコプラズマ・ハイオニューモニエ（Mhp）不活化ワクチンは1997年頃から使用され，現在では子豚への注射は必須な衛生対策となっている[8]．そこで，MhpとARの混合ワクチンを子豚に使用できれば，疾病対策上のみならず，作業効率，コスト軽減等の利点が大きいことから2005年に承認を取得し発売を開始した．

3．製造用株

1）Bb

1961年に豚の鼻汁から分離した病原性の強いS1株を親株とし，7～15％緬羊または馬脱繊維血液加ボルデ・ジャング寒天培地で継代したものである．37℃で1～2日間培養するとβ溶血環をもつ真珠様光沢のあるドーム状集落を形成する．また，マッコンキー寒天培地でも発育する．既知のBbウサギ免疫血清との凝集反応によりI相菌である．DNTを産生し，子豚の鼻腔内に接種すると鼻甲介を萎縮させる起病性がある．

2）Pm

1990年に豚の鼻汁から分離した病原性の強いZF-899-1株を親株とし，デキストローススターチ寒天培地で継代したものである．37℃で1～2日間培養すると透過光線により蛍光色を呈し，湿潤な集落を形成する．マッコンキー寒天培地には発育しない．DNTを産生し，子豚の鼻腔内に接種すると鼻甲介を萎縮させる起病性がある．

3）Mhp

1986年に豚の肺病変部から分離した1986-1-1株を親株とし，BHL培地で継代したものである．プライマリーSPF豚に経鼻接種した場合，肺病変を形成させる．BHL培地での増殖に3～7日を要する．

4．製造方法

Bbは製造用培地を用いて培養し，超音波により菌を破砕後，遠心した上清を限外ろ過により濃縮・ろ過（220nm）したものをホルマリンで不活化し原液とする．

Pmは製造用培地を用いて培養し，超音波により菌を破砕後，遠心した上清を陰イオン交換カラムにより部分精製し，その後限外ろ過により濃縮・ろ過（220nm）したものをホルマリンで不活化し原液とする．

Mhpは製造用培地を用いて培養し，限外ろ過により濃縮し，粗ろ過（450nm）したものをホルマリンで不活化し原液とする．

それぞれの原液を混合後，水酸化アルミニウムゲルを添加し，小分けする．

5．効果を裏付ける試験成績

1カ月齢のSPF豚24頭を用い，ワクチンを2週間隔で2回頸部筋肉内に注射し，初回注射5週後に各試験群の豚に強毒株またはPm-DNTを用いそれぞれ攻撃した．鼻甲介萎縮の評価判定は表1に基づき評価を行った．その結果，Bbに対する評価においては，ワクチン群は対照群に比べ鼻甲介萎縮を抑制した．Pmに対する評価においては，ワクチン群は対照群に比べ鼻甲介萎縮を有意（$P < 0.05$）に抑制した．Mhpに対する評価においては，ワクチン群は対照群に比べ肺病変を有意（$P < 0.05$）に抑制した（表2）．

表1　TPR 値とスコアの関係

判　定	鼻甲介病変	
	TPR 値[1]	スコア[2]
正常	≧ 1.45	0
軽度	1.44 ～ 1.17	1
中等度	1.16 ～ 0.89	2
重度	0.88 ～ 0.52	3
極度	＜ 0.52	4

[1] TPR 値：Collins et al. の方法に従い，撮影した像の鼻腔長（A）と鼻甲介長（B）をイメージプロセッサーを用いてトレースし，（B − A）＝ TPR 値として算出した[9].
[2] スコア：Maeda et al. の方法に従い，肉眼判定で鼻甲介萎縮の程度を判定した[10].

表2　1ヵ月齢豚における有効性

攻撃群	試験群	供試頭数	鼻甲介病変		肺病変面積率 (%)
			TPR 値	スコア	
Bb[1]	ワクチン	4	1.47 ± 0.05	0.8 ± 0.5	NT
	対照	4	1.35 ± 0.11	1.3 ± 0.5	NT
Pm[2]	ワクチン	4	1.54 ± 0.02[a]	0.0 ± 0.0[a]	NT
	対照	4	0.51 ± 0.13[b]	3.8 ± 1.0[b]	NT
Mhp[3]	ワクチン	4	NT	NT	2.4 ± 2.5[a]
	対照	4	NT	NT	20.5 ± 11.4[b]

[1] Bb　強毒株（S1）を 2mL（約 10^9/mL），5 日間鼻腔内に連続攻撃.
[2] Pm-DNT を 1mL（約 10^4EBL 単位 /0.1mL），筋肉内に 1 回注射.
[3] Mhp 強毒株（E1）を 2mL（10^5CCU/0.2mL），3 日間鼻腔内に連続攻撃.
[a, b] 間に有意差あり（$P < 0.05$）

6．臨床試験

1）有効性

3ヵ所の養豚場で被験ワクチンを A 農場では 1 週齢，B 農場では 4 週齢，C 農場では 2 週齢で注射し，その 2 ～ 4 週間後に 2 回注射した．また，対照群には市販ワクチンを 3 週齢および 6 週齢で注射し，被験ワクチンと対照ワクチンの AR および Mhp に対する予防効果を比較した．その結果，いずれの農場においても，ワクチン群の鼻甲介病変保有率，鼻甲介スコアおよび TPR 値は対照群と比較して有意差が認められなかったことから，被験ワクチンの AR に対する予防効果は市販ワクチンと同等であった．また，ワクチン群の Mhp 肺病変保有率および肺病変面積率は対照群と比較して有意差は認められなかったことから，被験ワクチンの Mhp に対する予防効果は市販ワクチンと同等であった．

2）安全性

被験ワクチン注射による臨床症状の異常および注射局所の腫脹，硬結が認められなかったことから，被験ワクチンの安全性に問題がないことが確認された．

7．使用方法

1）用法・用量

生後 1 週齢から 4 週齢の子豚に 1 頭当たり 1mL，さらに 2 週間後から 4 週間後に 1mL を筋肉内に注射する．

2）効能・効果

豚の萎縮性鼻炎の予防および豚マイコプラズマ肺炎による肺病変形成抑制および増体量･飼料効率低下の軽減．

3）使用上の注意

注射後に注射部位に腫脹，硬結等が認められる場合がある．注射後に一過性の軽度な発熱，元気消失または食欲不振が認められることがあるが，数日以内に回復する．症状重度のときは適切な処置（解熱剤の投与など）を行うこと．

8．貯法・有効期間

2 ～ 10℃に保存する．有効期間は 3 年．

参考文献

1. 尾形学ら（1979）：豚の萎縮性鼻炎，1-44，文永堂．
2. Sawata, A. et al.（1984）：*J Vet Sci,* 46, 141-148.
3. Sakano, T. et al.（1992）：*J Vet Med Sci,* 54, 403-407.
4. 牛島稔大（1994）：動生協会会報，27, 10-19.
5. Chanter, N. et al.（1989）：*Res Vet Sci,* 47, 48-53.
6. de Jong, M. F. et al.（1986）：*Vet Quat,* 8, 204-214.
7. Elling, F. et al.（1986）：日獣会誌，39, 225.
8. Okada, M. et al.（1999）：*J Vet Med Sci,* 61, 1131-1135.
9. Collins, M. et al.（1989）：*Am J Vet Res,* 50, 421-424.
10. Maeda, M. et al.（1969）：*Natl Insti Anim Health Quart,* 9,193-202.

（向井哲哉）

17 豚アクチノバシラス・プルロニューモニエ感染症（１型部分精製・無毒素化毒素）（酢酸トコフェロールアジュバント加）不活化ワクチン

１．疾病の概要

豚胸膜肺炎は，*Actinobacillus pleuropneumoniae*（App）により引き起こされる線維素性胸膜肺炎を主な特徴とする疾病で，甚急性，急性，亜急性あるいは慢性の経過をたどる．本病は，豚の輸送・移動後および気候が激しく変化した時に多発する傾向にあり，発育状態の良好な豚が臨床症状を発現しないままに突然死亡する例（甚急性），発熱，元気食欲の廃絶および重度の呼吸困難を呈し，口または鼻腔より血液が混じった泡沫状の分泌物が認められる例（甚急性から急性），さらに湿性の発咳，食欲減退および増体重の減少が認められる例（亜急性から慢性）がある．慢性経過をたどった豚群には不顕性感染豚が多数存在し，保菌豚となり，特に慢性化している養豚場では発育遅延等による経済的被害も大きい．

２．ワクチンの歴史

ワクチン開発に関連する最初の報告は海外において 1964 年に，App 強毒株の皮下注射をされた豚が発症することなく，その後の鼻内攻撃に対し防御を示したことから始まった[1]．わが国でも 1979 年，三井らによる App2 型菌およびパスツレラ・ムルトシダ混合不活化ワクチンの開発から始まり，その後，国内での分離報告が多い App1 型菌，２型菌および５型菌の全菌体をホルマリンで不活化したものにアルミニウムゲルアジュバントを添加した１価（App2 型菌），２価（App2 型菌および同５型菌）または３価（App1 型菌，同２型菌および同５型菌）ワクチンが市販されるようになった．しかし，現在，App については血清型１型から 15 型まで報告されていること，さらに血清型別不明菌を含めると実に多くの型が存在しており，その中で全菌体ワクチンは血清型間の交叉免疫がほとんど成立しないために，ワクチン株以外の血清型菌に対して十分な予防効果が期待できない．そのため，App が産生する易熱性毒素（Apx Ⅰ，Apx Ⅱおよび Apx Ⅲ）に着目し，これらを有効成分とするワクチンが開発された．現在，３社より販売されているこのタイプのワクチンについては，その有効成分の製法が各社異なっており，App の培養上清濃縮液を活用したもの，組換え大腸菌を活用したもの，または App の培養により得られた毒素を活用したものがある．さらに，これらのワクチンに豚丹毒またはマイコプラズマ・ハイオニューモニエを組み合わせた混合ワクチンも開発・市販されている．

３．製造用株

１）App1 型菌

R. E. Shope 博士が，アルゼンチンにおいて胸膜肺炎を呈した豚から分離したのち，1984 年，デンマークの獣医学研究所の Nielsen 博士より分与を受けた 4074 株を由来とする．これを豚に接種し，その豚の肺から回収した 1-L-452 株である．Apx Ⅰおよび Apx Ⅱを産生し，豚に対して胸膜肺炎等の病原性を示す．

２）App2 型菌

J. Nicolet 博士がスイスにおいて胸膜肺炎を呈した豚から分離したのち，1988 年，デンマークの獣医学研究所の Nielsen 博士より分与を受けた 1536 株を由来とする．Apx Ⅱおよび Apx Ⅲを産生し，豚に対して胸膜肺炎等の病原性を示す．

３）App7 型菌

スイスの Frey 博士が米国，ネブラスカ州で分離した AP205 株を由来とする HV143 株である．Apx Ⅱを産生し，豚に対して胸膜肺炎等の病原性を示す．

４）App10 型菌

1993 年，デンマークの獣医学研究所の Nielsen 博士より分与を受けた 8922/90 株を由来とする HV169 株である．Apx Ⅰを産生し，豚に対して胸膜肺炎等の病原性を示す．

４．製造方法

各製造用株は承認された原株から５代以内のものが使用される．App1 型菌の培養菌液を不活化した後，部分精製して得た菌体外膜蛋白（OMP）に，App2 型菌，App7 型菌および App10 型菌を培養して得た App 毒素（Apx Ⅰ，Apx Ⅱおよび Apx Ⅲ）を無毒化したものを混合し，トコフェロール酢酸エステルアジュバントを添加したものである．

５．効力を裏付ける試験成績

１）国内分離 App 血清型別不明菌に対する有効性（表１）

生後４週齢の SPF 豚２頭にワクチンの 2mL を４週間隔で２回頚部筋肉内注射した．２回目注射後２週目に国内分離 App 血清型不明菌（Apx Ⅰおよび Apx Ⅱ産生株）を気管内注射し，陰性対照群の２頭とともに２週間飼育し，観察した．その結果，陰性対照群全頭（２頭）は，急性の経過をとり攻撃翌日には死亡した．一方，試験群の１頭はまったく無症状で耐化し，試験群の残りの１頭の豚も，攻撃後３日目までは活力・食欲

表 1 App 血清型別不明菌による攻撃後の肺病変スコア *

群	豚 No.	左肺病変			右肺病変			副葉	合計
		前葉	中葉	後葉	前葉	中葉	後葉		
試験群	51	0	0	0	0	0	0	0	0
	52	0	0	0	0	4	4	4	12
陰性対照群	57	4	4	3	4	4	3	4	26
	58	4	4	4	1	3	0	0	16

* スコア 0：異常を認めず，スコア 1：≦ 25%，スコア 2：26 ～ 50%，スコア 3：51 ～ 75%，スコア 4：≧ 76%

表 2 国内分離強毒 App2 型菌に対するワクチンの効果

群	試験頭数	死亡頭数	攻撃後の主な臨床症状	生残した個体の平均臨床スコア	平均肺病変スコア
試験群	3	0	活力および食欲低下，腹式呼吸	51	4.7
陰性対照群	3	3	活力および食欲低下，腹式呼吸	—	6.0

表 3 国内分離強毒 App5 型菌に対するワクチンの効果

群	試験頭数	死亡頭数	攻撃後の主な臨床症状	生残した個体の平均臨床スコア	平均肺病変スコア
試験群	3	1	活力および食欲低下	27	4.3
陰性対照群	3	3	活力および食欲低下	—	5.0

の低下や呼吸の異常を認めたものの，4 日目以降は回復した．

2）国内分離 App2 型菌および 5 型菌に対する有効性

生後約 10 ～ 11 週齢の豚 6 頭にワクチンの 2mL を 4 週間隔で 2 回頚部筋肉内に注射した．2 回目注射後 2 週目に国内分離強毒株 App2 型菌または App5 型菌の 10^9 個をそれぞれ 3 頭ずつの気管内に接種し，陰性対照群 3 頭とともに 2 週間飼育し，観察した．

（1）強毒 App2 型菌に対する有効性（表 2）

攻撃後，試験群および陰性対照群のいずれも活力低下・食欲不振を呈し，特に陰性対照群は攻撃後 2 日目から 5 日目にかけて全頭が死亡した．試験群には，死亡例はなかった．

（2）強毒 App5 型菌に対する有効性（表 3）

攻撃後，試験群および陰性対照群のいずれも急性の経過をとり，攻撃翌日に試験群の 1 頭，陰性対照群は全頭（3 頭）が死亡した．

6．臨床試験成績

国内 3 カ所の養豚場において，生後約 6 ～ 7 週齢の豚 246 頭を用いた．うち試験群 84 頭，陽性対照群 81 頭および陰性対照群 81 頭に分け，試験群は用法・用量に従い 2mL を頚部筋肉内に 4 週間隔で 2 回注射し，陽性対照群は国内既承認の豚アクチノバシラス・プルロニューモニエ（1・2・5 型）感染症（アジュバント加）不活化ワクチンの 2mL を 4 週間隔で 2 回注射し，陰性対照群は生理食塩液の 2mL を 4 週間隔で 2 回注射した．

1）有効性

試験期間中，いずれの養豚場でも明らかに呼吸器症状を呈した豚または App の感染により死亡した豚は認められなかったため，臨床症状における有効性の評価ができなかった．しかし，ワクチンを注射された豚は，2 回目注射後 2 週目および 4 カ月目の ELISA 抗体価が陽性であり，と畜場における肺病変の保有率，肺病変からの App の分離率が陰性対照群のそれを下回り，かつ肥育成績（1 日当たりの増体重）も陰性対照群を上回ったことから野外における有効性が確認された．

2）安全性

1 回目ワクチン注射当日に活力減退・食欲不振を呈する個体が 84 例中 20 例認められたが，注射翌日にはこれらの症状は消失した．2 回目ワクチン注射後は臨床的異常を示す個体は認められず，それ以降も臨床的異常を示す個体は認められなかった．また，注射部位における局所反応については，1 回目および 2 回目ワクチン注射後のいずれも異常は認められなかった．

7．使用方法

1）用法・用量

ワクチンの 2mL を約 6 週齢以上の豚に 4 週間隔で 2 回，頚部筋肉内に注射する．

2）効能・効果

豚のアクチノバチラス･プルロニューモニエ血清型 1，2，5，7，9 および 10 型菌感染症（胸膜肺炎）の予防．

3）使用上の注意

本剤の副反応として，注射後，発熱，行動緩慢，震え，食欲不振，嘔吐（満腹な豚に注射した場合）または注射局所の腫脹が認められることがあるが，これらの症状は注射後 24 時間以内には消失する．

4）ワクチネーションプログラム

農場により App の感染による呼吸器病の発生時期が異なっているため，日常における観察や抗体検査・病性鑑定の活用等により農場主または獣医師の判断のもと接種時期が決定される．

8．貯法・有効期間

遮光して 2 ～ 10℃に保管する．有効期間は 3 年間．

参考文献

1. 河合　透，山田　進二（1993）：豚のワクチン，52-67，木香書房.

（佐藤憲一）

豚アクチノバシラス・プルロニューモニエの外毒素

わが国で流行している豚アクチノバシラス・プルロニューモニエ（App）の血清型は，2 型が最も多く，次いで 5 型，1 型の順である．全菌体とアルミニウムゲルからなるワクチンを用いて App 感染症をコントロールする試みがなされていたが，その効果は十分でなかった．その理由として，App の病原因子の研究，防御関連抗原の研究が十分でなかったことがあげられる．

App は，血清型の違いにより *Actinobacillus pleuropneumoniae* RTX-toxin（Apx）Ⅰ，ⅡおよびⅢの 2 つまたは 1 つを産生する．本毒素に対する抗体は，血清型間共通の防御因子と考えられている．一方，App の血清型を決定している莢膜抗原は，感染防御関連抗原であるが，血清型間の交差性はない．Apx と莢膜抗原が App の防御に重要であることが示され, これらの抗原を含有する App 血清型 1，2 および 5 型の培養上清をワクチン用抗原とすることが企画された．App は，グラム陰性菌であり，内毒素であるリポポリサッカライド（LPS）を含有する．これがワクチン接種時の発熱や嘔吐などの副反応に繋がることから，ワクチン中の LPS 含量をコントロールすることで副反応を低減したワクチンが完成した．

（大石英司）

18　豚アクチノバシラス・プルロニューモニエ（1・2・5 型，組換え型毒素）感染症・マイコプラズマ・ハイオニューモニエ感染症混合（アジュバント加）不活化ワクチン

1．疾病の概要

1）豚アクチノバシラス・プルロニューモニエ感染症

161 ページ参照.

2）マイコプラズマ・ハイオニューモニエ感染症

178 ページ参照.

2．ワクチンの歴史

Actinobacillus pleuropneumoniae（App）感染症において，App の産生する Apx（*Actinobacillus pleuropneumoniae* RTX）Ⅰ，ⅡおよびⅢと呼ばれる細胞毒素が本菌の病原因子として重要であることが判明した[1]．そこで，これらをワクチンの成分として利用するため，組換え大腸菌で産生させた無毒変異型 Apx（rApx）と，血清型 1，2 および 5 型の不活化菌体とを組み合わせた新しい App 感染症対策用ワクチン（一般名：豚アクチノバシラス・プルロニューモニエ（1・2・5 型，組換え毒素型）感染症（アジュバント加）不活化ワクチン）を開発した[2]．これは，従来の不活化菌体だけを含有したワクチンに比べて優れた有効性と高い安全性を示し，1998 年に製造販売承認を取得した．

豚マイコプラズマ肺炎（MPS）は *Mycoplasma hyopneumoniae*（M. hyo）が豚に慢性の肺炎を起こして生産性を低下させる疾病である[3]．これに対して，国内分離株を用い，注射量を 1.0mL と作業しやすい量に設定した MPS 感染症対策ワクチン（一般名：マイコプラズマ・ハイオニューモニエ感染症（アジュバント加）不活化ワクチン）を開発し，1998 年に製造販売承認を取得した．

これら両ワクチンはいずれも子豚期に注射される普及率の高いワクチンである．また，野外において両病原体は混合感染し，さらに他のウイルス性の病原体と複合感染することによって，豚呼吸器複合感染症と呼ばれる制御が困難な呼吸器疾患を惹起する．そこで，一度の注射により，これら両病原体に対して防御免疫を賦与することが可能な混合不活化ワクチンの開発が望まれていた．通常，両ワクチンを混合して注射した場合，片方の抗原に対する免疫応答が阻害されるという現象が起こる．これを回避するため，双方の抗原を高度に精製することにより，混合注射しても，含有されている個々の抗原に対してバランスの良い抗体応答を惹起できるようになった．そこで，初の App と MPS の混合ワクチンとして 2003 年に製造販売承認を取得し，現在も広く利用されている．

3．製造用株

App 不活化菌体を得るための製造用株として，41-1 株（血清型 1），SHP-1 株（血清型 2）および Ng-2 株（血清型 5）を用いる．無毒変異型 Apx 細胞毒素を回収するための組換え大腸菌として，ESN1113 株（rApx Ⅰ産生），ESN1074 株（rApx Ⅱ産生）および ESN1166 株（rApx Ⅲ産生）を用いる．さらに M.hyo の不活化菌体を得るために MI-3 株を用いる．

4．製造方法

以下に示した 4 つの工程を経て，製品が製造されている．

① App の 3 つの血清型の菌株をそれぞれ培養し，ホルマリンで不活化後，遠心集菌する．所定量に希釈した各菌体浮遊液に水酸化アルミニウムゲルを加え，第 1 〜 3 バルクとする．

② 無毒変異型 Apx（rApx）を産生する組換え大腸菌をそれぞれ培養し，遠心により菌体を回収し，これを破砕して菌体内に発現した rApx をそれぞれ回収する．各 rApx を部分精製した後，所定量を混合して希釈し，これに水酸化アルミニウムゲルを加えて第 4 バルクとする．

③ M. hyo の菌株を培養し，ホルマリンで不活化後，水酸化アルミニウムゲルを加えて，第 5 バルクとする．

④ 第 1 〜第 5 バルクを混合し，均一になるまで十分撹拌した後，小分け，巻き締めを行う．

5．効力を裏付ける試験成績（表 1）

App および M. hyo 陰性の約 40 日齢豚 18 頭を用い，App 攻撃試験には 12 頭を，M. hyo 攻撃試験には 6 頭をそれぞれ使用した．App 攻撃試験では，12 頭を 4 頭ずつ 3 区に分け，それぞれ 1 型菌，2 型菌および 5 型菌攻撃区とした．各区はさらに 2 頭ずつ注射群および非注射対照群の 2 群に分けた．注射群には本ワクチンを，用法・用量に従って 3 週間隔で 2 回注射した．第 2 回注射後 2 週に，各注射群を対照群とともに 1 型菌，2 型菌および 5 型菌強毒株の生菌を気管内に接種して攻撃した．攻撃後 1 週間観察し，死亡豚についてはその都度，生残豚については 1 週後に剖検した．

M. hyo 攻撃試験では，6 頭を 3 頭ずつ注射群および非注射対照群の 2 群に分けた．注射群には本ワクチンを用法・用量に従い，3 週間隔で 2 回注射した．第 2 回注射後 2 週に注射

表1　AppとM. hyoの混合不活化ワクチンを注射した豚におけるApp 1，2および5型菌攻撃に対する防御効果

攻撃菌血清型	群	豚番号	死亡数/供試数	肺病変スコア		攻撃時のApx抗体[1)]	
				個体別	平均	I	III
App 1型	注射	1	0/2	1	1.0	0.98	1.18
		2		1		0.92	0.99
	対照	3	1/2	2	3.0	0.14	0.00
		4		4		0.13	0.00
App 2型	注射	5	0/2	1	1.0	0.75	1.06
		6		1		0.99	1.11
	対照	7	2/2	3	3.5	0.19	0.06
		8		4		0.07	0.04
App 5型	注射	9	0/2	2	1.5	0.74	1.18
		10		1		1.01	0.90
	対照	11	1/2	3	3.5	0.12	0.02
		12		4		0.20	0.04

攻撃：App1型　AH-1株 9.0×10^5 CFU/頭，App2型 SHP-1株 8.5×10^2CFU/頭．
App5型　Ng-2株 3.3×10^2 CFU/頭をそれぞれ気管内に接種．
1) 定量的ウエスタンブロットでの測定値，0.4以上を陽性とした．

群を対照群とともにM.hyoの生菌を気管内に接種して攻撃した．攻撃後3週に剖検し，肺に形成されたMPS病変の面積率を測定した．対照群と比べた注射群の病変面積比が0.6以下である場合，有効と判定した．

Appの各血清型菌の攻撃により，対照群では2頭中1～2頭が死亡したのに対し，注射群では死亡はなかった（表1）．肺病変の平均スコアは，対照群では3.0～3.5であったのに対して注射群では1.0～1.5であり，ワクチン注射による死亡の阻止および肺病変の形成抑制効果が認められた．

攻撃時のApx ⅠおよびApx Ⅲに対する抗体は，対照群ではすべて陰性であったのに対して注射群ではすべて陽転し，Apxに対する抗体応答と攻撃後の防御の成績とがよく一致していた．

M. hyo攻撃区においては，対照群の平均肺病変面積率は3.7%，試験群のそれは1.2%であり，病変面積比は対照群に比べて試験群で0.33であった．

以上の成績より，本ワクチンはAppの各血清型菌およびM. hyoの攻撃に対して有効であることが示された．

6．臨床試験成績

M. hyoおよびAppの複合感染が起こっている母豚約300頭の一貫経営農場において，本ワクチンを45日齢と66日齢の2回，1頭あたり2mLを頚部筋肉内に注射した．

生産成績については，ワクチン注射前（2006年3月～2007年2月），中間期（本ワクチン注射後から，ワクチン注射豚がと畜場出荷されるまでの時期にあたる2007年3月～2008年7月）およびワクチン注射後（2007年8月から2008年7月）の各時期についてそれぞれ集計し，比較した．

1）死亡事故率：ワクチン注射前の時期の死亡事故率は7.8%であったが，本ワクチンの注射を開始後，中間期には6.7%，注射後の時期には5.1%となった．

2）平均出荷日齢：ワクチン注射前の時期の平均出荷日齢は182日であったのに対し，本ワクチンの注射を開始後，中間期には175日，注射後の時期には169日となった．

3）一日増体重：ワクチン注射前の時期における一日増体重は656 gであったが，本ワクチンの注射を開始後，中間期には677 g，注射後の時期には701 gとなった．

4）上物率：ワクチン注射前の時期の上物率は55.0%であったが，本ワクチンの注射を開始後，中間期には57.0%，注射後の時期には57.7%となった．

以上の成績から，AppとM. hyoの複合感染が認められた農場に本ワクチンを応用することにより，両病原体の感染に伴う豚呼吸器複合感染症による死亡事故を低減でき，さらに本症の発生に伴う生産成績に及ぼす悪影響を軽減できることが明らかになった．

7. 使用方法

1）用法・用量

3 週齢以上の豚に 3 ～ 5 週間間隔で 1 回 2mL ずつを 2 回，筋肉内に注射する

2）効能・効果

豚のアクチノバシラス・プルロニューモニエ血清型 1, 2 および 5 菌感染症の予防ならびに豚のマイコプラズマ肺炎による肺病変形成の抑制ならびに増体重抑制および飼料効率低下の軽減.

8．貯法・有効期間

遮光して，2 ～ 10℃に保存する．有効期間は 2 年 9 ヵ月間.

参考文献

1. Frey, J. et al.（1993）：*J Gen Microbiol*, 139, 1723-1728.
2. 長井伸也（2002）：獣畜新報，55, 687-688.
3. Maes, D. et al.（2008）：*Vet Microbiol*, 126, 297-309.

（長井伸也）

費用対効果分析に基づくワクチンプログラム（口蹄疫の例）

広域における防疫としてワクチン接種を行う場合，常在地で定期的に実施する全面接種 general vaccination，伝染病発生時の緊急措置として，蔓延防止のために実施する包囲接種 ring vaccination，清浄地域を汚染地域から守るために行う防壁接種 barrier vaccination などがある.

経済動物用ワクチンの使用にあったっては，費用対効果分析 cost-benefit analysis，または危険度対効果分析 risk-benefit analysis を考慮しなければならない．口蹄疫の発生時，オランダでは口蹄疫ワクチンの包囲接種を行った．一方，2000 年に発生した時の日本，2001 年発生時のイギリスでは発生牧場の全家畜の殺処分，交通規制を実施したが，ワクチン接種は行わなかった．日本でワクチン接種を行わなかった理由は，口蹄疫ワクチンのワクチン株と野外流行株の抗原性が同じため，ワクチン接種動物と自然感染動物とが区別できない．そのため流行が終息した後，ワクチン接種動物をすべて淘汰しなければならず，清浄国復帰のための複雑な疫学調査を必要とするためであった.

2000 年の発生時には，日本では殺処分方式で短期間の清浄化に成功した．2010 年 4 月 20 日に再度，宮崎で口蹄疫が発生した．この際には，前回をはるかに上回る大流行となった．豚にも感染が広まり，その伝播速度の速さからワクチン使用が余儀なくされ，発生牧場の周囲 10km 以内の家畜にワクチン接種が行われ疾病のまん延防止につとめた．その結果 7 月 4 日の最終発生で終息した.

口蹄疫常在地ではワクチンの全面接種により発生を抑えている．しかし，これが口蹄疫清浄国への畜産品の輸出を困難にしている．経済動物の伝染病の防疫は，単に感染症の発生を抑えるだけでなく，経済的側面を考慮にいれなければならない.

（小沼　操）

19 豚アクチノバシラス・プルロニューモニエ（1・2・5型）感染症・豚丹毒混合（油性アジュバント加）不活化ワクチン

1．疾病の概要

1）豚アクチノバシラス・プルロニューモニエ感染症

161ページ参照

2）豚丹毒

150ページ参照

2．ワクチンの歴史

本ワクチンは先行して販売されていた「豚アクチノバシラス・プルロニューモニエ（1,2,5型）感染症（油性アジュバント加）不活化ワクチンと豚丹毒（油性アジュバント加）不活化ワクチンの原液を混合し，スクアランをアジュバント基材に採用した混合多価ワクチンで，2002年に承認された．

3．製造用株

1）アクチノバシラス・プルロニューモニエ

Actinobacillus pleuropneumoniae（App）1型菌Y-1株は，1987年岩手県下で発生した漿膜肺炎による急性死亡豚の多発例より分離され，血清型1型と同定された株である．液体培地で37℃6時間培養するとき，ApxⅠおよびⅡを産生する．

Appに対する抗体陰性のSPF豚の気管内に本菌を投与したとき，接種後1～2日で発症し，死亡するものもある．発症あるいは死亡豚を剖検するとき，胸膜性肺炎の形成を認め，病巣より菌が回収される．

App2型菌G-4株は1976年に岐阜県下で発生した胸膜肺炎による急性死亡豚の多発例より分離され，血清型2型と同定された株で，ApxⅡおよびⅢを産生する．

App5型菌E-1株は1989年鹿児島県下で発生した胸膜肺炎の死亡豚から分離され血清型5型と同定された株で，ApxⅠおよびⅡを産生する．

2）豚丹毒菌

豚丹毒菌京都株は1987年京都府下で発生した関節炎型豚丹毒感染豚より分離され，血清型2型と同定された株である．豚丹毒菌に対する抗体陰性の約90日齢の豚の皮下に注射したとき，豚は発症または死亡する．

4．製造方法

Appの各培養菌液を遠心し，上清を採取する．これを限外ろ過膜で50倍から100倍になるように濃縮する．得られた濃縮液にホルマリンを加え，抗原価，LPS含量の測定を行う．

豚丹毒菌培養液を遠心して菌体を採取し，水酸化ナトリウム溶液で浮遊後，撹拌しながら一晩感作し．再度遠心して上清を採取する．これにホルマリンを加え抗原価を測定する．

App1，2および5型の培養上清濃縮液と豚丹毒菌の抽出液を混合しワクチン原液とする．これにO/W型のオイルアジュバントを加えて乳化混合し，ワクチンとする．

5．効力を裏付ける試験成績

Appのワクチン抗原となる培養上清濃縮液，豚丹毒菌からのNaOH抽出液ともにそれらの抗原量はELISAを用いた抗原価で表される．表1に示すように3種の抗原量を含む試作ワクチンを作製し，60日間隔で2回接種した．初回接種より5ヵ月後，豚丹毒菌藤沢株，App1型，2型および5型菌それぞれに対する防御試験を実施した．表2に示すように試作ワクチンAまたはB免疫群では臨床的な異常や病変は見られなかったが，試作ワクチンCおよび対照群では豚丹毒による発熱，元気消失，菱形疹の発現が見られ，Appによる発熱，発咳，肺の充出血，胸膜との癒着や結節が観察された．これらの成績から防御に必要な最小抗原量はAppで800倍以上，豚丹毒菌で80単位以上であった．また，ワクチン接種豚の防御に必要な最小有効抗体価はELISA価でApp各血清型160倍以上，豚丹毒200倍以上であった．

免疫の持続に関する検討では，本ワクチン2回注射後，1ヵ月間隔で210日齢時まで採血し，それぞれの抗体価を測定したところ，210日齢時まで最小有効抗体価を保持していた．

6．臨床試験成績

国内2農場において被検薬群，対照薬群を設け，有効性および安全性について検討した．対照薬には“京都微研〟アクチノオイル3価ワクチンおよび豚丹毒ワクチン-KBを用いた．

1）有効性

表3に示すようにA農場およびB農場での被検薬群の豚丹毒菌に対する有効率およびAppに対する有効率は対照薬群のそれぞれの有効率と同等で差を認めず，有効性が確認された．

2）安全性

被検薬あるいは対照薬を注射した豚は注射後一過性の元気消失が見られたが，3日以内に回復し，注射後の臨床症状の発現頻度を比較すると，両群間に有意な違いは認められず，安全性

表 1　供試ワクチンの構成

供試ワクチン	豚丹毒抗原価（単位 /mL）	App 抗原価（倍 /mL）		
		血清型 1 型	血清型 2 型	血清型 5 型
A	160	1600	1600	1600
B	80	800	800	800
C	40	400	400	400

表 3　臨床試験における有効性

被検農場	群	豚丹毒有効率 (%)	App 有効率 (%)
A 農場	被検薬	100	86.7
	対照薬	80	90
	検定結果	有意差あり	有意差なし
B 農場	被検薬	96.7	73.3
	対照薬	90	80
	検定結果	有意差なし	有意差なし

表 2　攻撃後の臨床症状と病変

供試ワクチン	攻撃菌株										
	豚丹毒		App1 型			App2 型			App5 型		
	臨床症状	菱形疹	臨床症状	充出血	癒着結節	臨床症状	充出血	癒着結節	臨床症状	充出血	癒着結節
A	−	−	−	−	−	−	−	−	−	−	−
	−	−	−	−	−	−	−	−	−	−	−
B	−	−	−	−	−	−	−	−	−	−	−
	−	−	−	−	−	−	−	−	−	−	−
C	＋	＋＋	＋	＋＋	−	＋	＋＋	−	＋	＋＋	＋＋
	−	−	＋	＋	−	＋	＋	＋	＋	＋	−
対照群	＋	＋＋	＋＋	＋＋	＋＋	＋＋	＋＋	＋	＋＋	＋＋	＋＋
	＋	＋＋	ND			ND			ND		

が確認された．

6．使用方法

1）用法・用量

約 30 〜 50 日齢豚の耳根部後方頸部筋肉内に 1mL 注射する．その後，90 日齢時までに約 30 〜 60 日間隔で反対側の耳根部後方頸部筋肉内に 1mL 注射する．

2）効能・効果

豚丹毒およびアクチノバシラス・プルロニューモニエ血清型 1・2・5 型感染症の予防．

3）使用上の注意

注射後一過性の発熱，食欲不振を認めることがあるが，通常 3 日以内に回復する．

と畜場出荷前 90 日間は使用しないこと．

4）ワクチンプログラム

ワクチン接種時期は母豚からの移行抗体のレベル，農場における感染の時期を考慮して決定する．包括的な抗体調査を行い最適なワクチンプログラムを決定するのが望ましい．

8．貯法・有効期間

2 〜 10℃で保存する．有効期間は 1 年 9 ヵ月間

（大石英司）

20　豚大腸菌性下痢症（k88ab・k88ac・k99・987P 保有全菌体（アジュバント加）不活化ワクチン

1．疾病の概要

1）病　因

大腸菌性下痢は，生後2～3週間以内に発生する新生期下痢と離乳以後に発生する離乳後下痢に分けられる．下痢症に関与する大腸菌（*Escherichia coli*）は下痢原性大腸菌（DEC）と呼ばれ，通常の大腸菌とは区別される．新生期下痢および離乳後下痢は主に毒素原性大腸菌（ETEC）が関与している．

ETEC は，F4（K88），F5（K99），F6（987P），F41，F18 などの線毛で小腸粘膜に付着し，増殖して粘膜表面を覆い，下痢を引き起こす毒素（エンテロトキシン）を産生する．このエンテロトキシンにより子豚の体内の水分が腸管内に流出し，激しい水溶性下痢になる．新生期下痢には，O 群 8，9，20，101，149，157 などが関与している[1]．

2）疫　学

新生期下痢は2～3週齢以内に発生し，3日齢以内の発症では死亡率が 70％以上に達する．感染源は ETEC を保菌する母豚の糞便である．日齢が進むと ETEC に加え他の病原体との混合感染が多くなり下痢が長期化する．

離乳後下痢は離乳直後から3～8週間後までに発生し，死亡率は 10％以下である．発生は，離乳を直接または間接的な要因とする．すなわち，移行抗体の低下，離乳後の飼料摂取による腸内環境の変化，離乳により分娩舎から離乳舎への移動に伴い大腸菌保菌子豚との同居による水平感染などが考えられる．また，ロタウイルスの先行感染は ETEC の定着を増強させ，症状を重篤化させる[2]．

3）症　状

新生期下痢は何の前駆症状なしに突然下痢を始める．便の性状は，黄色軟便，白色粥状，粘液様あるいは水様と様々であるが，下痢便中に潜血はみられない．子豚は，毛づやが悪くなり，肛門周囲や体表は糞便による汚れが目立ち，発育は停滞する．水様性下痢が続くと脱水状態となり，元気消失，削痩し，重症の場合，24 時間以内に死亡する．瀕死期には敗血症になる場合もある．

離乳後下痢では，離乳後4～10 日に集中する．典型的な例では豚群中の栄養状態良好な豚が前駆症状なしに急死する．これは小腸内で異常増殖した ETEC の内毒素によるショック死と考えられている．下痢を発症した便の性状は灰白色～黒褐色で軟便あるいは泥状便で水様性になることは少ない．通常7～10 日で回復するが，発育は遅延する．

2．ワクチンの歴史

1988 年に，豚大腸菌性下痢症（K88 保有全菌体・K99 保有全菌体）（アジュバント加）不活化ワクチンが承認され，翌年，線毛保有毒素原性大腸菌の子豚腸管への定着阻止を目的として，線毛を主成分とする本ワクチンが承認された．2005 年には，豚大腸菌性下痢症不活化・クロストリジウム・パーフリンゲンストキソイド混合（アジュバント加）ワクチンが承認された．

3．製造用株

K88ab 線毛抗原を産生する大腸菌 CN6913 株，K88ac 線毛抗原を産生する大腸菌 CN6845 株，K99 線毛抗原を産生する大腸菌 B41 株および 987P 線毛抗原を産生する大腸菌 987 株の計4株を用いる．

4．製造方法

本ワクチンは，各製造用株を各種カゼイン製ペプトン加製造用培地に接種し，37℃で通気撹拌しながら培養した培養菌液にホルマリンを加え不活化したのち，K88ab，K88ac および K99 線毛ならびに 987 株の全菌体を濃縮し，水酸化アルミニウムゲルを加えたものである．

5．効力を裏付ける試験成績

9頭の母豚に本ワクチンを2回注射後，分娩して得られた産子に出生後3時間哺乳させた子豚をワクチン群とした．また3頭の母豚を非注射対照とし，その母豚から分娩して得られた子豚を対照群とした．各群を4群に分け K88ab，K88ac，K99 または 987P 株の4タイプの線毛保有大腸菌で攻撃した．攻撃後7日間，死亡，下痢の発症の有無，臨床スコア（下痢の程度）および体重測定などの臨床観察を行い，その結果を表1に示した．

攻撃後の死亡率は，対照群が 20～100％に対し，ワクチン群はいずれの攻撃菌株に対しても 0％であった．下痢発症率は，対照群がいずれの攻撃菌に対しても 100％であったのに対し，ワクチン群は5～22％と低い値を示した．また下痢の程度をスコア化した臨床スコアも対照群が 2.36～3.83 を示したのに対して，ワクチン群は 0.08～0.25 で低い値を示し，下痢

表1　各攻撃菌による攻撃試験成績

群	攻撃菌株	子豚頭数	死亡		下痢		臨床スコア 1)	増体重 (g/ 日)
			頭数	%	発症数	%		
ワクチン	K88ab	9	0	0	2	22	0.13	183
対照		6	4	67	6	100	2.36	80
ワクチン	K88ac	22	0	0	1	5	0.08	146
対照		10	10	100	10	100	3.71	—
ワクチン	K99	20	0	0	1	5	0.13	108
対照		5	5	100	5	100	3.83	—
ワクチン	987P	21	0	0	3	12	0.25	149
対照		5	1	20	5	100	2.37	150

1) 下痢の程度をスコア化し，分娩後7日間の累積を供試子豚数および日数で除した値

表2　臨床試験におけるワクチン有効性成績

試験場所	群	供試母豚数	観察子豚数	下痢発生腹率 1) (%)	子豚下痢発生率 2) (%)	臨床スコア 3)	死亡率 4) (%)
鹿児島	ワクチン	91	914	7.7	3.7	0.1	3.8
	対照	27	258	25.9	18.6	1.1	5.0
熊本	ワクチン	71	662	30.8	9.8	0.8	1.7
	対照	50	505	66.0	23.0	1.8	4.0
栃木	ワクチン	59	601	6.8	2.8	0.2	2.5
	対照	25	239	16.0	8.4	0.4	1.7

1) 下痢発生腹数 / 供試母豚数．2) 下痢発生子豚数 / 観察子豚数．3) 下痢の程度をスコア化し，分娩後7日間の累積を供試子豚数および日数で除した値．4) 死亡子豚数 / 観察子豚数

の程度も軽度であった．

以上のことより本ワクチンは，K88ab，K88ac，K99 および 987P 線毛保有大腸菌による新生期下痢の予防に高い効果を示すことが確認された．

また母豚の保有抗体価と防御の関係を調べたところ，妊娠豚血清中の K88ac，K99 および 987P に対する ELISA 抗体価がそれぞれ 0.3，0.8 および 0.5 以上の場合に分娩子豚は各大腸菌攻撃から防御された．

6．臨床試験

鹿児島県，熊本県および栃木県の計5農場で試験群 222 頭および対照群 102 頭の計 324 頭の妊娠豚を対象に臨床試験を行った．

1）有効性

ワクチン注射前および分娩後7日以内に母豚を採血し ELISA 抗体価を測定したところ，ワクチン群の分娩後の抗体価はワクチン注射前に比べて有意に高い値を示した．

子豚の下痢について，分娩後7日間の下痢発生腹数，下痢子豚数および子豚の臨床スコアにより評価した（表2）．その結果，鹿児島県および熊本県の農場では，ワクチン群の下痢の発生は対照群より少なく，また臨床スコアおよび死亡率も対照群より低い値を示した．栃木県の農場においても下痢の発生および臨床スコアはワクチン群が対照群に比べて低かったが，死亡率はワクチン群の方がわずかに高い値を示した（有意差なし）．

2）安全性

本ワクチンの安全性については，妊娠豚の分娩4～6週前および分娩1～2週前の2回，本ワクチン（2mL）を注射し，注射部位の異常および臨床症状の有無を2週間観察した．その結果，いずれの妊娠豚もワクチンによる異常は認められなかった．また各群の産子数もワクチン群と対照群に差はみられず，安全性の高いワクチンであることが示された．

以上のとおり，3県5農場での臨床試験において，本ワクチンの安全性および有効性が認められた．

7．使用方法

1）用法・用量

妊娠豚に 2mL を，分娩前 4 ～ 6 週と 2 週前後の 2 回皮下または筋肉内に注射する．

2）効能・効果

K88，K99 および 987P 線毛保有毒素原性大腸菌による子豚の新生期下痢の予防．

3）使用上の注意

本ワクチンは妊娠豚に注射し，子豚が免疫母豚の乳汁を常に飲むことによって予防効果が発揮される．免疫母豚が十分量の乳汁を分泌しているかどうか，また乳汁を飲んでいない子豚がいないかどうか確認すること．

8．貯法・有効期間

遮光して，2 ～ 10℃に保存する．有効期間は 3 年間．

参考文献

1. Nakazawa, M. et al.（1987）：*Vet Microviol,* 3, 291-300.
2. Lecce, J. G. et al.（1983）：*J Clin.Microbiol,* 16, 715-723.

（紺屋勝美）

「信藤氏法」って知っていますか？

私が以前勤務していた農林水産省動物医薬品検査所の元所長（元畜産局衛生課長）で信藤謙蔵先生という方がおられたそうです．先生はトキソプラズマの研究者であり，行政手腕にも優れていた方だったそうです．先生はまた非凡なアイディアマンであったようです．当時，今のようなクール宅配便が普及していない時代で，家畜伝染病の抗体調査を実施するにも血清の収集に手間と時間がかかっていたようです．そんな折，先生はＴ字型をした濾紙に穿刺で得られた微量の血液を吸収させ，乾燥させてから封書で検査機関に送る方法を開発されました（信藤氏法）．検査室でＴ字の縦棒を切り取り，一定量の緩衝液に浸すと，血清希釈液と同等のものが得られるというものです．このお陰で豚のトキソプラズマ病や日本脳炎の全国的な抗体調査が簡易に短期間でできたことを知りました．研究を成し遂げるためは，優れたアイディアマンでなければならないということを知った次第です．なお，この濾紙は現在もストリップ型採血用濾紙（アドバンテック東洋）として市販されています．

（田村　豊）

21 豚大腸菌性下痢症不活化・クロストリジウム・パーフリンゲンストキソイド混合（アジュバント加）ワクチン

1．疾病の概要

腸管毒素原性大腸菌（ETEC）および *Clostridium perfringens*（Cp）C 型菌はそれぞれ豚の新生期下痢症および壊死性腸炎の起因菌である．いずれの疾病も新生豚に重度の下痢を引き起こし，発生頻度および致死率はともに高く，養豚産業に経済的影響が大きい．

1）豚の大腸菌性下痢症

169 ページ参照.

2）壊死性腸炎

Cp は腸管，特に小腸上部で異常増殖し，毒素産生によりエンテロトキセミアを引き起こす．子豚および鶏では腸管に限局した壊死病変が特徴的なため,特に壊死性腸炎と呼ばれている．なかでも生後 1 週齢の豚の壊死性腸炎は Cp C 型菌に起因し，新生豚が血便を排して急性経過により死亡する特徴的な疾病である[2]．発生農場における死亡率は高く，10.9 ～ 42.5％との報告がある[1]．Cp C 型菌が産生する主要毒素は α および β で，特に β 毒素は強い致死・壊死活性を示す．

2．ワクチンの歴史

本ワクチンは，Cp C 型菌によって産生される β 毒素のトキソイド，ETEC によって産生される易熱性エンテロトキシン B サブユニット（LT_B）, ならびに K99，K88，987P および F41 付着因子を有する大腸菌の不活化抗原を主成分とするバクテリントキソイドで，これら抗原あるいは毒素に起因する豚の新生期下痢および壊死性腸炎の予防に効果を有する．

本ワクチンは米国においては，1986 年，Cp C 型菌および大腸菌のバクテリントキソイド製剤として米国農務省の承認を得，販売されている．日本においては，2005 年に承認された．

3．製造用株

1）大腸菌

大腸菌 pPS002 株（K88 線毛抗原）は Cetus Corp 社により作成され，1981 年ノールデン・ラボラトリーズ（現米国ファイザー社）に譲渡され，1983 年に米国農務省から製造用原株の承認を得た．大腸菌 NL-1005 株（K99 線毛抗原）はサウスダコタ州立大学により分離され，1984 年ノールデン・ラボラトリーズに譲渡され， 1985 年に米国農務省から製造用原株の承認を得た．大腸菌 NADC1413 株（987P 線毛抗原）および大腸菌 NADC1471 株（F41 線毛抗原）は NADC（National Animal Disease Center）により分離され，1980 年ノールデン・ラボラトリーズに譲渡され，1983 年に米国農務省から製造用原株の承認を得た．大腸菌 NL-1001 株（LT_B）は 1983 年ノールデン・ラボラトリーズにより分離され，1985 年，米国農務省から製造用原株の承認を得た．

2）Cp

Cp C 型菌 NL-1003 株は，1983 年ノールデン・ラボラトリーズにより分離され，1985 年に米国農務省から製造用株の承認を得た．

4．製造方法

大腸菌成分については，製造用株を寒天培地で培養し，発育したコロニーを液体培地で継代して増殖し, 本培養菌液とする．ＮＬ -1001 株以外の株については，本培養菌液にホルマリンを加えて不活化後，遠心して集菌したものをリン酸緩衝食塩液に浮遊し，濃縮したものを原液とする．ＮＬ -1001 株については，本培養菌液を遠心して得た上清をフィルターで濃縮・除菌したものを原液とする．

Cp 成分については，製造用株を液体培地で継代して増殖し，ホルマリンを加えたものを不活化菌液とする．不活化菌液を遠心した上清を限外ろ過したものを原液とする．

各原液を混合し，水酸化アルミニウムゲルを加えたものをワクチンとする．

5．効力を裏付ける試験成績

1）大腸菌製造用株（5 種類）に対する免疫原性

大腸菌製造用株毎に試験ワクチンを 5 種類作成し，各々のワクチンを妊娠母豚へ投与し，第 1 回ワクチン注射時（分娩約 6 週間前)，第 2 回ワクチン注射時（分娩約 3 週間前)，第 2 回ワクチン注射後 14 日での各々の製造用株線毛抗原ならびに LT_B 抗原に対する抗体価を測定した．次に，各々の試験ワクチンによって免疫された母豚由来産子に対して，製造用株と同じ線毛抗原あるいは LT_B 抗原を保有する大腸菌攻撃株で初乳授乳後の子豚を攻撃し，5 日間糞便性状の観察を行った．

(1) 母豚における抗体応答

5 種類の試験ワクチン群において，各々のワクチンを投与された母豚の大腸菌線毛抗原あるいは LT_B 抗原に対する血清抗体価は，すべて対照群と比較し，有意に高かった．

（2）攻撃試験

各々の試験ワクチンを投与された母豚由来の子豚への攻撃試験では，攻撃後の各試験群の子豚へい死率が対照群と比較し，有意に低かった．

2）β毒素産生 Cp C 型菌に対する免疫原性

本ワクチンに含まれる Cp C 型菌βトキソイド含有試験ワクチンを母豚へ分娩前2回投与し，当該免疫母豚由来産子に対し，初乳摂取後攻撃試験を実施した．その結果，子豚のへい死率は対照群では 100％であるのに対し，試験群では 0％であった．

以上の結果より，本ワクチンに含まれる大腸菌製造用株は，母豚において，K88 線毛抗原，K99 線毛抗原，987P 線毛抗原，F41 線毛抗原および LT_B 抗原に対する高い液性免疫を誘導すると同時に，これら抗原由来の子豚大腸菌症防御に高い有効性を示した．さらに，本ワクチンに含有されている Cp C 型菌βトキソイドは，クロストリジウム・パーフリンゲンス C 型菌による壊死性腸炎を防御できると判断された．

6．臨床試験成績

過去に下痢などが認められた国内３農場（A, B および C 農場）において，本ワクチンの臨床試験を実施した．本ワクチン群（試験群）と生理食塩液群（対照群）を設定し，０～３産歴の妊娠母豚に分娩予定前６週および３週前の２回，頸部筋肉内に注射した．哺乳子豚に対する有効性ついては，臨床症状観察，体重測定，ワクチン抗原成分に対する血清抗体価および細菌学的検査（腸管スワブ，あるいは腸管内容物からの菌分離）を実施し，それらの結果より判断した．

1）有効性

A 農場では Cp C 型，B 農場では K88 線毛大腸菌，そして C 農場では K99 線毛大腸菌の流行が確認されたが，３農場とも，試験群は対照群に比べ，平均臨床スコアの有意な低下，下痢発現日数の短縮および下痢による死亡率低下が認められた．また，哺乳豚における０週および３週齢の K88，K99 および 987P 線毛抗原に対する抗体価もすべての農場において，対照群より有意に高く，有効性が確認された．F41 線毛および LT_B 抗原についても同様に，哺乳豚の０週および３週齢時の試験群の抗体価が対照群よりも高く，各々の有効性が確認された．

一方，Cp C 型β毒素については，A，B 農場において０週齢および３週齢の試験群抗体価が対照群より高く，有効性が確認されたが，C 農場においては０週齢時の哺乳子豚試験群の抗体価は対照群に比べ有意に高かったものの，３週齢時では両群とも 0.5 未満のため判定不能であった．しかしながら，C 農場における試験群母豚の初乳中 Cp C 型β毒素中和抗体価を調べたところ，2.1 倍と高く，また，０週齢の哺乳子豚の血清中和抗体価も 0.5 倍を示していることから，Cp C 型への予防効果はあるものと考えられた．

以上の結果より，哺乳豚の K99，K88，987P，F41 線毛抗原および易熱性エンテロトキシン産生大腸菌による下痢ならびにクロストリジウム・パーフリゲンス C 型菌による壊死性腸炎に対して，本ワクチンの有効性が確認された．

2）安全性

妊娠豚では試験期間中，本ワクチン投与によると思われる臨床所見の異常および注射部位における局所反応は認められなかった．また，分娩状況および受胎状況は対照群と比較して同等であることから，本ワクチンの母豚への安全性が確認された．

7．使用方法

1）用法・用量

妊娠豚の頸部筋肉内に 2mL 注射する．分娩の約６週間前に初回注射を行い，３週間後に２回目の注射を行う．次回の妊娠からは分娩の約３週間前に１回注射を行う．

2）効能・効果

哺乳豚の K 88，K 99，987P，F41 線毛抗原および易熱性エンテロトキシン産生大腸菌による下痢ならびにクロストリジウム・パーフリンゲンス C 型菌による壊死性腸炎の予防．

3）使用上の注意

本ワクチンは分娩前に母豚に投与され，初乳を介して，子豚への有効性が発現されるため，本ワクチンの有効性を十分に引き出すためには，哺乳子豚における早期の確実な初乳摂取が大変重要となる．

本ワクチンには出荷に関する制限はなく，妊娠母豚への安全性も確認されている．副反応として，注射局所に軽度の腫脹・硬結，あるいはアナフィラキシーの発現のおそれがある．

8．貯法・有効期間

２～７℃の冷暗所に保存する．有効期間は１年３ヵ月間．

参考文献

1. Azuma, R. et al.（1983）：*Jpn J Vet Sci*, 45, 135-137.
2. 濱岡隆文（1999）：豚病学 第４版，297-300，近代出版．

（田中伸一）

22 豚ストレプトコッカス・スイス（2型）感染症（酢酸トコフェロールアジュバント加）不活化ワクチン

1．疾病の概要

豚のレンサ球菌感染症は *Streptococcus suis* により引き起こされる豚の伝染病で，生後4～12週齢の子豚，特に離乳直後の6週齢頃の子豚に多く発生がみられる．症状は多様であり，臨床的には急死，発熱，跛行，神経症状，沈鬱，食欲廃絶，運動失調，震え，チアノーゼ等を呈し，病理的には，髄膜炎，関節炎，気管支肺炎，心内膜炎，心筋炎，鼻炎，結膜炎等が観察される．*S. suis* には莢膜抗原の違いにより血清型が35存在するとされているが，流行の血清型は地域，時代によっても異なっており，現在では2型が最も多いとされている[1,2]．

2．ワクチンの歴史

ワクチンによる予防はアメリカにおいて，子豚への注射が行われ，近年，母豚注射用も承認され，使用されている．また，カナダにおいては子豚への注射が行われている．しかし，わが国においては，2007年まで実用化されておらず，養豚生産現場においてその予防対策に苦慮している現状であった．

3．製造用株

製造用株は，1981年にイギリスにおいて髄膜炎を呈した豚の脳から分離されたP1/7.4548.76株に由来し，1990年11月7日にインターベットインターナショナル社がケンブリッジ大学（イギリス）のアレキサンダー博士より分与を受けたP1/7株である．ストレプトコッカス・スイス血清型2型菌に一致する生物学的性状を示し，豚に髄膜炎，関節炎等を惹起させる強い病原性を有する．

4．製造方法

製造用株は承認された原株から5代以内のものが使用される．*S. suis* 2型菌の培養菌液を不活化した後，濃度調整を行い，トコフェロール酢酸エステルアジュバントを添加したものである．

5．効力を裏付ける試験成績（表1）

ワクチンの2mLを2週齢および3週齢の各6頭の豚に3週間隔で2回，頚部筋肉内注射し，2回目注射後8日目に *S. suis* で鼻腔内噴霧攻撃し，その防御効果を対照群各5頭ずつと比較した．
その結果，3週齢および6週齢時，2週齢および5週齢時のワクチン注射群は40℃以上の発熱を認めた期間が短く，神経症状（髄膜炎）または起立困難（関節炎）等の症状を示した個体も少なく，死亡頭数，解剖時における病変（髄膜炎，心膜炎）ならびに攻撃菌の回収を含む，調査した全ての項目で有効性が確認された．

表1 ワクチン注射豚に対する攻撃試験

調査項目	3-6 週齢		2-5 週齢	
	試験群	対照群	試験群	対照群
死　亡	1/6	2/5	0/6	3/5
解剖所見	1/6	2/5	1/6	2/5
菌分離	1/6	2/5	1/6	3/5

6．臨床試験成績（表2，図1）

国内の養豚場において，生後約2週齢の豚108頭を用いた．うち試験群54頭，対照群54頭に分け，試験群にはワクチンの2mLを3週間間隔で2回注射した．

1）有効性

試験期間中，対照群の5頭がレンサ球菌感染症特有の臨床症状を呈し，これらのすべてから *S. suis* 2型菌が分離された．これに対し，試験群はレンサ球菌感染症が疑われる臨床症状を呈した豚はいなかった．体重については，レンサ球菌感染症の流行が認められたため，試験群の体重が対照群のそれよりも有意に大きかった．また，育成率（出荷率）にも影響が認められ，試験群の育成率は対照群よりも有意に高かった．これらのことから，野外における有効性が確認された．

2）安全性

ワクチンの1回目注射ならびに2回目注射後2週間，ワク

表2 野外におけるワクチンの有効性

調査項目＊	ワクチン注射時期	
	2-5 週齢	
	試験群	対照群
臨床観察	0/54	5/54
死　亡	1/54	6/54
死亡豚からの菌分離	0/1	5/6

＊異常を認めた頭数，死亡頭数または分離陽性数／供試頭数

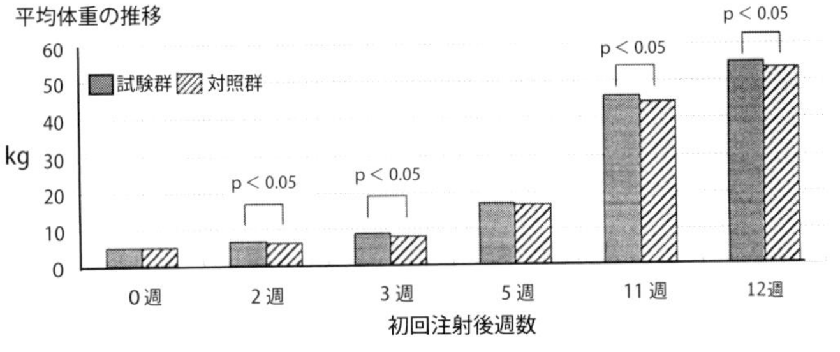

図1　平均体重の推移

チンの注射が起因したと考えられる臨床的異常ならびに注射部位の局所反応は認められなかった．また，注射後の増体重および出荷率（試験群は 98.1%，対照群は 88.9%）は，対照群と比較して同等以上であり，安全性が確認された．

7．使用方法

1）用法・用量

ワクチンの 2mL を 2 週齢以上の豚に，3 週間隔で 2 回，頚部筋肉内に注射する．

2）効能・効果

ストレプトコッカス・スイス血清型 2 型菌の感染による豚のレンサ球菌症の発症の軽減．

3）使用上の注意

本剤の副反応として，注射後，体温のわずかな上昇，あるいはふらつきが認められることがある．また，本剤の注射後，注射局所にまれに腫脹が起こることがある．これらの症状は注射後 24 時間以内には消失する．

4）ワクチネーションプログラム

本病は，特に離乳後，育成舎等に移動した後に多発する傾向にあるため，日常における観察や病性鑑定等を活用し，感染・発病時期を見極め，少なくとも初回注射は，哺乳期間中に済ませることが望ましい．

8．貯法・有効期間

遮光して 2 ～ 10℃に保存する．有効期間は 3 年間．

参考文献

1. Gottschalk, M.et al.（1991）: *J Clin Microbiol,* 29, 2590-2594.
2. Higgins, R. et al.（1995）： *J Vet Diagn Invest,* 7, 405-406.

（佐藤憲一）

23　豚増殖性腸炎生ワクチン

1．疾病の概要

豚増殖性腸炎（PPE）は，豚の急性または慢性の腸管疾病で，その原因菌は偏性細胞内寄生細菌の *Lawsonia intracellularis* である[1]．PPE は急性の出血性腸炎型と慢性の腸腺腫症型に大別される．前者は主に繁殖候補豚や出荷直前の肥育豚にみられ，臨床的には突発的に腸管から出血を呈し，急死に至る．一方，後者は離乳豚から肥育豚にかけてみられ，その臨床症状は食欲不振，下痢および削痩であり顕著な症状を示すことはない[2]．本病による経済的損失は，とくに慢性型の疾病でみられ，肥育豚での飼料効率の低下，増体量の低下，削痩および二次感染による死亡などがある．それらの感染の大半は不顕性であり，と畜場での特徴的な腸管の肉眼病変により気付くことが多い[3]．本菌の主な伝播は糞便を介した経口感染であると考えられ，このため PPE の予防にはオールイン・オールアウトなどの飼養管理が重要とされている[4]．PPE は世界中の養豚地帯に広く伝播・分布していることが知られ，わが国においても約 90％の農場および約 60％の個体が感染を受けていると報告されている[5]．

2．ワクチンの歴史

当初，PPE のコントロールには広く抗生物質が使用されていた．一方，予防のための不活化ワクチンが検討されたが，十分な効果がみられず生ワクチンの開発にシフトした．米国において米国分離株を用いた経口投与型の生ワクチンが開発された．その後，ヨーロッパ株由来の本ワクチンが開発され，欧州では 2005 年以降広範に使われるようになり，わが国では 2010 年に承認された．

3．製造用株

ミネソタ大学の Gebhart C．博士が急性型の PPE で死亡したデンマークの豚の腸管から分離した株を分与された後，マウス線維芽細胞由来である McCoy 細胞を用いて継代し，弱毒化したものを製造用株 B3903 株とした．本株は豚および実験動物に対する病原性がみられず，McCoy 培養細胞で増殖する．

4．製造方法

McCoy 培養細胞に製造用株を接種し，37℃で最大 7 日間培養する．培養液を採取し，安定剤を加えた後バイアルに分注し凍結乾燥する．

5．効力を裏付ける試験成績

1）最小有効量

B3903 株を各濃度に調整し，3 週齢の子豚に経口投与した．投与後 3 週目に病原性ヘテロ株で攻撃し，最小有効量を検討した．評価指標は回腸および結腸の病変発生率とした．その結果，本ワクチンの最小有効量は $10^{4.9}$TCID$_{50}$ であることが分かった．

2）免疫持続

最小有効量を 3 週齢の子豚に投与し，経時的に 25 週まで病原性ヘテロ株で攻撃した．その結果，本ワクチンの免疫持続期間は 22 週間であった．

3）投与方法

強制経口投与と飲水投与での効果を攻撃試験で比較検討したところ，2 種の投与方法による効果に有意な差はみられなかった．

4）移行抗体による影響

移行抗体陽性の 3 週齢子豚と陰性の 3 週齢子豚に本ワクチンを投与し，3 週後に病原性ヘテロ株で攻撃を行った．その結果，本ワクチンは移行抗体にほとんど影響を受けないことが分かった．

5）免疫発現時期

最小有効量および投与方法の試験において，ワクチン投与後 3 週目に免疫が発現することが分かった．

6．臨床試験成績

国内 2 ヵ所の農場で臨床試験を行った．それぞれ 3 ～ 4 週齢の子豚約 830 頭を雌雄および平均体重が同等になるように 2 群に均等に分け，ワクチン群には飲水投与によって本ワクチンを投与した．一方，対照群には溶解用液を投与した．

1）有効性

ワクチン群と対照群の全ての供試豚の体重をワクチン投与後 22 週まで定期的に測定した．その結果，試験 22 週目でのワクチン群の平均体重は対照群に比べて 2.1kg 重く，有意な差がみられた（表 1）．また一日平均増体重の改善はワクチン投与後 12 ～ 16 週にみられ，この期間は野外株が対照群の糞便から PCR によって検出される時期と一致していた．以上のことから，本ワクチンの有効性が確認された．

表1 臨床試験における平均体重の推移

	ワクチン群	対照群
ワクチン投与時	7.7 ± 1.3*	7.7 ± 1.3
投与後 12 週	54.0 ± 6.7	53.7 ± 7.0
投与後 22 週	104.1 ± 10.0**	102.0 ± 11.0

* 平均体重±標準偏差 (kg). ** 対照群と有意差あり ($p < 0.01$).

2）安全性

試験期間中，ワクチン群の異常臨床症状発現率および一般臨床症状スコアは対照群に比べて同等又は有意に低く，またアナフィラキシーショックなどの重篤な副作用はみられなかった．このことから本製剤の安全性が確認された．

7．使用方法

1）用法・用量

乾燥品を添付の溶解用液で1頭当たり 2mL になるように溶解したのち，3週齢以上の豚に1回1頭当たり 2mL を経口投与する．または乾燥品を添付の溶解用液で溶解したのち豚の日齢に応じた適量の飲水に1頭当たり1頭分となるように混合し，3週齢以上の豚に1回飲水投与する．飲水投与の場合は4時間で飲みきる量の飲水に混合する．

2）効能・効果

豚のローソニア・イントラセルラリス感染症（急性出血性腸炎型を除く）による増体重低下の軽減．

3）使用上の注意

本製剤は生菌ワクチンであり，抗生物質等の存在によりワクチン株が死滅する可能性がある．そこで本ワクチン投与時の前後3日間は抗生物質を含まない飼料を投与しなければならない．飲水投与の場合，事前に4時間で飲む水の量を測定する．飲水量は季節によって異なるので注意を要する．また飲水中に塩素を含む場合，スキムミルクやハイポ（チオ硫酸ナトリウム）を加え塩素を中和する必要がある．

8．貯法・有効期間

2～8℃で保存する．有効期間は 27 ヵ月.

参考文献

1. 大宅辰夫（1999）：豚病学 第4版，323-327, 近代出版.
2. Lawson, G.H. and Gebhart, J. J.（2000）：*J Comp Pathol*, 122，77-100.
3. Suto, A. et al.,（2004）：*J Vet Med Sci*，66，547-549.
4. Kroll, J. J. et al.（2005）：*Anim Health Res Rev*. 6, 173- 197.
5. 矢原芳博（2004）：臨床獣医，22, 13-16.

（山口　猛）

24　マイコプラズマ・ハイオニューモニエ感染症（油性アジュバント加）不活化ワクチン

1．疾病の概要

豚のマイコプラズマ性肺炎（MPS）は，*Mycoplasma hyopneumoniae*（Mhp）を病原とし，罹患豚の致死率は低いものの，増体率および飼料効率の低下が著しいため，経済的被害をもたらす重要な疾病とされている．また，Mhp は子豚期および肥育期の豚に認められる豚呼吸器複合病（PRDC）においても最も多く分離される病原体の一つである[2,9]．MPS の対策として，飼育環境の改善に加え，多くの MPS ワクチンが実用化されており，MPS をコントロールする重要な手段になっている．

2．ワクチンの歴史

MPS の防御については，従来，専ら飼育環境の改善や抗菌剤の注射等による対応がなされてきたが，予防は難しく，ワクチンの実用化が世界的に求められていた．この状況下で，1980 年代初頭より海外数社において MPS ワクチンの開発が開始され[4,8]，数種類のワクチンが実用化に至った．このうち，米国スミスクライン・ビーチャム・アニマルヘルス社（現米国ファイザー社）で子豚に 2 週間隔で 2 回投与する MPS 不活化ワクチンが 1990 年，米国において承認され，現在では世界中の国々で販売さている．

さらに，米国ファイザー社はこの MPS 不活化ワクチンを改良し，含有抗原量を高めることによって，3 週齢以上の子豚への 1 回注射のみで本疾病による増体量抑制および飼料効率低下の軽減を目的としたワクチンの開発を開始した．その結果，有効性，安全性ともに十分な成績が得られ，今回紹介する単回投与 Mhp 感染症（油性アジュバント加）不活化ワクチンに対する承認を 2000 年 1 月に米国農務省より得ている．その後，2002 年 8 月に 1 週齢以上の用法・用量の事項変更が承認され，現在ではその有用性と安全性が確認されている[1,3,5,6,7]．

日本においては，米国ファイザー社より導入した 2 回投与 MPS 不活化ワクチンが 1995 年に承認された後，単回投与する本ワクチンが 2003 年に承認された．さらに，「生後 1 ～ 10 週齢の子豚に 2mL を頚部筋肉内注射する」への承認事項変更を行い，2008 年に承認されている．現在，Mhp 感染症の単味ワクチンが 6 製剤，混合ワクチンが 3 製剤承認されている．

3．製造用株

米国ファイザー社は，1987 年 11 月に米国 Purdue 大学の C. Armstrong 博士から「P-5722-3 株」として分与を受け，同年 12 月に A. Brown 博士により，3 代目の継代株を「NL1042 株」と命名され，本ワクチンの製造用株として使用されている．

4．製造方法

製造用株を培養し，遠心分離あるいは限界ろ過により濃縮し，不活化後油性アジュバントを加える．

5．効力を裏付ける試験成績

本ワクチン製造用株を用いた抗原量の異なる試験ワクチン（抗原単位は相対力価：RP）を作成し，子豚に単回投与後，Mhp 強毒株による攻撃試験を実施することにより，本ワクチン製造用株の免疫原性を調査した．

1）製造用株の免疫原性

本ワクチン製造用株の免疫原性を調査するため，6 回の攻撃試験を実施した．いずれの攻撃試験とも，抗原量の異なる 3 シリアル（0.93 RP/dose，4.65 RP/dose および 7.37 RP/dose）の試験用ワクチンを投与する群，および対照群として生理食塩液を投与する群を設定した．各試験用ワクチンを 3 ～ 5 週齢の子豚の頚部筋肉内に単回投与し，投与後 3（2 試験実施），15，18，21 あるいは 23 週間後にすべての子豚に対して強毒株で攻撃を行った．また，攻撃時から安楽死までの毎日，すべての子豚の発咳数を記録し，発咳率を求めた．さらに，試験期間中の増体量について試験群と対照群との比較を行った．

（1）肺病変

免疫抗原量 4.65 RP/dose および 7.37 RP/dose では 6 試験中 4 試験で各々対照群との有意差が認められた．しかしながら，0.93 RP/dose と対照群との間に有意差は認められなかった．

（2）発咳の発生状況

発咳が認められた頭数およびその割合については，1 試験を除き，試験群の方が対照群よりも低い傾向を示し，免疫抗原量 4.65 RP/dose および 7.37 RP/dose の方が 0.93 RP/dose よりも低かった．

（3）体重

6 試験中 3 試験において，免疫抗原量 4.65 RP/dose および 7.37 RP/dose で，対照群よりも有意に高い増体量を示した．

しかしながら，0.9 RP/dose と対照群との間に有意差は認められなかった．

以上の結果より，本ワクチンに含まれる抗原量とほぼ同等のMhp 抗原量 4.65 RP/dose 以上を子豚に単回投与することにより，Mhp 感染による肺病変形成を抑制できるとともに，MPS の主要臨床症状である発咳発生および増体量の低下が軽減されることが確認された．

2）免疫の持続

本ワクチンに含まれる抗原量と同等の抗原を含む試験ワクチンを作成し，試験群には試験用ワクチンを，対照群には生理食塩液を 1 週齢の子豚頚部筋肉内に単回投与した．投与後 25 週に Mhp 強毒株で 3 日間連続鼻腔内攻撃し，攻撃後 4 ～ 5 週に安楽死させ，Mhp 感染による肺病変を確認した．

その結果，試験群の肺病変は対照群に比べ，有意に低く，本ワクチンの 1 週齢時単回投与による免疫応答は，少なくとも 25 週間持続することが確認された．

6．臨床試験成績

MPS の発生が認められる国内 4 農場において，本ワクチンの臨床試験を実施した．本ワクチンを投与する試験群および注射用生理食塩液を投与する対照群の 2 群を設定し，約 3 週齢の子豚の頚部筋肉内に 2mL を単回投与した．有効性については，抗体応答および 肺病変形成抑制をもとに評価した．

1）有効性

（1）抗体応答

4 農場とも，試験群の抗体価が投与後 30 日あるいは 60 日から上昇し，投与後 90 日あるいは 120 日で急上昇した．一方，対照群では試験期間を通じて緩やかに上昇した．全農場において，投与後 60 ～ 120 日の試験群の抗体価が対照群より有意に高く，本ワクチンによる免疫応答の高さが示唆された．

（2）肺病変形成抑制

投与後 90 日および 150 日齢のいずれの時点においても，試験群の MPS 肺病変面積率は対照群と比較して有意に低く，本ワクチン投与により Mhp 感染による肺病変の形成が軽減されることが確認された．

以上の結果より，本ワクチンは野外試験条件下においても豚に対して高い免疫原性を有し，また，Mhp 感染による肺病変形成に対して，抑制効果があることが確認された．

2）安全性

いずれの農場においても，本ワクチン投与後の有害事象は認められず，安全性に問題がないことが確認された．

7．使用方法

1）用法・用量

生後 1 ～ 10 週齢の子豚に 2mL を頚部筋肉内に注射する．

2）効能・効果

豚のマイコプラズマ性肺炎による肺病変形成の抑制，ならびに増体量抑制および飼料効率低下の軽減．

3）使用上の注意

母豚からの哺乳子豚への Mhp 垂直感染による MPS 性肺炎を少しでも早く軽減させるためにも，本ワクチンの哺乳子豚 1 週齢投与は，最も効果的な方法である．

本ワクチンは出荷制限があり，と畜場出荷前 4 週間は投与できない．また，本ワクチンは，投与後，まれに一過性の体温上昇やアレルギー反応が認められることがあるため，投与する際は子豚の健康状態を考慮する必要がある．

8．貯法・有効期間

2 ～ 7℃の冷暗所に保存する．有効期間は 2 年間．

参考文献

1. Andreasen, M. A. et al.（2006）：Proceeding of the 19th IPVS, 1, 137.
2. 浅井鉄夫（2003）：豚病会報，43，9-11.
3. Dagorn, D. et al.（2006）：Proceeding of the 19th IPVS, 2, 229.
4. Kobisch, M. et al.（1994）：Proc Int Congr Pig Vet Soc, 13, 194.
5. Lillie, K. et al.（2006）：Proceeding of the 19th IPVS，1, 414.
6. Martell, P. et al.（2006）：*J Vet Med*, 53, 229-233.
7. Reynolds, S. C. et al.（2006）：Proceeding of the 19th IPVS, 2, 230.
8. Ross, R. F. et al.（1984）：*Am J Vet Res*, 45, 1899-1905.
9. 山本孝史（2003）：豚病会報，43, 7-8.

（田中伸一）

1　鶏痘生ワクチン

1．疾病の概要

鶏痘は鶏の皮膚（皮膚型）や粘膜（粘膜型）に特有の発痘を形成する鶏痘ウイルスによる急性伝染病であり，わが国を含む世界中に常在している．鶏痘ウイルスはポックスウイルス科（*Poxviridae*），アビポックスウイルス属（*Avipoxvirus*）に属し，同属には鶏痘の他，七面鳥痘，鳩痘，カナリア痘，ウズラ痘，スズメ痘，ムクドリ痘，オウム痘など各種のウイルスが存在する．鶏の性，年齢，種類に関係なく感染し，皮膚型では羽毛のない肉冠，肉垂，眼瞼，口角や脚部など，粘膜型では口腔，鼻腔，喉頭や気管などに発痘する．通常 3 ～ 4 週間の経過で回復するが，混合感染があれば経過は長くなり，発育阻害，産卵鶏での産卵率の低下あるいは産卵停止，また呼吸器病との合併症では死亡率が高まる場合が多い．

鶏痘ウイルスは，皮膚や口腔粘膜などの創傷部からの直接伝播および蚊やヌカカなどが媒介する間接伝播により感染する．晩夏から初秋における皮膚型鶏痘の流行は，これら吸血昆虫の活動と密接な関係があるとされている．

2．ワクチンの歴史

鶏痘ワクチンには弱毒生ウイルスが用いられており，2 種類に大別できる．ひとつは鳩痘ウイルスを発育鶏卵の漿尿膜あるいは鶏の皮膚に継代して鶏には病原性がなく免疫原性は保持している変異ウイルス，他のひとつは弱毒鶏痘ウイルスを用いて製造したものである．鳩痘ウイルスを用いたワクチンは安全性は高いが免疫原性は弱く，また外股部の毛根部にブラシで擦り込む接種法が煩雑であるなどから，現在日本では使用されていない．

また，近年弱毒鶏痘ウイルスをマレック病生ワクチンと用時混合して 18 ～ 19 日齢発育鶏卵内接種する用法が承認され，肉用鶏の孵化場において有効で省力的な方法として用いられている．

3．製造用株

現在，わが国では弱毒鶏痘生ワクチンのみが製造販売されている．このワクチン製造用株は鳩痘ワクチンに比べると反応がやや強く，弱毒化の程度も製品によって異なっている．日齢にかかわらず接種が可能なもの，および 2 ヵ月齢以上の追加免疫に使用するものがあり，いずれも翼膜に穿刺投与する．1 羽分を正しく接種すれば 5 ～ 7 日後には穿刺部位に発痘を認め（善感発痘），それは 21 日以内には消退する．

1 羽あたり 100 羽分または 1,000 羽分のワクチンを翼膜，皮下，静脈内，筋肉，脳内接種および点眼，点鼻，飲水投与し安全性を確認したところ，皮下，静脈内および筋肉接種群で悪性発痘や発痘の転移が認められている（表 1）．

4．製造方法

製造用株を発育鶏卵の漿尿膜上に接種し，培養した後に漿尿膜を採取し，乳剤を作り，そのろ液または遠心上清を原液とする．原液に安定剤を加えバイアルに分注して凍結乾燥する製剤と原液に安定剤および保存剤を加えバイアルに分注した液状製剤とが販売されている．

表 1　鶏痘生ワクチンの各種接種経路による安全性

ワクチン	接種ウイルス量	接種経路							
		翼 膜	皮 下	静 脈	筋 肉	脳 内	点 眼	点 鼻	飲 水
A	100 羽分	0/5*	0/5	0/5	0/5	0/5	0/5	0/5	0/5
	1,000 羽分	0/5	0/5	1/5	1/5	0/5	0/5	0/5	0/5
B	100 羽分	0/5	1/5	3/5	2/5	0/5	0/5	0/5	0/5
	1,000 羽分	0/5	3/5	5/5	4/5	0/5	0/5	0/5	0/5
C	100 羽分	0/5	1/5	3/5	1/5	0/5	0/5	0/5	0/5
	1,000 羽分	0/5	3/5	3/5	2/5	0/5	0/5	0/5	0/5

* 悪性発痘・発痘転移羽数 / 供試羽数

表 2　鶏痘生ワクチンの最小有効量

	穿刺投与ウイルス量 *		
	1	0	−1
善感発痘	5/5	1/5	0/5
(率)	(100)	(20)	(0)
攻撃試験 **	5/5	1/5	0/5
(防御率)	(100)	(20)	(0)

* Log10EID$_{50}$/ 羽
** ワクチン接種 4 週後に強毒鶏痘西ヶ原株塗擦接種

表 3　季節差による発痘性および免疫原性の比較

ひ　な	ワクチン接種月	発痘試験		攻撃試験
		発痘持続日数 *	善感発痘率	防御率 **
免疫母鶏群生産ひな	4	15.4	100	100
	8	13.9	100	100
	11	14.2	100	100
	1	14.5	100	100
SPF 母鶏群生産ひな	4	14.2	100	100
	8	11.3	100	100
	11	13.1	100	100
	1	13.8	100	100

* 善感発痘消退までの持続日数
** 強毒西ヶ原株穿刺攻撃後の悪性発痘または発痘転移防御率

5．効力を裏付ける試験成績

$10^{3.0}$EID$_{50}$ 以上の接種が有効とされる [1,2] ことから，本ワクチンの 1 羽（1 穿刺量）あたりのウイルス含有量は $10^{3.0}$EID$_{50}$ 以上と規定されているが，善感発痘を認めた個体は強毒株による攻撃試験に良く耐過すること，$10^{1.0}$EID$_{50}$ 接種でも 100％善感発痘することも確認されている（表 2）.

6．臨床試験成績

1 日齢および 60 日齢時に鶏痘生ワクチンを接種した（免疫）母鶏群およびワクチン非接種（SPF）母鶏群から 4 月，8 月，11 月および 1 月にそれぞれ生産された 1 日齢ひなにワクチンを接種して発痘性を確認するとともに，21 日齢時に強毒鶏痘ウイルス株で攻撃試験を行い免疫原性を比較検討したところ，SPF 母鶏群ひなおよび免疫母鶏群ひなともにいずれの季節においても全羽に善感発痘が認められ，攻撃試験による免疫率も 100％を示した（表 3）．本ワクチンは母鶏群からの移行抗体の影響をほとんど受けることなく有効性を発揮する．

また，1 日齢時に鶏痘生ワクチンを接種して 5 ヵ月後まで継時的に攻撃試験によって免疫の持続を検討したところ，3 ヵ月程度は持続していることが確認された（表 4）.

表 4　鶏痘生ワクチンの免疫持続

	ワクチン接種後の経過月数						
	1	1.5	2	2.5	3	4	5
攻撃試験防御率 *	100	100	80	80	50	30	10

* 強毒西ヶ原株穿刺攻撃後の悪性発痘または発痘転移防御率

7．使用方法

1）用法･用量

ワクチン製造メーカーが準備している穿刺針または医療機器として承認されている鶏痘ワクチン用穿刺器を用いて，翼膜に穿刺投与する．通常，1 回目は 1 週齢以内，2 回目の追加投与を 8 週齢～ 12 週齢にかけて行う．追加投与時には 1 回目とは別側の翼膜に穿刺する．

2）効能・効果

鶏痘の予防.

3）使用上の注意

投与後 5 ～ 7 日目に善感発痘を観察してワクチンウイルスの付（take）を確認し，免疫獲得の指標とする．善感発痘の状態が不良の場合は必ず再接種する.

8．貯法・有効期間

凍結乾燥品，液状品ともに 2 ～ 5℃以下で保存する．有効期間は 2 年間または 1 年 6 ヵ月間.

参考文献

1. Winterfield, R.W. and Hitchner, S.B.（1965）：*Avian Dis,* 9 237-241.
2. Gelenczei, E.F. and Lasher, H.N.（1968）：*Avian Dis,* 12 142-150.

（美馬一行）

2　ニューカッスル病生ワクチン

1．疾病の概要

ニューカッスル病（ND）は，NDウイルス（*Paramyxoviridae*, *Paramyxovirinae*, *Avulavirus*）によって起こされる鳥類の急性伝染病である．ウイルスの起病性により，消化器系病変を主徴とし，感染後1～3日の経過で90～100%の急死をもたらすアジア型（強毒内臓型，Doyle型），呼吸器症状と神経症状を主徴とし，感染後2～7日の経過でひなでは50～80%が，成鶏では5%程度が死亡するアメリカ型（強毒神経型，Beach型），産卵の急激な低下と軽い呼吸器症状が見られ，成鶏では見られないがひなに数%の死亡をもたらすアメリカ型の軽症型（中等毒型，Beaudette型），症状は全くみられず不顕性に経過する弱毒型（Hitchner型）が知られている．ウイルスは空気伝播し，感染鶏の呼吸器道で増殖したウイルスが咳やあえぎ等で空気中に放出され鶏群内に伝播する．汚染された水や飼料も汚染源となる[1,2]．

2．ワクチンの歴史

日本における1964～1967年にかけてのNDの大流行[3]から，大量生産のできる省力的な生ワクチンの開発が必要とされた．このため日本獣医学会，農林水産省，製造会社が協力して，外国で開発された生ワクチン株の導入が検討された[4]．すなわち，Hitchner B1株が詳細に検討され，ワクチンの安全と有効性が確認された[5]．また，同時期にBankowskieのTCNDも検討され[6]，それぞれ生ワクチン株として承認され，B1株ワクチンは1967年から実用化された．ND生ワクチンの製造用株には，長らくB1株が用いられNDの防疫ならびに経済効果に貢献してきたが，1997年には七面鳥由来の弱毒株であるVG/GA株およびLaSota株から作出したClon30株[8]が，さらに2001年には国内分離株のMET95株[9]がB1株と同等な性状を有するワクチン株として承認され，市販されている．

3．製造用株

弱毒NDウイルスB1株またはこれと同等と認められた株を用いる．B1株は，英国のInternational Laboratory for Biological Standards由来で，本病制圧のため，国から生ワクチン製造用株として製造会社に分与されたものである．B1株は元来弱毒株でそのままワクチン株として用いられた．病原性型別性状は，「鶏病病原体の分離と同定，米国鶏病研究会（1975)」[1]の方法により，動物用生物学的製剤基準において，8週齢の鶏に$10^{6.0}EID_{50}$を点眼接種し，または総排泄腔に擦入しても病原性を示さない．10日例の発育鶏卵に$1EID_{50}$を注射すると増殖し，半数以上の鶏胚を約5日で死亡させる[5]，鶏胚培養細胞にプラックの形成を認めてはならない[5,10,11]が設定されている．

4．製造方法

製造用株をSPF鶏群由来の発育鶏卵の尿膜腔内に接種し，増殖させて得たウイルス液に，安定剤と保存剤を加えてバイアル瓶に小分けし，凍結乾燥したものである．

5．効力を裏付ける試験成績

1）感染防御の出現時期

ワクチン接種後経時的に鼻腔内に攻撃したところ，4日目で80%，8日目で100%の防御率であった[13]．

2）最小有効ウイルス量

$10^{3.5}$～$10^{6.0}EID_{50}$のB1株を飲水投与し，2週後に佐藤株で筋肉内に攻撃したところ50%感染防御を示す最小有効ウイルス量は，$10^{5.5}EID_{50}$/羽であった[5]．

3）HI抗体価と感染防御の関係

ワクチン飲水投与後2週目のHI価と攻撃耐過との関係は，表1に示すように，投与日齢が高くなる程，低いHI抗体価でも攻撃に耐過する傾向が見られている．HI抗体価10倍あればほぼ感染耐過するものと思われた．また，4日齢投与でも試験場所によって5倍でも高い感染耐過する例が見られている．生ワクチンの投与による局所免疫が示されている[7,14,15]．

4）免疫持続

生ワクチンを32日齢のひなに1回投与後，2～6週目また2ヵ月～6ヵ月目に攻撃したところ85%以上の感染耐過が5ヵ月目までみられた[16]．

5）移行抗体の影響など

表2に示されるように，ワクチン投与後の免疫（HI抗体産生の上昇）は，いずれの投与方法でも移行抗体が高いほど阻害されるが，噴霧投与では，他の投与方法に比べて移行抗体の影響を受けずに強い免疫を誘導できる．しかし，噴霧投与では，若齢雛では呼吸器症状等を引き起こす場合があるため[5]，28日齢以降のワクチン2回目投与以降に行うこととされている[12]．

表1 飲水投与後2週目のHI価と攻撃耐過との関係

投与日齢	攻撃直前のHI価						
	＜5	5	10	20	40	80	160
4日	8/26[1]	5/16	8/10	6/8	3/3	2/2	
	(31)[2]	(31)	(80)	(75)	(100)	(100)	
28～45日	3/21	4/13	9/10	12/12	4/4	3/3	
	(14)	(30)	(90)	(100)	(100)	(100)	
成鶏		0/1	7/7	8/8	8/8	4/4	1/1
		(0)	(100)	(100)	(100)	(100)	(100)

[1] 分子は耐過羽数，分母は供試羽数． [2] 攻撃後耐過率．
椿原ら（1967）[5] を一部改変

6．臨床試験成績

野外飼育のブロイラー鶏の2週齢時に飲水投与し，その2週後に噴霧投与し，8週齢時まで観察した．飲水投与後ならびにその後噴霧投与を行った後にも試験区，対照区共に臨床的異常を示す鶏はみられなかった．免疫状態を評価する飲水投与後2週目のHI抗体価では，投与時の移行抗体により影響をうけて抗体産生がみられなかったが，噴霧投与後，2週後には高い抗体産生がみられた．また，飼育成績では，両区とも差異のない良好な成績が得られ，安全であることが確認されている．

7．使用方法

1）用法・用量

飲水投与では，ワクチンを日齢に応じた飲水量に混合し，1羽当たり1羽分になるように飲ませる．この時，水道水を使用する場合は，塩素を除去するため，煮沸後冷却したもの，汲み置きしたもの，チオ硫酸ナトリウム（ハイポ）を0.002～0.02%の割合，あるいはスキムミルクを0.1～0.25%の割合で添加したものを使用する[18]．

噴霧投与では，溶解用液，日局精製，日局生理食塩液または飲用水で溶解し，1羽当たり1羽分を噴霧する．ただし，噴霧投与は，通常28日齢以降で行う．

点鼻または点眼投与では，ワクチンを溶解用液で溶解し，点鼻点眼用器具を用いて，1羽当たり1滴（約0.03mL）ずつ点鼻または点眼する．

株によっては，点鼻または点眼投与は，ワクチンを溶解用液または日局精製水で溶解し，1羽当たり1滴を2～3cmの高さから点鼻または点眼し，散霧投与では，ワクチンを500mLの飲用水に溶解し，散霧器を用いて1日齢鶏の頭上30～40cmの高さから均等に散霧する．

表2 移行抗体を持つ雛にB1株を接種した場合のHI抗体価の上昇率

投与方法	移行抗体のHI価				
	5	10	20	40	80
飲水[1]	23/28[3]	12/28	0/30	0/17	0/5
	(82)[4]	(43)	(0)	(0)	(0)
点眼[1]	18/19	4/16	0/28	0/14	0/1
	(95)	(25)	(0)	(0)	(0)
点鼻[1]	15/21	4/14	0/22	0/24	0/8
	(71)	(29)	(0)	(0)	(0)
噴霧[2]	6/6	8/16	6/14	3/15	0/9
	(100)	(50)	(43)	(20)	(0)

[1] $10^{5.2}TCID_{50}$/羽． [2] $10^{8.5}TCID_{50}$/mL, 10～15秒． [3] B1株投与後2週後のHI価が投与前の価より高いか等しい場合を上昇とみなした． [4] 上昇率．
杉村ら（1970）[17] 一部改変

2）効能・効果

ニューカッスル病の予防．

3）ワクチネーションプログラム

ワクチネーションプログラムについては，鶏病研究会で検討され，公表されている[12]．図1に示すように28日齢以降は用いるワクチンにより3種類のプログラムが提示されている．

バラツキの少ない高い移行抗体が期待される場合には，1～4日のワクチンは省略可能．強毒ウイルスの流行のおそれのない地域では，1～4日と14日齢のワクチンは，7～10日齢（デビーク時）の点鼻または点眼投与に置き換えることができる．流行が心配される時，また大雛期のワクチン抗体にばらつきが見られるときは状況に応じて随時追加投与をする必要がある．噴霧または散霧投与に際しては，全羽数に確実に吸引させる．また，生ワクチン接種歴のないひなあるいは抗体価の著しく低下している成鶏に噴霧すると呼吸器症状，産卵低下などの副反応が見られることがあるので，この投与方法は避けること．

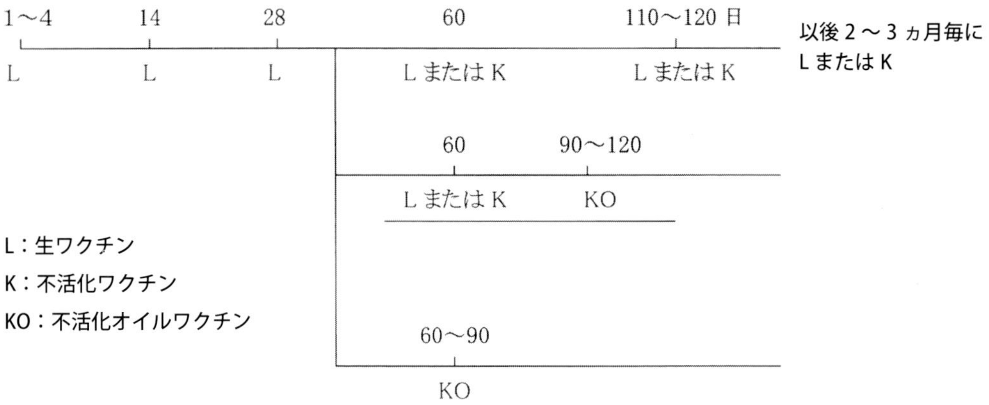

図 1　ニューカッスル病ワクチンプログラム

飲水投与では，給水器は金属製のものは避け，短時間に全羽数が均等に飲水できるようにする．

8．貯法・有効期間

遮光して 2 〜 5℃で保存する．有効期間は製品により異なり 1 年 6 ヵ月から 3 年間．

参考文献

1. 吉田　勲（1982）：鶏病診断（堀内貞治編），21-46，家の光協会．
2. Beard, C.W. and Hanson, R.P.（1984）：Disese of Poultry. 8th edi., 452-470, Iowa State University Press.
3. 川村　斎（1982）：鶏病研報，18,108-113.
4. 椿原彦吉（1971）：家畜衛生試験場研究報告，62, 49-57
5. 椿原彦吉ら（1967）：日獣会誌，20, 299-303.
6. 清水文康ら（1967）：家畜衛生試験場研究報告，55, 1-7.
7. 湯浅　襄ら（1975）：第 80 回日本獣医学会講演要旨，79.
8. 動物医薬品検査所年報（1998）：35, 91.
9. 動物医薬品検査所年報（2002）：39, 93.
10. 杉森　正ら（1963）：日獣会誌，25, 473-474.
11. 吉田　勲（1984）：鶏病研報，20（増刊号）1-14.
12. 鶏病研究会（2006）：鶏病研報，42, 1-14.
13. 内布洋一ら（1968）：日獣学誌，30（学会号）139.
14. 吉田　勲ら（1968）：日獣会誌，30, 付録，154.
15. 吉田 勲ら（1970）：日獣会誌（学会記事），32, 付録，120.
16. 山田進二ら（1968）：日獣会誌，21, 433-436.
17. 杉村崇明ら（1970）：*Nat inst Anim Hlth Quart,* 10, 99-105.
18. 吉田 勲ら（1969）：家畜衛生試験場研究報告，59, 1-5.

（増渕啓一）

3 鶏伝染性気管支炎生ワクチン

1．疾病の概要

伝染性気管支炎（IB）は世界的に蔓延している鶏の急性伝染病で，伝染性気管支炎ウイルス（IBV，*Coronaviridae*, *Coronavirus*）によって引き起こされる．本病は呼吸器症状を主徴とするが，腎炎による下痢様症状，産卵率の低下や異常卵の産出など多彩な症状を示す．腎炎が誘発された場合には死亡率が高く，細菌の混合感染を併発すると被害が増大する．IBVの抗原性は多彩で，これまでに数多くの血清型が報告されているが，血清学的にIBVを明確に分類することは困難である．Massachusetts（M）タイプおよびConnecticut（C）タイプを除いて世界的に共通した血清型別は確立されていない．一方，IBVの抗原性はウイルス表面に存在するスパイク（S）蛋白質の構造に関連することから，S遺伝子の塩基配列を基にした遺伝子型別法が開発され応用されている[1]．

IB予防のため，多くの種類のワクチンが開発されているが，使用ワクチン株と野外流行株の抗原性状が異なる場合には十分な予防効果が期待できない．IBを効果的に予防するためには，野外流行株の抗原性に対応可能なワクチネーションを行うことが重要である．

2．ワクチンの歴史

IB生ワクチンは1969年頃から用いられ，当初は輸入ウイルス株2株（H120株，L2株）と国内分離株2株（練馬株，ON株）を製造用株としていた．L2株はCタイプ，他の3株はMタイプに属するワクチンであった．1972年頃からワクチン接種鶏群でIBが頻発するようになり，当時のワクチンでは予防困難な野外株の流行が示唆された．1978年，千葉県下の呼吸器症状を呈する病鶏からMタイプやCタイプと抗原性状が大きく異なるC-78株が分離され，1988年にはC-78株を弱毒化したワクチンが開発された．一方，1980年代後半になって，南九州を中心に高い死亡率を伴った腎炎型IBが大流行し，1990年代後半にはこれらの病鶏から分離された抗原変異株（TM-86株および宮崎株）を用いた弱毒生ワクチンが開発された．2000年代に入り，ヨーロッパ由来の抗原変異株である4/91株のワクチンが国内に導入された．さらに近年，新たな国内分離株であるGN株やAK01株の生ワクチンが承認されている．

表1 IB生ワクチンの製造用株

血清型	株　名
Mタイプ	練馬、H120、ON、北-1、KU、Ma5
Cタイプ	L2
バリアントタイプ	C-78・P3、TM-86w、宮崎-P5、4-91、GN、AK01

3．製造用株

病原性または非病原性のウイルスを発育鶏卵や鶏腎培養細胞の継代により弱毒または馴化したウイルスを製造用株に用いられている．2010年2月現在，13株がIB生ワクチンの製造用株として用いられている（表1）．なお，ON株およびL2株はニューカッスル病生ワクチンとの混合ワクチンのみである．

4．製造方法

SPF鶏群由来発育鶏卵の尿膜腔内に製造用株を接種し，培養後，採取した尿膜腔液のろ液，遠心上清またはこれを濃縮したものを原液とする．原液に安定剤等を加え調製した最終バルクをバイアルに分注し，凍結乾燥したものを小分け製品とする．

5．効力を裏付ける試験成績

中和指数2.0以上の抗体価を保有する鶏は，強毒ウイルス株攻撃に対して防御効果（90%以上）が認められていることから，中和指数2.0以上を有効抗体価に設定されている．

ワクチン1羽分をSPF鶏群由来ひなに点眼，飲水，散霧あるいは噴霧法により投与すると，2～3週後には中和指数2.0以上になり免疫が成立する．抗体価はワクチン投与後4～5週でプラトーに達し，少なくとも投与後20週まで有効中和抗体価を維持することが確認されている（図1）．

6．臨床試験成績

ブロイラー2農場を対象に初生時散霧投与法，レイヤー3農場を対象に初生時点眼・飲水・散霧投与法あるいは中雛時噴霧投与法でワクチンを投与し，本ワクチンの野外飼養鶏における安全性と有効性を確認した．安全性については，ブロイラーの一部で軽微な呼吸器症状が認められたが，その他の臨床的異常は認められなかった．レイヤーでは臨床症状の発現は全く認

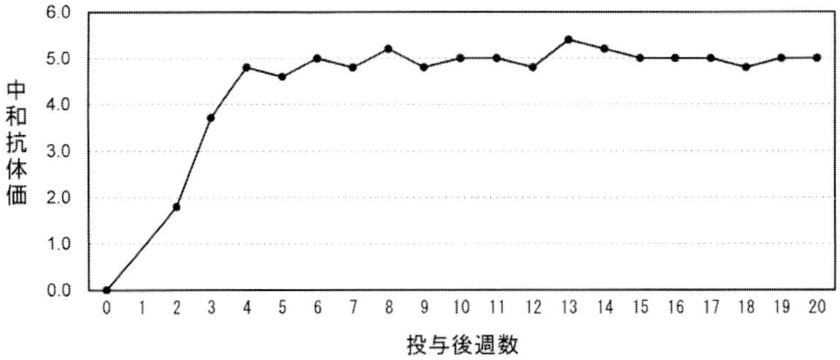

図１　ワクチン投与後の中和抗体価の推移

められなかった．増体重，育成率および出荷成績（ブロイラー）はすべての試験群で良好な成績を示した．有効性の評価は，試験実施鶏群でIBの発生が認められなかったことから，抗体応答により判定した．各農場の初生ひなは，すべて移行抗体を保有していたが，試験群の投与６週後における抗体価は，移行抗体が低下した投与３週後に比較して明らかに高い値を示した（図２）．中雛時期に噴霧投与したレイヤーでは，ワクチン投与３週あるいは６週後の抗体価はいずれも投与時に比べて上昇が認められた．

７．使用方法

１）用法・用量

製品により異なるが，点眼，点鼻，飲水，散霧または噴霧法により投与する．乾燥ワクチンを滅菌精製水等の溶解用液を加えて溶解し，点眼および点鼻投与の場合，１羽分 0.03mL を点眼・点鼻用器具等を用いて投与する．飲水投与の場合，鶏の日齢に応じた量の飲用水に希釈して投与する．散霧および噴霧投与の場合，溶解したワクチンを必要に応じて更に希釈し，散霧器あるいは噴霧器を用いて投与する．

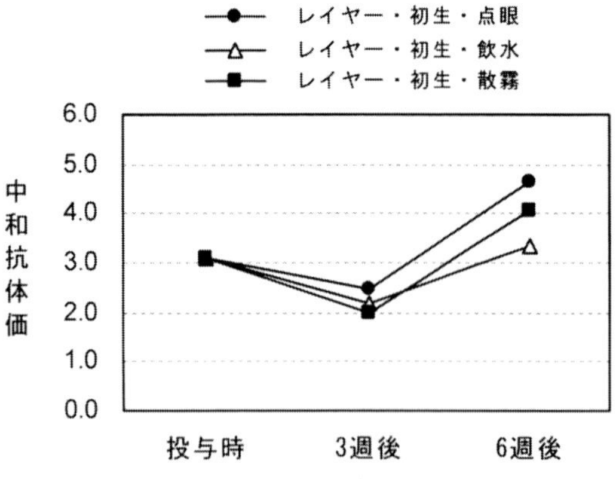

図２　臨床試験における有効性（抗体応答）

２）効能・効果

鶏伝染性気管支炎の予防．

３）使用上の注意

ワクチン投与後に一過性の呼吸器症状が見られる場合がある．

４）ワクチネーションプログラム

初生および約２週齢時に異なる種類の生ワクチンを投与する．レイヤーおよび種鶏では，必要に応じてさらに追加投与する．通常，初生時は散霧投与法，以後は飲水投与法が適用される場合が多い．28 日齢以降の追加投与では飲水投与法のほか，噴霧投与法も応用される．

IB 生ワクチンとニューカッスル病生ワクチン[2]または鶏伝染性喉頭気管炎生ワクチン[3]を同時に投与すると，ウイルス間の干渉作用によりワクチンの効果が抑制されることがあるので，１週間以上の間隔をあけなければならない．また，他の IB 生ワクチンを追加投与する場合においても，干渉作用が見られることがあるので，１週間または２週間以上の間隔をあける必要がある．

８．貯法・有効期間

遮光して２～５℃で保存する．有効期間は製品によって異なり，１年６ヵ月から３年３ヵ月間．

参考文献

1. 鶏病研究会（2010）：鶏病研報，46, 1-12.
2. 山田進二ら（1972）：日獣会誌，5, 29-34.
3. Izhuchi, T. and Miyamoto, T.（1984）：*Jpn J Vet Sci*, 46, 533-539.

（林　志鋒）

4　ニューカッスル病・鶏伝染性気管支炎混合生ワクチン

1．疾病の概要

1）ニューカッスル病

182ページ参照.

2）鶏伝染性気管支炎

185ページ参照

2．ワクチンの歴史

ニューカッスル病（ND）および鶏伝染性気管支炎（IB）ワクチンは，いずれも幼雛期に生ワクチンを複数回投与されるのが一般的である．しかし，NDウイルスとIBウイルスは鶏体内で干渉を起こすため，投与に際しては一定の間隔を設けなければならず，ワクチンプログラムの設定が困難な場合が多い．

この問題を解決すべく混合化の検討が重ねられてきたが，両者の混合比を調整することによって干渉を抑制できることが見出され[1]，国内では1968年にニューカッスル病・鶏伝染性気管支炎混合生ワクチン（ND・IB混合生ワクチン）が初めて承認された．現在では8所社から上市されている．

3．製造用株

1）NDウイルス

弱毒NDウイルスB1株またはこれと同等と認められた株[2]を製造用株としている．製造用株の1つであるMET95株は，実験を目的としてワクチネーションを行わなかった肉用鶏群から1995年に国内で分離，作出された．

その性状は，8週齢の鶏に$10^{6.0}EID_{50}$を点眼接種，または総排泄腔に擦入しても病原性を示さない．さらに10日齢の発育鶏卵に$1EID_{50}$を注射すると半数の鶏胚を約5日で死亡させる．

2）IBウイルス

弱毒IBウイルスH120株またはこれと同等と認められた株[2]を製造用株としている．これらの製造用株の血清型は，コネチカット型のL2株を除き，全てがマサチューセッツ型である．

製造用株の1つであるTM-86w株は，1986年，国内のIB様症状を呈した採卵用鶏の腎から分離した株を鶏腎培養細胞でのプラッククローニングを含めて66代継代後，発育鶏卵でさらに5代継代して作出された．

その性状は，4日齢の鶏に$10^{3.0}EID_{50}$を点鼻または点眼接種すると一過性の軽い呼吸器症状を示すことがある．8～10日齢の発育鶏卵の尿膜腔内に注射すると鶏胚を2～7日後に死亡させ，または鶏胚の発育不全もしくはカーリングを起こす．

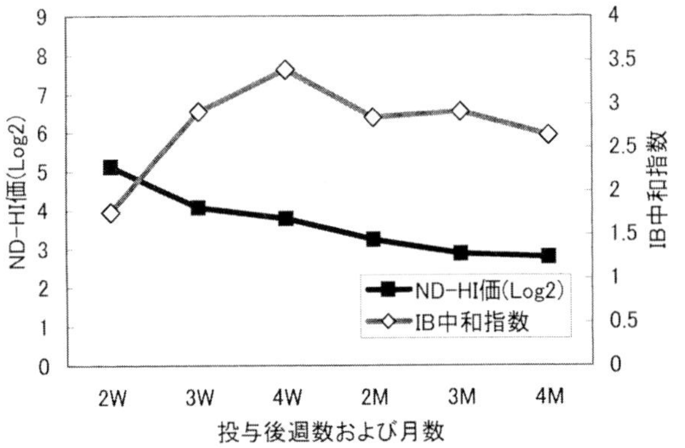

図1　ND・IB混合生ワクチンの点眼投与による抗体応答

1週齢時に点眼投与されたSPF鶏（n＝11）におけるND-HI価（■）およびIB中和指数（◇）の推移を示した．

4．製造方法

NDウイルスは9～11日齢，IBウイルスは10～12日齢の発育鶏卵（尿膜腔内接種）を用いて培養する．培養終了後，感染尿膜腔液を採取し，そのろ液，遠心上清またはこれを濃縮したものを各原液とする．各原液に，緩衝液，安定剤およびペニシリン，ストレプトマイシンなどの抗生物質を添加し調製したものを最終バルクとする．このとき，NDウイルスとIBウイルスの干渉を減少させる混合比で調製する．

最終バルクを小分容器に分注，凍結乾燥し，小分製品とする．

5．効力を裏付ける試験成績

2週齢のSPF鶏に本ワクチン（NDウイルスはMET95株，IBウイルスはTM-86w株）を点眼投与した．

その結果，ND-HI価は投与後2週目には発症防御レベルの5倍以上[3]に達し，4ヵ月目においてもそれを持続した．IB中和指数は3週目には発症防御レベルの2.0以上[2]に達し，4ヵ月においてもそれを持続した（図1）．

次に，1週齢のSPF鶏に上述のND・IB混合生ワクチンを飲水投与後，4週齢時に追加噴霧投与した．

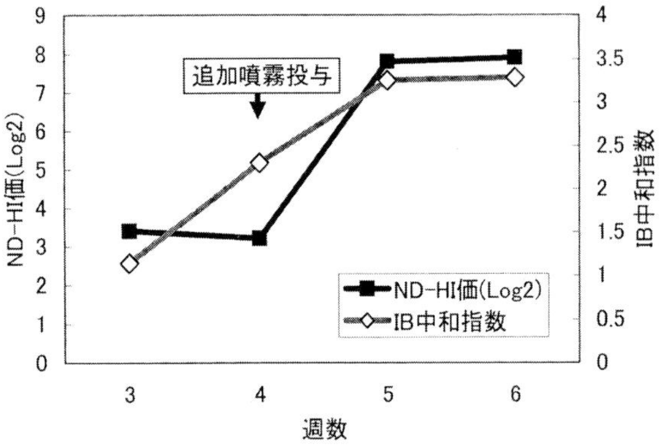

図 2 ND・IB 混合生ワクチンの追加噴霧投与による抗体応答
1 週齢時に飲水投与，4 週齢時に追加噴霧投与（↓）された SPF 鶏（n = 20）における ND-HI 価（■）および IB 中和指数（◇）の推移を示した.

飲水投与後，ND-HI 価は 2 週目には発症防御レベルの 5 倍以上に，IB 中和指数は 3 週目には発症防御レベルの 2.0 以上に達し，追加噴霧投与により，ND，IB 両者において良好なブースター効果が認められた.（図 2）

6．臨床試験成績

肉用鶏（A 施設）および採卵用鶏（B 施設）で，飲水および点眼投与の 2 群を設定した．上述の ND・IB 混合生ワクチンを A 施設では 9 日齢，B 施設では 17 日齢にそれぞれ 1 回投与して有効性および安全性を評価した.

1）有効性

移行抗体が比較的高かった A 施設では，投与ルートにかかわらず ND 抗体陽性率および IB 中和指数は共に一旦低下後，前者は投与後 2 週目に 80% 以上へ，後者は投与後 4 ～ 5 週に 2.0（平均値）以上へそれぞれ上昇した．一方，B 施設では，ND 抗体陽性率は飲水投与後 3 週目，点眼投与後 1 週目にそれぞれ 80% 以上へ上昇した．また IB 中和指数は，投与ルートにかかわらず 4 週目に 2.0 以上へそれぞれ上昇した.

2）安全性

いずれの投与ルートにおいても体重，育成率，産卵率および正常卵産出率に異常は認められなかった（ただし産卵率および正常卵産出率は B 施設のみ).

以上の成績より，ND・IB 混合生ワクチンの農場における有効性および安全性が確認された.

7．使用方法

投与方法，日齢などは各製剤によって異なるため，詳細は使用製品の添付文書を確認する.

1）用法・用量

乾燥ワクチンに鶏の日齢に応じた量の飲用水（清水，井戸水，塩素を除去した水道水など）を加えて直接溶解し，飲水投与する．あるいは，添付の溶解用液，生理食塩水，精製水などで溶解し，専用の器具を用いて 1 羽当たり 1 滴ずつ点眼投与または点鼻投与するか，または噴霧器を用いて噴霧投与する.

2）効能・効果

ニューカッスル病および鶏伝染性気管支炎の予防.

3）使用上の注意

(1) 飲水投与，点鼻・点眼投与する場合

ND 生ワクチンまたは IB 生ワクチンに準じて使用する.

(2) 噴霧投与する場合

製剤によっては基礎免疫を有する鶏に限定されているため，各製剤の用法を確認すること.

噴霧投与する前に，噴霧器の噴霧量，噴霧時間，噴霧粒子の大きさ等を調整する．投与時には，他の鶏群が噴霧粒子を吸入しないよう鶏舎を密封状態にし，鶏舎外への流出を防ぐ．さらに，噴霧粒子が空中に浮遊する間はなるべく鶏舎内の空気の流れを止め，噴霧後 10 ～ 15 分間は鶏舎を開放しない．ただし，夏期には舎内温度の上昇に注意する．また，長時間にわたる噴霧では噴射口温度が上昇することでワクチンウイルスが失活し，効力低下を招くため注意を要する.

(3) 他の生ワクチンとの投与間隔

伝染性喉頭気管炎生ワクチンあるいは異なるタイプの IB 生ワクチンの投与に際しては，それぞれ 2 週間以上あるいは 1 週間以上（各製剤の使用説明書を参照）の間隔を設けること.

8．貯法・有効期間

遮光して 2 ～ 5℃に保存する．有効期間は製剤により異なり，1 年 6 ヵ月から 3 年間.

参考文献

1. 山田進二（1992）：改訂鶏のワクチン，279-280, 木香書房.
2. 農林水産省 動物用生物学的製剤基準，ニューカッスル病・鶏伝染性気管支炎混合生ワクチン.
3. 鶏病研究会（2006）：鶏病研報，42,173-185.

（田中大観）

5　ニューカッスル病・鶏伝染性気管支炎 2 価・鶏伝染性ファブリキウス嚢病・トリレオウイルス感染症混合（油性アジュバント加）不活化ワクチン

1．疾病の概要

1）ニューカッスル病

182 ページ参照

2）鶏伝染性気管支炎

185 ページ参照

3）鶏伝染性ファブリキウス嚢病

223 ページ参照

4）トリレオウイルス感染症

232 ページ参照

2．ワクチンの歴史

ニューカッスル病（ND），鶏伝染性気管支炎（IB），および鶏伝染性ファブリキウス嚢病（IBD）は鶏の主要な伝染病で，その予防には生および不活化ワクチンが使用されてきた．

従来，国内で市販されていた鶏用不活化ワクチンはほとんどがアルミゲルをアジュバントとしたワクチンであったため免疫の持続期間が短く，防御に十分な免疫を維持するためには頻回の注射が必要であった．種鶏における ND と IB の標準的なワクチネーションプログラムでは，60 日齢までに生または不活化ワクチンを 3 回注射し，以後 3 ヵ月毎に不活化ワクチンが用いられていたが，ワクチン注射の労力の面，鶏へのストレスといった飼育管理上の面から，より免疫の持続期間の長い不活化ワクチンが求められていた．そのような現場の要望に応える形でより長期の免疫持続が期待されるオイルアジュバントの実用化が検討され，1989 年にマイコプラズマ・ガリセプチカムオイルアジュバントワクチンが承認された.以後,オイルアジュバントを用いた製剤が多く製品化され，1993 年に ND，IB2 価，IBD 混合オイルアジュバントワクチンが承認された．

一方，ひなはトリレオ（AR）ウイルスに対し初生から 2 週齢までは高感受性であるが，それ以降は抵抗性を持つようになる．そのため，AR の予防には初生から 2 週齢までのひなに免疫を付与することが重要となる．種鶏を免疫することにより，ひなに移行抗体を獲得させ，孵化と同時に免疫が成立するワクチンが求められ，1997 年に AR オイルアジュバントワクチンが承認された.しかし,野外の疾病の発生状況やワクチネーションプログラムは多様であり更に混合化を望む声が強く，2002 年に ND，IB2 価，IBD，AR 混合オイルアジュバントの本ワクチンが販売されるに至った．

3．製造用株

1）ND ウイルス

石井株は，農林水産省動物医薬品検査所から分与されたものである．石井株を 10 日齢発育鶏卵の尿膜腔内に注射すると増殖し，その尿膜腔液には鶏赤血球凝集性を認める．

2）IB ウイルス

（1）練馬 E_{10} 株

練馬 E_{10} 株は，農林水産省家畜衛生試験場鶏病支場から分与された練馬株を，発育鶏卵で 10 代継代して得られたものである．練馬 E_{10} 株を 10 日齢の発育鶏卵の尿膜腔内に接種すると，特徴的な病変を伴って増殖する．

（2）TM-86EC 株

TM-86EC 株は，1986 年，鹿児島県下の産卵低下を示した鶏群の鶏の腎から，9 ～ 10 日齢の発育鶏卵で分離し，3 代継代して得られた TM-86 株を発育鶏卵でクローニングを 3 代行い，更に発育鶏卵で 4 代継代したものである．TM-86EC 株を 10 日齢の発育鶏卵の尿膜腔内に接種すると，特徴的な病変を伴って増殖する．

3）IBD ウイルス

K 株は，1997 年，野外発病鶏群由来の鶏（27 日齢）のファブリキウス嚢（F 嚢）から発育鶏卵で分離された IBD ウイルスを，CE 細胞を用い 4 代継代して CPE を示すようになった株について，更にクローニングを 3 代行い，合計 53 代まで継代し，弱毒化したものである．K 株は鶏胚初代細胞または Vero 細胞で CPE を伴って増殖する．

4）AR ウイルス

58-132E50 株は，1983 年，脚弱を伴うブロイラーひなの足関節部から CK 細胞で分離した AR ウイルスを同細胞でクローニングを 3 代行い，更に発育鶏卵で 50 代継代したものである．国内で分離される AR ウイルスの血清型は川村ら（1965）により 5 つに分類されているが [1]，ワクチンの開発過程において更に 2 つの異なる血清型が見つかっており，わが国では少なくとも 7 血清型以上が存在すると考えられる [2]．製造用株の選定にあたり，AR ウイルス分離株を発育鶏卵の致死率，足蹠病変の程度，および腱鞘炎発生率で病原性を評価し，血清型との関連性を確認した．その結果，足関節由来でいずれの項目でも強い病原性を示した分離株は全て TS-142 型に属していた．足関節以外から分離され，且つ鶏胚細胞に対して病原性（CPE）

を示す株は全て腱鞘炎を再現したが，発育鶏卵死亡率，足蹠病変ともに病原性が強い株はTS-142型に属する株のみであった[3]．また，TS-142型であり最も病原性の強かった58-132株に対する中和抗体を野外の128鶏群の血清で検査したところ，約64％の鶏群が100倍以上を示し，近縁ウイルスが広く浸潤していると考えられた[3,4,5]．このことから，58-132株をワクチン株の元株とした．

58-132E50株を8日齢の発育鶏卵の卵黄嚢内に注射すると増殖し，胚を死亡させる．鶏胚初代細胞でCPEを伴って増殖する．

4．製造方法

種ウイルスは承認された原株から5代以内のものが使用される．NDウイルスおよびIBウイルスは，各株の種ウイルスを9～11日齢の発育鶏卵で培養し感染増殖させた尿膜腔液，IBDウイルスおよびARウイルスは，各株の種ウイルスを鶏胚初代培養細胞で培養し，ウイルスの増殖極期に採取した培養液のろ液をウイルス浮遊液とする．各ウイルス浮遊液を濃縮したものにホルマリンを加えて不活化し，それぞれの株の不活化ウイルス浮遊液とする．各株の不活化ウイルス浮遊液に油性アジュバントを添加し，原液とする．それぞれの原液を混合し，濃度調整したものを最終バルクとする．これを小分け容器に分注したものが小分け製品である．

5．効力を裏付ける試験成績

1）ND

ワクチンの1用量を皮下に注射すると2週目以降に赤血球凝集抑制（HI）抗体価は5倍以上に上昇し，1羽あたり強毒NDウイルス佐藤株の10^4致死量を筋肉内に注射して攻撃するとき，発症せずに耐過する．ワクチン注射後4週目にHI抗体価は320～2560倍を示す．

2）IB

（1）IBウイルス練馬E_{10}株

ワクチンの1用量を皮下に注射すると2週目には試験鶏の80％が中和抗体陽性（ウイルス希釈法による中和指数0.8以上）となり，1羽あたり強毒IBウイルス練馬株の$10^{4.0}EID_{50}$を気管内に投与して攻撃し，気管線毛運動を指標に防御率を算出すると40％が発症せずに防御する．注射後3週目以降は試験鶏全てが中和抗体陽性を示し，防御率も80％以上を示す．

（2）IBウイルスTM-86EC株

ワクチンの1用量を皮下に注射すると2週目には試験鶏の100％が中和指数陽性（ウイルス希釈法による中和指数0.8以上）を示し，1羽あたり強毒IBウイルスTM-86株の$10^{3.7}EID_{50}$を気管内に投与して攻撃するとき，気管線毛運動を指標に防御率を算出すると40％が発症せずに防御する．注射後3週目以降は試験鶏の全てが中和抗体陽性を示し，防御率も80％以上を示す．

3）IBD

ワクチンの1用量を皮下に注射すると2週目以降は全ての試験鶏が中和抗体価50倍以上を示す．ワクチン注射後4週目に中和抗体価は幾何平均で2,986倍を示す．

4）AR

ワクチンの1用量を皮下に注射すると2週目以降は全ての試験鶏が中和抗体価10倍以上を示す．ワクチン注射後4週目に中和抗体価は幾何平均で1,194倍を示す．

6．臨床試験成績

3ロットの試作ワクチンを用い，AおよびB農場下の肉用種鶏34,719羽を8群に分け，うちワクチン接種群をA農場3群，B農場1群の計4群で17,363羽，対照群をA農場3群，B農場1群の計4群で17,356羽とした．接種群は試作ワクチンを用法・用量に従い0.5mLを頚部中央部皮下に1回注射し，対照群には市販のニューカッスル病・鶏伝染性気管支炎2価・鶏伝染性ファブリキウス嚢病混合（油性アジュバント加）不活化ワクチンおよびトリレオウイルス感染症（油性アジュバント加）不活化ワクチンを用法・用量に従い同時異部注射した．

1）有効性

試験農場において対象疾病の流行がみられず，試験開始時に抗体を保有していたことから，ワクチン注射時と1ヵ月後の平均抗体価を比較し，注射時の抗体価以上の抗体価を示すとき有効であると判断した．また，抗体の持続は注射後3ヵ月毎の平均抗体価を比較し，試験群の抗体保有状況は原則として対照群と比較して同等以上であるかを確認した．両農場の成績は同様であったため，B農場における抗体価の推移を図1に示した．

なお，有効抗体価レベルは，様々な抗体価を持つ鶏に強毒株による攻撃を行い，発症防御した抗体レベルから求めた．

NDについては注射時に高い抗体価を保有していたため，注射後1ヵ月目の抗体応答が顕著ではなかったがワクチン注射に対するHI抗体の応答性は試験群で明瞭で，防御に十分な抗体価である有効抗体価レベルを上回った．平均HI抗体価は1ヵ月後徐々に低下したが6ヵ月後まで全例有効抗体価レベル（5倍）を上回って推移しており，注射6ヵ月後では免疫群は対照群に比べ有意に高い値を示した．

IBウイルス練馬株については，両群とも1ヵ月後に明らかな抗体応答を示し，CPE法による中和抗体価は6ヵ月後まで全例が有効抗体価レベル（2倍）を維持していた．6ヵ月後のIB（練馬株）中和抗体価は免疫群と対照群との間に差はみられなかった．

IBウイルスTM-86株については，両群とも注射後1ヵ月で明らかな抗体応答が認められ，有効抗体価レベル（2倍）以上

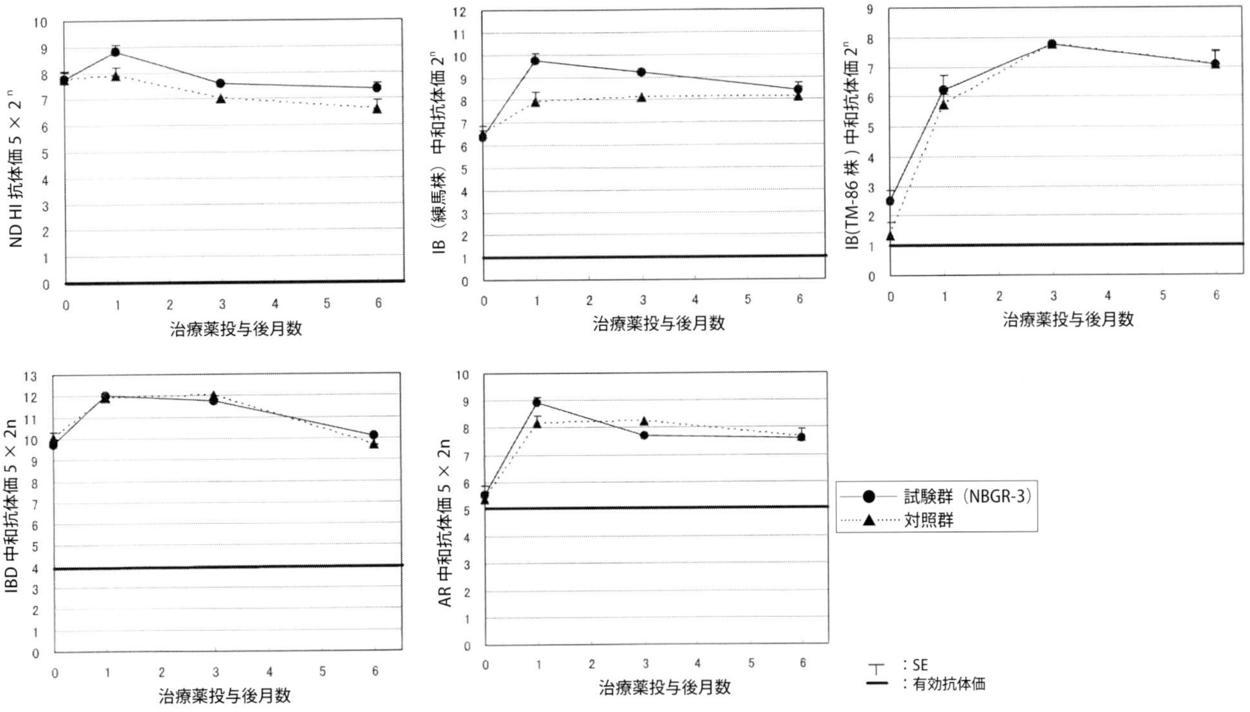

図 1　臨床試験成績．有効性試験（B 農場）．

を示す鶏の割合は試験開始時は試験群で 95％であったが，その後 6 カ月後まで 100％で推移し有効性が持続されていた．また，いずれの測定時にも両群間に有意差は認められなかった．

IBD については，試験開始時の平均抗体価が試験群で 4,305 倍，対照群で 5,301 倍と非常に高い抗体価を有していたが，注射後 1 カ月で両群とも明らかな抗体応答を示した．注射後 6 カ月まで全例が有効抗体価レベル（80 倍）を上回る高い抗体価を有していた．また，いずれの測定時にも両群間に有意差は認められなかった．

AR については，両群とも注射後 1 カ月で明らかな抗体応答を示し，有効抗体価レベル（160 倍）以上を示す鶏の割合は注射後 6 カ月まで 95 ～ 100％で持続した．注射 6 カ月後では免疫群は対照群と同等の抗体価を示した．

2）安全性

試作ワクチンの安全性について，注射後の臨床症状の有無，注射局所の異常の反応，体重の推移，育成率，産卵率および孵化率で調査した．また，種鶏由来のひなについても，臨床症状の有無，体重の推移，育成率を調査した．

（1）臨床症状

ワクチン注射後 14 日間，元気消失，食欲減退，呼吸器異常，およびその他の一般状態の異常の有無について臨床観察を行った．両群ともに注射後の臨床観察での異常は認められなかった．

（2）注射局所の観察

注射局所の異常の有無については，注射後 14 日間観察を行った．その結果，いずれの試験群，対照群ともに注射局所の接種反応は認められなかった．

（3）体重

ワクチン注射前および 1 カ月後の平均体重について試験群および対照群間の比較を行った．その結果，すべての試験区において順調に体重が増加し，また試験群と対照群間に有意な差は認められなかった．

（4）育成率

ワクチン注射後の育成率を注射後 6 カ月まで毎月調査し，試験群および対照群間の比較を行った．その結果，A 農場では 6 カ月後で何れの群も 93％以上の育成率を示し，また，B 農場においても両群とも 96％以上の育成率であり，両農場とも良好な成績が得られた．また測定期間中，両群間の育成率に差は認められなかった．

（5）産卵率および産卵状況

産卵開始 5 カ月後まで試験群および対照群ともに毎月産卵

率の調査を行った．その結果，試験群と対照群の産卵率はそれぞれ，産卵開始 1 カ月後には A 農場で 78.3 ～ 82.9％，80.3 ～ 83.0％，B 農場で 66.6％，66.5％，3 カ月後には A 農場で 80.7 ～ 82.4％，80.0 ～ 82.5％，B 農場で 76.2％，76.1％，5 カ月後には A 農場で 70.8 ～ 73.3％，69.8 ～ 72.7％，B 農場で 66.9％，68.2％であり，試験群と対照群の産卵率は総じて同等であった．

（6）孵化率

産卵開始 4 カ月後まで試験群および対照群の卵の孵化率の調査を行った．産卵開始 4 カ月後の孵化率は，A 農場では何れの群も 88％以上，また，B 農場においては両群ともに 89％以上を示し，良好な成績であった．

7．使用方法

1）用法・用量

5 週齢以上の鶏の頚部中央部の皮下に 1 羽当たり 0.5mL 注射する．

2）効能・効果

鶏のニューカッスル病，伝染性気管支炎，伝染性ファブリキウス嚢病，トリレオウイルス感染症の予防．

3）使用上の注意

一般的注意事項として，採卵鶏または種鶏を廃鶏として食鳥処理場へ出す場合は，本剤は出荷前 48 週間は注射しないこととなっている．また，制限事項として，肉用鶏には使用しないことが他のワクチンと共通の一般事項に加え設定されている．頚部上部の皮下に注射するとワクチン液が頭部に流れ，頭部が腫脹する副反応を誘発しやすい傾向がある．

8．貯法・有効期間

2 ～ 10℃の暗所に保存する．有効期間は 3 年間．

参考文献

1. 川村　斉ら（1965）：日獣学誌，27, 376.
2. 山田進二（1992）：改訂 鶏のワクチン，225-244, 木香書房.
3. Takase, K. et al.（1987）：*Avian Dis,* 31, 464-469.
4. 高瀬公三ら（1982）：日獣会誌 , 42, 108-111.
5. Takase, K. et al.（1985）：*Jpn J Vet Sci*, 47, 567-574.

（宮原徳治）

6 ニューカッスル病・鶏伝染性気管支炎2価・鶏伝染性ファブリキウス嚢病・トリニューモウイルス感染症混合（油性アジュバント加）不活化ワクチン

1. 疾病の概要

1）ニューカッスル病

182ページ参照.

2）鶏伝染性気管支炎

185ページ参照.

3）鶏伝染性ファブリキウス嚢病

223ページ参照.

4）トリニューモウイルス感染症

228ページ参照.

2. ワクチンの歴史

日本では鶏伝染性気管支炎（IB），ニューカッスル病（ND）および鶏伝染性ファブリキウス嚢病（IBD）に対して不活化または生ワクチンが開発され，販売されていた．しかし，トリニューモウイルス感染症（TRT）に対するワクチンは開発されていなかった．

ヨーロッパでは七面鳥のTRT予防として生ワクチンおよび不活化ワクチンが開発され，七面鳥のTRTウイルス感染の予防に大きな役割を果たし，また鶏用としてTRTウイルスによる頭部腫脹症候群（SHS）対策として使用されるようになった．

IBおよびND抗原を含む不活化ワクチンは，IBおよびNDウイルス感染から鶏を防御し，また産卵率の低下による経済的な損失を防ぐために，種鶏および採卵鶏が産卵開始するまでに高い抗体価を産生するよう基本的なワクチンプログラムに組み入れられており，ほとんどの農場において使用されている．IBD不活化ワクチンは，感染の危険性が最も高い幼雛時期における野外ウイルス感染を移行抗体により防ぐため，種鶏が産卵開始するまでに均一で高い抗体価を保有できるよう使用されている．TRT不活化ワクチンは，TRTウイルス感染による採卵用鶏および種鶏のSHSを防ぐため，また肉用鶏の中雛期におけるSHSの発生を予防するため種鶏が産卵開始するまでに高いレベルの抗体価を産生するよう使用されている．

このようにIB，ND，IBDおよびTRTに対する不活化ワクチンの使用される時期がほぼ同じであることから，これら抗原を含有する混合ワクチンを開発することは，注射作業の省力化，鶏へのストレス軽減およびワクチン注射コストの低減に貢献することになる．

IBの2価を含む本ワクチンは，日本では種鶏および採卵用鶏用のワクチンとして2000年に承認され，販売されている．

3．製造用株

1）NDウイルス

ND生ワクチンの製造用株であるLaSota株を鶏腎初代細胞でクローニング後，鶏胚初代細胞および発育鶏卵で継代し，製造用のClone30株を作出した．1日齢のSPF鶏に点眼接種すると一過性の呼吸器症状と気管線毛運動停止を起こすことがある．9～11日齢の発育鶏卵の尿膜腔内に接種すると増殖し，鶏胚を約5日で死亡させる．

2）IBウイルス

（1）M41株

1981年，オランダのPoultry Health ServiceがイギリスのCentral Veterinary Laboratoryから分与を受けたIBウイルスM41株を発育鶏卵で継代し，製造用株を作出した．発育鶏卵の尿膜腔内に注射し，36～37℃で培養すると鶏胚は死亡または発育不全，カーリング等の異常を呈する．SPF鶏に点眼接種すると呼吸器症状を呈し，気管，盲腸および腎臓からウイルスが回収される．

（2）D 274株

1980年，オランダのPoultry Health Serviceが呼吸器症状を呈した12週齢の肉用鶏の種鶏の気管から分離したIBウイルスD274株を鶏胚腎初代細胞および発育鶏卵で継代して製造用株を作出した．9日齢の発育鶏卵の尿膜腔内に注射し，36～37℃で培養すると鶏胚は死亡または発育不全，カーリング等の異常を呈する．SPF鶏に点眼接種すると呼吸器症状を呈し，気管，盲腸および腎臓からウイルスが回収される．

3）IBDウイルス

1978年，オランダにおいてIBDに罹患した肉用鶏のファブリキウス嚢乳剤から鶏胚線維芽細胞（CEF）を用いたプラッククローニングにより分離されたD78株を，CEFおよび発育鶏卵で継代し，製造用株を作出した．1日齢，14日齢および21日齢の鶏に経口投与，点眼接種または皮下注射しても臨床異常を認めないが，ファブリキウス嚢に軽度の萎縮を示す．鶏胚初代細胞およびサル腎継代細胞において増殖し，明瞭で均一なプラックを形成する．

4）TRTウイルス

1985年，イギリスにおいて鼻気管炎を起こしていた七面鳥の気管乳剤から分離された株を七面鳥胚および鶏胚の気管の器官培養およびCEFで継代し，製造用のBUTI＃8544株を作出した．発育鶏卵の卵黄嚢内，尿膜腔内または漿尿膜上に接種し，

37℃で培養すると漿尿膜上接種では漿尿膜の肥厚を引き起こすが，卵黄嚢内および尿膜腔内接種では鶏胚に対し異常を示さない．鶏胚初代細胞，鶏腎初代細胞およびVero細胞に接種するとCPEを伴って増殖する．鶏から七面鳥への本ウイルスの伝播は認められないが，七面鳥から鶏へはわずかに伝播する．

4．製造方法

NDおよびIBウイルスについては，種ウイルスを発育鶏卵の尿膜腔内に注射し，36℃で培養して感染尿膜腔液を採取する．その遠心上清にホルマリンを加え不活化したものを原液とする．

IBDウイルスについては，種ウイルスをVero細胞に接種し，36℃で培養し培養液を採取する．その遠心上清にホルマリンを加え，不活化したものを原液とする．

TRTウイルスについては，種ウイルスを鶏胚初代細胞浮遊液に接種し，37～39℃で培養し，ウイルスの増殖極期に培養上清および感染細胞を採取する．この培養上清および感染細胞にβ-プロピオラクトンを添加し，不活化したものを原液とする．

各原液を混合した後，油性アジュバント，乳化剤，安定剤および注射用水を加えて調製し，乳化したものをPETボトルに充填し，密栓して小分製品とする．

4．効力を裏付ける試験成績

1）IBウイルスに対する免疫出現と防御との関係

本ワクチン0.5mLを49日齢のSPF鶏の胸部筋肉内に注射し，注射後2週目，3週目および4週目にIBウイルスM41またはD274株で気管内攻撃を行った．攻撃後5日目まで臨床観察，攻撃後5日目に気管線毛運動の観察および気管からのウイルス回収を実施した．攻撃時の血清についてM41またはD274株に対する中和抗体価を測定した．いずれの攻撃株に対しても臨床観察ではワクチン注射後2週目以降，気管線毛運動では3週目以降およびウイルス回収では4週目に防御が認められた（表1）．

中和抗体価と防御との関係についた調べた．M41株に対しては，臨床症状および気管線毛運動を指標にすると中和抗体価16倍以上では防御率67%であったが，ウイルス回収を指標にした場合は中和抗体価128倍でも50%であった．一方，D274株に対しては，臨床症状を指標にすると中和抗体価8倍以上では防御率100%，気管線毛運動を指標にすると16倍以上では防御率67%以上であったが，ウイルス回収を指標にした場合は中和抗体価128倍でも50%であった．このことから中和抗体価16倍以上であれば，それぞれホモ株の攻撃に対し67%以上防御するものと考えられた．

2）IBDウイルス不活化オイルワクチンの有効性

IBDウイルス不活化オイルワクチンを17週齢のSPF種鶏の筋肉内に注射し，注射後44週目まで4回採卵して孵化させた．これら孵化した各ひなについて，15～29日齢まで経時的に攻撃を行った．その結果，種鶏では中和抗体価24834倍以上が注射後44週目まで持続した（表2）．また，ワクチン注射後40週目の種鶏由来ひなでは，孵化後約1ヵ月目の防御率は96%以上であった．

3）ND不活化オイルワクチンの有効性

ND生ワクチンを基礎免疫した鶏にND不活化オイルワクチン注射を注射し，抗体応答および防御能について検討した．ND生ワクチン1回接種済みの18週齢の市販鶏（A群）ならびに2週齢，6週齢および12週齢時にND生ワクチンを接種した19週齢時の鶏（B群）にND不活化オイルワクチンを注射し，得られた血清のND-HI抗体価を測定した．またB群では不活化ワクチン注射後10ヵ月目に強毒NDウイルスによる攻撃を行い，攻撃後の産卵状況を観察した．

その結果，A群ではHI抗体価は注射後3～4週目に24,834倍，49週目に2,048倍を示した．一方，B群では注射

表1　IBワクチン免疫出現と防御との関係

攻撃株	群	検査項目	2	3	4
M 41	免疫	臨床観察	71[a]	100	100
		気管線毛運動	43[b]	86	100
		ウイルス回収	14[c]	43	67
	対照	臨床観察	0	0	0
		気管線毛運動	0	0	0
		ウイルス回収	0	0	0
D 274	免疫	臨床観察	86	100	100
		気管線毛運動	57	71	100
		ウイルス回収	14	43	83
	対照	臨床観察	0	0	0
		気管線毛運動	0	0	0
		ウイルス回収	0	0	0

a：発症防御率（%）
b：平均気管線毛運動スコア2.0以上を示す割合（%）
c：攻撃ウイルス回収陰性率（%）

表2　IBDワクチン注射種鶏の抗体応答

ワクチン注射後週数	IBD中和抗体価	
	ワクチン注射群	対照群
0	＜16	＜16
6	18820	＜16
14	24834	＜16
20	28526	＜16
26	37641	＜16
32	35120	＜16
38	106464	＜16
44	40342	＜16

表 3　ND － HI 抗体価の推移

群	注射時週齢	注射後週数					
		0	2	3 ～ 4	5 ～ 7	38	49
A	18	26		24834			2048
B	19	832	8780		10809	4096	

A 群：ND 生ワクチン 1 回接種済み
B 群：2，6 および 12 週齢時に ND 生ワクチン接種済み

表 4　ND 攻撃前後の産卵成績

群	防御数 / 供試数	産卵率（%）		
		攻撃前 9 日間	攻撃後 5 日間	攻撃後 6 ～ 12 日間
B	14/15	70.4	66.6	65.3

攻撃：不活化ワクチン注射後 10 ヵ月目

後 2 週目 8,780 倍, 5 ～ 7 週目 10,809 倍および 38 週目 4,096 倍を示した（表 3）.

また，攻撃による産卵への影響は認められなかった（表 4）.

これらのことから，ND 生ワクチンで基礎免疫した鶏においてワクチン注射後高い抗体価が長く持続し，注射後 10 ヵ月目の攻撃に対し十分防御することが確認された.

ND に対して基礎免疫のない 9 週齢および 10 週齢の SPF 鶏を用いて，ND+IB3 価混合不活化オイルワクチン注射後の ND ウイルスに対する HI 抗体価について検討した.

その結果，ワクチン注射後 56 ～ 70 日目に HI 抗体価 315 ～ 478 倍を示し，IB との混合ワクチンにおいても良好な抗体応答が確認された.

4）TRT 不活化オイルワクチンの有効性

TRT ワクチンの有効性を確認するため，49 日齢時に本ワクチンを注射した群（NBmGT 群）または TRT 不活化オイルワクチンを注射した群（TRTK 群），7 日齢時に TRT 生ワクチンのみを接種した群（TRTL 群）ならびに 7 日齢時に TRT 生ワクチンを接種し 49 日齢時に TRT 不活化オイルワクチンを注射した群（TRTL ＋ TRTK 群）に対し，77 日齢時（NB m GT または TRTK 注射後 28 日目）に TRT ウイルス 11/94 株 $10^{5.0}CD_{50}$/ 羽を用い点眼または静脈内接種による攻撃を行った.

その結果，点眼接種攻撃では対照群の 70% に鼻汁が確認されたが，NBmGT 群，TRTK 群，TRTL 群および TRTL ＋ TRTK 群では臨床異常は認められなかった．また静脈内接種攻撃では対照群の 60% に元気消失または下痢が認められたが，NBmGT 群，TRTK 群，TRTL 群および TRTL ＋ TRTK 群では臨床異常は認められなかった．このことから，本ワクチンは TRT 不活化オイルワクチン，TRT 生ワクチンおよび TRT 生ワクチン＋ TRT 不活化オイルワクチン群と同様に TRT ウイルス攻撃に対し十分に防御することが確認された（表 5）.

6．臨床試験成績

臨床試験は 2 ヵ所の農場において，合計 27,607 羽の肉用鶏の種鶏を用い，97 日齢または 110 日齢時にワクチン 0.5mL を頚部皮下注射または胸部筋肉内注射により実施した.

1）有効性

ワクチン注射群において ND ウイルス，IB ウイルス M41 株，IB ウイルス D274 株，IBD ウイルスおよび TRT ウイルスに対する抗体価は，ワクチン注射後 9 ヵ月目まで高い値で持続し

表 5　TRT 攻撃試験

群	ワクチン投与日齢	攻　撃		臨床所見		
		経　路	日　齢	呼吸器症状	元気消失	下　痢
NBmGT	49	点眼	77	0/10 [a]	0/10	0/10
TRTK	49			0/10	0/10	0/10
TRTL	7			0/10	0/10	0/10
TRTL ＋ TRTK	7 ＋ 49			0/10	0/10	0/10
対照	—			7/10	0/10	0/10
NBmGT	49	静脈内	77	0/10	0/10	0/10
TRTK	49			0/10	0/10	0/10
TRTL	7			0/10	0/10	0/10
TRTL ＋ TRTK	7 ＋ 49			0/10	0/10	0/10
対照	—			0/10	6/10	5/10

a：異常を示す羽数 / 供試羽数

表6　種鶏における抗体価の平均値の推移

抗体価	農　場	注射部位	ワクチン注射後月数 0	1	3	6	9
ND-HI 抗体価	A	頚部皮下	12	478	495	375	215
		胸部筋肉内	17	530	609	446	231
	B	頚部皮下	17	294	362	265	201
		胸部筋肉内	20	315	431	338	239
IB M-41 中和抗体価	A	頚部皮下	33	194	294	194	115
		胸部筋肉内	32	208	304	208	137
	B	頚部皮下	15	338	362	247	187
		胸部筋肉内	19	326	350	247	181
IB D274 中和抗体価	A	頚部皮下	5	169	304	187	137
		胸部筋肉内	5	181	326	215	152
	B	頚部皮下	7	315	362	231	187
		胸部筋肉内	5	304	350	223	147
IBD 中和抗体価	A	頚部皮下	1004	49868	81920	32137	13512
		胸部筋肉内	1152	57926	84809	35658	14992
	B	頚部皮下	8034	58181	47051	32137	23525
		胸部筋肉内	8611	64273	54047	38217	28290
TRT ELISA 抗体価	A	頚部皮下	＜24	1024	3104	2521	1351
		胸部筋肉内	＜24	1552	7132	3104	1911
	B	頚部皮下	＜24	1261	5405	3566	1783
		胸部筋肉内	＜24	1783	9410	4705	2195

表7　種鶏群由来初生ひなの抗体価の平均値

農　場	注射後月数	抗体価の平均値 ND-HI	IB M41 中和	IB D274 中和	IBD 中和	TRT-ELISA
A	5ヵ月目	512	274	256	31042	2195
B	6ヵ月目	315	239	208	62084	4390

た（表6）．ワクチン注射後5～6ヵ月目に孵化したひなには，種鶏と同程度の抗体価が認められた（表7）．

2）安全性

いずれの農場においてもワクチン注射群に臨床異常，注射局所の反応，増体重，育成率，産卵成績の異常は認められなかった．

7．使用方法

1）用法・用量

7週齢以上の種鶏および採卵用鶏の頚部中央部の皮下または胸部筋肉内に，1羽当たり0.5mLを注射する．

2）効能・効果

ニューカッスル病，鶏伝染性気管支炎および鶏伝染性ファブリキウス嚢病の予防ならびに鶏のトリニューモウイルス感染による呼吸器症状および産卵低下の予防．

3）使用上の注意

採卵用鶏または種鶏を廃鶏として食鳥処理場へ出荷する場合は，本剤は出荷前36週間は使用しない．肉用鶏には投与しない．注射後，注射部位に腫脹，硬結等が認められる場合がある．

8．貯法・有効期間

2～10℃で保存する．有効期間は3年3ヵ月間．

（徳山幸夫）

7　ニューカッスル病•鶏伝染性気管支炎2価•産卵低下症候群-1976•鶏伝染性コリーザ（A•C型）•マイコプラズマ・ガリセプチカム感染症混合（油性アジュバント加）不活化ワクチン

1．疾病の概要

1）ニューカッスル病（ND）

182ページ参照.

2）鶏伝染性気管支炎（IB）

185ページ参照.

3）産卵低下症候群-1976（EDS）

EDSウイルス感染によって起こる卵殻形成不全卵の産出を伴った産卵率低下を主徴とする伝染病である．発見された年にちなんでEDS-1976と名づけられたが，近年はEDSと表記されている[1]．感染した種鶏からの介卵感染と水平感染によって伝播する．病原体であるEDSウイルスは*Adenoviridae*のグループIII *Atadenovirus*に属し，鶏，あひる，七面鳥などの鳥類の赤血球を凝集する[2]．日本では，1978年に鳥取県の肉用種鶏で最初の発生が報告されて以来，近年まで散発的に発生報告が続いている[3]．

4）鶏伝染性コリーザ（IC）

ヘモフィルス（アビバクテリウム）・パラガリナルム（*Heamophilus*（*Avibacterium*）*paragallinarum*：H.pg）の感染によって起こる鼻汁の漏出，顔面の腫脹，産卵の低下などを主徴とする急性の呼吸器病である．感染鶏との接触や鼻汁で汚染された飲水・飼料などを介して伝播する．病原体であるH.pgはグラム陰性，非運動性の小桿菌であり，莢膜を形成し，凝集素に基づく型別ではA，B，Cの3型に分類される．日本では，1962年以降にA型による発生が認められ，その後1975年以降にC型菌による野外発生例が多発し，大きな経済的被害をもたらした．しかしながら，近年ではワクチンの使用に伴い，その発生はきわめてまれとなった[4]．

5）マイコプラズマ・ガリセプチカム（Mg）感染症

247ページ参照.

2．ワクチンの歴史

EDSのワクチンは，1987年にアルミゲルを応用した単味ワクチンが，1996年にはオイルアジュバントを応用した単味ワクチンが承認され，EDSの予防に貢献してきている[2]．

ICワクチンに関しては，1960年代後半にアルミゲルを応用したA型菌に対するワクチンの製造方法が確立され，野外試験においてその有効性が確認された．1980年にはC型菌単味，さらにA型およびC型菌混合ワクチンが開発された[5]．

一方，混合不活化ワクチンは，1993年のND•IB2価•IC（A•C型）混合（油性アジュバント加）不活化ワクチン（以下,5混）の実用化を境に採卵鶏農場において急速に普及してきた．これは，養鶏場の大規模化に伴い，成鶏農場では追加注射が困難となり，育成農場においても少ない注射回数で効果が持続するワクチンが求められたことが背景にあったものと考えられる．

その後，MgおよびEDSワクチンの接種率が高まるにつれ，不活化ワクチンの注射回数は増え，注射液量も5混と併せて延べ1～1.5mLとなり，鶏へのストレスも問題視されるようになった．

これらの課題を解決すべく本ワクチンの開発が行われ，2001年に承認された．

3．製造用株

NDおよびIBウイルスについては，189ページを参照.

1）EDSウイルス

製造にはKE-80株を用いる．1980年，産卵低下を示した鶏群の鶏の糞便から分離し，継代，クローニングしたものを原株とした．この株を11日齢の発育鶏卵または14日齢の発育あひる卵の尿膜腔内に接種すると増殖し，その尿膜腔液には鶏赤血球凝集性を認める．

2）H. pg

（1）A型菌No.221株

製造にはNo.221株を用いる．原株は農林水産省動物医薬品検査所から分与されたH.pg A型菌No.221株を，動物用生物学的製剤基準の生ワクチン製造用材料の規格1.1の発育鶏卵の卵黄嚢内に接種し，3代継代したものである．この株は鶏および発育鶏卵に対して病原性を示す．牛，馬，羊，鶏およびモルモットの赤血球を凝集する．

（2）C型菌53-47株

製造には53-47株を用いる．1977年，IC発症鶏の眼窩下洞から分離し，継代，クローニングしたものを原株とした．この株は鶏および発育鶏卵に対して病原性を示す．

3）Mg

製造には63-523株を用いる．1988年，呼吸器症状を示した鶏群の鶏の気管から分離し，継代，クローニングしたものを原株とした．この株は鶏に対して病原性を示す．

4．製造方法

本剤は，ND ウイルス石井株，IB ウイルス練馬 E_{10} 株およびTM-86EC 株をそれぞれ発育鶏卵で，EDS ウイルス KE-80 株を発育あひる卵で，H.pg-A 型菌 No.221 株，C 型菌 53-47 株および Mg 63-523 株を各製造用培地で増殖させた後ホルマリンで不活化した培養液に，それぞれオイルアジュバントを加えて乳化後，混合したものである．

5．効力を裏付ける試験成績

5 週齢 SPF 鶏の頚部皮下に試作ワクチン 0.5mL を注射し，経時的に抗体価を測定した．なお，各疾病の発症防御レベルは，様々な抗体価をもつ鶏に強毒株による攻撃を行い，発症防御した抗体レベルから求めた．

1）ND

試作ワクチン注射 2 週後に HI 抗体が産生され，注射 1 ヵ月後に 519.8 倍でピークとなり，12 ヵ月間発症防御レベル（HI 価で 5 倍）以上の抗体価が持続した（図 1a）．

2）IB（練馬株）

試作ワクチン注射 2 週後に中和指数の上昇が認められ，注射 1 ヵ月後に中和指数 3.6 を示し，12 ヵ月間発症防御レベル（中和指数 2.0）が持続した（図 1b）．

3）IB（TM-86 株）

試作ワクチン注射 2 週後に中和指数の上昇が認められ，注射 1 ヵ月後に中和指数 3.6 を示し，12 ヵ月間発症防御レベル（中和指数 2.0）以上の抗体価が持続した（図 1b）．

4）EDS

試作ワクチンを注射 2 週後に HI 抗体が産生され，注射 2 ヵ月後に 119.4 倍でピークとなり，12 ヵ月間発症防御レベル（HI 価で 16 倍）以上の抗体価を持続した（図 1c）．

5）IC-A 型

試作ワクチン注射 3 週後に HI 抗体価の上昇が認められ，注射 2 ヵ月後に 121.3 倍でピークとなり，12 ヵ月間発症防御レベル（HI 価で 5 倍）以上の抗体価が持続した（図 1a）．

6）IC-C 型

試作ワクチン注射 3 週後に HI 抗体価の上昇が認められ，注射 2 ヵ月後に 65.0 倍でピークとなり，12 ヵ月間発症防御レベル（HI 価で 5 倍）以上の抗体価が持続した（図 1a）．

7）Mg

試作ワクチン注射 3 週後に HI 抗体価の上昇が認められ，注射 2 ヵ月後に 36.8 倍でピークとなり，12 ヵ月間発症防御レベル（HI 価で 8 倍）以上の抗体価が持続した（図 1c）．

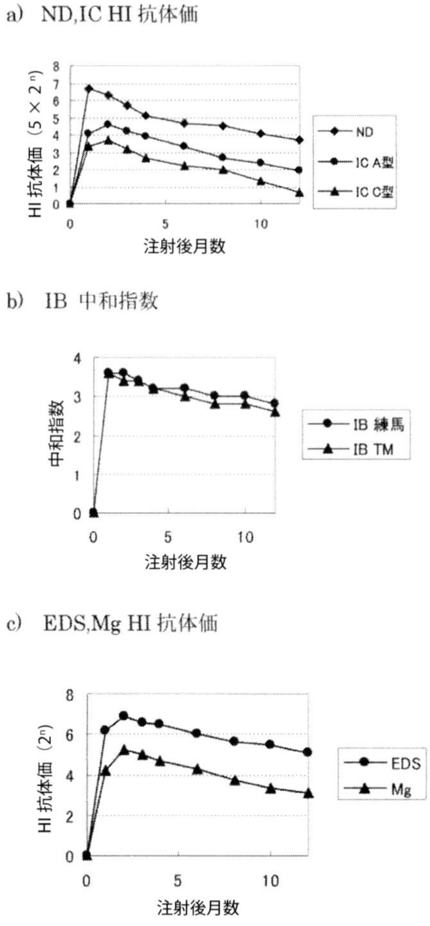

図 1　ワクチン注射後の抗体価の推移

表 1　野外応用試験の試験区分

農場	試験区分	供試ワクチン	供試鶏系統	供試鶏羽数（羽）
A 農場	試験群	試作ワクチン ロット No.3	D	1,755
	対照群	NB_2AC OMG OEDS	D	1,750
B 農場	試験群 1	試作ワクチン ロット No.3	I	1,209
	試験群 2	試作ワクチン ロット No.4	I	1,207
	試験群 3	試作ワクチン ロット No.5	I	1,206
	対照群	NB_2AC OMG OEDS	I	3,640

表 2 A 農場における試験群の抗体価の推移

	ワクチン注射後の経過月数			
	0	1	3	6
ND HI	11.9[1]	1874.0	579.7	380.5
IB（練馬株）中和	55.3	32.0	107.6	215.3
IB（TM-86 株）中和	10.4	12.5	19.9	78.8
EDS HI	2.0	55.7	40.8	29.7
IC-A 型 HI	2.5	37.3	12.3	10.4
IC-C 型 HI	2.5	12.3	11.2	7.6
Mg HI	2.0	34.3	21.1	29.9

1) 幾何平均値

表 3 ワクチン注射後の産卵率成績

農場名	区分	産卵開始後の経過月数					
		0	1	2	3	4	5
A	試験群	43.5[1]	92.8	94.2	91.7	92.1	86.8
	対照群	42.1	89.4	93.4	93	90.3	83.5
B	試験群	1.4	92.3	96.3	96.4	94.6	93.9
	対照群	0.4	91.5	95.7	96.2	95.2	94

1) 産卵率：産卵数 / 飼育羽数（1 週間累計）(%)

6．臨床試験成績

1）試験概要

3 ロットの試作ワクチンを用い，2 施設において野外応用試験を行った．対象鶏はいずれも採卵用鶏であり，試験群，対照群で合計約 10,000 羽の採卵用鶏を供試した．対照群には既承認の市販ワクチンである 5 混（NB_2AC），Mg（油性アジュバント加）不活化ワクチン（OMG）および EDS-76（油性アジュバント加）不活化ワクチン（OEDS）を用いた．表 1 に試験の区分を示した．

2）有効性

有効性については，試作ワクチンの対象となるいずれの疾病（ND，IB，EDS，IC，Mg 感染症）の発生も実施施設でなかったことから，ワクチン注射後の抗体応答で確認した．2 農場において試作ワクチンは 3 ロットを用いて実施しているが，いずれの試験群についても同様な成績であったため，代表して A 農場での試験群の成績を示した（表 2）．

注射後に 7 種類の抗原に対する抗体上昇が確認され，さらに注射 6 ヵ月後においても発症防御レベル以上の抗体価を維持していた．

3）安全性

試作ワクチンの安全性について，注射後の臨床症状の有無，注射局所の異常の反応，体重の推移，育成率および産卵率で調査した．

(1) 臨床症状

ワクチン注射後 14 日間，元気消失，食欲減退，呼吸器異常，およびその他の一般状態の異常の有無について臨床観察を行った．その結果，試験群，対照群ともに注射後の臨床観察での異常は認められなかった．また，注射後 15 日～ 6 ヵ月間においても同様に異常反応は観察されなかった．

(2) 注射局所の観察

注射局所の異常の有無については，注射後 14 日間観察を行った．その結果，試験群，対照群ともに注射局所の接種反応は認められなかった．

(3) 体重

ワクチン注射後 6 ヵ月まで調査した．その結果，すべての試験区において体重は順調に増加し，試験群と対照群間に有意な差は認められなかった．

(4) 育成率

注射後 6 ヵ月まで毎月調査した．その結果，育成率はいずれの農場，試験区においても良好であり，試験群と対照群との間に差は認められなかった．

(5) 産卵率および産卵状況

産卵開始月を 0 ヵ月とし，5 ヵ月まで調査を行った．その結果，A 農場においては試験群の産卵率は対照群と同様に推移した（表 3）．なお，産卵率そのものは A 農場で通常得られる値の範囲であった．

また，B 農場でも試験群と対照群の産卵率の推移に大きな違いはなく，同様の傾向を示した（表 3）．

4）臨床試験まとめ

安全性に関しては，いずれの観察項目も良好な成績であり，抗体価も対照群と同等の値を示した．

以上の結果から，試作ワクチンは野外においても安全であり，有効であることが確認された．

7．使用方法

1）用法・用量

5 週齢以上の鶏の頚部中央部の皮下に 1 羽当たり 0.5mL を注射する．

2）効能・効果

鶏のニューカッスル病，伝染性気管支炎，産卵低下症候群（EDS），伝染性コリーザ（A 型および C 型）の予防およびマイコプラズマ・ガリセプチカム感染症による産卵率低下の軽減．

3）使用上の注意

本剤は肉用鶏（種鶏を除く）には投与しないこと．採卵鶏または種鶏を廃鶏として食肉処理場へ出荷する場合，出荷前44週間は本剤を使用しないこと．本剤を産卵開始前（4週間以内）や産卵中の鶏に投与した場合，産卵開始の遅延あるいは低下を引き起こすことがあるので，これらの時期には投与しないこと．

本剤投与後，まれに投与部位の腫脹，硬結等や顔面腫脹，食欲減退等が認められる場合がある．

8．貯法・有効期間

2～10℃で保存する．有効期間は2年間．

参考文献

1. Virus Taxonomy（2005）：8th Report of the International Committee on Taxonomy of Viruses.
2. 山口成夫（2010）：鳥の病気，50-53, 鶏病研究会.
3. 山田進二（1992）：改訂 鶏のワクチン，207-224, 木香書房.
4. 久米勝己（2010）：鳥の病気，90-93, 鶏病研究会.
5. 山田進二（1992）：改訂 鶏のワクチン，257-276，木香書房.

（出口和弘）

初期の鶏用混合ワクチン

鶏用の混合ワクチンの最初は，1968年に承認されたニューカッスル病（ND）・鶏伝染性気管支炎（IB）混合生ワクチンである．単味ワクチンであるND生ワクチンは前年の1967年に，IB生ワクチンは1968年に承認されていたので，単味ワクチンが承認されると，直ぐに混合ワクチンが承認されたことになる．これらのND生ワクチンは，B1株で製造されているが，TCND株で製造されるND生ワクチンは1969年に承認され，同時に鶏痘生ワクチンとの混合ワクチンが承認された．不活化ワクチンについてもND・IB混合不活化ワクチンと鶏伝染性コリーザ（A型）（IC）不活化ワクチンが1971年に承認されると，翌年にはこの3種類を混合した不活化ワクチン，NDとICおよびIBとICを混合した不活化ワクチンが承認された．持ち駒の少なさをコンバイン化することで多様な製品群にする戦略であり，混合ワクチンは使用者からも支持された．このように初期の混合ワクチンは2～3種類を混合したにすぎなく，今日のように8種混合ワクチンが市販されるとは誰も想像しなかったと思われる．今後，何種まで増加するか楽しみでもある．

（平山紀夫）

8　ニューカッスル病・鶏伝染性気管支炎3価・産卵低下症候群－1976・鶏伝染性コリーザ（A・C型）・マイコプラズマ・ガリセプチカム感染症混合（油性アジュバント加）不活化ワクチン

1．疾病の概要

1）ニューカッスル病

182 ページ参照

2）鶏伝染性気管支炎

185 ページ参照

3）産卵低下症候群－1976・鶏伝染性コリーザ

197 ページ参照

4）マイコプラズマ・ガリセプチカム感染症

247 ページ参照

2．ワクチンの歴史

当初開発された鶏用ワクチンは生ワクチン，不活化ワクチンともにその多くが抗原1種類を含有するいわゆる単味ワクチンであったが，その後，養鶏現場からの省力化の要望を受けて2種以上の抗原を含む多価ワクチンが開発された．しかし，生ワクチンでは特定のウイルス同士の混合ではワクチンを接種されたニワトリ体内でウイルス同士の干渉現象等により，ワクチンの効力が十分に発揮されない場合や，不活化ワクチンにおいてもアジュバントの能力が弱いため，十分な免疫を得るには2回以上の接種が必要である等，多価ワクチンによる省力化を阻む問題点が少なからず存在した．そこで，わが国ではそれまではフロイントアジュバントの様に実験用や試験用アジュバントとしてのみ使用されていたオイルアジュバントの改良により，強い免疫効果に，使いよさと安全性を加味した種々のオイルアジュバントが開発され[2]，多くの抗原を含む多価不活化ワクチンが実用化された．特に鶏伝染性気管支炎ウイルス（IBV）については変異が激しく年々新たなウイルス株が出現する傾向にある．したがって，ひとつのワクチンでIBVの広い抗原域をカバーするには異なる抗原域を有するウイルス株をバランスよく配合する必要がある．また，病態においても呼吸器症状だけでなく，腎炎を発症して高い死亡率を示す場合もあり[1,3]，多様化するIBVに的確に対応するにはできるだけ多くのIBVを配合して効果を高めることが求められる．

このような状況に対応して開発された本ワクチンには3株のIBVに加えてニューカッスル病ウイルス，鶏伝染性コリーザ菌（A型およびC型）マイコプラズマ・ガリセプチカム，および産卵低下症候群ウイルス1976の8種類の抗原が配合され，2006年に承認された．

3．製造用株

1）ニューカッスル病ウイルス（NDV）

農林水産省動物医薬品検査所より分与された石井株をSPF発育鶏卵で2代継代して原株とした．因みに石井株は1962年に農林水産省家畜衛生試験場（現，独立行政法人農業・食品産業技術総合研究機構 動物衛生研究所）の清水文康らによってブロイラーの気管，糞便から分離された弱毒株[4,5]であり，発育鶏卵での増殖性が良い特性を有するため多くの単味および多価ワクチンのNDV製造用株として広く使用されている．

2）鶏伝染性気管支炎ウイルス（IBV）

（1）滋賀株

農林水産省家畜衛生試験場より分与された本株をSPF発育鶏卵で15代継代して原株とした．

（2）AO-27株

平成5年に青森県下の養鶏場で気管支炎症状を呈した154日齢の採卵鶏の卵巣から分離した青森株を，SPF発育鶏卵で3回クローニングし，さらに4代継代して原株とした．

（3）GN-58株

平成7年に岐阜県下の養鶏場で腎炎症状を呈した21日齢の採卵鶏の腎臓から分離した鶏伝染性気管支炎ウイルス岐阜株をSPF発育鶏卵で3回クローニングした後，5代継代して原株とした．

3）産卵低下症候群-1976ウイルス（EDSV）

台湾省南部の採卵養鶏場の鶏群に産卵低下と，無殻卵，軟卵などの異常卵の産出を特徴とする疾病の発生が認められた．この病鶏より中華民国台湾省家畜衛生試験所で分離された，鶏胚肝（CEL）細胞に細胞変性を起こし，鶏赤血球を凝集するウイルスを，さらにCEL細胞で2代継代し限界希釈法によるクローニングを2回行い台畜株と命名した．台畜株は農林水産省家畜衛生試験場より分与されたEDSV JPA-1株標準抗血清との中和試験によりトリアデノウイルスに属するEDSVと同定された．台畜株をあひる胚肝（DEL）細胞で2代継代して原株とした．

4）ヘモフィルス・パラガリナルム（H.pg）

（1）A型菌No.221株

農林水産省動物医薬品検査所から分与された本株を5～7日齢SPF発育鶏卵の卵黄嚢内で1代継代して原株とした．

（2）C型菌KA株

1983年，鹿児島県下の養鶏場で250日齢の感染鶏の気管より分離したものを7日齢のSPF発育鶏卵の卵黄嚢内で2代継代して原株とした．

5）マイコプラズマ・ガリセプチカム（MG）

1988年，山形県下で呼吸器症状，産卵低下を呈した約310日齢の産卵鶏の気管より分離したTK株をマイコプラズマ培地で4代継代して原株とした

4．製造方法

1）ワクチン原液

① NDVは種ウイルスを9～11日齢の発育鶏卵の尿膜腔内に接種し，37℃で培養して増殖させたウイルスを含む尿膜腔液を採取する．その遠心上清を濃縮したものをウイルス浮遊液とする．ウイルス浮遊液にホルマリンを添加して加温感作することにより不活化ウイルス浮遊液を調製し，これを原液とする．

② IBVの各3株は種ウイルスを各々9～11日齢の発育鶏卵の尿膜腔内に接種し，37℃で培養し増殖させたウイルスを含む尿膜腔液を採取する．その遠心上清を濃縮したものをウイルス浮遊液とする．ウイルス浮遊液をニューカッスル病ワクチンと同様に処理して調製したものを原液とする．

③ EDSVは種ウイルスを10～12日齢の発育あひる卵の尿膜腔内に接種し，37℃で培養し増殖させたウイルスを含む尿膜腔液を採取する．その遠心上清を濃縮したものをウイルス浮遊液とする．ウイルス浮遊液にホルマリンを添加して加温感作することにより不活化ウイルス浮遊液を調製し，これを原液とする．

④ H.pg各2株の種菌を各々製造用液体培地に接種して37℃で培養したものを新たな製造用液体培地に加え，37℃培養したものを培養菌液とする．培養菌液を遠心して得た菌をリン酸緩衝食塩液に再浮遊し，ホルマリン加え，2～5℃で感作して不活化菌液とし，これを原液とする．

⑤ MGは種菌を，マイコプラズマ製造用培地を用いて37℃で培養したものを，新たなマイコプラズマ製造用培地に加え，37℃で液体培地を用いて攪拌培養する．この菌液をさらに新たなマイコプラズマ製造用培地に0.5vol％の割合に加え，37℃で48時間培養した培養菌液に，ホルマリンを0.2％vol％の割合に加え，2～5℃で48時間不活化して原液とする．

2）最終バルクの調製と分注

上記8種類の原液を終末抗原量が表1に示す組成となるように混合し，リン酸緩衝食塩液を加えて全構成量の30％容量となるように調製する．これにアジュバントとしてオイルアジュバント70％容量を加え，連続高速乳化機でwater in oil（W/O）型乳剤として最終バルクを調製し，エチレンオキサイドガス滅菌されたポリエチレンテレフタレート（PET）ボトルに分注し，閉栓，巻き締めして小分け製品とする．

なお，本ワクチンに使用しているアジュバントは，マンニトールとオレイン酸を強酸の存在下で加熱脱水縮合させたのち抽出精製して得られた無水マンニトールオレイン酸エステル（AMOE）を乳化剤として添加した軽質流動パラフィンである．

表1　鶏8種混合オイルワクチンの組成

1. 発育鶏卵培養ニューカッスル病ウイルス石井株
（不活化前ウイルス量）10^{10}EID$_{50}$ 以上
2. 発育鶏卵培養鶏伝染性気管支炎ウイルス滋賀株
（不活化前ウイルス量）$10^{9.3}$EID$_{50}$ 以上
3. 発育鶏卵培養鶏伝染性気管支炎ウイルスAO-27株
（不活化前ウイルス量）$10^{9.3}$EID$_{50}$ 以上
4. 発育鶏卵培養鶏伝染性気管支炎ウイルスGN-58株
（不活化前ウイルス量）$10^{9.3}$EID$_{50}$ 以上
5. 発育あひる卵培養産卵低下症候群-1976ウイルス台畜株
（不活化前ウイルス量）$10^{10.1}$EID$_{50}$ 以上
6. ヘモフィルス・パラガリナルムA型菌No.221株
（不活化後総菌数）8.0×10^{10} 個以上
7. ヘモフィルス・パラガリナルムC型菌KA株
（不活化後総菌数）1.0×10^{11} 個以上
8. マイコプラズマ・ガリセプチカムTK株
（不活化前菌量）1.0×10^{11} 個以上

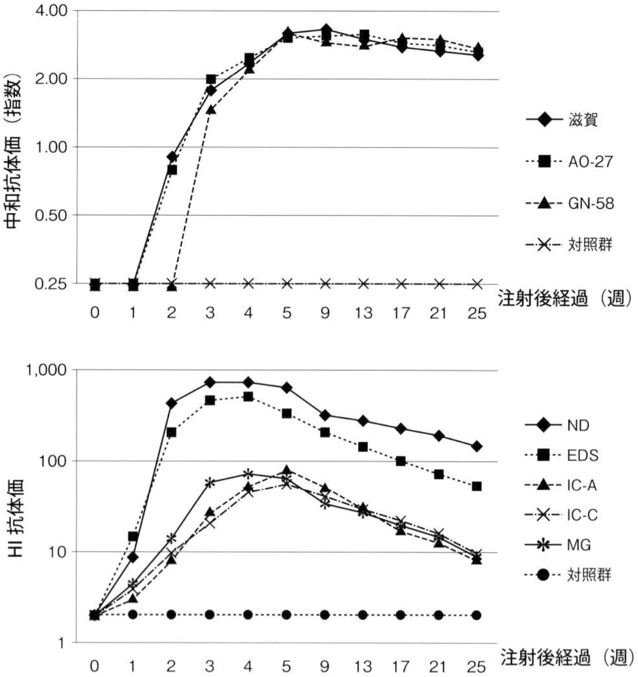

図1　SPF鶏への8種混合ワクチン注射後の抗体応答と持続
（上：IB中和抗体価，下：ND. EDS. IC. MG-HI抗体価）

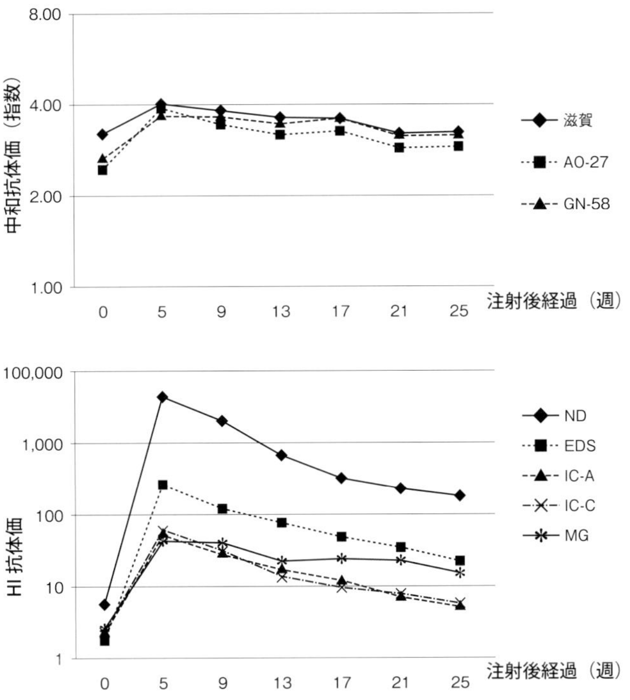

図2　臨床試験における8種混合ワクチン接種治験群の抗体価
（上：IB 中和抗体価，下：ND. EDS. IC. MG-HI 抗体価）

5．効力を裏付ける試験成績

免疫成立時期と抗体の持続（室内試験）

8種混合ワクチン注射後の免疫成立時期を既存の製剤と比較検討するため，白色レグホン系 SPF 鶏の脚部筋肉内に各ワクチンの1ドース（0.5mL）を注射したのち，抗体価の推移を観察した．図1に8種混合ワクチン注射後の抗体応答と推移を示した．各種抗体応答は，既存の EDS 単味ワクチン，5種または6種混合ワクチンとほぼ同様の推移を示した．

その結果，8種混合ワクチン注射後の免疫成立時期は EDS が1週目，IB が4週目，その他が2週目であることが判明した．

6．臨床試験成績

臨床試験は A および B の2採卵養鶏場で実施した．飼養鶏種は，A 農場はジュリア，B 農場はマリアで，両農場とも 85 日齢で8種混合ワクチン 0.5mL を脚部筋肉内に注射し，抗体価の推移，副反応の有無，育成率，産卵率等を観察した．治験鶏および対照鶏のワクチネーションプログラムは両農場とも表2の通りである．

A，B 両農場とも本ワクチン注射後同様な抗体応答がみられたので，図2に A 農場の抗体価の推移を示した．

当該ワクチン注射後，各抗体価は上昇し，当該ワクチンが対象とする全病原体に対する有効抗体価は少なくとも 25 週間以上持続することが確認された．なお，オイルアジュバントワクチンの注射に伴う副反応としてしばしば認められる注射部位の腫脹は8種混合ワクチン注射鶏ではほとんど認められなかった．産卵率については対照群にも5種混合ワクチンが注射されて，有効な免疫を有しており，8種混合にのみ含まれる抗原に該当する感染症の流行がなかったことから，両群に有意差は認められず，23 週齢から 35 週齢の平均産卵率は8種混合ワクチン注射群で 92.47%，陽性対照群（5種混合ワクチン注射群）で 89.67%と，8種混合ワクチン注射群の成績が上回ったが，有意差は認められなかった．

7．使用方法

1）用法・用量

50 日齢以上の鶏の脚部筋肉内に 0.5mL を注射する．

2）効能・効果

ニューカッスル病，鶏伝染性気管支炎，産卵低下症候群―1976，鶏伝染性コリーザ（A 型・C 型）の予防およびマイコプラズマ・ガリセプチカム感染症による産卵低下の軽減．

表2　治験鶏群のワクチネーションプログラム

区　分	日　齢								
	1	7	29	32	37	45	82	89	97
治験群	MD FP	NBL	NBL	IBD	IBD	NBL	8種混合	AE FP ILT	IBL
対照群 （陽性対照群）	MD FP	NBL	NBL	IBD	IBD	NBL	5種混合	AE FP ILT	IBL

MD：マレック病，FP：鶏痘，NBL：ニューカッスル病・鶏伝染性気管支炎生，IBD：鶏伝染性ファブリキウス嚢病，AE：鶏脳脊髄炎，ILT：鶏伝染性喉頭気管炎，IBL：鶏伝染性気管支炎生，EDS：産卵低下症候群 -1976

3）使用上の注意

採卵鶏または種鶏を廃鶏として食鳥処理場へ出荷する場合は，本剤は出荷前9ヵ月間は注射しないこと．オイルアジュバントワクチンに限らず，流動性の高い油性乳剤では，外見上の変化が認められない場合でも，クリーム分離という現象がある程度は必ず生じる．これは，油性成分と水との比重差により生ずるもので，長期保存により下部に水性成分，上部に油性成分が集まり，水層や油層が目視できる場合がある．抗原物質は水槽に含まれているため，ワクチン容器の下部に集まる傾向にある．このため，使用前にワクチン容器を手で強く震盪して中味を均一化することが重要で，これを怠ると抗体応答のバラツキの原因となる．

冬季にはオイルの粘度が増す結果，連続接種がし難くなり，接種量の均一性が損なわれることがあるため，使用前に2時間程度室温において液温を調整してから使用するなどの注意が必要となる．また，不活化ワクチンは冷蔵庫内での保管中に凍結することがあり，オイルアジュバントの場合でも凍結によって乳剤が分離して使用できなることがあるので注意を要する．また夏季に於いては，車内への放置や冷房のない場所への放置は厳禁であり，このような状況に放置するとワクチン性能は大きく低下する．

4）ワクチネーションプログラム

かつては使用できるワクチンの種類が少なく，養鶏関係の研究会や団体などから推奨されるワクチンプログラムがいくつも示されていたが，利用できるワクチンの種類が大幅に増えたことにより，養鶏場毎の飼養環境や鶏種，製品の差別化などの目的に応じて様々なプログラムを組む必要が生じてきている．なお，2006年時点での鶏用市販ワクチンと接種プログラムは，鶏病研究会報 Vol 42，2006「総合」に詳しく紹介されているので参考にされたい．

8．貯法および有効期間

2～10℃にて保存する．ただし，紙箱に収納しない小分け製品は2～10℃の暗所に保存する．有効期間は2年間．

参考文献

1. Cavanagh, D. and Gelb, J. Jr.（2008）：Disease of poultry 12th ed. 117-135. Blackwell publishing.
2. Duncan, E. S. Stewart-Tull（1995）：The Theory and Practical Application of Adjuvant，Willy & Sons Ltd.
3. Goryo, M. et al.（1984）*Avian Pathol.* 13,191-200.
4. 佐藤静夫（2005）：鶏病研報 41 創立 40 周年記念号. 145-146,166.
5. 清水文康ら（1966）：家畜衛生試験場研究報告 52,1-9.

（扇谷年昭）

9　ニューカッスル病・マレック病（ニューカッスル病ウイルス由来F蛋白遺伝子導入マレック病ウイルス1型）凍結生ワクチン

1．疾病の概要

1）ニューカッスル病

182ページ参照.

2）マレック病

211ページ参照.

2．ワクチンの歴史

養鶏業においては，近年の飼養羽数の拡大に伴いワクチネーションの省力化はより切迫した課題となっている．このような状況を反映し，鶏では他の動物に先駆けてウイルスベクターを用いた多価ワクチンの開発が行われて来た．

最初のウイルスベクターワクチンは，鶏痘ウイルスによってニューカッスル病（ND）を防御する二価ワクチンであり，1994年に米国で承認を受けている．以降，各種二価ワクチンが米国を中心に実用化されている（「動物用ワクチンの将来展望」の項参照）．近年，ベクターとして用いられるウイルスの主流は，移行抗体の影響を受けにくく，かつ終生にわたって免疫が持続するマレック病ウイルスに移行している．同ウイルスの3型である七面鳥ヘルペスウイルス（HVT）をベクターとする二価ワクチンが，ニューカッスル病ウイルス（NDV），伝染性ファブリキウス嚢病ウイルスおよび伝染性喉頭気管炎ウイルスにおいて既に実用化されている．

マレック病ウイルス1型（MDV1）をベクターとするものは本ワクチンが始めてであるが，マレック病（MD）が強毒MDV1に起因することを考えると，同病に対する有効性の観点からは他のベクターよりも優れていると考えられる．

3．製造用株

本ワクチン株は，オランダのCentral Veterinary Instituteにおいて分離された弱毒MDV1 CVI988株を親株としている．

CVI988株は，分離当初より非腫瘍原性である[1]．同株をアヒルあるいは鶏胚細胞で継代することにより作出された生ワクチン株は世界各国で用いられており，わが国においても1985年に承認されて以来広く使用されている．

本ワクチン株は，感染細胞においてNDVの防御抗原であるF蛋白を発現する．従来，NDVに対する免疫状態はHN蛋白に対するHI抗体価で確認されてきたが，防御抗原としてはF蛋白の方がより重要であると認識されている．最近開発されたNDに対するウイルスベクターワクチンでは，いずれもF蛋白のみが防御抗原として用いられている．

本ワクチン株の場合，弱毒NDVであるD26株のF蛋白遺伝子が[2]，感染細胞において発現するようプロモーターが付加された形で，ワクチン株ゲノムのUS10遺伝子内に挿入されている[3]．

本ワクチン株は，鶏初生ひなに接種しても病原性を示さない．また，接種鶏からの排泄はなく，マウス，猫および哺乳動物由来の細胞への感染性を示さない[4]．

製造条件を超えて継代し培養した場合においても，挿入されたF蛋白遺伝子を安定に保持する．

4．製造方法

製造方法は，通常のマレック病生ワクチンと同様である．すなわち，製造用株を鶏胚初代細胞に接種して培養し，ウイルスの増殖極期の感染細胞を採取し，安定剤に浮遊したものを原液とする．ガラスアンプルに充填し熔封後，凍結して小分製品とし，液体窒素容器内（－100℃以下）に保存する．

5．効力を裏付ける試験成績

1）最小有効量の確認

（1）MDに対する最小有効量

本ワクチンのウイルス含有量を各濃度に調整したものをSPF鶏初生ひなの頚部皮下に接種し，7日後に強毒MDV1（Alabama株）で腹腔内攻撃を行った．その結果，MDに対して80％以上の防御成績を与える最小有効量は1羽当たり300PFUであった．

（2）NDに対する最小有効量

本ワクチンのウイルス含有量を各濃度に調整したものをSPF鶏初生ひなの頚部皮下に接種し，接種6週後の抗体価をF-ELISA（下記3）参照）により測定した．80％以上の鶏がF-ELISA抗体陽性を示したのは100PFU以上を接種した場合であり，NDに対する最小有効量は1羽当たり100 PFUであった．

2）免疫出現時期

（1）抗MD免疫の出現時期

本ワクチンをSPF鶏初生ひなの頚部皮下に接種し，接種3～7日後に供試鶏をAlabama株で腹腔内攻撃した．MDに対して80％以上の防御成績を与える時期は，免疫後6日～7日目の間と考えられた．

（2）抗ND免疫の出現時期

本ワクチンをSPF鶏初生ひなの頚部皮下に接種後，経時的

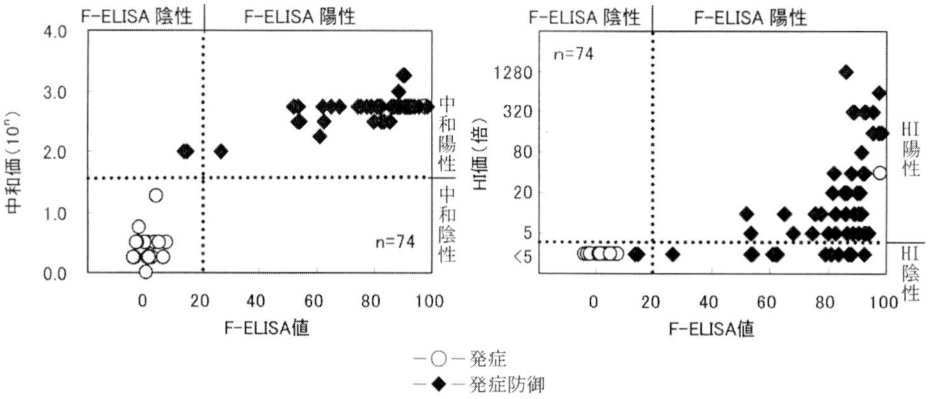

図1 F-ELISA と中和あるいは HI 試験との相関

表1 各 NDV 抗体測定法における一致率および ND 防御との一致率

抗体測定法	中和試験[1]			攻撃試験[2]		
	一致	不一致	一致率（%）	一致[3]	不一致	一致率（%）
中和試験	—	—	—	73	1	99
F-ELISA[4]	265	19	93	71	3	96
HI 試験[5]	238	46	84	59	15	80

1) 中和試験：ウイルス希釈法により実施．10 の 1.5 乗倍以上を陽性，未満を陰性と判定．
2) 攻撃試験：NDV 佐藤株で攻撃．臨床症状を呈したものを発症，無症状のものを防御と判定．
3) 一致：各測定法で陽性かつ ND 攻撃から防御された数と陰性かつ ND から防御されなかった数の計．
4) F-ELISA：F-ELISA 値＝ 100 －（被検血清の吸光度 / 標準陰性対照の吸光度）× 100．F-ELISA 値が 20.0 以下を陰性，超えたものを陽性．
5) HI 試験：5 倍以上を陽性，未満を陰性と判定．

に強毒 NDV 佐藤株の筋肉内接種または強毒 NDV 千葉株接種鶏との同居によって攻撃し，2 週間観察した．いずれの試験においても，80% 以上の防御を示したのは 5 週齢以降であった．

3）抗 F 蛋白抗体と防御の関係

本ワクチン接種鶏における抗 ND 免疫状態は，F 蛋白に対する血中抗体価によりモニターすることが可能である．F 蛋白に対する血中抗体価の測定には F-ELISA を使用する．本 ELISA は可溶化 NDV を固相化抗原とし，NDV 中和活性を有するモノクローナル抗体[5]を検出系として用いている（競合法）．したがって F-ELISA 値は中和抗体価と良く相関し，かつ従来の HI 試験よりも高感度である．F-ELISA 陽性鶏は，強毒 NDV の攻撃からほぼ 100% 防御される．

弱毒 NDV で免疫後，佐藤株で攻撃した際の攻撃時血清について，中和試験，HI 試験および F-ELISA 法で測定した（74 例）．各測定法による判定と ND 防御の一致率は，中和試験で 99%，F-ELISA で 96%，HI 試験では 80% であった（図 1，表 1）．また，その他の血清を含めた 284 例の中和試験法との一致率は F-ELISA で 93%，HI 試験で 84% であった（表 1）．

4）免疫持続期間

本ワクチンを SPF 鶏初生ひなの頚部皮下に接種し抗体の持続を調べたところ，2 年後においても全羽が NDV に対して防御レベルの抗体価を保有しており，また MDV1 に対する抗体も蛍光抗体法で陽性であった．以上の結果より，MDV1 に対する抗体および ND に対する抗体は，接種後少なくとも 2 年にわたり持続することが確認された．

5）移行抗体存在下での有効性

本ワクチンあるいは市販のマレック病生ワクチン（HVT：MDV3 型および Rispens 株；MDV1 型）を市販鶏初生ひなの頚部皮下に接種し，1 週後に超強毒 MDV1（RB1B 株）の腹腔内接種により攻撃した．

その結果，HVT および Rispens 株の防御率がそれぞれ 65% および 68% であったのに対し，本ワクチンの防御率は 78% であった（表 2）．

また，本ワクチンを市販鶏初生ひなの頚部皮下に接種し，2

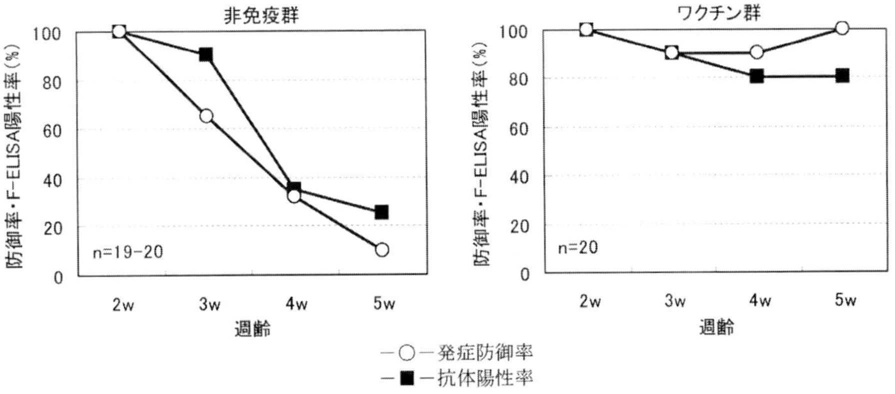

図 2 移行抗体保有鶏における ND 防御率および F-ELISA 陽性率の推移.
ワクチン群，非免疫群ともに毎週 20 羽を佐藤株で筋肉内攻撃し，2 週間観察.

表 2 移行抗体保有鶏における MD 防御率

群	免疫羽数（羽）	発症数（羽）	防御数（羽）	防御率（%）
本ワクチン	40	9	31	78
Rispens	40	13	27	68
HVT	40	14	26	65
非免疫	40	34	6	15

市販初生ひなに各ワクチンを接種後，1 週後に超強毒 MDV1 RB1B 株で腹腔内攻撃し，10 週間観察（生残鶏については、10 週後に剖検し判定）.

週齢から 5 週齢までの間，毎週，佐藤株で筋肉内攻撃した．非免疫鶏群の防御率は 2 週齢で 100% であったが，以後，移行抗体の低下に伴い 3 週齢で 65%，4 週齢で 32%，5 週齢では 10% へと低下した．これに対し，本ワクチン免疫群では 3 週齢および 4 週齢で 90% に低下したが，5 週齢では 100% に上昇した(図 2)．この時, F-ELISA 陽性率も同様な推移を示した.

6．臨床試験成績

野外の実験農場において，有効性を抗体応答（MD は蛍光抗体法, ND は F-ELISA 法)で, 安全性を臨床症状, 接種局所の観察, 体重，育成率，産卵率および産卵開始時期で評価した.

2 施設において，それぞれ肉用鶏および採卵用鶏各 220 ～ 230 羽の初生ひなを用い，本ワクチン 1 用量を 1 回接種する試験を実施した. いずれの施設においても安全性に問題はなく，MDV1 および NDV に対する抗体は肉用鶏で 8 週間，採卵鶏では 30 週間の試験期間中持続した.

7．使用方法

1）用法・用量

凍結ワクチンを流水で速やかに融解して，凍結ワクチン溶解用液 200mL 当たりに 1 本を懸濁し，鶏初生ひなの頚部皮下に 1 羽分（0.2mL）を 1 回接種する.

2）効能・効果

鶏のマレック病およびニューカッスル病の予防

3）使用上の注意

本剤は，定められた用法・用量以外の投与を行った場合には，「遺伝子組換え生物等の使用等の規制による生物の多様性の確保に関する法律」に違反するため，必ず定められた用法・用量で使用すること.

8. 貯法・有効期間

液体窒素容器（－ 100℃以下）中に保存．有効期間は 2 年間.

参考文献

1. Rispens, B.H. et al.（1972）：*Avian Dis*, 16, 108-125.
2. Sato, H. et al.（1987）：*Virus Research*, 7, 241-255.
3. Sonoda, K. et al.（2000）：*J Virol*, 74, 3217-3226.
4. Okamura, H. et al.（2001）：*Vaccine* 20, 483-489.
5. Umino, Y. et al.（1990）：*J Gen Virol*, 71, 1189-1197.

（今村　孝）

10　鶏脳脊髄炎生ワクチン

1．疾病の概要

鶏脳脊髄炎（AE）は若齢ひなに運動失調および頭頚部の震えを起こすウイルス性伝染病である．世界各地の養鶏地帯に存在し，不顕性感染も多い．免疫を持たない産卵鶏感染では急激な産卵率低下と比較的早い回復（V字型の産卵曲線）をみる．

AEは主として種鶏がAEウイルス（AEV）に感染することにより介卵感染を受けたひな，およびその同居ひなが感染し発症する．AEVは*Picornaviridae*，*Hepatovirus*に属し，血清型は単一であるが，病原性については弱毒株と強毒株が存在する．

2．ワクチンの歴史

1959年に不活化ワクチンによる免疫効果が報告されたが，1961年にCalnekら[1]により発育鶏卵培養製造法による生ワクチンが開発された．本生ワクチンは飲水投与で応用できることから，広く使用されるようになった．わが国では70年代初めに生ワクチンの製造販売が承認された．用法として，鶏群の数%に強制的に経口投与し，鶏群内での同居感染により鶏群に免疫を与えるものおよび鶏群の全羽数に均等に飲水投与する方法があるが，どちらも有効である．また近年，翼膜に穿刺投与する鶏痘生ワクチンとの混合ワクチンも承認された．

3．製造用株

Calnekらが分離した1143株[1]または同等な性状を有する株を用いる．本株は若齢ひなに経口接種すると発症するが，5週齢以上の鶏に経口または筋肉内接種しても発症しない．

4．製造方法

製造用株を発育鶏卵の卵黄嚢内に接種し，培養した後，生残鶏胚または鶏胚の脳および肝臓を採取し，乳剤を作り，ろ過，遠心または精製処理して原液とする．原液に安定剤を加えバイアルに分注して－20℃で保管（安定剤にグリセリンを含有するため凍結しない）する製剤と原液に安定剤を加えバイアル分注後凍結乾燥する製剤がある．

5．効力を裏付ける試験成績

製造用株1羽分をSPF鶏群由来の3週齢鶏に経口投与し，経日的に鶏体内での増殖性を検討した結果，接種翌日または3日目より脳，肝臓，膵臓，腎臓およびF嚢から製造用株が分離され良好な増殖を示した．加えて直腸内容物からも同様に分離され，同居させた非接種対照鶏の抗体陽転から製造用株の水平伝播性も確認された．接種後2週以降の抗体価は発症防御するとされる中和指数（NI）1.1以上を示した[2]．

6．臨床試験成績

12週齢で用法・用量に従って飲水投与した場合，2週目にはNI1.5～3.0と抗体応答が認められ，この種鶏群由来の発育鶏卵にAEV鶏胚馴化株を接種して鶏胚の病変出現を観察（鶏胚感受性試験）したところ，ほぼ100%で病変は認めず，免疫に十分な移行抗体を保有していた．ワクチン投与6ヵ月後にも鶏胚感受性試験を行ったところ同様な成績が得られ，免疫は少なくとも6ヵ月間は持続していることが確認された．

7．使用方法

1）用法・用量

本ワクチンは飲水添加または強制経口投与で種鶏を免疫して，その種鶏群から生産されるコマーシャルひなでの本病の感染および発症を予防するものである．本ワクチンの製造用株は1週齢程度までの若齢ひなを発症させ，産卵中の鶏に産卵低下を起こす場合がある．そこで，10週齢または100日齢以上で投与することと定められており，12～16週齢での投与が一般的である．採卵用鶏でも，産卵開始後のAEV感染に伴う産卵率低下予防のため，本ワクチン使用が普及している．

2）効能・効果

鶏の脳脊髄炎の予防．

8．貯法・有効期間

凍結乾燥品では2～5℃以下で1年6ヵ月または2年間．凍結製剤では倉出し（出荷）前は－20℃以下，倉出し（出荷）後は2～5℃で保管し，倉出し前は2年間，倉出し後は6ヵ月間と定められている．

参考文献

1. Calnek, B.W. et al.（1961）：*Avian Dis,* 5, 297-312.
2. Calnek, B.W. and Jehnich, H.（1959）：*Avian Dis,* 3, 95-104.

（美馬一行）

11 鶏伝染性喉頭気管炎生ワクチン

1．病気の概要

伝染性喉頭気管炎（ILT）は*Herpesviridae*, *Alphaherpesvirinae*, *Iltovirus* に属するILTウイルスによっておこる急性の呼吸器感染症である．世界的に分布しており，わが国では家畜伝染病予防法で届出伝染病に指定されている．鶏種や日齢を問わずすべての鶏が感受性を有する．罹患鶏は奇声を伴う発咳，喘鳴，喀血，産卵低下などを示し，死亡率は5～20％に達することもある．伝播は比較的遅いが，本病が発生した養鶏場に常在化しやすく，環境悪化等のストレスにより再発することもある．

2．ワクチンの歴史

本病病原体が明らかになった1930年当初から，不活化および生ウイルスワクチンの開発が行われてきた．初期の生ワクチンは病原性が強かったこともあり，クロアカ，羽包内，飲水，点眼・点鼻，噴霧接種など接種方法の検討もされてきた．わが国においては，1969年以降組織培養で弱毒化された点鼻・点眼用ワクチンが開発され使用された．しかし，これらの株では，直接気管内に接種すると病変を示すことなどから，より弱毒化されたワクチンが作出され，1981年から使用されるようになった．

3．製造用株

CE株またはこれと同等と認められた株を用いる[1]．CE株はILTウイルスNS-175株を鶏腎細胞および鶏胚線維芽細胞で継代し弱毒化した株で，ポックマーカー，Tマーカー，CPEマーカー，プラックマーカーを保有する．ワクチン株を鶏に点鼻または点眼接種すると，一過性の呼吸器症状および結膜の充血を呈することがある．10日齢の発育鶏卵の漿尿膜上に接種すると特有のポックを形成する．

4．製造方法

製造用株により2通りの製造方法が用いられる．①発育鶏卵の尿膜腔内に接種し，培養後，採取した尿膜腔液または尿膜腔液と漿尿膜との乳剤の遠心上清を原液とする．②鶏胚初代細胞または鶏胚肝初代細胞に接種し，培養後，採取した培養液のろ液，遠心上清またはこれを濃縮したものを原液とする．いずれも，必要に応じ希釈液，安定剤等を加え，小分け容器に分注し，凍結乾燥する．

5．効力を裏付ける試験成績

ワクチン（CE株）を点眼，点鼻，噴霧接種し，3～4週後に攻撃した成績では[1]，10日齢までのひなでは50～100%，また14日齢以上の鶏では80～100%が無症状で耐過した．免疫は，30日齢の1回接種で，2～3ヵ月持続するが，それ以降感染防御率は急激に低下する．免疫出現時期は，ワクチン接種後2～4日後には攻撃に耐過するものが出現し，5～8日後には80％ないしそれ以上のものが耐過することから，本ワクチンの効果は極めて早期に発現する．ワクチンによる中和抗体はそれほど高く上昇しない．移行抗体の免疫に与える影響については明確な成績が得られていない．免疫に必要な最小有効量はワクチン株の種類や接種ルートにも関係するが，LT-IVAX株を用いた試験では，$10^{3.0}TCID_{50}$/羽接種で70～100%の防御率が得られた．

6．臨床試験成績

ワクチン（LT-IVAX株）を用いた臨床試験成績を表1に示す．接種反応等の異常は認められず，試験的攻撃に対し高い防御効果を示した．

表1　臨床試験成績

試　験	接種日齢	試験羽数	接種反応	臨床異常	発育阻止	抗体陽性率（%）	攻撃日齢	防御率（%）*
1	75	4500	－	－	－	16/20（80）	135	70
2	19	5500	－	－	－	6/10（60）	61	80
3	110	4500	－	－	－	18/20（90）	170	100

＊攻撃羽数は10羽

7．使用方法

1）用法・用量

14 日齢あるいは 21 日齢以上の鶏に点眼，点鼻接種する．

2）効能・効果

鶏伝染性喉頭気管炎の予防．

3）使用上の注意

周辺で発生があり，成鶏での発生が懸念される場合は，再接種を行う．鶏種に関わらず使用される．ILT 生ワクチンと ND 生ワクチン（IB 混合生ワクチンも含む）の間では干渉現象があり，効果が抑制されるので，両者のワクチンの使用には 1 週間以上の間隔を置く必要がある．

8．貯法・有効期間

遮光して 2 ～ 5℃で保存する．有効期間は製品により異なり 1 年 9 ヵ月から 2 年間．

参考文献

1．山田進二（1985）：鶏のワクチン，96-125，鶏の研究社．

（湯浅　襄）

二段針の効用

みなさん，二段針という注射針を知っていますか？昔，東大医科学研究所が伝染病研究所と言われたときに，ウイルス病の研究者であった矢追先生が開発されたそうです（真意は分かりませんが，私の上司から聞いた話です）．昔，私が勤務していた動物医薬品検査所では，どの検査室でも特注で作られた二段針が使われていました．検査室では，ワクチンの力価を測定するため，日常的にマウスの腹腔にワクチンを接種するときに使っていました．また，ウイルス製剤検査室では狂犬病ウイルスのウイルス価を測定するため乳のみマウスの脳内接種にも使っていました．新人の所員にとって，通常の注射針で接種すると，何匹かは事故で死亡する場合が多くありました．一度に数百匹のマウスに事故もなく注射するには，とても重宝したものでした．野外でもツベルクリン注射など皮内接種するときに用いられていたようです．必要は発明の母といいますが，矢追先生の先見性に敬服する次第です．

（田村　豊）

12　マレック病（七面鳥ヘルペスウイルス）生ワクチン

1．疾病の概要

マレック病（MD）は *Herpesviridae*，*Alphaherpesvirinae*，*Mardivirus* に属する MD ウイルス（MDV）の経気道感染に起因する T リンパ球の腫瘍性増殖を特徴とする鶏の悪性リンパ腫である．

1907 年，Marek によって多発性神経炎として報告された疾病が MD の最初の報告とされている[1]．MD は長い間その病原体がはっきりしなかったこと，症状や病変が多様であること，リンパ性白血病（LL）と病理形態学的に区別しにくいことなどから研究は進展がみられなかった．1967 ～ 1968 年にかけ相次いで Churchill ら，Nazerian らによって MD の病原体であるヘルペスウイルスの一種が組織培養を用いて初めて分離され[2,3]，試験管内で継代が可能となった．MD の病原体が明らかになって以来，MD に関する研究は急速に進展し，病気の姿もほぼ解明されるに至った．MD 発症鶏はもとより臨床的に正常な鶏からも多数の MDV 株が分離されており，腫瘍原性を持つ血清型 1 とそれを欠く血清型 2 の 2 つの血清型に分けられている．

MDV は自然宿主を鶏として鶏群の間で広く蔓延している．鶏群における MDV の感染性は高く，その伝播力は極めて強い．皮膚や羽包上皮で増殖したウイルスがふけとともに飛散して感染源となり，養鶏場に導入された初生ひなは 2 ～ 3 週以内に MDV の自然感染を受け，生涯にわたって持続感染の状態になる．ウイルスの病原性はウイルス株によって異なり，野外では腫瘍原性が非常に強い株から欠如するものまで様々な株が同一鶏群，時には同一個体に存在する．MDV 感染を受けた鶏の一部が悪性リンパ腫を発症するが，ウイルスの病原性はウイルスの感染量，宿主の抵抗性（遺伝的素因）および環境（他疾病とのかかわり）の 3 つがその発症を左右する要因となる．

MD の症状は定型（古典型）と急性型に大別される．定型では主として末梢神経がおかされ，脚弱，起立不能，翼下垂あるいは斜頚などが発現する．3 ～ 5 カ月齢のひなに発生が多く死亡率は 10％以下である．一方，急性型では死亡率が高く，10 ～ 30％，ときに 50％に達する．発生のピークは 2 ～ 4 カ月齢で 1 カ月齢未満の発生も少なくない．主として内臓諸臓器に腫瘍を形成し，俗に内蔵型 MD とも呼ばれている．そのほか，皮膚の羽包を中心に腫瘍を形成するものを皮膚型 MD と呼ぶ．いずれも，育成率や商品化率の低下を招き養鶏業に甚大な経済的被害を与えることから家畜伝染病予防法で届出伝染病に指定されている．

2．ワクチンの歴史

組織培養によるウイルス分離と同時にワクチンの研究も進展し，1969 年には英国の研究者により血清型 1 の弱毒化された MDV による始めての生ワクチンが作出された[4]．同じく 1969 年に川村らによって分離された七面鳥ヘルペスウイルス[5]（Herpesvirus of Turkeys：HVT）は MDV と共通の抗原性を有し鶏に対する病原性がほとんどみられないことから，1970 年米国の研究者によりワクチンに応用され[6]世界的に広く用いられるようになった．わが国では 1972 年より使用が開始され MD の発症は急激に減少し，本ワクチンの有効性が確認された．なお，日本では本ワクチンが使用される 1 年前で不活化ワクチンが使用された時期があった．

一方，1978 年頃より日本を含めて世界的に HVT ワクチンを接種したにもかかわらず通常以上に MD の発生および被害が認められるいわゆるワクチンブレークが問題となり，血清型 1，血清型 2，または混合（2 価）ワクチンの開発が開始されることとなった．2 価ワクチンについては別項で述べる．

3．製造用株

HVT FC126 株またはこれと同等な性状を有すると認められた株を製造用株としている．本株は鶏，ウズラ，アヒル，七面鳥の発育卵胚由来の線維芽細胞や腎培養細胞で CPE を伴って良く増殖し，MDV に比べて増殖サイクルが速く，また細胞遊離性の感染性ウイルスが容易に得られるため製造用株として適している．

皮下接種された鶏体内では 3 日目から末梢血リンパ球，胸腺，脾臓，F 嚢でウイルスが分離され，加えて 7 日目以降には皮膚からも分離されるようになり，良好な増殖を示す（表 1）．ウイルスは皮膚から分離されるものの，同居感染性は認められていない（表 2）．

4．製造方法

本ワクチンにはその剤型により凍結ワクチンと凍結乾燥ワクチンの 2 種類がある．凍結ワクチンは細胞随伴性（cell-associated）のウイルスを主体として使用したワクチン，凍結乾燥ワクチンは非細胞随伴性（cell-free）ウイルスだけを集め

表1 ワクチンウイルスの体内分布

接種後日齢	ウイルス分離				
	末梢血リンパ球	胸 腺	脾 臓	F 嚢	皮 膚
3	3/5*1	＋*2	＋	＋	0/5
5	3/5	＋	＋	＋	0/5
7	5/5	5/5	5/5	5/5	5/5
10	5/5	5/5	5/5	5/5	2/5
14	5/5	5/5	5/5	5/5	4/5

*1 分離陽性羽数 / 検査羽数
*2 ＋：分離陽性 (5 羽分プール)

表2 ワクチンウイルスの同居感染性

接種後日齢	ウイルス分離		
	群	末梢血リンパ球	脾臓
14	同居群	0/5*1	0/5
	ワクチン群	5/5	5/5
21	同居群	0/5	0/5
	ワクチン群	5/5	5/5
28	同居群	0/5	0/5
	ワクチン群	5/5	5/5

*1：分離陽性羽数 / 検査羽数
ワクチン接種後ただちに同居群とともに飼育開始し，14 日，21 日および 28 日後に両群からウイルス分離を実施.

表3 ワクチンの免疫成立時期

群	接種 3 日後		接種 5 日後		接種 7 日後		接種 14 日後	
	MD 発症	防御指数	MD 発症	防御指数	MD 発症	防御指数	MD 発症	防御指数
接種群	10/11	9	4/12	67	3/12	75	3/10	70
非接種群	12/12	─	12/12	─	12/12	─	10/10	─

ワクチン接種後 3 日，5 日，7 日および 14 日目に強毒 MDV RB-1B 株で腹腔内攻撃し，70 日間飼育．飼育期間中の死亡および MD 発症率を指標とした.

凍結乾燥したものである．凍結ワクチンは液体窒素中に保管され，使用直前に液体窒素から取り出して使用するため，凍結乾燥ワクチンと比べて保管や取り扱いに非常な手間と注意が要求される．しかし，移行抗体存在下での接種では凍結ワクチンがより高い有効性を示すため，現在わが国では凍結ワクチンが使用されている.

凍結ワクチンは，SPF 鶏群由来の発育鶏卵胚から作製した線維芽細胞に製造用株ウイルスを接種して一定時間培養後，増殖したウイルスを含む細胞を採材し，細胞凍害防止剤を含む安定剤に浮遊させ，アンプルに分注後，細胞に障害を与えないように注意深く凍結して，液体窒素に保存する.

5．効力を裏付ける試験成績

HVT ワクチンを接種したにもかかわらず MD を高率に発症した鶏群から分離された高腫瘍原性 MDV RB-1B 株[7]で攻撃試験を実施して本ワクチンの有効性について検討した．ワクチン接種後 3 日，5 日，7 日および 14 日目に RB-1B 株で攻撃し，70 日間飼育観察時の MD 発症率を指標として免疫の成立時期を検討したところ，ワクチン接種後 5 日目には有効性を発揮していることが確認された（表 3)．また，1 回の接種で生涯免疫効果を発揮すると考えられている．加えて，本ワクチンは細胞随伴性ウイルスを主体としているため，移行抗体の影響はほとんど受けない．ワクチン中に含有するウイルス量を調整して接種し最小有効抗原量について検討したところ，1 羽あたり数百 PFU 以上で有効であることが示唆された（表 4)．本製剤の規格では，1 羽あたりのウイルス含有量は 1,000PFU 以上と定められており，さらに市販されているワクチンではその数倍量以上のウイルス量を含有している.

表4 ワクチンの最小有効免疫量

ワクチンウイルス接種量（PFU)	MD 発症	防御指数
3,000	4/11	64
300	5/11	55
30	12/12	0
0(無接種)	12/12	─

ワクチン接種 7 日後に強毒 MDV RB-1B 株腹腔内攻撃，70 日間飼育し，期間中の死亡および MD 発症を指標とした.

表5　ワクチンを液体窒素から取り出し室温放置し，再び液体窒素に戻した場合のウイルス量の低下

	室温放置時間						
	0	30秒	1分	2分	3分	5分	10分
試験1	100	85	−	78	−	9	0
試験2	100	77	68	−	54	−	−

取り出し後放置せず，直ちに調整した場合のウイルス量を100として表示.

表6　ワクチン融解時の融解温度によるウイルス量の低下

融解方法	試験1	試験2	試験3	平均
微温湯（37℃）	100	100	100	100
水道水	85	91	90	89

微温湯（37℃）で融解した場合のウイルス量を100として表示

6．臨床試験成績

ワクチン接種によりMDV感染を防御することはできない．すなわち，多くの場合ワクチンウイルスとMDVは同一鶏体内でともに持続感染している．そのような鶏でも抗腫瘍性の免疫が成立し，MDの発病を予防する．

特殊な免疫機序のため，臨床現場でのワクチンのMD発症防御率はまちまちであり，ワクチンを接種してもMD発生を完全に防ぐことはできない場合が多い．

接種ウイルス量が多いほど，また確実な接種のための連続2回接種法がより良い効果をもたらすとの報告もあるが，ワクチンが免疫効果を表す接種後1週間以内のMDV感染を防ぐ幼雛期の衛生管理（隔離飼育）が予防効果を上げるうえで重要と考えられる．また，ストレスや他の病原体（伝染性ファブリキウス嚢病ウイルス，細網内皮症ウイルス，鶏レオウイルス，鶏貧血ウイルス）感染がワクチン効果を弱めるとの報告もあり，適切な飼養衛生管理が不可欠である．

7．使用方法

1）用法・用量

初生時（孵化日）に頚部皮下または腹腔内に専用の連続注射器を用いて0.2mLを接種する．

2）効能・効果

マレック病の予防．

3）使用上の注意

凍結ワクチンでは使用時に液体窒素からアンプルを取り出し，ただちに微温湯で融解後溶解用液に溶解しなければならない．保管時の液体窒素切れによる温度変化，融解後の室温放置，融解方法等によりワクチンウイルスは失活しやすいため（表5，表6），取り扱いには細心の注意を払い，規定量のウイルスを接種する．

8．貯法・有効期間

凍結ワクチンは液体窒素容器内に，溶解用液は室温に保存する．有効期間は製品によって異なり，2年または3年間．

参考文献

1. Marek, J. et al.（1907）：*Dtsch Tierarztl Wochenschr,* 15.
2. Churchill, A.E. et al.（1967）：*Nature,* 215, 528-530.
3. Nazerian, K. et al.（1968）：*Proc Soc Exp Biol Med,* 127.
4. Churchill, A.E. et al.（1969）：*Nature,* 221, 744-747.
5. Kawamura, H. et al.（1969）：*Avian Dis,* 13, 853-863.
6. Okazaki, W. et al.（1970）：*Avian Dis,* 14, 413-429.
7. Schat, K.A. et al.（1981）：*Avian Pathol,* 11, 593-605.

（美馬一行）

13 マレック病（マレック病ウイルス１型）凍結生ワクチン

1．病気の概要

211ページ参照

2．ワクチンの歴史

マレック病ウイルス（MDV）の細胞培養増殖系が確立されて以降，弱毒化1型，弱毒1型，2型および3型株（HVT）によるワクチンが開発され使用されてきた．また，2型と3型株を用いた2価ワクチンもある．

わが国では，1972年に3型株，1985年に本ワクチンである弱毒1型株，1988年に2型株と3型株の2価および1996年に弱毒1型株と3型株の2価のワクチンが開発され使用されている．MDVは細胞結合性のウイルスで，使用されているワクチンは細胞成分を含む凍結ワクチンである．

3．製造用株

CVI988株またはこれと同等と認められた株を用いる．CVI988株はRispensら[1]によって鶏から分離された弱毒の1型MDVである．ワクチンとして使用されている株は，元株を鶏胚培養細胞あるいはアヒル胚培養細胞で継代し病原性を減弱したものである．

1日齢の鶏の皮下，筋肉内または腹腔内に接種しても病原性は示さない．鶏，ウズラまたはアヒルの発育鶏卵の胚初代細胞に接種するとCPEをともなって増殖する．

CVI988株を接種した鶏と同居飼育した鶏からウイルスが回収され，また抗体も上昇することから接触感染が認められる．

表1 接種ウイルス量と防御効果

群	ワクチン株	接種量（PFU）	発症数（%）	防御率（%）
1	CVI988	3,000	0/17（0）	100
2	CV1988	1,000	1/20（5）	95
3	CV1988	300	2/18（11）	89
4	HVT	3,000	2/19（11）	89
5	無接種		11/15（73）	

ワクチン接種7日後にMDV-KS株（2,000PFU）で攻撃

4．製造方法

種ウイルスを培養細胞または細胞浮遊液に接種して培養する．ウイルス増殖極期の感染細胞を集めて遠心し，培養液で浮遊させた細胞浮遊液を原液とする．

原液を濃度調整し，凍結防止剤を加え最終バルクとする．最終バルクを小分け容器に分注し，凍結して製品とする．

5．効能を裏付ける試験成績

ワクチンを初生ひなの皮下，筋肉内，あるいは発育鶏卵の卵内接種で，ひなは終生免疫を獲得する．ワクチン（CVI988株）の接種ウイルス量と防御効果の関係をみると（表1），初生時に300PFU/羽接種で，7日後のMDV-KS株（2,000PFU）攻撃に対し十分な防御効果が得られた．なお，使用されるワクチ

表2 防御効果の発現時期

群	ワクチン[1]	ワクチン接種後攻撃[2]までの日数 1 発症数（%）	1 防御率（%）	3 発症数（%）	3 防御率（%）	5 発症数（%）	5 防御率（%）	7 発症数（%）	7 防御率（%）
1	CVI988	14/22（64）	46	1/23（4）	96	1/26（4）	96	0/26（0）	100
2	HVT	19/19（100）	0	9/21（43）	57	5/21（24）	76	3/23（13）	87
3	無接種	16/16（100）		20/20（100）		24/24（100）		23/23（100）	

1）ワクチン3,000PFU/羽初生時に接種．
2）MDV-KS株（2,000PFU）で攻撃．

表 3　攻撃ウイルスの羽包上皮細胞における増殖抑制

群	ワクチン株	攻撃 [1]	鶏 No.	抗原価 [2]	ウイルス量 (PFU/0.1mL) CVI988	HVT	KS
1	CVI988	—	1	—	17		
			2	—	12		
			3	—	3		
2	CVI988	KS	4	—	6		0
			5	—	16		0
			6	—	57		0
3	HVT	—	7	—		8	
			8	—		2	
			9	—		5	
4	HVT	KS	10	4		920	255
			11	—		6	10
			12	—		380	0
5	—	KS	13	4			390
			14	8			1225
			15	4			1225

[1] ワクチン接種 7 日後に MDV-KS 株（2,000PFU）で攻撃，攻撃 3 週後に毛根部を採材して検査.

[2] 寒天ゲル内沈降反応による抗原価測定（希釈倍数）

ンには 1,000PFU/ 羽以上のウイルス量が含まれている.

免疫効果の発現時期をみると，ワクチン（CVI988 株）接種後，同時攻撃でもある程度の防御効果は認められ，3 日以降の攻撃に対しては 90% 以上の高い防御効果が得られた．ワクチン（CVI988 株）による免疫効果は極めて早期に出現し，HVT ワクチンと比べて高かった（表 2).

移行抗体の防御効果に与える影響について調べたところワクチン（CVI988 株）の接種部位ならびにワクチン量に関わらず防御効果に差はなく，移行抗体の影響は認められなかった.

MDV は鶏の羽包上皮細胞で感染性ウイルスとなり体外に排泄される．ワクチンにより野外株攻撃ウイルスの羽包上皮細胞での増殖が抑制されるかどうかを調べた成績を表 3 に示す．ワクチン（CVI988 株）により攻撃株の羽包上皮での増殖が強く抑制され，感染源となるウイルスの体外排泄量が減少することが明らかであった．HVT ワクチンでも，抑制効果は認められるが，CVI988 株の方が大きかった.

ワクチンブレイクの要因の 1 つと考えられている vvMDV（Md/5 株）を用いた攻撃試験で，CVI988 株は 100％と高い防御効果を示した.

6．臨床試験成績

7 県下 9 養鶏場，合計 15,242 羽を用いた臨床試験で，接種部位の異常，臨床的異常あるいは発育阻害などはまったく認められず安全性が確認された．広島県と鳥取県下 2 養鶏場で実施した有効性に関する臨床試験の成績では対象として用いた HVT ワクチン群の MD 陽性率は 3.9 ～ 10.4％であったのに比べ本ワクチン群の MD 陽性率は 1.7 ～ 2.8% で MD の防除効果は明らかに高かった.

7．使用方法

1）用法・用量

初生ひなの皮下，筋肉内に 0.2mL を接種または 18 ～ 19 日齢時の発育鶏卵内に自動卵内接種機を用いて 0.05mL を接種する.

2）効能・効果

マレック病の予防.

3）使用上の注意

ワクチンの再接種は必要ない.

8．貯法・有効期間

液体窒素容器内で凍結保存する．有効期間は製品により異なり 2 年から 3 年間.

参考文献

1. Rispens, B.H, et al.（1972）：*Avian Dis,* 16, 108-125.

（湯浅　襄）

14　マレック病（マレック病ウイルス１型・七面鳥ヘルペスウイルス）凍結生ワクチン

1．疾病の概要

211 ページ参照.

2．ワクチンの歴史

1968 年 Rispens らはマレック病（MD）症状を呈していない鶏からアヒル胚線維芽（DEF）細胞を用いて MD ウイルス（MDV）を分離し，さらに DEF 細胞および鶏胚線維芽（CEF）細胞で継代培養することにより弱毒化した CVI988 株の MD 防御効果について報告した[1]．この MD 生ワクチンはオランダを中心とした EU 諸国で先ず使用され有効性を発揮してきた．1986 年，MDV1 型と HVT 混合ワクチンでも MDV2 型と HVT 混合ワクチンで見られるような有効性増強作用が認められることが報告され[2]，単独の使用に加えて使用時に HVT ワクチンと混合する方法が採られるようになった．やがて使用者の利便性を考慮した 1 アンプル中に両ウイルスを含む製剤が開発された．わが国では先ず輸入品として 1996 年に，また国内製造品として 2008 年に製造販売が承認された.

3．製造用株

弱毒 MDV1 型 CVI988 株および HVT FC126 株を製造用株としている．FC126 株についてはマレック病（七面鳥ヘルペスウイル）生ワクチンの項を参照されたい．CVI988 株は鶏，アヒルの発育卵胚由来の線維芽細胞および腎培養細胞で CPE を伴って増殖するが HVT と比較して増殖速度は遅い.

CVI988 株を皮下接種された鶏体内では 3 日目から末梢血リンパ球，および脾臓でウイルスが分離され，5 日目には加えて胸腺および F 嚢からも分離されるようになり，7 日目以降にはさらに皮膚からも分離された（表 1）．また非接種対照群と同居後 21 日目には同居群からもウイルスが分離され，本株の同居感染性が確認されている（表 2）.

同居感染性を持つ弱毒株であるため，本株の病原性復帰の可否について確認試験を実施した．CVI988 株 30,000FFU/ 羽を初生ひなの頚部皮下に接種して 7 日後に脾臓より分離したリンパ球を次代の初生ひなの胸筋内に接種し，再び 7 日後にその脾臓よりリンパ球を分離してさらに次代のひなに接種する．同様に 10 代まで継代して継代ウイルスの病原性を初代株と比較した．接種後 7 週間飼育して臨床観察，解剖および組織学的検査を行ったところ，継代による変化は認められず安全であることが確認された.

表 1　ワクチンウイルス（CVI988 株）の体内分布

接種後日齢	ウイルス分離				
	末梢血リンパ球	胸　腺	脾　臓	F　嚢	皮　膚
3	1/5 *	−	＋	−	0/5
5	4/5	＋ **	＋	＋	0/5
7	5/5	5/5	5/5	5/5	1/5
10	5/5	5/5	4/5	5/5	3/5
14	5/5	4/5	5/5	5/5	5/5

* 分離陽性羽数 / 検査羽数
** ＋：分離陽性（5 羽分プール）

表 2　ワクチンウイルス (CVI988 株) の同居感染性

接種後日齢	ウイルス分離		
	群	末梢血リンパ球	脾　臓
14	同居群	0/5*	0/5
	ワクチン群	5/5	5/5
21	同居群	2/5	3/5
	ワクチン群	3/3	3/3
28	同居群	4/5	4/5
	ワクチン群	3/3	3/3

* 分離陽性羽数 / 検査羽数
ワクチン接種後ただちに同居群とともに飼育開始し，14 日，21 日および 28 日後に両群からウイルス分離を実施.

4．製造方法

本ワクチンは細胞随伴性（cell-associated）のウイルスを主体として使用した凍結ワクチンのため，HVT ワクチンと同種の製造用細胞を用いて同様な工程で製造される（HVT ワクチンの項を参照）．しかし，HVT　FC126 株と MDV CVI988 株の増殖速度は異なり，加えて両ウイルスの増殖ピーク時にそれぞれ細胞を採取して直ちに混合し凍結する必要があるため，製造には高い技術が必要である.

表3　2価MD生ワクチン（CVI＋HVT）の有効性

ワクチン	MD死亡	MD発症	防御指数
CVI＋HVT	1/13	2/13*	85
非接種	30/30	30/30	−

* MD発症羽数 / 検査羽数
ワクチン接種7日後に強毒MDV RB-1B株で腹腔内攻撃，50日間飼育し，期間中の死亡およびMD発症を指標とした．

5．効力を裏付ける試験成績

HVTワクチンを接種したにもかかわらずMDを高率に発症した鶏群から分離された高腫瘍原性MDV RB-1B株で攻撃試験を実施して本ワクチンの有効性について検討した．ワクチン接種後7日目にRB-1B株で攻撃し，50日間飼育観察時のMD発症率を指標として本ワクチンの有効性を検討したところ，非接種対照群が100％発症したのに対してワクチン接種群では15％の発症にとどまり，有効性が確認された（表3）．

6．臨床試験成績

本ワクチンもマレック病生ワクチンの他の製剤と同様にMD発症を完全に予防することはできない．

2010年から国内製造の本製剤が販売されているが，臨床現場では以前より使用していたHVTおよびCVIワクチンをそれぞれ用時混合して使用する方法が慣例化しており，本製剤の使用は限定的である．用時混合使用法は主として採卵鶏群で使用され，HVT単独接種では得られない高い有効性を発揮しており，現在ではHVTワクチンの単独使用例はまれである．

7．使用方法

1）用法・用量

初生時（孵化日）に医療機器として承認された専用の接種器機を使用して頚部皮下に0.2 mLを接種する．

2）効能・効果

マレック病の予防．

3）使用上の注意

他のMD生ワクチンと同様にワクチン保管，調整時の取扱に細心の注意を払う必要がある．

8．貯法・有効期間

凍結ワクチンは液体窒素容器内に，溶解用液は室温に保存する．有効期間は製品によって異なり，2年または3年間．

参考文献

1. Rispens, B.H. et al.,（1972）：*Avian Dis*, 16, 108-125.
2. Powel, P.C. and Lombardini, F.（1986）：*Vet Rec*, 118, 688-691.

（美馬一行）

15　マレック病（マレック病ウイルス２型・七面鳥ヘルペスウイルス）凍結生ワクチン

1．疾病の概要

211 ページ参照.

2．ワクチンの歴史

マレック病（七面鳥ヘルペスウイルス）生ワクチン（HVT ワクチン）が 1970 年米国，1972 年日本など世界的に広く用いられるようになりマレック病（MD）の発症は急激に減少し，本ワクチンの有効性が確認された.

しかし，1978 年頃より日本を含めて世界的に HVT ワクチンを接種したにもかかわらず，通常以上に MD の発生および被害が認められるいわゆるワクチンブレークが問題となってきた．MD ワクチンブレークを引き起こす主な要因としては，ワクチン使用失宜，移行抗体の影響，早期の野外 MD ウイルス（MDV）への暴露（飼育環境の汚染）および HVT ワクチンの免疫を打ち負かすような非常に病原性の強い MDV（vvMDV）の出現等が考えられ，これら要因が複合して発生するものと考えられた.

米国においては，Witter ら，Schat らおよび Eidson らにより vvMDV が分離され[1,2,3,4]，これらの分離株を用いて MD ワクチンの有効性について種々の検討が加えられた．一方，1978 年には米国コーネル大学の Schat と Calnek は大学で飼育していた MD 生ワクチン未接種の MD 高感受性鶏から MDV を分離し，SB 株と命名した[5]．分離 SB 株および限界希釈法によりクローニングされた SB-1 株は非腫瘍原性株である MDV ２型に分類され，強毒 MDV 攻撃試験で有意に MD 発症を防御し，MD 生ワクチンとして有効な免疫原性を有していることが確認された．特に 1982 年 Schat らは HVT ＋ SB-1 の２価 MD 生ワクチンが vvMDV 攻撃に対して最も防御効果が高いことを報告している[3]．さらに本生ワクチンの採卵鶏[6]およびブロイラー[7]を用いた野外応用試験での有効性も報告され，1983 年には米国において SB-1 株を種ウイルスとする MD 生ワクチンの製造販売が承認され，HVT ワクチンと使用時に混合して２価 MD 生ワクチンとされた．その後，1 アンプル中に HVT と SB-1 株を混合した２価 MD（マレック病ウイルス２型・七面鳥ヘルペスウイルス）凍結生ワクチンは 1988 年にわが国で世界に先駆けて製造販売が承認されたものである.

表 1　ワクチンウイルス（SB-1 株）の体内分布

接種後日齢	ウイルス分離				
	末梢血リンパ球	胸　腺	脾　臓	F　嚢	皮　膚
3	0/4*	−	−	−	0/5
5	5/5	＋ **	＋	−	0/5
7	5/5	3/5	5/5	2/5	0/5
10	5/5	5/5	5/5	5/5	0/5
14	5/5	5/5	5/5	5/5	5/5

＊ 分離陽性羽数 / 検査羽数
＊＊ ＋：　分離陽性（5 羽分プール）

表 2　ワクチンウイルス (SB-1 株) の同居感染性

接種後日齢	ウイルス分離		
	群	末梢血リンパ球	脾臓
7	同居群	0/4*	−
	ワクチン群	4/4	＋ **
10	同居群	0/4	−
	ワクチン群	3/3	＋
14	同居群	0/4	−
	ワクチン群	4/4	＋
21	同居群	3/5	＋
	ワクチン群	4/4	＋

＊ 分離陽性羽数 / 検査羽数
＊＊ ＋：分離陽性 (4 羽分プール)
ワクチン接種後ただちに同居群とともに飼育開始し，7 日，10 日，14 日および 21 日後に両群からウイルス分離を実施.

3．製造用株

MDV2 型 SB-1 株および HVT FC126 株を製造用株としている．FC126 株についてはマレック病（七面鳥ヘルペスウイル）生ワクチンの項を参照されたい．SB-1 株は鶏およびアヒル，の発育卵胚由来の線維芽細胞および腎培養細胞で CPE を伴って増殖するが，HVT と比較して増殖速度は非常に遅い.

皮下接種された鶏体内では 5 日目から末梢血リンパ球，胸腺，

表 3　ワクチンの免疫成立時期

群	接種 3 日後		接種 5 日後		接種 7 日後	
	MD 発症	防御指数	MD 発症	防御指数	MD 発症	防御指数
接種群	8/10*	20	3/11	73	1/12	92
非接種群	10/10	—	11/11	—	11/11	—

* MD 発症羽数 / 検査羽数
ワクチン接種後 3 日，5 日および 7 日目に RB-1B 株で攻撃し，70 日間飼育して MD 病変を確認.

脾臓でウイルスが分離され，7 日目以降にはさらに F 嚢から分離されるようになり，14 日目には皮膚からも分離された（表 1）．また非接種対照群と同居後 21 日目には同居群からもウイルスが分離され，本株の同居感染性が確認されている（表 2）．

4．製造方法

本ワクチンは細胞随伴性（cell-associated）のウイルスを主体として使用した凍結ワクチンのため，HVT ワクチンと同種の製造用細胞を用いて同様な工程で製造される（HVT ワクチンの項を参照）．しかし HVT FC126 株と MDV SB-1 株の増殖速度は著しく異なり，加えて両ウイルスの増殖ピーク時にそれぞれ細胞を採取して直ちに混合し凍結する必要があるため，高品質の本ワクチンを安定して製造するにはノウハウが必要である．

表 4　2 価 MD 生ワクチンの有効性（Synergistic 効果）

ワクチン	接種量（PFU）	MD 発症	防御指数
HVT	6,500	5/17*	71
SB-1	5,000	7/17	59
2 価（HVT+SB-1）	4,000（H） 2,300（S）	1/16	94
非接種	—	16/16	—

* MD 発症羽数 / 検査羽数
ワクチン接種 7 日後に強毒 MDV RB-1B 株で攻撃，70 日間飼育し期間中の死亡および MD 病変を指標とした.

5．効力を裏付ける試験成績

HVT ワクチンを接種したにもかかわらず MD を高率に発症した鶏群から分離された高腫瘍原性 MDV RB-1B 株で攻撃試験を実施して本ワクチンの有効性について検討した．ワクチン接種後 3 日，5 日，7 日目に RB-1B 株で攻撃し 70 日間飼育観察時の MD 発症率を指標として免疫の成立時期を検討したところ，ワクチン接種後 5 日目にはワクチン効果を発揮していることが確認された（表 3）．さらに，HVT 単独，SB-1 単独および HVT と SB-1 を混合した 2 価ワクチンを接種して同様に RB-1B 株攻撃試験により有効性を比較したところ，2 価ワクチンが最も優れた有効性を示し（表 4），Witter らが述べている Synergistic（相乗）効果[8]が確認された．

また，Sharma らは MD 生ワクチンの発育鶏卵内接種が安全でかつ MDV の早期暴露に有効であることを報告した[9]．本ワクチンでも 18 日齢発育鶏卵内接種が孵化後 1 日目からの早期の免疫を成立させることが確認され（表 5），1999 年に新たな投与法として追加承認されている．

6．臨床試験成績

マレック病（七面鳥ヘルペスウイルス）生ワクチンと同様に特殊な作用機序により有効性を発揮するため MD 発症を完全に予防することはできない．あるブロイラー飼育施設にて初生時の頚部皮下接種群および発育鶏卵内（18 日齢時）接種群のともに 42 鶏群について育成期間中（孵化後 60 日間）の MD 発症（脚弱や内臓腫瘍による減耗）率を調査したところ，頚部皮下接種群で平均 8.1%（4.5 ～ 14.1％），発育鶏卵内接種群で

表 5 発育鶏卵内接種法による早期免疫成立

群	孵化後 1 日目		孵化後 3 日目		孵化後 5 日目	
	MD 発症	防御指数	MD 発症	防御指数	MD 発症	防御指数
発育鶏卵内接種	5/10*	50	3/10	70	2/10	80
皮下接種	10/10	0	9/10	10	3/10	70
非接種対照	10/10	—	10/10	—	10/10	—

* MD 発症羽数 / 検査羽数

平均4％（1.0～7.1％）を，また別の施設の7鶏群では同様に皮下接種群で5.4%(4.3～5.8％)，発育鶏卵内接種群で3.8％（3.5～4.2％）を記録し，いずれも発育鶏卵内接種がより良好なMD発症予防率を示した．

発育鶏卵内接種は孵化18日齢時に接種するが，これはセッターからハッチャーへの移卵日にあたる．同時にワクチンも接種できる省力性と有効性（早期の免疫成立）を兼ね備えた本接種法の応用がブロイラーでの主流となっている．

7．使用方法

1）用法・用量

初生時（孵化日）の頚部皮下に0.2 mLを接種，または18～19日齢時の発育鶏卵内に0.05 mLを接種する．どちらも医療機器として承認された専用の接種器機を使用する．

2）効能・効果

マレック病の予防．

3）使用上の注意

MD（七面鳥ヘルペスウイルス）生ワクチンと同様にワクチン保管，調整時の取り扱いに細心の注意を払う必要がある．

8．貯法・有効期間

凍結ワクチンは液体窒素容器内に，溶解用液は室温に保存する．有効期間は製品によって異なり2年または3年間である．

参考文献

1. Witter, R.L.（1980）：*Avian Dis*, 24, 210-232.
2. Eidson, C.S. et al.（1981）：*Poultry Sci*, 60, 317-322.
3. Schat, K.A.（1982）：*Avian Path*, 11, 593-605.
4. Witter, R.L.（1983）：*Avian Dis*, 27, 113-132.
5. Schat, K.A. et al.（1978）：*J Natl Cancer Inst*, 60, No.5, 1075-1082.
6. Calnek, B.W.（1983）：*Avian Dis*, 27, 844-849.
7. Witter, R.L.（1984）：*Avian Dis*, 28, 44-60.
8. Witter, R.L.（1987）：*Avian Dis*, 31, 752-765.
9. Sharma, J.M.（1982）：*Avian Dis*, 26, 134-149.

（美馬一行）

16 マレック病（マレック病ウイルス２型・七面鳥ヘルペスウイルス）・鶏痘混合生ワクチン

1．疾病の概要

1）マレック病

211 ページ参照.

2）鶏痘

180 ページ参照.

2．ワクチンの歴史

マレック病（マレック病ウイルス２型・七面鳥ヘルペスウイルス）凍結生ワクチン（2 価 MD 生ワクチン）の発育鶏卵内接種が新たな投与方法として承認（1999 年）されて以降，省力性と有効性（早期の免疫成立）を兼ね備えた本接種法の応用がブロイラーでの主流となり，早くも 2002 年から 2004 年には，2 価 MD 生ワクチン供給量のおよそ 50％が発育鶏卵内接種で使用されるようになった（筆者調査結果）．その後もこの割合は上昇傾向にあるが，同時に発育鶏卵内接種可能な鶏痘生ワクチンの開発が要望された．MD 生ワクチンと鶏痘生ワクチンを用時混合して初生ひなの頚部皮下に接種した場合の安全性および有効性については以前より報告されていたが[1]，より低病原性かつ有効なワクチン株の開発が必要であった.

既在の弱毒生ワクチン株をさらに鶏胚線維芽細胞（CEF 細胞）で数代継代した弱毒株をワクチン株として製造販売が承認された.

本ワクチンは，液体窒素中に保管が必要な MD 凍結生ワクチンと，冷蔵保管する鶏痘乾燥生ワクチンを用時に混合調整する前例のない組合わせ製品である.

3．製造用株

MD 凍結生ワクチンの製造用株であるマレック病ウイルス２型 SB-1 株および七面鳥ヘルペスウイルス（HVT）FC126 株については別項を参照されたい.

弱毒鶏痘ウイルス TL 株は CEF 細胞で CPE をともなって良く増殖する．鶏腎細胞でも増殖するが CEF 細胞と比較して増殖は良くない．発育鶏卵内接種して孵化後 7 日目のウイルス分離試験では，接種鶏の肺，脾臓，肝臓および末梢血リンパ球からウイルスが分離されたが気管からは分離されなかった（表 1）．また製造用株接種群と 21 日間同居飼育しても同居群は攻撃試験で防御効果を示さず，同居感染性は認められなかった（表 2）.

表 1　製造用株の体内分布

臓　器	ウイルス分離方法	
	CEF 細胞	CAM
肺	5/5*	8/8
肝　臓	5/5	9/9
脾　臓	5/5	8/9
末梢血リンパ球	0/5	3/8
気　管	0/5	0/10

＊ 分離陽性数 / 供試検体数

表 2　製造用株の同居感染性

群	悪性発痘	痘疱転移	有効性
同居群	8/10*	7/10	なし
ウイルス接種群	1/10	1/10	あり
非接種対照群	9/10	7/10	なし

21 日間同居飼育後強毒西ヶ原株で攻撃．7 日間観察して悪性の発痘および痘疱の転移を観察.

＊ 陽性羽数 / 攻撃羽数

4．製造方法

MD 凍結生ワクチンの製造方法は，マレック病（マレック病ウイルス２型・七面鳥ヘルペスウイルス）凍結生ワクチンの項を参照されたい.

鶏痘乾燥生ワクチンは，製造用ウイルス株を CEF 細胞に接種して数日間培養後，培養液または培養液と細胞を採材し，遠心分離後の上清液をワクチン原液とする．さらに原液に安定剤を加えてバイアルに分注し，凍結乾燥したものである.

5．効力を裏付ける試験成績

鶏痘乾燥生ワクチン株を 1 羽あたりの投与量が $10^{3.0}$ $TCID_{50}$ から $10^{1.0}TCID_{50}$ の数段階に調整して発育鶏卵内接種した場合の安全性および有効性について検討したところ，$10^{3.0}TCID_{50}$ 接種群では孵化率に問題はないものの，孵化後のひなの死亡および増体重の抑制が認められた（表 3）．また，有効性についてはワクチン接種 3 週間後の強毒鶏痘ウイルス西ヶ原株の攻

表３　製造用株の安全性

接種ウイルス量	飼育中の死亡	平均体重（g）		
		1週齢	2週齢	3週齢
3.0*	1/47	66.0*	115.1*	178.0*
2.5	0/48	67.0	121.9	185.6
1.5	0/47	67.3	122.7	185.2
1.0	0/45	68.0	121.4	186.6
非接種対照	0/49	69.5	124.0	193.3

* 非接種対照群と有意差あり（$p < 0.05$）
** Log10 $TCID_{50}$

表４　製造用株の有効性

接種ウイルス量	悪性発痘	痘疱転移	有効性
3.0*	2/20**	2/20	あり
2.5	2/20	1/20	あり
1.5	3/20	2/20	あり
1.0	8/20	8/20	あり ***
非接種対照	9/10	8/10	なし

* Log10 $TCID_{50}$
** 陽性羽数 / 攻撃羽数
*** 非接種対照群と有意差はある（$p < 0.05$）が有効性は低い

撃試験によって検討したところ，$10^{1.0}TCID_{50}$接種群では有効性が低いことが確認された（表4）．この結果をもとに鶏痘乾燥生ワクチンのウイルス含有量1羽（発育鶏卵1個）あたり$10^{1.5}TCID_{50}$以上$10^{2.5}TCID_{50}$以下と定められた．

また，鶏痘乾燥生ワクチンと2価MD生ワクチンを混合して発育鶏卵内接種し，孵化後8週，12週および18週目に強毒鶏痘ウイルス西ヶ原株の攻撃試験ならびに抗MDV抗体検査によって免疫持続性について検討した．18週目でも攻撃試験に耐過し，MD抗体価にも混合の悪影響は認められず，本ワクチンの免疫は18週間以上持続していることが確認された．鶏痘ウイルスは，中和抗体によって中和されにくいことが知られており，移行抗体による影響はほとんどないと考えられている．

6．臨床試験成績

被験薬を12,000羽（個）の19日齢ブロイラー種卵に自動卵内接種機を用いて接種した．対照薬として2価MD生ワクチンのみを同様に同羽（個）数に接種後同一条件で孵化および飼育し，孵化成績，増体重を含む臨床観察成績に加えて抗MDV抗体検査ならびに強毒鶏痘ウイルスによる攻撃試験を実施して野外使用条件における安全性・有効性を検討した．同様の試験を複数の農場で実施した結果，孵化に与える悪影響はなく，対照薬群と差は認められなかった．被験薬群にて一過性の増体重抑制が認められたが，ワクチン接種に起因する臨床状態異常は認められず，育成成績に対照薬群との差はなかった．50日齢時に実施した強毒鶏痘ウイルス西ヶ原株による攻撃試験では，どの農場から搬入した試験鶏群でも高い防御効果を示しており（表5），ブロイラー飼育の全期間にわたり有効性を発揮していることが確認された．

表５　臨床試験　有効性（鶏痘）

農　場	鶏　群	悪性発痘	痘疱転移	有効性
A	ワクチン群	0/10*	1/10	あり
	非接種群	6/10	9/10	
B	ワクチン群	1/10	2/10	あり
	非接種群	7/10	7/10	

* 陽性羽数 / 攻撃羽数

7．使用方法

1）用法・用量

MD生ワクチン溶解用液に2価MD凍結生ワクチンと鶏痘乾燥生ワクチンを溶解混合し，医療機器として承認された専用の接種器機を用いて18～19日齢時の発育鶏卵内に0.05 mLを接種する．

2）効能・効果

鶏痘およびマレック病の予防．

8．貯法・有効期間

凍結ワクチンは液体窒素容器内に，溶解用液は室温に，乾燥ワクチンは冷蔵庫に保存する．有効期間は3年間．

参考文献

1. Siccardi, F.J. et al.（1975）：*Avian Dis,* 19, 362-365.

（美馬一行）

17　鶏伝染性ファブリキウス嚢病生ワクチン（ひな用）

1．疾病の概要

伝染性ファブリキウス嚢病（IBD）は通称ガンボロ病といわれ，IBD ウイルス（IBDV）感染によって引き起こされるファブリキウス嚢（BF）はじめリンパ系組織の壊死および炎症反応が特徴の届出伝染病である．IBDV は *Birnaviridae, Avibirnavirus* に属し，経口的に感染して腸管のリンパ系組織で増殖後 BF に達し，免疫機能障害による宿主抵抗性や他病ワクチン効力の低下による起病性の増強，他病の誘発が引き起こされる．本病による直接的な被害よりはむしろ飼養成績の低下等の間接的被害のほうが重視されている．

2．ワクチンの歴史

米国，欧州では 1970 年代 から使用されたが，初期のものでは弱毒化が不十分で免疫抑制作用が認められ，改良が重ねられた．日本では 1983 年から本製剤が使用されるようになった．

3．製造用株

弱毒 IBDV ルカート株またはこれと同等と認められた株を用いる．ルカート株は IBD 発症鶏の BF から分離したウイルスを鶏胚ファブリキウス嚢細胞，鶏胚腎細胞および鶏胚線維芽細胞を用いて継代し，弱毒化したものである[1]．1 日齢の鶏に経口または皮下接種しても臨床症状および免疫抑制作用を示さず，鶏胚線維芽細胞に接種すると CPE を伴って増殖する．

4．製造方法

製造用株の性状により，次の二通りの製造方法が採られる．①発育鶏卵の卵黄嚢内または尿膜腔内に接種し，培養後，採取した鶏胚を乳剤とし，ろ過したものを原液とする．②鶏胚初代培養細胞に接種し，培養後，採取した培養液のろ液または遠心上清を原液とする．いずれの場合も原液に安定剤を加え，バイアルに分注後凍結乾燥する．

5．効力を裏付ける試験成績

SPF 鶏群由来ひなでの試験では，ワクチン株は経口（飲水）投与翌日から BF，脾臓，肝臓等諸臓器で増殖し，投与 3 日後の BF で分離ウイルス量はピークに達する（表 1）．投与 10 日目以降，中和抗体価およそ 1,000 倍以上で強毒株の攻撃に発症防御する有効性を示すことが確認されている．

表 1　ウイルス投与後の体内増殖

投与後日数	臓器							
	血液	胸腺	肝臓	脾臓	肺	腎臓	F 嚢	直腸
1	1.3	2.3	3.5	3.8	1.5	1.8	5.8	1.8
3	2.8	5.3	5	5	4.8	4.3	7.5	4.3
5	3	3	4	3	4.3	2.5	5.5	2.5
7	2.5	3.8	3.8	4	3.8	1.5	2.5	1.5
10	—	—	1.3	3	—	—	—	—
14	—	—	—	—	—	—	—	—

数字：Log ウイルス感染価（$TCID_{50}$/mL）
—：ウイルス分離陰性

6．臨床試験成績

ワクチン株の増殖は移行抗体の影響を受けやすい．多くのひなはその種鶏群から移行抗体を受けているがそのレベルは均一ではなく，ワクチンを投与しようとする鶏群のひなが保持する抗体価はさまざまである．中和抗体価 100 倍以下でワクチン株に対して感受性になるとの報告[2]もみられるが，ワクチン株の強さ，飼育環境等さまざまな条件とあいまって，必ずしも 1 回のワクチン投与で良好な免疫は得られず，実際には複数回の投与が実施されている．農場の状況に即した時期の投与が行われており，ワクチンは非常に有効に使用されている（表 2）．

7．使用方法

1）用法・用量

本ワクチンの用法は初生から 10 週齢までのひなに飲水投与することとなっているが，ワクチン株の増殖は移行抗体の影響を

表 2　IBD 顕性感染農場における IBD 生ワクチンの効果

群（羽数）	ワクチン投与日齢	IBD の発症日齢	IBD の淘汰率
対照		35 日齢前後	2 ～ 4
症例 A（5,000）	20	35	1.4
症例 B（7,000）	17，45	35	0.2
症例 C（8,000）	17，30	35	0.1
症例 D（8,000）	17，24	発症せず	0

受けやすく，鶏種（採卵鶏や肉用鶏）により，また飼育環境等によって移行抗体の消退（ワクチン株に感受性となる）時期は一定ではないことから，農場に適した日齢での２回投与が実施されている．採卵鶏では１回目 14 日，２回目 28 日に肉用鶏では１回目 10 日，２回目 21 日を標準とした前後数日が一般的である．

2）効能・効果

鶏伝染性ファブリキウス嚢病の予防．

8．貯法・有効期間

遮光して 10℃以下で保存する．有効期間は製品により異なり２年から３年間．

参考文献

1. Lukert, P.D. and Davis, R.B.（1974）：*Avian Dis*, 18, 243-250.
2. Skeeles, J.K. and Lukert, P.D.（1979）：*Avian Dis*, 23, 456-465.

（美馬一行）

鶏伝染性ファブリキウス嚢病（抗血清加）生ワクチンと共同注射法

鶏伝染性ファブリキウス嚢病ワクチンには不活化ワクチンと生ワクチンがあり，生ワクチンとしてはひな用，ひな用中等毒および大ひな用の 3 種類と抗血清加というユニークな本ワクチンがある．本ワクチンは，生ワクチンウイルスに抗体を付着させた免疫複合体で，移行抗体の高いひなでは移行抗体によっても中和・排除されることがなく，移行抗体が低下した時点で免疫複合体から離れたワクチンウイルスが標的部位で増殖し，ひなに免疫を付与するといわれている．用法は，卵内接種で 2000 年に承認され，数年間市販された．

本ワクチンと似たコンセプトで，弱毒生ワクチン株が開発されなかった時代に，野外株（強毒株）と免疫血清を同時に接種する「共同注射法」が行われていた．豚コレラの防疫のため米国では 1962 年まで共同注射法が行われていた．牛疫では 1938 年中村らが牛疫ウイルスをウサギ継代で弱毒した L 株を作出し，弱毒生ワクチン株としたが，牛疫ウイルスに高感受性である和牛や韓牛に対して病原性が残っていたため，免疫血清との共同注射法が採用された．第二次世界大戦後，わが国でも牛疫の免疫血清が兵庫県立牛疫血清製造所で 1948 ～ 1952 年まで，それを受け継いだ家畜衛生試験場赤穂支場で 1955 年まで作成されていた．免疫血清の作成が不要となったのは，和牛に対しても弱毒である LA 株が 1953 年に開発されたためである．

科学・技術の進歩（弱毒株の開発）により不要となるもの（免疫血清）が生じる反面，効果的なワクチンの普及により移行抗体のレベルが上がり，逆にそれを克服するための新技術が求められるなど，ワクチンの世界においても課題が尽きることがない．一層の成果を研究者に期待したい．

（平山紀夫）

18　鶏伝染性ファブリキウス嚢病生ワクチン（大ひな用）

1．疾病の概要

223 ページ参照.

2．ワクチンの歴史

本ワクチンは 1981 年に種鶏用生ワクチンとして承認された．従来，伝染性ファブリキウス嚢病（IBD）による被害は，主に免疫抑制によるワクチン免疫効果の阻害や他病の増悪によるものであった．本ワクチンはコマーシャルひなに移行抗体を保有させ，孵化後早期におけるこのような被害を予防するために用いられてきた．1990 年，高死亡率で特徴づけられる IBD が九州のブロイラー鶏群で初めて確認され[1]，その後全国的に蔓延した．この高病原性 IBD の流行を抑圧するため，2 ～ 4 週齢のコマーシャルひなに本ワクチンが緊急的に応用された．本ワクチンは移行抗体が比較的高いレベルでもテイクさせることができることから，高病原性 IBD を効果的に防圧することが可能であった．このような経緯から，1992 年，本ワクチンの 2 ～ 4 週齢投与の用法が追加承認された．

3．製造用株

製造には MB-1・E 株を用いる．本株は，1972 年に群馬県下の IBD 罹患鶏のファブリキウス嚢から分離された MB-1 株を，SPF 鶏群由来発育鶏卵で 50 代以上継代して弱毒および馴化した株である．本株は発育鶏卵で強毒株より良好な増殖を示す．

4．製造方法

SPF 鶏群由来発育鶏卵の漿尿膜上または尿膜腔内に種ウイルスを接種し，37℃で 3 ～ 4 日間培養後，採取した感染鶏胚を乳剤とし，その遠心上清を原液とする．原液に安定剤等を加え調製した最終バルクをバイアルに分注し，凍結乾燥したものを小分け製品とする．

5．効力を裏付ける試験成績

1）若齢ひなにおける有効性

3 週齢の SPF 鶏群由来ひなに $10^{1.6}$，$10^{2.3}$ または $10^{3.0}$ EID_{50} のワクチン株を投与した場合，いずれも投与 2 週後に抗体応答が認められ，投与 2 週後に高病原性 IBDV による攻撃（$10^{6.4}EID_{50}$/ 羽）に対してもすべての投与群で防御が成立した．

2）免疫持続

12 週齢の SPF 鶏群由来ひなに $10^{3.4}$ EID_{50} のウイルスを投与し，非投与同居群とともに抗体応答を経時的に調べた．その結果，投与群では投与 1 週後に 33％（4/12），投与 2 週後に 100％（12/12）が陽性となり，同居群においても投与 2 週後にはすべてが陽転した．その後，投与群および同居群のいずれも投与 33 週後まで 100％の陽性率を持続した．

6．臨床試験成績

3 県下 4 農場の約 50,000 羽を対象に臨床試験を実施した．ワクチンを 2 ～ 3 週齢のひなに飲水投与し，6 ～ 8 週間の臨床観察を行った．ワクチン投与時および投与 3 週後に IBD 抗体価を測定した．一部の試験群については，同時期に接種されたニューカッスル病生ワクチンの抗体応答を HI 試験により調べた．その結果，いずれの試験群においてもワクチン投与による異常は認められなかった．IBD 抗体価はワクチン投与により明らかな上昇が認められた．また，本ワクチンならびにニューカッスル病生ワクチンを投与した鶏群におけるニューカッスル病 HI 抗体価においても異常は認められなかった．

7．使用方法

1）用法・用量

乾燥ワクチンを添付の溶解用液に溶解し，次のいずれかの方法で投与する．① 2 ～ 4 週齢のひなに投与する場合，溶解したワクチンを飲水量に応じて飲水で希釈し，全羽数に飲水投与する．② 10 ～ 16 週齢の鶏に投与する場合，溶解したワクチンを免疫対象鶏の 5％に 1 羽あたり 0.2mL 経口投与する．

2）効能・効果

鶏の伝染性ファブリキウス病の予防

3）使用上の注意

幼雛に投与した場合，一過性のファブリキウス嚢の萎縮や免疫抑制が見られる場合がある．

8．貯法・有効期間

遮光して 2 ～ 5 ℃で保存する．有効期間は 2 年間．

参考文献

1. Nunoya, T. et al.（1992）： *Avian Dis,* 36, 597-609.

（林　志鋒）

19　鶏伝染性ファブリキウス嚢病生ワクチン（ひな用中等毒）

1．疾病の概要

223 ページ参照

2．ワクチンの歴史

高度病原性の鶏伝染性ファブリキウス嚢病（IBD）ウイルスは，従来型 IBD ウイルスに比べ，高い移行抗体でも感染・発病するので，これに対するワクチンが望まれ，わが国では 1996 年に本ワクチンが承認された．

3．製造用株

製造には，弱毒 IBD ウイルス V-877 株またはこれと同等と認められる株を用いる．以降は主に 228E 株のワクチンについて記載する．228E 株は 1972 年に軽度の IBD 症状を呈している IBD ワクチン非接種肉用鶏の F 嚢および脾臓から分離されたウイルスに由来し，発育鶏卵で 62 代継代して弱毒化したものである．

4．製造方法

製造用株を 7 ～ 14 日齢の発育鶏卵の漿尿膜上，尿膜腔内または卵黄嚢内に接種し，ウイルスの増殖極期に感染鶏胚を採取し，乳剤とし，その遠心上清を原液とする．原液に安定剤を加え，バイアルに分注後，凍結乾燥する．

5．効力を裏付ける試験成績

11 日齢時で 32 ～ 2,048 倍（幾何平均 256 倍）の移行抗体価を保有する鶏群に本ワクチンの 1 羽分を経口投与したところ，投与後 2 週目から抗体は上昇し，3 週目には 630.3 倍になり，高い移行抗体価を保有する鶏群にワクチンウイルスのテイクが確認された．

高度病原性 IBD ウイルスに対する有効性を調べるために本ワクチンの 1 羽分を SPF 鶏由来の 23 日齢ひなに経口投与し，攻撃を行った．投与後 3 日目攻撃では 20％が死亡したが，5 日目の攻撃では死亡したものは認められなかった．一方，ひな用ワクチンを投与した群では，投与後 3 日目では 40％および 5 日目攻撃では 30％の鶏が死亡した．このことから，本株ワクチンは高度病原性 IBD ウイルスに対してひな用ワクチンより早期に防御免疫が賦与できることが確認された．また，防御効果は投与後 3 日目頃から認められた（表 1）．

表 1　高度病原性 IBD ウイルスに対する IBD ワクチンの有効性

ワクチン	免疫後日数		
	3	5	7
228E 株	20[1]	0	0
ひな用	40	30	0
対照	100	100	100

1) 死亡率（％）
攻撃：B02-115 株 20％感染 F 嚢乳剤，0.2mL，経口投与

6．臨床試験成績

海外において，ひな用ワクチンを投与したにもかかわらず IBD の発生が問題となっている 4 肉用鶏農場において臨床試験が行われた．表 2 に示すように，高い移行抗体価を示す鶏群を除く鶏群において，ワクチン投与後 2 週目に抗体価の上昇（幾何平均抗体価 294.1 ～ 548.7 倍）が認められ，試験群は陽性対照群より低い死亡率および高い生産指数を示した．

表 2　臨床試験成績

鶏群	試験群				陽性対照[2]	
	中和抗体価[1]		死亡率（％）	生産指数	死亡率（％）	生産指数
	注射時	2 週目				
LH	168.9	548.7	5.6	197	9.6	173
HS	NT[3]	548.7	4.6	213	9.1	164
NM	477.7	119.4	3.1	215	6.0	195
LH	207.9	294.1	4.8	220	6.3	228

1) 幾何平均中和抗体価，2) ひな用ワクチンを接種，3) 測定せず

7．使用方法

1）用法・用量

乾燥ワクチンを 100mL の飲用水または適量の水（井戸水，水道水）で溶解した後，日齢に応じた量の水に溶かして，2 週齢から 10 週齢以下の鶏に 1 羽当たり 1 羽分になるように飲水投与する．

2）効能・効果

鶏伝染性ファブリキウス嚢病の予防．

3）使用上の注意

ワクチンウイルスの他鶏群への拡散を防止するため，免疫群は隔離すること．本剤投与後，一過性のファブリキウス嚢の萎縮および免疫抑制が認められる．

4）ワクチネーションプログラム

移行抗体価，そのばらつきおよび移行抗体価の半減期を考慮し，1週間間隔で2回投与することが望ましい．

8．貯法・有効期間

2～8℃または2～5℃に保存する．有効期間は製品により異なり，2年から3年3ヵ月間．

（野中富士男）

鶏へのワクチネーション－卵内接種法－

ワクチンの投与方法としては，皮下や筋肉内注射が一般的であるが，鶏では点眼，点鼻，噴霧，飲水，穿刺等の特有の投与法が用いられている．飼養羽数が少ない場合には1羽ずつ保定しての投与も苦にならないが，大規模養鶏農場ではワクチン投与にかかる手間がネックとなる．このためニューカッスル病生ワクチンで開発された噴霧や飲水投与は，省力化に貢献する画期的な投与法として利用されてきた．

一方，1982年にマレック病ワクチンの新しい接種法として卵内接種法が報告され，初生ひなに接種するのと比べ，免疫が成立するまでの期間を短縮することが可能となった．1992年には米国で自動卵内接種機が実用化されると，ブロイラーで急速に普及し始めた．わが国では，1999年にマレック病（マレック病ウイルス2型・七面鳥ヘルペスウイルス）・鶏痘混合生ワクチンが承認された際に，「医療機器として承認された専用の接種機器を用いて18～19日齢時の発育鶏卵内に0.05mLを接種する」という用法・用量が正式に認められた．自動卵内接種機では1時間当たり2～5万個に接種でき，接種されたワクチン液の大部分が羊膜腔内に一部がひなの体内に入とのことである．

卵内接種法は，究極の省力的投与法であり，雌雄鑑別機と組合せることによりレイヤーにも利用でき，今後，更に多くのワクチンで応用されるものと思われる．

（平山紀夫）

20　トリニューモウイルス感染症生ワクチン

1．疾病の概要

トリニューモウイルス感染症はトリメタニューモウイルス（aMPV，*Paramyxoviridae*，*Pneumovirinae*，*Metapneumovirus*）によって引き起こされる感染症で，七面鳥での呼吸器疾患が報告されており，その病型から七面鳥鼻気管炎ウイルス（Turkey rinotrachitis virus；TRTV）と呼ばれていたが，1984 年頃から鶏にも感染が報告されるようになった[1]．鶏での発生例はその病型の特徴から頭部腫脹症候群（Swollen head syndrome；SHS）と呼ばれ，発生当初は原因不明であったが，aMPV が発生鶏群から分離されたことから，関連があると考えられている．aMPV の感染のみでは上部呼吸器の病変が認められ，呼吸器症状のみであるが，ストレス状態になるために二次感染を併発して頭部の腫脹症状を引き起こす場合がある．aMPV のみによる致死率は低いと考えられるが，ブロイラーでは SHS の発生による飼料効率の低下，産卵鶏においては産卵率の低下を引き起こすことから，経済的損害につながるおそれがある．

2．ワクチンの歴史

海外においては七面鳥に対するワクチンが 1990 年代から市販されていた．鶏用生ワクチンについては日本において七面鳥分離ウイルス由来弱毒株を用いたワクチンおよび鶏分離ウイルス由来弱毒株を用いたワクチンが 1999 年に承認された．また，不活化の単味および混合ワクチンも市販されている．

3．製造用株

鶏由来弱毒 aMPV PL21 株または，これと同等と認められる株を用いる．

4．製造方法

製造用株を Vero 細胞に接種し，培養後，採取したろ液または遠心上清を原液とする．原液に安定剤を加えてバイアルに分注した後，凍結乾燥する．

5．効力を裏付ける試験成績

SPF 鶏における試験[2]では初生ひなにワクチンを投与し，ワクチン投与後 7 日目からワクチン株が分離され始め，良好な抗体応答が確認されている．さらに，ワクチン投与後 21 日目および 49 日目に強毒株で攻撃したところ，100% の防御が確認されている．なお，産卵鶏における産卵率低下を防止するワクチンプログラムも開発されている[3]．

表 1　ワクチンウイルスあるいは攻撃ウイルスの分離の推移

群	ワクチン投与後経過日			攻撃後経過日	
	7	14	21	5	10
ワクチン非投与	0*	0	0	10	1
点眼投与	6	4	4	2	1
噴霧投与	1	1	3	10	1
飲水投与	3	1	0	10	1

* スワブ 10 検体における陽性数
生ワクチン投与後 7 日，14 日および 21 日，ならびに攻撃ウイルス接種（ワクチン投与後 21 日目）後 5 日および 10 日に眼瞼スワブを採取し，RT-PCR によるウイルス検出を実施．

6．臨床試験成績

次項の「7．使用方法」に記載した方法によって臨床試験が実施され，有効性および安全性がそれぞれの投与経路において確認されている[4]．野外で生ワクチンを点眼投与，噴霧投与および飲水投与で 7 日齢および 14 日齢に鶏に投与し，非投与群にはワクチンを投与しなかった．それぞれの鶏群から 30 羽を抽出して，ワクチン投与後 21 日目に攻撃株を接種し，経過を観察した．非投与群においては呼吸器症状等が認められたが，ワクチン投与群においてはいずれの群でも臨床症状は認められなかった．抗体価については 0 日齢時に移行抗体と思われる高い抗体価が認められてからいずれの 4 群とも下降したが，14 日齢以降，点眼投与鶏においては抗体価が他の 3 群よりも高い値を示した．ワクチン投与後のウイルス検出率の結果（表 1）からも裏付けられるように，より確実な投与方法は点眼・点鼻投与であるが，野外での個体による投与方法は作業量が増すため，噴霧・散霧，あるいは飲水投与で用いられることが多い．

7．使用方法

1）用法・用量

7 日齢以上の鶏に飲水，噴霧あるいは点鼻・点眼投与する．

2）効能・効果

トリニューモウイルス感染による鶏の呼吸器症状の予防．

8．貯法・有効期間

遮光して 2 ～ 5℃以下で保存する．有効期間は製品により異なり，1年6ヵ月から3年3ヵ月間．

参考文献

1. Moreley, A. J. and Thomson, D. K.（1984）：*Avian Dis*, 28, 238 -243.
2. Ganapathy, K. And Jones R. C.（2007）：*Avian Dis*, 51, 733 -737.
3. Sugiyama, M. et al.（2006）：*J Vet Med Sci*, 68, 783-787.
4. Ganapathy, K. et al.（2010）：*Vaccine*, 28, 3944-3948.

（小野恵利子）

牛疫の根絶―獣医界の偉業―

2011年5月25日OIEは牛疫が根絶されたことを宣言した．牛疫の根絶は，1980年に人類が根絶した天然痘に続く2番目のものであり，獣医学の歴史上最も有意義な成果である．

日本では牛疫は，1922年徳島と香川県での発生を最後に撲滅されていたことから，社会的にも関心の低い伝染病であった．しかし，牛疫は，OIE設立（1924年）のきっかけとなった国際重要疾病であり，日本では口蹄疫と同じく牛疫ワクチンを国家備蓄して侵入に備えていた伝染病である．

少し古いが，以下にサイエンスのNewsfocusに載った記事を紹介する．

牛疫の流行は，古代からユーラシア大陸でみられ，通常の死亡率は30%である．しかし，19世紀末にインドからアフリカに伝播した時は，サハラ砂漠以南の牛，羊，山羊の90%が死亡した．このため農民は，土地を耕すことができなくなり，野生のバッファロー，キリン，ヌーも感染死し，狩猟もできなくなり，エチオピアでは人口の1/3が，タンザニアのマサイ族では2/3が餓死したと推定された．牛疫の流行は，食糧不足を招いただけでなく，アフリカ大陸の生態系バランスも崩した．草食動物の減少により草地が維持できなくなり，ツエツエバエの卵がふ化する藪が増え，人の睡眠病の死者が増加した．このようなことから，「牛疫の流行は，アフリカ大陸に降りかかった最も大きい自然災害である」とまで言われた．

FAOは，1993年世界牛疫根絶計画を発足させた．本計画は，集団ワクチン接種を行い2004年までに牛疫を撲滅するという野心的なゴールを設定し，その後2010年までに牛疫ウイルスがないことを確認するサーベイランスを含んでいた．本計画で使用されたワクチンは，凍結乾燥弱毒生ワクチンで，30℃で少なくとも1ヶ月間有効なものであった．

アジア各国における牛疫の最後の発生は，スリランカとイランで1994年，インドで1995年，イラクで1996年，サウジアラビアとイエメンで1997年，パキスタンで2000年と報告された．アフリカではウガンダが1994年，エジプトとジブチで1995年，タンザニアが1998年，スーダンは少なくとも2001年から牛疫フリーとなった．牛疫ウイルスは，2001年ケニアのメル国立公園の野生のバッファローで検出されたのが最後で，2007年以降の最新の血清サーベイランス結果から，「もはや牛疫はない」ことが強く支持された（Normile,D.2008:Science,319, 1606-1609）．

なお，今回の牛疫根絶宣言のセレモニーで，牛疫LAワクチンを開発した中村稕治先生と根絶計画を推進した小澤義博先生が表彰されたことは日本の誇りであり，日本の関係者に広く知ってもらいたく記載した次第である．

（平山紀夫）

21　鶏貧血ウイルス感染症生ワクチン

1. 疾病の概要

鶏貧血ウイルス（CAV, *Circoviridae*, *Gyrovirus*）は，鶏に伝染性貧血を起こすウイルスであり，1979 年に湯浅ら[1]により鶏貧血因子（CAA）として初めて報告された．CAV の野外分離株はいずれも血清学的に同一である．CAV の宿主は唯一鶏で，世界中のほとんどの養鶏地域に常在する．あらゆる日齢の鶏に感染するが，初生ひなの感受性が最も高く，2 ～ 3 週齢以降の発症は急激に減少する．CAV は，免疫細胞機能に影響を与えることから，種々の疾病の発病誘因になっていることが推察される．

CAV は垂直および水平感染により伝播する．垂直感染は産卵中の種鶏群が初感染を受けたときに起こり，孵化したひなは 2 週齢時頃に発病する．主症状は発育不良と死亡率の増大である．経過は急性であり，死亡率は 10 ～ 20% ときに 60% まで上昇する．孵化後 14 ～ 16 日目にヘマトクリット値 6 ～ 26% を示し，剖検すると胸腺の萎縮および黄色の脂肪骨髄が著明である．水平感染による発症は，垂直感染鶏との接触により起こる．3 週齢以降における水平感染は，不顕性に終わることが多い．

2. ワクチンの歴史

CAV 感染防止対策としては，種鶏を免疫し，垂直感染を防ぐとともに初生ひなに移行抗体を付与し，水平感染を防ぐことが望ましいと考えられる．このことから種鶏用生ワクチンが 1994 年にオランダで承認された．日本では 2000 年にそのワクチンの輸入が承認され，販売されている．

3. 製造用株

製造には弱毒 CAV 26P4 株[2]を用いる．1989 年アメリカにおいて貧血を呈していた鶏の肝臓から分離された株を MDCC-MSB-1 細胞で数代継代後，発育鶏卵で継代し，弱毒して作出した．

3 週齢の SPF 鶏の筋肉内に注射するとほとんどの臓器において増殖し，ウイルスが回収される．感染価のピークは注射後 7 ～ 9 日目であり，15 日目には胸腺，肝および糞便からのみごく少量回収される．また肝乳剤を注射材料として鶏継代を行うと 4 代以上は継代できない．培養細胞での増殖は MDCC-MSB1 細胞でのみ可能である．

表 1　移行抗体保有 1 日齢ひなに対する攻撃試験

種鶏の区分	種鶏の抗体価	攻撃株	胸腺病変	骨髄病変	Ht 値 (%)	防御率 (%)
筋肉内接種	3104	Delros	0/30*	0/30	34	100
SPF 鶏群	－	Delros	10/10	10/10	26	0
筋肉内接種	2896	IVH	0/36	0/36	33	100
SPF 鶏群	－	IVH	10/10	10/10	22	0
皮下接種	1552	岐阜 -1	0/8	0/8	33	100
SPF 鶏群	－	岐阜 -1	9/9	7/9	25	0

* 異常を示す羽数 / 供試羽数

4. 製造方法

製造用株を発育鶏卵の卵黄嚢内に注射し，培養後鶏胚を採取する．鶏胚を乳剤化したものを原液とし，安定剤を加え，バイアルに分注後凍結乾燥する．

5. 効力を裏付ける試験成績

ワクチンを胸部筋肉内または頚部皮下接種された種鶏由来の 1 日齢のひなを 3 種類の野外分離株で筋肉内あるいは皮下に攻撃し，骨髄および胸腺の病変またはヘマトクリット値を指標に防御の判定を行ったところ，いずれも 100% の防御率を示した（表 1）．

6. 臨床試験成績

1）有効性

2 農場の種鶏において，ワクチン接種群由来の種卵の孵化は正常であり，ひなに CAV 感染症は認められなかった．種鶏の抗体価は接種後早期に高く上昇し，試験群由来の 1 日齢のひなは種鶏と同レベルの移行抗体を保有した．

2）安全性

ワクチン接種群に臨床異常および接種局所の異常は認められず，体重，育成率，産卵状況ならびに孵化および育成状況に異常は認められなかった．

7. 使用方法

1）用法・用量

6 週齢以上かつ産卵開始前 6 週までの種鶏に対し，小分け製品を溶解用液で溶解し，1 羽当たり 0.2mL を胸部筋肉内または頚部中央部皮下に注射する.

2）効能・効果

種鶏を免疫し，介卵性移行抗体によるひなの鶏貧血ウイルス感染症の予防.

3）使用上の注意

3週齢未満の鶏に投与すると貧血症状を示し，産卵中の種鶏に投与すると垂直感染を起こすことがある.

ワクチンウイルスは糞便中に排泄されるため，若齢の鶏や産卵中の鶏を汚染しないよう，投与後4週以内は鶏を移動しない.

8．貯法・有効期間

2～5℃で保存する．有効期間は4年間.

参考文献

1. Yuasa, N. et al.（1979）：*Avian Dis,* 23, 366-385.
2. Claesens, J.A.J.（1991）：*J Gen Virol,* 72, 2003-2006.

（徳山幸夫）

微生物変われば・・・

細菌性不活化ワクチンは，菌体表層の抗原に対する抗体を誘導する．この抗体は，感染した細菌と結合し，抗体のFc部分と食細胞のFcリセプターを結合によって，食細胞の食菌作用を増強することによりワクチン効果を発揮する．一方，特定のウイルス（猫伝染性腹膜炎ウイルスやデング熱ウイルスなど）は抗体と結合することによって，Fcリセプターを介して標的細胞であるマクロファージに効率的に吸着し，感染性を増強することが知られている（抗体依存性感染増強現象）．つまり，ワクチン効果で考えれば，微生物種が異なることによって，同じメカニズムで正反対の効果を生む危険性のあること示している．まさに微生物の持つ妙味であり，奥深さである．近代科学は，この天から突き付けられた命題に対していかなる妙案を導出せるか，感染症克服のための知恵比べである.

（田村　豊）

22　トリレオウイルス感染症生ワクチン

1．疾病の概要

トリレオウイルス（ARV，*Reoviridae*，*Orthoreovirus*）感染症はウイルス性関節炎とも言われ，関節炎および腱鞘炎を呈し，発育不良，心膜炎，心筋炎または腸炎も起こす．ARVは広く鶏群に浸潤し，水平感染および垂直感染を容易に起こし，特にブロイラーにおいては脚弱による淘汰および食鳥処理場での腱断裂による部分廃棄などによる経済的被害が大きい．

2．ワクチンの歴史

本ワクチンは，1984年にアメリカで承認され，日本では2001年に輸入承認された．なお，ARV感染症不活化ワクチンが1989年に承認されている．

3．製造用株

製造にはアメリカにおいて腱鞘炎を示していた鶏の腱から分離したS-1133株を発育鶏卵および鶏胚細胞で継代し，作出したP100株[1]を用いる．P100株を1日齢のSPF鶏に皮下接種しても臨床異常および組織学的変化を示さない．鶏胚初代細胞に接種すると増殖し，合胞体およびCPEを形成する．

4．製造方法

製造用株を鶏胚初代細胞で培養後，培養液を採取し，原液とする．原液を混合後，安定剤を加えて調製し，ガラスバイアル瓶に充填し，凍結乾燥後減圧下で密栓する．

5．効力を裏付ける試験成績

1）ARV生ワクチンの免疫原性

ARV生ワクチンを1日齢のSPF鶏の頚部皮下に接種し，21日後に強毒ARV1133株を足蹠に注射して攻撃した．14日後に足蹠の腫脹を測定したところ，防御率は88%であった．

表1　不活化ワクチン注射後の中和抗体価

群	不活化ワクチン注射後週数						
	6	13	20	27	33	40	44
L＋K	7.2[a]	7.1	NT	8.4	7.7	8.3	6.7
K	6.3	5.1	6.9	6.4	5.7	7.3	5.5
対照	2.5	≦2	3.1	2.7	2.1	3	2.3

a：$\log_2$，NT：測定せず

2）ARV不活化ワクチン注射による抗体応答

ARV生ワクチンを6週齢時に接種し，18週齢時にARV不活化ワクチンを注射した群（L＋K群）と18週齢時にARV不活化ワクチンのみを注射した群（K群）で中和抗体価を比較した．L＋K群はK群より高い抗体価を示，抗体価のバラツキが小さく，より均一であった（表1）．

6．臨床試験成績

2ヵ所の肉用鶏の種鶏場で臨床試験を実施した．本ワクチンはL＋K方式による投与を基本とすることから，8週齢時に生ワクチンを胸部筋肉内または頚部中央部皮下接種し，15週齢時にARV不活化ワクチンを筋肉内に注射した．

1）有効性

ワクチン注射群由来ひなにARV感染症は確認されなかった．中和抗体価はARV感染症不活化ワクチン注射後，対照群と比較して早期に高く上昇し，かつ長く持続した．

2）安全性

生ワクチン接種後，臨床異常および接種局所の異常は認められず，増体重，育成率，産卵状況ならびに孵化および育成状況に異常は認められなかった．

7．使用方法

1）用法・用量

乾燥ワクチンを溶解用液で溶解し，1羽当たり0.2mLを7週齢以上の種鶏の頚部中央部皮下または胸部筋肉内に接種する．本ワクチンを接種した後，6～12週目に「ノビリスReo inac」0.5mLを1回，頚部中央部皮下または胸部筋肉内に注射する必要がある．

2）効能・効果

鶏のトリレオウイルス感染症の予防．

8．貯法・有効期間

2～5℃に保存する．有効期間は3年3ヵ月間．

参考文献

1. vander Heide, L. et al.（1983）：*Avian Dis*, 27, 698-706.

（徳山幸夫）

23 鳥インフルエンザ（油性アジュバント加）不活化ワクチン

1．疾病の概要

鳥インフルエンザ（AI）はA型インフルエンザウイルス（*Orthomyxoviridae*, *Influenzavirus* A）の感染によって起こる鳥類の感染症であり，特に鶏，七面鳥，ウズラなどの雉類家禽は感受性が高い[1,7]．

家禽への本ウイルスの感染が判明した場合，インフルエンザウイルスの主要抗原である赤血球凝集素（HA）の抗原亜型がH5型とH7型のウイルスについては，家畜伝染病予防法に基づき法定伝染病の患畜として直ちに殺処分される．また原則として農場内の同居家禽も疑似患畜として殺処分されることとなっている．なお，H5およびH7以外の亜型による感染は届出伝染病に指定されている．高病原性鳥インフルエンザ（HPAI）に関する特定家畜伝染病防疫指針[2]には，OIEマニュアルに準拠した本病の定義，本病に対する対応方法等が詳細に記されている．

HPAIウイルスは上述した基準に準じて病原性の強さにより強毒タイプと弱毒タイプに分けられるが，強毒タイプHPAIウイルスによる感染は急な元気消失と神経症状，呼吸器症状，肉冠や肉垂のチアノーゼ，脚部の浮腫，皮下出血や，場合によっては鶏群が全滅するほどの高率な死亡を引き起こすことがある．弱毒タイプの感染では明瞭な臨床症状をほとんど呈さない例があり，弱毒タイプのウイルスが鶏群の中で感染を繰り返しているうちに強毒タイプに変異することが報告[6]されているため，弱毒タイプの感染を見逃さないことが非常に重要である．またニューカッスル病とよく似た病性を示すことから，鑑別のため鶏群にニューカッスル病ワクチンの接種を欠かさないことが大切である．

2．ワクチンの歴史

海外では1960年代から不活化オイルアジュバントワクチンの開発が研究され，実用化されている．一方，H5型のHAを発現するfowlpoxvirusを用いた組換え生ワクチンも実用化されている[7,10]．

日本国内におけるHPAIの発生は，1925年の千葉県，奈良県，東京都での発生例[3,4]以来，2004年の山口県での発生まで75年間に渡り確認されていなかったこと，またAIに対する一般的なワクチネーションは承認されておらず，本病発生時には家畜伝染病予防法に基づいて患畜の速やかな淘汰を行うこととされていることから，これまでは日本国内でAIに対する実用的なワクチンを開発する動きはなかった．しかし，大分県，京都府での本病の続発と大量殺処分となった事態を受け，海外で製造されたH5型のオイルアジュバントワクチンを輸入し，緊急用として備蓄をすすめる一方，日本国内で独自のワクチン開発を行うことが提起され，北海道大学と国内の動物用ワクチン製造販売業者4社による共同開発が2004年に開始され，2008年8月に製造販売が承認された．なお，輸入ワクチンはいずれも基本的に2回接種が必要であるため，国内開発品は一回注射でも短期間で有効な免疫を付与できる製剤として開発された．

3．製造用株

AIウイルスH5N1亜型（A/duck/Hokkaido/Vac-1/04（H5N1）株），AIウイルスH7N7亜型（A/duck/Hokkaido/Vac-2/04（H7N7）株）または動物用生物学的製剤基準（以下「動生剤基準」という．）において定める株を用いる．なお，製造にはいずれか1つの株を用いる．

製造用株の作出はH5，H7亜型共に北海道大学大学院獣医学研究科微生物学教室で行われた．

H5亜型の製造用株は同教室で作出されたリアソータント（遺伝子再集合）ウイルスで，いずれも2001年9月にモンゴルのUgii Nuur湖で採取したカモの糞から同教室の迫田らによって分離されたA/duck/Mongolia/54/01（H5N2）株およびA/duck/Mongolia/47/01（H7N1）株のリアソータントウイルスであるR（A/duck/Mongolia/54/01-A/duck/Mongolia/47/01）（H5N1）株を作出し，さらにこの株と発育鶏卵で高増殖性を示すA/duck/Hokkaido/49/98（H9N2）株とのリアソータントとしてA/duck/Hokkaido/Vac-1/04（H5N1）株を作出しH5亜型ワクチン製造用株とした．

H7亜型の製造用株は2002年9月にモンゴルのErkhel湖で採取したカモの糞から同教室の迫田らによって分離されたA/duck/Mongolia/736/02（H7N7）株と，同じく1998年10月に北海道稚内大沼で採取したカモの糞から分離された，A/duck/Hokkaido/49/98（H9N2）株のリアソータントウイルスで，3代のプラーククローニングと発育鶏卵による1代の継代を行い，A/duck/Hokkaido/Vac-2/04（H7N7）を作出し，H7亜型ワクチン製造用株とした．

表1　抗原量の異なるH5ワクチンで免疫した鶏のHI抗体価の推移

群	1羽分当りのHA単位	注射後週数						
		1	2	3	4	5	6	7
A	640	＜4	58	1,131	2,497	1,522	1,248	1,248
B	160	＜4	9	294	832	724	724	832
C	80	＜4	＜4	9	41	51	102	68
D	対照	＜4	＜4	＜4	＜4	＜4	＜4	＜4

4．製造方法

1）原液の調製

種ウイルス $10^{0.3}$ ～ $10^{3.3}EID_{50}$ を発育鶏卵の尿膜腔内に接種し，34℃で48～72時間培養した感染尿膜腔液の遠心上清をウイルス浮遊液とする．濃縮ウイルス浮遊液にホルマリンを規定濃度に加え，不活化ウイルス液の不活化前赤血球凝集価が規定量以上となるようにリン酸緩衝食塩液を加えて調整したものを原液とする．

2）最終バルクの調製と小分け充てん

オイルアジュバントと原液を規定量に混合し，連続高速乳化して water in oil（w/o）乳剤としたものを，最終バルクとする．最終バルクを，規定のバイアルまたはプラスチックボトルに充てん，封栓，巻締めしてラベル貼付後，紙箱に収納あるいはそのままで最終製品とされる．

3）アジュバントの概略

本ワクチンに使用されているアジュバントはワクチン製造会社によってアジュバントに含有される乳化剤組成やアジュバント混合比率に若干の違いがあるが，基本的には軽質流動パラフィンを用いたW/O型乳剤を形成するオイルアジュバントが使用されている．

5．効力を裏付ける試験成績

1）ワクチン中の抗原濃度（HA価）と防御効果の検討

紙面の関係上この項では，国内発生の多いH5亜型を主体として記述する．本ワクチンの開発段階で，ワクチン中の抗原量（HA単位）と得られる血清抗体価，ワクチン注射7週後の強毒ウイルスによる攻撃後の耐過生存率とウイルス排泄の有無を確認した．一羽あたりの抗原量（total HA/dose）は下記の計算式により算定した．例えばHA価64倍/50 μLの抗原液が1羽分（0.5 mL）あたり0.125 mL含まれている場合，64 × 0.125 mL/0.05 mL ＝ 160 total HA/dose と計算される．

その結果，ワクチン1羽分に含まれる抗原量が160HA単位以上の場合には素早い抗体価の上昇（表1）と完全な攻撃耐過が認められた．抗原量が80HA単位のワクチン群では3/12羽が，対照群では13羽全例が死亡した．ウイルス排泄は対照群では全て認められたが，ワクチン注射群では死亡した3羽のうち抗体価の低い2羽（攻撃時のHI抗体価，1：4～1：8）でのみ認められたにすぎなかった．これらの成績から最小有効抗体価は1：16と考えられた．

2）免疫成立時期と持続の検討

H5試作ワクチン（640HA単位/dose）またはH7試作ワクチン（768HA単位/dose）を0.5mL筋肉内注射したのち抗体価を1週間毎に測定した成績を図1および図2に示した．H5，H7共に注射2週間後には攻撃に対する防御に十分な抗体価を示し，少なくともH5ワクチンは28週間，H7ワクチンでは26週間の有効な抗体が持続することが確認された．

なお，佐々木ら[9]は，H5試作ワクチンをSPF鶏に注射し，2年半の長期に渡り抗体価の推移を観察し，その間有効な免疫が持続することを攻撃試験により証明した（図3）．

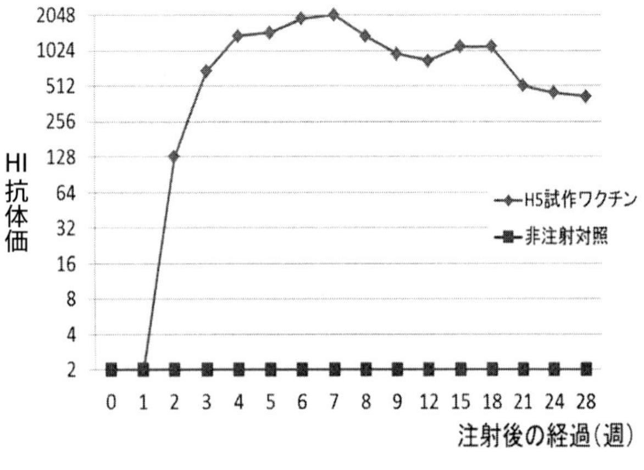

図1　H5試作ワクチン注射後のHI抗体価の推移

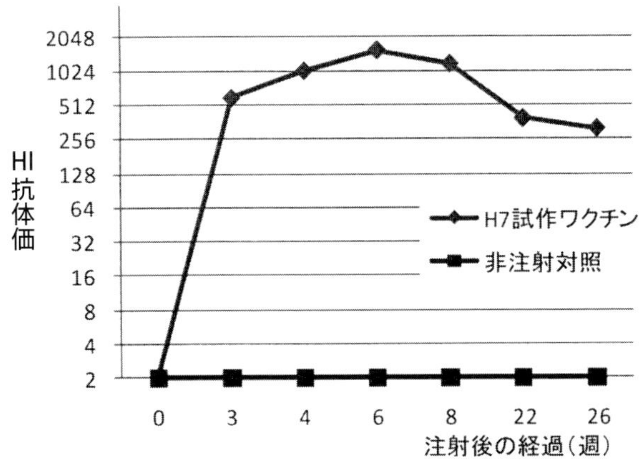

図 2　H7 試作ワクチン注射後の HI 抗体価の推移

表 2　臨床試験の試験区及び供試羽数

ワクチン	農　場	鶏　種	週　齢
H5 試作ワクチン	A	採卵用鶏 ジュリア	4 週齢
	B	採卵用鶏 ボリスブラウン	76 週齢
H7 試作ワクチン	C	採卵用鶏 ジュリア	7 週齢
	D	採卵用鶏 ボリスブラウン	75 週齢

一方，北海道大学の磯田[5]らは，H5 試作ワクチン注射後 6 日，8 日での攻撃試験を行い，ワクチン抗体が確認されない，注射後 8 日の時点で既に強い防御が成立することを報告している．また同じく北海道大学の Samad ら[8]は H5 ワクチン免疫鶏に，抗原ドリフトによりワクチン株との交差性の低い株で攻撃しても耐過することを確認している．

6．臨床試験成績

4 県の各 1 農場ずつを選定し，ひな，成鶏に区分して臨床試験を実施した（表 2）．すべての施設において試験群では注射後 3 週の有効抗体保有率は 90％以上であり，8 週におけるそれはいずれも 100％であった．また，8 週間の観察期間中，臨床観察，注射局所観察，体重，育成率あるいは生残率，産卵率および正常卵産出率ともに異常は認められなかった．ちなみに B 県での臨床試験では，注射後 3 週目の抗体価の幾何平均値は 377.4 倍，8 週目においては 222.9 であった．これにより，AI 発生時に一回注射による緊急対応用ワクチンとして，野外での実用性が確認された．

7．使用方法

1）用法・用量

4 週齢以上の鶏の脚部筋肉内に 1 羽あたり 0.5mL ずつ注射する．家畜伝染病予防法第 3 条の 2 に基づき規定される高病原性鳥インフルエンザウイルスに関する特定家畜伝染病防疫指針

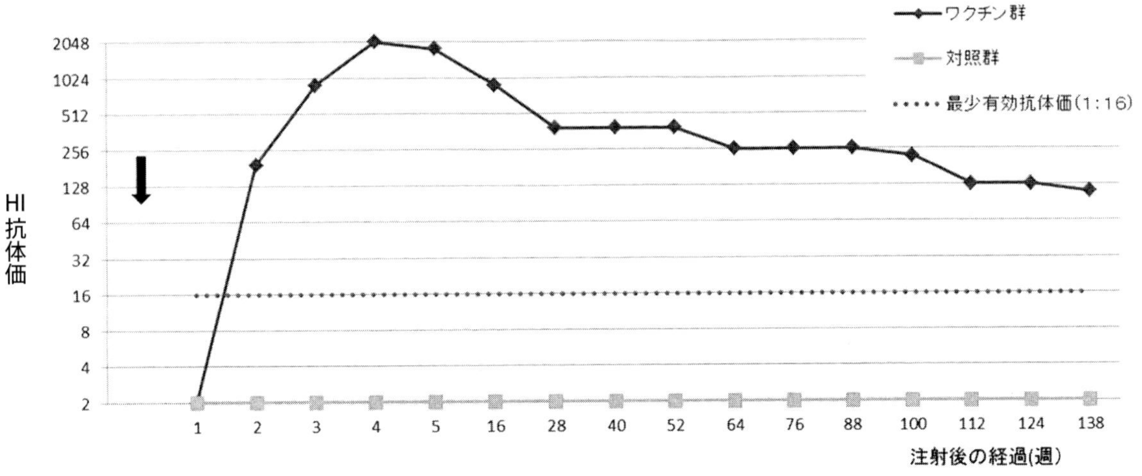

図 3　H5 試作ワクチン注射後 138 週目までの SPF 鶏における血清抗体価の推移

に従い使用すること．

2）効能・効果

鳥インフルエンザの発症予防およびウイルス排泄の抑制．

3）使用上の注意

採卵鶏または種鶏を廃鶏として食鳥処理場へ出荷する場合は，本剤は出荷前20週間使用しないこと．

8．貯法・有効期間

2～10℃で保存する．ただし，紙箱に収納しない小分け製品は2～10℃の暗所に保存する．有効期間は2年間．

参考文献

1. 清水武彦（1970）：最新家畜伝染病，83-89 南江堂．
2. 高病原性鳥インフルエンザに関する特定家畜伝染病防疫指針．平成20年12月20日 農林水産大臣公表．
3. 佐藤静夫（2003）：日本獣医史学雑誌，40, 1-30
4. 中村哲哉，秋山定勝（1935）：獣疫調査所研究報告，16, 143-192
5. Isoda, et al.（2008）：*Arch Virol.* 153,1685-1692.
6. Ito, T. et al.（2001）：*J Virol.* 75,4439-4443.
7. Swayne, D.E. and Halvorson, D.A.（2008）：Disease of poultry 12th ed. 153-184, Blackwell Publishing.
8. Samad, R. A. A. et al.（2011）：*Jap J Vet Res,* 59, 23-29.
9. Sasaki, T. et al.（2009）：*Vaccine,* 27, 5174-5177.
10. Swayne, D.E. et al.（2000）：*Vaccine,* 18, 1088-1095.

（扇谷年昭）

24　鶏サルモネラ症（サルモネラ･エンテリティディス）（油性アジュバント加）不活化ワクチン

1．疾病の概要

鶏に *Salmonella* Enteritidis（SE）が感染した場合，初生ひなでは下痢などの症状が認められ，死亡例も認められる場合がある．しかし，腸内細菌叢形成後は通常無症状で保菌鶏となる場合が多いとされている．

採卵鶏への SE 感染様式は，ひな白痢菌のように親鳥からひなに感染するもの（介卵感染）と飼料も含めた飼育環境由来（水平感染）で感染するものがある．

2．ワクチンの歴史

鶏サルモネラ症（サルモネラ･エンテリティディス）（油性アジュバント加）不活化ワクチン（以下 SE ワクチン）は，鶏の疾病予防のためではなく，SE 食中毒の最大の危害要因とされている鶏卵の SE 汚染リスク軽減のために使用されるワクチンであり，他の動物用ワクチンとは使用目的が異なる．

1980 年代の後半，SE 食中毒患者数が爆発的に増加し，その対策として様々な SE ワクチンや生菌剤が開発された．ドイツなどでは旧東側諸国で SE 対策として SE 生ワクチンの開発とその使用が進み，東西両ドイツの統合後は全ドイツで生ワクチンの使用が普及した．米国では，鶏卵の消費減退が起こっていたことから，米国農務省，大学，州政府および採卵養鶏場団体などがプロジェクトチームを立ち上げ，その対策にあたった．当時自家ワクチン（菌やウイルスを分離した農場だけで用いることができる不活化ワクチン）として使用されていた SE 不活化ワクチンを 1992 年に初めて認可した．その後数々の SE 不活化ワクチンや生ワクチンが世界中で販売，使用されている．

一方，国内では 1990 年当時，都内で多発した SE 食中毒の患者について都立衛生研究所のグループが疫学的調査を行い，その原因食品が SE 汚染鶏卵であることを突き止めた．そのため，SE ワクチンが必要との認識に至り，本ワクチンが 1997 年に承認された．その後，現在国内では 5 社 8 製剤が承認されている．

3．製造用株

SE 037-90 株，038-90 株，および 039-90 株を製造に用いる．これらの株は米国において鶏より分離されたもので，2 日齢のひなに腹腔内接種した時それぞれ 90%，90%，20%の致死率を示す．

4．製造方法

各製造用株をそれぞれ液体培地で増殖させ，ホルマリンで不活化する．油性アジュバントを添加し，よく混合した最終バルクを分注して小分け製品とする．

5．効力を裏付ける試験成績

1）菌数低減効果について

3 週齢の SPF 鶏群由来ひなにワクチンを接種し，2 週後に SE で攻撃，3 週後まで毎週盲腸より菌分離を実施したところ，図 1 に示す通りワクチン接種群の方が対照群と比較して有意に分離菌数が少なかった．免疫持続効果を確認するために，3 週齢時のひなにワクチンを接種し，その 17 週後に攻撃し 1 日後に盲腸より菌分離を実施したところ，ワクチン接種群の方が非接種群と比較して有意に分離菌数が少なかった．また，日本で分離率が多いファージ型 4 および 1 の SE を用いて同様に攻撃試験を実施したところ，やはりワクチン接種群の方が有意に分離菌数が少なかった．

2）鶏卵への SE 汚染軽減効果について

SE ワクチンの SE 汚染鶏卵産出軽減効果については，WHO と FAO-USDA のプロジェクトチームより 2002 年に報告された「Risk assessment of Salmonella in eggs and broiler chickens」[1] の中で，SE の生あるいは不活化ワクチンの使用により SE 汚染鶏卵産出頻度が約 75%減少するという評価がなされている．

国内の 4 採卵養鶏場において SE 不活化ワクチン接種開始から 4 年間調査を行い，ワクチン接種鶏群と非接種鶏群由来の液卵からの SE 分離菌数および分離頻度を比較した．ワクチン接種鶏群由来液卵からの SE 分離菌数は非接種鶏群由来のものと比較して約 260 分の 1 に減少，また分離頻度は約 10 分の 1 に減少した．さらに，全鶏群にワクチン接種後は SE 分離が認められなくなったとする報告がある [2]．これらの報告より SE ワクチン接種による SE 汚染鶏卵産出軽減効果が認められるため，SE ワクチンが SE 食中毒発生リスクを軽減するための手段として有効であると考えられるが，適切な有効性評価のための実験系確立が必要である．

3）抗体産生について

SE の鞭毛の主要抗原部位である g.m. 抗原部位のポリペプチドを抗原として固相化した ELISA を用いてワクチン接種鶏の抗体を測定した．抗体価はワクチン接種 3 週後から上昇し，5 ～ 7 週後にピークを示し，徐々に低下した．

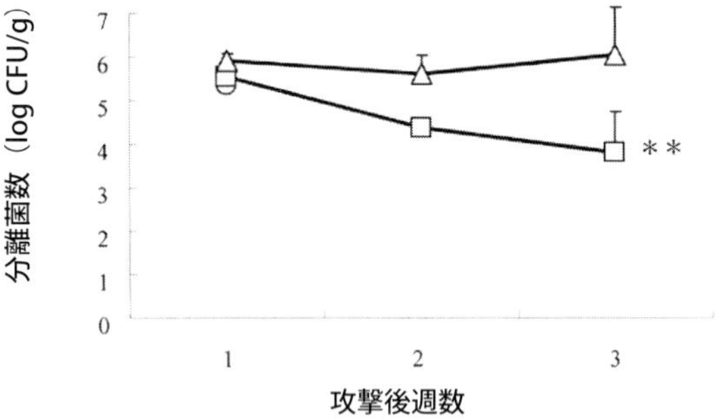

図1　SE 攻撃後の盲腸内 SE 分離菌数の推移
□：ワクチン接種群．△：PBS 接種群
**：PBS 接種群との間に有意差あり（$p < 0.01$）

野外の養鶏場において 80 日齢時に SE ワクチンを接種した鶏を 250 ～ 400 日齢時に実験施設に持ち帰り，SE を経口投与したところ，この ELISA 抗体が検出された鶏の鶏卵からは SE 分離が認められなかった．

また，SE ワクチン接種後に産生される g.m. 抗原に対する抗体は，ワクチン接種後 630 日を経過した鶏群においても約 90% の割合で抗体保有鶏が認められ，SE の菌体抗原に対する抗体陽性率と比較すると，日齢の経過による急激な低下は認められないとする報告がある[3]．

6．臨床試験成績

1）有効性

臨床試験実施農場においてワクチン接種前と接種後にワクチン接種群および非接種対照群の液卵からの SE 菌分離を実施し，非接種対照群と比較して有意に SE 分離が減少することを有効性の基準としたところ，接種群および非接種対照群の両群の液卵より SE は分離されず，菌分離では有効性は確認できなかった．しかしながら，前述の通り SE 汚染が認められた 4 農場でのワクチン接種群と非接種群の液卵からの SE 分離成績を比較したところ，SE 分離菌数はワクチン接種群で非接種群の 260 分の 1 に減少し，また農場においても飼育鶏群全群にワクチン接種後には SE 分離が認められなくなったことから，ワクチンの有効性が確認された．

2）安全性

ワクチン接種群で，非接種対照群と同等の育成率，体重増加が認められること，また健康状態に変化が認められないことを基準として，3 農場において臨床試験を実施したところ，ワクチン接種群においても非接種対照群と同等の育成率，体重増加が認められた．健康状態については，接種群で接種当日やや活力減退が認められたが，翌日には回復した．これらの成績より，ワクチンの安全性が確認された．

7．使用方法

1）用法・用量

12 週齢以上の種鶏および採卵鶏の肩部に 0.5mL を皮下接種する．国内で販売されている SE 不活化ワクチンの中には接種日齢を 5 週齢以上，接種法を脚部筋肉内注射，接種量を 0.25mL と定められているものもある．

産卵への影響を考慮すると，産卵開始 3 週間前までには接種を終了しておく必要があり，実際的には接種によるストレスは日齢が進むにつれて大きくなる傾向があるため，できれば 90 日齢までに接種しておくことが望ましい．

2）効能・効果

種鶏および採卵鶏の腸管におけるサルモネラ・エンテリティディスの定着の軽減

3）使用上の注意

本剤は食鳥処理場出荷前 210 日間は接種しない．

注射後，活力減退，沈うつおよび極めてまれに痙攣が認められるが，これらの症状が長く続く場合は獣医師に相談すること．産卵開始直前および産卵中の鶏群に注射した場合，産卵開始の遅延あるいは産卵低下を引き起こすことがあるので，これらの時期には注射を行わないこと．また，本剤注射鶏について，それぞれの鶏種に合った性成熟管理（光線管理など）を実施すること．この性成熟管理が適切でない場合には，50％産卵到達日齢が遅れることがある．

8．貯法・有効期限

遮光して 2 ～ 5℃で保存する．有効期間は 3 年間．

参考文献

1. World Health Organization, Food and Agriculture Organization of the United States (2002)：Microbiological Risk Assessment series 1. Risk Assessment of Salmonella in Eggs and Bloiler Chickens, 28-29.
2. Toyota-Hanatani et al. (2009)：*Appl Environ Microbiol*, 75, 1005-1010.
3. 中川雄史ら（2009）：鶏病研報，45, 156-163.

（大田博昭，花谷有樹子）

25　鶏サルモネラ症（サルモネラ・エンテリティディス・サルモネラ・ティフィムリウム）（油性アジュバント加）不活化ワクチン

1．疾病の概要

1）サルモネラ・エンテリティディス

237 ページ参照

2）サルモネラ・ティフィムリウム

鶏に *Salmonella* Typhimurium（以下，ST）が感染した場合，発病や死亡は孵化後 2 ～ 3 週齢までに限られる．また，成鶏ではほぼ臨床症状を示さないが，産卵時に介卵（in egg および on egg）感染を起こすことが認められており[1]，卵の汚染に注意を要する．

また，欧米諸国では多剤耐性を有する ST DT104 が人や動物から分離されるようになり，1990 年初めより食中毒事件が多数報告され，公衆衛生上の問題となっている．国内でもこの型のサルモネラ食中毒の発生が報告されている．

国内の食鳥処理場で調査したところ，採卵廃鶏[2,3]または，採卵養鶏場[4]の調査において，ST が分離されており，採卵養鶏場に ST が浸潤していることが報告されている．

2．ワクチンの歴史

日本では鶏サルモネラ症ワクチンとして *S.* Enteritidis（以下，SE）単味ワクチンが 1998 年以降使用されていたが，2004 年 SE と ST を混合した本ワクチンが承認された．

3．製造用株

1）SE

1993 年に下痢症を起こした患者の糞便から分離された E-926 株（ファージ型 1）および 1998 年に発生した食中毒患者の糞便から分離された E-136 株（ファージ型 4）を製造用株とした．両株とも生菌を孵化 24 時間以内の初生ひなに経口接種すると，発育不全や白色下痢症状を呈し，死亡するひなも認められる．

2）ST

1998 年に発生した食中毒患者の糞便から分離された T-023 株（ファージ型 DT104）を製造用株とした．生菌を孵化 24 時間以内の初生ひなに経口接種すると，発育不全や白色下痢症状を呈し，死亡するひなも認められる．

4．製造方法

本剤は，各製造用株をそれぞれ液体培地で増殖させてホルマリンで不活化する．各菌液にオイルアジュバントを加え，混合し，分注して小分け製品としたものである．

5．効力を裏付ける試験成績

1）SE および ST に対する排菌軽減効果（図 1）

（1）SE

SPF 鶏の頚部皮下にワクチンを注射し，注射 4 週後に SE 強毒株（SE HY-1 リファンピシン耐性株（以下 rif 株））1mL を経口投与し，攻撃 5 日後に脾臓，盲腸および盲腸内容から菌分離を実施した．その結果，ワクチン注射群では，脾臓，盲腸および盲腸内容において，非注射対照群と比較して分離された菌数は有意に少なく，攻撃菌の定着を軽減する効果が認められた．

（2）ST

SE と同様に ST 強毒株（ST T-023 rif 株）での攻撃試験を行った．その結果，ワクチン注射群では，脾臓，盲腸および盲腸内容において，非注射対照群と比較して，分離された菌数は有意に少なく，攻撃菌の定着を軽減する効果が認められた．

2）免疫の持続期間

SPF 鶏の頚部皮下にワクチンを注射し，注射 12 ヵ月後に SE 強毒株（SE HY-1 rif 株）または ST 強毒株（ST T-023 rif 株）の攻撃を行い，攻撃 5 日後に脾臓，盲腸および盲腸内容から菌分離を行った．SE・ST のいずれも分離された菌数は対照群と比較して有意に少なかった．したがって，注射 1 年後においても SE および ST に対する免疫が持続すると考えられる．

6．臨床試験成績

8 ～ 12 週齢の採卵鶏 1250 羽（銘柄 A・B・C）を用い，ワクチン注射群 725 羽，非注射対照群 525 羽とし，注射群は用法・用量に従い 0.5mL を頚部中央皮下に 1 回注射した．

1）有効性（図 2）

ワクチン注射 1 ～ 2 ヵ月後の各銘柄鶏のワクチン注射群および非注射対照群各 20 羽を用い，SE または ST の強毒株（SE HY-1 rif 株または ST T-023 rif 株）で攻撃し，脾臓および盲腸における臓器内生菌数を求めた．ワクチン注射群では，いずれの銘柄鶏においても対照群と比較して臓器内生菌数が低減され，ワクチンの有効性が確認された．

2）安全性

臨床観察，注射局所の観察，増体率，育成率，産卵率および正常卵産出率にワクチン注射による影響は認められなかった．

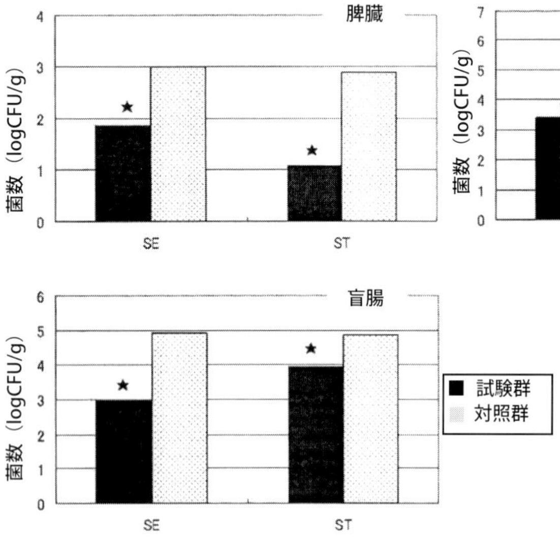

図 1　SE および ST 攻撃後の臓器内生菌数
対照群との有意差（$p < 0.05$）を★で示した．

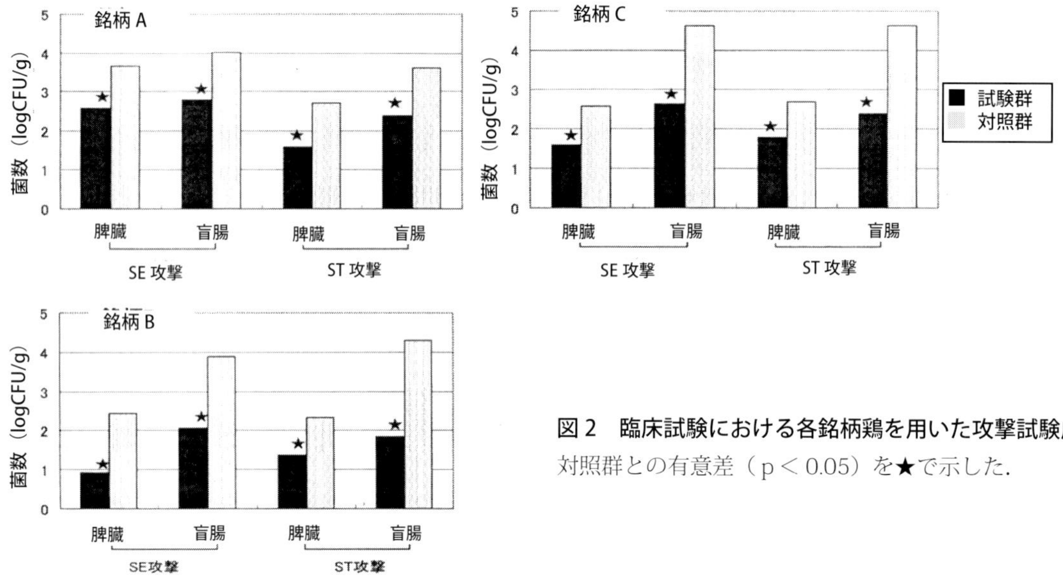

図 2　臨床試験における各銘柄鶏を用いた攻撃試験成績
対照群との有意差（$p < 0.05$）を★で示した．

7．使用方法

1）用法・用量

5 週齢以上の種鶏および採卵鶏の頚部中央部の皮下に 1 羽当たり 0.5mL を注射する．

2）効能・効果

鶏の腸管におけるサルモネラ・エンテリティディスおよびサルモネラ・ティフィムリウムの定着軽減．

3）使用上の注意

採卵鶏または種鶏を廃鶏として食鳥処理場へ出す場合は，本剤は出荷前 44 週間は注射しないこと．

また，このワクチンを接種した鶏はひな白痢の抗体検査で陽性を示す．したがって，本剤を種鶏に使用する場合には，標識した無接種鶏を 1％程度残し，家畜防疫対策要綱に基づくひな白痢および鶏のサルモネラ感染症の防疫に支障がないようにしなければならない．また，本剤を種鶏に使用する場合は，事前に最寄の家畜保健衛生所に相談し，指示を受けること．

8．貯法・有効期間

2 ～ 10℃の暗所に保存する．有効期間は 3 年間．

参考文献

1. 中村政幸（2006）：鳥の病気，第 6 版，74-77, 鶏病研究会．
2. 白井和也ら（1996）：鶏病研報，32, 増刊号，9-13．
3. 小田桐和枝（1999）：鶏病研報，35, 2 号，89-96．
4. 三瓶佳代子ら（2003）：平成14 年度全国家畜保健衛生所業績抄録, 6．

（横山絵里子）

公衆衛生用ワクチン

動物用ワクチンの中で鶏サルモネラ症不活化ワクチンは，特異なワクチンである．*Salmonella* Enteritidis（SE）や *S.* Typhimurium（ST）は，成鶏に感染しても無症状であることから，本来，鶏にワクチンは不要であった．しかし，鶏卵を汚染するサルモネラにより，人が食中毒になることから，人の食中毒対策として鶏を免疫し，サルモネラの菌数を減少させるワクチンが望まれた．欧米では 1992 年に，日本では 1996 年に承認されたこのようなワクチンを私は「公衆衛生用ワクチン」と呼んでいる．

食中毒の原因菌としてはサルモネラ属菌と 1・2 位を争うカンピロバクターも重要である．カンピロバクターの感染鶏も多くは無症状で保菌鶏となり，鶏肉汚染の原因となっている．また，鶏の大腸菌症やマイコプラズマ病の治療に用いられるフルオロキノロン剤により耐性カンピロバクターが容易に発現することから，薬剤耐性カンピロバクターが人の健康に影響を及ぼすと世界中で問題となっている．このような状況の中，安全な鶏卵・鶏肉の生産に役立つワクチンが開発されれば，その需要は高いと思われる．

（平山紀夫）

26　鶏大腸菌症（組換え型 F11 線毛抗原・ベロ細胞毒性抗原）（油性アジュバント加）不活化ワクチン

1．疾病の概要

本症は大腸菌（*Escherichia coli*）によって起こる疾病である．大腸菌は鶏を含むあらゆる動物の腸管内に常在するが，健康な鶏は発病しない．

鶏大腸菌症はその病型から①大腸菌性敗血症，②死ごもり卵，初生ひなの敗血症および臍帯炎，③全眼球炎，関節炎および関節滑膜炎，④卵墜性腹膜炎および卵管炎，⑤出血性腸炎，⑥大腸菌性肉芽腫症の 6 種類に区別されている．

本疾病は主に肉用鶏において多大な経済的損害を与えており，養鶏場における重大な疾病の一つである．また，大腸菌の抗原性は多数あり，その発症メカニズムは未だに解明されていないが，大腸菌の単独感染によって本症が発生することよりも，飼養環境（アンモニア等の有毒ガス濃度の上昇，密飼い等）の悪化，他の微生物（マイコプラズマ，鶏伝染性気管支炎ウイルス等）の感染によって誘発されると考えられている．さらに，ブロイラーの幼雛期において各種生ワクチンの接種後の副反応により本症が誘発される可能性も指摘されている．また，初生ひなで孵化後数日以内にみられる大腸菌症は，介卵感染によるもので，その多くは種卵表面が糞便に汚染され，大腸菌が卵殻を通過して侵入することにより起こる（on egg の感染）場合もあり，時には母鶏の卵巣や卵管が大腸菌に汚染され，その時に形成された卵の内部に大腸菌が侵入することで起こる場合もある（in egg の感染）[1]．この様な複雑な発生要因が関連する状況下において大腸菌症の予防は非常に困難であり，抗菌剤による予防あるいは治療に依存していた．

2．ワクチンの歴史

予防法の一つとして，これまでバクテリンおよび線毛抗原を用いたワクチン開発が試みられてきたが，バクテリンワクチンにおいては強い副作用および特定の O 型の血清型にしか有効性を認めなかったこと，線毛抗原ワクチンでは単独の抗原では有効性が十分示されなかったことから，実用化されていなかった．現在では多数の大腸菌の病原因子が同定され，それぞれの遺伝子も決定されており，検出が可能になっているが，これらの病原性因子を標的としたワクチンの開発は未だ行われていないのが現状である．

一方，運動性のある大腸菌は鞭毛を有しているが，鞭毛は病原性因子とは考えられていなかったため大腸菌ワクチンの抗原としては用いられなかった．大腸菌症由来の大腸菌の鞭毛抗原がベロ細胞に対する毒素活性と関連しており，この毒素保有大腸菌はひなに致死活性を有していることが証明されたことから，鞭毛抗原（以下ベロ細胞毒性抗原：FT 抗原）はベロ細胞毒性を有している大腸菌に対するワクチンの成分として有用であると考えられた．この抗原のベロ細胞に対する毒性は 100℃の 10 分間の加熱で失活しなかったことから，哺乳類における腸管出血性大腸菌の産生する Vero 毒素（95℃ 15 分加熱で完全に失活する）とは異なる毒素であると考えられた．

また，線毛抗原については鶏大腸菌症由来の大腸菌より線毛抗原を精製し，その性状を検討したところ，ヒトの尿路感染性大腸菌の F11 線毛抗原（F11 抗原）と一致し，さらに世界各国の鶏大腸菌症由来 203 株について F11 抗原の保有状況を調査したところ，78％の大腸菌が F11 抗原を発現しており，さらに鶏大腸菌症において最も頻繁に分離される血清型（O1：K1，O2：K1，O35 および O78：K80）だけに限った場合には 96％が発現していることが明らかになった[2]．

したがって，これらの 2 つの抗原をワクチン候補抗原としてそれぞれの抗血清を用いて受け身免疫を行い，FT 抗原保有菌および F11 抗原保有菌で気嚢内攻撃試験を行ったところ，防御を示した．

以上のことから両抗原を用いて種鶏を免疫し，種鶏からの FT 抗原保有大腸菌および F11 抗原保有大腸菌の排泄を抑制すると共に，ひなに移行抗体を持たせることにより，初期の鶏大腸菌症の発生を抑制する目的で本ワクチンが開発され，日本で最初の大腸菌症ワクチンとして 2000 年に承認された．

3．製造用株

F11 線毛抗原の製造に JA221/pPF11-10 株を用いる．本株は，ヒト尿路感染性大腸菌 C1976 株の F11 抗原遺伝子を遺伝子発現用として用いられている大腸菌 K 12 株に組み込んだものである．ベロ細胞毒性抗原の製造には鶏の大腸菌症より分離された CH7 株を用いる．

4．製造方法

それぞれの製造用株を培養後不活化し，加熱撹拌することで菌体と鞭毛および線毛を分離して，遠心分離により菌体を除いた原液を濃縮し，抗原量を調整し混合したものに軽質流動パラフィンおよび界面活性剤を加え，乳化する．

表1 FT抗原免疫種鶏由来ひなでの攻撃試験

攻撃菌株	試験区分[1]	死亡羽数/供試羽数（%）	平均病変スコア
CH2（FT＋）	V	5/16（31）	2.1[2]
	C	10/16（63）	3.3
CH5（FT＋）	V	4/16（25）	1.8
	C	8/16（50）	2.8
CH7（FT＋）	V	2/17（12）[2]	1.2
	C	8/17（47）	2.4

[1] V：FT抗原注射群由来種，C：対照群由来雛
[2] 有意差あり（$p < 0.05$）

表2 F11抗原免疫種鶏由来ひな

試験区分[1]	死亡羽数/供試羽数（%）	平均病変スコア
V	6/22（27）[2]	2.4[2]
C	16/26（62）	3.3
V	8/22（36）[3]	1.9[3]
C	22/26（85）	3.6
V	4/22（18）[2]	1.4[3]
C	14/26（54）	2.8
V	2/25（8）[2]	0.7[3]
C	10/27（37）	2.7
V	5/25（20）[2]	1.4[2]
C	12/27（44）	2.5

[1] V：FT抗原注射群由来種，C：対照群由来ひな
[2] 有意差あり（$p < 0.05$）
[3] 有意差あり（$p < 0.01$）

5．効力を裏付ける試験成績

1）攻撃試験

FTおよびF11抗原で免疫された種鶏から生れたひなの1～3週齢時にFTあるいはF11抗原保有大腸菌で気嚢内攻撃を実施した．

その結果，FT保有大腸菌での攻撃試験においては，CH2株攻撃では死亡率は低下したものの有意差は認めなかったが，病変スコアでは有意差が認められた．CH7株攻撃では死亡率において有意差が認められたが，平均病変スコアではワクチン群が低い値ではあったものの有意差は認められなかった．CH5株攻撃ではワクチン群が低い値ではあったが有意差は認めなかった（表1）．

F11抗原保有株での攻撃試験では何れの試験においてもワクチン群の死亡率および平均病変スコアは対照群と比較して有意差が認められた（表2）．

また，有意差を認めた鶏での抗体価（ELISA）はF11に対して100，FTに対して1,000であったことから最小有効抗体価はそれぞれ100および1,000と考えられた．

2）免疫持続試験

7週齢のSPF鶏由来鶏の筋肉内に6週間隔で2回，0.5mLのワクチンを接種後，継続的に抗体価を測定したところ，ワクチン接種後36週齢においても最小有効抗体価を認めたことから免疫持続は36週以上と考えられた．

6．臨床試験成績

2県下の2種鶏場で飼養されている肉用種鶏45,915羽を対象に野外応用試験を実施した．

1）有効性

経済効果，初生ひなからの大腸菌の分離率，種鶏での抗体価および移行抗体の推移について調べた．経済効果については，孵化率について試験期間中に5回の調査を実施したところ，対照群（86.2%）と試験群（89.0%）間に差が認められた．また，生産指数を調査したところ，K種鶏場では試験群由来ひなで215，対照群で201，P種鶏場では試験群由来ひなで230，対照群由来ひなで212であり，何れも試験群由来ひなにおいて良好な生産指数を認めた．初生ひなからの大腸菌の分離率について，K種鶏場において試験群由来ひな297羽，対照群由来ひな320羽を検査したところ試験群由来ひなでは8.4%），対照群由来ひなでは30.0%が陽性であった．P種鶏場では試験群由来ひなでは7.9%，対照群由来ひなでは27.8%であり，何れの農場においても試験群由来ひなからの分離率が低い値であった．種鶏での幾何平均抗体価の推移についてはK種鶏場においてはワクチン接種後11ヵ月目のF11およびFT抗原に対してそれぞれ，4,079，12,996，P種鶏場では4,371および10,556であり，ワクチン接種後11ヵ月間の抗体の持続が確認された．また，試験群由来ひなの移行抗体価を経時的に測定したところ，K種鶏場由来ひなでは3週齢でF11抗原に対して246，FT抗原に対して1,741であり，P種鶏場では18日齢でF11抗原に対して246，FT抗原に対して1,149であり，3週齢までの移行抗体の持続が確認された．以上のことから本ワクチンの有効性が確認された．

2）安全性

安全性については，ワクチン注射後の臨床および注射局所の観察，体重測定，育成率および産卵状況について調査したところいずれの項目においても異常は認められず安全性が確認された．

7．使用方法

1）用法・用量

7週齢以上の種鶏の胸部筋肉内に1羽当たり0.5mLを6週間間隔で2回注射する．

2）効能・効果

種鶏およびひなの大腸菌症の発症の軽減．

3）使用上の注意

本剤は食鳥処理場出荷前36週間は接種しないこと．本剤の副反応として，注射後に注射部位に腫脹，硬結等が認められる場合がある．

4）ワクチネーションプログラム

用法および用量に従って用いるが，一般的な肉用種鶏の産卵開始時（17～21週齢）までにはワクチン接種を終了しておくことが望ましい．

8．貯法・有効期間

遮光して2～10℃に保存する．有効期間は3年間．

参考文献

1. 鶏病研究会（2010）：鳥の病気 第7版．82-89.
2. J. F. van den Bosch, et al.（1985）：*FEMS microbiology Letters* 29, 91-97.

（酒井英史）

動物用ワクチン学のすすめ

これまで動物用ワクチンは，大量に培養して不活化するか，野外株を長期継代することにより弱毒化することにより開発が進められてきた．つまり，経験則に基づくワクチン開発である．しかし，近年，このような手法でワクチンを作出しても，思うような効果が発揮できない感染症が増えている．また，群単位で飼育する生産動物を効率的に，かつ有効に免疫を賦与する安価なワクチンを求める声も大きい．従来，動物用のワクチン開発は獣医師を中心とした技術者と若干の薬剤師により進められてきた．しかし，このような限られた技術者集団では解決しない問題が山積されるようになった．例えば免疫を増強するアジュバントには工学の知識を必要とし，遺伝子組換えワクチンには分子生物学など，多くの専門家集団を必要としている．人体用ワクチンでは安全性という高い壁があるため，なかなか新規性のあるワクチンの実用化に至らない．その点，動物用は人に直接使用するものでないことから，様々な先端的ワクチンの実用化が可能である．今，動物用ワクチンが面白い．

（田村　豊）

27　鶏大腸菌症（078 型全菌体破砕処理）（脂質アジュバント加）不活化ワクチン

1．疾病の概要

242 ページ参照.

2．ワクチンの歴史

本ワクチンは，2006 年に製造承認された脂質アジュバント加破砕大腸菌を主成分とする液状ワクチンであり，初生ひなに点眼接種する不活化ワクチンとしてわが国で最初に承認されたユニークなワクチンである.

3．製造用株

1999 年に宮崎県下のブロイラー農場で大腸菌症に罹患した 30 日齢の肉用鶏の心外膜から大腸菌を分離し，これを培地で継代した KAI-2 株を製造用株とした.

本株は鶏大腸菌でしばしば同定される O 血清群 78[1,2,4] に属し，鶏大腸菌間で高率に保存される複数の病原遺伝子（iss[1,2,4]，iutA[2,4] および cvaC[1,2,4] 等）を保有し，外毒素を産生しない．本株の鶏に対する病原性は（独）動物衛生研究所から分与された強毒株 PDI-386 株[3] と同等である.

4．製造方法

製造用株の培養菌液を破砕後ホルマリンにより不活化し，これと脂質アジュバント（コレステロール，大豆リン脂質および塩化ジステアリルジメチルアンモニウム）を混合したものに保存剤（硫酸ゲンタマイシン）を添加する.

5．効力を裏付ける試験

破砕前総菌数で 1.5×10^9CFU ／羽の抗原を含有するワクチンを 30 日齢 SPF 鶏に点眼接種し，4 週間後に 1.3×10^7CFU の製造用株を静脈内注射し経日的に血中菌数を測定したところ，ワクチン接種鶏の菌数はワクチン非接種対照群の値より下回った（図 1）.

また，ワクチン接種後 4 週間目のワクチン接種群の抗 LPS 血中抗体価はワクチン非接種対照群の値より有意に高かった.

6．臨床試験成績

1）有効性

2 ヵ所のコマーシャル農場（農場 1：各鶏舎 12,500 羽飼育，農場 2：各鶏舎 3,400 羽～ 5,300 羽飼育）で 0 日齢の肉用鶏

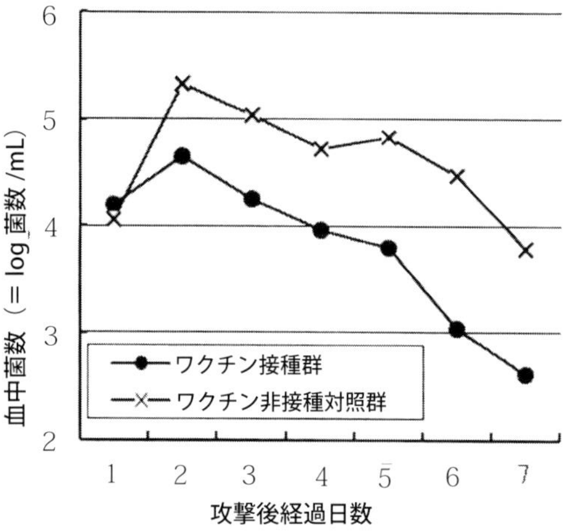

図 1　ワクチン接種鶏の血中菌数の推移

ワクチンを SPF 鶏（30 日齢，10 羽）に点眼接種し 4 週間後に 1.3×10^7CFU の製造用株を静脈内注射し経日的に血中菌数を測定した．図中各印は 10 羽の平均値.

にワクチンを点眼接種し育成率を算出したところ，ワクチン接種群はワクチン非接種対照群に比して改善効果が認められた（図 2 および図 3）.

2）安全性

ワクチン接種群の一般状態にワクチンに起因すると思われる異常は認められず，接種局所の粘膜充血や眼瞼浮腫も認められなかった.

7．使用方法

1）用法・用量

0 日齢から 100 日齢以下の鶏に 0.03mL を 1 回点眼接種する.

2）効能・効果

鶏の大腸菌症の発症の軽減.

3）使用上の注意

ワクチンの有効成分は沈殿しやすいので使用前および使用中に充分振り混ぜ，1 羽あたり 1 滴ずつ確実に点眼し，少なくとも 1 回瞬きするまで待ってから鶏を放すこと.

4）ワクチネーションプログラム

一般的にはコマーシャルブロイラーに使用する．例えば孵化

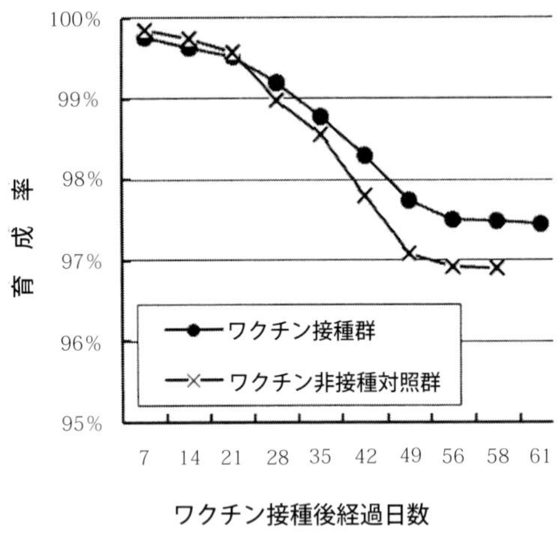

図2　育成率成績（農場1）

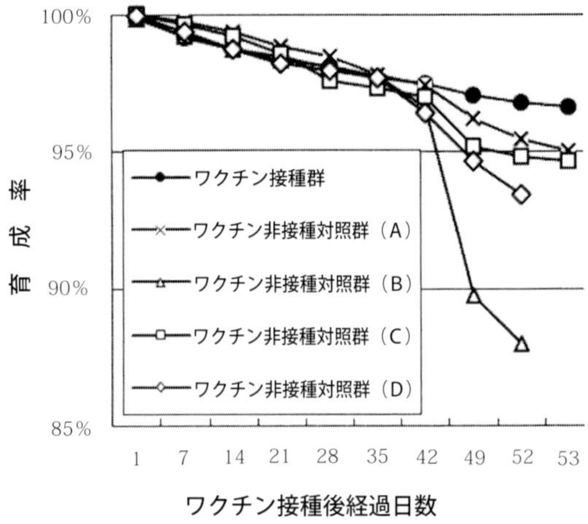

図3　育成率成績（農場2）

場においてあるいはコマーシャル農場入雛時に点眼接種する．また，コマーシャルレイヤーあるいは種鶏に使用する場合には各農場における大腸菌症発生時期の約2～4週間前に点眼接種する．

8．貯法・有効期間

2～10℃で保存する．有効期間は2年間．

参考文献

1. Ozawa, M. et al.（2008）：*Avian Dis.* 52, 392-397.
2. Rodriguez-Siek, K.E. et al.（2005）：*Microbiology,* 151, 2097-2110.
3. Sekizaki, T. et al.（1992）：*J Vet Med Sci,* 54, 493-499.
4. Yaguchi, K. et al.（2007）：*Avian Dis,* 51, 656-662.

（矢口和彦）

28　マイコプラズマ・ガリセプチカム感染症凍結生ワクチン

1．疾病の概要

鶏における *Mycoplasma gallisepticum*（Mg）感染症は，一般的には CRD あるいは鶏のマイコプラズマ感染症と呼ばれる慢性的な呼吸器疾患である．本感染症の最初の報告は，1935 年に Nelson によってなされたが，PPLO と呼ばれた原因菌の分離には 1945 年まで，さらに人工培地での培養成功までには 1953 年までも要した．

国内においては，1954 年に田島らによる報告が最初で，病原体は，1962 年佐藤らによって初めて分離確認された．その後の大規模な Mg 浸潤状況調査の結果，本病は全国的規模で浸潤していることが確認された．Mg 感染症によりもたらされる損害は，単に罹患鶏の死亡淘汰による育成率あるいは生存率の低下に留まらず，飼料効率や産卵率の低下，卵質の低下，種鶏においては，受精率や孵化率の低下，虚弱雛の増加等であり，その経済的損失は甚大なものである．

2．ワクチンの歴史

1989 年に国産（水酸化アルミゲル）および輸入（オイル）の Mg 不活化ワクチンが承認されるに至り，ワクチンによるコントロールが可能になった．その後，Mg 不活化ワクチンの有効性が採卵養鶏家に広く認められ，特に大型採卵養鶏にとっては不可欠のワクチンとなった感じさえ伺える．一方で，より安価で省力的，かつ安全でより有効性の高い Mg ワクチンの開発も望まれていた．米国においては，F 株を用いた生ワクチンが 1988 年に USDA の認可を得ている．本ワクチンの投与法は飲水で省力的であること，Mg 不活化ワクチンより効力が高いこと等は評価されていた．しかし，病原性がやや残存していることや同居感染性が強いこと等はマイナス評価であった．

そこで，より安全性の高い Mg ワクチンの開発が望まれ，オーストラリア，メルボルン大学の K. G. Whithear により選抜された ts-11 株を種株とした Mg 凍結生ワクチンが 1990 年にオーストラリアにて，米国では 1994 年に承認されている．日本では 1995 年に承認された．なお，現在は本製品の他に Mg 凍結乾燥生ワクチン 3 製品が国内で承認を得ている．

3．製造用株

製造には K. G. Whithear らによって確立された温度感受性変異株である ts-11 株が用いられている．ts-11 株はオーストラリアのニューサウスウエルズ州の肉用種鶏から分離された Mg 80083 株（もともと比較的病原性が弱かったが免疫原性は高かった．）を突然変異誘発剤である N-methyl-N-nitro-N-nitroso guanidine を 100mg/mL の濃度で処理して得られた温度感受性変異株の中から，安全性と免疫原性を指標にして選抜された

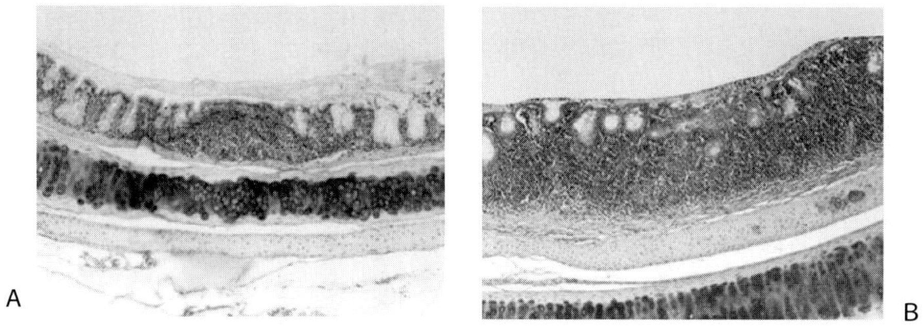

図１　攻撃後の気管粘膜の比較

A：ワクチン接種鶏の攻撃後の気管粘膜．Ts-11 株接種 40 週後に強毒 MgAp3AS 株で攻撃した後の気管粘膜．平均粘膜の厚さ＝ 73.2 μm. 平均病変スコア＝ 0.5

B：ワクチン無接種鶏の攻撃後の気管粘膜．ワクチン無接種鶏を強毒 MgAp3AS 株で攻撃した後の特徴的気管病変．平均粘膜の厚さ＝ 238.0 μm. 平均病変スコア＝2.3

表1 Mg不活化ワクチンとの有効性比較

群	羽	粘膜厚μm
ts-11*	10	71.4 [b]
不活化ワクチン *	10	251.1[c]
攻撃対照 *	10	253.6[c]
非攻撃対照	10	44.3[a]

* ワクチン接種 4 週後にエアゾル攻撃 [abc]$P < 0.05$

1 クローンである．

ts-11 株の生菌数は 33℃培養では 39.5℃培養と比較して千倍から 10 万倍高い値であった（温度感受性）．感受性鶏の腹腔内に 5×10^7ccu/ 羽を接種しても気嚢病変を惹起せず，また，産卵低下を惹起しなかった．感受性の七面鳥の眼窩下洞に接種しても，臨床的および剖検的に副鼻腔炎の兆候は認められなかった．一方，親株である 80083 株は明らかに病原性を有していた．点眼接種された ts-11 株の鶏体内での増殖動態を検討した結果，ts-11 株は気管上部に限局して増殖していることが確認された．また，2 週齢の SPF 鶏に ts-11 株を点眼接種し，接種 1 週後に 1 週齢 SPF 鶏を 2 週間同居感染させ，本株の同居感染の有無を検討したところ，親株である 8083 株は同居感染が確認されたが，ts-11 株では確認されなかった[1]．ts-11 株の垂直感染性については，$10^{8.4}$ccu/ 羽を点眼接種した 12 週齢の採卵鶏 80 羽の卵管および卵黄からの菌分離により検討した結果，本株は全く分離されず ts-11 株の垂直感染は確認されなかった．

4．製造方法

製造用種株を製造用培地にて，33℃で培養量を徐々に増やしながら 16 ～ 70 時間間隔で 5 ～ 6 代継代培養した本培養菌液をプラスチック製小分け容器に 30mL ずつ分注・密栓し，－ 70℃以下に凍結・保存する．

5．効力を裏付ける試験成績

1）免疫成立時期

ts-11 株 1 羽分接種における免疫成立時期を，エアゾル攻撃での気管および気嚢の肉眼病変の防御を指標として検討した結果，免疫後 1 週の早期から成立するものと考えられた．

2）最小有効量

10 倍階段希釈した ts-11 株を点眼接種で免疫し，6 週後にエアゾル攻撃し，気管および気嚢の肉眼病変の防御を指標として検討した結果，最小有効量は 5×10^6ccu/ 羽であった．

3）免疫持続

ts-11 株 1 羽分点眼接種免疫鶏の免疫持続について，ワクチン接種 40 週後に強毒 MgAp3AS 株攻撃に対する防御効果を気管および気嚢の肉眼病変スコア，気管の組織病変スコアおよび気管粘膜の肥厚を指標（図 1）とし検討した結果，1 回の免疫で鶏のライフサイクル中，有効な免疫を持続する可能性が示唆された．

4）Mg 不活化ワクチンとの有効性比較

ts-11 株を 47 日齢の SPF 鶏に点眼接種し，Mg 不活化ワクチン（オイル）は 28 日齢と 47 日齢の 2 回筋肉内に注射し，免疫 4 週後に，エアゾルあるいは気管内接種法にて攻撃し，気管および気嚢の肉眼病変の平均スコアおよび気管粘膜の厚さを求め，各ワクチンの防御効果を比較検討した（表 1）．

ts-11 株免疫群の上部および下部気管の平均肉眼病変スコアおよび平均気嚢病変スコアは，エアゾルおよび気管内接種攻撃ともに，Mg 不活化ワクチン免疫群より有意に低く，ts-11 株免疫群の気管粘膜の厚さについても，Mg 不活化ワクチン免疫群と比較して，それぞれの部位共に有意に小さい値が認められた．本試験において，ts-11 株 1 羽分の点眼接種免疫によって惹起される防御免疫は，Mg 不活化ワクチン（オイル）2 回接種免疫によって惹起される防御免疫に比べて，有意に高いことが示された．

6．臨床試験成績

ts-11 株の野外における臨床試験を 3 農場にて，合計 125,969 羽を対象として行った．この内 2 農場では Mg 不活化ワクチン（オイル）1 羽分接種群を，1 農場ではワクチン非接種群を対照とし，40 ～ 81 日齢時に本ワクチン 1 羽分を点眼接種で免疫し，35 週齢時まで観察した．

何れの農場とも，ワクチン接種後の反応を含めて一般臨床所見に異常は認められず，本ワクチンの野外使用での安全性が確認された．

Mg に対する凝集抗体および HI 抗体は，免疫後 4 週目に陽転し，かつ試験終了時でも認められたことより，本ワクチンの野外使用での免疫原性が確認された．産卵成績を 49 週齢～ 62 週齢時まで追跡調査した．その結果，2 農場ではヘンハウスの産卵個数で，Mg 不活化ワクチン（オイル）接種群よりもそれぞれ 8.9 個および 3.7 個多く，1 農場では Mg 無免疫群と比べ 7.1 個多く，本ワクチンの野外使用での有効性が確認された．

以上の成績より，ts-11 株は実際の養鶏現場で，安全性と有効性を備えた有用なワクチンになるものと考えられる．

7．使用方法

1）用法・用量

37℃以下の微温湯中で素早く融解した後に添付の点眼用器具をつけ，３週齢以上の鶏に，よく撹拌しながら，１羽あたり１滴（0.03mL）を点眼で接種する．

2）効能・効果

マイコプラズマ・ガリセプチカム感染に伴う産卵率低下の軽減．

3）使用上の注意

ニューカッスル病・鶏伝染性気管支炎混合生ワクチンとの同時接種は軽度の呼吸器症状を起こすことがあるので行わないこと．本剤には他の薬剤を加えて使用しないこと．本剤のワクチン菌株は薬剤の影響を受けやすいので，本剤接種前後少なくとも７日間はワクチン菌株に影響を及ぼすような薬剤の接種または飼料・飲水への添加は避けること．

4）陽性農場の一般的なワクチネーションプログラム

Mg の野外感染を受ける最低でも３週間前に接種を行う必要があり，一般的には３～５週齢時にマイコプラズマ・シノビエ感染症凍結生ワクチン（MS-H 株）等と同時に接種される．

8. 貯法・有効期間

遮光して－ 70℃以下で保存する．倉出し後使用時まで一時的に保存する場合は，遮光して－ 20℃以下のフリーザーに保存する．有効期間は３年間．ただし，倉出し後は，－ 20℃以下では４週間，－ 30℃以下では３ヵ月間．

参考文献

1. Whithear, K.G. et al.（1990）：*Austral Vet J*, 5, 159-165.

（宗像保久）

29　マイコプラズマ・シノビエ感染症凍結生ワクチン

1．疾病の概要

Mycoplasma synoviae（MS）による鶏の疾病は，1954 年，米国のブロイラーにおける伝染性滑膜炎（Infectious Synovitis）として，Olson らにより初めて報告されている．日本においては，1971 年，清水らにより九州地域の食鳥処理場由来の関節と肝臓から初めて MS が分離された．また，MS 感染による気嚢炎の発生は，1970 年頃米国の Yoder らによって初めて報告されている．その後，日本を含む諸外国においても，無症状鶏あるいは呼吸器症状や気嚢炎を呈する鶏から MS が分離されている．現在では MS はマイコプラズマ・ガリセプチカム（Mg）と同様に呼吸器病の原因菌の一つとして認識され，MS 感染症と呼称されている．

MS は一般的に不顕性感染が多く，また，Mg との混合感染あるいはニューカッスル病（ND）生ワクチンや鶏伝染性気管支炎（IB）生ワクチンの影響を受けた時に呼吸器症状や気嚢炎を発症すること等により，MS 感染症としての被害の実態は明確ではない．しかし，滑膜炎や気嚢炎による育成率あるいは生存率の低下，飼料効率や産卵率の低下，種鶏においては，受精率や孵化率の低下，虚弱ひなの増加（ひなの質の低下）等が確認されており，近年では MS の卵殻尖端部の異常（EAA：Eggshell Apex Abnormalities）に対する関連性が示されるなど[1] 経済的損失が懸念されている．

2．ワクチンの歴史

1985 年，米国ではオイルアジュバントの MS 不活化ワクチンが承認されている．このワクチンが MS 感染症に対する最初のワクチンである．1986 年から 1988 年にかけて，オーストラリア，メルボルン大学の K. G. Whithear の指導のもと，大学院生の C. J .Morrow はオーストラリアのニューサウスウエルズ州の 1 養鶏場の呼吸器症状を呈していた 30 週齢産卵鶏の後鼻孔裂から分離された野外株を種株とした MS 凍結生ワクチンの開発に着手し，1996 年にオーストラリアで承認されるに至った．本ワクチンが世界最初の MS 生ワクチンであり，日本では 2005 年に承認されている．

3．製造用株

製造には C. J. Morrow らによって確立された温度感受性変異株である MS-H 株を用いる．MS-H 株は 1990 年ニューサウスウエルズ州（オーストラリア）の 1 養鶏場の呼吸器症状を呈していた産卵鶏より分離された MS 86079/7NS 株を，突然変異誘発剤である N-methyl-N-nitro-N-nitrosoguanidine で処理して得られた温度感受性変異株から選抜された[2]．

MS-H 株の呼吸器系器官における増殖動態は，後鼻孔裂において最も良く増殖・定着しており，喉頭，眼窩下洞および結膜においても増殖・定着が認められた．気管では上部半分に限局していた．MS-H 株の同居感染性について検討した結果，同居後 2 週で無免疫鶏に抗体が認められると共に MS-H 株が分離され，同居感染性が確認された．

産卵期に本ワクチンを接種された鶏における MS-H 株の卵管への定着・増殖および垂直感染の有無を検討した結果，接種後 MS-H 株の卵管への定着・増殖および垂直感染（卵黄膜からの分離）は認められず，産卵低下もみられなかった．MS-H 株の鶏に対する病原性（安全性）については，MS-H 株およびその親株（MS 86079/7NS 株）を SPF 鶏に噴霧接種すると共に鶏伝染性気管支炎ウイルス（IBV）T 株を気管内に接種した試験あるいは SPF 鶏の胸部気嚢内に直接接種した試験において，MS-H 株による気嚢病変は認められなかった．また，最小リリースタイターの 7.3 倍から 17.5 倍を点眼接種した試験においても，気嚢病変は認められなかった．一方，親株（MS 86079/7NS 株）接種群においては，88.9% ～ 100% 気嚢病変が認められた[3]．

4．製造方法

製造用種株を製造用培地にて，33℃で培養量を徐々に増やしながら 16 ～ 70 時間間隔で 5 ～ 6 代継代培養した本培養菌液をプラスチック製の小分け容器に 30mL ずつ分注・密栓し，－ 70℃以下に凍結・保存する．

5．効力を裏付ける試験成績

1）免疫成立時期

MS-H 株の免疫成立時期を，接種後 1 週から 6 週までのエアゾル攻撃に対する防御効果を検討した結果，気嚢の肉眼病変陽性率を指標とした場合は接種後 3 週，気嚢の病変スコアを指標とした場合は接種後 4 週であった．

2）最小有効量

攻撃後の気嚢病変スコアおよび血清学的反応（RSA および ELISA 法）を指標として検討した結果，MS-H 株の最小有効量

は $10^{6.63}$CCU/ 羽であった．

3）免疫持続

MS-H 株 1 羽分点眼接種免疫鶏の免疫持続を，接種後 15 週および 40 週での攻撃試験における防御効果を指標として検討した結果，1 回の免疫で少なくとも 40 週は持続することが確認された．

6．臨床試験成績

MS-H 株の野外における臨床試験を 4 農場において，肉用種鶏（3 農場），採卵種鶏（1 農場）総羽数 51,491 羽を用いて行った．4 ～ 13 週齢時に本ワクチン 1 羽分を点眼接種された試験鶏群は，接種局所の反応を示すことなく，かつ，一般臨床所見に異常を示すことなく順調に成育し，育成率および生存率も順調であること，増体および産卵成績も順調であること等により，本ワクチンの野外使用での安全性が確認された．また，接種後 6 週より MS に対する抗体が確認され，その後試験終了時まで高い抗体陽性率で推移したことにより，本ワクチンの野外使用での免疫原性が確認された．得られた産卵成績も，設定した有効性の評価基準に適合しており，本ワクチンの野外使用での有効性が確認された．

7．使用方法

1）用法・用量

37℃以下の微温湯中で素早く融解した後に添付の点眼用器具をつけ，3 週齢以上の鶏に，よく撹拌しながら，1 羽あたり 1 滴（0.03mL）を点眼で接種する．

2）効能・効果

マイコプラズマ・シノビエ感染に伴う呼吸器疾患（気嚢炎）の発症予防または軽減．

3）使用上の注意

ニューカッスル病・鶏伝染性気管支炎混合生ワクチンとの同時接種は軽度の呼吸器症状を起こすことがあるので行わないこと．本剤には他の薬剤を加えて使用しないこと．本剤のワクチン菌株は薬剤の影響を受けやすいので，本剤接種前後少なくとも 7 日間はワクチン菌株に影響を及ぼすような薬剤の接種または飼料・飲水への添加は避けること．

8．貯法・有効期間

遮光して－ 70℃以下で保存する．倉出し後使用時まで一時的に保存する場合は，遮光して－ 20℃以下のフリーザーに保存する．有効期間は 4 年間．ただし，倉出し後は，－ 20℃以下では 4 週間．

参考文献

1. Feberwee, A. et al.（2009）：*Avian Pathol*, 38, 77-85.
2. Morrow Chris, J. et al.（1998）：*Avian Dis*, 42, 667-670.
3. Markham Jillian, F. et al.（1998）：*Avian Dis*, 42, 677-681.

（宗像保久）

30　鶏コクシジウム感染症（アセルブリナ・テネラ・マキシマ）混合生ワクチン

1．疾病の概要

鶏に寄生する *Eimeria* 属原虫はこれまでに 9 種が報告されている[1]．病原性が問題となるのは主に 5 種類であるが，その中でもテネラ（*E. tenella*）はネカトリックス（*E. necatrix*）に次いで強い病原性を示し，疾病は一般に急性盲腸コクシジウム症と呼ばれる．鶏コクシジウム原虫の病原性と組織侵入性は相関しており，*E. tenella* は盲腸粘膜固有層の深部に大型のメロント（メロゾイトを含む寄生体胞）を多数形成するため組織の破壊および出血が著しい．盲腸コクシジウム症では鮮血便が多量に排泄され，病勢が進行すると死亡する鶏も多い．発症極期の盲腸内容物は血様を示すが 2 ～ 3 日間で終息し，チーズ状に変化して盲腸は顕著に萎縮する．

アセルブリナ（*E. acervulina*）とマキシマ（*E. maxima*）は小腸粘膜の表層部（上皮細胞と粘膜固有層の上層）で主に発育するため，出血はほとんど認められない．*E. acervulina* では十二指腸，*E. maxima* では小腸中部に灰白色の壊死病巣が形成され，水様性の下痢が主徴である．

鶏コクシジウム原虫は世界中に分布し，農場への浸潤度は極めて高い．鶏は齢や性別に関係なく感受性を有するが，免疫を保有しないため幼若鶏の発症リスクが高い傾向にある．鶏の農場への導入後から次第に鶏群内に感染は拡がるが，当初は不顕性で推移し，汚染レベルが最も高まる 3 ～ 6 週齢で発症が頻発する傾向にある．*E. acervulina*，*E. maxima* および *E. tenella* による鶏コクシジウム症は収容密度の高い肉用鶏での発生が多い．

自然条件下での感染経路は，成熟オーシストの経口摂取のみである．糞便中に排泄されるオーシストは当初未成熟で感染性を持たないが，適度な温度と湿度のもと約 2 日間で成熟し感染性を獲得する．オーシストは長径が 10 ～ 30 μm と肉眼では見えない程小さく，鶏舎内に侵入した小動物や昆虫，器具および塵埃等に容易に付着して機械的に伝播されることで汚染エリアが拡大する．環境中ではオーシストは極めて安定で条件さえ整えば 1 年以上も生残するとされ，本病原体を農場や鶏舎から完全に排除することは困難である．

現代の集約的な養鶏形態において，鶏コクシジウム原虫の感染および鶏コクシジウム症の発生を衛生管理だけで制御することは困難である．従来，肉用鶏では出荷前 7 日まで，肉用鶏以外の鶏では 10 週齢に達するまで，抗コクシジウム効果を発揮する添加物を飼料に混合することで，本疾病に対する予防対策が実施されてきた．しかしながら，飼料添加物を給与できない期間における疾病の発生および薬剤耐性株の出現の問題に加え，薬剤に頼らない食品生産を求める消費者市場の形成が日本において鶏コクシジウム感染症生ワクチンを普及させる要因となった．

2．ワクチンの歴史

鶏コクシジウム症を耐過した鶏および鶏群が，獲得した免疫により，その後の再感染に対して強固な抵抗性を示す現象は古くから知られていた[2]．この免疫の特徴として，感染の程度および回数に応じて増強されること，感染種に特異的で他の種に対して交差抵抗性を示さないことが挙げられる．この現象を利用し，計画（人為）的に鶏に鶏コクシジウム原虫を感染させて免疫を賦与する実用的な手段として生ワクチンの開発が始まった．

1950 年代の開発初期に製品化されたのは，野外分離株を継代して得た株の非弱毒タイプの生ワクチンであった．しかしながら，ワクチン投与後の制御が非常に困難で，しばしば投与鶏における発症の危険性を孕んでいた．1980 年代以降は，より安全性を高めた弱毒タイプの生ワクチンが開発されるようになった．現在，鶏コクシジウム原虫の弱毒化は，早熟性を有する株を作出する方法が主流となっている[3]．早熟化した弱毒株の特徴として，増殖性が低下して弱毒性状が安定しており病原性の復帰がないこと，投与動物に種特異的な免疫を賦与できること等，生ワクチン用株として好適な性状を有している．世界各国で 10 製剤以上の生ワクチンが開発および市販されており，含有する種や投与方法などにそれぞれの特色を有している[4]．

本製剤は，*E. acervulina*，*E. maxima* および *E. tenella* による鶏コクシジウム症の発症を抑制できる国内初のワクチンとして，飼料混合投与法にて 1996 年に承認され，その後 2001 年に散霧投与法の用法が追加された．近年，ケージ飼育鶏において本剤の点眼投与法を応用した試みが報告されている[5]．

現在，日本では本製剤以外に *E. mitis* を含む 4 種混合生ワクチンと *E. necatrix* の単味生ワクチンが市販されている．

3．製造用株

本剤に含有されている製造用株は，図 1 のモデル図に示すように親株と比較して，プレパテント期（オーシスト投与後，

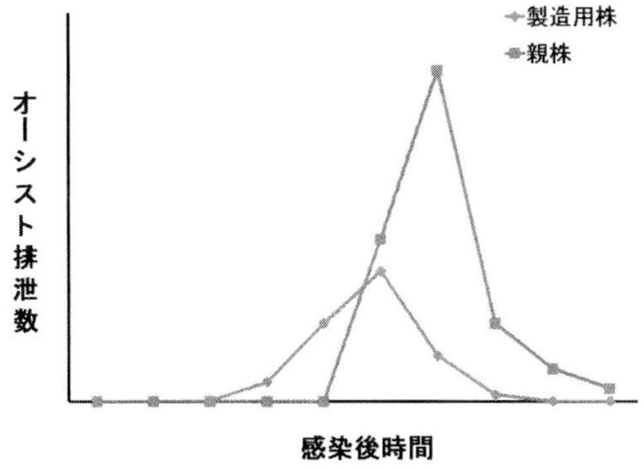

図1　製造用株および親株感染後の糞便中へのオーシスト排泄モデル

糞便中に新生オーシストが排泄されるまでの期間）が短く，排泄されるオーシスト数が少ない特徴を示す．また，3種の製造用株は市販されている多くの抗コクシジウム薬剤に対して感受性を有する株であるため，ワクチンの使用により野外で薬剤耐性株を蔓延させる危険性はない．

1）*E. acervulina*

製造用株 *E. acervulina* Na-P75 株は，野外発生例において分離された強毒性状を示す親株 *E. acervulina* Na 株から早熟性を有する株を作出する継代方法で確立された弱毒株である．本製造用株ではシゾント形成期の数代が欠失していると考えられ，親株と比較してプレパテント期が約1日間短縮しており，鶏に投与した場合であっても増体の抑制や腸管病変の形成などが軽度である．

2）*E. maxima*

製造用株 *E. maxima* Nm-P102 株は，野外発生例において分離された強毒性状を示す親株 *E. maxima* Nm 株から早熟性を有する株を作出する継代方法で確立された弱毒株である．本製造用株ではシゾント形成期の数代が欠失していると考えられ，親株と比較してプレパテント期が約1日間短縮しており，鶏に投与した場合であっても増体の抑制や腸管病変の形成などが軽度であることが特徴である．

3）*E. tenella*

製造用株 *E. tenella* Nt-P110 株は，野外発生例において分離された強毒性状を示す親株 *E. tenella* Nt 株から早熟性を有する株を作出する継代方法で確立された弱毒株である．本製造用株ではシゾント形成期の数代が欠失している上に，第2代シゾントが小型化して内部に形成されるメロゾイト虫体数が顕著に減少すると考えられており，親株と比較してプレパテント期が約1日間短縮しており，鶏に投与した場合であっても増体の抑制や腸管病変の形成などが著しく軽度である．

4. 製造方法

本剤は，3種の製造用株をそれぞれ SPF 鶏に感染させ，糞便中に排泄されるオーシストを飽和食塩液浮遊法で回収後，次亜塩素酸ナトリウム溶液処理により滅菌し，リン酸緩衝食塩液で浮遊させて小分け充填したものである．

5. 効力を裏付ける試験成績

1）投与オーシスト数と免疫効果

各製造用株につき，70羽の SPF 鶏を10羽ずつ7群に分けて平飼し，オーシスト投与数を5段階に分けた投与群，非投与攻撃対照群および非投与非攻撃対照群とした．投与3週間後に各強毒株で攻撃し，腸管の肉眼病変指数および鶏の増体率を用いた換算により，非投与攻撃対照群が0%，非投与非攻撃対照群が100%になる指標を用いて免疫の程度を表した．

図2から図4に示す通り，いずれの製造用株においてもオーシスト投与数の増加に応じて，免疫が増強されることが示された．

2）免疫の出現時期

免疫の出現時期を調べるために，本剤を1用量投与して平飼した鶏群から7日ごとに抽出した鶏を各強毒株で攻撃し，腸管の肉眼病変指数および鶏の増体率を用いた換算により免疫の程度を評価した．

7日後ではまだばらつきが認められるものの，14日後にはいずれの製造用株の投与においても軽度から中等度の免疫が認められ，21日後には全群で高度な免疫が誘導されていた．従って，本剤により十分な免疫効果が得られるのは投与後21日以

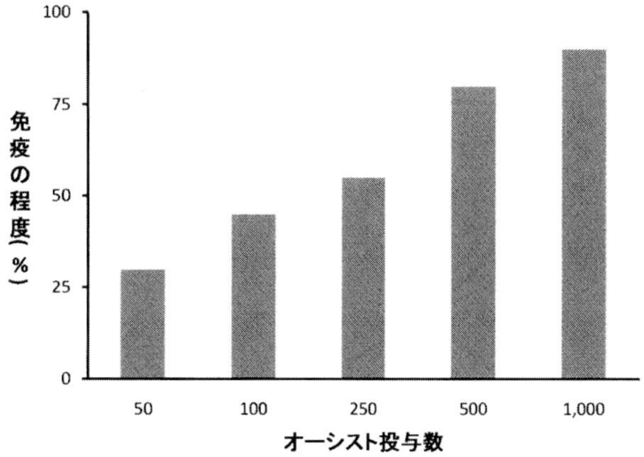

図2　製造用株オーシストの投与数と免疫効果（*E. aceruvulina*）

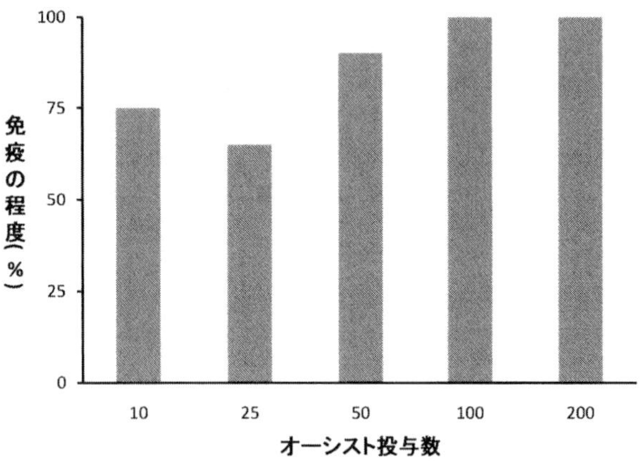

図 3　製造用株オーシストの投与数と免疫効果（*E. maxima*）

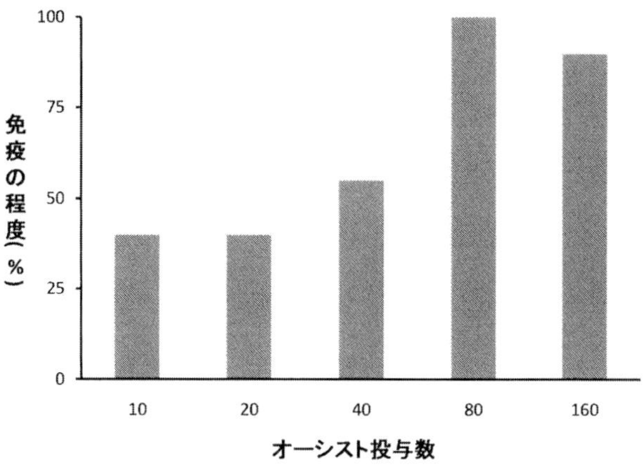

図 4　製造用株オーシストの投与数と免疫効果（*E. tenella*）

降であると考えられた．

3）　免疫期間中のオーシスト排泄と免疫の持続

平飼条件下で本剤を 1 用量投与された鶏群では，いずれの製造用株でも投与後 1 週ないし 2 週目から糞便中へのオーシスト排泄が認められた．その後，3 ～ 4 週間にわたりオーシスト排泄は続いたが，投与 30 日以降 58 日目まではオーシスト排泄は認められなかった．一方，投与後 58 日目に実施した強毒株を用いた攻撃試験において，非投与攻撃対照群と比較して投与群の腸管の肉眼病変指数は顕著に低く，いずれの株に対しても良好な免疫が保持されていることが示された．

6．臨床試験成績

A，B および C 農場は全て肉用鶏農場であり，農場ごとにほぼ同数の投与群と対照群を設けた．投与群では全飼育期間にわたり抗菌性飼料添加物を含有しない飼料，対照群ではそれぞれ異なる抗菌性飼料添加物が含有された前期用および後期用飼料を給餌した．A 農場では 5 日齢，B 農場では 6 日齢および C 農場では 3 日齢において，本剤を飼料に混合して投与した．

1）　供試鶏群におけるオーシストの排泄状況

いずれの投与群においても，投与後 1 週以内に糞便中へのオーシスト排泄が認められた．一方で対照群においては，2 週齢ないし 3 週齢以降から野外株感染によると推測されるオーシスト排泄が認められた．したがって，投与群においては，野外株に先だって製造用株が鶏に感染して増殖したことが確認された．

2）　供試鶏群から抽出した鶏に対する攻撃試験成績

投与 4 週後および出荷直前に供試鶏群から無作為に鶏を抽出し，各強毒株による攻撃試験を実施した．いずれの投与群においても，攻撃による発症は認められず，腸管の病変形成も非投与攻撃対照群と比較して顕著に抑制され，本剤の野外での有効性が確認された．

3）供試鶏群における安全性

投与後 3 週間の臨床観察では，3 カ所の農場いずれの群においても臨床的異常は認められなかった．投与後 5 週前後（39

表 1　供試鶏群の生産性成績

農　場	区　分	出荷羽数	体重（kg）	飼料要求率	育成率（%）	PS*
A	投与	7,798	2.94	2.376	97.5	218.1
	対照	7,840	2.94	2.319	98	224.3
B	投与	10,052	2.72	2.164	92.9	215.2
	対照	10,164	2.67	2.194	94	216
C	投与	18,176	2.96	2.347	94	205.9
	対照	18,364	2.87	2.326	94.9	204.8

* 生産性指数

～ 42 日齢）における投与群および対照群の無作為抽出鶏の体重に有意差がなかったため，本剤の野外での安全性が確認された．

4）供試鶏群の生産性

B および C 農場では対照群に鶏コクシジウム症の発生が認められたが，投与群においてはいずれの鶏群においても臨床的な鶏コクシジウム症の発生は全く認められなかった．最終的な供試鶏群の生産性成績は，表 1 に示す通りであるが，投与群と対照群に顕著な差異は認められず，本剤は汎用されている抗菌性飼料添加物と同等の安全性および有効性を示すことが確認された．

7．使用方法

1）用法・用量

（1）　飼料混合投与法

3 ～ 6 日齢の平飼いブロイラーひなを対象とし，その飼料に混合して 1 回投与する．本剤 1 羽分（0.02 mL）を，ひなの日齢に応じた 1 日当たりの給餌量の約 1/5 ～ 1/10 量の飼料に混合する方法で，本剤の均一な混合飼料を調製する．混合飼料の約 100 羽分ずつを市販の給餌器（縦 45cm × 横 60cm の平底型，面積 0.27m^2）に分配し，分配した羽数分に相当するひなに投与する．ひなが混合飼料の摂取を完了した後，残量の飼料を給与する．

（2）　散霧投与法

初生～ 4 日齢の平飼い鶏を投与対象とする．本品 20mL（1,000 羽分）を 5 ～ 20 倍量に希釈し，輸送箱または段ボール箱等に収容した 1,000 羽のひなに均一に 1 回散霧する．

2）効能・効果

アイメリア・テネラ，アイメリア・アッセルブリーナ，アイメリア・マキシマによる鶏コクシジウム病の発症抑制．

3）使用上の注意

著しい温度変化は本製剤の効果に影響を及ぼす．特に凍結することによってその効力が失われるため，保存条件には注意が必要である．

8．貯法・有効期間

2 ～ 5℃の暗所に保存する．有効期間は 1 年 2 ヵ月間．

参考文献

1. 石井俊雄（1983）：鶏病研報，19, 1-7.
2. 大永博資（1983）：鶏病研報，19, 9-18.
3. Jeffers, TK .（1975）：*J. Parasitol.* 61, 1083-1090.
4. Shirley, M.W. et al.（2005）：*Adv. Parasitol.* 60, 285-330.
5. 川原史也ら（2010）：鶏病研報，46, 95-99.

（川原史也）

31　鶏コクシジウム感染症（ネカトリックス）生ワクチン

1．疾病の概要

鶏に寄生する *Eimeria* 属原虫のうち，病原性が問題となるのは主に5種類であるが，その中でもネカトリックス（*E. necatrix*）は最も強い病原性を示す．*E. necatrix* は腸管粘膜固有層の深部に大型のメロント（メロゾイトを含む寄生体胞）を多数形成するため組織の破壊および出血が著しい病態を示す．

本種も含め，鶏コクシジウム原虫は世界中に分布し，浸潤度は極めて高い．*E. necatrix* による発症は8～18週齢が好発時期とされる．肉用鶏での発生はほとんど認められず，飼育期間の長い肉用および卵用の種鶏で発生が多い．多くの場合，育成期に感染を受けるため産卵期に発症することは稀であるが，もし発生した場合には育成期と比べて経済的被害は大きい．まれに，肉用鶏ではあるが，飼育期間の長い地鶏において本病の発生を認めることがある．

2．ワクチンの歴史

本製剤は2002年に承認されたが，これまでのところ *E. necatrix* による鶏コクシジウム症を抑制できる国内唯一のワクチンである．

3．製造用株

製造用株 *E. necatrix* Nn-P125株は，野外発生例において分離された強毒性状を示す親株 *E. necatrix* Nn株から早熟性を有する株を作出する方法で確立された弱毒株である．本製造用株は，その親株と比較してプレパテント期（オーシスト投与後，糞便中に新生オーシストが排泄されるまでの期間）が約1日間短縮しており，鶏に投与した場合であっても，増体の抑制や腸管病変の形成などが著しく軽度である特徴を示す．

4．製造方法

本剤は，製造用株をSPF鶏に感染させ，糞便中に排泄されるオーシストを飽和食塩液浮遊法で回収後，次亜塩素酸ナトリウム溶液処理により滅菌し，アルセバーで浮遊させて小分け充填したものである．

5．効力を裏付ける試験成績

免疫賦与に必要な製造用株の最小有効オーシスト数を求めるため，表1の通り1羽当りのオーシスト数を変えて投与し，4週間後にNn株で攻撃した．その結果，非投与（0個）群では顕著な増体の抑制が確認されたのに対し，いずれの投与群でも良好な増体を示したため1羽当りの最小有効オーシスト数は25個以下であった．

表1　最小有効オーシスト数の確認試験

投与オーシスト数	0	25	100	1,000	10,000
攻撃後の平均増体率（%）	-11.8	65.3	37.4	57.4	49.1

6．臨床試験成績

投与後6週間の臨床観察において，3ヵ所の種鶏場すべての群に臨床的異常は認められず，また試験群および対照群の育成率および無作為抽出鶏の体重に有意差は認められなかったため，本剤の野外での安全性が確認された．

また，投与後8～11週に，上記種鶏場からそれぞれ無作為に抽出した鶏をNn株で攻撃した．非投与攻撃対照群はいずれも攻撃後に増体率が減少し，死亡率も40～50%であったのに対して，投与群では非攻撃群と同等の増体を示した上に死亡は全く認められなかったため，本剤の野外での有効性が確認された．

7．使用方法

1）用法・用量

本剤は3日齢～4週齢の平飼い鶏を対象とし，その飼料に混合して1回投与する．1羽分を1日当たりの給餌量の約1/5～1/10量の飼料に均一に混合する．混合飼料の約100羽分ずつを市販の給餌器（縦45cm×横60cmの平底型）に分配しひなに投与する．

2）効能・効果

アイメリア・ネカトリックスによる鶏コクシジウム症の発症抑制．

3）使用上の注意

著しい温度変化は本剤の効果に影響を及ぼす．特に，凍結することによってその効力が失われるため，保存条件には注意が必要である．

8．貯法・有効期間

2～5℃の暗所にて保存する．有効期間は9ヵ月間．

32　ロイコチトゾーン病（油性アジュバント加）ワクチン（組換え型）

1．疾病の概要

本病は住血胞子虫類であるロイコチトゾーン・カウレリー（*Leucocytozoon caulleryi*）の感染によって引き起こされる鶏の疾病である．媒介昆虫はニワトリヌカカである．わが国における発生は，主として6月から9月の夏期をピークとして，沖縄から北海道南部に至る地域で流行するほか，東南アジア全域にも広く分布する．病鶏は強度貧血や緑便，多臓器からの出血による死亡を主徴とする．生産現場においては，発育遅延ならびに産卵低下を引き起こすため，発生鶏群における経済被害は甚大である．

2．ワクチンの歴史

かつて本病の予防には，ピリメタミンおよびサルファ剤の合剤等が使用されてきたが，薬剤耐性株の出現への危惧や投与薬剤の残留性の問題から，とりわけ産卵期における投薬が規制された[1]．このことを受け，一旦沈静化に向かった本病は，再び各地で頻発するようになり，ワクチン開発が望まれていた．

本病に対するワクチン開発は，原虫不活化抗原を用いたものから，遺伝子組換え技術を応用したサブユニットワクチンまで，様々な研究開発が試みられた．これらの研究から，本原虫の第二代シゾント（2GS）に，本病に対する免疫原性を有する抗原が存在することが明らかになった[2,3,4,5]．ただし，感染鶏より採材・精製した原虫不活化抗原を用いるワクチンの試みは，その生産性と安全性の両面から，実用化には至らなかった．そこで本原虫の2GSから，免疫原性を有することが明らかとなった外膜構成蛋白質の一部分であるR7抗原を遺伝子組換え技術により大腸菌で発現させ，そこから抽出した抗原液とオイルアジュバントを混合したサブユニットワクチンが開発された．

なお，本ワクチン開発の基礎的試験は，国から補助を受けた動物用生物学的製剤協会の事業（1989～1993年）として7所社が実施した．

3．製造用株

R7抗原を発現するために設計された遺伝子組換え大腸菌は，発現用プラスミドベクターにR7遺伝子を挿入し，製造用株として形質転換させたものである．このように本ワクチンの製造用株は，組換え微生物ではあるが，その利用区分は優良工業製造規範（GILSP）の利用と規定されており，人に対する病原性ならびに有毒物質の産生性のないことは，「農林水産分野等における組換え体の利用のための指針」で確認されている．

表1　2GS抗体価と発症防御効果の関係

試験群	攻撃時の2GS抗体価	各臨床症状スコアを示した羽数 [1]					ヘマトクリット値（平均値）
		－	＋	＋＋	＋＋＋	死亡	
1	25,600～204,800	5	0	0	0	0	29～32（30.8）** [4]
2	12,800	5	0	0	0	0	29～31（30.2）**
3	6,400	4	1 [2]	0	0	0	22～33（28.4）
4	3,200	3	2 [3]	0	0	0	24～35（29.8）
5	400～1,600	2	0	2	1	0	19～29（24.2）
攻撃対照	＜100	0	1	1	1	2	20～27（23.5）
無処置対照	＜100	5	0	0	0	0	28～35（30.6）

1) 元気消失，緑便および貧血の3症状についてスコア化した（－：症状なし，＋上記の症状のうち1症状を呈した，＋＋：上記の症状のうち2症状を呈した．＋＋＋：上記の3症状すべてを呈した．

2) 1羽で貧血が認められた．

3) 貧血を呈した鶏が1羽，緑便を呈した鶏が1羽であった．

4) 攻撃対照群と比較して有意に低値であった（**：$p < 0.01$）．

表 2　2GS 抗体価と感染防御効果の関係

試験群	攻撃時の 3GS 抗体価	感染防御効果（パラシテミア指数）1),2)		
		SSA 抗体価	第 2 メロゾイト	ガメトサイト
1	25,600 ～ 204,800	1.7（2/5）**	0.2（1/5）**	160（2/5）**
2	12,800	2.3（4/5）**	0.8（3/5）**	400（4/5）**
3	6,400	3.0（4/5）**	2.4（3/5）**	640（4/5）**
4	3,200	6.1（5/5）**	6.1（5/5）*	2,080（5/5）**
5	400 ～ 1,600	10.6（5/5）	10.8（5/5）	3,440（5/5）
攻撃対照	＜ 100	48.5（5/5）	20.5（4/4）	5,400（4/4）
無処理対照	＜ 100	―（0/5）	0（0/5）	0（0/5）

1) 各パラシテミア指数の数値は平均値.
2) カッコ内の数値は（陽性羽数 / 供試羽数）を示す.
注 1）SSA 抗原価は寒天ゲル内沈降反応法による抗原価，第 2 メロゾイト数は末梢血中の感染赤血球数の割合（%）ならびにガメトサイト数は末梢血 $1mm^3$ 中に認められた虫体数の合計で示した.
注 2）鶏群 1 ～ 4 のパラシテミア指数は，攻撃対照のそれらと比較して有意に低値であった（*：$p < 0.05$，**：$p < 0.01$）.

4．製造方法

製造用株を 37℃で培養し，所定の増殖濃度に達した時点で発現誘導剤を添加する．その後，さらに 37℃で培養後に集菌する．菌体は，リゾチーム法により溶菌処理を実施し，R7 抗原の抽出を行い，さらにホルマリンによる不活化処理を実施する．

得られた抽出抗原液は，R7 抗原に対するモノクローナル抗体[6]を用いたサンドイッチ ELISA 法により抗原力価を定量した後，定められた力価となるよう緩衝液にて希釈する．本抗原液とオイルアジュバントを混合して乳化を行い，最終バルクを調整する．これをボトルに小分け充填し，打栓したものが最終製品となる．

5．効力を裏付ける試験成績

本ワクチンの注射により誘導される抗体の産生レベルと発症防御効果の間には，強い相関が確認されている[7]．本ワクチンの最小有効抗体価（2GS 抗体価）を攻撃試験（*L.caulleryi* スポロゾイト原虫を 10,000 個 / 羽で静脈接種）で調べた結果，抗体価が 3,200 倍以上では 60 %，6,400 倍以上では 80 %，12,800 倍以上では 100 %の供試鶏が臨床症状を示さず，攻撃に耐過した（表 1）．抗体価 3,200 倍以上の耐過鶏の大部分では，貧血指標であるヘマトクリット値が攻撃対照鶏のそれと比べて有意に高値であった（$P < 0.05$）．また，抗体価と感染防御効果の間にも相関が確認された．すなわち，攻撃対照鶏では，原虫攻撃後に本原虫の各発育ステージでの増殖が確認されたことに対して，ワクチン注射鶏では抗体価の高い試験鶏ほど，そのパラシテミアは抑制され，抗体価 3,200 倍以上の試験鶏では，測定した全ての原虫発育ステージにおいて，攻撃対照鶏と比べて有意に低値であった（$P < 0.05$）（表 2）．本原虫の野外での自然感染においては，通常 1 回のニワトリヌカカの吸血で約 3,000 個のスポロゾイトが鶏体内に注入されると報告されていることことから，野外での発症および感染防御に必要な最小有効抗体価は 1,600 倍程度と考えて良いものとされている．

本ワクチンの免疫効果の発現および持続は，1 回の注射後 2 週目から効力を発揮し得る抗体産生が認められ，最小有効抗体価を下回るまでおよそ 5 ヵ月間に渡り，本原虫の感染による発病を防御し得ることが確認されている．

6．臨床試験成績

1）有効性

3 養鶏場採卵鶏の計 3,100 羽を供試し，本ワクチンの野外応用試験を実施した[8]．ワクチン注射鶏では，鶏種を問わず，注射後に有効な量の 2GS 抗体が産生された．試験期間中，鶏ロイコチトゾーン病の発生が認められた農場では，本ワクチンの発病ならびに感染予防効果が確認された．発病防御効果については，本病の主症状である，緑便排出ならびに貧血を指標に観察し，ワクチン注射群と対照群とを比較して，注射群の発生頻度は両症状共に有意に低値（$P < 0.05$）であった．一方，感染防御効果については，末梢血液塗抹標本によるロイコチトゾーン原虫の検出率ならびに本原虫の増殖程度を反映する 2GS 由来血清可溶化抗原（SSA 抗原）について観察した．その結果，

表3　鶏ロイコチトゾーン病野外発生時の産卵状況

発症ピーク時の産卵率（%）					
O県K農場				G県I農場	
30週齢試験鶏		47週齢試験鶏		21週齢試験場	
試験群	対照群	試験群	対照群	試験群	対照群
90.8[1)]	79.5	84.4	75.3	73.0	50.7

[1)] ヘンディ産卵率で示した.

いずれの発生農場においても，注射群の原虫マーカーは対照群と比較して低値であり，注射鶏ではワクチンで誘導された抗体の作用で虫体の発育が阻止された結果として，臨床症状の発現が軽度に抑えられたものと示唆された.

これに加えて，野外生産現場で最も深刻とされている本病の症状として，産卵率の低下があげられるが，本野外応用試験で本病の発生が認められた農場では，対照群において臨床症状発現期に大幅な産卵低下が認められたのに対して，注射群のそれは極めて軽度であり，本ワクチンの注射による経済的な効果が確認された（表3）.

2）安全性

本ワクチンを産卵開始前の採卵鶏に注射した場合，オイルアジュバントに起因する一過性のごく軽度な注射反応（注射部位の軽度な腫脹と硬結）が認められたが，その後の増体や産卵にはなんら影響を及ぼさなかった．一方，産卵中の採卵鶏に注射した場合，鶏種によっては産卵の低下をきたすことが判明した．したって本ワクチンは，産卵開始前に注射を実施すれば，高い安全性を有することが確認された.

7．使用方法

1）用法・用量

5週齢以上の採卵鶏に，0.25mL ずつ1回脚部筋肉内に注射する.

2）効能・効果

鶏ロイコチトゾーン病の予防.

3）使用上の注意

産卵中の採卵鶏への注射は一過性の採卵低下を引き起こすことがある.

また，本病に高度に汚染された農場では，育雛鶏においても感染抗体が陽転している不顕性感染が認められる場合がある．このような鶏群に本ワクチンを注射した場合，ワクチンブレイクを引き起こし，防御に有効な抗体産生が得られない事例が認められるため，本ワクチン注射前に抗体検査（2GS 抗原を用いた ELISA 法による抗体測定）を実施し，鶏群の感染状況を把握した後に，適切に使用することが重要である．なお，本ワクチンで誘導される抗体は，現在本病の感染抗体検出法として広く応用されている，ゲル内沈降反応では検出できない.

本ワクチンはオイルアジュバントを使用しているため，食肉処理場出荷前6ヵ月間は注射してはならない.

4）ワクチネーションプログラム

本ワクチンの注射により，防御に有効な抗体産生が認められる期間は5ヵ月間であることから，各生産農場での本病の流行期に合わせて，ワクチネーションプログラムを設定することが大切である．これに加えて，本原虫は冬期，鶏体内でシゾントステージとして越冬すること[9]，前年の流行期に耐過した鶏から翌年の流行期前に再び末梢血液中に原虫が観察される事例があること等が報告されている[10]．これらの知見から，直接的な発生被害のない冬期や，前年流行期から飼育している成鶏と混在する育雛鶏を含めた本病の動態把握は極めて重要であり，本ワクチンの使用も含めて農場内の本原虫を完全に防圧することが望ましい.

8．貯蔵・有効期間

遮光して2～10℃で保存する．有効期間は2年間.

参考文献

1. Akiba, K. et al.（1964）：：*Nat Inst Anim Health* Quart, 4, 222-228.
2. Isobe, T. et al.（1988）：*Jpn J Parasitol*, 37,214-219.
3. Morii, T. et al.（1989）：*Parasitol Res*, 75, 194-198.
4. Morii, T. et al.（1990）：*Parasitol Res*, 76, 630-632.
5. Isobe, T. et al.（1991）：*Avian Dis*, 35, 559-562.
6. Gotanda, T. et al.（2002）：*J Vet Med Sci*, 64, 281-283.
7. Ito, A. et al.（2002）：*J Vet Med Sci*, 64, 405-411.
8. Ito, A. et al.（2004）：*J Vet Med Sci*, 66, 483-487.
9. Fujisaki, K. et al.（1982）：*Natl Inst Anim Health* Quart, 2, 144-145.
10. 堀 登ら（1992）：鶏病研報，28, 19-28.

（伊藤　亮）

1 イリドウイルス感染症不活化ワクチン

1. 疾病の概要

イリドウイルス感染症は，夏から秋の高水温期に西日本を中心に認められ，現在ではマダイ，ブリ属魚類，シマアジ等の，養殖魚以外の天然魚からもウイルス抗原が検出され，その数は30魚種以上に上ることが報告されている[1]．病魚の外観は体色黒化や貧血による鰓の褪色が見られ，病魚は緩慢な遊泳状態を示す．剖検により脾臓の肥大化が認められ，病理組織学的には脾臓組織について健常魚には見られない異形肥大細胞が検出される[2]．本病の原因は *Iridoviridae*，*Megalocytivirus* に属するマダイイリドウイルスであり[3]，直径 200 ~ 240nm，感染細胞内においては六角形を呈し，中心部には電子密度の高いコアが観察される[2]．ウイルスゲノムは約 112Kbp からなる 2 本鎖 DNA である[4]．

2. ワクチンの歴史

1990 年に本病が確認された後，原因ウイルスの分離，培養，診断法[5]が確立され，また，本病に対するホルマリン不活化ワクチンの有効性が室内試験で確認された[6]．これらの成果を踏まえ，ワクチン開発を進め，1998 年にマダイを対象魚種として承認された．本ワクチンは，海産魚類のウイルス病に対して実用化された世界最初のワクチンである．その後，ブリ属魚類，シマアジ，ヤイトハタおよびチャイロマルハタに適用魚種を拡大し現在に至っている．

3. 製造用株

マダイイリドウイルス Ehime-1/GF14 株を用いる．本ウイルス株は 1992 年に分離され，マダイイリドウイルス Ehime-1 株を GF 細胞(イサキの鰭由来株化細胞)に継代したものである．本ウイルス株はマダイ，ブリ，カンパチ，シマアジ等に致死性を示す．

4. 製造方法

種ウイルスを GF 細胞で培養し，採取した培養液の遠心上清をウイルス浮遊液とする．ウイルス浮遊液にホルマリンを加えて，不活化したものを原液とする．原液を混合し，濃度調製して最終バルクとする．最終バルクを小分け容器に分注し，小分け製品とする．

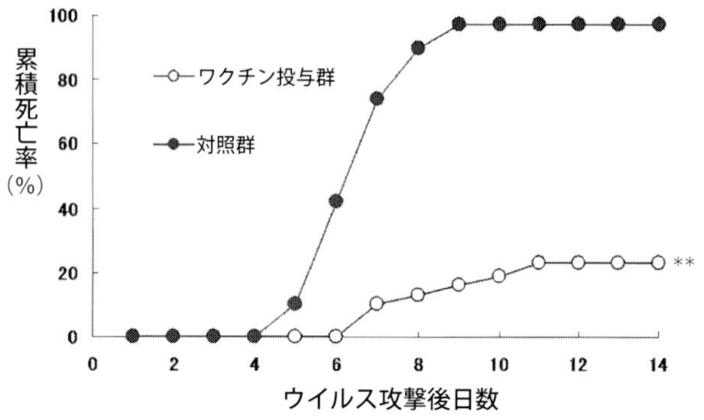

図1 イリドウイルス感染症不活化ワクチンの室内における有効性（マダイ）
**：対照群との間に有意差（$p < 0.01$）あり

5. 効力を裏付ける試験成績

室内において，本剤をマダイの腹腔内に 0.1mL 投与した 10 日後にイリドウイルスを腹腔内に攻撃したところ，ワクチン投与群は対照群より有意に低い死亡率を示した[7]（図 1）．その他の魚種においても，本剤の室内における有効性が確認されている．

6. 臨床試験成績

本剤をマダイ，ブリまたはシマアジに投与し，野外での有効性を検討した．その結果，各魚種における累積死亡率は，ワクチン投与群が対照群に比べて有意に低く，イリドウイルス感染症に対する有効性が確認された（図 2）．また，いずれの魚種においても，対照群とワクチン投与群の臨床試験終了時の平均体重および死亡率を比較すると，同等またはワクチン投与群が優っていたこと，およびワクチン投与による副反応等も認められないことから，本ワクチンの安全性が確認された．

7. 使用方法

1）用法・用量

マダイにおいては腹腔内または筋肉内に，ブリ属魚類，シマアジ，ヤイトハタおよびチャイロマルハタにおいては腹腔内に連続注射器を用い，0.1mL を 1 回注射する．

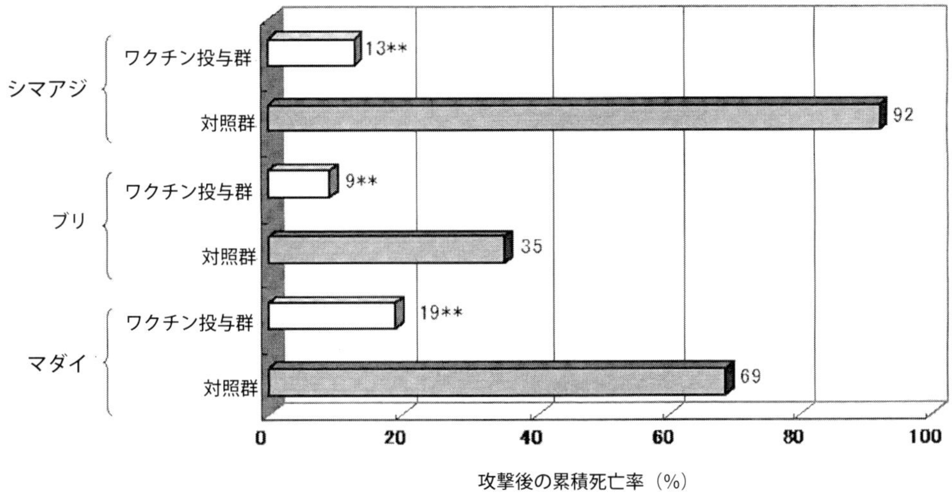

図2　各魚種における臨床試験成績． **：対照群との間に有意差（p ＜ 0.01）あり

2）効能・効果

マダイ・ブリ属魚類，シマアジ，ヤイトハタおよびチャイロマルハタのイリドウイルス感染症の予防．

3）使用上の注意

本剤は，体重約 5 ～ 20g の健康なマダイ，体重約 10 ～ 100g の健康なブリ属魚類，体重約 10 ～ 70g の健康なシマアジまたは体重約 5 ～ 50g の健康なヤイトハタおよびチャイロマルハタに使用する．本剤の注射は，指導機関（家畜保健衛生所，魚病指導総合センター，水産試験場等）において接種技術の指導を受けた者または獣医師のみが行うことができる．

本剤を低水温で使用した場合には病気の予防効果が得られないおそれがあるので，マダイ・ブリ属魚類およびシマアジにおいては水温が約 20 ～ 25℃，ヤイトハタおよびチャイロマルハタにおいては水温が約 27 ～ 32℃の時に使用すること．

8．貯法・有効期限

2 ～ 8℃で保存する．有効期間は 1 年 6 ヵ月間．

参考文献

1. 中島員洋，栗田潤（2005）：ウイルス，55, 115-126.
2. 井上潔ら（1992）：魚病研究，27, 19-27.
3. Chinchar, V.G. et al.(2005)：*Iridoviridae. Virus Taxonomy*(8th report),145-162.
4. Kurita, J. et al.（2002)：*Fisheries Sci,* 68（sup2),1113-1115.
5. Nakajima, K. et al.（1995）：*Fish Pathol,* 30, 115-119.
6. Nakajima, K. et al.（1997）：*Fish Pathol,* 32, 205-209.
7. 真鍋貞夫（2004）：月刊バイオインダストリー，21, 48-55.

（真鍋貞夫）

2　さけ科魚類ビブリオ病不活化ワクチン

1．疾病の概要

ビブリオ病はせっそう病と並んで，魚類の感染症としては最も古くから（1893年）知られている細菌性魚病である．ヨーロッパでは当時からウナギの“レッドペスト”とよばれていたが，現在はヨーロッパ，北アメリカ，オーストラリア，日本などに広く分布して世界的に重要視されている．また，感染魚種もウナギ，アユ，サケ科魚類，ボラ，ブリ，カンパチ，マダイ，シマアジ，マアジなど淡水，汽水，海水魚など多種類にわたっている．最近，海中養殖が盛んになってきたギンザケにも被害が増加し，サケ科魚類の増養殖業で問題になっている．この魚病が発生する時期は魚の種類や環境条件で多少の違いはあるが，一般的に季節性があまりない．

症状は甚急性の場合には，はっきりした病変がみられず死亡するが，急性ないし亜急性の場合は眼球，鰭，肛門，体表，内臓そのほかの組織に強い出血や壊死が起こり，慢性になると体表に潰瘍ができて敗血症で死亡する．しかし，アユでは潰瘍ができるのはまれで，体表にV字状または斑点状に出血するのが特徴である．

ビブリオ病菌は水中に常在している細菌であるが，養殖環境の変化や過密な飼育で傷ついたり，不健康になった魚に感染して発病させるので，多くの場合は条件性病原菌であるが，アユでは偏性病原菌と考えられている．この細菌は通性嫌気性，グラム陰性のコンマ状（0.5×1～2 μm）で，1本の鞭毛で活発に運動し，25℃，pH 8付近，塩分約1%で最もよく発育する．血清学的にはO抗原によって，大きくJ-O-1型（淡水型），J-O-2型（中間型），J-O-3型（海水型）の3型に分けられている[1,2]．

2．ワクチンの歴史

魚類の免疫については，ビブリオ菌に限らず，古くから研究されてきているが，その目的が哺乳動物に対する比較免疫学的な見地からのものであったり，また，予防免疫を目ざしたものでも，経口投与や注射法による実験段階での基礎的成果でしかなかった．注射法では，液性抗体および感染防御能について，早くから確認されていたが，多数の魚を処理しなければならない養殖の現場にとっては，あまり実用的ではないと考えられていた．経口投与法については，研究者により結果がまちまちであり，あまり効果はないものと考えられていた．

ところが，1970年代に入ってからの米国のオレゴン州立大学のFryerら[3]の研究以降に，養殖現場でも応用可能な実用的なワクチンの開発が急速に進展した．まず経口ワクチンをマスノスケなどのサケ科魚類のビブリオ病に対し実施し，その有効性が次々に確認された[4,5,6]．一方，1976年に，Amend & Fenderは，ニジマスを高浸透圧液（5.32%食塩）に約2分間浸漬したのち，2%牛血清アルブミン液に3分間浸漬すると，ニジマス血漿中にそのアルブミンが検出されることを明らかにし，経口投与よりさらに実用的な浸漬免疫法の可能性を示唆した[7]．その後，浸漬免疫法の有効性は，ビブリオ・アングイラルム抗原と各種のサケ科魚類において次々に明らかにされ，浸漬の方法も改良され，高浸透圧液処理を行うことなく，抗原液に浸漬するだけで充分な効果のあることが確認され[8,9,10,11,12]，実用面でも放流用のスチールヘッドやギンザケに応用されて回帰率の上昇にも役立っている[13,14]．

日本では魚用ワクチンとして初めて1988年に承認されたのがにじますおよびあゆビブリオ病不活化ワクチンである．ニジマス用の本ワクチンは，1992年にさけ科魚類ビブリオ病不活化ワクチンと名称が変更された．

3．製造用株

製造用株は血清型の異なるビブリオ属菌sp.VA1669株およびビブリオ・アングイラルムVA775株の2株である．

1）ビブリオ属菌sp. J-0-1型　VA1669株

1975年11月に米国，オレゴン州立大学のB. Friedmanがワシントン州マンチェスターにあるDomsea養魚場のギンザケの病魚から分離した株を，米国商務省National Marine Fisheries Service（NMFS）のワシントン州マンチェスターの試験施設でビブリオ属菌sp.と同定し，ビブリオ属菌sp.VA1669株と命名した．

ピットマン・ムーア社は1976年8月にNHFSより同株の分与を受け，その培養菌液にベニザケを浸漬し，その感染魚の腎から再分離し，さらに3代ベニザケで同様に継代したものを原株とし，当社はその原株の一部の分与を受けた．

本株はビブリオ属菌sp.J-0-1型に一致する生物学的および血清学的性状を有し，既知の抗ビブリオ属菌sp.J-0-1型ウサギ血清で特異的に凝集する．また，本株の培養菌液にニジマスを浸漬するとき，ニジマスは特異なビブリオ病の症状を呈し，重篤な場合は死亡する．

2）ビブリオ・アングイラルム J-0-3 型　VA 775 株

1973 年 4 月に米国，オレゴン州立大学の B. Friedman が NMFS のワシントン州マンチェスターの試験施設のギンザケ病魚から分離した株を，同施設でビブリオ・アングイラルムと同定し，ビブリオ・アングイラルム VA775 株と命名した．ピットマン・ムーア社は 1976 年 7 月に NMFS より同株の分与を受け，その培養菌液にベニザケを浸漬し，その感染魚の腎から再分離し，さらに 3 代ベニザケで同様に継代したものを原株とし，当社はその原株の一部の分与を受けた．

本株は，ビブリオ・アングイラルム J-0-3 型に一致する生物学的および血清学的性状を有し，既知の抗ビブリオ・アングイラルム J-0-3 型ウサギ血清で特異的に凝集する．また，本株の培養菌液にニジマスを浸漬することにより，ニジマスは特異なビブリオ病の症状を呈し，重篤な場合は死亡する．

4．製造方法

製造用株をそれぞれ人工培地で増殖させ，ホルマリンで不活化したのち混合し，小分け後密栓した二価ワクチンである．

本剤は淡黄褐色で，半透明ないし不透明の液体で，静置すると白色のわずかな沈殿を認めるが，振盪すれば均質な液体となる．pH は 6.8 ～ 7.5 である．

5．効力を裏付ける試験成績

1）投与経路による免疫効果

ニジマス 1 群（平均体重 3.0g，100 尾）当たり同量の抗原（菌数 VA1669：1.9 × 10^8CFU，VA775：2.4 × 10^8CFU）を用いて浸漬，腹腔内に注射，あるいは同量の抗原を 1 日量として 10 日間毎日連続経口投与して免疫した後 21 日に，PBS を腹腔内に注射した対照群とともに，国内分離株を代表するビブリオ属菌 sp. J-0-1 型強毒菌 N-7802 株(以後 N-7802 と略す）およびビブリオ・アングイラルム J-0-3 型強毒菌 NCMB571 株（以後 NCMB571 と略す）のそれぞれ 2 濃度で菌浴攻撃し，14 日間観察した．表 1 に示すように，腹腔内注射法および浸漬法により高い防御能が認められ，経口投与法では 10 倍量の抗原を使用したにもかかわらず，防御能が劣った．

腹腔内注射法は免疫時に魚に与えるストレスが大きく，大量処理に労力と時間がかかるため，浸漬法は実用かつ防御能も優れた免疫法であることを確認した．

2）最小有効量

ワクチンを 10 倍階段希釈し，ニジマスを各希釈液に 2 分間浸漬後 21 日に N-7802 株（J-O-1）および NCMB571 株（J-O-3）による菌浴攻撃を行い，防御能を検討した．本ワクチンは 2 株の菌浴攻撃とも同様に 10^{-2} 以上に希釈すると，希釈度に比例して免疫賦与能が漸次低下する傾向を示し，有意差の認められる最大希釈は 10^{-4} であった（表 2）．すなわち，本ワクチンの最小有効量は 10^{-4} 希釈であることが確認された．

サケ科魚類の主要魚種であるギンザケおよびサケを用い，飼育水を希釈液とし，ワクチンの 10 倍階段希釈により調整したワクチン液にそれぞれ 2 分および 20 秒間浸漬後 21 日および 14 日に強毒菌 V-106（J-0-3）株および IK-1 株（J-0-1）による菌浴攻撃を行い予防効果を検討した結果，本ワクチンは 10^{-2} 以上に希釈すると希釈度に比例して免疫賦与能が漸次低下する傾向を示した．ギンザケにおいては，有意差の認められる最大希釈は 10^{-4} であった（表 3）．サケにおいては実施した最大希

表 1　投与経路と免疫効果（ニジマス）

試験群	N -7802 株（J-0-1）菌浴攻撃			N C M B 571 株（J-0-3）菌浴攻撃		
	攻撃菌濃度（CFU/mL）	生残数 / 供試数	生残率（%）	攻撃菌濃度（CFU/mL）	生残数 / 供試数	生残率（%）
経口投与	1.3 × 10^6	10/25	40*	1.0 × 10^6	21/25	84
	1.3 × 10^7	7/25	28	1.0 × 10^7	17/25	68
浸　漬	1.3 × 10^6	13/25	52*	1.0 × 10^6	24/25	96*
	1.3 × 10^7	12/25	48*	1.0 × 10^7	21/25	84*
腹腔内注射	1.3 × 10^6	25/25	100*	1.0 × 10^6	25/25	100*
	1.3 × 10^7	25/25	100*	1.0 × 10^7	25/25	100*
対　照	1.3 × 10^6	1/25	4	1.0 × 10^6	13/25	52
	1.3 × 10^7	0/25	0	1.0 × 10^7	10/25	40

飼育水温：15.4 ～ 16.0℃，体重：3.0g（n = 20）
* P ＜ 0.01
死亡魚からはすべて攻撃菌が回収された．

表2　最小有効量（ニジマス）

攻撃用菌株（血清型）	攻撃菌濃度（CFU/mL）	ワクチン希釈度	供試数	攻撃後のビブリオ病*による死亡数	生残率（%）
N-7802株（J-0-1）	7.3×10^6	10^{-1}	25	0	100**
		10^{-2}	25	1	96**
		10^{-3}	25	2	92**
		10^{-4}	25	7	72**
		10^{-5}	25	17	32
		10^{-6}	25	22	12
		対照	25	25	0
NCMB571株（J-0-3）	8.0×10^6	10^{-1}	25	0	100*
		10^{-2}	25	2	92**
		10^{-3}	25	3	88**
		10^{-4}	25	12	52**
		10^{-5}	25	19	24
		10^{-6}	25	22	12
		対照	25	23	8

水温：15.8～16.2℃，体重：3.3 g
*死亡魚からはすべて攻撃菌が分離された.
** $P < 0.01$

表3　最小有効量（ギンザケ）

攻撃菌株（血清型）	攻撃菌濃度（CFU/mL）	ワクチン希釈度	死亡数*/供試数	生残率（%）
V-106株（J-0-3）	4.3×10^6	10^{-1}	0/20	100**
		10^{-2}	1/20	95**
		10^{-3}	3/20	85**
		10^{-4}	8/20	60**
		10^{-5}	15/20	25
		対照	20/20	0

飼育水温：15.6℃，平均体重：23.1g（n＝10）
*死亡魚からはすべて攻撃菌が回収された.
** $P < 0.01$

表4　最小有効量（サケ）

攻撃菌株（血清型）	攻撃菌濃度（CFU/mL）	ワクチン希釈度	死亡数*/供試数	生残率（%）
IK-1株（J-0-1）	5.8×10^5	10^{-1}	0/20	100**
		10^{-2}	3/20	85**
		10^{-3}	4/20	80**
		対照	20/20	0

飼育水温：14.9～15.2℃，海水比重：1.022～1.025，平均体重1.4g（n＝20）
*死亡魚からはすべて攻撃菌が回収された.
** $P < 0.01$

釈の 10^{-3} でも有効性が認められた（表4）.

すなわち，ワクチンの最小有効量はギンザケおよびサケにおいても，ニジマスと同様に 10^{-3} 希釈以下であった．10回までの反復使用を考慮し，実用では10倍希釈が適当と判断された.

3）免疫発現

製造用菌株2株のホルマリン不活化培養菌液を等量混合して作製した抗原（VA1669およびVA775の不活化前生菌数は，それぞれ 6.5×10^8 および 7.5×10^8 CFU/mL）を飼育水で10倍に希釈し，免疫する時期を変えて，平均体重6.7gのニジマスを通気しながら2分間浸漬した後，14.8～15.3℃の水温で飼育し，それらを一斉に，すなわち，浸漬後8，6，4および2日に，N-7802株およびNCMB571株のそれぞれ2濃度で，1区25尾ずつ20分間菌浴攻撃して，防御能を調べた．防御能は，N-7802株およびNCMB571株のいずれの攻撃に対しても，浸漬後6日以降に認められたことから，製造用菌株のニジマスにおける免疫発現時期は，ほぼ1週間を要するものと考えられた.

4）免疫持続性

平均体重3.2gのニジマス稚魚を本ワクチンに浸漬した後，15.7～17.4℃で21日間飼育し，N-7802株およびNCMB571株を用いて経時的に菌浴攻撃を行い，免疫能の持続性を検討した．その結果，ワクチン群の生残率は，2つの株に対して同様で，浸漬後180日までは対照群に比べて有意に高く，その後，漸次低下したが，360日でもなお若干の差を認めた．したがって，ニジマスにおける本ワクチンの免疫能は少なくとも約6ヵ月間は持続するものと結論づけられる.

サケ科魚類の主要魚種であるギンザケをワクチンに浸漬した後，7，21，90，180，70，360，450および600日にV-106株による菌浴攻撃を行い，免疫能の持続性を検討した．その結果，ワクチン群の生残率はワクチン投与後450日まで対照群に比べて有意に高かった．しかし，600日でもなお若干の差を認めたものの，有意差は認められなかった．これらのことから，ギンザケにおけるワクチンの免疫能は少なくとも約15ヵ月間は持続するものと結論づけられる.

6．臨床試験成績

1）ニジマス臨床試験

実施した7ヵ所において，ワクチン群の平均体重，成長倍率，日間成長率の飼育況が対照群と同等以上であることからワクチンの安全性が認められた.

ワクチンの効果については，ビブリオ病の自然発生がなかった養殖業者池1ヵ所を除き，自然発病より2ヵ所，N-7802株あるいは新鮮分離株の菌浴攻撃により5ヵ所計10群において

100 ～ 360 日間有効性が認められた．

2）ギンザケ臨床試験

サケ科魚類の主要養殖魚種であるギンザケを用いて，静岡，宮城および新潟県において，淡水および海水養殖施設それぞれ1カ所ずつ計6カ所で臨床試験を実施した．淡水飼育ギンザケを，ワクチン投与した後 67 ～ 196 日間淡水飼育し，その後海水に移行し，さらに，103 ～ 268 日間海水飼育し増重倍率，飼料効率等が対照群と同等以上であることからワクチンの安全性が認められた．

有効性については，海水飼育時において，自然感染により静岡および宮城県の2カ所，V-106 株の菌浴攻撃により静岡県の1カ所，計3カ所において 5 ～ 15 カ月間の有効性が認められた．

7．使用方法

1）用法・用量

ワクチンを飼育水で 10 倍に希釈し，これを使用ワクチン液とする．使用ワクチン液 1,000mL 当たり総重量 500g 以下の魚を通気しながら 2 分間浸漬する．なお，使用ワクチン液は 10 回まで反復して使用することができる．

2）効能・効果

サケ科魚類のビブリオ属菌 sp.J-0-1 型およびビブリオ・アングイラルム J-O-3 型によるビブリオ病の予防．

3）使用上の注意

①開封したワクチンは一度に使い切ること．②使用ワクチン液は速やかに使用すること．③体重 1g 以上の魚に使用すること．④ワクチン浸漬は少なくとも 24 時間餌止めした後行うこと．⑤ワクチン浸漬はサケ科魚類の至適水温である 10 ～ 18℃で行い，直射日光下では行わないこと．

8．貯法・有効期間

2 ～ 10℃に保存する．有効期間は 2 年間．

参考文献

1. 田口文章，野村節三（2008）：微生物管理機構「微生物の用語解説」魚類のビブリオ病菌［*Vibrio anguillarum*］.
2. 絵面良男ら（1980）：魚病研究，14, 167-179.
3. Freyer, J. L. et al.（1976）：*Fish Pathology,* 10, 155-164.
4. Braaten, B. A. and Hodgins, H.O.（1976）： *J Fish Res Board Can.*，33，845-848.
5. Freyer, J. L. et al.（1972）：*Prog Fish Food Sci,* 5,129-133.
6. Rohovec, J. S. et al.（1975）：Proceedings of the Third U.S. － Japan Meeting on Aquaculture at Tokyo Japan, Spec. Publ. Fish. Agency Jpn, Sea Reg.Fish.Res.Lab., Niigata, 105-112.
7. Amend, D. F. and Fender D.C.（1976）：*Science,* 192（4241）, 793-794.
8. Antipa, R. and Amend D.F.（1977）：*J Fish Res Board Can,* 34, 203-208.
9. Gould, R.w. et al.（1979）：*J Fish Res Board Can, 36, 222-225.*
10. Lannan, J. E.（1978）：*Progressive Fish Culturist,* 49. 43-45.
11. Johnson, K.A. et al.（1982）： *J Fish Diseases,* 5, 197-205.
12. Johnson, K.A. et al.（1982）：*J Fish Diseases,* 5, 207-213.
13. Amend, D. F. et al.（1980）：*Trans Amer Fish Soc,* 109, 287-289.
14. Deegan, L. A.（1981）：*Trans Amer Fish Soc,* 110, 656-659.

（小松　功）

3 ぶりα溶血性レンサ球菌症・類結節症混合（油性アジュバント加）不活化ワクチン

1. 疾病の概要

1）α溶血性レンサ球菌症

α溶血性レンサ球菌症は1974年に高知県のブリ養殖場で初めて被害が報告された[1]．本疾病は *Lactococcus garvieae* が感染することによって起こる細菌性疾病であり，外見的には眼球の突出，眼球周縁の出血，鰓蓋内面の激しい発赤，鰭の出血とびらんおよび尾鰭基部の膿瘍形成などが認められる．剖検により心外膜の白濁肥厚などが認められる．病気の主な発生時期は夏の高水温期であるが，稚魚導入後から出荷にいたるまで周年発生が見られる．本疾病はカンパチにも認められる．

2）類結節症

類結節症は1969年に西日本一帯のブリ養殖場で被害が報告された *Photobacterium damselae* subsp. *piscicida*（*P. piscicida*）が感染することによって起こる細菌性疾病であり，腎臓および脾臓の多数の小白点が形成される．体表にはほとんど病変は認められないため外観による診断は困難とされるが，体色が黒化し鱗が部分的に脱落するため体表がざらついて見えることがある．実際に水中で観察すると，体表が青黒くなり泳ぎが緩慢になった魚は，鱗の剥離が白く点状に見られる．病気の発生時期は，主に稚魚導入年の6月から8月の水温上昇期および水温が下降する9月から11月である．まれに2年目の魚にも発生が見られることがある．本疾病はカンパチにも認められる．

2．ワクチンの歴史

α溶血性レンサ球菌症ワクチンは1997年に経口ワクチンが初めて承認された．その後，注射ワクチンであるビブリオ病・α溶血性レンサ球菌症2種混合不活化ワクチンが開発され，さらにイリドウイルス病ワクチンを加えた3種混合不活化ワクチンが開発された．現在，主に使用されているα溶血性レンサ球菌症ワクチンは注射ワクチンであるが，注射のストレスを避けるため経口ワクチンを使用する例も少なくない．また，注射時期が稚魚期に限られているため，免疫効果が低下すると考えられる2年目以降の対策として経口ワクチンが使用されている．

類結節症ワクチンは，ホルマリンで不活化した抗原だけでは十分な免疫効果が得られなかったため，実用化にいたらなかったが，オイルアジュバントを加えることにより十分な免疫効果が得られ，ぶりα溶血性レンサ球菌症・類結節症混合（油性アジュバント加）不活化ワクチンとして2008年に承認された．本ワクチンは2010年にカンパチに対する適用が承認された．

3．製造用株

1）ラクトコッカス・ガルビエ

製造にはINS050株を用いる．本株は1999年に長崎県の養殖ブリから分離され，インターベット社でSGM培地を用いて2代継代したものを原株とした．本株は *L. garvieae* 標準株と一致する性状を示し，KG-型[2]のウサギ抗血清に凝集を示す．また，ブリあるいはカンパチを攻撃した場合，眼球の白濁，突出および鰭の潰瘍等の症状を呈し，死亡することがある．

2）フォトバクテリウム・ピシシダ

製造には *P. piscicida* Pp66株を用いる．本株は1991年に大分県の養殖ブリから分離され，大分県水産試験場からオランダのルーベン大学を経てインターベット社が分与を受けたものである．インターベット社でTSB培地を用いて2代継代したものを原株とした．本株は *P. piscicida* 標準株と一致する性状を示し，ウサギ抗血清に凝集を示す．また，ブリあるいはカンパチを攻撃した場合，ほとんど病原性を示さない．

4．製造方法

L. garvieae 製造用株をSGM培地で培養し，ホルマリンを加えて不活化したものを *L. garvieae* 原液とする．*P. piscicida* 製造用株をTSB培地で培養し，ホルマリンを加えて不活化し，限外ろ過法で濃縮したものを *P. piscicida* 原液とする．原液をリン酸緩衝食塩液と混合し，抗原濃度を調製したものを油性アジュバントのモンタナイドISA763AVGと混合し，小分け分注する．本剤はW/Oタイプの油性アジュバントワクチンである．

5．効力を裏付ける試験成績

1）オイルアジュバントの効果

類結節症ワクチンは，ホルマリンで不活化した抗原だけでは十分な免疫効果が得ないため，オイルアジュバント等を加えて免疫を増強する必要がある．ホルマリン不活化抗原のみのワクチンおよびオイルアジュバントと混合したワクチンを腹腔内に注射し，3週目に類結節症菌で攻撃した結果を図1に示した．

2）最小有効量

体重約30gのブリおよびカンパチの腹腔内に抗原量を変えた試験品0.1 mL接種して試験した結果，*L. garvieae* ワクチンの抗原量はブリに対しては1尾当たり10^6個，カンパチに対しては6.8×10^5個あれば十分と考えられた．*P. piscicida* ワクチンの抗原量はブリに対しては1尾当たり5×10^6個，カンパチに対しては6.8×10^5個あれば十分と考えられた．

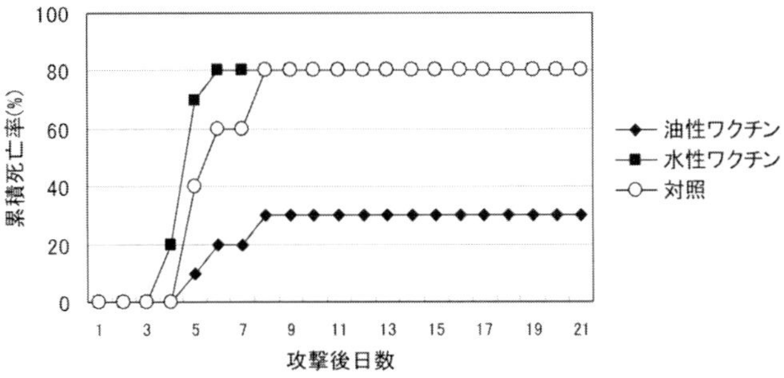

図1　ワクチン注射後3週目の類結節症苗の攻撃

3）免疫出現時期および持続期間

本剤を体重約30gのブリおよびカンパチの腹腔内に0.1 mL接種して試験した結果，*L. garvieae*に対する免疫は，ブリでは1週目に認められ，20週目まで持続することが認められた．また，カンパチでは野外試験においてワクチン注射後25週目の防御効果が認められた．*P. piscicida*に対する免疫はブリでは3週目に認められ，20週目まで持続することが認められた．また，カンパチでは野外試験においてワクチン注射後12週目の防御効果が認められた．

6．臨床試験成績

1）有効性

ブリ養殖場における臨床試験において，類結節症およびα溶血性レンサ球菌症が対照群にのみ認められ，ワクチン接種群には認められなかったことから，本剤の有効性が確認された．また，カンパチ養殖場における臨床試験において，類結節症は試験群および対照群のいずれにも認められたが，試験群の死亡率は対照群と比較して有意に低く，本剤の有効性が確認された．α溶血性レンサ球菌症は対照群にのみ認められ，ワクチン接種群には認められなかったことから，本剤の有効性が確認された．

2）安全性

ブリ養殖場における臨床試験において，本剤を注射後1～2日間の摂餌不良が見られたが，速やかに回復した．本剤を注射したブリには注射部位臓器の癒着が40週目まで認められたが，12週目以降は非常に軽度であった．ワクチン接種に起因する死亡は認められず，また，成長および飼料効率において対照群と比較して同等以上の成績を示したことから，本剤のブリに対する安全性が確認された．

カンパチ養殖場における臨床試験において，本剤を注射後4日間の摂餌不良が見られたが，速やかに回復した．本剤を注射したブリには注射部位臓器の癒着が36週目まで認められたが，3週目から漸次弱くなり36週目の癒着は対照群と同程度であった．ワクチン接種に起因する死亡は認められず，また，成長および飼料効率において対照群と比較して同等の成績を示したことから，本剤のカンパチに対する安全性が確認された．

3）ワクチンの残留期間

本剤を注射したブリおよびカンパチには一定期間アジュバントの残留が認められる．野外試験において残留期間を観察した結果，ブリにおいてはワクチン注射後18週目まで認められ，25週目には認められなかった．カンパチにおいてはワクチン注射後25週目まで認められ，36週目には認められなかった．これらの結果から，本剤はブリおよびカンパチの出荷時に残留しないことが確認された．

7．使用方法

1）用法・用量

体重約30～約110 gのブリまたは体重約20～210gのカンパチの腹腔内に連続注射器を用いて0.1mLを1回注射する．

2）効能・効果

ブリおよびカンパチの類結節症およびα溶血性レンサ球菌症の予防．

3）一般的なワクチネーションプログラム

ブリおよびカンパチの養殖用種苗は4月～6月に導入されるため，本剤の適用体重に成長する概ね5月～7月にワクチンを接種する．

4）使用上の注意

本剤使用後，49週間は食用に供する目的で水揚げを行わないこと．また，中間魚として出荷する場合は出荷先に本剤注射日および水揚げできない期間を明示すること．

8．貯法・有効期間

2～10℃に保存するとき，有効期間は4年1ヵ月間．

参考文献

1. 楠田理一ら（1976）：日本水産学会誌，42, 1345-1352.
2. 北尾忠利（1982）：魚病研究，17, 17-26.

（和田善信）

4 ぶりビブリオ病・α溶血性レンサ球菌症・ストレプトコッカス・ジスガラクチエ感染症混合不活化ワクチン

1. 疾病の概要

1）ビブリオ病

262ページ参照.

2）α溶血性レンサ球菌症

266ページ参照.

3）ストレプトコッカス・ジスガラクチエ感染症

本症は，レンサ球菌の一種であり，ランスフィールドC群（Lancefield C群）に分類される *Streptococcus dysgalactiae* subsp. *dysgalactiae*（*S. dysgalactiae*）がカンパチやブリに感染して起こる疾病である．本菌に感染した魚の肉眼的観察による特徴は，尾柄部の発赤，腫脹，潰瘍および壊死，鰭基部の潰瘍または炎症等であり，生簀の上から容易に病魚を判別することができる．病状の進行により感染魚は死に至る．また，本菌は罹病魚の病変部から容易に分離される．

本症は，養殖場における海水温が上昇する8～10月に出荷サイズ（3～4 kg）のカンパチに発生することが多く，経済損失の大きい疾病の一つである．本症の治療にはエリスロマイシン，アンピシリン，リンコマイシン等の抗生物質の投与が有効であるが，オキシテトラサイクリンに対しては耐性化している菌株も増えており，今後耐性菌による被害拡大も懸念される．

2．ワクチンの歴史

カンパチ用ワクチンは，これまで単味（α溶血性レンサ球菌症，イリドウイルス感染症），2種混合（α溶血性レンサ球菌症＋J-O-3型ビブリオ病，α溶血性レンサ球菌症＋イリドウイルス感染症，α溶血性レンサ球菌症＋類結節症）および3種混合（α溶血性レンサ球菌症＋J-O-3型ビブリオ病＋イリドウイルス感染症）が開発，市販されている．しかし，カンパチ養殖の重要疾病のひとつであるストレプトコッカス・ジスガラクチエ感染症に対するワクチンは今まで開発されてこなかった．その理由は，本症の初発が2002年夏期，すなわち水産養殖においてごく最近になってから発生が認められるようになってきたということや，本菌の特徴のひとつである水産用ワクチンとしての免疫原性の低さなどが挙げられよう．

本ワクチンは水産用ワクチンとしては初めてのストレプトコッカス・ジスガラクチエ感染症ワクチンであり，2000年に承認されたぶりビブリオ病・α溶血性レンサ球菌症混合不活化を含む3種混合ワクチンで2010年に承認された．本ワクチンの対象動物は，ストレプトコッカス・ジスガラクチエ感染症による被害が甚大なカンパチである．本ワクチンは，養殖経営における歩留まりの向上のほか，抗生物質の使用量低減によってもたらされる安全な養殖産業の推進に貢献することが期待される．

3．製造用株

1）ビブリオ・アングイラルム

KT-5株を用いる.

2）ラクトコッカス・ガルビエ

KS-7M株を用いる .

3）ストレプトコッカス・ジスガラクチエ

2003年，ストレプトコッカス・ジスガラクチエ感染症に罹患したカンパチ尾柄部患部から *S. dysgalactiae* を分離した．本菌は寒天培地上に平滑で小型の白色円形状集落を形成し，増殖させた菌をカンパチに腹腔内注射することによってカンパチにストレプトコッカス・ジスガラクチエ感染症を引き起こす．寒天培地上に均質に生育したコロニーのうちの単一のコロニーをかきとり，更に寒天培地を用いて1継代培養した後，増殖した菌をSD3M株と命名し，製造用株とした．

4．製造方法

各製造用株をそれぞれ製造用培地に接種し，撹拌培養する．本培養菌液にホルマリンを加えて不活化した後，溶媒を精製水と置換しながら遠心または膜ろ過操作によって集菌，濃度調整したものを混合してワクチンとする．

5．効力を裏付ける試験成績

1）免疫成立時期および免疫持続

ワクチン投与後3日，7日，14日，約2ヵ月（α溶血性レンサ球菌症，J-O-3型ビブリオ病およびストレプトコッカス・ジスガラクチエ感染症）および約3ヵ月（ストレプトコッカス・ジスガラクチエ感染症）に各病原菌強毒株による攻撃試験を行った．いずれの疾病に対してもワクチン投与後3日で高い防御能が認められた．また，α溶血性レンサ球菌症（図1）およびJ-O-3型ビブリオ病（図2）に対しては少なくともワクチン投与後約2ヵ月まで，ストレプトコッカス・ジスガラクチエ感染症（図3）に対しては少なくともワクチン投与後約3ヵ月までの防御能が持続していることが確かめられた．

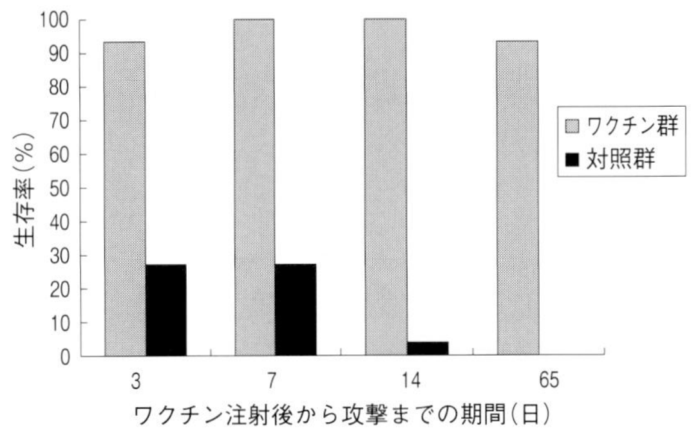

図1 α溶血性レンサ球菌症に対する防御能

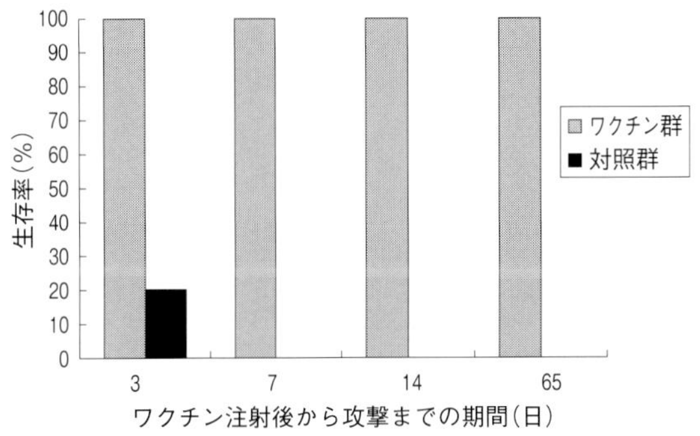

図2 J-0-3 型ビブリオ病に対する防御能

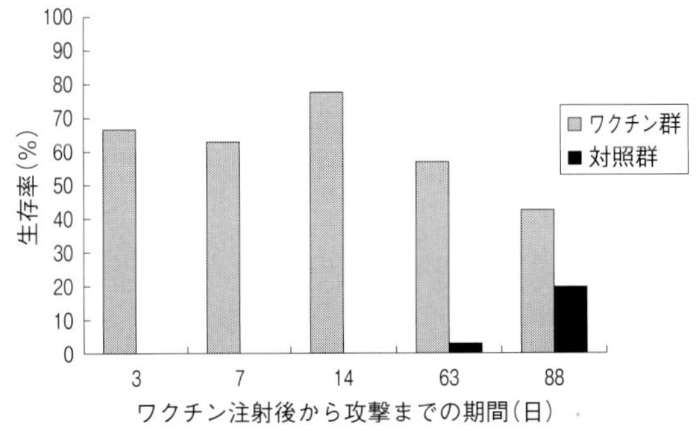

図3 ストレプトコッカス・ジスガラクチエ感染症に対する防御能

6．臨床試験成績

1）評価基準

① 有効性：臨床試験成績（各群の死亡率の比較．J-O-3 型ビブリオ病に対しては抗体価も評価）または攻撃試験成績により，ワクチン投与による死亡率の有意な減少（または抗体価の有意な上昇）が認められることとした．ただし，判定は臨床試験成績を攻撃試験成績に優先させた．

② 安全性：ワクチンに起因する異常遊泳行動または摂餌不良が認められず，かつ対照群との間に摂餌行動評価で有意差が認められないこととした．

2）結　果

① 有効性：野外 5 施設において，α 溶血性レンサ球菌症，J-O-3 型ビブリオ病およびストレプトコッカス・ジスガラクチエ感染症の発症を観察した．ストレプトコッカス・ジスガラクチエ感染症については，ワクチン注射群においても発症（累積死亡率：0.17％，総死亡率：38 尾 /37,550 尾）が認められたが，対照群（累積死亡率:0.7％，総死亡数:193 尾 /29,150 尾）に比べ発症を軽減し，有効であることが確認された．またα溶血性レンサ球菌症および J-O-3 型ビブリオ病については，ワクチン注射群における有効性は市販製剤と同等以上であることが確認された．

② 安全性：臨床観察において，ワクチン投与に起因する異常遊泳行動や摂餌不良は認められず，かつ対照群との間に摂餌行動評価で有意差が認められなかったことから，本ワクチンは安全であると判断された．

7．使用方法

1）用法・用量

体重約 20g ～約 1.3kg のカンパチの腹腔内（魚体の腹鰭を体側に密着させたとき先端部が体側に接する場所から腹鰭付け根付近までの腹部正中線上）に連続注射器を用い，本ワクチン 0.1mL を 1 回注射する．

2）効能・効果

カンパチ（体重約 20g ～約 160g）のα溶血性レンサ球菌症の予防，カンパチ（体重約 20g ～約 1.3kg）の J-O-3 型ビブリオ病の予防，カンパチ（体重約 20g ～約 1.3kg）のストレプトコッカス・ジスガラクチエ感染症の死亡率の低減

3）使用上の注意

主な注意点を以下に挙げる．

①ストレプトコッカス・ジスガラクチエ感染症に対し，本剤の注射後 3 ヵ月を超える期間については，十分な効果がないおそれがある．② 5 ドース（0.5mL）量を注射すると食欲不振および成長不良が観察されたため，用量（0.1mL）を遵守すること．

③本剤は，沈殿を生じやすい製剤のため，使用前によく振り混ぜて均質な状態にしてから使用すること．また，使用中も沈殿を生じないように必要に応じ振り混ぜながら使用すること．

8．貯法・有効期間

2 ～ 10℃にて保存する．有効期間は 1 年 3 ヵ月間．

（長谷川　賢）

1　狂犬病組織培養不活化ワクチン

1．疾病の概要

狂犬病は，*Rhabdoviridae, Lyssavirus* の血清型 1 / 遺伝子型 1 に分類される狂犬病ウイルスの感染によって引き起こされ，神経症状を特徴とし，発症すれば確実に死に至る急性疾病である．本病は人類が最も古くから認識している病気のひとつであり，今日でもその清浄国・地域は限られており，オーストラリアを除く各大陸や島々に依然として存在する最も重要な人獣共通感染症のひとつである．

狂犬病ウイルスは人を含む哺乳類や鳥類などのすべての温血動物に感染する．多くの場合，人および動物は狂犬病罹患動物に咬まれることでその唾液に含まれる狂犬病ウイルスに感染する．発症までの潜伏期は不定で長く，犬では通常 3 ～ 24 週間である．犬や猫では，症状が現れる 3 ～ 5 日前から唾液中へウイルスを排泄し始める．神経症状が現れ始めるとその後の経過は速く，数日以内に死に至る．

疫学的に，狂犬病は放浪犬が維持・流行させる都市型と野生動物が維持・流行させる森林型（野生動物型）に区別される．わが国でも江戸時代中期以降に都市型狂犬病の流行が見られ，200 年以上常在していた[1]．1950 年に野犬捕獲と飼い犬の登録，予防接種および検疫を 3 本柱とする狂犬病予防法が制定された．これを契機に狂犬病が減少し，1956 年の人での発生および 1957 年の動物（猫）での発生を最後に撲滅され，今日まで清浄性を保っている．一方で，2006 年に 36 年ぶりとなる人の輸入狂犬病が 2 例発生した．また，これまで狂犬病のなかったインドネシアのバリ島では 2008 年に狂犬病が侵入して犬の間で蔓延し始め，人の犠牲者も 2010 年 9 月現在で 90 人を超えたと伝えられている．これらの事例からも今日の日本は狂犬病侵入の脅威に曝されていることがわかる．この状況に対する防止策を整備すると共に，我々犬飼育者のモラルも改めて考えなおす時期に来ている．

2．ワクチンの歴史

1885 年に Pasteur が狂犬病ウイルス弱毒株（固定毒）感染ウサギの脊髄乾燥乳剤を人体に応用して以来，わが国でも早くから研究が行われた．大正年間には 1 回注射で犬を免疫できる減毒ワクチンが開発され，1918 年から都市型狂犬病を制圧するために世界で初めて犬の集団接種に用いられた．犬へのこのワクチン接種は狂犬病防疫に好成績を挙げ，海外で「日本法」として高く評価された[2]．第二次世界大戦後の 1952 年からは動物中枢神経組織由来石炭酸不活化ワクチン（センプル型ワクチン）が製造された．1978 年には副作用軽減のために蛋白窒素量を低下させた動物脳由来精製不活化ワクチンが開発され，翌年から使用された．これは犬に 1 ドーズ 2 mL を 6 ヵ月ごとに注射するワクチンであった．

狂犬病ワクチンはさらに安全性と免疫効果の向上を目指して改良が進められ，培養細胞へ継代・順化した製造用株が樹立された[3, 4]．この株を用いた狂犬病組織培養不活化ワクチンが 1984 年に承認され[5, 6]，翌年から製造販売された．現在もこのワクチンが使用されている．このワクチンの開発により注射用量と注射回数が減少し，猫への使用も可能となった．

3．製造用株

製造には狂犬病培養細胞順化ウイルス RC・HL 株を用いる．この株は，わが国で当初からワクチン製造に用いられていた西ヶ原株に由来する．西ヶ原株は，1900 年代初めに日本に導入された Pasteur 固定毒株に由来し，導入後に動物を用いて更に継代され，1918 年に当時文献上最短の潜伏期を得た株である[2]．RC・HL 株は，家兎で 1890 代以上継代した西ヶ原株を各種培養細胞へ継代・順化して作出された．原株は HmLu 細胞での継代数が 26 代のものである．原種ウイルスの製造および規格は，動物用生物学的製剤基準で規定されている[6]．この株は末梢感染による病原性が認められず，3 日齢以内の乳のみマウスの脳内に接種すると発病・死亡させるが，3 週齢以上のマウス，体重約 300g のモルモット，体重約 1.5kg の兎および 1.5 ヵ月齢の犬の脳内に接種してもほとんど病原性を示さないほど弱毒化された特異なウイルス株である[3]．

4．製造方法

現在このワクチンは国内 5 所社で製造され，その品質は同一の原種ウイルスを用いて製造することにより確保されている．実際の製造では，原種ウイルスから種ウイルスを作製し，単層培養または浮遊培養した HmLu 細胞に接種して増殖させ，得られたウイルスをマクロゴールで濃縮・精製し，β - プロピオラクトンで不活化する．抗原濃度を調整し，チメロサールを保存剤として加えた最終バルクを分注して小分け製品とする．

世界的には，狂犬病ワクチンの力価試験には動物を用いた攻撃試験が用いられているが，わが国の動物用ワクチンでは

1996年よりサンドイッチ・エライザ法による有効抗原量測定法を採用している[7]．本試験法を確立するために，先ず標準品となる検定用参照ワクチンが準備された．参照ワクチンの力価を評価するために，犬へのワクチン接種による抗体応答，それまでの力価試験法であったモルモットでの攻撃試験，国際的な力価試験法であるマウスでの攻撃試験（NIH法）を行い，WHO/OIEの基準（1.0 IU/ドーズ以上[8]）に達していることが確認されている．各ワクチンロットは，ELISA法を用いて標準品との相対力価を測定し評価される．この試験法の採用は，可能な限り動物試験に替わる試験管内試験法を採択するべきであるという動物愛護の精神に合致する．さらに，検定の場面では攻撃試験に使用していた病原性のある狂犬病ウイルス(CVS株，いわゆる感染症法では三種病原体に区分されている）を使用しなくて済むようになり，業務の安全性が向上した．なお，本ワクチンはアジュバントを含まない液状ワクチンのため安全性が高く，現在年間約500万頭分が製造販売されている．

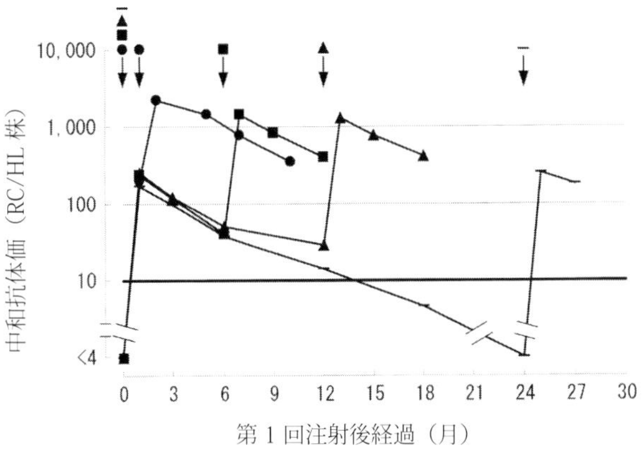

図1 狂犬病ワクチンの初回および第2回注射に対する犬の抗体応答
犬に狂犬病ワクチンを初回注射（0ヵ月）後，1ヵ月（●, n=12），6ヵ月（■, n=15），12ヵ月（▲, n=29）または24ヵ月（ー, n=8）の間隔を空けて注射し，継時的に測定した抗体価の各群の幾何平均値を示した．最小有効抗体価（10倍）を太線で示した．

5．効力を裏付ける試験成績

このワクチンの開発では，免疫原性を向上させるためにその当時の力価試験法であるモルモットでの攻撃試験法の規格が引き上げられた．すなわち，それまでの動物脳由来精製不活化ワクチンでは1ドーズ2 mLのワクチンを10倍希釈して免疫し，攻撃したときの防御率が70%以上と定められていたが，本ワクチンでは1ドーズ1 mLのワクチンを20倍に希釈して同様の試験をするときに同等の防御率が得られるワクチンと規定された．

このように規定された組織培養不活化ワクチンに対する犬の抗体応答とその推移の試験成績[4]を図1に示した．犬がCVS株攻撃から防御される最小有効中和抗体価（RC・HL株に対する抗体価）は10倍である[4]．ワクチン1回注射後12ヵ月の抗体価の幾何平均は28.9倍，有効抗体保有率は97.2%であり，12ヵ月の免疫持続が認められた．さらに，初回注射後，1～12ヵ月の間隔で第2回目のワクチン注射を行うと明らかなブースター効果が認められた．しかし，24ヵ月後では再注射時にすでに有効抗体価を下回り，ブースター効果も認められなかった．したがって，この新たなワクチンは，1ドーズ1 mLを1年に1回注射することにより動物に有効抗体を維持させることができるワクチンであることが確認された．最近，改めてELISAで力価検定されている本ワクチンの抗原力価と誘導される中和抗体価を国際基準に照らして再評価したところ[9-11]，抗原力価は1.0 IU/mL以上であることが再確認された．また，犬および猫で誘導される中和抗体は0.5 IU/mLを上回り，ほぼ12ヵ月持続することも確認された．なお，抗体価の国際基準である0.5 IU/mLは，RC・HL株中和抗体価では25倍～44倍に相当していた[9,11]．

本ワクチンを注射された犬では，注射後2週目で有効中和抗体の誘導が確認された（石川ら，第95回日本獣医学会（1983年））．さらに野外応用試験でも注射後3週目には90%以上の犬で有効中和抗体の誘導が確認されたことから（後述），本ワクチンの注射により動物は3週までには狂犬病に対する防御能が賦与されると考えられる．

本ワクチンの効力に対する母親由来の移行抗体の影響については調べられていないが，一般に初生動物では移行抗体によりワクチンの効力が阻害されることがある．狂犬病ワクチンでもマウスを用いた実験では移行抗体によるワクチン効力の阻害が報告されている[12]．しかし犬では，移行抗体を保有するものとしないものの間での狂犬病ワクチン注射に対する抗体応答に差が認められず，むしろ移行抗体保有犬のほうがよく応答したという報告がある[13]．犬への狂犬病ワクチン接種は移行抗体の影響を受けにくいのかもしれない．一方で，幼少の犬および老齢犬では成犬より狂犬病ワクチン初回注射に対する抗体応答が低い傾向にあることが報告されており[14]，ワクチンの使用を考える上で参考になる．

6．臨床試験成績

試作ワクチン6ロットを合計123頭の狂犬病ワクチン未接種犬へ注射して野外応用試験を行ったところ，注射時の疼痛はなく，一般臨床症状および注射局所での発赤，腫脹，硬結も認められず，高い安全性が確認された（鮫島ら，第93回日本獣医学会（1982年））．犬は，接種後3週目には123頭中119頭（96.7%）で有効中和抗体（RC・HL株）を産生し，その幾何平均は 27.4 倍であった．この価は，その当時使用されていた動物脳由来精製不活化ワクチンと比べてはるかに優れていた（同上）．

7．使用方法

1）用法・用量

犬および猫の皮下または筋肉内に 1 mL を注射する．犬の所有者は狂犬病予防法第 5 条第 1 項の規定により，犬にワクチンの注射を毎年 1 回受けさせなければならない．

2）効能・効果

犬および猫の狂犬病の予防．

3）使用上の注意

犬等（犬，猫，アライグマ，キツネおよびスカンク）は，犬等の輸出入検疫規則に則って輸出入されなければならない．そのために動物に適切な狂犬病の予防注射等を行う必要がある．たとえば，日本から海外へ出国させた犬や猫を本規則に基づいてスムーズに再入国させようとする場合は，出国前に①先ずマイクロチップ等による個体識別を行い，②生後 90 日を経過し，採血日までの間に 30 日以上 1 年以内の間隔をおいて狂犬病ワクチンを 2 回以上接種し，③採血時の抗体価が 0.5 IU/mL 以上であることを確認する必要がある．海外長期滞在動物では狂犬病ワクチンの追加注射や，場合によっては抗体価の再検査が必要となる．

本ワクチンの注射により，まれではあるが一過性の疼痛，元気・食欲の不振，下痢または嘔吐，顔面腫脹・掻痒・じんま疹等のアレルギー反応やアナフィラキシー反応を示すことがあるので使用時には常に注意する必要がある．蒲生ら[15]は，副作用報告をもとに本ワクチンの副反応を調査し，市販の一般的な犬用混合ワクチンよりも副反応の発現率が有意に低いこと，アナフィラキシー等の重篤な副反応は注射後 6 時間以内に起こりやすいことや，副反応は 1 歳未満と 10 歳以上 12 歳未満の犬に多いことを報告している．

本ワクチンを誤って人に注射した場合の対処時の留意点については，文献 16 を参照されたい．

8．貯法・有効期間

2 ～ 10℃の暗所に保存する．有効期間は 2 年間．

参考文献

1. 唐仁原景昭（2002）：日本獣医史学雑誌，39, 14-30.
2. 添川正夫（1978）：畜産の研究，32, 689-694.
3. 石川義久ら（1989）：日獣会誌，42, 637-643.
4. 石川義久ら（1989）：日獣会誌，42, 715-720.
5. 農林水産省 動物用生物学的製剤基準，狂犬病組織培養不活化ワクチン．
6. 農林水産省 動物用生物学的製剤基準，狂犬病組織培養不活化ワクチン製造用原種ウイルス．
7. Gamoh, K. et al（2003）：*J Vet Med Sci,* 65, 685-688.
8. WHO Expert Committee on Rabies（1992）：Eighth report（Technical Report Series 824）, World Health Organization，Geneva.
9. Shimazaki, Y. et al（2003）：*J Vet Med B Infect Dis Vet Public Health,* 50 ,95-98.
10. 江副伸介ら（2007）：日獣会誌，60, 805-808.
11. 江副伸介ら（2007）：日獣会誌，60, 873-878.
12. Xiang, Z. Q. and Ertl, H. C.（1992）：*Virus Res,* 24, 297-314.
13. Seghaier, C. et al.（1999）：*Am J Trop Med Hyg,* 61, 879-884.
14. Kennedy, L. J. et al.（2007）：*Vaccine,* 25, 8500-8507.
15. 蒲生恒一郎ら（2008）：日獣会誌，61, 557-560.
16. 土屋耕太郎（2010）：日本医事新報，No. 4493, 82- 83.

（土屋耕太郎）

2　犬パルボウイルス感染症生ワクチン

1．疾病の概要

犬パルボウイルス（CPV，*Parvoviridae*，*Parvovirus*）によるCPV感染症は，1978年以降，世界的に流行し．国内においても外国における流行とほぼ同時期に東京で初発の報告がなされた[1]．以後，全国に広がり，現在では常在化している．また，流行株のタイプも当初のold type 2型から変異株であるnew type 2aおよび2bに置き換わり，現在のCPV感染症の発生はnew type 2bが主流である．近年，new type 2cも確認されている．CPV感染症は白血球減少と嘔吐や血便を伴う重篤な消化器症状を引き起こすことから，ワクチン接種による予防が必要とされている．

2．ワクチンの歴史

予防対策は当初，猫汎白血球減少症ワクチンか利用されたが，その後CPV由来の不活化製剤が1982年に，弱毒生ワクチンが1991年に承認された．

現在では国内において弱毒CPV生ワクチンが広く用いられている．しかし，ワクチン接種犬において適切な抗体応答が得られない場合があることが知られており，その原因として最も重要なものは子犬が保有する移行抗体であることが報告されている[2,3]．近年，子犬のCPVに対する移行抗体保有率も高くなっていることから[4]，高い移行抗体価を保有する幼犬に対しては免疫を誘発しない場合があり，移行抗体存在下でも効果の高いワクチンが要望されている．

弱毒CPV生ワクチンの移行抗体存在下での効果は，ワクチン株の弱毒化の程度および抗原量などに依存すると考えられた．このことから，ワクチン株の免疫原性を高める目的で継代数が従来より約2/3少ない35代継代株（NL-35-D-LP株）で，同時にワクチン含有ウイルス量も多くした新規のワクチンが開発された．

なお，ジステンパー等との混合ワクチンが多数市販されている．

3．製造用株

Norden Laboratoriesが1978年にCPV感染症罹患犬から分離した株をNLDK-1（犬腎臓株化）細胞で培養し弱毒したNL-35-D-LP株で，1980年に米国農務省よりワクチン製造用株として承認されている．

表1 血清交差試験におけるＨＩ価

ウイルス	抗血清	
	NL-35-D-LP株	NL-35-D株
NL-35-D-LP株	2,048	10,240
NL-35-D株	2,048	20,480
Y-1株	2,048	10,240

なお，本株はold typeであり，new typeである野外流行株とPCRにより識別が可能である．

4．製造方法

NLDK-1細胞に種ウイルスを接種し36 ± 1℃で培養し，ウイルス増殖極期に培養上清を採取し原液とする．原液に保存剤などの添加剤を加え，滅菌したガラスバイアルあるいはプラスチックバイアルに分注し，小分け製品とした．なお，本ワクチンは液状弱毒生ワクチンである．

5．効力を裏付ける試験成績

1）NL-35-D-LP株の血清学的性状

NL-35-D-LP株，NL-35-D株および犬パルボウイルスの標準的な株であるY-1株との交差HI試験を実施したところ，これら3株の間では血清学的な差異は認められなかった（表1）．

2）NL-35-D-LP株の免疫原性

NL-35-D-LP株の犬における免疫原性を攻撃試験により検討した．CPVに対する抗体陰性の犬計25頭を供試し，20頭にはNL-35-D-LP株$10^{3.1}$TCID$_{50}$を皮下接種し，残り5頭については攻撃対照群とした．NL-35-D-LP株接種後2週目に強毒株の$10^{4.6}$TCID$_{50}$で経口攻撃した．攻撃後2週間臨床症状の観察，総白血球数およびリンパ球数の測定ならびに糞便中からの攻撃ウイルスの回収を実施したところ，対照群のすべての個体で攻撃後6日～9日にかけて嘔吐，下痢，粘液便および血便を伴う腸炎およびリンパ球数の減少が認められた．攻撃ウイルスは全頭の糞便中から5～7日間回収された．一方，NL-35-D-LP株接種群では，3頭で一過性の嘔吐が認められた以外に臨床的に異常は認められず，総白血球数およびリンパ球数も正常に推移した．また，攻撃ウイルスは1頭から1日のみ回収されるにとどまった．これら4頭で認められた臨床症状ならびにウイルスの排泄は，非免疫対照群のそれらに比べ軽度かつ一過性であったことから，これら個体においても防御効果が認められたものと考えられた．

以上の結果から，NL-35-D-LP 株は犬で強毒株の攻撃に対する防御能を賦与し得る免疫原性を有することが確認された．

3）最小有効抗体価

発症を防御する最小有効抗体価を検討するために，攻撃試験を実施した．NL-35-D-LP 株 $10^{3.5}$TCID$_{50}$/ ドースを CPV 抗体陰性犬 9 頭に接種した．3 週後に 32 倍以上（32 ～ 4,096 倍）の HI 抗体価が得られ，弱毒株の攻撃に対し全頭が発症を防御した．したがって，CPV に対する最小有効抗体価は，HI 価 32 倍であると考えられた．

4）NL-35-D-LP 株の至適用量

NL-35-D-LP 株を用いて，移行抗体の影響をより受けにくく，移行抗体保有犬に対しても高い抗体応答効果が得られるウイルス量を新たに設定する目的で試験を実施した．様々なレベルの移行抗体を保有する 5 ～ 11 週齢のビーグル犬 61 頭を用い，ワクチンの接種抗原量に応じ，$10^{5.0}$，$10^{5.3}$，$10^{6.4}$ および $10^{7.0}$ TCID$_{50}$/ ドースの 4 群に分け，各犬に単回皮下接種し，接種 4 週後までの抗体応答を調査した．その結果，抗体応答陽性率は $10^{5.0}$ 群で 27%，$10^{5.3}$ 群で 53%，$10^{6.4}$ 群で 92%，ならびに $10^{7.0}$ 群で 100% であり，$10^{6.4}$TCID$_{50}$/ ドース以上の用量で移行抗体保有犬においても良好な抗体応答が認められることが判明した（表 2）．

以上の結果から，本剤の抗原量として CPV 含有量を $10^{6.4}$TCID$_{50}$/ ドースに設定した．

5）免疫持続期間

ワクチンを 21 ～ 29 週齢の抗体陰性犬 4 頭に常用量にて単回皮下接種し，接種後約 31 週間，抗体価を追跡調査した結果，CPV に対する抗体価の幾何平均値は試験終了まで有効抗体価（HI 価 32 倍）以上の値で推移した．

6）ワクチンの移行抗体保有犬における効果および免疫成立の時期

33 頭の母犬由来（ビーグルおよびジャーマン・シェパード）で移行抗体を有する 4 ～ 9 週齢の子犬 79 頭に，CPV ワクチンを 1 ドース単回皮下接種し，接種 28 日後まで 7 日間隔で HI 抗体価を測定した．その結果，66 頭が抗体応答を示し，この内移行抗体 16 倍までは高い抗体応答率を示した．また，32 倍および 64 倍においても抗体応答を示す個体が認められた．接種前 128 倍であった犬では，接種後試験期間中抗体応答は認められなかった．また，抗体応答を示す犬の内 97% が，接種後 14 日以内に抗体応答を発現した．以上の結果から 64 倍

表 2　4 段階の接種用量における NL-35-D-LP 株に対する移行抗体保有犬の抗体応答

用量群 *	抗体応答陽性率 %（陽性頭数／検査頭数）				
	＜ 8**	8	16	32	合計
$10^{5.0}$	33（3/9）	0（0/2）	—	—	27（3/11）
$10^{5.3}$	68（15/22）	13（1/8）	—	—	53（16/30）
$10^{6.4}$	100（3/3）	86（6/7）	100（2/2）	—	92（11/12）
$10^{7.0}$	100（1/1）	100（3/3）	100（3/3）	100（1/1）	100（8/8）

* TCID$_{50}$/ ドース

** ワクチン接種時の移行抗体価（HI）レベル

表 3　ワクチン接種後の抗体応答発現の時期

ワクチン種時の -HI 価	供試犬数	抗体応答発現頭数				抗体応答率%
		Day 7	Day 14	Day 21	Day 28	（陽性頭数 / 検査頭数）
＜ 8	21	18	1	1	—	95 (20/21)
8	27	21	2	1	—	89 (24/27)
16	22	9	9	—	—	82 (18/22)
32	5	—	2	—	—	40 (2/5)
64	3	—	2	—	—	67 (2/3)
128	1	—	—	—	—	0 (0/1)
計	79	48	16	2	0	84 (66/79)

程度の移行抗体でも抗体応答を示すものと考えられた．また，CPV ワクチンに対する免疫成立の時期は接種 7 ～ 14 日後であると推察された（表 3）．

6．臨床試験

1）国内臨床試験

供試犬として獣医科診療所あるいは繁殖場由来の純血種（24 品種）および雑種の合計 144 頭の試験開始時週齢に応じ，12 週齢以上の場合 1 回，9 週齢以上 12 週齢未満の場合 3 週間隔で 2 回，9 週齢未満の場合 3 週間隔で 3 回，それぞれ皮下接種した．試験期間は第 1 回ワクチン接種から最終ワクチン接種 3 週後までとした．

ワクチン接種後，30 分間，供試犬にアナフィラキシー様反応あるいは他の副作用が発現しないかどうかを観察し，その後 24 時間は飼い主により同様の観察を実施した．

採血は，各ワクチン接種時および最終ワクチン接種 3 週間後とし，分離血清を用い，CPV に対する HI 抗体価を測定した．

（1）有効性

各々のワクチン接種回数の最終ワクチン接種 3 週後に 32 倍以上の HI 抗体価を有する場合を有効と評価した．移行抗体陰性犬では 1 回接種群で 90％（28/31），2 回接種群で 100％（39/39），および 3 回接種群で 100％（18/18）が有効であった．移行抗体陽性犬では 1 回接種群で 100％（5/5），2 回接種群で 65％（13/19），および 3 回接種群で 95％（20/21）が有効であった．

（2）安全性

供試犬の合計 144 頭中 1 頭に 2 回目ワクチン接種 1 日以内に一過性の口唇の腫脹が認められた．しかしながら，一過性であったので 3 回目のワクチン接種も継続したが以降は特に異常症状は発現しなかった．また，全頭にアナフィラキシー様反応等の臨床上重大な有害事象ならびに接種部位の疼痛，腫脹，硬結等の局所反応は認められなかった．

2）国外における成績

種々の犬種 1,526 頭（386 頭は 12 週齢以下の幼犬）に本ワクチンを皮下注射した結果，ワクチン接種による異常所見は認められなかった．

7．使用方法

1）用法・用量

6 週齢以上の健康な犬の皮下に 1 mL を注射する．

2）効能・効果

犬パルボウイルス感染症の予防．

8．貯法・有効期間

2 ～ 5℃ の冷暗所に保存する．有効期間は 21 ヵ月間．

参考文献

1. 畔高政行ら（1980）：第89 回日本獣医学会講演要旨, 147.
2. Carmichael, L.E　et al.（1981）：*Cornell Vet*, 71, 408-427.
3. Carmichael, L.E et al.（1983）：*Cornell Vet*, 73, 13-29.
4. Iwabuchi, N.（1993）：動生協会会報，26-4, 1.

（大日向　剛）

3　ジステンパー・犬アデノウイルス（2 型）感染症・犬パラインフルエンザ・犬パルボウイルス感染症・犬コロナウイルス感染症・犬レプトスピラ病混合ワクチン

1．疾病の概要

1）ジステンパー

牛疫や人の麻疹と同じ *Paramyxoviridae*，*Morbillivirus* に属する犬ジステンパーウイルス（CDV）を原因とする熱発疾患で，イヌ科（犬，キツネ，オオカミなど），イタチ科（イタチ，フェレット，ミンクなど），アライグマ科の動物が感染する．ウイルスは，汚染された鼻汁や尿および排泄物を吸引あるいは接触することで宿主に取り込まれ，扁桃やリンパ節などで増殖して感染 5 日後には，ほぼ全身のリンパ組織が感染する．その後 5 日間程度はウイルス血症を呈し，熱発が一過性に認められるが，宿主の免疫反応が十分であれば，明らかな臨床症状がみられずに終わることもある．宿主の免疫反応が不十分であると，気道や消化器の粘膜，中枢神経などでウイルスが増殖し，感染 2 週間前後で熱発を伴って発症する．ウイルス感染 2 週間後には，急性症状が認められ，高熱（39℃～ 41℃）と共に粘稠性で化膿性の鼻汁や眼脂，食欲低下や元気消失などもみられる．次いで発咳などの呼吸器症状，下痢などの消化器症状も呈するようになり，ほぼ同時期に沈うつ，異常行動，旋回運動，癲癇発作などの神経症状が認められるようになる．また，眼病変として前ブドウ膜炎，脈絡網膜炎，視神経炎や角結膜炎などもみられる．その他に，鼻鏡やパッドの角化亢進や歯牙のエナメル形成不全，死・流産などがみられる．

予防対策には，罹患動物の隔離治療と非罹患動物に対するワクチン接種がある．弱毒生ワクチンの接種によって，完全ではないものの感染と発症を予防することができる．

2）犬伝染性気管気管支炎（犬アデノウイルス 2 型・犬パラインフルエンザウイルス感染症）

いくつかのウイルスと細菌が，1 つあるいは複数病原となって急性の気管気管支炎を起こす．ケンネルコフとも呼ばれ，伝染性が強い呼吸器感染症である．犬アデノウイルス 2 型（CAV2，*Adrenoviridae*，*Mastadenovirus*），犬パラインフルエンザウイルス（CPiV，*Paramyxoviridae*，*Paramyxovirinae*，*Rubulavirus*），犬ヘルペスウイルス，*Bordetella bronchiseptica* やマイコプラズマが主な病原となる．最近は CAV2 と CPiV が混合ワクチンに含まれているので，*B. bronchiseptica* が病原として注目されている．全身状態は概ね良好であるが，乾性持続性の咳を主症状とするが，慢性化すると細菌の二次感染などによって，湿性の咳になり重篤化する．臨床症状とワクチン歴などから推定し，診断する．

軽症例は無処置でも，適切な環境で安静にしていれば 1 週間程度で回復する．予防対策は，ワクチン接種と感染犬からの隔離を行う．特に軽症例を早期に隔離することで，集団発症を防ぐことが可能となる．

3）犬パルボウイルス感染症

猫パルボウイルスの亜種である犬パルボウイルス 2 型（CPV-2，*Parvoviridae*，*Parvovirus*）を原因とする急性疾患で，出血性腸炎を主徴とする腸炎型と 8 週齢以下の幼若齢期にみられる心筋炎型に大別される．6 週齢までは母犬からの移行抗体で保護されることが多く，心筋炎型の発生は減少している．成犬ではワクチン接種か不顕性感染によって抗体産生がみられることから発症はまれである．糞便中のウイルスを経口的に摂取し，扁桃や咽頭のリンパ節でウイルスが増殖し，血行性に全身へ播種される．ウイルスは細胞分裂が旺盛な，空回腸などに寄生して，感染 3，4 日後にはウイルスが糞便中へ排泄されるようになる．腸炎型は出血を伴った激しい水様性下痢と嘔吐を主徴とし，特に後述するコロナウイルスとの混合感染では死亡率が高率になる．幼若齢犬にみられる激しい出血性水様性の下痢と嘔吐などの臨床症状および抗原検出によって診断される．

水分補給は経口的に行わず，罹患動物の糞便には大量の CPV ウイルスが排泄されるので，糞便など排泄物を適切に処理することと，発症動物の隔離治療が重要となる．弱毒化生ワクチンは有効的な予防法であるが，高い移行抗体価の存在はワクチン応答の障害となる．移行抗体価の高い個体ではワクチン効果が抑制されることがあるので幼若犬への投与は移行抗体が消失する時期を考慮するこが望ましい．

4）犬コロナウイルス感染症

犬コロナウイルス（CCV，*Coronaviridae*，*Coronavirus*）を原因とする感染症で，下痢を主徴とする．前述の犬パルボウイルス感染症よりも症状は軽度であるが，幼若犬では死亡例もある．また犬パルボウイルスとの混合感染では致死率が著明に高くなる．経口的に糞便中のウイルスに感染するが，小腸と所属リンパ節に限局して感染するので，全身へウイルスの播種は起こらない．感染が小腸に限局するため，下痢症状は軽度から重篤なものまでさまざまであるが，犬パルボウイルス感染症と異なり白血球減少や熱発はみられない．臨床症状とペア血清による抗体価の推移から診断する．

多くは自然治癒するが，輸液などの対症療法などが必要となる場合もある．ウイルスは2週間程度排泄されるが，普通の消毒薬で失活させることが可能である．過密飼育にならないように環境を整備し，ワクチン接種で集団免疫を行うことが有効な予防法となる．

5）犬レプトスピラ病

スピロヘータ科レプトスピラ属の病原性を有する *Leptospira interrogans* を病原とする．本症は，人獣共通感染症であり，わが国では届出伝染病に指定されている．*L. interrogans* には200種以上の血清型が知られているが，わが国で常在し，犬に病原性が認められているのは *L.* icterohaemorrhagiae（レプトスピラ・イクテロヘモラジー（Li）：出血黄疸型），*L.* canicola（レプトスピラ・カニコーラ（Lc）：犬疫型），*L.* autumnalis（レプトスピラ・オータムナリス（Laut）：秋疫A），*L.* hebdomadis（レプトスピラ・ヘブドマディス：秋疫B），*L.* australis（レプトスピラ・オーストラリス（Laus）：秋疫C），*L.* pyogenes（レプトスピラ・ピオゲネス（Lpy））と考えられている．経創部，交尾，経胎盤，経口などの感染経路があり，ワクチン接種などでレプトスピラに対する抗体を有している動物では，菌体は感染後，速やかに排除されるか，無症候でキャリア状態になる．菌は主に肝臓と腎臓で増殖し，尿中に排泄が認められ，肝臓と腎臓の組織破壊によって感染約1週間で発症する．診断は臨床症状と抗レプトスピラ抗体の確認によって行われる．

レプトスピラ症の予防は，本菌が増殖する環境（常在地の水田，池，沼など）に動物を近寄らせないことと，ワクチン接種が有効である．本菌は，乾燥や次亜塩素酸ナトリウム（一般的な漂白剤の主成分）や，ヨード剤，逆性石けんに感受性があり，45℃で30分程度の加熱でも死滅する．

6）犬伝染性肝炎（参考）

犬アデノウイルス1型（CAV1）によるイヌ科動物のウイルス性肝炎である．1歳齢以下の犬や，ワクチン未接種犬にみられる．CAV1は前述した犬伝染性気管気管支炎の原因の1つであるCAV2と近縁であり，CAV2ワクチンで本症を予防することが可能である．経口あるいは経鼻的に感染し，扁桃で増殖したウイルスが血行性に肝臓を中心とした全身へ播種される．感染2週間程度でウイルスはほとんどの組織から排除されるが，腎臓には9ヵ月間ほど持続感染し，尿中へのウイルス排泄が認められる．1週間程度の潜伏期間を経た後，40℃以上の持続性の熱発がみられ，神経症状を含めさまざまな症状を呈する．診断は，臨床症状と血清抗体価の上昇，ウイルス抗原の確認で行う．

ワクチン接種が有効な予防法であるが，CAV1ワクチンは腎臓や眼にワクチンウイルスが局在して，尿中へのウイルス排泄や前ブドウ膜炎などを引き起こす可能性がある．

2．ワクチンの歴史

フィリップス・デューファー社（オランダ）と共立商事株式会社（現，共立製薬株式会社）の提携により，犬から分離されたジステンパーウイルス株を用いた乾燥生ワクチンが1957年に国内で初めて販売された．当時は，犬のジステンパーに対して人の麻疹ワクチンを用いた予防が散発的に行われていたが，犬用のワクチンが国内に導入されたことにより，高価であったにも関わらず全国に普及した．その後，1960年にアデノウイルス1型感染による犬伝染性肝炎予防ワクチン，1969年にレプトスピラ多価ワクチンが市販され，それらを合わせた3種混合ワクチン（DHL）が予防の主流となっていった．1980年代になり「犬のコロリ病」として社会的にも問題となった犬パルボウイルス感染症の爆発的な蔓延に対して，1983年にワクチンが市販された．その後，犬伝染性肝炎予防ワクチン（CAV1）の尿中へのウイルス排泄や前ブドウ膜炎などの危険性を回避するため，犬アデノウイルスを1型から2型へと変更し，呼吸器感染症も併せて予防できる5種混合ワクチン（DA2PL）が頻用されるようになり，現在では犬パラインフルエンザウイルスと犬コロナウイルスを追加して，より予防を強化した8種混合ワクチンへと発展した．近年では，犬パルボウイルスを野外流行株と同じ抗原型である2b型に変更し，より有効性を高めた製品が市販されている．

3．製造用株

1）CDV

1939年にミネソタ大学で分離された株を元株とし，1958年に南アフリカのオンダーステポート大学にて発育鶏卵にて継代した株をフォートダッジアニマルヘルス（FDAH）が入手し，さらにアフリカミドリザル腎継代（Vero）細胞で継代した弱毒CDVオンダステポート株が製造用株として使用されている．本株は犬の皮下，筋肉内および静脈内に接種しても病原性を示さない．感受性犬に接種しても病原性の復帰を認めない．

2）CAV2

1978年にオーストラリア国内において軽微な気管支炎を呈した犬より分離した株を元株とし，犬腎初代細胞，猫腎継代（CRFK）細胞および犬腎継代（MDCK）細胞で継代した弱毒CAV2 V-197株である．本株は犬の皮下，筋肉内，静脈内および経口・経鼻に接種しても病原性を示さない．本株は感受性犬で6代継代しても病原性の復帰はない．

3）CPiV

1980年にアメリカ国内において軽微な気管支炎を呈した子犬より分離した株を元株とし，MDCK細胞で継代した弱毒CPiV 91880株である．本株は，犬の皮下，筋肉内および経口・経鼻に接種しても病原性を示さない．犬腎初代細胞，犬線維芽継代（A-72）細胞，アカゲザル腎継代（MA104，LLMCK2）細胞およびMDCK細胞において高い増殖性を示し，モルモット血球を凝集する．本株は感受性犬で6代継代しても病原性の復帰はない．

4）CPV（2b型）

CPV 2b型の抗原型を示す弱毒CPV FD2001株である．本株は，犬腎培養（DK）細胞で高い増殖性を示し，豚赤血球を凝集する．犬の皮下，筋肉内および経口での接種において病原性を示さない．また，本株は感受性犬で5代継代しても病原性の復帰はない．

5）CCV

1975年米国テネシー州ナッシュビルにおいて重篤な腸炎症状を呈した成犬よりDr. J. Blackによって分離された株を元株とするCRFK細胞で継代可能なTN-499株である．本株を犬の皮下，筋肉内，静脈内，経口および経鼻に接種すると，犬は早期に発熱および軟便を呈する．CRFK細胞，A-72細胞および猫全胎子継代（fcwf-4）細胞において高い増殖性を示す．

6）Li

1967年に米国FDAHが米国農務省より分与を受けた株を元株とし，ハムスターおよびレプトスピラ菌増殖用培地を用いて継代したコペンハーゲニー株である．本株を犬，ハムスターおよびモルモットの腹腔内に接種すると，犬では軽度の結膜炎，流涙および軟便を呈する場合があるが，ハムスターおよびモルモットにおいては感染が成立するものの病原性を示さない．

7）Lc

1965年に米国FDAHが米国農務省より分与を受けた株を元株とし，ハムスターおよびレプトスピラ増殖用培地を用いて継代したフォン ユトレヒトⅣ株である．本株を犬，ハムスターおよびモルモットの腹腔内に接種すると，犬が軽度の結膜炎，流涙および軟便を呈し死亡する場合があり，一方，ハムスターでは赤色尿を呈して死亡する場合がある．また，本株はモルモットに対して感染は成立するものの病原性は示さない．

4．製造方法

製造用株は，承認された原株からウイルス株であれば5代以内，レプトスピラであれば通算50代以内で製品とする．CDVではVero細胞，CAV2およびCPiVではMDCK細胞を用いて培養した上清を，CPVではDK細胞の上清を濃縮したものをワクチン原液とする．一方，CCVではCRFX細胞の培養上清をバイナルエチレンイミン2で不活化し濃縮したものをCCV濃縮ウイルス液とし，レプトスピラはレプトスピラ増殖用培地で培養後に得られた菌を界面活性剤で可溶化した後にチメロサールを加えたものを不活化レプトスピラ菌液とする．

CDV，CAV2,CPiVおよびCPVの原液はペプトン等を含む安定剤を加え最終バルクとする．これをバイアルに小分け分注して凍結乾燥し，密栓したものが乾燥ワクチンである．一方，不活化CCV濃縮ウイルス液と不活化レプトスピラ菌液を混合後，さらにコポリマーアジュバントと混合したものを最終バルクとする．これをバイアルに小分け分注して密栓したものが液状不活化ワクチンである．

5．効力を裏付ける試験成績

1）攻撃試験による有効性

（1）CDV

製造用株であるオンダステポート株を犬に1回接種し，その3週後に強毒CDV株での攻撃試験を実施した場合，対照犬では元気・食欲の消失，嘔吐，水溶性下痢および流涙等の症状を呈して死亡する反面，本株接種犬ではこれらの臨床症状を全く示すことなく発症を防御できる（表1）．また，本株を含むワクチンを用法・用量に従って3週間隔で2回接種した場合，初回接種後1週からCDVに対する中和抗体価が上昇し，初回接種後3週でGMは，試験群により169～227倍に達する．

（2）CAV2

製造用株であるV-197株を犬に1回接種し，その3週後に強毒CAV2株および強毒CAV1株による攻撃試験を実施した場合，CAV2攻撃の対照犬では元気・食欲の消失，鼻汁排泄，発咳及び40℃を超える発熱などを示す．一方，CAV1攻撃の対照犬では元気・食欲の消失，黄疸および40℃を超える発熱等の症状を呈して死亡する反面，本株接種犬ではこれらの臨床症状を全く示すことなく両株に対して発症を防御できる（表1）．また，本株を含むワクチンを用法・用量に従って3週間隔で2回接種した場合，初回接種後1週からCAV2に対する中和抗体価が上昇し，初回接種後2週でGMは，試験群により128～406倍に達する．

（3）CPiV

製造用株である91880株を3週間隔で2回接種し，追加接種後2週に強毒CPiV株による攻撃試験を実施した場合，対照犬では咳，くしゃみおよび軽度の鼻汁排泄が認められる反面，少なくとも本株接種犬ではこれらの症状が発現しない，もしくは発現しても一過性かつ軽度で耐化する（表1）．本株を含むワクチンを用法・用量に従って3週間隔で2回接種した場合，初回接種後1週からCPiVに対する中和抗体価が上昇し，初回接種後2週でGMは，試験群により64～81倍に達する．

（4）CPV（2b型）

製造用株であるFD2001株は，従来の2型CPV株に比べ，現在の野外流行株に対してより早期にかつより高い抗体応答を誘導する．また，本株を犬に1回接種し，その3週後に強毒CPVでの攻撃試験を実施した場合，対照犬では元気・食欲が消失，発熱および粘液便～血便を排泄して死亡するが，本株接種犬では，これらの臨床症状を全く示すことなく発症を防御で

表１　各ワクチン株接種犬に対する攻撃試験成績

抗　原	抗原量	ワクチン株接種後抗体価	攻撃試験		
			攻撃量・接種ルート	臨床症状・その他	攻撃後抗体価
CDV	$10^{3.5}$TCID$_{50}$ 以上	418 ～ 1,398*1 （NT 価）*2	発症脳乳剤 / 脳内接種	症状示さず	280 ～ 934
CAV2	$10^{5.0}$ TCID$_{50}$ 以上	1,024 ～ 4,096*1 （NT 価）	$10^{8.1}$ TCID$_{50}$/ 皮下接種	症状示さず	4,096 ≦
CPiV	$10^{5.0}$ TCID$_{50}$ 以上	16 ～ 256*3（NT 価）	$10^{6.5}$ TCID$_{50}$/ 皮下接種	一過性の軽度の咳・くしゃみで退化	2,048 ～ 4,096
CPV（2b 型）	$10^{5.0}$ TCID$_{50}$ 以上	512 ～ 1,024 （HI 価）*4	$10^{6.0}$TCID$_{50}$/ 皮下接種	症状示さず	1,024 ～ 4,096 ≦
CCV	$10^{4.5}$ TCID$_{50}$ 以上	0.746 ～ 1.445*3（ELISA 価）	$10^{6.8}$TCID$_{50}$/ 経口接種	症状示さず	1.237 ～ 1.508
Li	$10^{8.0}$ 個以上	256 ～ 512*3（凝集抗体価）	肝臓乳剤 / 腹腔内接種	症状示さず	128 ～ 1,024
Lc	$10^{8.0}$ 個以上	32 ～ 128*3 （凝集抗体価）	肝臓乳剤 / 腹腔内接種	症状示さず	128 ～ 256

*1：初回ワクチン接種３週間後抗体価
*2：中和抗体価
*3：３週間隔２回接種後，２週間後抗体価
*4：赤血球凝集抑制抗体価

きる（表 1）．さらに，本株を含むワクチンを用法・用量に従って３週間隔で２回接種した場合，初回接種後１週で CPV に対する赤血球凝集抑制（HI）抗体価の GM は試験群により 87 ～ 161 倍に達する．

（５）CCV

製造用株である TN-449 株を含んだ液状不活化ワクチンを犬に３週間隔で２回接種し，接種２週後に強毒 CCV の攻撃試験を実施した場合，対照犬では軟便と嘔吐を主徴とする症状を示したのに対して，ワクチン接種群ではこれらの症状は全く発現しない（表 1）．また，本株を含むワクチンを用法・用量に従って３週間隔で２回接種した場合，初回接種後１週で CCV に対する ELISA での抗体価の GM は試験群により 0.276 ～ 0.581 に達する．

（６）Li

本ワクチンを用法・用量に従って３週間隔で２回接種した場合，追加接種後１週で Li に対する菌凝集価の GM は，試験群により 44 ～ 102 倍に達する．さらにワクチン注射から１年後に強毒 Li 株による攻撃試験を実施した場合，対照群において 60％が死亡する攻撃法においても対照群に認められた重度の臨床症状の発現は認めない．

（７）Lc

本ワクチンを用法・用量に従って３週間隔で２回接種した場合，追加接種後１週で Lc に対する菌凝集価の GM は試験群により 40 ～ 119 倍に達する．さらにワクチン注射から１年後に強毒 Lc 株による攻撃試験を実施した場合，Li 同様に対照群の 60％が死亡する攻撃法においてもワクチン注射群では異

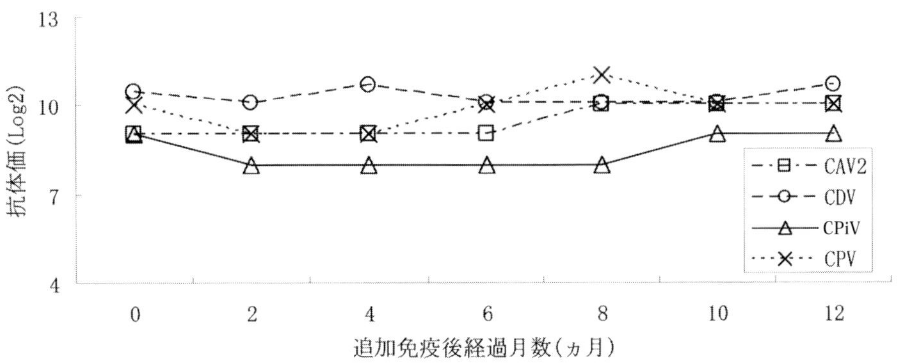

図１　ワクチン２回接種後の凍結乾燥画分抗原の抗体価推移

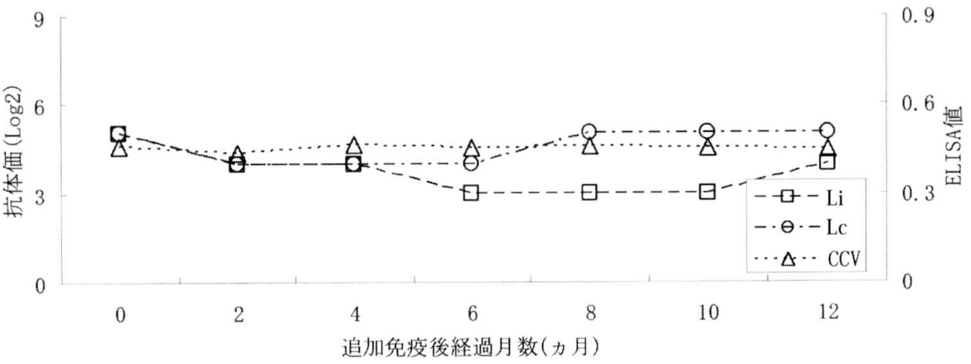

図2 ワクチン2回接種後の液状画分抗原の抗体価推移

表2 臨床試験施設毎の有効性試験成績

治験担当施設	CDV	CAV2	CPiV	CPV	CCV	Li	Lc
施設A	77*	77	85	88	71	77	94
施設B	77	85	89	89	73	73	82
施設C	74	84	95	84	74	74	90
施設D	84	90	90	90	79	90	95
施設E	100	100	100	100	100	90	100
全体	80	86	90	89	77	79	93

*有効率

常を認めない.

2）免疫持続（図1，図2）

当該ワクチンを用法・用量に従って3週間隔で2回接種した犬では，すべての成分に対して少なくともワクチン接種後12ヵ月間持続的に抗体を保持した.

6．臨床試験成績

5ヵ所の施設において，本製剤接種犬104頭，対照薬接種犬28頭の合計132頭の犬を用いて，1mLを皮下または筋肉内に3～4週間隔で2回接種する臨床試験を実施した.

1）有効性

試験先あるいは周辺で対象疾病の流行が認められなかったことから，有効性の評価は，ペア血清を採取して判定した．その結果，ペア血清が採取できた117頭（被験薬群91頭，対照薬群26頭）を対象に解析したところ，本製剤を注射した犬において，CDV，CAV2，CPiV，CPV，CCV，LiおよびLcに対する抗体価の顕著な上昇が認められ，十分な有効性があることが確認された（表2）.

2）安全性

本製剤は104頭の犬に2回接種，すなわち延べ208回接種した際の安全性を検討した．その結果，5接種において元気・食欲の減退を主徴とする全身性の副反応が，1接種に疼痛および腫脹が認められた以外は，臨床観察および注射局所の観察において異常は認められず，体温および体重の推移においても全く異常は認められなかった.

7．使用方法

1）用法・用量

乾燥ワクチンを液状不活化ワクチンで溶解し，6週齢以上の犬に1mL（1バイアル）ずつ3～4週間隔で2回，皮下または筋肉内に注射する.

2）効能・効果

犬ジステンパー，犬アデノウイルス（2型）感染症，犬伝染性肝炎，犬パラインフルエンザ，犬パルボウイルス感染症，犬コロナウイルス感染症・犬レプトスピラ病の予防.

3）使用上の注意

3ヵ月齢以下の若齢犬では副反応の発現が多いため，飼い主に対しその旨を十分説明し，飼い主の理解を得た上で注射し，その後の経過観察を十分に行うこと．本剤の注射後，ときに一過性の副反応（発熱，元気・食欲減退，下痢，嘔吐，注射部位に軽度の疼痛，発赤，熱感，掻痒，腫脹および硬結）が認められる場合がある．過敏体質のものでは，ときにアレルギー反応（顔面腫脹［ムーンフェイス］，掻痒，じん麻疹）またはアナフィラキシー反応（ショック［虚脱，貧血，血圧低下，呼吸促迫，呼吸困難，体温低下，流涎，ふるえ，痙攣，尿失禁等］）を起こすことがある．アナフィラキシー反応（ショック）は，本剤注射後30分位までに発現する場合が多く見られる．

8．貯法・有効期間

2～7℃にて保存する．有効期間は2年10ヵ月間．

（中村遊香，川上和夫）

感染環を考慮したワクチンプログラム（ヨーロッパでの狂犬病の例）

野生動物→家畜→人と伝播するような伝染病，たとえばヨーロッパや北米の狂犬病の場合，家畜や人だけにワクチン接種をしても野生動物を介した狂犬病ウイルスの循環阻止には役立たない．

人へのワクチン接種は人が狂犬病に罹るのを防ぐ．また，家畜へのワクチン接種は家畜の狂犬病を減少させ，人をも守ることが可能である．しかし，これらのワクチン接種は野生動物間でのウイルス循環を変えるものではなく，常に野生動物から家畜や人への狂犬病伝播の危険性は残る．複雑な疫学構造をとる疾病の集団レベルのワクチンについては，疾病の疫学的状況を理解して実施しなければ十分な効果が得られない．

ヨーロッパにおける狂犬病ウイルスの主たる感染動物はキツネであることから，フランスでは1988年以降，キツネへの狂犬病経口ワクチンの接種が実施された．これは，ヘリコプターからキツネの住む森林地帯にワクチン添加餌の散布によって行われた．ワクチン添加餌の中にマーカーとしてtetracyclineが入っており，ワクチン添加餌を食すると糞便中にマーカーが出現する．これによりワクチン接種率を求めたところ，地域により50～75%の接種率であった．狂犬病の伝播係数を1，すなわち1頭の感染犬が1頭に伝播できるとすると，ワクチン接種でこの伝播係数が1/2～1/4となったことを意味している．ワクチン後，キツネの50%から25%が感受性動物として残っている．実際，ワクチン餌を散布後，キツネにおける狂犬病の発生頭数は，1991年の1,550頭から94年の50頭にまで大幅に減少した．これに伴ない家畜，人での狂犬病発生も減少した．このように感受性動物すべてを対象にワクチン接種しなくとも，感染環を考慮したワクチンにより家畜，人での発生を抑制することもできる（図を参照）．

（小沼　操）

人へのワクチン接種（①）は人を守る効果しかない．家畜などへのワクチン接種（②）は家畜での狂犬病の発生を減少させることから人も守ることができるが，①も②も野生動物での循環を変えるものではない．キツネへのワクチン接種③は，その地域の狂犬病の発生を減少・消滅させる効果がある．（Toma B. et al. 1977 を改変）

感染環を考慮したワクチン接種

4 ジステンパー・犬アデノウイルス（2型）感染症・犬パラインフルエンザ・犬パルボウイルス感染症・犬コロナウイルス感染症・犬レプトスピラ病（カニコーラ・コペンハーゲニー・ヘブドマディス）混合ワクチン

1．疾患の概要

276 ページ参照.

2．ワクチンの歴史

1958 年にイヌアデノウイルス 1 型（CAV1）予防液が[1]，1969 年にイヌジステンパー（CD）ウイルスの組織培養による乾燥生ワクチンが製造承認された．両ウイルスを混合した 2 種混合生ワクチンおよびイヌパルボ（CP）ウイルス不活化ワクチンは 1987 年に承認された．その後 CAV 1 をイヌアデノウイルス 2 型（CAV2）に置き換えて両アデノウイルスを防御し，イヌパラインフルエンザウイルス 5 型（CPI5），CD および CP ウイルスを混合した 5 種混合生ワクチンが 1989 年に承認された．レプトスピラコペンハーゲニー（L. co.），レプトスピラカニコーラ（L. ca），レプトスピラヘブドマディス（L. he）の不活化菌体は 5 種混合生ワクチンに加えられ，8 種混合ワクチンとして 1994 年に，さらに犬コロナ（CC）ウイルスを加えた 9 種混合の本ワクチンが 2000 年に，レプトスピラを含まない 6 種混合生ワクチンが 2002 年に承認された．2003 年と 2007 年には CPV のワクチン株を移行抗体耐性型に置き変えた別名の 9 種と 6 種が承認された．

3．製造用株

1）CD ウイルス

1960 年に越智らによって，国内の自然感染犬の材料よりフェレットを用いて CD ウイルスが分離された[2]．このウイルスの鶏胚馴化ウイルス（DFE 株）を初代ハムスター腎培養細胞に 5 代継代し，さらに初代鶏腎培養細胞に 2 代継代したのち，同細胞でクローニングを行い，その後，1 代継代して原株（DFE-HC 株）とした．CD ウイルス抗体陰性犬の脳内または静脈内に $10^{4.0}TCID_{50}$ のウイルスを注射しても病原性を示さず，7 日齢発育鶏卵漿尿膜上に接種すると灰白色のポックを作り，初代鶏腎（CK）培養細胞，鶏胚線維芽（CEF）培養細胞およびアフリカミドリザル腎（Vero）細胞で CPE を示して増殖する．3 日齢以内の乳のみマウスの脳内に注射すると神経症状を呈する．

なお，野外 CD ウイルス株の多様性が示唆されているが，本製造用株の抗血清は，それら野外株に対して高い中和活性を示し，その有効性が確認されている[3]．

2）CAV2

1980 年に高村らによって，大阪府内の自然感染犬の鼻腔スワブより初代犬腎（DK）培養細胞を用いて CAV2，OD-N 株が分離された[4]．このウイルスは初代豚腎（SK）培養細胞を用いて 37℃で 7 代連続継代後，同細胞で 30℃培養に馴化させ，クローニングを 2 回行い，原株（OD-N/SL 株）とした．CAV2 抗体陰性犬に $10^{7.0}TCID_{50}$ を鼻腔内投与または静脈内に注射しても病原性を示さない．SK 培養細胞に接種すると CPE を伴って増殖する．SK 培養細胞および DK 培養細胞に $10^{4.0}TCID_{50}$ を接種するとき，野外分離株（OD-N 株）に比べ，SK 培養細胞の 30℃培養では 100 倍以上高い感染価を示し，DK 培養細胞の 40℃培養では 1/100 以下の低い感染価を示す．DK 培養細胞でウイルス含有量を測定するとき，40℃よりも 30℃培養の方が 100 倍以上高い．モルモットの鼻腔内に $10^{4.0}TCID_{50}$ を投与しても，中和抗体の産生を認めない．

3）CPI ウイルス

1975 年に安食らによって，東京都内の呼吸器病発症犬の肺より DK 培養細胞を用いて，CPI5 ウイルス DL- 1 株が分離された[5]．このウイルスを Vero 細胞の 37℃培養で 4 代，30℃培養で 30 代連続継代後，プラッククローニングを行い，さらに同細胞の 30℃で 2 代継代した後，CEF 培養細胞の 30℃培養で 5 代継代して原株（DL-E 株）とした．CPI ウイルス抗体陰性犬に $10^{6.5}TCID_{50}$ を鼻腔内投与または静脈内に注射しても病原性を示さない．CEF 細胞および Vero 細胞に接種すると増殖し，細胞はモルモット赤血球を吸着する．Vero 細胞に接種すると CPE を示して増殖する．CEF 培養細胞に $10^{4.0}TCID_{50}$ を接種すると 30℃培養での増殖性は野外分離株（DL- 1 株）に比べ 100 倍以上優れている．

4）CP ウイルス

1980 年に安食らによって，兵庫県内の自然感染発症犬の糞便より DK 培養細胞を用いて，CP29-F 株が分離された[6]．このウイルスを初代猫腎（FK）培養細胞の 37℃培養で 5 代継代後，同細胞の 32℃培養で 6 代，30℃培養で 16 代，32℃で 19 代継代する間に，限界希釈法によるクローニングを 2 回，クロロホルムおよび 56℃ 30 分の熱処理を行い，その後，32℃で 2 代継代して原株（29-F/LT 株）とした．CP ウイルス抗体陰性犬に $10^{7.0}TCID_{50}$ を経口投与または静脈内に注射しても病原性を示さない．FK 培養細胞および CRFK 細胞で核内封入体を伴って増殖し，その培養ウイルス液は豚および猿の赤血球を凝集する．FK 培養細胞に $10^{2.0}$TCID$_{50}$ を接種するとき，29-F 株に比べ 32℃では 100 倍以上増殖性が優れ，40℃では 1/100 以下である．29-F/LT 株は，ワクチン注射犬からのワクチンウイルスの排泄が認められない等,犬に対する安全性が高い一方,移行抗体により効果が阻害される傾向が認められる．

1980 年京都府内の自然感染犬の糞便より FK 培養細胞を用いて，CP ウイルス KY-2 株が分離された[5]．このウイルスを FK 培養細胞に 37℃で 3 代継代後，CRFK 細胞に 32℃で 27 代継代して原株（KY-2/L 株）とした．CP ウイルス抗体陰性犬に $10^{7.0}$TCID$_{50}$ を経口または静脈内に注射しても異常を認めない．CRFK 細胞で核内封入体を伴って増殖し，豚および猿赤血球を凝集する．Old type と New type を分類できるプライマーを用いて PCR を行うと,Old type のプライマーでのみ増幅される[7]．

5）CC ウイルス

1983 年に安食らによって，京都府内の自然感染発症犬の肺より DK 培養細胞を用いて，CC ウイルス 5821 株を分離した．このウイルスを CRFK 細胞の 37℃培養で 5 代継代後，プラッククローニングを 2 回行い，その後 CRFK 細胞でさらに 28 代継代して原株（5821-B 株）とした[7]．CC ウイルス抗体陰性犬に $10^{6.5}$TCID$_{50}$ を経口投与，皮下および静脈内注射しても病原性を示さない．CRFK 細胞に接種すると CPE を伴って増殖する．犬コロナウイルス抗体陰性犬に $10^{6.5}$TCID$_{50}$ を経口投与，皮下および静脈内注射しても糞便へのウイルスの排出は認められない[9]．

6）L. ca

国立予防衛生研究所（現国立感染症研究所）より 1990 年に分与された L. ca，フントユートレヒトⅣ株を 1 代継代したものを原株とした．分与株の由来は，1931 年オランダで黄疸等を示して斃死した犬より分離されたものである．犬，モルモットおよびハムスターの腹腔内に注射すると増殖する．犬の腹腔内に注射すると病原性を示すことがある．モルモットおよびハムスターの腹腔内に注射しても病原性をほとんど示さない[10]．

7）L. co

国立予防衛生研究所より 1990 年に分与された，L. co，芝浦株を 1 代継代したものを原株とした．分与株の由来は，1964 年ワイル病の発生を見た東京都港区の芝浦屠畜場のドブネズミの腎臓より分離されたものである．犬，モルモットおよびハムスターの腹腔内に注射すると増殖する．犬，モルモットおよびハムスターの腹腔内に注射すると病原性を示すことがある[10]．

8）L. he

国立予防衛生研究所より 1990 年に分与された L. he，秋疫 B 株を 1 代継代したものを原株とした．分与株の由来は，病原レプトスピラとして 2 番目に発見されたもので，1917 年わが国においていわゆる 7 日熱の患者より分離されたものである．犬，モルモットおよびハムスターの腹腔内に注射すると増殖する．犬，モルモットおよびハムスターの腹腔内に注射しても病原性を示さない[10]．

4．製造方法

製造用株は承認された原株から 5 代以内のものが使用される．CD は初代鶏腎臓細胞を用いて 37℃で培養したものを，CAV2 は初代豚腎臓細胞を用いて 30℃で培養したものを，CPI は初代鶏胚細胞を用いて 30℃で培養したもの，CP は CRFK 細胞を用いて 37℃で培養したもの，CC は CRFK 細胞を 37℃で培養したものをそれぞれ遠心処理し，その上清に安定剤を等量加え－ 70℃以下に凍結する．各ウイルス原液を溶解後混合して最終バルクとする．ガラスバイアルに 1 mL ずつ分注し，凍結乾燥したものが乾燥製剤である．安定剤は 1 バイアル中スクロース 50mg，ラクトース一水和物 25mg，L- アルギニン塩酸塩 10mg，ポリビニルピロリドン K-90 1.5mg を含有する．

L. ca，L. co および L. he は製造用培地に元培養菌液を 1.0 vol％の割合に接種し，30℃で培養したものを本培養菌液とし，各菌液を遠心処理した沈渣浮遊液にチメロサールを添加して不活化したものを原液とする．各原液を混合したものを最終バルクとする．ガラスバイアルに 1 mL ずつ分注，封栓したものが液状不活化ワクチンである．

5．効力を裏付ける試験成績

1）最小有効抗原量（表 1，表 2）

（1）CD

CD ウイルスに対する中和抗体の上昇は，注射回数にかかわらずワクチン株を $10^{2.6}$ TCID$_{50}$/mL 注射した犬で認められる．しかし，$10^{1.6}$ TCID$_{50}$/mL を注射した犬では，2 回注射しても抗体の上昇は認められない．ワクチン株（$10^{4.0}$ TCID$_{50}$/mL）で免疫し，1 年後の抗体価が 22.8 倍の犬と 16.8 倍の犬に対して攻撃株（$10^{4.0}$TCID$_{50}$/mL）を鼻腔内に接種した．22.8 倍の抗体価の犬は臨床症状もなく，鼻スワブおよび血液からのウイルス回収も陰性であった．16.8 倍の抗体価の犬および対照犬では発熱，膿瘍性の鼻汁排出，元気・食欲の減退，鼻スワブおよび血液からウイルスが回収された．

このことから，最小有効抗原量は $10^{2.6}$TCID$_{50}$/mL で，発症防御に必要な中和抗体価は 22.8 倍以上であると考えられた．

（2）CAV2

CAV2 はワクチンの注射回数にかかわらず，1 回または 2 回注射の場合も $10^{4.5}$TCID$_{50}$/mL を注射した犬全頭で抗体の上昇を認めたが，$10^{3.5}$TCID$_{50}$/mL では抗体の上昇が認められたのは 4 頭中 3 頭であった．

① CAV1 攻撃試験

ワクチン株の $10^{5.5}$TCID$_{50}$/mL または $10^{3.5}$ TCID$_{50}$/mL を 1 mL 宛免疫後 4 週目に強毒株（$10^{3.5}$ TCID$_{50}$/mL）を 2mL 静脈

表 1 各ウイルスの最小有効抗原量

ワクチン接種の経過(週)**	中和抗体価（幾何平均値）																	
	C D			CAV2			CPI			CP（29-F/LT）			CP(KY-2/L)			CC		
	3.6*	2.6	1.6	5,5	4,5	3.5	5,5	4,5	3,5	5,9	4,9	3,9	5,9	4,9	3,9	4,0	3,0	2,0
Pre	＜5	＜5	＜5	＜4	＜4	＜4	＜4	＜4	＜4	＜4	＜4	＜4	＜4	＜4	＜4	＜4	＜4	＜4
4	208.6	103.2	＜5	100.0	71.5	34.8	25.2	23.8	＜4	8066.7	7342.2	＜4	7511.7	7193.3	＜4	15.8	26.6	＜4
8	138.8	62.1	＜5	256	70.8	34.5	93.7	69.6	＜4	19491.3	16390.2	＜4	8192	6683.4	＜4	48.9	58.1	＜4

* ウイルス価（log10TCID$_{50}$/mL）
** ワクチンは 4 週間隔で 2 回注射した．初回注射後の経過週.

表 2 レプトスピラの最小有効抗原量

ワクチン接種経過（週）**	凝集抗体価（幾何平均値）								
	L.co			L.ca			L.he		
	3.3*	1.6	0.8	3.3	1.6	0.8	3.3	1.6	0.8
Pre	＜10	＜10	＜10	＜10	＜10	＜10	＜10	＜10	＜10
4	16.8	＜10	＜10	20	＜10	＜10	40	＜10	＜10
8	40	16.8	＜10	47.6	14.1	＜10	95.1	23.7	＜10

* 不活化前総菌数（× 10^8）個
** ワクチンは4 週間隔で2 回注射した. 初回注射後の経過週.

内に接種した．攻撃時 CAV2 の中和抗体が 23.8 倍以上の犬は臨床症状に異常はなく，47.6 倍以上の犬は血液および糞便からのウイルス回収も陰性であった．しかし，非免疫対照犬も含め，CAV2 の中和抗体が 16.8 倍以下の犬では発熱，元気・食欲消失，白血球の減少を認め，対照犬では攻撃後 3 ～ 5 日に死亡し，抗体価 23.8 倍以下の犬の血液および糞便よりウイルスが回収された．

② CAV2 攻撃試験

ワクチン株の $10^{5.5}$TCID$_{50}$/mL または $10^{3\cdot5}$ TCID$_{50}$/mL を 1 mL 宛免疫後 4 週目に攻撃株（$10^{7.0}$TCID$_{50}$/mL）を 1mL 鼻腔内に接種した．免疫群の攻撃時中和抗体が 20 倍以上の犬は臨床症状に異常はなく，鼻スワブおよび糞便からのウイルス回収も陰性であった．非免疫対照犬も含めて 10 倍以下の犬では水溶性の鼻汁排出，軽い咳等の呼吸器症状が認められ，鼻スワブおよび糞便よりウイルスが回収された．

これらのことから，最小有効抗原量は $10^{4.5}$TCID$_{50}$/mL で，発症防御に必要な中和抗体価は 20 倍以上と考えられた．

（3）CPI

CPI はワクチンの注射回数にかかわらず $10^{4.5}$TCID$_{50}$/mL では全頭抗体の上昇を認めるが，$10^{3.5}$TCID$_{50}$/mL では全頭抗体陰性であった．ワクチン株 $10^{5\cdot5}$TCID$_{50}$/mL または $10^{3.5}$TCID$_{50}$/mL を 1 mL 宛免疫し，4 週目に攻撃株（$10^{4.0}$TCID$_{50}$/mL）を 1 mL 鼻腔内に接種した．免疫犬は全て臨床症状に異常を認めず，対照犬では発熱，発咳，鼻汁排出および元気・食欲減退が観察された．ウイルス回収では攻撃時中和抗体価が 10 倍以上の犬では鼻スワブからのウイルスが回収されたものの微量で，その回収期間も 2 ～ 5 日と短かったが，抗体陰性犬ではウイルス量も多量で，回収期間も 1 ～ 12 日と長期であった．したがって最小有効抗原量は $10^{4.5}$TCID$_{50}$/mL で 10 倍以上の中和抗体価を保有していれば発症を防御すると考えられた．

（4）CP

① 29-F/LT 株

中和抗体の上昇はワクチンの注射回数にかかわらず，$10^{4.9}$ TCID$_{50}$/mL を注射した犬で認められたが，$10^{3.9}$ TCID$_{50}$/mL では抗体陰性である．移行抗体陰性犬に対して免疫したときのみワクチンの効果を認めるが，移行抗体存在下ではワクチンの効果は阻害され, 抗体の上昇は認められない. ワクチン株$10^{6\cdot0}$ TCID$_{50}$/mL または $10^{4\cdot0}$ TCID$_{50}$/mL を 1 mL ずつ犬に免疫し，4 週目に強毒株（$10^{7\cdot0}$ TCID$_{50}$/mL）を 5mL 経口接種した結果，免疫犬は全て臨床症状に異常がなかった．攻撃時中和抗体が 181 倍の犬ではウイルス回収も陰性であったが，同じく中和抗体価が 90.5 倍の犬では血液および糞便よりウイルスが回収された．一方，非免疫対照犬では発熱，白血球の減少が認められ，そのうち下痢，元気・食欲消失が観察された犬は攻撃後 7 日目に死亡した．また，すべての対照犬の血液および糞便からウイルスが回収された．攻撃後 4 週目の抗体価は攻撃時中和抗体価が 181 倍以上の犬ではほとんど変動せず，90.5 倍以下の犬では中和抗体価の急激な上昇が認められる．

②KY-2/L株

中和抗体応答は$10^{5.9}$TCID$_{50}$/mLおよび$10^{4.9}$TCID$_{50}$/mLを1回注射した犬全頭で認められたが，$10^{3.9}$TCID$_{50}$/mLでは認められず29-F/LT株と同様である．なお，移行抗体価が32倍以下でワクチンを注射した場合，その効果は阻害されずにワクチン抗体の上昇が認められる．

これらのことから，CPウイルスの最小有効抗原量は$10^{4.9}$TCID$_{50}$/mLで，発症防御に必要な中和抗体価は200倍以上と考えられた．

（5）CC

CCウイルスに対する中和抗体の上昇は，1回注射では$10^{4.0}$TCID$_{50}$/mL注射の4頭中2頭で，また，$10^{3.0}$TCID$_{50}$/mLでは4頭中1頭で認められ，$10^{2.0}$TCID$_{50}$/mLでは全頭抗体陰性であった．2回注射した犬での中和抗体の上昇は，$10^{3.0}$TCID$_{50}$/mLの全頭で認められたが，$10^{2.0}$TCID$_{50}$/mLでは認められない．CCウイルスの抗体を確実に上げるためには，4週間隔2回注射することが必要である．最小有効抗原量は$10^{3.0}$TCID$_{50}$/mLであると考えられた．

ワクチン株（$10^{3.5}$TCID$_{50}$/mL）を2回注射後4週目（中和抗体価5.6～44.7倍）に攻撃株（$10^{4.5}$TCID$_{50}$/mL）を1mL経口接種した結果，免疫犬は全て臨床症状に異常はなかったが，対照犬は2～8日間全頭で下痢が，4頭中2頭で2～9日間食欲の減退を認めた．これらのことから，最小有効抗原量は$10^{3.0}$TCID$_{50}$/mLで，発症予防に必要な中和抗体価は8倍以上と考えられた．

（6）レプトスピラ

レプトスピラ菌の凝集抗体の上昇は，ワクチンに含まれるレプトスピラの菌数が3.3×10^8個では1回注射で10～40倍，1.6×10^8個では2回注射で10～20倍の抗体が認められた．レプトスピラ菌の最小有効抗原量が1.6×10^8個であることが示された．

2）免疫持続

抗体陰性犬に4週間隔で2回ワクチンを注射し，初回注射から12ヵ月間各病原体に対する抗体価を測定した．図1に示すように5種のウイルスとも発症防御に必要な抗体価を12ヵ月間保持していた．また，図2に示すように3種のレプトスピラとも10倍以上の抗体価を4ヵ月間保持していた．

6. 臨床試験成績

1ヵ月齢以上でワクチン注射歴のない健康な犬に対して1mLを4週間隔で2回注射した．治験を実施した2施設計70頭の内訳は，雌が32頭，雄が38頭，3ヵ月齢未満の犬が62頭，3ヵ月齢以上が8頭であり，また投与ルート別では皮下注射が50頭，筋肉内注射が20頭である．

1）有効性試験

治験薬投与前と投与後4週目あるいは再投与後4週目の犬の抗体価を比較したとき，治験薬投与時に抗体を保有しない犬における投与後の抗体価は，攻撃試験で防御する値とし，CDでは，22.8倍以上，CAV2では20倍以上，CPIでは10倍以上，CPでは200倍以上，CCでは8倍以上，L. ca，L. coおよびL. heでは10倍以上の値であるとき有効とし，上記以外のものを無効とした[11]．また，初回投与時に抗体を保有している犬の有効性については，（1）治験薬再投与時に抗体陰性となり再投与後4週目（初回投与から8週目）に，抗体陰性例で有効とした抗体価（以後「有効抗体価」）以上を示した場合は，有効とした．（2）（1）の場合以外に治験薬投与後の抗体が投与前に比べて上昇し，8週目に有効抗体価以上を示した場合は，有効とした．（3）治験薬投与前と投与後の抗体価が同値または下降しても有効抗体価を維持する場合は，判定不能とした．（4）（1）～（3）以外の場合は無効とした．

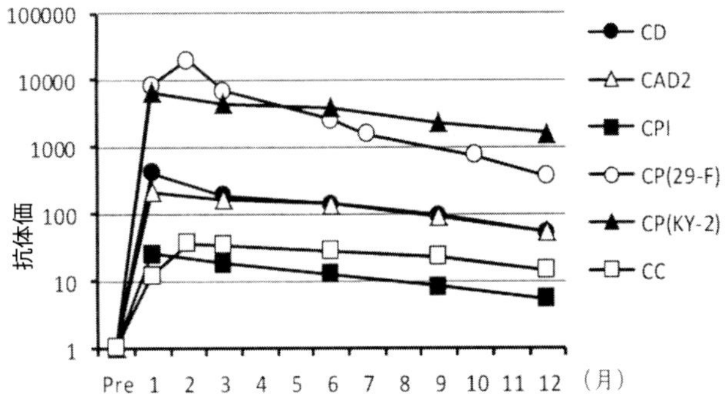

図1 ウイルス製剤の抗体価の持続

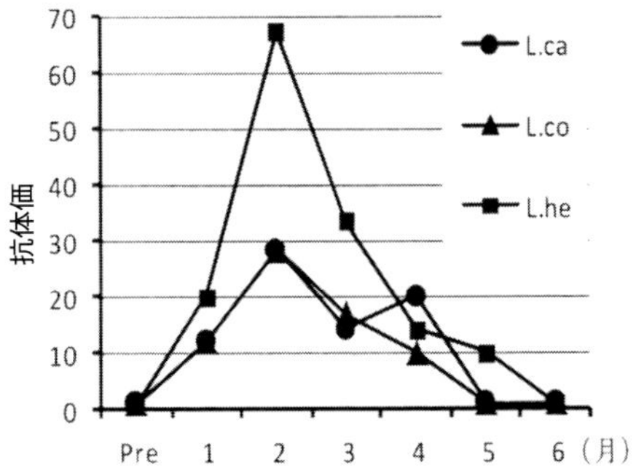

図2 レプトスピラ製剤の抗体価の持続

表 3　臨床試験成績

ワクチン抗原	CD	CAV2	CPI	CP（KY-2/L 株）	CC	L. ca	L. co	L. he
有効率（%）*	94.3	88.6	90.0	75.7	97.1	100	100	100

*CP(KY-2/L 株）を含有する 9 種混合ワクチンを 4 週間隔 2 回注射後の有効率.

治験薬 1 回注射後の有効率は CD で 70 頭中 45 頭(64.3%), CAV2 で 70 頭中 41 頭(58.6%), CPI で 70 頭中 11 頭(15.7%), CP で 70 頭中 22 頭（31.4%), CC で 70 頭中 15 頭（21.4%), L. ca で 70 頭中 16 頭（22.9%), L. he で 100%, L. co で 70 頭中 39 頭（55.7%）であったが, 2 回注射後では各抗原とも有効率は上昇を示し, CD で 70 頭中 66 頭（94.3%), CAV2 で 70 頭中 62 頭（88.6%), CPI で 70 頭中 63 頭（90.0%), CP で 70 頭中 53 頭（75.7%), CC で 70 頭中 68 頭（97.1%), L. ca および L. co では 70 頭全頭が有効となった（表 3).

投与経路（皮下注射群と筋肉内注射群), 飼育期（月齢）(注射時月齢が 3 ヵ月未満と 3 ヵ月以上）性別（雌と雄）および施設別での有効性について統計処理を行ったところ, 投与経路, 飼育期, 性別および抗体陰性犬の施設別の有効性について有意差は認められなかった.

2）安全性

以下の場合, 安全性が認められたとした. 一般臨床症状：非臨床試験で確認された反応以上またはそれ以外の臨床症状を認めない. 注射局所反応：非臨床試験で確認された腫脹, 硬結, 疼痛の投与反応程度以上またはそれ以外の局所反応を認めない. 治験薬投与後の安全性に関しては一般臨床症状（発熱, 元気食欲, 下痢, 嘔吐および呼吸器症状）および注射局所の観察結果は, 全例について臨床的に異常を認めず, また, 注射局所の腫脹, 硬結, 疼痛についても認められた個体はなかった. 治験薬投与後の体重の推移は全頭順調に増加を示した.

7. 使用方法

1）用法・用量

ワクチンはレプトスピラ不活化菌液が含まれる溶解液で乾燥製剤であるウイルス生ワクチンを溶解して使用するが, レプトスピラ不含の 6 種混合ワクチンは滅菌水の溶解液で溶解して使用する. 乾燥製剤を溶解後, その全量を 1 ヵ月齢以上の健康な犬（妊娠犬を除く）の皮下または筋肉内に 4 週間隔で 2 回注射する.

2）効能・効果

犬のジステンパー, 犬伝染性肝炎, 犬アデノウイルス（2 型）感染症, 犬パラインフルエンザ, 犬パルボウイルス感染症, 犬コロナウイルス感染症, 犬レプトスピラ病の予防.

3）使用上の注意

本剤の注射後, 一過性の発熱, 疼痛, 元気・食欲の減退, 下痢, 嘔吐, 注射部位の軽度の腫脹および硬結等を示すことがある. 過敏体質のものでは, まれにアレルギー反応(顔面腫脹[ムーンフェース], 掻痒, じんま疹等）またはアナフィラキシー反応（ショック［虚脱, 貧血, 血圧低下, 呼吸促迫, 呼吸困難, 体温低下, 流涎, ふるえ, けいれん, 尿失禁等]）が起こることがある. 本剤の犬パルボウイルスは, 接種後一過性のウイルス排泄が認められ, 感受性犬に感染することがあるが, ワクチンウイルスの安全性は確認されている. 副反応が認められた場合は, 速やかに獣医師の診察を受けるように指導するとともに, 副反応に対しては適切な処置を行う.

4）ワクチネーションプログラム

初年度の場合, 子犬は初乳を介して母親から移行抗体を譲り受けるが, 8 週から 16 週で消失する. 一方, ワクチンは移行抗体存在下ではその効力が阻害されるので, 原則的には移行抗体消失後に接種しなければ効果は認められない. しかし, 移行する抗体は母犬のワクチン接種歴, 感染歴とその時期, 子犬の初乳飲量によって影響されるので, 個体によって消失時期が異なることがある. CPV に対する移行抗体の消失時期は他の疾病より長く, 最長 18 週といわれている. CPV 移行抗体非耐性株を含む混合ワクチンの場合, 最終接種を 16 ～ 18 週とし, CPV のリスクに応じて 8 ～ 10 週と 12 ～ 14 週にワクチン注射をしておく. また, CPV 移行抗体耐性株を含む混合ワクチンであれば, 最終ワクチン接種を 14 週以降とし, 4 週間隔遡って計 2 回もしくは 3 回注射する. レプトスピラは不活化ワクチンなので, 初年度は最低 2 回は注射する必要があるが, 混合ワクチンを計 3 回注射する場合, 初回注射はレプトスピラを含有しないワクチンを注射し, 2 回目と 3 回目にレプトスピラ含有ワクチンを注射してアレルギー発現のリスクを下げる. 1 年目以降は日本における集団免疫を考慮して年 1 回の追加注射を行う. なお, 狂犬病ワクチンとの接種間隔が制限されているので尊守すること.

8. 貯法・有効期間

遮光して 2 ～ 10℃に保存する. 有効期間は 2 年間.

参考文献

1. 越智勇一ら（1955）：日獣学誌，8, 383-386.
2. 越智勇一ら（1960）：日獣学誌，22, 319-325.
3. 畑野元子ら（2001）：日獣会誌，54, 109-114.
4. Takamura, K. et al.（1982）：*Jpn J Vet Sci*, 44.355-357.
5. Ajiki, M.（1982）：*Jpn J Vet Sci*, 44, 607-618.
6. 安食政幸ら（1983）：日獣会誌，36, 68-73.
7. Senda, M.（1995）：*J Clin Microbiol*, 33, 110-113.
8. 国分輝秋ら（1998）：日獣会誌，51, 193-196.
9. 国分輝秋ら（1998）：日獣会誌，51, 251-255.
10. 国立予防衛生研究所学友会編（1976）：日本のワクチン，265-278.
11. 農林水産省動物用生物学的製剤基準.

（高橋拓男）

犬，猫用生ウイルスワクチンに混入しているRD114とは

最近，市販の犬，猫用生ウイルスワクチンのいくつかに感染性のある猫内在性レトロウイルスRD114ウイルスが混在していることが明らかになった．RD114は迷入ウイルスと考えられるが，生ワクチンには有効成分とは異なる活性のあるウイルスの迷入は認めていない．

レトロウイルスのうち猫白血病ウイルスのように外から感染するウイルスを外来性（exogenous）レトロウイルスと呼ぶ．一方，内在性(endogenous)レトロウイルスとは，外からではなく生まれながらにして猫などの細胞DNA内に組み込まれているウイルス遺伝子を指す．通常，内在性レトロウイルス遺伝子の発現は抑制されており，何らかの刺激により初めてウイルス粒子として産生される．それゆえ犬や猫用の生ウイルスワクチン製造に猫の培養細胞を使用すると猫の内在性ウイルスRD114がこれらワクチンに混在する可能性がある(例えば，猫の培養細胞で増殖させた犬のパルボウイルス生ワクチンなど)．

RD114は猫の細胞のみならず，人や犬の細胞にも感染し増殖する．RD114は，猫には内在性ウイルスであるので病原性はないであろうが，犬に対しては外来性ウイルスであり，犬に対する病原性が懸念される．しかし今のところRD114の犬への感染性，犬にどのような病気を起こすのか不明である．世界的にもRD114を原因とする副作用は報告されていない．感染性のあるRD114は，条件によってはワクチン接種動物に対して病原性を示す可能性も否定できないことから，早急なRD114を含まないワクチンへの転換がもとめられる．

（小沼　操）

1　猫ウイルス性鼻気管炎・猫カリシウイルス感染症・猫汎白血球減少症混合生ワクチン

1．疾病の概要

1）猫カリシウイルス感染症（FCI）

本症は猫カリシウイルス（FCV，*Caliciviridae*，*Vesivirus*）の感染症であり，世界中で報告されている[1]．FCVは接触感染し，猫はこの暴露により，舌，硬口蓋，または外鼻の潰瘍形成を呈し，結膜炎や鼻漏も観察される呼吸器症状を呈す．また，熱性関節症を誘発することもある．S. BinnsらによればFCIは単独では一過性であり比較的軽症であるが，口腔内潰瘍形成により摂食困難となり発育上の問題を生じたりすることやキャリア猫が見掛け上正常な猫の20％以上も存在しているという報告もある[2]．

2）猫ウイルス性鼻気管炎（FVR）

本症は猫ヘルペスウイルス1型（FHV-1，*Herpesviridae*，*Alphaherpesvirinae*，*Varicellovirus*）感染症であり世界中で認められている．FHV-1は接触感染により伝播される．猫はこの暴露により他の動物のヘルペスウイルス感染症と同様に，ほとんどの場合，キャリアになり，間欠的にウイルス排泄する．くしゃみ，眼脂，流涙，鼻漏，発熱を伴う呼吸器症状を呈し，動物の感染防御免疫状態に応じて重症となり，死亡することもある．

FHV-1とFCVとは猫の上部呼吸器感染症の主因であり，R.Gaskelによれば，FHV-1とFCVはそれぞれ猫の呼吸器感染症の約40％に関与していたと報告しており，これらの疾病予防は猫の衛生管理上重要である[3]．

3）猫汎白血球減少症（FPL）

本症は猫パルボウイルス（FPV，*Parvoviridae*，*Parvovirus*）感染症であり世界中で認められている．FPVは感染動物の糞便に直接または間接に接触することで伝播され，猫はこの暴露により急性消耗性の症状（食欲廃絶，倦怠感，発熱，低体温，嘔吐，下痢等）を呈し高率で死亡する．特に幼若齢の猫では60～90％が死亡するという報告がある[4]．

2．ワクチンの歴史

わが国ではFCI，FVRおよびFPLに対する3種混合ワクチンは，1985年に承認された．現在，本ワクチンの種類は，3種抗原とも不活化されたワクチン2種類，3種抗原共に弱毒化された生ワクチンの3製品および生と不活化が混合している1製品が販売されている．

3．製造用株

1）FCV

F9株は，コーネル大学のD. Holmes博士から分与され，猫腎臓株化細胞であるNLFK-1細胞を用いて3代継代し原株ウイルスとした．

2）FHV-1

FVRm株は，ノールデン社において3ヵ月齢の子猫の咽喉から分離した．NLFK-1細胞を用いて継代し，2代目から突然変異誘発化合物の存在下で31℃，連続4代継代し，そのウイルスを紫外線で処理しさらに，NLFK-1細胞により31℃で連続12代継代し，原株ウイルスとした．

3）FPV

Snow Leopard株は，ブリストル大学のR. H. Johnson博士によりSnow Leopardの脾臓から分離された当該ウイルスを1966年にゲルフ大学J. Ditchfield博士から入手しSnow Leopard株と命名し，NLFK-1細胞を用いて30代継代により弱毒化し原株ウイルスとした．

4．製造方法

本剤は各製造用株をNLFK-1細胞を用いて培養し，ウイルス増殖極期に培養上清を採取し原液とする．各々の原液に安定剤を加え，濃度調整したものを最終バルクとし滅菌したバイアルに分注，凍結乾燥を行い小分け製品とした．乾燥ワクチン帯黄灰白色であり，溶解用液は注射用水である．

5．効力を裏付ける試験成績

1）免疫原性

（1）FCV製造用株の免疫原性および感染防御能

FCV製造用株を用いて，9～12週齢のSPF猫30頭のうち20頭に対して1ドースの相当量のウイルスを3週間隔で2回皮下に接種し，残りの10頭を非接種対照群とした．

第2回目の接種3週間後に強毒NVSL株（$10^{5.1}TCID_{50}/mL$）の1mL用い経鼻および経眼で攻撃した．初回ワクチン接種時，攻撃時および攻撃2週後の3時点で抗体検査を行い，また，攻撃後13日間毎日の臨床所見をスコア化して評価した．その結果，ワクチン接種群では全頭抗体が産生され，攻撃時の中和抗体価の幾何平均値は15倍以上を示した．非接種対照群の攻撃後臨床症状平均スコアが3.06であるのに対しワクチン接種群では 1.1（1.0 が異常なし）であり，1 ドースで 3 週間隔の 2 回接種により，免疫原性が確立することが認められた．

（2）FHV-1 製造用株の免疫原性

FHV-1 製造用株を用いて，9 ～ 12 週齢の SPF 猫 14 頭のうち 10 頭に対して 1 ドースの相当量のウイルスを 3 週間隔で 2 回皮下に接種し，また 4 頭を非接種対照群とした．第 2 回目の接種 3 週間後に強毒 NVSL 株（$10^{3.6}$TCID$_{50}$/mL）の 1mL 用い経鼻および経眼で攻撃を行った．攻撃後 13 日間毎日の臨床所見をスコアで評価した．その結果，攻撃試験後の臨床症状成績は非接種対照群平均で 68 であるのに対し，ワクチン接種群平均では 13（0 が正常）であり，1 ドースで 3 週間隔 2 回接種により免疫原性が確立することが認められた．

（3）FPV 製造用株の免疫原性

FPV 製造用株を用いて，SPF 猫 10 頭のうち 8 頭に 1 ドース相当量のウイルスを 1 回皮下に接種し，2 頭を非接種対照群とした．接種時および接種後 21 日目に抗体検査を行い評価した．その結果，ワクチン接種群 8 頭中 7 頭が 8 倍以上を示し，残り 1 頭は 4 倍以上中和抗体価を示したことから，この成績は米国農務省の「試験群 8 頭中少なくとも 6 頭が接種後力価 8 倍以上でなければならず，残りの 2 頭は力価 4 倍以上でなければならない」という規定に適合した．

したがって 1 ドースの 1 回接種により，免疫原性が確立することが確認された．

2）免疫持続性

SPF 猫 8 頭のうち 5 頭に 1 回ワクチンを皮下接種し，残りの 3 頭は非接種対照とした．1 年後，強毒 FCV-255 株 $10^{5.0}$TCID$_{50}$/mL を 1mL 用いて攻撃し，攻撃 3 週間後，強毒 FVR-SGE 株 $10^{5.0}$TCID$_{50}$/mL を 1mL 用いて攻撃し，それぞれ攻撃後 13 日間毎日観察した．

その結果，ワクチン接種 1 回から 1 年後においても，FCI については非接種対照猫の 1 頭が肺炎およびうっ血性心不全で死亡するほどの強力な攻撃にも顕著な防御を示した．また，FVR についても顕著な防御を示した．FPL については，ワクチン接種 1 年後においても十分な抗体価（64 ～ 521 倍以上）を保持していた．これらのことから 1 回のワクチン接種で 1 年間免疫が持続することが確認された．

5．臨床試験

1）国内の臨床成績

国内 83 ヵ所の動物診療所等において表 1 に示す試験設定で臨床試験を実施した．

【材料および方法】

採血は 3 回の実施とし，血液学的検査（白血球数，ヘマトクリット値），血液生化学検査（総蛋白，GPT，BUN，クレアチニン）および FCV,FHV-1, ならびに FPV に対する抗体検査を実施した．

表 1　試験設計

	供試頭数	接種方法	抗体測定	有効性評価頭数
ワクチン接種群	326	3 ～ 4 週間隔で 2 回接種	初回接種時，2 回目接種時および 2 回目接種 4 週後	182

抗体検査については初回接種時および 2 回目接種 4 週後のペア血清の抗体価を比較し，抗体価が 4 倍以上になった場合を有効とした．抗体価が 4 倍以上上昇しなかった場合でも，有効抗体価（FCV：15 倍，FHV-1：4 倍，FPV：64 倍）以上であれば，結果としてワクチンは有効と判定した．

（1）有効性

初回接種時抗体陽性群の場合では FCV に対する有効率は 65%．FHV-1 に対する有効率は 43%，FPV に対する有効率は 76%であった（表 2）．

初回接種時抗体陰性群の場合は FHV-1 で 20%と有効率がやや低かったが，FCV および FPV では 100%と高かった．なお，FHV-1 の免疫原性試験成績からも抗体価が 2 倍未満でも十分な発症防御能が認められていることから，FHV-1 に対する有効性が認められると推定された．

以上の結果および臨床経過等を加味した有効性の総合評価として有効であると判断された．

（2）安全性

安全性評価のための臨床観察所見として元気，食欲，また接種局所の腫脹，硬結，発赤ならびに発熱をそれぞれ 4 段階で評価し，血液学的検査（白血球数，ヘマトクリット値）および血液生化学検査（総蛋白，GPT，BUN，クレアチニン）を原則として各ワクチン接種時および 2 回目接種 4 週後の計 3 回実施した．その結果，いずれの群においても各臨床観察局所所見，血液学的検査および血液生化学検査結果に異常が認められなかった．また，アナフィラキシー様反応等の重篤な副作用は供試猫全例に認められなかった．

表 2　有効性の判定結果（初回接種時抗体陽性）

供試頭数	抗原	有効	判定不能	有効率%
182	FCV	71	38	65
	FHV-1	13	17	43
	FPV	128	41	76

表 3　欧州での副作用発生率

沈うつ	10 万例中 2.3 例
高　熱	10 万例中 1.9 例
跛　行	10 万例中 1.1 例
食欲不振	10 万例中 0.9 例
嘔　吐	10 万例中 0.8 例
呼吸困難 / ショック	10 万例中 0.5 例
硬結 / 局所反応	10 万例中 0.4 例

以上の結果から安全性の総合評価として高い安全性があると確認された．

2）国外における副作用報告

1994 年から 1996 年にわたる欧州での 176 万頭のワクチン接種猫における副作用発生率はいずれも低率であった（表 3）．

6．使用方法

1）用法・用量

乾燥ワクチンを溶解用液で溶かし，その全量（1 mL）を 9 週齢以上の猫の皮下に 3 ～ 4 週間隔で 2 回注射する．

2）効能・効果

猫カリシウイルス感染症，猫ウイルス性鼻気管炎および猫汎白血球減少症の予防．

7．貯法・有効期間

2 ～ 5℃の冷暗所に保存すること．有効期間は 18 ヵ月間．

参考文献

1. Povey, R.C.（1974）：*Infect Immun,* 10, 1307-1314.
2. Binns, S. and Dawson, S.（1995）：*In Practice,* Nov./Dec. 458-461.
3. Gaskell, R.M.（1992）：*Feline Practice,* 20, 7-12.
4. Truyen, V.（1996）：*Tierärztl Praxis,* 24, 316-318.

（大日向　剛）

2　猫ウイルス性鼻気管炎・猫カリシウイルス感染症3価・猫汎白血球減少症・猫白血病（組換え型）・猫クラミジア感染症混合（油性アジュバント加）不活化ワクチン

1．疾病の概要

1）猫ウイルス性鼻気管炎

288ページ参照

2）猫カリシウイルス感染症

288ページ参照

3）猫汎白血球減少症

288ページ参照

4）猫白血病

猫白血病ウイルス（Feline leukemia virus: FeLV）は，*Retroviridae*，*Orthovirinae*，*Gammaretrovirus*に所属するRNAウイルスである．

感染猫の血中には感染力を持ったウイルスが存在し，ウイルスが唾液，涙，糞便中に排泄される．猫同士の咬傷やなめ合いにより感染しやすいといわれ，感染の経路は，口や鼻からが主体と考えられる．ウイルスは上部気道を含めた粘膜細胞に感染後，扁桃や末梢リンパ節で増殖する．その後，脾，リンパ節，腸管，膀胱，唾液腺などの標的組織に運ばれ，さらに骨髄にも達する．一時的なウイルス血症が起こることもあり，約60％は中和抗体産生によって骨髄感染が完全に成立する前に回復する．約40％の猫は，ウイルスの骨髄内細胞感染を許容し，持続性ウイルス血症を呈する．

ウイルス検査がはじめて陽性になる時期に，急性期の病気がみられ，この時期にウイルスは骨髄に達し，骨髄の細胞内で増殖しようとするが，免疫が成熟している猫では（大体4週齢以降），同時にFeLVに対する免疫が高まり，ウイルスが増殖する骨髄の細胞を破壊することにより，発熱や元気消失，リンパ節の腫れ，白血球減少症，血小板減少症，貧血を示す．免疫がウイルスを排除できなかった猫では，感染は終結せず，持続感染となる．持続感染の定義は，感染から4ヵ月以上ウイルス血症（ウイルス検査陽性）が続くことで，持続感染猫は感染から約3年以内に発症して死亡するものも多い．

5）猫クラミジア感染症

猫クラミジア（*Chlamydophila felis*）による感染症である．感染猫との接触により，クラミジアが口，鼻，目より侵入し，感染する．病原体は全身臓器で増殖し，分泌液や糞便中に排泄され，多頭飼育の場合は，一匹が感染すると，全頭に蔓延する可能性がある．

主な症状は粘着性の目ヤニを伴う慢性持続性の結膜炎（目の周りの腫れ）で，ウイルス性の結膜炎より経過が長いのが特徴だが，簡単に区別はできない．感染後3～10日後，通常は片方の眼の炎症から始まり，鼻水，クシャミ，咳がみられ，気管支炎や肺炎などを併発し，重症になった場合には死亡してしまうこともある．結膜炎は体力のある猫の場合2～6週間で治癒するが，慢性化したり，キャリア化（症状はないが病原体を排出する猫）することも多い．母猫が感染している場合，子猫が眼炎，肺炎を起こし，生後数日で死亡することもある．

2．ワクチンの歴史

猫ヘルペスウイルス（FHV），猫カリシウイルス（FCV），猫汎白血球減少症ウイルス（FPLV）を組み合わせた3種混合不活化ワクチンが1990年に[1]，猫白血病ウイルス（FeLV）の遺伝子組換え体大腸菌発現gp70抗原が加えられた4種混合不活化ワクチンが2000年に承認された．2003年には猫クラミジア（C. f.）感染症および血清タイプの異なるFCVの2株を追加した7種混合不活化の本ワクチンが承認された．

その後，上記の3種および4種混合不活化ワクチンは血清タイプの異なるFCVの2株を加えた5種[2]ならびに6種混合不活化ワクチンとして改良され，それぞれ2006年と2009年に承認された．いずれも，オイルアジュバントと混合された不活化ワクチンである．新たな5種ならびに6種混合ワクチンは猫の接種部位肉腫を考慮して，これまで犬猫用ワクチンとしては通常量とされていた1ドーズ1 mLから0.5mLに減量した．

3．製造用株

1）FHV

FR-1株は，1967年に京都府内の自然感染猫の鼻腔スワブより初代猫腎培養（FK）細胞を用いて分離された．このウイルスをFK細胞で4代継代後，FK細胞で3回のクローニングを実施し，さらにFK細胞で2代継代して原株とした．猫腎継代（CRFK）細胞に接種するとCPEを伴って増殖する[1]．

2）FCV

FC-7株は1983年に京都府内の自然感染猫の鼻腔スワブより，FK細胞を用いて分離された．このウイルスをFK細胞で2代継代後，FK細胞で3回のクローニングを実施し，さらにFK細胞で2代継代して原株とした．CRFK細胞に接種するとCPEを伴って増殖する．FC-28株とFC-64株はそれぞれ1998年および 1999 年に大阪府内の自然感染猫の口腔スワブより CRFK 細胞を用いて分離された．これらのウイルスを CRFK 細胞で 2 代継代後，CRFK 細胞で 2 回のクローニングを実施し，さらに CRFK 細胞で 2 代継代して原株とした．CRFK 細胞に接種すると CPE を伴って増殖する．各 FCV は交差中和するが，ホモ株とヘテロ株との抗体価の差は顕著な差が認められる[1,2]．

3）FPLV

FP-5 株は，1979 年に京都府内の自然感染猫の糞便より FK 細胞を用いて分離された．このウイルスを FK 細胞で 4 代継代後，FK 細胞で 3 回のクローニングを実施し，さらに FK 細胞で 2 代継代して原株とした．CRFK 細胞に接種すると核内封入体を伴って増殖し，その培養液は豚赤血球を凝集する[1]．

4）FeLV

gp70 組換え大腸菌 pEL 株は，宿主大腸菌 BL21（DE3）株に，エンベロープ蛋白の gp70 遺伝子（1987 年に東京大学において樹立された FeLV 陽性リンパ芽球様細胞株 FT-1 に由来する）を組み込んだプラスミド[3]を導入した組換え大腸菌で，カルベニシリン添加 LB 培地で 3 代継代して原株とした．アンピシリン耐性で，対数増殖期の後期に発現誘導剤を添加すると，FeLV gp70 遺伝子が発現し，組換え蛋白を産生する．

5）C. f.

Fe/C-P8 株は，1999 年に岩本らによって，大阪府内の自然感染猫の結膜スワブより L 929 細胞を用いて分離した n8L1 株に由来する[4]．このクラミジアを L929 細胞で 2 代継代後，L929 細胞で 3 回のクローニングを実施し，浮遊型 L（SL）細胞で 10 代継代して原株とした．L929 細胞および SL 細胞に接種すると，細胞質内封入体の形成を伴って増殖する．また，発育鶏卵の卵黄嚢内に接種すると増殖し，鶏胚を死亡させる[5]．

4．製造方法

製造用株は承認された原株から 5 代以内のものが使用され，FHV は CRFK 細胞に種ウイルスを接種し，37℃で培養後ウイルスの増殖極期に感染細胞相を採取してから遠心し，その沈渣をウイルス感染細胞とする．その感染細胞に感染細胞可溶化用液を加え，遠心した上清にホルマリンを加え，ウイルスを不活化したものを原液とする．

FCV はいずれの株も種ウイルスを CRFK 細胞に接種し，37℃で培養後，ウイルスの増殖極期に培養液を採取してから遠心した上清をウイルス浮遊液とする．ウイルス浮遊液にホルマリンを加えウイルスを不活化した後，限外濾過法により濃縮したものを原液とする．

FPLV は種ウイルスを CRFK 細胞に接種し，37℃で培養後，ウイルスの増殖極期に培養液を採取した上清をウイルス浮遊液とする．ウイルス浮遊液にホルマリンを加えてウイルスを不活化した後，限外ろ過法により濃縮したものを原液とする．

FeLV は製造用寒天培地に種株を塗り，37℃で培養し，製造用液体培地に移植した後，37℃で培養して元培養菌液とする．製造用培地に元培養菌液を加え，20℃で培養した対数増殖期後期に発現誘導剤を添加した後，さらに 20℃で培養して本培養菌液とする．本培養菌液を連続遠心し，その沈渣を抽出用液で浮遊し，2 ～ 5℃で 16 時間感作した後，超音波処理して不活化菌液とする．不活化菌液を遠心し，その沈渣を尿素可溶化用液で浮遊し，遠心した上清を 0.22 μm フィルターでろ過する．平衡化した陰イオン交換クロマトグラフィーカラムに注入した後，溶出用液で溶出した溶出画分を一夜透析して原液とする．

C. f. は SL 培養細胞浮遊液を遠心し，その沈渣に種クラミジアを接種し，37℃で 60 分間振盪して吸着させた後，クラミジアの増殖極期に培養液を採取し，クラミジア浮遊液とする．クラミジア浮遊液にホルマリンを加えクラミジアを不活化した後，遠心上清を限外ろ過法により濃縮したものを原液とする．

各原液を混合して 7 種混合原液とする．7 種混合原液に，無水マンニトール・オレイン酸エステル加スクワラン液を加えて混合し，最終バルクとする．最終バルクの 1 mL をガラスバイアルに分注，密栓し，小分け製品とする．

5．効力を裏付ける試験成績

1）最小有効抗原量（表 1，表 2）

（1）FHV

HA 価 4 ～ 16 倍の FHV FR- 1 株感染細胞可溶化不活化液と無水マンニトール・オレイン酸エステル加スクワラン液とを 4：1 で混合したもの 1mL を 3 週間隔 2 回注射後 4 週目に FHV C7501 株（$10^{3.0}$TCID$_{50}$/ 頭）を点鼻接種で攻撃した．HA 価 16 倍注射群および HA 価 8 倍注射群ではわずかにウイルスが回収されたものの，非注射対照群で認められた頻発するくしゃみ，重度の鼻および眼の症状，元気・食欲喪失，発熱は認められない．HA 価 4 倍注射群（攻撃時中和抗体価：15.9 ～ 20 倍）ではくしゃみ，鼻および眼の症状の認められる個体があったものの軽度であり，元気・食欲喪失，発熱は認められない．以上の結果より，FHV FR- 1 株感染細胞可溶化不活化抗原の本ワクチン 1 ドーズあたりの含有量は，攻撃試験において臨床症状の認められない HA 価 8 倍を最小有効抗原とし，防御に必要な中和抗体価は 16 倍以上と思われた．

（2）FPLV

不活化前ウイルス量が $10^{3.7}$ ～ $10^{5.7}$TCID$_{50}$/mL の FPLV FP-5 株免疫抗原と無水マンニトール・オレイン酸エステル加スクワラン液とを 4：1 で混合したもの 1mL を，3 週間隔 2 回注射後 4 週目に FPLV TU- 1 株（$10^{4.0}$TCID$_{50}$/ 頭）を経口接種で攻撃した．$10^{5.7}$ TCID$_{50}$ 注射群では白血球数減少，発熱，ウイルス回収とも認められず，$10^{4.7}$ TCID$_{50}$ 注射群では 3 頭中 1 頭

表1　最小有効抗原量と攻撃試験（1）

免疫抗原	FHV（HA）				FPLV（log10TCID$_{50}$/mL）				FeLV（mg）					C.f.（log10TCID$_{50}$/mL）				
免疫抗原量	16	8	4	Cont.	5.7	4.7	3.7	Cont.	0.1	0.075	0.05	0.025	Cont.	5.5	4.5	3.5	2.5	Cont.
攻撃時の抗体価[1]	87	50	18	< 4	4096	1024	256	< 8	1393	919	230	230	< 100	1008	318	100	< 100	< 100
症状発現頭数 / 試験頭数	0/3	0/3	2/3	3/3	0/3	0/3	0/3	3/3	1/5[2]	1/5	1/5	1/5	1/5	51[4]	50	69	88	93
ウイルス・菌検出頭数 / 試験頭数	1/3	2/3	3/3	3/3	0/3	1/3	3/3	3/3	1/5[3]	1/5	2/5	3/5	4/5	0/3[5]	0/3	0/3	2/3	3/3

[1] 幾何平均値，[2] 一過性ウイルス血症頭数，[3] 持続性ウイルス血症頭数，[4] 結膜炎のスコア幾何平均値，[5] 臓器からのクラミジア回収頭数

表2　最小有効抗原量と攻撃試験（2）

免疫抗原（FCV）	FC-7（log10TCID$_{50}$/mL）				FC-28（log10TCID$_{50}$/mL）				FC-64（log10TCID$_{50}$/mL）			
免疫抗原量	9.0	8.0	7.0	Cont.	9.0	8.0	7.0	Cont.	9.0	8.0	7.0	Cont.
攻撃時の抗体価[1]	2048	256	13	< 2	4597	256	16	< 2	4096	456	20	< 2
症状発現頭数 / 試験頭数	0/3	0/3	1/3	3/3	0/3	0/3	1/3	3/3	0/3	0/3	1/3	3/3
ウイルス・菌検出頭数 / 試験頭数	0/3	2/3	3/3	3/3	0/3	2/3	3/3	3/3	0/3	1/3	3/3	3/3

[1] 幾何平均値

でわずかにウイルスが回収されたものの，白血球数減少，発熱は認められない．$10^{3.7}$TCID$_{50}$ 注射群（攻撃時 HI 抗体価：128 ～ 512 倍）では，全頭からウイルスが回収されたが，臨床症状は認められなかった．以上の結果より，FPLV FP-5 株不活化抗原の含有量は，攻撃試験において臨床症状，ウイルス回収とも認められない最小有効抗原量を $10^{5\cdot 7}$ TCID$_{50}$/mL とし，防御に必要な抗体価は 128 倍以上と思われた．

（3）FCV

不活化前ウイルス量が $10^{7.0}$ ～ $10^{9.0}$TCID$_{50}$/mL の各 3 種 FCV 免疫原 1 mL を 3 週間隔 2 回注射し，それぞれホモ株に対する中和抗体価を測定した．また，再注射後 4 週目に，FCV FC-7 株，FC-28 株あるいは FCV FC-64 株（$10^{4\cdot 0}$TCID$_{50}$/ 頭 /0.1mL）でそれぞれの免疫猫を点鼻攻撃した．不活化前ウイルス量が多いほど高い抗体価を示し，用量応答が認められた．

FCV 各 3 株を攻撃した非注射対照群では口腔内潰瘍および発熱が認められ，8 ～ 10 日間鼻および口からウイルスが回収された．$10^{9\cdot 0}$ TCID$_{50}$ 注射群では口腔内潰瘍，発熱とも認められず，ウイルスも回収されなかった．$10^{8\cdot 0}$ TCID$_{50}$ 注射群では 3 頭中に 1 ～ 2 頭の口および鼻から 1 ～ 2 日間ウイルスが回収されたが，口腔内潰瘍，発熱とも認められなかった．$10^{7\cdot 0}$ TCID$_{50}$ 注射群では 3 頭中 1 頭で軽度の口腔内潰瘍が認められ，2 ～ 3 頭で口から 3 ～ 5 日間，鼻から 1 ～ 5 日間ウイルスが回収されたが，発熱は認められなかった．

ホモ株における中和抗体価は 16 倍より低くても潰瘍や発熱を抑える効果はあり，抗体価が高いほど，ウイルス回収も抑えられる．したがって，FCV の最小有効抗原量は，$10^{8.0}$TCID$_{50}$/mL で，防御に必要な中和抗体価は 13 ～ 20 倍と思われた．

（4）FeLV

FeLVgp70 発現蛋白 0.1mg，0.075mg，0.05mg および 0.025mg となるように無水マンニトール・オレイン酸エステル加スクワラン液（アジュバント）と等量混合したものを，対照群用として PBS とアジュバントとを等量混合したものをそれぞれ 3 週間隔 2 回注射後 ELISA 抗体価を測定した．抗体価は，被験血清を 100 倍から 2 倍階段希釈して測定し，対照群の O. D. 値より 0.3 以上高い値を示した最高希釈倍数の逆数を抗体価とした．発現蛋白 0.1mg で免疫すると，再注射後 1 週後に 800 ～ 3200 倍（幾何平均値：1393 倍），0.075mg 注射群で 400 ～ 1600 倍(919 倍)で，0.05mg 以下では 100 ～ 400 倍(229.7 倍）である．

FeLV 攻撃試験では 3 週間隔 2 回注射後 3 週間目に FeLV・サブグループ A/Glasgow-1 株（1 × 10^5PFU/ 頭）を腹腔内に注射して攻撃した．対照群では 4/5 が持続性ウイルス血症となり，発現蛋白 0.075mg 以上で免疫した群（攻撃時 ELISA 抗体価：400 ～ 1600 倍）で 1/5 で，0.05mg，0.025mg（攻撃時 ELISA 抗体価：229.7 倍）では 2/5，3/5 であった．一過性のウイルス血症はいずれの免疫群および対照群で 1/5 であった．以上の成績から本発現蛋白は 0.075mg 以上で，猫白血病ウイルスの持続性ウイルス血症の抑制に有効である．また，防御に必要な抗体価は 400 倍以上と思われた．

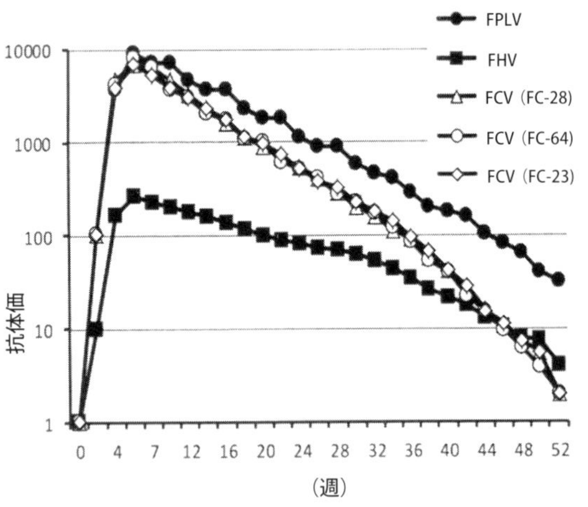

図1　抗体の持続

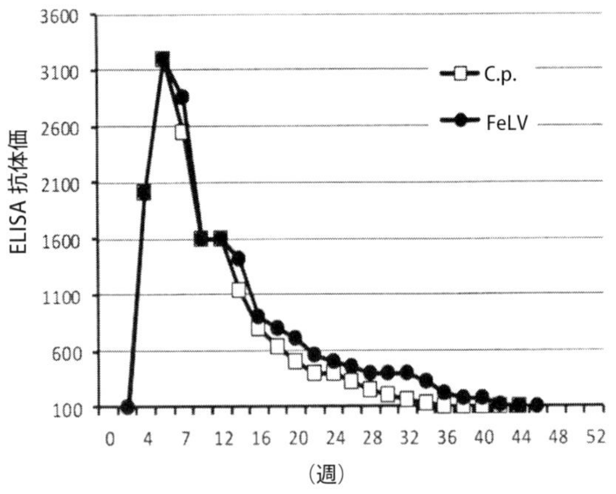

図2　抗体の持続

（5）C. f.

製造用株 Fe/C-P8 株免疫抗原は，アジュバントと混合後の量が $10^{5.5}$，$10^{4.5}$，$10^{3.5}$，$10^{2.5}$ELD$_{50}$/mL となるように調製し，無水マンニトールオレイン酸エステル加スクワラン液をアジュバントとして免疫原と 1：1 で混合した．免疫原 1 mL を 3 週間隔 2 回免疫後 4 週目に対照群とともに *Chlamydophila felis* Cello 株（$10^{3.0}$ELD$_{50}$/）を点鼻，点眼によって攻撃し，28 日間観察した．抗体価は，精製した製造用株 Fe/C-P8 株を抗原とした ELISA で測定し，免疫前の血清を 100 倍に希釈したときの O. D. 値が 0.1 前後の時，これより 0.3 以上高い O. D. 値を示す最高希釈倍数で示した．

クラミジア ELISA 抗体価は，$10^{5.5}$ELD$_{50}$ 免疫群では再注射後 800 ～ 1600 倍（幾何平均値 :1008 倍），$10^{4.5}$ELD$_{50}$ 免疫群では 200 ～ 400 倍（317.5 倍）であった．$10^{3.5}$ELD$_{50}$ 以下の免疫群では，O. D. 値の上昇は認められるものの，0.3 以内の上昇がほとんどであった．攻撃後の結膜の充血および目脂・流涙の程度をスコア化して累計したところ，$10^{3.5}$ ～ $10^{4.5}$ELD$_{50}$ 以上の免疫群で対照群に比べ低かった．結膜の充血および眼脂・流涙の程度が軽減されるのはクラミジア ELISA 抗体価が 100 倍以上のときであった．攻撃後の発熱は，免疫群では $10^{2.5}$ELD$_{50}$ 免疫群の 3 頭中 2 頭で発熱が認められ，発熱の認められた個体の攻撃後 28 日目の扁桃，肝臓，脾臓，腎臓，雌の子宮・膣からクラミジアが回収された．他の免疫猫では発熱を認めず，体内各部位からのクラミジアの回収もされなかった．攻撃対照猫では全頭に発熱が認められ，体内各部位からクラミジアが回収された[5]．したがって，クラミジアの最小有効抗原量は $10^{3.5}$ELD$_{50}$/mL で，防御に必要な抗体価は 100 倍以上と思われた．

2）免疫持続（図 1，図 2）

免疫の持続は試作ワクチンを 3 週間隔で 2 回注射した猫（1 群 3 頭）では，FPLV-HI 抗体価は 4,096 ～ 16,384 倍，FHV 中和抗体価は 202 ～ 314 倍，FCV 中和抗体価は 4,096 ～ 23,170 倍，クラミジア ELISA 抗体価および組換え FeLVgp70-ELISA 抗体価はともに 3,200 倍の高い抗体価が認められ，その後徐々に低下する傾向がある．有効抗体価は，FPLV- HI 抗体価（128 倍）で 42 ～ 48 週後，FHV 中和抗体価（16 倍）で 40 ～ 44 週後，FCV FC-28 株中和抗体価（16 倍）で 44 ～ 46 週後，FCV FC-64 株中和抗体価（16 倍）で 42 ～ 46 週後，FCV F23 株中和抗体価（16 倍）で 42 ～ 46 週後，クラミジア ELISA 抗体価（100 倍）で 40 ～ 44 週後，組換え FeLV　gp70-ELISA 抗体価（400 倍）で 32 ～ 36 週後まで持続した．

6．臨床試験成績

4 施設計 64 頭の猫（雌 39 頭，雄 25 頭，6 カ月齢以下 28 頭，7 カ月齢以上 36 頭，同所注射 31 頭，異所注射 33 頭）に治験薬を注射した．

1）有効性

治験薬投与時に抗体を保有しない猫における 2 回注射後 4 週目の抗体価が，攻撃試験による発症防御を示す抗体価，すなわち，FPLV-HI 抗体価で 128 倍以上，FHV 中和抗体価および FCV 中和抗体価で 16 倍以上，クラミジア ELISA 抗体価で 100 倍以上，組換え FeLVgp70 -ELISA 抗体価で 400 倍以上であるとき有効とし，上記以外のものを無効とした．治験薬投与時に抗体を保有している猫では，2回目投与時に抗体が陰性となり2回注射後4週目の抗体価が上記で有効とした抗体価（有効抗体価）以上の場合を有効，治験薬投与後の抗体価が上昇し，2回注射後4週目の抗体価が有効抗体価以上の場合を有効，治験薬投与後，抗体価が下降しても有効抗体価を維持する場合は判定不能，上記以外のものを無効とした．

注射時の抗体が陰性の個体での有効率は，FPLV-HI 抗体価，FCV（FC-28 株，FC-64 株，F23 株［FC-7 株とホモ株］）中和抗体価およびクラミジア ELISA 抗体価で 100％，FVRV 中和抗体価で 96.4％，組換え FeLVgp70-ELISA 抗体価で 95.3％と高く，有効性が確認された．

注射時の抗体が陽性の個体の有効率は，FPLV-HI 抗体価で 62.5％（10/16），FVRV 中和抗体価，FCV（FC-28 株）中和抗体価，FCV（FC-64 株）中和抗体価，FCV（F23 株）中和抗体価で 100％であった．注射部位，月齢および性別で有効性に関して，Fisher の直接確率計算法による危険率 5％の有意差検定を実施したところ，初回注射時の FPLV-HI 抗体陽性猫でのみ月齢と投与経路の違いによって有効性に差があったが，陰性猫では有意差は認められなかった．陽性猫の月齢による有効性の差は初回注射時に6ヵ月齢以下の猫 10 頭のうち6頭が高い移行抗体を保有していたため，ワクチンの効果が阻害されたものと考えられた．一方，7ヵ月齢以上の陽性猫（感染抗体保有猫）では6頭中全頭が有効であった．注射部位での差は，初回注射時抗体陰性猫 44 頭のうち全頭が注射部位にかかわらず有効であったが，初回注射時抗体陽性で，異所注射した猫 10 頭のうち6頭が無効で，同所注射した猫6頭は全頭が有効であったため，異所注射で有効性が低くなった．

2ヵ月齢以上の猫の場合，移行抗体が高い場合は，本ワクチンの効果が阻害され3週間隔2回注射しても有効な抗体価が得られないこと，投与経路，性別では有効性に影響しないことが示唆された．したがって，移行抗体が低い場合と感染抗体を持つ場合の有効性が確認された．

2）安全性

一般臨床症状の観察では，発熱延べ3頭，食欲減退3頭，元気消失3頭，下痢1頭，嘔吐2頭であった．注射局所の観察では，硬結2頭，疼痛2頭であった．これらの反応はいずれもワクチン注射に伴って通常認められる副反応であると考えられ，全て一過性で，無処置で正常に回復した．なお，硬結は，1頭は注射後数日間，他の1頭は注射後2週間認められ，注射後3ヵ月以上経過した後，注射部位に硬結や腫瘤が認められた例はなかった．6ヵ月齢以下の猫 28 頭中体重が 3kg 以下の猫 28 頭では，体重が減少することなく順調に増加した．以上のことから治験薬の副反応は1～3％程度であり，かつ重大な副作用の発現も認められず安全であることが確認された．

7．使用方法

1）用法・用量

1 mL を約2ヵ月齢以上の猫の皮下に3週間隔で2回注射する．

2）効能・効果

猫ウイルス性鼻気管炎・猫カリシウイルス感染症・猫汎白血球減少症・猫白血病ウイルスによる持続ウイルス血症および猫のクラミジア感染症の予防．

3）使用上の注意

本剤の注射後，注射部位に一過性の腫脹・硬結・疼痛がみられることがある．本剤の注射後，一過性の発熱，元気・食欲減退，下痢，嘔吐等を示すことがある．過敏な体質のものでは，まれにアレルギー反応（顔面腫脹［ムーンフェース］，掻痒，じんま疹等）またはアナフィラキシー反応（ショック［虚脱，貧血，血圧低下，呼吸速迫，呼吸困難，体温低下，流涎，ふるえ，けいれん，尿失禁等］）が起こることがある．副反応が認められた場合には，速やかに獣医師の診察を受けるよう指導するとともに，副反応に対しては適切な処置を行うこと．猫において，不活化ワクチンの注射により，注射後3ヵ月～2年の間に，まれに（1/1,000 ～ 1/10,000 程度）線維肉腫等の肉腫が発生するとの報告がある．

4）ワクチネーションプログラム

猫の感染症に対する移行抗体は 10 週齢でほぼ消失するが，本剤すべての抗原がアジュバント添加不活化ワクチンであるため，低い移行抗体に左右されないので，初年度は1回目が8週齢に，2回目は3週後の2回注射を原則とし，1年目以降は年1回追加注射する．

8．貯法・有効期間

遮光して，2～10℃に保存する．有効期間は2年間．

参考文献

1. 高橋拓男ら（1992）：日獣会誌，45, 262-268.
2. Masubuchi, K. et al.（2010）：*J Vet Med Sci,* 72, 1189-1194.
3. Miura, T. et al.（1989）：*Virology,* 169, 458-461.
4. Iwamoto, K. et al.（2001）：*J Vet Med Sci,* 63, 937-938.
5. Masubuchi, K. et al.（2010）：*J Feline Med Surg,* 12, 609-613.

（高橋拓男）

3　猫免疫不全ウイルス感染症（アジュバント加）不活化ワクチン

1．疾病の概要

猫免疫不全ウイルス感染症は，猫免疫不全ウイルス（FIV, *Retroviridae*, *Orthoretrovirinae*, *Lentivirus*）の感染によって起こる猫の感染症である．本症は日本国内をはじめ世界各国でその存在が確認されており，感染猫の一部は数ヵ月から数年を経て後天性免疫不全症候群（AIDS）を発病し，AIDS 確定診断の後，多くは数ヵ月の経過で死亡することが知られている．

FIV は，エンベロープ蛋白質の遺伝子配列の違いにより，現在ではＡ～Ｆの６つのサブタイプに分類されている．各サブタイプの分布には地域性が見られ，国内ではサブタイプＡ～Ｄの存在が確認されている．国内で最も流行しているのはサブタイプＢであり，北海道と西日本にはサブタイプＡが，九州と日本海側を中心にサブタイプＤ，そして中部地方を中心にサブタイプＣが分布していることが知られている[1,2]．

2．ワクチンの歴史

このように FIV 感染症は猫にとって重要な疾病であるが，その原因となる FIV に対する有効な治療法は現時点においても存在せず，予防手段についても，これまでは FIV 感染猫との接触を防ぐしか方法がなかった．

FIV 感染に対するワクチン開発は FIV が 1986 年に発見されて以来，不活化ウイルス，不活化した感染細胞，組み換え蛋白質，合成ペプチド，ベクターワクチン，DNA ワクチンなど，様々な試みがなされてきた．しかし，FIV は遺伝的多様性が他のウイルスと比較して大きいことや，感染防御のためには中和抗体だけでは不十分であり，細胞性免疫の誘導が必要であったことなどから，ワクチン開発は困難であった．

米国フロリダ大学の山本らや北里大学の宝達らは，不活化ウイルスや FIV 感染細胞を不活化したワクチンの開発に取り組んできたが，2001 年に山本らが，米国で分離されたサブタイプＡの FIV ペタルマ株と北里大学が静岡県で分離したサブタイプＤの FIV 静岡株を混合することにより，従来よりも有効性が高いワクチンを開発することに成功した．このデュアルサブタイプワクチンは細胞性免疫の誘導も可能であり，ワクチン中に含まれないサブタイプＢの株に対しても感染防御効果を示し，日本国内で流行している多くの株に対しても有効と考えられた[3,4]．

この技術を基礎として FIV 感染症に対するワクチンが 2002 年に米国で承認・販売されることとなった．その後，本ワクチンは日本においても 2008 年に承認され，日本における唯一の FIV 感染症ワクチンとして市販されている．

3．製造用株

FIV ペタルマ株（サブタイプ A）持続感染細胞感染猫リンパ球継代細胞 FL6-DF 株と，FIV 静岡株（サブタイプ D）持続感染細胞感染猫リンパ球継代細胞 Shiz-SF 株を用いる．

4．製造方法

FIV ペタルマ株持続感染細胞感染猫リンパ球継代細胞 FL6-SF 株と，FIV 静岡株持続感染細胞感染猫リンパ球継代細胞 Shiz-SF 株を増殖させ，ホルマリンで不活化したものをそれぞれ混合し，アジュバントを加えたものである．

5．効力を裏付ける試験成績

1）ワクチン免疫猫に対する攻撃試験

方　法：SPF 猫にワクチン１用量（1 mL / 頭）を３週間隔で３回皮下注射し，注射群とした．対照群は無処置とした．第３回注射後３週目に注射群および対照群に対して，サブタイプＡの FIV ペタルマ株あるいはサブタイプＤの FIV 静岡株を用いて筋肉内注射し攻撃した．攻撃後，ウイルス分離またはネステット PCR 法を用いて，感染の判定を行った．

結　果：FIV ペタルマ株の攻撃に対する防御率は 70％，また FIV 静岡株の攻撃に対する防御率は 72％を示し，感染防御効果を有することが確認された．

2）免疫猫に対する接触感染試験

国内で最も流行している FIV は，ワクチンの抗原として使用されているサブタイプＡならびにサブタイプＤではなく，サブタイプＢである．また，FIV の自然感染は猫同士の接触，特に喧嘩による咬傷により起こると考えられている．そこで本試験では，サブタイプＢに属する FIV 青森２株に感染した猫とワクチンで免疫した猫を同居させ，接触感染に対する感染防御効果を調べた．

方　法：注射群には，ワクチン１用量（1mL / 頭）を３週間隔で３回，皮下注射した．第３回注射後３週目に，FIV 青森２株感染群および無処置の対照群と１つの部屋に 48 週間同居させた．FIV 青森２株感染群には，同居の２週間前に，FIV 青森２株を感染させた．

表1 FIV 青森2株を用いた1年目の接触感染試験の成績（ネステット PCR 法による FIV Gag 遺伝子の検出結果）

試験群	猫番号 1)	性別 2)	同居開始後週数												
			0	3	7	10	13	16	20	24	28	32	36	41	48
フェロバックス FIV 注射群	NO	M	ND 3)	— 4)	—	—	—	—	—	—	—	—	—	—	—
	284	M	ND	—	—	—	—	—	—	—	—	—	—	—	—
	285	M	ND	—	—	—	—	—	—	—	—	—	—	—	—
	281	F	ND	—	—	—	—	—	—	—	—	—	—	—	—
	A3	F	ND	—	—	—	—	—	—	—	—	—	—	—	—
	A0-1	F	ND	—	—	—	—	—	—	—	—	—	—	—	—
対照群	N2	M	ND	—	—	—	—	—	—	—	—	—	—	—	—
	282	M	ND	—	—	—	—	—	—	—	—	—	—	—	—
	286	M	ND	—	—	—	—	—	—	—	—	—	—	—	—
	287	M	ND	—	—	—	—	—	＋ 5)	＋	＋	＋	＋	＋	＋
	N4	F	ND	—	—	—	—	—	—	—	—	—	—	—	—
	283	F	ND	—	—	—	—	—	—	—	＋	＋	＋	＋	＋
	A5	F	ND	—	—	—	—	—	—	—	—	—	—	—	—
	N5	F	ND	—	—	—	—	—	—	＋	＋	＋	＋	＋	＋
FIV 青森2株感染群	273	M	＋	＋	＋	＋	＋	＋	＋	＋	＋	＋	＋	＋	＋
	274	M	＋	＋	＋	＋	＋	＋	＋	＋	＋	＋	＋	＋	＋
	A0-2	M	—	＋	＋	＋	＋	＋	＋	＋	＋	＋	＋	＋	＋
	174	M	—	—	＋	＋	＋	＋	＋	＋	＋	＋	＋	＋	＋
	253	M	＋	＋	＋	＋	＋	＋	＋	＋	＋	＋	＋	＋	＋

1) 7～14ヵ月齢の SPF 豚を試験に用いた.
2) 雄：M, 雌：F
3) ネステット PCR 陰性
4) ネステット PCR 陽性

同居後，ネステット PCR 法で FIV Gag 遺伝子の検出を実施し，FIV が検出された場合，その週を「陽性の週」とした．同居開始後「陽性の週」が2回（週）以上あった場合を「感染」と判定した．

さらに，ワクチンを3回注射し1年を経過した上記の猫に対して，1用量の追加注射を行い，その3週後，注射群および対照群が既に同居していた中へ新たな FIV 青森2株感染群を1つの部屋に 49 週間同居させ，1年目と同様に感染の判定を行った．

結　果：同居開始後どの群でも，猫同士による喧嘩が観察された．

同居1年目では，対照群においては同居開始後 32 週目までに3頭が感染と判定され，本試験期間中に FIV 感染猫から対照群への FIV の水平伝播が起こったことが確認された．一方，注射群で感染した個体は確認されなかった（表1）．

同居2年目でも，1年目と同様に同居開始後しばしばどの群でも猫同士による喧嘩が観察された．対照群では2年目の同居開始後 15 週目にさらに1頭の感染が確認され，対照群での感染猫は8頭中4頭となった．本試験期間中も FIV 感染猫から対照群への FIV の水平伝播が起こったことが確認された．一方，注射群で感染した個体は確認されなかった（表2）．

考　察：2年間の試験期間において，本ワクチンは FIV サブタイプ B の接触感染に対する感染防御効果を有することが示された．

なお，FIV サブタイプ B に対する有効性については，本ワクチンを3週間隔で3回注射した猫に対して，サブタイプ B の FIV Florida cat1 株に感染した末梢血単核球を静脈内に注射する攻撃試験を2回実施したところ，2回ともに，注射猫で感染防御効果が認められたという報告がある[5]．

これらのことから，本ワクチンはサブタイプ B の FIV に対して，感染経路等によらず，有効であると考えられる．

6．臨床試験成績

猫における野外での有効性と安全性を調査するための臨床試験を 11 ヵ所の動物病院で合計 137 頭の猫を対象として実施した．

1）有効性

この 137 頭のうち，ワクチン注射，検査，観察が予定通り行われた 124 頭について，ネステット PCR 法による FIV の検出，ELISA 抗体価（抗 Gag 抗体価）と中和抗体価を測定した．

開始時（第1回注射時）および終了時（第3回注射後3週）の ELISA 抗体価と中和抗体価の推移に基づき評価したところ，

表 2 FIV 青森 2 株を用いた接触感染試験の 2 年目の成績（ネステット PCR 法による FIV Gag 遺伝子の検出結果）

試験群	猫番号[1)]	性別[2)]	同居開始後週数											
			0	3	7	11	15	19	25	29	34	38	44	49
フェロバックス FIV 注射群	NO	M	−[3)]	−	−	−	−	−	−	−	−	−	−	−
	284	M	−	−	−	−	−	−	−	−	−	−	−	−
	285	M	−	−	−	−	−	−	−	−	−	−	−	−
	281	F	−	−	−	−	−	−	−	−	−	−	−	−
	A3	F	−	−	−	−	−	−	−	−	−	−	−	−
	A0-1	F	−	−	−	−	−	−	−	−	−	−	−	−
対照群	N2	M	−	−	−	−	−	−	−	−	−	−	−	−
	282	M	−	−	−	＋	＋	＋	＋	＋	＋	＋	＋	＋
	286	M	−	−	−	−	−	−	−	−	−	−	−	−
	287	M	＋[4)]	＋	＋	＋	＋	＋	＋	＋	＋	＋	＋	＋
	N4	F	−	−	−	−	−	−	−	−	−	−	−	−
	283	F	＋	＋	＋	＋	＋	＋	＋	＋	＋	＋	＋	＋
	A5	F	−	−	−	−	−	−	−	−	−	−	−	−
	N5	F	＋	＋	＋	＋	＋	＋	＋	＋	＋	＋	＋	＋
FIV 青森 2 株感染群	196	M	ND[5)]	＋	＋	＋	＋	＋	＋	＋	＋	＋	＋	＋
	L2	M	ND	＋	＋	＋	＋	＋	＋	＋	＋	＋	＋	＋
	291	M	ND	＋	＋	＋	＋	＋	＋	＋	＋	＋	＋	＋
	A8	M	ND	＋	＋	＋	＋	＋	＋	＋	＋	＋	＋	＋
	289	M	ND	＋	＋	＋	＋	＋	＋	＋	＋	＋	＋	＋

1) 20 ～ 31 カ月齢の猫を試験に用いた．
2) 雄：M，雌：F
3) ネステット PCR 陰性
4) ネステット PCR 陽性
5) 試験せず

ワクチンを注射した 79 頭のうち 77 頭(98％)が有効とされた．

2）安全性

ワクチン注射群 83 頭のうち，6 頭でなんらかの全身症状が観察された．そのうち 5 頭では食欲の低下および嘔吐等が認められたが，症状発現後 3 日以内に消失または軽快した．残りの 1 頭ではワクチンとは無関係な首輪による炎症に起因する頚部の硬結が認められた．注射局所についても，一過性の硬結ならびに発赤がそれぞれ 1 頭ずつ認められたのみであった．

これらの結果から，野外環境下における本ワクチンの安全性が確認された．

7．使用方法

1）用法・用量

8 週齢以上の猫に，1 回 1mL ずつを 2 ～ 3 週間隔で 3 回，皮下注射する．免疫の持続を目的として本ワクチンを追加注射する場合は，最後の注射から 1 年以上の間隔をあけて 1 mL を 1 回皮下注射する．

2）効能・効果

猫免疫不全ウイルスの持続感染の予防．

3）使用上の注意

他の猫用のワクチンと共通の一般事項と同様である．なお，本ワクチンは静置の状態では沈殿を生じるが，これは製造上の理由によるもので，異常ではない．注射前にはよく撹拌して均質な懸濁液としてから注射することが必要である．

8．貯法・有効期間

遮光して，2 ～ 10℃で保存する．有効期間は 2 年間．

参考文献

1. Hohdatsu, T. et al.（1998）：*J Virol Methods*, 70:107-111.
2. Nakamura, Y. et al.（2010）：*J Vet Med Sci*, 72, 1051-1056.
3. Yamamoto, J.K. et al.（1993）：*J Virol*, 67:601-605.
4. Hohdatsu, T. et al.（1997）：*Vet Microbiol*, 58:15-165.
5. Pu, R. et al.（2005）：*J Feline Med Surg*, 7: 65-70.

（玄間 剛）

Ⅲ　将来展望

1　動物用ワクチンの将来展望

畜産の経営は，ワクチンなくしては成り立たない．加えて，家畜に対する抗菌剤の使用削減が図られる中，その代替となるワクチンへの期待は更に大きくなりつつある．一方，愛玩動物では家族としての位置づけがより強くなり，人に近い健康管理が求められている．このような背景のもと，動物用ワクチンが果たすべき役割は今後益々重要になって行くものと考えられる．

1．国内畜水産からの展望

国内の鶏，豚，牛，魚の飼育数は，微減あるいは維持されている状況にある．ワクチン市場も基本的にはこの飼育数に左右されるが，新たな疾病の流行に伴い対応するワクチンの市場は少しずつ成長している．一例をあげると，豚の国内ワクチン市場は，豚サーコウイルス感染症ワクチンの上市により一気に40億円程拡大している．

一方，疾病対策におけるワクチンへの依存度は動物種によって差がある．例えば，ワクチンと抗菌剤の使用額の比は鶏では約6：1であるのに対し，他の動物ではおよそ同額であり，鶏以外の動物では抗菌剤への依存が大きいことが窺える．近年，薬剤耐性菌の出現あるいは食肉への残留が問題視される中，社会的な流れは抗菌剤の使用を低減する方向にある．特に依存度が高い豚，牛，魚などでは，新たなワクチン開発に対する期待は大きい．しかしながら，ワクチンへの切り替えに際しては課題も多い．例えば，抗菌剤が一つの薬剤で複数の細菌を抑制できるのに対し，ワクチンの効果は当該細菌に限定的である．また，動物種あるいは疾病によっては，飼育している集団をワクチンで防ぐよりも発症した個体を治療する方が費用対効果に勝る場合も想定される．このような課題に対応するためには，単に有効なワクチンを開発するのみではなく，同時に複数の感染症に対応するための品揃えや混合化の推進が必要になると思われる．

2．ワクチン投与の省力化を目指して

動物用ワクチンを開発する上において欠かせないのが投与における省力化の視点であり，その結果，人用ワクチンと比較してより革新的な技術が用いられている．例えば，混合化は早くから行われており，多くの多価ワクチンが存在する．また，ウイルスベクターワクチンは，人では2010年に始めて黄熱病ウイルスをベクターとする日本脳炎のワクチンがオーストラリアとタイで承認されたが，動物では1994年に鶏痘ウイルスベクターによりニューカッスル病（ND）を防御するワクチンが米国で承認されて以降，既に10を越える組換え体ウイルスが海外で実用化されている（表1）．

ウイルスベクター同様の新しい技術としてDNAワクチンがあるが，動物用では既に3製剤が海外で承認されている（表2）．動物用でいち早く新しい技術が実用化されている背景の一つには，開発コストがある．人では，安全性に関してより多くの成績が要求され，多大な開発費を必要とする．新しい技術の応用に際しては，安全性の観点からより多くの成績を要求されるため慎重にならざるを得ない．一方，畜産の分野では省力化に対する強い要望もあり，この点が新たな技術を用いたワクチン開発の原動力となっている．今後もこの傾向は変わらないと考えられる．

省力化の観点からは，投与法の開発も課題である．海外では，注射針を用いず，ガス圧を利用して経皮的に投与する連続投与器が，牛，豚などで実用化されている．国内でも豚用のものが承認を得ているが，今後はこのような投与器に適合するワクチンの開発が鍵となるのかも知れない．

さらに，注射に拠らない投与法として食べるワクチンの研究も盛んである．穀物等にワクチン抗原を発現させ，食べることで免疫応答を惹起できれば投与に際してのストレスがなくなり，投与する側の手間も省ける．投与法としては理想的なワクチンである．

これからの動物ワクチンは，安全性を維持あるいはさらに向上させながら投与の省力化を達成することが求められる．このような課題を解決するべく，新しい技術を用いたワクチンの開発が検討されている．この点については，次章で取り上げる．

3．これからのワクチン

動物用のワクチンは，安全性と有効性に加え，省力的であることが求められる．省力化を達成するための一つの手段は多価化であり，あわせて投与回数の削減も望まれている．実現のためには，有効性と安全性を両立させ得る新しいアジュバントの開発が必要である．その他，ベクターワクチンによる多価化，より長期的には食べるワクチンの実用化に期待がかかる．

1）多価ワクチン

畜産動物の中でも一群あたりの飼育羽数が多く，ワクチネーションに労力を要する鶏では，特に省力化への要望が強い．こ

表1　承認されているウイルスベクターワクチン

ベクターウイルス	疾　病	抗　原	動　物	承認国
VV	狂犬病	G	野生動物	米国，EU
FPV	ND	HN, F	ニワトリ	米国
	AI	HA		米国，カナダ，中米
	ILT	gB		米国，カナダ，中米・南米・アジアの一部，
	MG	40kDa		米国，中米・南米・アジアの一部
CNPV	ジステンパー	HA+F	フェレット，イヌ	米国，カナダ，アルゼンチン，ブラジル，ウルグアイ
	狂犬病	G	ネコ	米国，カナダ
	白血病	Env, gag/pol	ネコ	米国，カナダ，EU
	インフルエンザ	HA	ウマ	米国，EU
	WN	preM-E		米国，カナダ
HVT	ND	HN,（F）	ニワトリ	米国
（MDV3）	IBD	VP2		米国，EU，カナダ
	ILT	gI, gD		米国
MDV1	ND	F	ニワトリ	日本
YFV	WN	preM-E	ウマ	米国
	日本脳炎	preM-E	人	オーストラリア，タイ
NDV	AI	HA（H5）	ニワトリ	メキシコ

VV：ワクチニアウイルス，FPV：鶏痘ウイルス，CNPV：カナリア痘ウイルス，HVT：七面鳥ヘルペスウイルス，MDV1：マレック病ウイルス1型，YFV：黄熱病ウイルス，NDV：ニューカッスル病ウイルス，ND：ニューカッスル病，AI：鳥インフルエンザ，ILT：伝染性喉頭気管炎，MG：マイコプラズマ・ガリセプチカム，IBD：伝染性ファブリキウス嚢病，WN：ウエストナイル熱

の要望に答えるべく，採卵用鶏ではいち早くオイルアジュバントを用いた多価ワクチンが実用化され，一羽一羽を捕まえてワクチンを投与する作業は大幅に軽減されている．

鶏で最も多価化が進んでいるのは5種混合のオイルワクチンであり，抗原数としては7種から8種が含まれている．今後は，当該ワクチンと同時期に接種されるサルモネラ等を含む更なる多価ワクチンが開発されていくものと予想される．多価化を推進するためには各抗原をコンポーネント化し，LPSに代表される副反応の原因となる夾雑物を排除する必要がある．コンポーネント化は伝染性コリーザで進行しているが，サルモネラ等他の細菌ではこれからの課題である．

牛では呼吸器病，下痢症，異常産などで混合多価ワクチンが実用化されている．また，豚においても徐々に混合化が進んで来ている．ただし，不活化ワクチンの場合には2回注射が標準的である．これらの動物ではオイルアジュバントに対する反応がより強く現れるため，鶏で使用されているような強力なアジュバントを用いることが難しい．ただし，豚ではマイコプラズマ肺炎やサーコウイルス感染症，牛ではマンヘミア症などで一回注射型のワクチンも登場している．今後は，このようなワクチンを核に，あるいは新しいアジュバントの応用によって一回注射型の多価ワクチンが開発されていくものと思われる．

一方，鶏では1回注射で効果を発揮するオイル多価ワクチンの実用化により，ワクチン投与に要する労力は削減されたが，このオイルワクチンの注射作業自体も削減を求める要望が現場では強い．対応策の一つは，次項で述べるベクターワクチンである．

2）ベクターワクチン

ベクターワクチンには，ウイルスをベクターとするものと細菌をベクターとするものがある．前者においては，目的疾病の感染防御抗原を発現するためのカセット（プロモーターと転写終結因子で防御抗原遺伝子を挟んだもの）がウイルスゲノムに挿入されており，当該ウイルスの感染細胞において防御抗原が発現される．黄熱病ウイルスベクターの場合には，黄熱病ウイルスのpreM+E蛋白遺伝子と置換する形で日本脳炎ウイルスの当該遺伝子が挿入されており，ウイルス粒子上の抗原も日本脳炎ウイルス由来のものに置き換わっている．いわゆるキメラウイルスであるが，一般的なウイルスベクターの場合には，防御抗原は感染細胞で発現し，ウイルス粒子上には発現していないと考えられている．

一方，細菌ベクターの場合は，防御抗原の発現カセットをゲノムに組み込む場合とプラスミドとして保持させる場合がある．プラスミドの場合には，DNAワクチンとしての機能を持たせることも検討されている．すなわち，DNAワクチン（防御抗原を発現するプラスミド）を保有する細菌を貪食した細胞内において防御抗原を発現する仕組みである．この場合には，プラスミドが取り込まれた細胞内で発現される必要があるため，防御抗原の発現は真核細胞で機能するプロモーターで制御されている．ただし，プラスミドの場合には，脱落や他の菌へ

伝達される可能性があり，安定性等の面からは一考の余地がある．しかしながら，ゲノムに挿入する手法は技術的に難しいため，一長一短ではある．

これまでに実用化されているウイルスベクターワクチンを表1に示した．国内で承認されているのは，ニューカッスル病ウイルスのF蛋白を発現するマレック病（MD）ウイルス1型のみである．

マレック病ウイルスをベクターとした場合，移行抗体存在下においても1回の投与で終生に亘る免疫を賦与することが可能である．海外では，マレック病ウイルスの3型である七面鳥ヘルペスウイルス（HVT）をベクターとするワクチンが複数使用されている．マレック病ウイルスの場合，連続注射器を用いて初生時に投与するか発育鶏卵（in ovo）の段階で機械的に投与可能であるため，省力的でもある．

今後は，これらのベクターを用いて初生あるいはin ovoでの投与により，MD，ND，伝染性気管支炎（IB），伝染性ファブリキウス嚢病（IBD）などを防御する多価ワクチンが開発されて行くものと推測される．

これに対し，豚や牛の場合には，マレック病ウイルスのようなベクターとして資質の高いウイルスが残念ながら存在しない．この点は今後の研究の発展を待たなくてはならない．

ベクター技術は，愛玩動物でも実用化されている．犬，猫では，カナリア痘をベクターとするワクチンが複数実用化されている．カナリア痘の場合，哺乳動物では増殖しないが高い免疫原性を賦与できることから[1]，より安全なワクチンとして各種防御抗原を発現するものが開発されている．今後はこれらのワクチンが国内でも上市されていくものと推察される．

細菌ベクターではサルモネラ菌を用いた研究が盛んである．例えば，鶏ではカンピロバクターの防御抗原を発現するエンテリティディスあるいはティフィムリウムの経口投与により，攻撃後の盲腸あるいは回腸におけるカンピロバクター菌数が大幅に低減されたことが報告されている[2,3]．

ユニークなところでは，豚丹毒菌をベクターとする研究が行われており，豚のマイコプラズマ肺炎の防御に成功している[4]．遺伝子組換え生ワクチンの開発に際しては，野外の動植物や微生物に及ぼす影響を評価することが求められる．細菌の場合には野外環境下でも生存性が高いとの認識があるため，ウイルスベクターと比較して開発上のハードルが高くなることも想定される．しかしながら，例えば開発中の豚丹毒菌ベクターの場合，莢膜の形成が阻害されていることで生体内での生存性は低くなっている．また，サルモネラの場合には，栄養要求性が付加され，生体外での生存性の低い株が作出されている．細菌ベクターの場合には経口的に投与できる可能性があり，省力的なワクチンとして今後の発展が期待される．

表2 承認されているDNAワクチン

疾　病	抗　原	動　物	承認年	承認国
伝染性造血器壊死症	G	サケ	2005	カナダ
ウエストナイル熱	pre＋E	ウマ	2005	米国
メラノーマ	チロシナーゼ（人）	イヌ	2007	米国

3）DNAワクチン

DNAワクチンは，防御抗原を発現するプラスミドを投与する手法である．1993年に鳥インフルエンザに対する防御効果が報告されて以来，盛んに研究されてきている．抗原はプラスミドが取り込まれた細胞の中で発現するため，抗体のみならず細胞性免疫の誘導も期待される．

最初に実用化されたのは，サケの伝染性造血器壊死症に対するワクチンであり，2005年にカナダで承認されている．同年に馬のウエストナイル熱に対するワクチンが，また2007年に犬のメラノーマに対する治療用ワクチン（外科的切除や放射線治療との併用）が承認されている（表2）．

人でも多くの臨床試験が実施されているが，安全性上の問題は報告されていない．当初，プラスミドのインテグレーションによる発がん等の副作用が懸念されていたが，現在では突然変異による危険率よりも低いと推定されている[5]．

安全性は確認されつつあるが，人，動物を含め，有効性の改善が課題である．DNAワクチンの場合，投与された抗原が細胞の中で発現し，抗原提示される．このようなワクチンの有効性を向上させるには，新しいタイプのアジュバントが必要なのかも知れない．

有効性を改善する手段の一つとして，細胞内へのプラスミドの導入効率を上げることが検討されている．例えば，エレクトロポーレーションである．これは，DNA注射部位を電極で挟み通電することで，細胞への導入効率を高める手法である．人で臨床試験が行われている．ワクチンではないが，同様の手法が動物でも検討されており，豚では，成長ホルモン放出ホルモン（GHRH）の発現プラスミドを投与する方法として実用化されている．このような手法が通常のDNAワクチンにも有効であるのか，今後注目される．

4）食べるワクチン

食べるワクチンの可能性は，1995年に初めて示された[6]．大腸菌の易熱性毒素Bサブユニット（LT-B）を発現するジャガイモをマウスに投与し，LT-Bに対する抗体が惹起することが確認されている．その後，ジャガイモ以外の植物や，別の抗原においても経口的な投与により抗体応答の得られることが確認されている．

病原体の侵入門戸である粘膜表面で病原体の侵入を防ぐこと

表3 食べるワクチンの報告例

動 物	植 物	病原体	抗 原	抗原量（mg）/回	給餌量（g）/回	投与回数	抗体応答率*または防御成績	文 献
人	レタス	HBV	HBs	1	200	3	100%	12
人	ジャガイモ	ノロウイルス	カプシド	0.5	150	3	95%	13
人	トウモロコシ	大腸菌	LT	1	2	3	78%	14
ブタ	トウモロコシ	TGEV	スパイク	2	50	10	防御	15
ニワトリ	トウモロコシ	NDV	F	0.1	3	1	防御	16
ニワトリ	コメ	IBDV	VP2	9	5	4	防御	17
マウス	ジャガイモ	ロタウイルス	NSP4	0.01	3	4	防御	18
マウス	トウモロコシ	狂犬病ウイルス	G	0.05	1**	1	防御	19

HBV：B型肝炎ウイルス，TGEV：豚伝染性胃腸炎ウイルス，NDV：ニューカッスル病ウイルス，
IBDV：伝染性ファブリキウス嚢病ウイルス
* 防御レベルの抗体応答を示すものではない.
** 粉末化後ペレットとして投与されているため，元のトウモロコシ重量に換算して表示.

ができれば理想的である．IgAはIgGよりも抗原の認識が緩やかであり，より幅広い抗原性を認識する．鶏では，ND，IBなど一部の生ワクチンで，飲水，経鼻，噴霧といったルートでの投与が可能であるが，牛，豚といった動物では飲水や経鼻といったルートで投与することは難しい．また，生ワクチンの場合，移行抗体の影響を受け，噴霧投与などでは副反応が出現し易い，などの課題がある．これに対し，食べるワクチンでは副反応の可能性も低く，家畜へのストレスもない．実用化できれば，畜産の分野においては大きな福音となる．

実用化に至ったものは未だないが，有効性が報告されている例を表3に示した．この他，コレラ毒素のBサブユニット（CT-B）を発現するコメ（MucoRice）の経口投与によりコレラ菌および腸管毒素原性大腸菌（LTのみを産生）による下痢から防御されることがマウスで，また抗体の上昇がカニクイザルで報告されている[7,8]．

食べるワクチンは，もともと輸送や貯蔵に保冷を必要としないことを目指して研究が開始されたが，MucoRiceの場合，室温保存で少なくとも3年間抗原性を維持することが確認されている．

食べるワクチンの課題は，全般的に免疫原性が低い点である．ただし，単独では不十分であっても，他のワクチンとの併用で効果を発揮するようであれば十分に価値がある．鶏のロイコチトゾーン感染症では，オイルワクチンによる抗体価が低下して来た時期に，防御抗原を発現するジャガイモの葉を餌に混ぜて与えることで，抗体価の低下に歯止めがかけられることが報告されている[9]．

採卵用ケージで飼育されている鶏に複数回注射を行うことは労力を要し経済的負担も大きいことから，このような省力的な投与法により抗体価の持続が図れるのであれば非常に有用なワクチンとなる．言うまでもなく，牛，豚などにおいても有用であり，従来型ワクチンの効果を補う形（プライミングあるいはブースター）での実用化も視野に入れた開発が期待される．

5）新しい概念によるワクチン

ワクチンは，従来，感染症を予防するためのものと理解されていたが，近年では感染症以外への広がりを見せている．

一例が，がんの治療である．DNAワクチンの項で示したように，犬のメラノーマに対するDNAワクチンが米国で承認されている．抗原はチロシナーゼであるが，同種由来の抗原では免疫系が応答しにくいため，人のチロシナーゼが用いられている[10]．この他，自家がんワクチン療法も始まっている．自家がんワクチンとは，その名の通り，摘出した自分のがん細胞自体をワクチン抗原（ホルマリン固定後，アジュバントと混合）として用いる手法である．人の分野で開拓された技術であるが，問題となるような副反応は報告されておらず，効果も比較的良好である．例えば肝臓がんの臨床試験では，術後再発のリスクが81％抑制されるという高い有効性を示している[11]．同様の手法を用いたワクチンが，愛玩動物でも検討されている．

その他，人ではアレルギーに対するワクチン開発も盛んである．海外では，ハウスダスト，ブタクサ，イネ花粉などのアレルゲンに対するワクチンの臨床試験が進行中である．動物においては，犬の約3分の1がアレルギー症状を抱えているとされており，将来的には愛玩動物でもこのようなワクチンが開発されるのかも知れない．

この他に，人ではアルツハイマーやニコチン依存症に対するワクチンが研究されている．

一方，豚では去勢用のワクチンが実用化されている．目的は，

雄豚肉に生じる異臭の除去である．異臭の主な原因は睾丸で生成されるアンドロステノンであり，ワクチンは，このアンドロステノンの減少を目的とする．ゴナドトロピン放出ホルモン（GnRH）を抗原としており，GnRHに対する抗体を惹起することにより，黄体形成ホルモンと卵胞刺激ホルモンの分泌を抑制し，その結果，睾丸からのアンドロステノンの生成が抑制される．

従来，雄豚に特有な異臭への対策は去勢であったが，本ワクチンの開発により子豚のストレスは軽減され，倫理的面からもより好ましい対応が可能となっている．

このように，動物の分野においても，感染症以外をターゲットとするワクチンの開発が進んで来ている．特に家族の一員として遇される愛玩動物においては，用いられる医療のレベルも人と同様になりつつある．愛玩動物を中心に，感染症の枠を超えるワクチンが今後開発されて行くのではないかと想定される．

参考文献

1. Taylor J. et al.（1988）：*Vaccine*, 6, 497-503.
2. Wyszynsk A. et al.（2004）：*Vaccine*, 22, 1379-1389.
3. Layton S.L. et al.（2011）：*Clin Vac Immunol*, 18, 449-454.
4. Ogawa Y. et al.（2009）：*Vaccine*, 27, 4543-4550.
5. Faurez F. et al.（2010）：*Vaccine*, 28, 3888-3895.
6. Haq T.A. et al.（1995）：*Science*, 268, 714-716.
7. Tokuhara D. et al.（2010）：*Proc Natl Acad Sci USA*, 107, 8794-8799.
8. Nochi T. et al.（2009）：*J Immunol*, 183, 6538-6544.
9. 加藤勇治，（2004）：日経バイオビジネス , pp27
10. Bergman P.J. et al.（2006）：*Vaccine*, 24, 4582-4585.
11. Kuang M. et al.（2004）：*Clin Cancer Res*, 10, 1574-1579.
12. Kapusta J. et al.（2001）：*Adv Exp Med Biol*, 495, 299-303.
13. Tacket C.O. et al.（2000）：*J Infect Dis*, 182, 302-305.
14. Tacket C.O. et al.（1998）：*Nat Med*, 4, 607-609.
15. Streatfield S.J. et al.（2001）：*Vaccine*, 19, 2742-2748.
16. Guerrero-Andrade O. et al.（2006）：*Transgenic Res*, 15, 455-463.
17. Wu J. et al.（2007）：*Plant Biotechnol J*, 5, 570-578.
18. Yu J, Langridge W.H.（2001）：*Nat Biotechnol*, 19, 548-552.
19. Loza-Rubio E. et al.（2008）：*Dev Biol*（Basel）, 131, 477-482.

（坂口正士）

2　これからのワクチンデリバリーとアジュバント

獣医学領域において，今後開発が期待されるワクチンデリバリー技術とワクチンアジュバントについて概説する．

1．今後開発が期待されるワクチンデリバリー技術

ワクチンデリバリー技術とは，ワクチンを目的とする組織や細胞に効率よく到達させ有効な防御免疫応答を誘導する技術であり，その担体としては，リポソーム等の脂質二重膜成分やリポソームにウイルスの膜たんぱく質を導入したヴィロソーム等に加えて，ウイルスや細菌自体をデリバリーベクターとする場合が挙げられる．さらにＤＮＡワクチン等を皮内にデリバリーするための遺伝子銃やエレクトロポレーション機器もデリバリー技術に含まれる．さらに広義においては，リポソームやナノ粒子等にワクチン抗原を内包することで，ワクチンの安定性や組織定着性を増したり，ワクチンに徐放性を与えたりする技術についても含まれる．

ワクチンデリバリー技術としては，従来の注射による筋肉内等へのデリバリーに変わり，粘膜免疫機構の解明とともに，今後は動物の粘膜（経口，経鼻，経皮，点眼等）にワクチンをデリバリーする技術の開発が進展すると考えられる．中でも，植物をデリバリーベクターとした経口ワクチンは獣医学領域においては最も実用可能性の高い分野であると思われる．いわゆる「食べるワクチン」である．この技術では従来，経口免疫寛容をどのようにクリアしてワクチン免疫を達成するのかという課題が大きな問題であったが，近年，この分野で牧草やジャガイモ，タバコなど様々な植物をベクターとする技術開発が進展している．わが国では家畜への飼料用米の利用が拡大している現状を踏まえると，コメにワクチン抗原を発現させて，経口ワクチンとして活用する技術の発展が最も期待されると考えられる．実際にコレラ毒素Ｂサブユニット（CTB）をコメに発現させ，マウスに経口投与して，コレラ菌による下痢を軽減できる技術は開発されており，今後の家畜への応用が期待される．これらに関連して粘膜ワクチンとしては，経鼻にワクチンを噴霧するいわゆる「吸うワクチン」や，経皮でワクチンを貼付するいわゆる「貼るワクチン」の開発も進められており，獣医学領域への応用が期待される．

また，遺伝子組み換えウイルスベクターや細菌ベクターによるワクチンのデリバリー技術も獣医学領域において実際に利活用が始まっている．ウイルスベクターとしては，ポックスウイルス，アデノウイルス，ヘルペスウイルス等が多く研究されており，鶏用に鶏痘ウイルス，七面鳥ヘルペスウイルス，犬・猫用にカナリーポックスウイルスを用いて，遺伝子組み換えウイルスベクターワクチンがすでに実用化されている．我が国発の技術としては，鶏のマレック病ウイルスをベクターとしてニューカッスル病を防御する二価ワクチンの開発も進んでいる．細菌ベクターとしては，サルモネラ菌，BCG，リステリア菌，豚丹毒菌等があげられ，組み換えベクターワクチンを餌に混ぜて経口投与し，効果を発現させる技術の開発も進んでおり，今後の実用化が期待される．

さらに，DNAワクチンも獣医学領域においてはすでにワクチンデリバリー技術として利用されており（魚の伝染性造血器壊死症ワクチン，馬のウエストナイルウイルスワクチン等），DNAワクチンと組み換えワクチン抗原を組み合わせたワクチネーション技術（プライム・ブースト）や，針なし注射（ニードルレス）等によるワクチン技術は，効果的な免疫応答の誘導や注射針の食肉中への残存のリスクを低減させるため，今後利用が拡大する技術と考えられる．DNAワクチンとこれらの技術を組み合わせることで，ワクチンを効率よく抗原提示細胞である樹状細胞へデリバリーし，効果的な防御免疫応答を発現させることが可能になると考えられる．

2．今後開発が期待されるワクチンアジュバント

ワクチンアジュバントは，従来の生ワクチンや弱毒ワクチンに代わり，病原体そのものを用いず，その組み換え抗原や不活化抗原などを活用して，多様な動物種と多様な病原体に対するワクチン開発の必要な獣医学領域における次世代型ワクチンの開発において，今後ますますその重要性が増すと考えられる．これまで獣医学領域で利用されてきたワクチンアジュバントとしては，アラム（アルミニウム塩）アジュバントなどに代表され，ワクチン抗原を接種局所に比較的長期間停留させて抗原提示細胞による取り込みを促進させ，Th2型の免疫反応を誘導して，液性免疫（抗体）応答を上昇させるタイプのアジュバントが主であった．

しかし，今後はターゲットとする疾病（病原体）に対して最適な免疫応答を誘起できるタイプのアジュバントの開発が期待される．中でも，トール様受容体（Toll-like receptor; TLR）を介する，自然免疫系と炎症応答の解明が進み，これらのパターン認識レセプターが認識する微生物の構成成分をアジュバントとして活用する技術は今後最も開発が期待されるワクチンア

表1　主要なアジュバントによる免疫システムの自然および獲得免疫成分の活性化

アジュバント	主な免疫刺激成分	レセプターあるいは活性化される経路	刺激される主な免疫応答
認可されたアジュバント			
Alum	alminum salts	NLPR3 inflammasome（?）	抗体，Th2（人では＋Th1）
MF59 and　AS03	squalene-in-wataer emulsions	Tissue inflammation	抗体，Th1 ＋ Th2
AS04	MPL plus alum	TLR4 and inflammasome（?）	抗体，Th1
実験的に広く使用されているあるいは臨床試験の後半段階にあるアジュバント			
Polyinosinic-polycytidylic acid（Poly-IC）	synthetic derivatives of dsRNA	TLR3, MDA5	抗体，Th1，CD8 ＋ T 細胞
Monophosphoryl lipid A（MPL）	MPL	TLR4	抗体，Th1
Flagellin	Flagellin from *S. Typhimurium*	TLR5	抗体，Th1 ＋ Th2
Imiquimods	imidazoquinoline derivatives	TLR7，TLR8 or both	抗体, Th1, CD8 ＋ T 細胞（when conjugated）
CpG oligodeoxynucleotides	DNA oligonucleotides with optimized CpG motifs	TLR9	抗体, Th1, CD8 ＋ T 細胞（when conjugated）
CAF01	trehalose dimycolate	Mincle	抗体，Th1，Th17
ISCOMS and ISCOMATRIX	saponins	mechanism undefiend	抗体，Th1 ＋ Th2，CD8 ＋ T 細胞
Incomplete Freund's adjyubant（IFA）	mineral or paraffin oil plus surfactant	mechanism undefiend	抗体，Th1 ＋ Th2
Complete Freund's adjyubant（CFA）	IFA peptidoglycan，trehalose dimycolate	NLR inflammasome，Mincle，TLR ？	抗体，Th1，Th17

刺激される主な免疫応答は，いくつかの場合は1種に限定されるが，人およびマウスでの研究に基づく．
（）で示された場合は，抗原とTLRリガンドの結合が，有意なCD8＋T細胞応答に必要である．

ジュバントであると思われる．
　実際に，各種のTLRに対して，そのアゴニスト成分がアジュバントとして活用されている．代表的なものにはTLR4アゴニストであるMonophosphoryl lipid A（MPL）やTLR9アゴニストであるCPG oligodeoxynucleotidesが知られており，これらをアラムアジュバントと組み合わせることで，Th1型の免疫応答をも惹起することが可能となり，ターゲットとなる疾病に対して最適な免疫応答が誘起できると考えられる．
　また，わが国でも人用に認可された新規アジュバントとしてMF59などのoil-in-waterエマルジョンがある．さらに，Immune stimulating complex（ISCOM）やISCOMATRIXなどに代表されるサポニン類にも強いアジュバント活性があることが知られており，Th1応答とTh2応答の両者を惹起できるため，獣医学領域での活用が期待される．
　これらに加えて，動物自身に由来する免疫増強分子として，サイトカイン類にもインターロイキン-1（IL-1）やIL-18などの炎症性サイトカインを中心に粘膜アジュバント効果があることが多数報告されており，今後家畜の粘膜ワクチンアジュバント等としての実用化が期待される．主要なワクチンアジュバントとその作用機序について表1に示す．

参考文献

1. Coffmann, R.L. et al.（2010）：*Immunity*, 33, 492-503.
2. Liu, M.A.（2010）：*Immunity*, 33, 504-515.
3. Ling, H.Y. et al.（2010）：*Expert Rev. Vaccines*, 9, 971-982.
4. Rappuoli, R. and Bagnoli, F.（2011）：Vaccine Design, Innovative approaches and novel strategies.

（宗田吉広）

付表　動物用生物学的製剤一覧

2011年4月1日現在の動物用のワクチン，血清および診断液をまとめたものである．承認はあるが，製造販売を中止している製剤等は除外した．詳細については，製造販売業者に問い合わせ願いたい．（本文中に収載されているワクチンは，製剤名の後にそのページを記載した．）

【ワクチン】

（注：網掛けは，シードロット製剤として承認されたもの）

製剤名	製品名	製造販売業者
【牛用ワクチン】		
アカバネ病生ワクチン（69ページ）	アカバネ病生ウイルス予防液	化血研
	アカバネ病生ワクチン	京都微研
	アカバネ病生ワクチン“日生研”	日生研
イバラキ病生ワクチン	イバラキ病予防液	化血研
	イバラキ病生ワクチン“日生研”	日生研
	イバラキ病ワクチン－KB	京都微研
牛RSウイルス感染症生ワクチン	“京都微研„牛RS生ワクチン	京都微研
牛アデノウイルス感染症生ワクチン	日生研牛アデノ生ワクチン	日生研
牛ウイルス性下痢－粘膜病生ワクチン	BVD生ワクチン“日生研”	日生研
牛コロナウイルス感染症（アジュバント加）不活化ワクチン	“京都微研„キャトルウィンBC	京都微研
牛伝染性鼻気管炎生ワクチン	牛伝染性鼻気管炎生ウイルス予防液	化血研
	IBR生ワクチン“日生研”	日生研
	IBRワクチン－KB	京都微研
牛パラインフルエンザ生ワクチン	牛パラインフルエンザ生ワクチン“日生研”	日生研
牛流行熱生ワクチン	牛流行熱生ワクチン“日生研”	日生研
	牛流行熱ワクチン－KB	京都微研
牛流行熱（アジュバント加）不活化ワクチン	牛流行熱組織培養不活化予防液	化血研
	牛流行熱不活化ワクチン	日生研
	牛流行熱ワクチン・K－KB	京都微研
牛疫生ワクチン（67ページ）	牛疫組織培養予防液	動衛研
	乾燥牛疫予防液（家兎化鶏胎化ウイルス）	日生研
チュウザン病（アジュバント加）不活化ワクチン	日生研チュウザン病不活化ワクチン	日生研
	ボビバック　チュウザン	共立
牛流行熱・イバラキ病混合（アジュバント加）不活化ワクチン（83ページ）	日生研BEF・IK混合不活化ワクチン	日生研
	牛流行熱・イバラキ病混合不活化ワクチン“化血研”	化血研
	“京都微研„牛流行熱・イバラキ病混合不活化ワクチン	京都微研
アカバネ病・チュウザン病・アイノウイルス感染症混合（アジュバント加）不活化ワクチン（72ページ）	日生研牛異常産3種混合不活化ワクチン	日生研
	“京都微研„牛異常産3種混合不活化ワクチン	京都微研
	牛異常産AK・KB・AN混合不活化ワクチン“化血研”	化血研
	ボビバックACA	共立

製剤名	製品名	製造販売業者
牛伝染性鼻気管炎・牛ウイルス性下痢－粘膜病・牛パラインフルエンザ混合生ワクチン	IBR・BVD・PI 三種混合生ワクチン "化血研" IBR・BVD・PI 混合生ワクチン ミューコ・3 IBR・BVD・PI 混合生ワクチン "日生研" IBR・BVD・PI 生ワクチン	化血研 共立 日生研 京都微研
牛伝染性鼻気管炎・牛ウイルス性下痢－粘膜病・牛パラインフルエンザ・牛 RS ウイルス感染症混合生ワクチン	"京都微研" 牛4種混合生ワクチン・R	京都微研
牛伝染性鼻気管炎・牛ウイルス性下痢－粘膜病・牛パラインフルエンザ・牛アデノウイルス感染症混合生ワクチン	日生研牛呼吸器病4種混合生ワクチン	日生研
牛伝染性鼻気管炎・牛ウイルス性下痢－粘膜病2価・牛パラインフルエンザ・牛 RS ウイルス感染症混合（アジュバント加）不活化ワクチン（80 ページ）	ストックガード5	ファイザー
牛伝染性鼻気管炎・牛ウイルス性下痢－粘膜病・牛パラインフルエンザ・牛 RS ウイルス感染症・牛アデノウイルス感染症混合生ワクチン（75 ページ）	"京都微研" 牛5種混合生ワクチン ボビエヌテクト5	京都微研 日生研
牛伝染性鼻気管炎・牛ウイルス性下痢－粘膜病2価・牛パラインフルエンザ・牛 RS ウイルス感染症・牛アデノウイルス感染症混合ワクチン	"京都微研" キャトルウィン－6	京都微研
牛サルモネラ症（サルモネラ・ダブリン・サルモネラ・ティフィムリウム）(アジュバント加）不活化ワクチン（101 ページ）	牛サルモネラ2価ワクチン「北研」	北里第一三共
牛大腸菌性下痢症（K99 保有全菌体・FY 保有全菌体・31A 保有全菌体・078 全菌体）（アジュバント加）不活化ワクチン（85 ページ）	牛用大腸菌ワクチン［imocolibov®］	科飼研
牛ヒストフィルス・ソムニ（ヘモフィルス・ソムナス）感染症（アジュバント加）不活化ワクチン	"京都微研" 牛ヘモフィルスワクチン－C 牛ヒストフィルス・ソムニワクチン "化血研"	京都微研 化血研
炭疽生ワクチン（93 ページ）	炭そ予防液 "化血研"	化血研
マンヘミア・ヘモリチカ（1型）感染症不活化ワクチン（油性アジュバント加溶解用液）（103 ページ）	リスポバル	ファイザー
ヒストフィルス・ソムニ（ヘモフィルス・ソムナス）感染症・パスツレラ・ムルトシダ感染症・マンヘミア・ヘモリチカ感染症混合（アジュバント加）不活化ワクチン（105 ページ）	"京都微研" キャトルバクト3	京都微研
破傷風（アジュバント加）トキソイド	破傷風トキソイド「日生研」	日生研
牛クロストリジウム感染症3種混合（アジュバント加）トキソイド	"京都微研" 牛嫌気性菌3種ワクチン	京都微研
牛クロストリジウム感染症5種混合（アジュバント加）トキソイド（95 ページ）	"京都微研" キャトルウィン -C15	京都微研
牛ロタウイルス感染症3価・牛コロナウイルス感染症・牛大腸菌性下痢症（K 99 精製線毛抗原）混合（アジュバント加）不活化ワクチン（88 ページ）	"京都微研" 牛下痢5種混合不活化ワクチン	京都微研
牛クロストリジウム・ボツリヌス（C・D型）感染症（アジュバント加）トキソイド（99 ページ）	"京都微研" キャトルウィン -BO2	京都微研

【馬用ワクチン】

ウエストナイルウイルス感染症（油性アジュバント加）不活化ワクチン（117 ページ）	ウエストナイルイノベーター	ファイザー

製剤名	製品名	製造販売業者
馬インフルエンザ不活化ワクチン	日生研馬インフルエンザワクチン	日生研
	日生研馬インフルエンザワクチン N	日生研
	日生研馬インフルエンザワクチン 03	日生研
	日生研馬インフルエンザワクチン 08	日生研
	馬フルワクチン“化血研”	化血研
	馬インフルワクチン“化血研”	化血研
馬ウイルス性動脈炎不活化ワクチン（アジュバント加溶解用液）（116 ページ）	日生研 EVA 不活化ワクチン	日生研
馬鼻肺炎（アジュバント加）不活化ワクチン（114 ページ）	馬鼻肺炎不活化ワクチン“日生研”	日生研
馬ロタウイルス感染症（アジュバント加）不活化ワクチン	日生研馬ロタウイルス病不活化ワクチン	日生研
ゲタウイルス感染症不活化ワクチン	日生研馬ゲタウイルス感染症不活化ワクチン	日生研
日本脳炎（アジュバント加）不活化ワクチン	“京都微研„ 日本脳炎ワクチン・K	京都微研
日本脳炎・ゲタウイルス感染症混合不活化ワクチン（108 ページ）	日生研日脳・馬ゲタ混合不活化ワクチン	日生研
馬インフルエンザ不活化・日本脳炎不活化・破傷風トキソイド混合（アジュバント加）不活化ワクチン（110 ページ）	日生研馬 JIT3 種混合ワクチン	日生研
	日生研馬 JIT3 種混合ワクチン 03	日生研
	日生研馬 JIT3 種混合ワクチン 08	日生研
	馬インフル・日脳・破傷風３種混合ワクチン“化血研”	化血研
	馬フル・日脳・破傷風３種混合ワクチン“化血研”	化血研

【豚用ワクチン】

豚コレラ生ワクチン（119 ページ）	豚コレラ生ウイルス乾燥予防液	化血研
	豚コレラ生ウイルス乾燥予防液	北里第一三共
	豚コレラ生ウイルス乾燥予防液	松研
	スワイバック C	共立
	豚コレラ生ワクチン	日生研
	豚コレラ生ワクチン「科飼研」	科飼研
	豚コレラワクチン -KB	京都微研
日本脳炎生ワクチン	日生研日本脳炎生ワクチン	日生研
	“京都微研„ 日本脳炎ワクチン	京都微研
日本脳炎不活化ワクチン	動物用日脳 TC ワクチン“化血研”	化血研
	日生研日本脳炎 TC 不活化ワクチン	日生研
日本脳炎（アジュバント加）不活化ワクチン	“京都微研„ 日本脳炎ワクチン・K	京都微研
豚インフルエンザ（アジュバント加）不活化ワクチン（140 ページ）	“京都微研„ 豚インフルエンザワクチン	京都微研
豚オーエスキー病（gI −，tk ＋）生ワクチン	スバキシン オーエスキー	共立
豚オーエスキー病（gI −，tk ＋）生ワクチン（アジュバント加溶解用液）（135 ページ）	スバキシン オーエスキー フォルテ ME	共立
豚オーエスキー病（gI −，tk −）生ワクチン	オーエスキー病生ワクチン・ノビポルバック 10	松研
	オーエスキー病生ワクチン・ノビポルバック 50	松研
	ポーシリス Begonia・50	松研
	ポーシリス Begonia・10	松研
	スバキシン オーエスキー 783	共立
豚オーエスキー病（gI −，tk −）生ワクチン（酢酸トコフェロールアジュバント加溶解用液）（138 ページ）	ポーシリス Begonia DF・10	松研
	ポーシリス Begonia DF・50	松研
	ポーシリス Begonia IDAL・10	松研
	ポーシリス Begonia IDAL・50	松研

製 剤 名	製 品 名	製造販売業者
豚サーコウイルス（2型）感染症（1型－2型キメラ）（デキストリン誘導体アジュバント加）不活化ワクチン	スバキシン PCV 2 スバキシン PCV 2 ファイザー	化血研 ファイザー
豚サーコウイルス（2型・組換え型）感染症（カルボキシビニルポリマーアジュバント加）不活化ワクチン（144 ページ）	インゲルバック サーコフレックス	ベーリンガー
豚サーコウイルス（2型・組換え型）感染症（酢酸トコフェロール・油性アジュバント加）不活化ワクチン	ポーシリス PCV	インターベット
豚サーコウイルス（2型）感染症不活化ワクチン（油性アジュバント加懸濁用液）（146 ページ）	サーコバック	メリアル
豚伝染性胃腸炎生ワクチン（母豚用）（122 ページ）	豚伝染性胃腸炎生ウイルス乾燥予防液	化血研
豚伝染性胃腸炎濃縮生ワクチン（母豚用）	日生研豚 TGE 生ワクチン	日生研
豚伝染性胃腸炎（アジュバント加）不活化ワクチン	日生研豚 TGE 濃縮不活化ワクチン	日生研
豚パルボウイルス感染症生ワクチン	“京都微研„ 豚パルボ生ワクチン 豚パルボ生ワクチン “カケツケン”	京都微研 化血研
豚パルボウイルス感染症不活化ワクチン	豚パルボワクチン “カケツケン” “京都微研„ 豚パルボワクチン・K	化血研 京都微研
豚パルボウイルス感染症（油性アジュバント加）不活化ワクチン	パルボテック	メリアル
豚繁殖・呼吸障害症候群生ワクチン（132 ページ）	インゲルバック PRRS 生ワクチン	ベーリンガー
豚流行性下痢生ワクチン	日生研 PED 生ワクチン	日生研
日本脳炎・豚パルボウイルス感染症混合生ワクチン	“京都微研„ 日本脳炎・豚パルボ混合生ワクチン 日本脳炎・豚パルボ混合生ワクチン “化血研”	京都微研 化血研
豚伝染性胃腸炎・豚流行性下痢混合生ワクチン（124 ページ）	日生研 TGE・PED 混合生ワクチン スイムジェン TGE/PED	日生研 化血研
日本脳炎・豚パルボウイルス感染症・豚ゲタウイルス感染症混合生ワクチン（127 ページ）	“京都微研„ 豚死産3種混合生ワクチン	京都微研
クロストリジウム・パーフリンゲンス（アジュバント加）トキソイド	“京都微研„ ピッグウィン－クロスト	京都微研
豚丹毒生ワクチン（150 ページ）	乾燥豚丹毒生ワクチン - N 豚丹毒生ワクチン「北研」 日生研豚丹毒生ワクチン C 豚丹毒ワクチン -KB 豚丹毒生ワクチン「科飼研」 松研豚丹毒生ワクチン	化血研 北里第一三共 日生研 京都微研 科飼研 松研
豚丹毒（アジュバント加）不活化ワクチン（153 ページ）	日生研豚丹毒不活化ワクチン エリシールド	日生研 ノバルティス
豚丹毒（酢酸トコフェロールアジュバント加）不活化ワクチン	ポーシリス ERY ポーシリス ERY「IV」	松研 インターベット
豚アクチノバシラス・プルロニューモニエ（2型）感染症（アジュバント加）不活化ワクチン	豚 Hpn 2型ワクチン「北研」 “京都微研„ 豚ヘモフィルスワクチン	北里第一三共 京都微研
豚アクチノバシラス・プルロニューモニエ（2・5型）感染症（アジュバント加）不活化ワクチン	豚 Hpn 2価ワクチン「北研」	北里第一三共
豚アクチノバシラス・プルロニューモニエ（1・2・5型）感染症（アジュバント加）不活化ワクチン	豚 Hpn 3価ワクチン「北研」	北里第一三共

製剤名	製品名	製造販売業者
豚アクチノバシラス・プルロニューモニエ（1・2・5型、組換え型毒素）感染症（アジュバント加）不活化ワクチン	日生研豚 AP ワクチン 125RX	日生研
豚アクチノバシラス・プルロニューモニエ感染症（1型部分精製・無毒化毒素）（酢酸トコフェロールアジュバント加）不活化ワクチン（161ページ）	ポーシリス　APP ポーシリス　APP「IV」 ポーシリス　APP-N ポーシリス　APP-N「IV」	松研 インターベット 松研 インターベット
豚増殖性腸炎生ワクチン（176ページ）	エンテリゾール　イリアイティス FC エンテリゾール　イリアイティス HC エンテリゾール　イリアイティス HL エンテリゾール　イリアイティス TF	ベーリンガー ベーリンガー ベーリンガー ベーリンガー
豚大腸菌性下痢症（K 88 保有全菌体・K 99 保有全菌体）（アジュバント加）不活化ワクチン	“京都微研„ 豚大腸菌ワクチン	京都微研
豚大腸菌性下痢症（K88ab・K88ac・K99・987P 保有全菌体）（アジュバント加）不活化ワクチン（169ページ）	豚大腸菌コンポーネントワクチン “化血研”	化血研
豚ボルデテラ感染症（アジュバント加）不活化ワクチン（155ページ）	AR-C ワクチン「北研」 日生研豚 A R ワクチン N	北里第一三共 日生研
ヘモフィルス・パラスイス（5型）感染症（アジュバント加）不活化ワクチン	日生研グレーサー病不活化ワクチン	日生研
ヘモフィルス・パラスイス（2・5型）感染症（アジュバント加）不活化ワクチン	日生研グレーサー病 2 価ワクチン	日生研
マイコプラズマ・ハイオニューモニエ感染症（アジュバント加）不活化ワクチン	マイコバスター 日生研 MPS 不活化ワクチン ハイオレスプ	科飼研 日生研 メリアル
マイコプラズマ・ハイオニューモニエ感染症（カルチン）	レスピフェンド MH	ファイザー
マイコプラズマ・ハイオニューモニエ感染症（油性アジュバント加）不活化ワクチン（178ページ）	レスピシュア レスピシュア ワン インゲルバック M .hyo	ファイザー ファイザー ベーリンガー
豚アクチノバシラス・プルロニューモニエ（1・2・5型）感染症・豚丹毒混合（油性アジュバント加）不活化ワクチン（167ページ）	“京都微研„ ピッグウィン -EA	京都微研
豚アクチノバシラス・プルロニューモニエ（1・2・5型，組換え型毒素）感染症・マイコプラズマ・ハイオニューモニエ感染症混合（アジュバント加）不活化ワクチン（164ページ）	日生研豚 APM 不活化ワクチン	日生研
豚ストレプトコッカス・スイス（2型）感染症（酢酸トコフェロールアジュバント加）不活化ワクチン（174ページ）	ポーシリス　STREPSUIS ポーシリス　STREPSUIS「IV」	松研 インターベット
豚ボルデテラ感染症・豚パスツレラ症混合（アジュバント加）不活化ワクチン	インゲルバック AR4	ベーリンガー
豚ボルデテラ感染症精製（アフィニティークロマトグラフィー部分精製）・豚パスツレラ症混合（油性アジュバント加）不活化ワクチン	スワイバック AR コンポ 2	共立
豚ボルデテラ感染症精製・豚パスツレラ症混合（油性アジュバント加）不活化ワクチン	“京都微研„ ピッグウィン AR-BP2	京都微研
パスツレラ・ムルトシダ（アジュバント加）トキソイド	豚パスツレラトキソイド “化血研”	化血研

製剤名	製品名	製造販売業者
ボルデテラ・ブロンキセプチカ・パスツレラ・ムルトシダ混合（アジュバント加）トキソイド（157ページ）	スイムジェン ART2	化血研
豚大腸菌性下痢症不活化・クロストリジウム・パーフリンゲンストキソイド混合（アジュバント加）ワクチン（172ページ）	リターガード LT-C	ファイザー
豚ボルデテラ感染症不活化・パスツレラ・ムルトシダトキソイド混合（アジュバント加）ワクチン	日生研 AR 混合ワクチン BP	日生研
豚ボルデテラ感染症不活化・パスツレラ・ムルトシダトキソイド混合（油性アジュバント加）ワクチン	日生研 ARBP 混合不活化ワクチン ME	日生研
豚ボルデテラ感染症・豚パスツレラ症（全菌体・部分精製トキソイド）混合（油性アジュバント加）不活化ワクチン	アラディケーター	ファイザー
豚ボルデテラ感染症不活化・パスツレラ・ムルトシダトキソイド・豚丹毒不活化混合（アジュバント加）ワクチン	日生研 ARBP・豚丹毒混合不活化ワクチン	日生研
豚ボルデテラ感染症・豚パスツレラ症・豚丹毒混合（アジュバント加）不活化ワクチン	リニシールド TX4 リニシールド TX4（ゲン）	ノバルティス ゲン
豚ボルデテラ感染症・豚パスツレラ症（粗精製トキソイド）・マイコプラズマ・ハイオニューモニエ感染症混合（アジュバント加）不活化ワクチン（159ページ）	マイコバスター AR プラス	科飼研
豚コレラ・豚丹毒混合生ワクチン	豚コレラ・豚丹毒混合生ワクチン“化血研” 豚コレラ・豚丹毒混合生ワクチン「科飼研」 松研豚コレラ・豚丹毒混合生ワクチン 日生研豚コレラ・豚丹毒混合生ワクチン	化血研 科飼研 松研 日生研
豚インフルエンザ・豚丹毒混合（油性アジュバント加）不活化ワクチン	フルシュア ER	ファイザー
豚インフルエンザ・豚パスツレラ症・マイコプラズマ・ハイオニューモニエ感染症混合（アジュバント加）不活化ワクチン	“京都微研„ マイコミックス 3	京都微研
豚パルボウイルス感染症・豚丹毒・豚レプトスピラ病（イクテロヘモラジー・カニコーラ・グリッポチフォーサ・ハージョ・ブラティスラーバ・ポモナ）混合（アジュバント・油性アジュバント加）不活化ワクチン（148ページ）	ファローシュアプラス B ファローシュアゴールド B	ファイザー ファイザー

【鶏用ワクチン】

鶏痘生ワクチン（180ページ）	日生研穿刺用鶏痘ワクチン 日生研乾燥鶏痘ワクチン 鶏痘生ワクチン（ポキシン） 鶏痘生ワクチン（チック・エヌ・ポックス） ポールバック PD	日生研 日生研 ゲン ゲン 共立
産卵低下症候群－1976（アジュバント加）不活化ワクチン	EDS-76 不活化ワクチン“化血研” 日生研ＥＤＳ不活化ワクチン	化血研 日生研
産卵低下症候群－1976（油性アジュバント加）不活化ワクチン	オイルバックス EDS-76 EDS-76 オイルワクチン -C ノビリス EDS オイルバスター EDS タロバック EDS 日生研 EDS 不活化オイルワクチン	化血研 京都微研 インターベット 科飼研 ゲン 日生研

製剤名	製品名	製造販売業者
鳥インフルエンザ（油性アジュバント加）不活化ワクチン（233 ページ）	ノビリスＩA inac	インターベット
	AＩ不活化ワクチン（NBI）	NBI
	レイヤーミューン AIV	ＣＡＦラボ
	オイルバックＡＩ	化血研
	“京都微研„ ポールセーバーＡＩ	京都微研
	鳥インフルエンザワクチン「北研」	北里第一三共
	AIV「北研」	北里第一三共
	ナバックＡＩ	日生研
トリニューモウイルス感染症生ワクチン（228 ページ）	ノビリス TRT・1000	インターベット
	ノビリス APV 1194	インターベット
	ネモバック	メリアル
トリニューモウイルス感染症（油性アジュバント加）不活化ワクチン	ノビリス TRT inac	インターベット
トリレオウイルス感染症生ワクチン（232 ページ）	ノビリス Reo 1133	インターベット
トリレオウイルス感染症（油性アジュバント加）不活化ワクチン	オイルバックス Reo	化血研
	ノビリス Reo inac	インターベット
ニューカッスル病生ワクチン（182 ページ）	日生研ニューカッスル生ワクチンＳ	日生研
	ニューカッスル病生ウイルス予防液	化血研
	ＮＤ生ワクチン“化血研”Ｓ	化血研
	ニューカッスル病生ウイルス予防液	科飼研
	ポールバックＮＣＤ　Ｂ１	共立
	アビ　VG/GA	メリアル
	ノビリス　ND CLONE30・1000	インターベット
	ノビリス　ND CLONE30・2500	インターベット
ニューカッスル病（油性アジュバント加）不活化ワクチン	“京都微研„ ND・OE ワクチン	京都微研
鶏伝染性気管支炎生ワクチン（185 ページ）	“京都微研„ ＩＢ生ワクチン	京都微研
	“京都微研„ ポールセーバー ＩＢ	京都微研
	日生研 C-78・IB 生ワクチン	日生研
	日生研ＩＢ生ワクチン	日生研
	日生研ＭＩ・IB 生ワクチン	日生研
	鶏伝染性気管支炎生ウイルス予防液	化血研
	ＩＢ TM 生ワクチン“化血研”	化血研
	アビテクトＩB/AK	化血研
	アビテクトＩB/AK1000	化血研
	ポールバックＩＢ　H120	共立
	ＩＢ生ワクチン「NP」	科飼研
	ＩB/H120 生ワクチン（NBI）	NBI
	ＩＢ生ワクチン「メリアル」H120	メリアル
	ノビリスＩＢ　MA5・1000	インターベット
	ノビリスＩＢ　MA5・5000	インターベット
	ノビリスＩＢ　4-91	インターベット
	ＩＢ生ワクチン（H120G）・ゲン	ゲン
鶏伝染性喉頭気管炎生ワクチン（209 ページ）	ＩLT 生ワクチン“化血研”	化血研
	“京都微研„ ＩLT ワクチン	京都微研
	エルティバックス	共立
	日生研ＩLT 生ワクチン	日生研
鶏伝染性喉頭気管炎凍結生ワクチン	ＩLT 凍結生ワクチン“化血研”	化血研

製　剤　名	製　品　名	製造販売業者
鶏伝染性ファブリキウス嚢病生ワクチン（大ひな用）（225 ページ）	日生研ＩBD 生ワクチン	日生研
鶏伝染性ファブリキウス嚢病生ワクチン（ひな用）（223 ページ）	ＩBD 生ワクチン（バーシン）	ゲン
	ＩBD 生ワクチン（バーシン２）	ゲン
	ＩBD 生ワクチン（バーシン２・5000）	ゲン
	ＩBD 生ワクチン（ルカート）・ゲン	ゲン
	ＩBD 生ワクチン“化血研” L	化血研
	ノビリス　ガンボロ D78・1000	インターベット
	ノビリス　ガンボロ D78・2500	インターベット
	BURSA-M 生ワクチン「NP」	科飼研
	イムトップ -ＩBD	科飼研
	アビバック BD	共立
	ビュール 706	メリアル
	ひな用ＩBD 生ワクチン（NBI）	NBI
	“京都微研„ＩBD 生ワクチン	京都微研
鶏伝染性ファブリキウス嚢病生ワクチン（ひな用中等毒）（226 ページ）	バーサバック V877	ゲン
	ＩBD 生ワクチン（NBI）	NBI
	ノビリス　ガンボロ 228E・1000	インターベット
	ノビリス　ガンボロ 228E・2500	インターベット
	アビテクト ＩBD/TY2	化血研
鶏伝染性ファブリキウス嚢病（抗血清加）生ワクチン	バーサ・BDA	ファイザー
鶏伝染性ファブリキウス嚢病（アジュバント加）不活化ワクチン	日生研ＩBD 不活化ワクチン	日生研
鶏脳脊髄炎生ワクチン（208 ページ）	AE 乾燥生ワクチン	日生研
	AE 生ワクチン・ゲン	ゲン
	AE 生ワクチン	ゲン
	AE 生ワクチン（NBI）	NBI
鶏貧血ウイルス感染症生ワクチン（230 ページ）	ノビリス CAV P4	インターベット
マレック病（七面鳥ヘルペスウイルス）生ワクチン（211 ページ）	日生研マレック乾燥ワクチン	日生研
	日生研マレックワクチン Q	日生研
	ＭＤ生ワクチン（2H）	ゲン
	マレック病生ワクチン	ゲン
	ＭＤ生ワクチン（HVT）・ゲン	ゲン
	マレック病生ワクチン“化血研”	化血研
	ポールバック MD HVT	共立
	HVT 生ワクチン（NBI）	NBI
	MD/HVT 生ワクチン（NBI）	NBI
マレック病（マレック病ウイルス１型）凍結生ワクチン（214 ページ）	MD 生ワクチン（CVI）・ゲン	ゲン
	MD 生ワクチン（R6）	ゲン
	アビテクト MD1	化血研
	ポールバック MD cvi	共立
	CVＩ生ワクチン（NBI）	NBI
	MD/CVI 生ワクチン（NBI）	NBI
マレック病（マレック病ウイルス１型・七面鳥ヘルペスウイルス）凍結生ワクチン（216 ページ）	２価 MD 生ワクチン（H＋C）・ゲン	ゲン

製 剤 名	製 品 名	製造販売業者
マレック病（マレック病ウイルス２型・七面鳥ヘルペスウイルス）凍結生ワクチン（218 ページ）	２価 MD 生ワクチン（HVT ＋ SB-1）	ゲン
	２価ＭＤ生ワクチン（H ＋ S）2000	ゲン
	２価生ワクチン（H ＋ S）・ゲン	ゲン
	２価 MD/HVT ＋ SB- １生ワクチン（NBI）	NBI
	２価 MD（H ＋ S）生ワクチン（NBI）	NBI
	ポールバック MD HVT ＋ SB- 1	共立
ニューカッスル病・鶏伝染性気管支炎混合生ワクチン（187 ページ）	日生研 NB 生ワクチン	日生研
	ポールバックコンビ	共立
	NB（C）混合生ワクチン	ゲン
	NB 生ワクチン（B1 ＋ H1 20G）・ゲン	ゲン
	ニューカッスル・I B 混合生ワクチン“カケツケン”	化血研
	アビテクト NB/TM	化血研
	ND・I B 生ワクチン「NP」	科飼研
	ノビリス MA5 ＋ CLONE 30・1000	インターベット
	NB/B1 ＋ H120 生ワクチン（NBI）	NBI
ニューカッスル病・マレック病（ニューカッスル病ウイルス由来Ｆ蛋白質遺伝子導入マレック病ウイルス１型）凍結生ワクチン（205 ページ）	セルミューンＮ	化血研
ニューカッスル病・鶏伝染性気管支炎混合（アジュバント加）不活化ワクチン	日生研Ｎ B 不活化ワクチン	日生研
ニューカッスル病・鶏伝染性気管支炎混合（油性アジュバント加）不活化ワクチン	NB オイル「NP」	科飼研
	日生研 NB 不活化オイルワクチン	日生研
ニューカッスル病・鶏伝染性気管支炎２価混合（油性アジュバント加）不活化ワクチン	オイルバックス NB2	化血研
	ノビリス I Bmulti ＋ ND	インターベット
鶏脳脊髄炎・鶏痘混合生ワクチン	ノビリス AE ＋ POX	インターベット
マレック病（マレック病ウイルス２型・七面鳥ヘルペスウイルス）・鶏痘混合生ワクチン（221 ページ）	イノボ鶏痘 / ２価 MD 生ワクチン（H ＋ S）	ゲン
ニューカッスル病・鶏伝染性気管支炎・産卵低下症候群－ 1976 混合（油性アジュバント加）不活化ワクチン	ビニューバックス NBE	メリアル
	タロバック NBEDS	ゲン
ニューカッスル病・鶏伝染性気管支炎２価・産卵低下症候群－ 1976 混合（油性アジュバント加）不活化ワクチン	ノビリス I Bmulti ＋ ND ＋ EDS	インターベット
ニューカッスル病・鶏伝染性気管支炎２価・鶏伝染性ファブリキウス嚢病混合（油性アジュバント加）不活化ワクチン	オイルバックス NB2G	化血研
	ノビリス I Bmulti ＋ G ＋ ND	インターベット
ニューカッスル病・鶏伝染性気管支炎・産卵低下症候群－ 1976・トリニューモウイルス感染症混合（油性アジュバント加）不活化ワクチン	ビニューバックス NBES	メリアル
ニューカッスル病・鶏伝染性気管支炎２価・産卵低下症候群－ 1976・トリニューモウイルス感染症混合（油性アジュバント加）不活化ワクチン	ノビリス TRT ＋ I Bmulti ＋ ND ＋ EDS	インターベット
ニューカッスル病・鶏伝染性気管支炎２価・鶏伝染性ファブリキウス嚢病・産卵低下症候群－１９７６混合（油性アジュバント加）不活化ワクチン	日生研 NBBEG 不活化オイルワクチン	日生研

製剤名	製品名	製造販売業者
ニューカッスル病・鶏伝染性気管支炎２価・鶏伝染性ファブリキウス嚢病・トリニューモウイルス感染症混合（油性アジュバント加）不活化ワクチン（193ページ）	ノビリス TRT＋I Bmulti＋G＋ND	インターベット
ニューカッスル病・鶏伝染性気管支炎２価・鶏伝染性ファブリキウス嚢病・トリレオウイルス感染症混合（油性アジュバント加）不活化ワクチン（189ページ）	オイルバックス NB2GR	化血研
鶏オルニソバクテリウム・ライノトラケアレ感染症（油性アジュバント加）不活化ワクチン	ノビリス ORT inac	インターベット
鶏サルモネラ症（サルモネラ・エンテリティディス）（アジュバント加）不活化ワクチン	サレンバック（SALENVAC）	インターベット
鶏サルモネラ症（サルモネラ・エンテリティディス）（油性アジュバント加）不活化ワクチン（237ページ）	レイヤーミューン SE イナクティ／バックー SE アビプロ SE ビニューバックス SE	ＣＡＦラボ ゲン ゲン メリアル
鶏サルモネラ症（サルモネラ・エンテリティディス・サルモネラ・ティフィムリウム）（アジュバント加）不活化ワクチン	“京都微研„ポールセーバー SE/ST ノビリス　サレンバックＴ	京都微研 インターベット
鶏サルモネラ症（サルモネラ・エンテリティディス・サルモネラ・ティフィムリウム）（油性アジュバント加）不活化ワクチン（239ページ）	オイルバックス SET	化血研
鶏大腸菌症（O 78 全菌体破砕処理）（脂質アジュバント加）不活化ワクチン（245ページ）	“京都微研„ポールセーバー EC	京都微研
鶏大腸菌症（組換え型 F11 線毛抗原・ベロ細胞毒性抗原）（油性アジュバント加）不活化ワクチン（242ページ）	ノビリス　E. coli inac	インターベット
鶏伝染性コリーザ（A・C型）（アジュバント加）不活化ワクチン	日生研コリーザ２価ワクチンN 鶏伝染性コリーザ２価（A・C型）ワクチン「北研」 コリーザ AC 型ワクチン「NP」	日生研 北里第一三共 科飼研
マイコプラズマ・ガリセプチカム感染症生ワクチン	ノビリス MG6/85 “京都微研„ポールセーバー MG Mg 生ワクチン・ゲン	インターベット 京都微研 ゲン
マイコプラズマ・ガリセプチカム感染症凍結生ワクチン（247ページ）	Mg 生ワクチン（NBI）	NBI
マイコプラズマ・シノビエ感染症凍結生ワクチン（250ページ）	MS 生ワクチン（NBI）	NBI
マイコプラズマ・ガリセプチカム感染症（アジュバント加）不活化ワクチン	日生研 MG 不活化ワクチンN	日生研
マイコプラズマ・ガリセプチカム感染症（油性アジュバント加）不活化ワクチン	オイルバックスＭＧ 日生研ＭＧオイルワクチン 日生研ＭＧオイルワクチン WO Mg 不活化ワクチン（MG-Bac） オイルバスターＭＧ	化血研 日生研 日生研 ゲン 科飼研
鶏伝染性コリーザ（A・C型）・マイコプラズマ・ガリセプチカム感染症混合（アジュバント・油性アジュバント加）不活化ワクチン	日生研ＡＣＭ不活化ワクチン	日生研
鶏コクシジウム感染症（ネカトリックス）生ワクチン（256ページ）	日生研鶏コクシ弱毒生ワクチン（Neca）	日生研
ロイコチトゾーン病（油性アジュバント加）ワクチン（組換え型）（257ページ）	鶏ロイコチトゾーン病ワクチン「北研」	北里第一三共

製 剤 名	製 品 名	製造販売業者
鶏コクシジウム感染症（アセルブリナ・テネラ・マキシマ）混合生ワクチン（252 ページ）	日生研鶏コクシ弱毒３価生ワクチン（TAM）	日生研
鶏コクシジウム感染症（アセルブリナ・テネラ・マキシマ・ミチス）混合生ワクチン	パラコックス－５	科飼研
ニューカッスル病・鶏伝染性気管支炎・鶏伝染性コリーザ（A・C型）液状混合（アジュバント加）不活化ワクチン	“京都微研„ ニワトリ４種混合ワクチン	京都微研
ニューカッスル病・鶏伝染性気管支炎・鶏伝染性コリーザ（A・C型菌処理）混合（アジュバント加）不活化ワクチン	ND・I B・コリーザ AC 型ワクチン「NP」	科飼研
ニューカッスル病・鶏伝染性気管支炎・鶏伝染性コリーザ（A・C型）混合（油性アジュバント加）不活化ワクチン	ND・I B・コリーザ AC 型オイル「NP」 日生研 NBAC 不活化オイルワクチン	科飼研 日生研
ニューカッスル病・鶏伝染性気管支炎２価・鶏サルモネラ症（サルモネラ・エンテリティディス）混合（油性アジュバント加）不活化ワクチン	レイヤーミューン SE-NB	CAF ラボ
ニューカッスル病・鶏伝染性気管支炎２価・鶏伝染性コリーザ（A・C型）混合（アジュバント加）不活化ワクチン	日生研 NBBAC 不活化ワクチン	日生研
ニューカッスル病・鶏伝染性気管支炎２価・鶏伝染性コリーザ（A・C型）混合（油性アジュバント加）不活化ワクチン	オイルバックス NB2AC	化血研
ニューカッスル病・鶏伝染性気管支炎３価・鶏伝染性コリーザ（A・C型）混合（油性アジュバント加）不活化ワクチン	“京都微研„ ニワトリ６種混合オイルワクチン	京都微研
ニューカッスル病・鶏伝染性気管支炎２価・マイコプラズマ・ガリセプチカム感染症混合（油性アジュバント加）不活化ワクチン	NBMg 混合不活化ワクチン（New Bronz MG）	ゲン
ニューカッスル病・鶏伝染性気管支炎・鶏伝染性コリーザ（A・C型）・マイコプラズマ・ガリセプチカム感染症混合（油性アジュバント加）不活化ワクチン	“京都微研„ ニワトリ５種混合オイルワクチン -C	京都微研
ニューカッスル病・鶏伝染性気管支炎２価・鶏伝染性コリーザ（A・C型）・マイコプラズマ・ガリセプチカム感染症混合（油性アジュバント加）不活化ワクチン	オイルバックス６	化血研
ニューカッスル病・鶏伝染性気管支炎２価・産卵低下症候群－1976・鶏伝染性コリーザ（A・C型）・マイコプラズマ・ガリセプチカム感染症混合（油性アジュバント加）不活化ワクチン（197 ページ）	オイルバックス７	化血研
ニューカッスル病・鶏伝染性気管支炎３価・産卵低下症候群－1976・鶏伝染性コリーザ（A・C型）・マイコプラズマ・ガリセプチカム感染症混合（油性アジュバント加）不活化ワクチン（201 ページ）	“京都微研„ ポールセーバー OE8	京都微研

【魚用ワクチン】

イリドウイルス感染症不活化ワクチン（260 ページ）	イリド不活化ワクチン「ビケン」	阪大微研
あゆビブリオ病不活化ワクチン	アユ・ビブリオ病不活化ワクチン “日生研”	日生研
さけ科魚類ビブリオ病不活化ワクチン（262 ページ）	ピシバック ビブリオ	共立
ひらめ β 溶血性レンサ球菌症不活化ワクチン	Mバックイニエ マリンジェンナーヒラレン１	松研 バイオ科学

製　剤　名	製　品　名	製造販売業者
ぶりα溶血性レンサ球菌症不活化ワクチン	“京都微研” マリナレンサ	京都微研
ぶりα溶血性レンサ球菌症不活化ワクチン（注射型）	ポセイドン「レンサ球菌」 Mバックレンサ注 マリンジェンナー レンサ1	科飼研 松研 バイオ科学
ぶりα溶血性レンサ球菌症（酵素処理）不活化ワクチン	アマリン レンサ	日生研
ぶりビブリオ病不活化ワクチン	ノルバックス　ビブリオ mono	インターベット
ぶりα溶血性レンサ球菌症・類結節症混合（油性アジュバント加）不活化ワクチン（266ページ）	ノルバックス　類結 / レンサ Oil	インターベット
ぶりビブリオ病・α溶血性レンサ球菌症混合不活化ワクチン	ピシバック 注 ビブリオ＋レンサ “京都微研” マリナコンビー2 マリンジェンナー　ビブレン	共立 京都微研 バイオ科学
ぶりビブリオ病・α溶血性レンサ球菌症・ストレプトコッカス・ジスガラクチエ感染症混合不活化ワクチン（268ページ）	ピシバック 注 LSV	共立
ぶりビブリオ病・α溶血性レンサ球菌症・類結節症混合（油性アジュバント）混合不活化ワクチン	ノルバックス　PLV3種 Oil	インターベット
イリドウイルス感染症・ぶりα溶血性レンサ球菌症混合不活化ワクチン	イリド・レンサ混合不活化ワクチン「ビケン」	阪大微研
イリドウイルス感染症・ぶりビブリオ病・α溶血性レンサ球菌症混合不活化ワクチン	ピシバック 注 3混 イリド・レンサ・ビブリオ混合不活化ワクチン「ビケン」	共立 阪大微研

【犬用ワクチン】

犬コロナウイルス感染症（油性アジュバント加）不活化ワクチン	ノビバック CORONA	インターベット
犬パルボウイルス感染症生ワクチン（273ページ）	バンガードプラス CPV ユーリカン P-XL ノビバック PARVO-C	ファイザー メリアル インターベット
狂犬病組織培養不活化ワクチン（270ページ）	狂犬病 TC ワクチン “化血研” 狂犬病 TC ワクチン「北研」 日生研狂犬病 TC ワクチン 狂犬病ワクチン－ TC 松研狂犬病 TC ワクチン	化血研 北里第一三共 日生研 京都微研 松研
ジステンパー・犬アデノウイルス（2型）感染症混合生ワクチン	“京都微研” キャナイン－3	京都微研
ジステンパー・犬パルボウイルス感染症混合生ワクチン	ノビバック PUPPY DP	インターベット
ジステンパー・犬アデノウイルス（2型）感染症・犬パルボウイルス感染症混合生ワクチン	犬用ビルバゲン DA2 Parvo	ビルバック
ジステンパー・犬アデノウイルス（2型）感染症・犬パラインフルエンザ・犬パルボウイルス感染症混合生ワクチン	ノビバック ＤＨＰＰｉ ユーリカン 5 デュラミューン MX5 デュラミューン MX5 ファイザー	インターベット メリアル 共立 ファイザー
ジステンパー・犬アデノウイルス（2型）感染症・犬パラインフルエンザ・犬パルボウイルス感染症・犬コロナウイルス感染症混合生ワクチン	“京都微研” キャナイン－6 II	京都微研

製剤名	製品名	製造販売業者
ジステンパー・犬アデノウイルス（２型）感染症・犬パラインフルエンザ・犬パルボウイルス感染症・犬コロナウイルス感染症混合ワクチン	バンガードプラス 5/CV デュラミューン MX6 デュラミューン MX6 ファイザー	ファイザー 共立 ファイザー
犬レプトスピラ病不活化ワクチン	ノビバック LEPTO	インターベット
犬コロナウイルス感染症・犬レプトスピラ病混合（油性アジュバント加）不活化ワクチン	ノビバック LC	インターベット
ジステンパー・犬アデノウイルス（２型）感染症・犬パラインフルエンザ・犬パルボウイルス感染症・犬レプトスピラ病混合ワクチン	ノビバック DHPPi＋L ユーリカン 7 犬用ビルバゲン DA2PPi/L	インターベット メリアル ビルバック
ジステンパー・犬アデノウイルス（２型）感染症・犬パラインフルエンザ・犬パルボウイルス感染症・犬レプトスピラ病（カニコーラ・コペンハーゲニー・ヘブドマディス）混合ワクチン	“京都微研„ キャナイン－8	京都微研
ジステンパー・犬アデノウイルス（２型）感染症・犬パラインフルエンザ・犬パルボウイルス感染症・犬コロナウイルス感染症・犬レプトスピラ病混合ワクチン（276ページ）	デュラミューン 8 バンガードプラス 5/CV-L ノビバック DHPPi＋LC デュラミューン MX8 デュラミューン MX8 ファイザー	共立 ファイザー インターベット 共立 ファイザー
ジステンパー・犬アデノウイルス（２型）感染症・犬パラインフルエンザ・犬パルボウイルス感染症・犬コロナウイルス感染症・犬レプトスピラ病（カニコーラ・コペンハーゲニー・ヘブドマディス）混合ワクチン（282ページ）	“京都微研„ キャナイン-9 “京都微研„ キャナイン-9 II	京都微研 京都微研

【猫用ワクチン】

猫白血病（アジュバント加）ワクチン（組換え型）	リュウコゲン	ビルバック
猫免疫不全ウイルス感染症（アジュバント加）不活化ワクチン（296ページ）	フェロバックス FIV フェロバックス FIV ファイザー	北里第一三共 ファイザー
猫ウイルス性鼻気管炎・猫カリシウイルス感染症・猫汎白血球減少症混合生ワクチン（288ページ）	猫用ビルバゲン CRP フェロセル CVR ノビバック TRICAT フェロガード プラス３ フェロガード プラス３ ファイザー	ビルバック ファイザー インターベット 共立 ファイザー
猫ウイルス性鼻気管炎・猫カリシウイルス感染症・猫汎白血球減少症混合ワクチン	パナゲン FVR C-P	インターベット
猫ウイルス性鼻気管炎・猫カリシウイルス感染症２価・猫汎白血球減少症混合ワクチン	ピュアバックス RCP	メリアル
猫ウイルス性鼻気管炎・猫カリシウイルス感染症・猫汎白血球減少症混合（油性アジュバント加）不活化ワクチン	フェロバックス３ “京都微研„ フィライン－CPR	共立 京都微研
猫ウイルス性鼻気管炎・猫カリシウイルス感染症３価・猫汎白血球減少症・猫白血病（組換え型）混合（油性アジュバント加）不活化ワクチン	“京都微研„ フィライン－6	京都微研
猫ウイルス性鼻気管炎・猫カリシウイルス感染症・猫汎白血球減少症・猫白血病・猫クラミジア感染症混合（油性アジュバント加）不活化ワクチン	フェロバックス５	共立
猫ウイルス性鼻気管炎・猫カリシウイルス感染症３価・猫汎白血球減少症・猫白血病（組換え型）・猫クラミジア感染症混合（油性アジュバント加）不活化ワクチン（291ページ）	“京都微研„ フィライン－7	京都微研

【血清】

製剤名	製品名	製造販売業者
破傷風抗毒素	破傷風血清	北里第一三共
乾燥犬プラズマ	乾燥犬プラズマ	日生研
抗猫ウイルス性鼻気管炎ウイルス・抗猫カリシウイルス混合抗体（組換え型）	キメロン－ＨＣ	化血研

【診断液】

製品名	使用目的	製造販売業者
【牛用診断液】		
アカバネエライザキット	抗体検出	JNC
牛白血病エライザキット	抗体検出	JNC
牛白血病抗体アッセイキット「日生研」	抗体検出	日生研
牛白血病診断用抗原「北研」	抗体検出	北里第一三共
日生研イムノサーチ・ロタ	抗体検出	日生研
カンピロバクター・フェタス凝集反応用菌液（ちつ粘液凝集反応用菌液）	抗体検出	動衛研
牛カンピロバクター病診断用蛍光標識抗体	抗原検出	動衛研
牛肺疫診断用アンチゲン	抗体検出	動衛研
炭疽沈降素血清	抗原検出	動衛研
ツベルクリン	その他	化血研
ブルセラ急速診断用菌液	抗体検出	化血研
ブルセラ病診断用菌液	抗体検出	動衛研
ブルセラ補体結合反応用可容性抗原	抗体検出	動衛研
牛ブルセラエライザキット	抗体検出	JNC
ヨーニン	その他	動衛研
ヨーネ病補体結合反応用抗原	抗体検出	動衛研
ヨーネライザ II	抗体検出	共立
ヨーネライザ・スクリーニング KS	抗体検出	共立
ヨーネスクリーニング・プルキエ	抗体検出	京都微研
アナプラズマＣＦ抗原 “化血研”	抗体検出	化血研

製　品　名	使用目的	製造販売業者
テセー BSE	抗原検出	バイオラッド
ニッピブル BSE 検査 キット	抗原検出	ニッピ
プラテリア BSE	抗原検出	バイオラッド
フレライザ BSE	抗原検出	富士レビオ

【馬用診断液】

馬インフルエンザウイルス HA 抗原 N	抗体検出	日生研
日生研イムノサーチ EIA	抗体検出	日生研
日生研精製伝貧ゲル沈抗原	抗体検出	日生研
日生研イムノサーチ ERV	抗体検出	日生研
馬パラチフス急速診断用菌液	抗体検出	動衛研

【豚用診断液】

〝京都微研〟豚コレラー FA	抗原検出	京都微研
豚コレラ　エライザキットⅡ	抗体検出	JNC
ADV（g I）　エリーザ　キット	抗体検出	アイデックス
ADV（S）　エリーザ　キット	抗体検出	アイデックス
AD 抗原ラテックス「科飼研」	抗体検出	科飼研
日生研アグテック AD-g Ⅱ	抗体検出	日生研
PRRS エリーザ　キット	抗体検出	アイデックス
日生研アグテック SE	抗体検出	日生研
日生研アグテック AP 2	抗体検出	日生研
豚 A. P. 感染症診断用ゲル沈抗原「科飼研」A	抗体検出	科飼研
AR 抗原「北研」	抗体検出	北里第一三共
Bb 凝集抗原	抗体検出	科飼研
SEP・CF 抗原「科飼研」	抗体検出	科飼研
鳥型ツベルクリン（PPD）	その他	動衛研
マイコライザ MH	抗体検出	共立

【鶏用診断液】

A I エリーザキット	抗体検出	アイデックス
エスプライン A インフルエンザ	抗原検出	富士レビオ
ポクテム　トリインフルエンザ	抗原検出	シスメックス
REO エリーザキット	抗体検出	アイデックス
ニューカッスル病ウイルス赤血球凝集素	抗体検出	化血研
ニューカッスル病ウイルス赤血球凝集素	抗体検出	日生研
CAF-ND　エリーザ	抗体検出	京都微研
ND エリーザ　キット	抗体検出	アイデックス
ND エリーザ　キット（NBI）	抗体検出	NBI
CAF-IB エリーザ	抗体検出	京都微研
IB エリーザ　キット	抗体検出	アイデックス
CAF-IBD エリーザ	抗体検出	京都微研
IBD エリーザ　キット	抗体検出	アイデックス
日生研アグテック -IBD	抗体検出	日生研
AE エリーザ　キット	抗体検出	アイデックス
ひな白痢急速診断用菌液	抗体検出	動衛研
CAF-SE　エリーザ	抗体検出	京都微研
コリーザ A 型 HA 抗原「NP」	抗体検出	科飼研

製　品　名	使用目的	製造販売業者
コリーザC型HA抗原「NP」	抗体検出	科飼研
マイコプラズマ・ガリセプチカム急速凝集反応用菌液	抗体検出	日生研
マイコプラズマ・シノビエ急速凝集反応用菌液	抗体検出	日生研
マイコプラズマ・シノビエ急速凝集反応用菌液	抗体検出	北里第一三共
鶏のロイコチトゾーン症寒天ゲル内沈降反応用抗原	抗体検出	科飼研

【犬用診断液】

キャナインーパルボ・チェック	抗原検出	京都微研
キャナインーパルボ・キット	抗原検出	京都微研
抗体チェッカーCPV	抗体検出	アドテック
スナップ・パルボ	抗原検出	アイデックス
チェックマンCPV	抗原検出	アドテック
ペットアシストPARVO	抗原検出	アリスタ
チェックマンCDV	抗原検出	アドテック
フローチェックCP/CC	抗原検出	日生研
ブルセラ・カニス凝集反応用菌液	抗体検出	北里第一三共
スナップ・ジアルジア（対象動物：犬および猫）	抗原検出	アイデックス
CHW Ag　テストキット　極東	抗原検出	極東製薬
スナップ・ハートワームRT	抗原検出	アイデックス
ソロステップCH	抗原検出	ノバルティス
ペットアシストDIRO	抗原検出	アリスタ
エキット	抗原検出	わかもと
ラピッドベット-H犬血液型判定キットII	抗原検出	共立

【猫用診断液】

クリアガイドFeLV	抗原検出	明治製菓
チェックマンFeLV	抗原検出	アドテック
クリアガイドFIV	抗原検出	明治製菓
チェックマンFIV	抗原検出	アドテック
クリアガイドF/F	抗原検出	明治製菓
スナップ・FeLV/FIVコンボ	抗体検出（FIV） 抗原検出（FeLV）	アイデックス
ラピッドベット-H猫血液型判定キット	抗原検出	共立

【製造販売業者略名一覧】（50音順）

製造販売業者名	略　名
アイデックスラボラトリーズ株式会社	アイデックス
アドテック株式会社	アドテック
アリスタヘルスアンドニュートリションサイエンス株式会社	アリスタ
株式会社インターベット	インターベット
一般財団法人化学及血清療法研究所	化血研
株式会社科学飼料研究所	科飼研
北里第一三共ワクチン株式会社	北里第一三共
共立製薬株式会社	共立
極東製薬工業株式会社	極東製薬
株式会社ゲン・コーポレーション	ゲン
株式会社シーエーエフラボラトリーズ	CAF ラボ
シスメックス株式会社	シスメックス
ＪＮＣ株式会社	JNC
日生研株式会社	日生研
株式会社ニッピ	ニッピ
日本バイオロジカルズ株式会社	NBI
独立行政法人農業・食品産業技術総合研究機構	動衛研
ノバルティスアニマルヘルス株式会社	ノバルティス
バイオ科学株式会社	バイオ科学
バイオ・ラッドラボラトリーズ株式会社	バイオラッド
一般財団法人阪大微生物病研究会	阪大微研
株式会社微生物化学研究所	京都微研
株式会社ビルバックジャパン	ビルバック
ファイザー株式会社	ファイザー
富士レビオ株式会社	富士レビオ
ベーリンガーインゲルハイムベトメディカジャパン株式会社	ベーリンガー
松研薬品工業株式会社	松研
明治製菓株式会社	明治製菓
メリアル・ジャパン株式会社	メリアル
わかもと製薬株式会社	わかもと

（付表の取りまとめに当たりご協力を頂いた日本動物用医薬品協会事務局および同協会会員に深謝いたします.）

動物用ワクチン —その理論と実際—　　定価（本体 9,400 円＋税）

2011 年 10 月 31 日　第 1 版第 1 刷発行　　<検印省略>

編　集　動物用ワクチン・バイオ医薬品研究会
発行者　永　井　富　久
印　刷　中央印刷株式会社
製　本　株式会社三森製本所
発　行　**文永堂出版株式会社**
〒 113-0033　東京都文京区本郷 2 丁目 27 番 18 号
TEL　03-3814-3321　FAX　03-3814-9407
URL　http://www.buneido-syuppan.com
振替　00100-8-114601 番

ISBN　978-4-8300-3236-3 C3061